Teubner Studienbücher Chemie

F. Vögtle
Cyclophan-Chemie

Teubner Studienbücher Chemie

Herausgegeben von

Prof. Dr. rer. nat. Christoph Elschenbroich, Marburg
Prof. Dr. rer. nat. Friedrich Hensel, Marburg
Prof. Dr. phil. Henning Hopf, Braunschweig

Die Studienbücher der Reihe Chemie sollen in Form einzelner Bausteine grundlegende und weiterführende Themen aus allen Gebieten der Chemie umfassen. Sie streben nicht die Breite eines Lehrbuchs oder einer umfangreichen Monographie an, sondern sollen den Studenten der Chemie — aber auch den bereits im Berufsleben stehenden Chemiker — kompetent in aktuelle und sich in rascher Entwicklung befindende Gebiete der Chemie einführen. Die Bücher sind zum Gebrauch neben der Vorlesung, aber auch — da sie häufig auf Vorlesungsmanuskripten beruhen — anstelle von Vorlesungen geeignet. Es wird angestrebt, im Laufe der Zeit alle Bereiche der Chemie in derartigen Lernbüchern vorzustellen. Die Reihe richtet sich auch an Studenten anderer Naturwissenschaften, die an einer exemplarischen Darstellung der Chemie interessiert sind.

Cyclophan-Chemie

Synthesen, Strukturen, Reaktionen

Einführung und Überblick

Von Prof. Dr. rer. nat. Fritz Vögtle
Universität Bonn

Mit zahlreichen Abbildungen

 B. G. Teubner Stuttgart 1990

Prof. Dr. rer. nat. Fritz Vögtle

Geboren 1939 in Ehingen/Donau. Studium der Chemie in Freiburg und Chemie und Medizin in Heidelberg. 1965 Promotion (bei Prof. Dr. H. A. Staab) mit der Arbeit »Valenzisomerisierung doppelter Schiffscher Basen«. 1969 Habilitation mit dem Thema »Sterische Wechselwirkungen im Innern cyclischer Verbindungen«. 1969 Professur an der Universität Würzburg. Seit 1975 C4-Professor und Direktor am Institut für Organische Chemie und Biochemie der Universität Bonn.

Das Titelbild (Computerzeichnung, Acad-Programm; Ch. Seel, F. Vögtle) zeigt die molekulare Erkennung des Gastmoleküls Triphenylen im Hohlraum einer Cyclophan-Wirtverbindung. Deren drei Diphenylmethan-Einheiten gewährleisten eine diskusförmige endolipophile Bindungsstelle, die für flache (Aromaten-)Gastmoleküle (z. B. Triphenylen, Pyren, Perylen) hochselektiv ist. Größere oder kleinere Gastmoleküle mit CH_2- oder CH_3-Gruppen, die nicht in den flachen Hohlraum passen, können von dem „Rezeptormodell" in saurer wäßriger Phase, in der es in protonierter Form löslich ist, nicht gelöst weden (Näheres s. Abschn. 12.2).

CIP-Titelaufnahme der Deutschen Bibliothek

Vögtle, Fritz:
Cyclophan-Chemie : Synthesen, Strukturen, Reaktionen ; Einführung und Überblick / von Fritz Vögtle. — Stuttgart : Teubner, 1990
   (Teubner Studienbücher : Chemie)
   ISBN 978-3-519-03508-4   ISBN 978-3-322-92788-0 (eBook)
   DOI 10.1007/978-3-322-92788-0

Gesamtherstellung: Druckhaus Beltz, Hemsbach/Bergstraße
Einband: P.P.K,S — Konzepte T. Koch, Ostfildern/Stuttgart

Vorwort

Nach dem Verständnis des Autors soll ein Studienbuch in ein aktuelles Gebiet einführen, es muß einen Grundstock an gesicherter Chemie enthalten, und es sollte mit Literaturangaben auf Details, Weiterführendes, Neueres und Benachbartes hinweisen.

Die Notwendigkeit eines kurzen, Taschenbuch-artigen Bandes über Cyclophan-Chemie ergibt sich schon daraus, daß die von *B. H. Smith* 1964 veröffentlichte "Cyclophan-Bibel" [1] hoffnungslos veraltet ist, und daß die in den 80er Jahren erschienenen mehrbändigen Werke über "Cyclophane" [2] nur in Fachbibliotheken zugänglich sind. Ein modernes Cyclophan-Buch eines einzigen Autors aus einem Guß existiert bisher nicht, zumal keines in deutscher Sprache.

Der vorliegende Band soll eine einführende Übersicht über die gesamte heutige Cyclophan-Chemie mit weiterführenden Literaturangaben bieten. Die ausführlichen älteren Werke sind dadurch leicht gezielt erreichbar und damit alte und neuere Details der gesamten Phan-Chemie. Der Studienband macht dieses in rascher Entwicklung befindliche Gebiet transportabel und jederzeit griffbereit. Er soll eine Brücke bilden zwischen Spezialbänden, Zeitschriften, Primär-, Sekundär- und Tertiärliteratur und diese kritisch zusammenfassen. Neueste Gesichtspunkte werden häufig nicht nur erstmals zusammengestellt, sondern oft auch auf einen Nenner gebracht. Die Zeit für dieses Unterfangen ist günstig, da die Cyclophan-Chemie in den letzten Jahren nicht nur explosionsartig zugenommen hat, sondern sich weiter entwickelt, und trotzdem zum gegenwärtigen Zeitpunkt schon ein recht abgerundetes Datenmaterial und allgemein wichtige Erkenntnisse bietet.

Dennoch ist es bestimmt nicht einfach, die Cyclophan-Chemie ausgewogen und dazu noch in kompakter Form zusammenzustellen, zumal die Forschung naturgemäß oft nicht überall gleich tief in die Details gegangen ist.

Es war sicherlich nicht möglich, in diesem Studienbuch-Text folgende Kombination zu bewerkstelligen (sie ist Aufgabe von Fortschrittsberichten und dickeren Monographien):
a) Alle existierenden Phane zu nennen; b) alle Phane mit Literaturzitat zu belegen; c) die gesamte Historie darzulegen und zu zitieren; d) zusätzliche vergleichende Abschnitte zu überlappenden Themen anzufügen: z. B. "Chira-

le Phane", "Vergleichende physikalische Eigenschaften der $[2_n]$Phane", "Röntgen-Kristallstrukturen" etc.; e) ein lexikalisches Nachschlagewerk mit universellen Datenangaben zu schaffen.

Mit "Mut zur Lücke" wurden hier also je nach vorliegenden Forschungsergebnissen interessante und neuere Sachverhalte bevorzugt. Ältere Arbeiten, die über gängige Übersichten gut zu finden sind, wurden daher weniger häufig zitiert. Von mehreren Zitaten zum gleichen Thema wurde in der Regel dasjenige neuesten Datums ausgewählt. Der Handhabbarkeit und Lesbarkeit auch für Nichtexperten kommt das hier beschrittene Verfahren bestimmt zugute. Wer noch mehr Datenmaterial in diesem Band gewünscht hätte, der möchte - wie der Autor - auch überlegen, welchen Teil er dafür streichen würde!

Es ist nicht Intention dieses Bandes, breit, vollständig und umfassend über alle bekannten Cyclophane zu berichten. Dies gilt auch für die Literaturzitate, die so ausgewählt wurden, daß sie weiterführen, jedoch nicht Vollständigkeit anstreben oder in jedem Fall historische Prioritäten herausarbeiten.

Bei den Literaturhinweisen wurden - soweit möglich - neuere Übersichten zitiert. Da dabei die eigentlichen Entdecker des zitierten Phänomens nicht immer genannt sind, wurde oft auch die Originalarbeit angemerkt oder aber eine neue Arbeit derselben Autoren, in welcher auf das Erstlingswerk zurückzitiert ist. Überhaupt steckt in vielen Literaturzitaten mehr als nur der Hinweis auf die betreffende Arbeit; meistens wird dort weiter- und zurückzitiert. Ein einzelnes Literaturzitat kann also stellvertretend für viele andere gewählt worden sein.

In dem Studienbuch sollte im übrigen keine akribische Wichtung einzelner Entdeckungen durchgeführt werden; es ist auch kaum möglich, Namen mehr oder weniger berühmter Forscher im Text so zu verteilen, daß sie im Namensregister nach Bedeutung erscheinen. Wegen dieser Feinheiten muß auf speziellere Forschungsberichte verwiesen werden.

Zum Schluß sei besonders darauf hingewiesen, daß die Literaturzitate oft weitergehende Entwicklungen berücksichtigen, die in einem Studienbuch nicht unterzubringen sind. Sie enthalten auch die Namen der Forscher, die im Text nicht genannt werden konnten, weil ihre Arbeiten über das hier Berichtete hinausgehen, oder weil deren Aufnahme in den Text erst kurz vor dem Druck des Buches erfolgen konnte. Manches Literaturzitat wurde nach Fertigstellung des Textes noch bis April 1990 eingeschoben. Um die

Seitenzahl nicht anschwellen zu lassen, sind die Literaturhinweise und das Autoren- und Sachregister einzeilig gedruckt.

Gibt es reizvolle Ringverbindungen? Hier ist eine ähnliche Kritik angebracht wie bei den "Reizvollen Molekülen" [3]. Der Autor ist sich ziemlich sicher, daß beim Betrachten von Catenanen, Rotaxanen, Cycloparaphenylenen, des Superphans, des Trinacrens (s.u.) oder anderer exotischer, gespannter, verdrillter, verbogener, gestapelter Ringverbindungen (z.B. in den *Abschnitten 5, 6, 8, 10, ...*) ein Gefühl der Faszination, der Besonderheit, der Harmonie oder sogar ein künstlerischer Eindruck entsteht: Die Cyclophan-Chemie umfaßt so phantasievolle Strukturen, daß man von einer Brückenbaukunst in der Molekülarchitektur sprechen kann.

P. Deslongchamps schrieb in Aldrichimica Acta folgendes [4]:

"Dann wird, wie früher von Prelog erwähnt, 'das Gebiet der vielgliedrigen Ringverbindungen ein wirklicher Spielplatz für den organischen Chemiker werden.' Tatsächlich bin ich überzeugt, daß die Synthese und Untersuchung vielgliedriger Ringe, die verschiedene funktionelle Gruppen tragen, eine außerordentlich reichhaltige und wichtige Forschungsdomäne für den organischen Chemiker ist. Auf Kurzzeitbasis sollte dies zur Weiterentwicklung der mittleren und großen Ring-Chemie führen, die aus sich selbst heraus wichtig ist. Synthetisch repräsentieren diese Verbindungen eine wirkliche Herausforderung, und darauffolgende konformationsanalytische Studien unter Einschluß von NMR, Röntgen-Kristallstruktur und Computer-Modellberechnungen ("molecular modeling") sollten wichtig und aufregend sein. Diese Verbindungen werden auch das Studium transannularer Reaktionen erlauben, und sie sind ideal für die Entdeckung von subtilen, jedoch bisher unentdeckt gebliebenen stereoelektronischen Effekten, die durch transannulare Wechselwirkungen verursacht sind. Es ist zu hoffen, daß sie, wie in diesem Artikel diskutiert, auch zu neuen Synthesestrategien für eine große Vielfalt von Naturstoffen führen werden. Auf lange Sicht schließlich scheint die Entwicklung der Chemie der vielgliedrigen Ringe eine Voraussetzung für die eventuelle Herstellung einer Vielzahl molekularer Maschinen zu sein, z.B. für von Menschen entworfene künstliche Enzyme. Die Chemiker müssen notwendigerweise in Richtung auf mittel- und vielgliedrige Ringe denken, um die richtige Molekülgröße und die erforderlichen stereochemischen Parameter zu erhalten. In diesem Sinne sollte dieses Untersuchungsgebiet nicht nur für Chemiker besonders interessant sein, sondern auch für Wissenschaftler im allgemeinen, weil sich daraus wichtige praktische Anwendungen entwickeln können."

Die bis 1990 erzielten neuen Ergebnisse in der Chemie vielgliedriger Ringe, zu denen die meisten Cyclophane zählen, untermauern diese Ansichten.

Der Autor dankt Prof. Dr. *J. F. Stoddart* für die Zurverfügungstellung von Originalzeichnungen des Kohnkens, Trinacrens und von Catenanen, Prof. Dr. *H. Hopf* und Prof. Dr. *E. Weber* für Anregungen, Dipl.-Chem. *Ch. Seel,* Dipl.-Chem. *J. Boettcher* sowie *W. M. Müller* und *U. Werner* für Hilfen bei der Fertigstellung des Manuskripts. Meiner Frau bin ich für ihr Verständnis sehr dankbar.

Nicht zuletzt sei der Deutschen Forschungsgemeinschaft für die Unterstützung der eigenen Arbeiten über gespannte chirale Phane (im Rahmen des Sonderforschungsbereichs SFB 334: "Wechselwirkungen in Molekülen") gedankt.

Bonn, im Sommer 1990   *F. Vögtle*

Die obenstehende Formel (Computerzeichnung, Acad-Programm, *Ch. Seel, J. Dohm, F. Vögtle)* zeigt das 1990 von *F. Vögtle* und *J. Dohm* synthetisierte [2.2](1,3)Admantanometacyclophan. Die Adamantan-Einheit in diesem gespannten [2.2]Phan ist stark deformiert, wie die Röntgen-Kristallstrukturanalyse zeigt; eines der beiden intraannularen Adamantan-Protonen taucht tief in die π-Sphäre des Benzenrings ein. Dementsprechend findet man im ^{1}H-NMR-Spektrum stark hochfeldverschobene Adamantan-Protonen (bei $\delta =$ -0.05 bis -0.1). Der *meta*-Phenylenring ist stärker zur Wannenform verbogen als derjenige im [2.2]Metacyclophan (siehe hierzu die *Abschnitte 2.2* und *9).* Die Zeichnung war als Alternative zum Einbandbild entworfen worden.

Inhaltsverzeichnis

Seite

Einführung

a) Ringe in der Menschheitsgeschichte

Der mittelpunktslose Kreis, der **Ring**, tritt in der Mythologie als sich in den Schwanz beißende Schlange auf (<u>Abb.1</u>), als "Uroboros". Er bedeutet nichts anderes als die Ewigkeit, die keine Einteilung in Zeiträume, also keinen Rhythmus, keinen Anfang und kein Ende und keinerlei Gegensätzlichkeiten kennt.

<u>Abb.1.</u> Der "Uroboros", eine Schlange, die sich in den Schwanz beißt. Sie galt als Symbol der Ewigkeit, der erreichten Harmonie zwischen Bewußtsein und Unbewußtem [5]

Goethe deutete die zum Kreis geschlossene Schlange als Symbol für die große Sehnsucht des Menschen. Der Mensch wünsche sich nichts sehnlicher, als "den Anfang an das Ende anschließen zu können".

Ist es verwunderlich, daß von einem mit solch idealen Eigenschaften ausgestatteten Symbol seit jeher eine magische Faszination auf den Menschen ausgegangen ist? Wie sonst ist es zu erklären, daß zu allen Zeiten Frauen und Männer Ringe aller Art beileibe nicht nur als Schmuck getragen haben? Zur Illustration diene das Doppelbildnis der Gräfinnen Rietberg - von Hermann tom Ring - aus dem Jahre 1564 (<u>Abb.2</u>), sowie das mit einem Ring geschmückte Ohr Wolfgang Amadeus Mozarts (<u>Abb.3</u>).

Abb.2. Die Gräfinnen Rietberg, von H. tom Ring

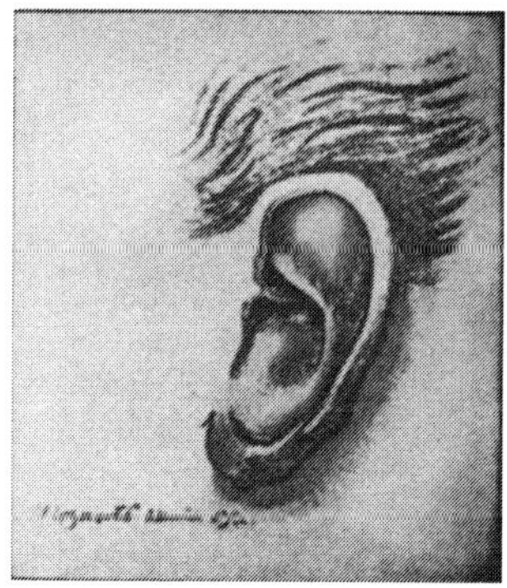

Abb.3. Das Ohr Mozarts. Unbezeichnetes Aquarell, um 1791. Mozarteum, Salzburg

Eine kleine Kollektion origineller Fingerringe (Abb.4,5) soll beispielhaft vor Augen führen, zu welch ausdrucksvollen Schmuckstücken der simple Kreis die menschliche Phantasie immer wieder inspiriert.

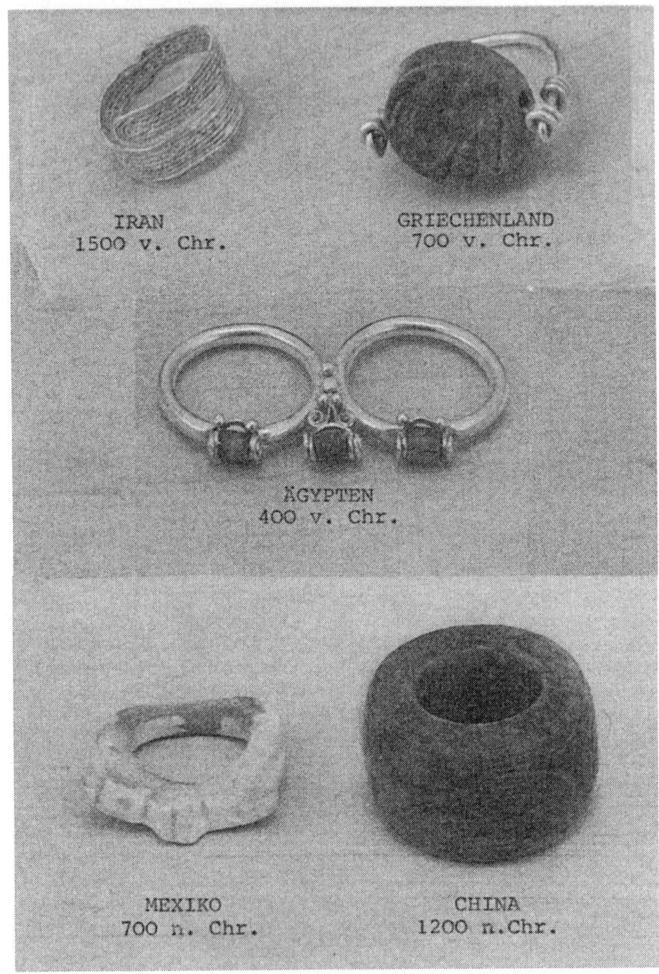

<u>Abb.4.</u> Fingerringe aus dem Altertum (Auswahl)

Es verwundert daher kaum, daß ringförmige Molekülstrukturen in der Chemie von Anfang an bis auf den heutigen Tag eine ähnlich große Faszination auf die Wissenschaftler ausübten.

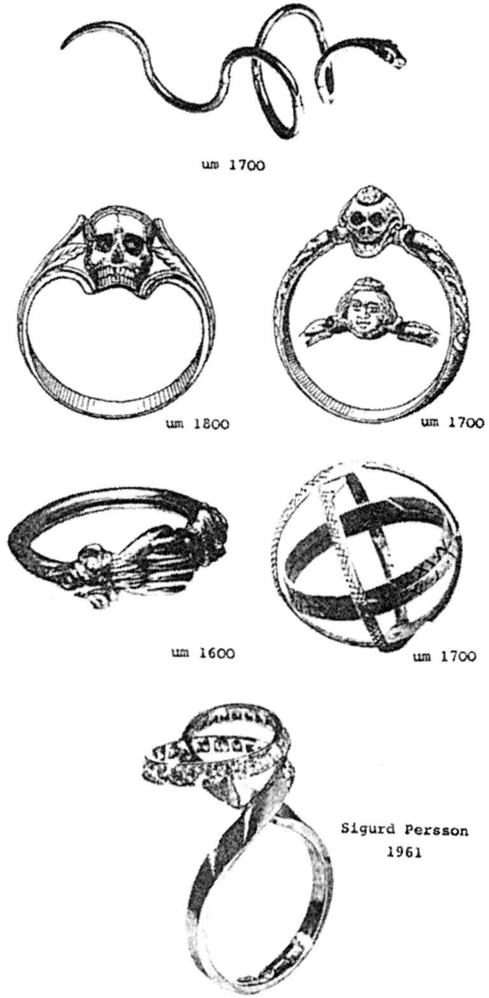

<u>Abb.5.</u> Ältere und neuere Fingerringe (Auswahl)

Dem bekannten Mathematiker und Astronomen Carl Friedrich Gauß wird der Satz zugeschrieben: *"Ein eigentümlicher Zauber umgibt das Erkennen von Maß und Harmonie."*

b) Ringe in der Chemie

Einer der bei weitem wichtigsten Ringe in der Organischen Chemie ist das *Benzen* (Benzol, 1), das bereits 1825 von Faraday im Leuchtgas entdeckt wurde. Die Diskussion über die exakte geometrische Form (Kekulé, 1865) ist abgeschlossen, die über die elektronische Struktur jedoch noch nicht beendet. Erst kürzlich wurden neue Vorschläge zu den Ursachen der besonderen Stabilität ("Aromatizität") dieser Ringverbindung unterbreitet [6].

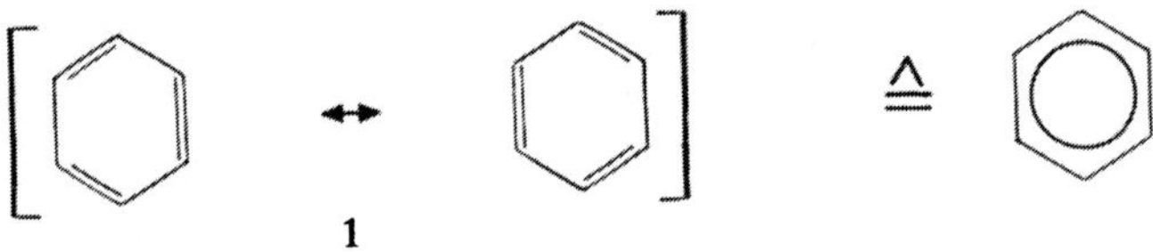

1

Das *Cyclohexan* (2) stand wegen seiner Stereochemie gleichfalls lange Jahre im Brennpunkt des Interesses (Sachse, 1890; Hassel, 50er Jahre). Die gesättigten aliphatischen Ringe werden heute eingeteilt in *kleine Ringe* (Cyclopropan, Cyclobutan), *normale Ringe* (Cyclopentan, Cyclohexan, Cycloheptan), *mittelgliedrige Ringverbindungen* (C_8- bis C_{12}-Ringe) und große (*vielgliedrige*) *Ringe* (größer als Cyclododecan). Die kleinen und mittelgliedrigen Ringverbindungen haben wegen der ihnen innewohnenden Spannung (Baeyer-, Pitzer-, transannulare Spannung) immer wieder Interesse geweckt [7] (Abb.6,7).

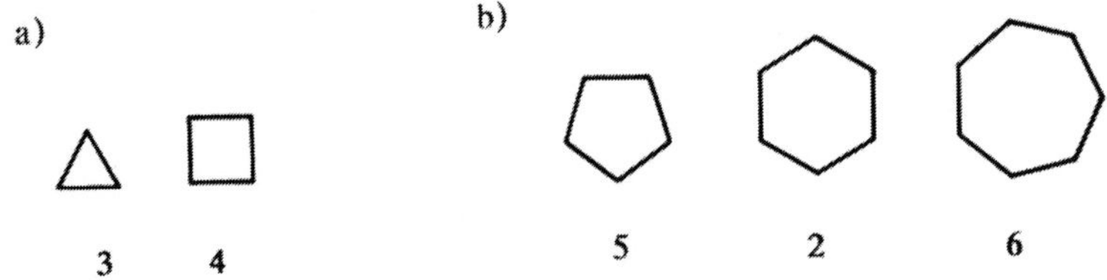

Abb.6. a) "Kleine Ringe"; b) "Normale Ringe"

Auch die kleinen, mittel- und vielgliedrigen konjugiert **ungesättigten Ringe** waren im Zuge der Erforschung der nichtbenzoiden Aromaten sowie der Annulene "Highlights" der Organischen Chemie, und im Zusammenhang mit der Entwicklung der *Hückelschen* Molekülorbitaltheorie von besonderer Bedeutung. Die nicht- oder anti-Hückel-aromatischen Ringverbindungen wie

Cyclobutadien (**8**), Cyclooctatetraen (**12**) und andere wurden ebenso intensiv erforscht (<u>Abb.8</u>).

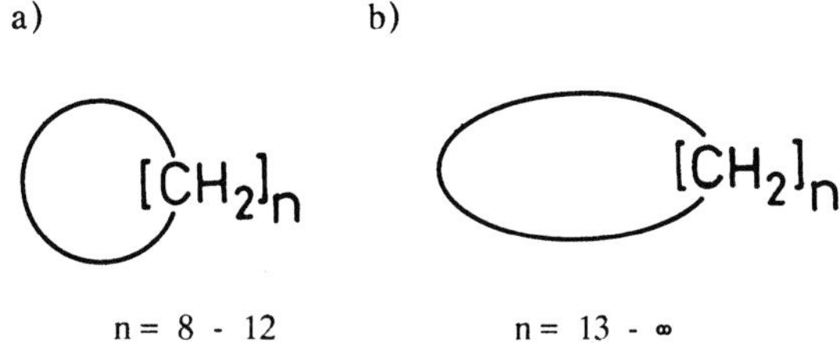

<u>Abb.7.</u> a) "Mittelgliedrige Ringe"; b) "Vielgliedrige Ringe"

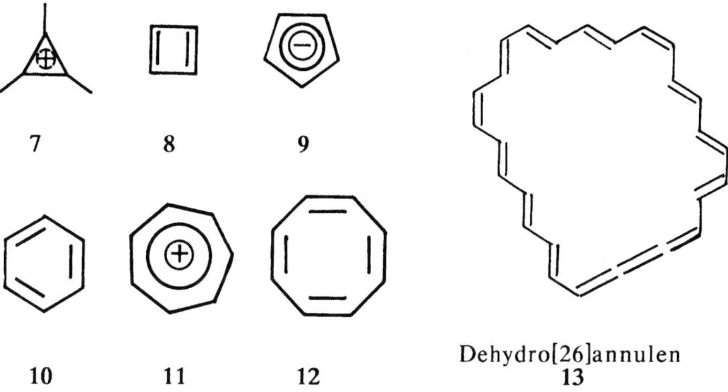

<u>Abb.8.</u> Einige konjugiert ungesättigte Ringverbindungen

Dies gilt genauso für Methanoannulene, fluktuierende Kohlenwasserstoffe wie Homotropiliden (**15**), Bullvalen (**16**) [8] sowie für cyclische Benzen-Isomere wie Benzvalen (**17**; <u>Abb.9</u>) und ebenso für **kondensierte "Aromaten"**/"Antiaromaten" und verwandte Moleküle wie Naphthalen, Azulen, Pentalen, Heptalen, Octalen, Fulvene, Calicene, Kekulen (<u>Abb.10</u>) [9] sowie für das erste bandförmige Molekül, "Kohnken" (**26**) [10] und schließlich auch für das "Buckminsterfulleren" (**27**, <u>Abb.11</u>) [11].

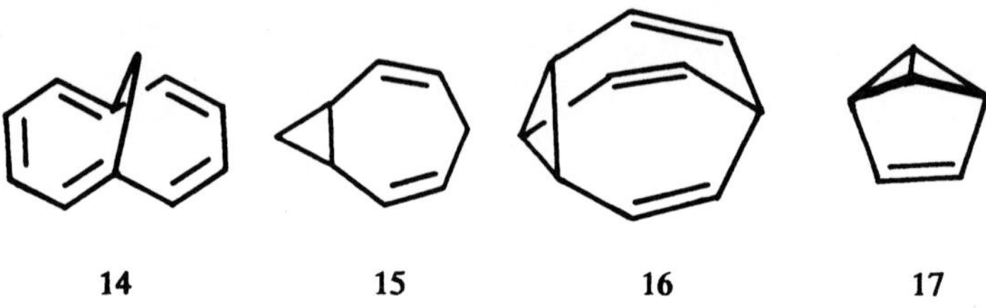

Abb.9. Einige gut erforschte Ringverbindungen mit interessanten π-Elektronen-Systemen

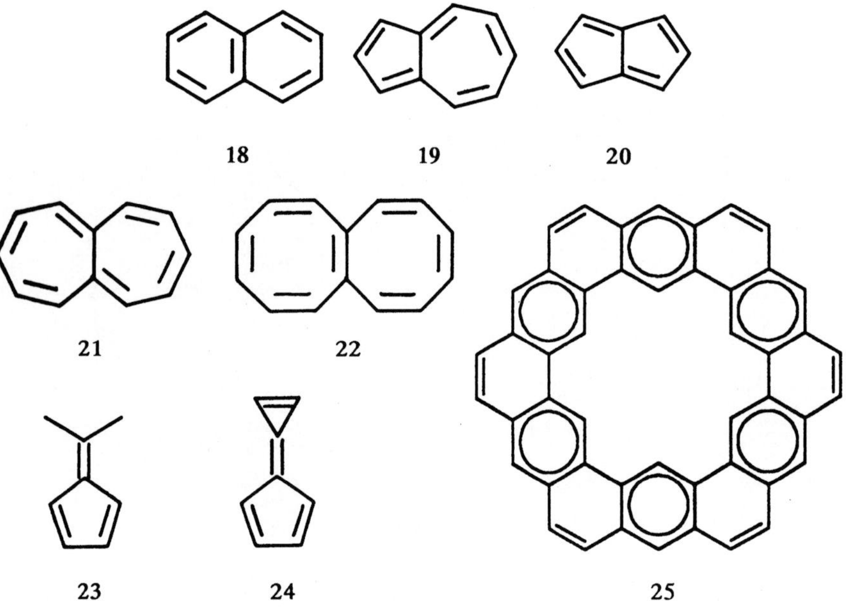

Abb.10. Einige kondensierte "Aromaten"/"Antiaromaten" und verwandte Ringanordnungen

Schon diese wenigen vor Augen geführten Strukturen lassen den neuen Trend erkennen, die zweite [12] und dritte Raumdimension mehr als bisher und bei größeren Molekülen auszunutzen, d.h. wie bei molekularen Bändern [10,13] oder dreifach verbrückten Wirtmolekülen (s. *Abschn. 12*) flächige Baueinheiten in alle Raumrichtungen auszudehnen. Weitere Beispiele finden sich im *Abschnitt 10* ("Exotische Phane").

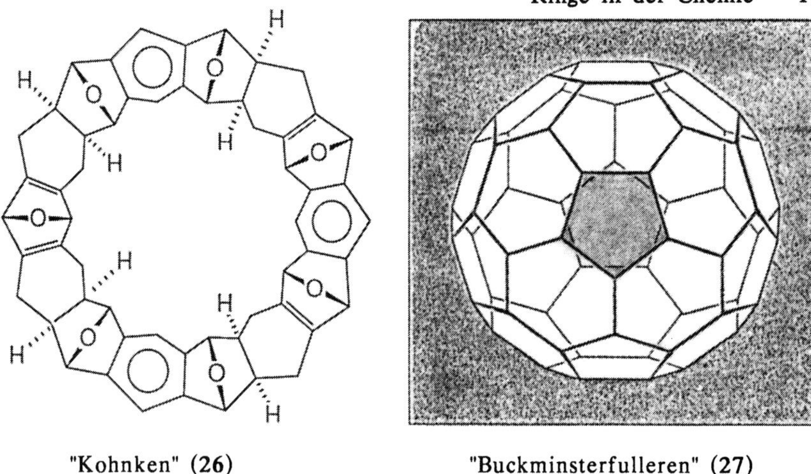

"Kohnken" (26)   "Buckminsterfulleren" (27)

Abb.11. Neuere kunstvolle molekulare Brückenkonstruktionen und Ring-
strukturen (Bei **27** wurden die Doppelbindungen weggelassen)

Das erste *Cyclophan* {[2.2]Metacyclophan, **28**} wurde 1899 entdeckt [13]
(s.u.), die erste direkte Synthese eines dreidimensional (dreifach) verbrückten Cyclophans {2,11,20-Trithia[3.3.3](1,3,5)cyclophan, **29**} aus zwei
"Hälften" wurde 1970 ausgeführt [14], die ersten vielgliedrigen Kronenether
wie **30** wurden 1967 beschrieben [15].

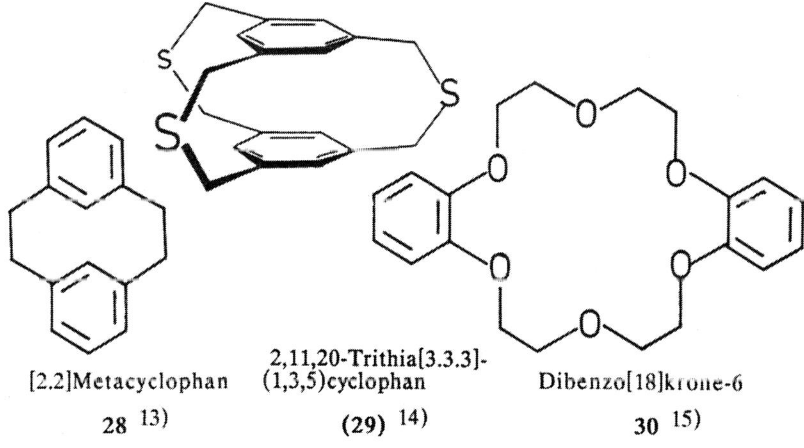

[2.2]Metacyclophan   2,11,20-Trithia[3.3.3]-   Dibenzo[18]krone-6
                          (1,3,5)cyclophan
28 [13]   **(29)** [14]   **30** [15]

Abb.12. Erste Cyclophane und Kronenether {ein Hexaoxa[7.7]orthocyclo-
phan}

Zu nennen wären hier auch *heterocyclische Verbindungen, Organometall-Verbindungen* wie Ferrocen, Dibenzenchrom [16] und andere bemerkenswerte Moleküle der synthetischen Chemie wie die *Catenane* (Abb.13; siehe *Abschn. 10*) [17], der Naturstoffchemie und Biochemie.

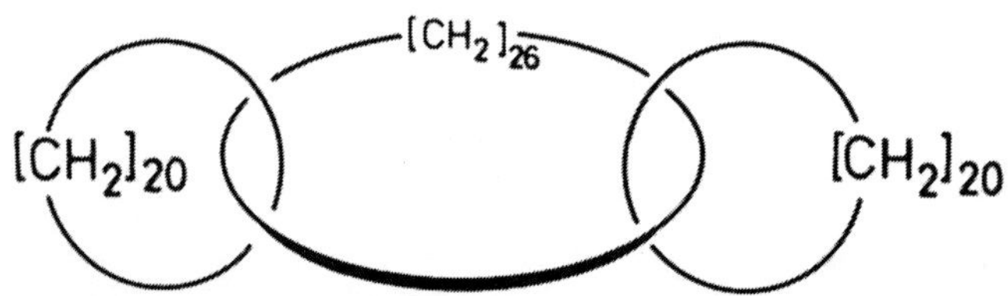

Abb.13.   Exotische Ringe in der Organischen Chemie: Catenane [17,18]

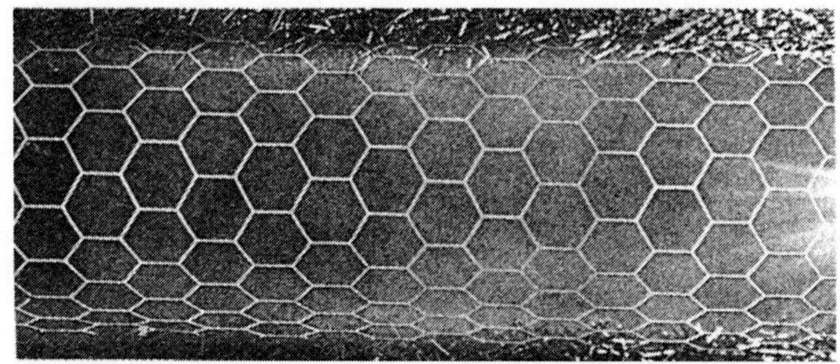

Abb.14.   Ausschnitt aus "hohlen Kohlenstoff-Fasern" [19]. Diese Fasern sind aus röhrenförmig angeordneten Kohlenstoff-Atomen aufgebaut, die sich wie im Graphit zu einem Sechsring-Muster anordnen. Mehrere Schichten aus "röhrenförmigem Graphit" bilden konzentrische Röhren

Beim Betrachten und beim Vergleich der Abb.8-14 dürfte mancher Leser etwas von der magischen Faszination makroskopischer und molekularer Ringe spüren. Daraus wird verständlich, warum eine beträchtliche Anzahl von Chemikern über viele Jahre hinweg geradezu eine wissenschaftliche Jagd auf exotische Ringverbindungen veranstaltet hat. Bedenkt man die von dem Benzen, den Cycloalkanen, den nichtbenzoiden Aromaten und den vielgliedrigen gesättigten und ungesättigten Verbindungen ausgehenden Anstöße für Hypothesen und Theorien, so kann man behaupten, daß die Ringe in der Chemie - auch der Anorganischen Chemie - nicht nur Ausgangspunkt vieler Forschungsarbeiten, sondern in vieler Hinsicht fruchtbar für alle anderen Gebiete der Chemie waren.

c) Cyclophane: Historisches

Die allererste Synthese eines Cyclophans gelang *Pellegrin*, der *[2.2]Metacyclophan* (2, damals als "Di-*m*-xylylen" bezeichnet) durch Wurtz-Kupplung von 1,3-Bis(brommethyl)benzen (1, *m*-Xylylendibromid) bereits 1899 hergestellt hatte [13]. (Es sei hier erwähnt, daß das "Di-*o*-xylylen" {[2.2]Orthocyclophan, 4} - das allerdings erst später zur Cyclophan-Familie gezählt wurde - 1945 gleichfalls durch Wurtz-Reaktion erhalten werden konnte [20])):

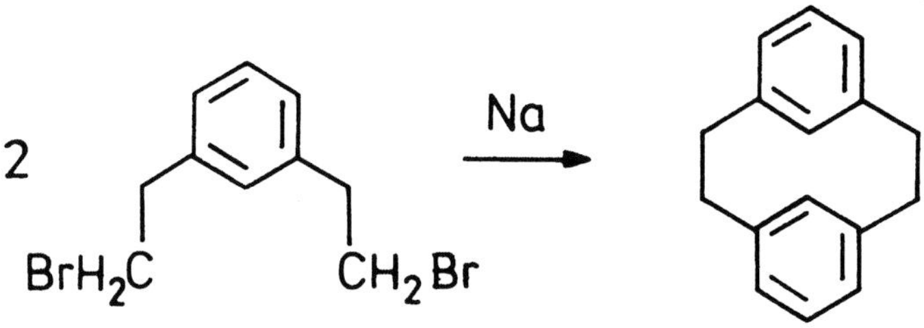

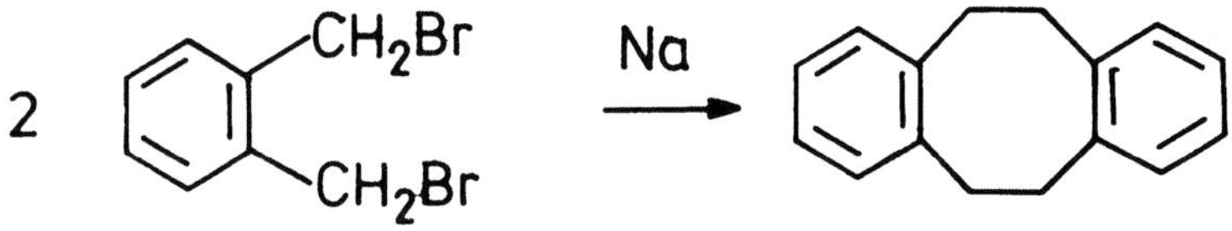

Abb.15. Erste Synthese des [2.2]Metacyclophans und des [2.2]Orthocyclophans

Lüttringhaus beschrieb im Jahre 1937 die von ihm *Ansa-Verbindungen* [ansa (lat.) ≙ Henkel] [21] genannten Molekültypen. 5 und 6 bilden Atropisomere [22] und wurden in die stabilen Enantiomere gespalten [21]. Ansaverbindungen dieses Typs lassen sich heute problemlos in das modulare System (Baukastensystem) der *Cyclophane* einordnen [vgl. *Abschn. d)*].

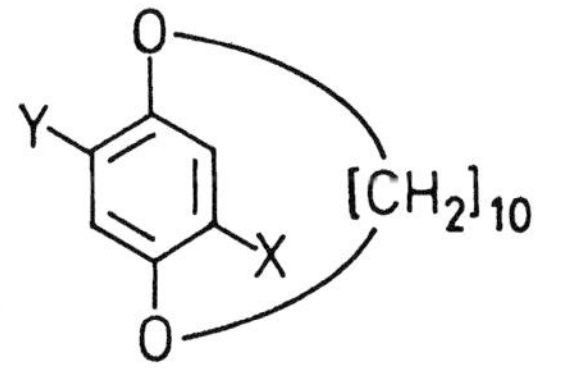

5: X = CO_2H, Y = Br

6: X = Y = Br

Das eigentliche "Cyclophan-Zeitalter" begann wohl im Jahre 1949 mit der ersten Synthese des "Di-*p*-xylylens" (9, später [2.2]Paracyclophan genannt) durch *Brown* und *Farthing* [23]. Sie erhielten 9 durch Extraktion von Pyrolyseprodukten des *p*-Xylens (7); solche Pyrolysen waren von *Szwarc* erstmals beschrieben worden [24]. *Brown* und *Farthing* teilten bereits eine (nicht verfeinerte) Röntgen-Kristallstrukturanalyse mit, obwohl diese damals selten waren.

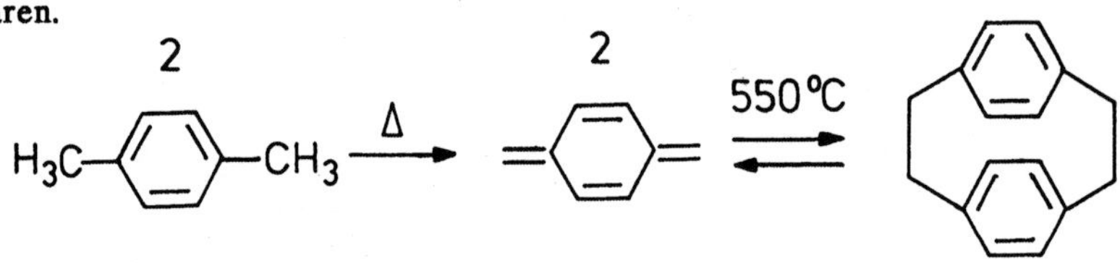

Abb. 16. Darstellung von [2.2]Paracyclophan

Der zweite wichtige Schritt in der Cyclophan-Chemie wurde von *Cram* und *Steinberg* eingeleitet, als sie 1951 die erste "gezielte" [2.2]Paracyclophan-Synthese publizierten [25]:

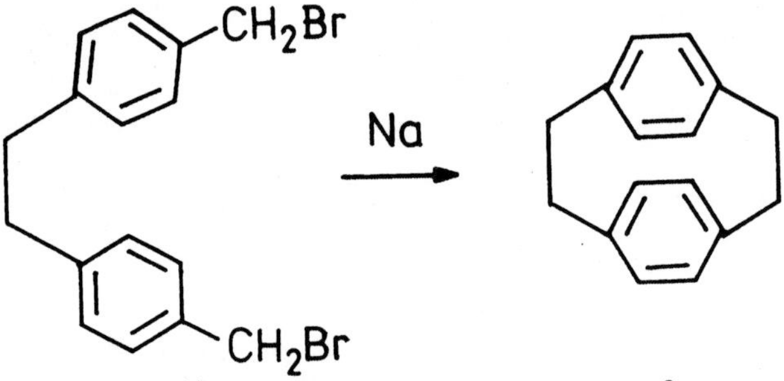

Abb. 17. Wurtz-Synthese des [2.2]Paracyclophans

In dem Beitrag "Cyclophanes: A personal account" im Kapitel 1 des Bands I "Cyclophanes" (Hrsg. *P. M. Keehn, S. M. Rosenfeld*) [26] geht *Cram* ausführlich auf die Historie seines [2.2]Paracyclophan-Konzepts ein: Bereits als "graduate student" notierte er in seinem Ideenbuch, daß zwei Benzenringe, mit ihren in parallelen Ebenen liegenden Flächen aneinanderstoßend ("face-to-face", "Fläche an Fläche"), durch Methylenbrücken in den *p*-Positionen zusammengehalten werden könnten. Dies stand damals im Zusammenhang mit *Dewars* Ideen zur Bildung von π-Komplexen bei der Benzidin-Umlagerung [27]. Der Gedanke Crams war, daß π-Komplexe, wie für die Benzidin-Umlagerung angenommen, durch Verklammerung stabilisiert werden könnten. Im Jahre 1948 konnte *Cram* seinen ersten graduate-Studenten *H. Steinberg* mit Experimenten zu diesem Cyclophan-Thema beauftragen. Dieser sollte die [2.2]-, [3.2]- und [4.2]Paracyclophane (**9**, **11**, **12**) synthetisieren, was ihm auch 1950 gelang:

$$[CH_2]_m$$

	m	n
9:	2	2
11:	2	3
12:	2	4

$$[CH_2]_n$$

[2.2]-, [3.2]- und [4.2]Paracyclophane

Diese Arbeiten Crams wurden 1951 publiziert [25]: *Steinberg* stellte - wie in Abb.17 skizziert - [2.2]Paracyclophan (**9**) durch eine bei hoher Verdünnung durchgeführte intramolekulare Wurtz-Reaktion (60 Stunden lang mit geschmolzenem Natrium) her, ausgehend von Bis(brommethyl)bibenzyl (**10**) in Xylen; die Ausbeute betrug lediglich 2.1% (Abb.17).

Im deutschsprachigen Bereich zählen vor allem *A. Lüttringhaus* [21] (1937, Ansaverbindungen wie **5**, **6**, s.o.), *R. Huisgen* [28] (1952, intramolekulare Friedel-Crafts-Acylierung in hoher Verdünnung):

14   **15**   **16**

und *H. Stetter* [29] (1955, "überbrückte Benzidine"):

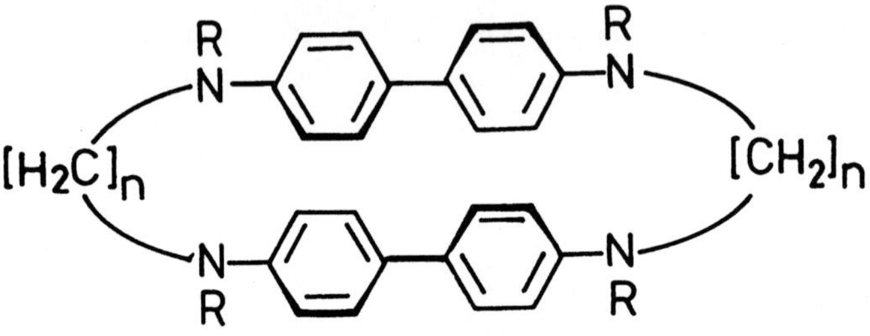

13: n = 2-4; R = Tos, H

zu den Pionieren der aliphatisch verbrückten Benzene ($\triangleq$ Cyclophane). - Aliphatische mittlere Ringverbindungen ohne Aren-Bauteile waren durch *L. Ružička* (1926), *K. Ziegler* (1933), *V. Prelog* und *M. Stoll* (1947) allgemein bekannt geworden [30].

d) Nomenklatur der Cyclophane und Phane

Von *Cram* begründet [25,26], von *Schubert* [31] und später *Smith* [32] systematisiert, entwickelte sich rasch eine eigene Nomenklatur, die nicht von den komplizierten IUPAC-Regeln abhing:

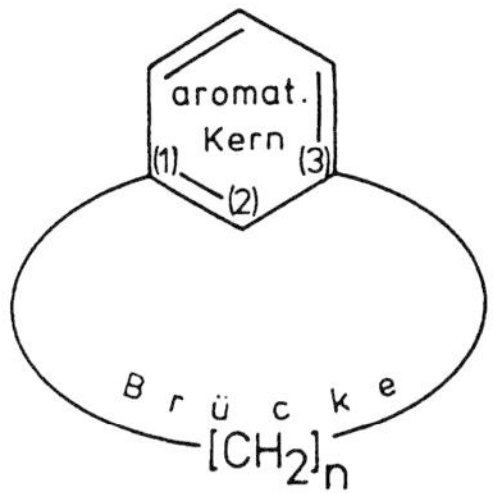

Abb. 18. Bestandteile (Bauteile) eines **Cyclophans** (bzw. **Phans**): aromatischer Kern (Benzenring bzw. allgemein Arenring) und aliphatische Brücke

Vögtle und *Neumann* systematisierten und erweiterten diese **Cyclophan-Nomenklatur** [33]: Anstelle des Oberbegriffs Cyclophane wählten sie die Klassenbezeichnung *"Phane"*, die alle verbrückten Aromaten (auch kondensierte und Heteroaromaten wie Naphthalen bzw. Pyridin) einschließt. Die Silbe 'Cyclo' steht demzufolge für Benzenringe, die damals häufigsten Vertreter der Phane. Auf diese Weise ergaben sich sehr einfache Namen für einfache überbrückte Aromaten, und eingeführte Bezeichnungen blieben bestehen {z.B. [2.2]Metacyclophan}. Für kompliziertere überbrückte Benzene kann anstatt der "allgemeinen Silbe" 'Cyclo' auch 'Benzeno' eingesetzt werden [34a]. Die Phane werden demzufolge in Cyclophane (exakter: Benzenophane), Hetero- und Heteraphane eingeteilt. *Heterophane* enthalten Heteroatome im aromatischen Ring, *Heteraphane* solche in der aliphatischen Brücke.

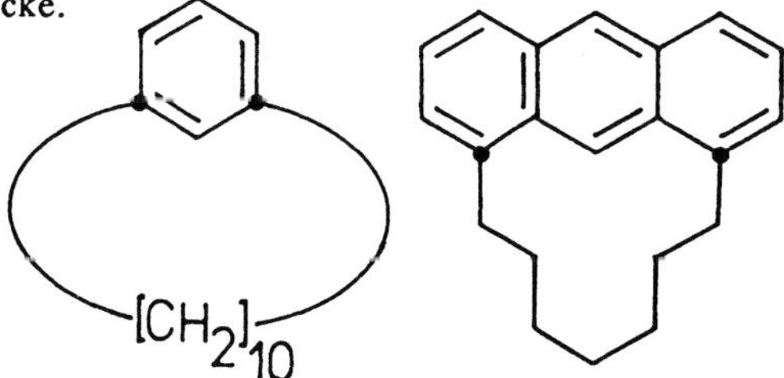

[10]Metacyclophan   [7](1,8)Anthracenophan   [8](2,5)Pyrrolophan

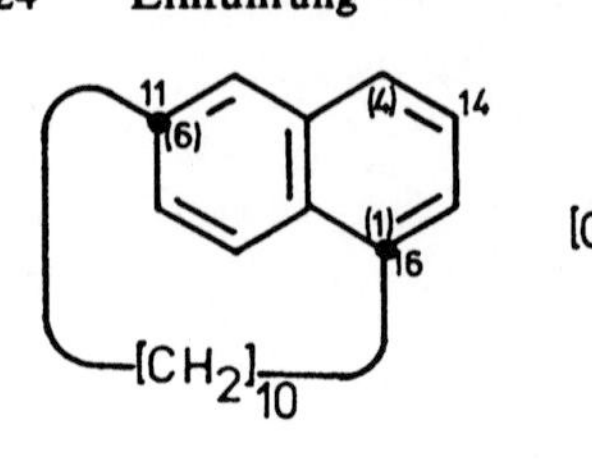

[10](1,6)Naphthalenophan

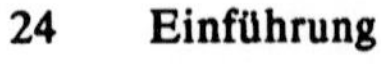

22-Amino[6.4]ortho-
metacyclophan

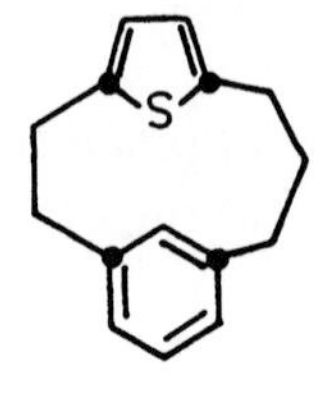

[3]Metacyclo[2](2,5)thio-
phenophan

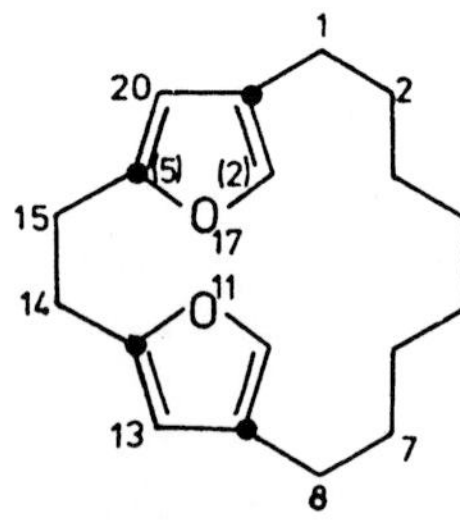

[8.2](3,5)Furanophan

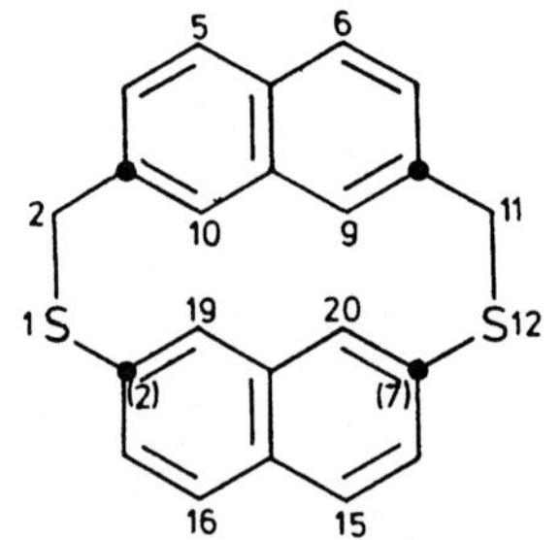

1,12-Dithia[2.2](2,7)naph-
thalenophan

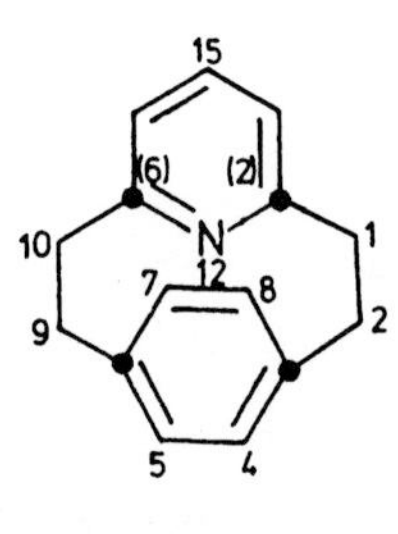

[2]Paracyclo-
[2](2,6)pyri-
dinophan

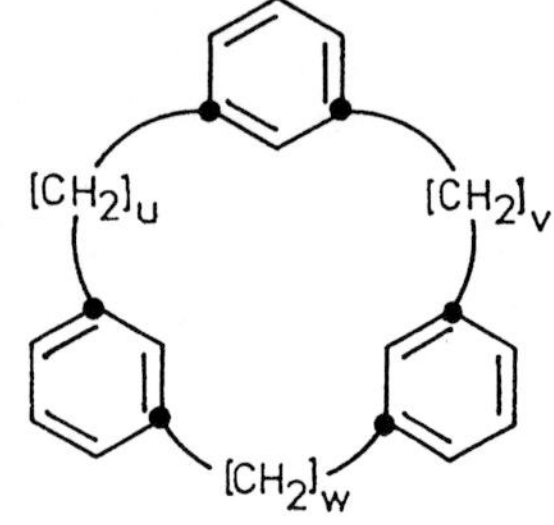

[u.v.w]Metacyclophan

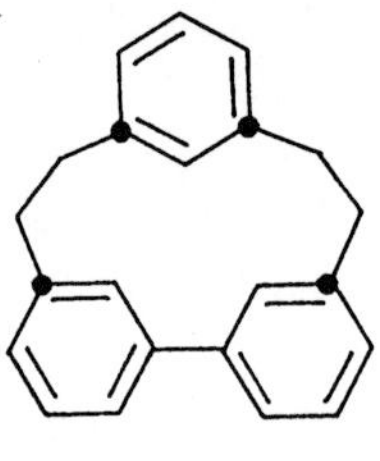

[2.2.0]Metacyclophan

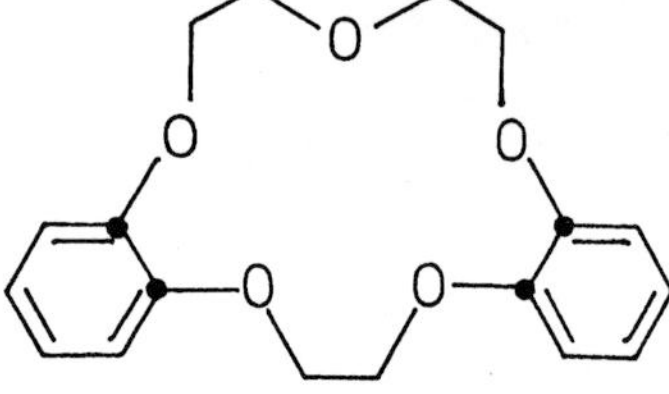

1,4,7,14,17-Pentaoxa[7.4]orthocyclophan

Abb.19. Beispiele für Cyclophane (Benzen als Aren) und Phane (Areneinheit anders als Benzen, z.B. Pyrrol, Naphthalen, Furan, Pyridin).
Brückenköpfe als fette Punkte

Die Brückenlängen eines Phans [Anzahl Atome zwischen zwei aromatischen Zentren (Brückenkopfatome [34b])] werden nach absteigender Brücken-

länge in eckige Klammern vor den Namen gesetzt; die Silbe 'phan' bildet das Suffix. Die Positionen der Brücken können mit *ortho, meta, para* oder Nummern in runden Klammern (nach den eckigen Klammern) angezeigt werden. [2.2]Paracyclophan wird deshalb auch [2.2](1,4)Cyclophan genannt.

Bei vielfach verbrückten Cyclophanen, in denen alle Brücken gleich sind, kann die Numerierung durch ein Subscript vereinfacht werden, um die Anzahl der Brücken zu kennzeichnen: [2.2.2.2.2.2]Cyclophan oder [2₆]Cyclophan (≙ Superphan, **18**).

Die Numerierung des Moleküls beginnt nach *Boekelheide* am ersten Brückenatom der längsten Brücke und führt dann weiter wie für das [2.2]-Paracyclophan und Analoge illustriert [37]):

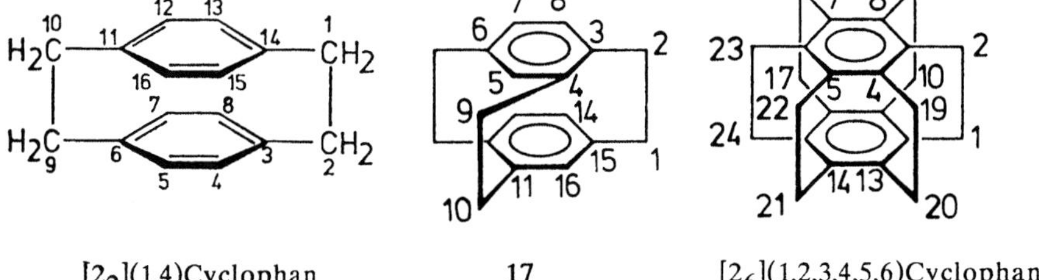

[2₂](1,4)Cyclophan
9

17
[2₃](1,2,4)(1,3,4)Cyclophan

[2₆](1,2,3,4,5,6)Cyclophan
18

Im folgenden seien noch einige charakteristische Beispiele angeführt [*]):

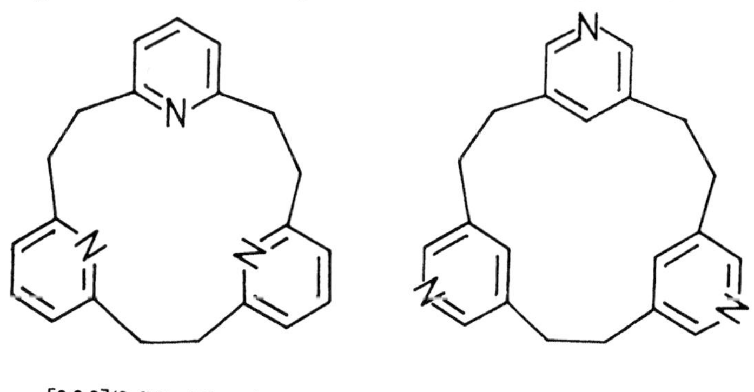

[2.2.2](2,6)Pyridinophan

[2.2.2](3,5)Pyridinophan

---

[*]) Zur Verwendung spitzer Klammern (< >) bei dem Gebrauch von "Ringensembles" als "aromatische" Einheiten siehe *Abschn. 3.2.*

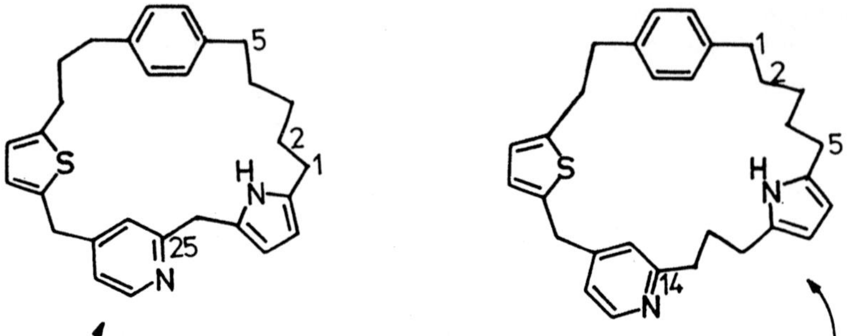

[5]Paracyclo[3](2,5)thiopheno[1](4,6)pyridino[1](2,5)pyrrolophan
[5](2,5)Pyrrolo[3](2,4)pyridino[1](2,5)thiopheno[2]paracyclophan

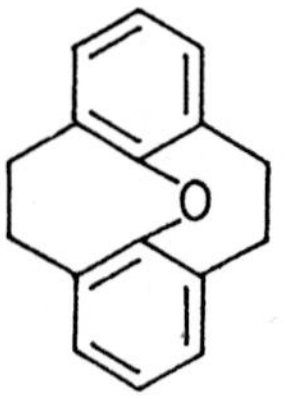

17-Oxa[2.2.1](1,2,3)cyclophan

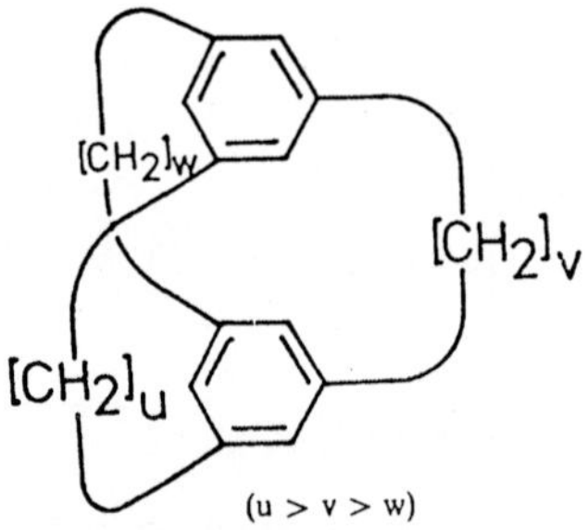

(u > v > w)

[u.v.w](1,3,5)Cyclophan

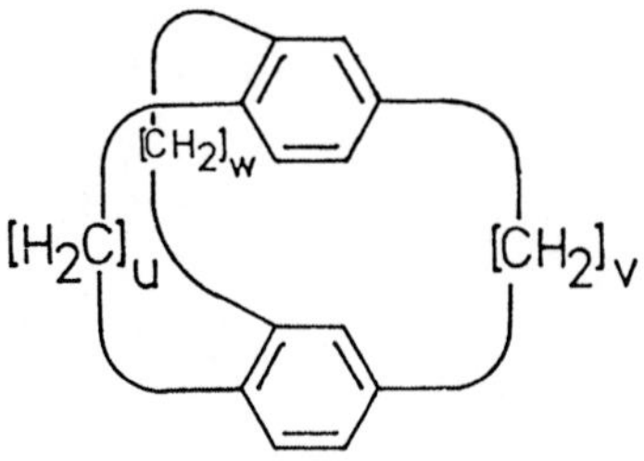

(u > v > w)

[u.v.w](1,4,2)Cyclophan

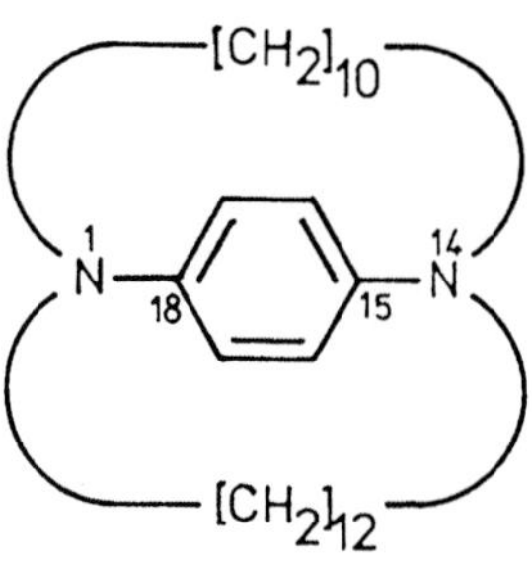

1,14-Diaza[$10^{1,14}$][14]paracyclophan

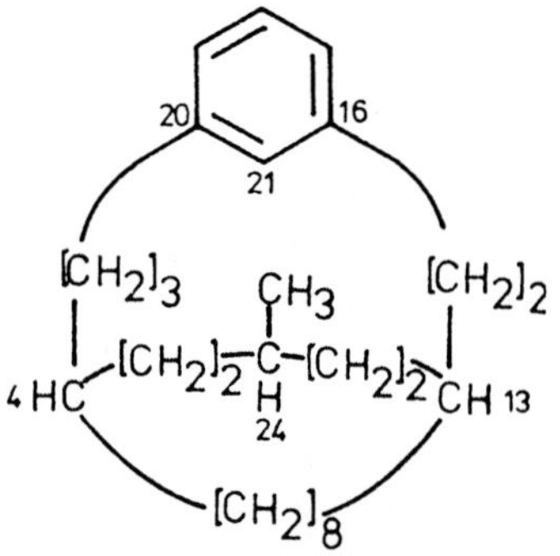

24-Methyl[$5^{4,13}$][15]metacyclophan

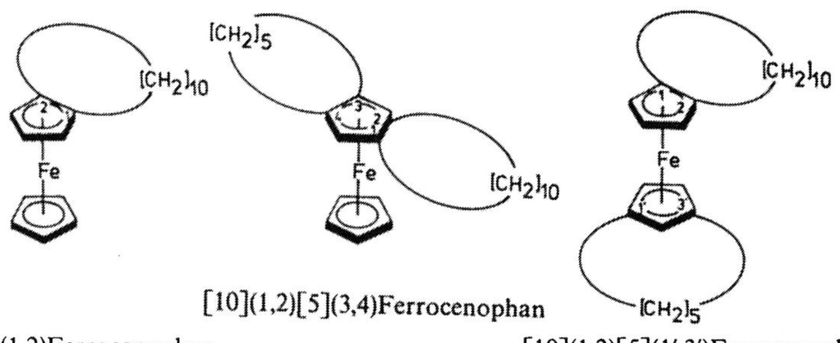

Für weitere Einzelheiten sei auf die Literatur verwiesen [32d].

Es soll hier auch noch das Prinzip einer Nomenklatur-Variante besprochen werden, die bei besonders komplizierten Phanen (abgesehen von der IUPAC-Nomenklatur) zu relativ übersichtlichen Namen führt. Dieser Nomenklaturtyp wurde zunächst "Arena-Nomenklatur" [35] genannt, später zur *"Nodal-Nomenklatur"* [36] ausgedehnt.

Bei der *Nodal-Nomenklatur* läßt man aromatische Ringe zu einem einzelnen Punkt "kollabieren" und benennt zunächst das dadurch entstandene vereinfachte Gerüst; im Falle des [2.2]Metacyclophans hätte man also ein Cyclohexan-Skelett vorliegen:

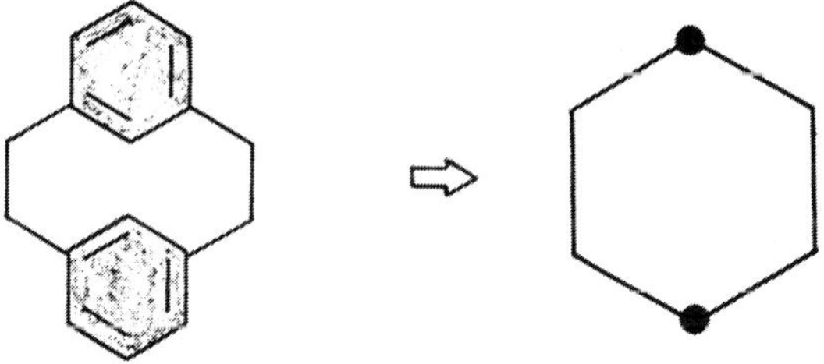

Anschließend muß man die "Punkte" - für den endgültigen Namen - wieder in Aromatenringe umwandeln. Man kommt so im Falle des [2.2]Metacyclophans zu dem Namen: 1,4-Di(1,3-benzena)cyclohexan bzw. -cyclohexa-nodan. Das Suffix -<u>nodan</u> zeigt an, daß man nach dem Nodal-Konzept vorübergehend eine Aromaten-Einheit kollabieren lassen hat. Der Vorteil gegenüber der IUPAC-Nomenklatur ist, daß man Aromaten-Doppelbindungen mit deren Positionsbezeichnungen nicht nachträglich einführen muß, sondern die Aromatenringe als solche im Namen findet. Dies erleichtert das Erkennen etwa von Pyridino-, Thiopheno-, Naphthalenophanen usw.:

Phan-Nomenklatur: [2.2](1,4)Naphthalenophan
IUPAC-Nomenklatur: 6,7,14,15-Tetrahydro-5,16:8,13-diethenodi-
                         benzo[a,g]cyclododecen
Nodal-Nomenklatur: 1,4-Di(1,4-naphthalena)cyclohexanodan

Die Phan-Nomenklatur ist auf vergleichsweise einfache Phane sehr gut anwendbar und bei komplizierteren Phanen meist noch übersichtlich. Man erkennt die Bausteine, Verknüpfungspositionen, Brückenlängen leicht aus dem Namen.

Trotz der relativen Einfachheit der Phan-Namen haben sich einige alte und neue makrocyclische Ringsysteme, die zu den Phanen gehören, doch mit *Trivialnamen* durchgesetzt. Hierzu gehören beispielsweise die *Calixarene*, die *Spheranden*, das *Kekulen* (s.o.), das *Tri-o-thymotid* (TOT), *Cyclotriveratrylen* (CTV) usw. (Näheres siehe entsprechende Abschnitte weiter unten).

Calix[4]aren
19

Spherand
20

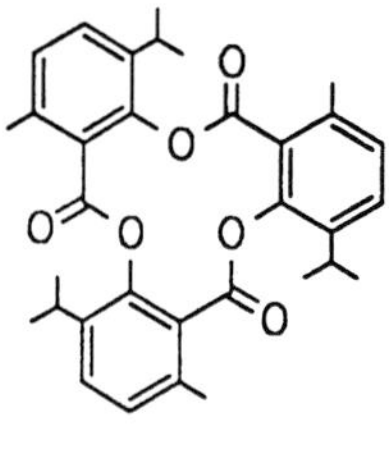

TOT
21

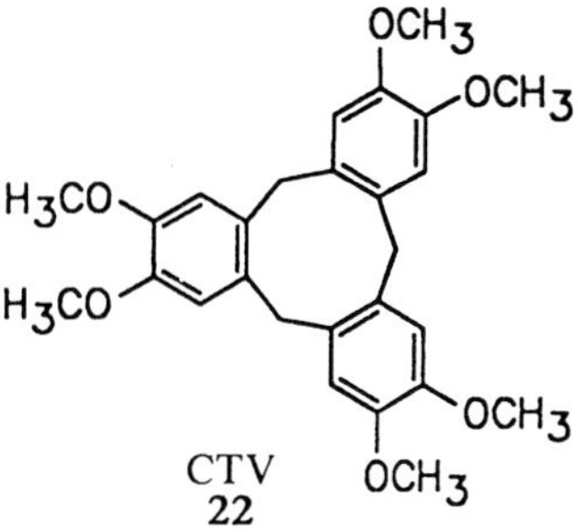

CTV
22

Der Grund dafür liegt darin, daß diese Skelette bei ihrer chemischen Umwandlung in Derivate meist als Ganzes erhalten bleiben, so daß ein einfacher Trivialname den Grundkörper und viele Derivate (die ganze Verbindungsfamilie) gut charakterisiert.

Einige weitere Bemerkungen zu weniger klaren Nomenklatur-Fragen und -Regelungen - z.B. das Problem der rein aliphatischen Phan-Analogen *("Aliphane")* - sind im *Abschnitt 9* zu finden.

e) Warum Cyclophan-Chemie?

Cram hat schon in seiner ersten Veröffentlichung über Cyclophane (s.o.) einige Erwartungen hinsichtlich der Besonderheiten von Cyclophanen geäussert und herausgestellt:

a) elektronische Wechselwirkungen zwischen den "Fläche-an-Fläche" ("face-to-face") angeordneten aromatischen Ringen;

b) daraus resultierende Einflüsse auf Substitutionsreaktionen an aromatischen Ringen, d.h. Beeinflussung der Substitution in dem einen Ring durch transannulare elektronische Effekte, die durch den anderen Ring induziert werden;

c) intramolekulare Charge-Transfer-Komplexe.

d) Ringspannung; Sterische Spannung; Transannular-Spannung.

Diese Voraussagen haben sich später bis ins Detail realisieren lassen. Wie sich dabei herausstellte, sind aromatische Ringe in vielen Cyclophanen nicht wie üblich eben, sondern aus der Ebene heraus verbogen, deformiert (*"bent and battered benzene rings"* [38])). Wie durch Röntgen-Kristallstrukturanalysen einwandfrei bewiesen wurde, kann man Benzenringe durch Cyclophan-artige Verklammerung oder Verbrückung in die *Wannen-*, *Sessel-* oder *Twist*-Form verzerren. Diese stereochemischen Veränderungen haben spektroskopische und reaktionschemische Konsequenzen, die im Falle einfacher aromatischer Ringe wie Benzen, Naphthalen, Azulen, Pyridin usw. von Interesse für die ganze Chemie sind.

Eng verklammerte Cyclophane sind in der Regel gespannt. Die Ringspannung ist durch gezielte Synthese hochgespannter Moleküle wie z.B. [6]Paracyclophan bis ins Extrem gesteigert worden. Die Frage erhebt sich, inwieweit sich Benzenringe verbiegen und verzerren lassen und welche spektroskopischen und chemischen Konsequenzen daraus resultieren. Wie eng lassen sich Benzenringe "face-to-face" aufeinanderschichten und welche Konsequenzen in spektroskopischer und chemisch-reaktiver Hinsicht folgen daraus?

Welchen Einfluß hat die Verzerrung von Arenringen auf deren "Aromatizität"?

Darüber hinaus lassen sich mehrere Benzenringe stufen- oder treppenförmig anordnen, so daß *transannulare elektronische und sterische Effekte* auch über mehr als zwei Benzenringe hinweg studiert werden können.

Benzenringe lassen sich zu vielschichtigen Cyclophanen übereinanderlagern. Transannulare elektronische Effekte sind über mehr als zwei aromatische Ringeinheiten spektroskopisch nachweisbar.

Weiterhin können Phanmoleküle planarchiral und helical angeordnet und demzufolge in Enantiomere getrennt werden, deren chiroptische Eigenschaften untersucht wurden.

Weitere Gesichtspunkte sind das Einbringen von ("intraannularen") Substituenten in das Ringinnere von Cyclophanen. Dies erhöht die oft schon vorhandene sterische Spannung, für die häufig abstoßende van der Waals-Wechselwirkungen zwischen den ins Ringinnere ragenden Gruppen oder Substituenten verantwortlich sind.

Welche Konformationen nehmen Cyclophane ein, welche davon sind bevorzugt? Wie ordnen sich aliphatische Ketten zwischen aromatischen Ringen an? Wie ist die konformative Flexibilität solcher Ketten und auch der Arenringe? Wie verändert sich die konformative Flexibilität mit der Brückenlänge und der Arensubstitution?

Wie verteilen größere Cyclophanmoleküle die Spannungsenergie auf die einzelnen Gruppen?

Können gespannte Cyclophane als Synthons für die Herstellung anderer Moleküle herangezogen werden?

Im Falle der "face-to-face"-Anordnung von Anthracenen erhebt sich die Frage, ob hier Photochemie und Topochemie (im Kristall) zu stereospezifischen Reaktionen führen können.

Dies alles zeigt, daß Phane ideale Modellverbindungen sind, in denen Benzenringe und andere aromatische Einheiten im Raum wie maßgeschneidert zueinander angeordnet werden können. Verklammerte Cyclophane sind oft konformativ starr symmetrisch und daher dankbare spektroskopische Untersuchungsobjekte.

Man kann in der Cyclophan-Chemie aromatische Ringe graduell und sukzessive verzerren. Denkt man an ausgedehnte π-Systeme wie Anthracen, Ferrocen, Dibenzenchrom usw., so wird klar, daß hier Deformationen der aromatischen Ringeinheiten die spektroskopischen und chemischen Eigenschaften verändern werden.

Die Phane erlauben es auch, interessante funktionalisierte Brückeneinheiten in die Nähe des Aromatenrings zu bringen, beispielsweise Dreifachbindungen "face-to-face"-artig über Benzenringe zu legen. Auf diese Weise lassen sich gezielte Anordnungen funktioneller Gruppen zueinander erreichen und entsprechende chemische Reaktionen provozieren.

In das Ringsystem vieler Cyclophane können Donor-Substituenten einge-bracht werden, die dort als Ligandzentren mit Kationen und Neutralmolekü-len wechselwirken (Kronenether, Wirt/Gast-Chemie, molekulare Erkennung; Näheres in *Abschn. 12*).

Während die Cyclophane zu Beginn der Bearbeitung durch den Autor vor ca. 20 Jahren als esoterisch und versponnen galten, ohne Aussichten auf industrielle Verwendung, hat sich dies heute durchaus geändert: Die Cy-clophan-Chemie ist mit ihren Möglichkeiten der räumlichen Anordnung von Bauelementen zu Nischen, Hohlräumen, "Stockwerken", Helices, Makropoly-cyclen, Großhohlräumen, neuartigen Ligandsystemen (siehe spätere Abschnit-te) usw. zu einem wesentlichen Bestandteil der *Supramolekularen Chemie*, der molekularen Erkennung, von Intercalationsmodellen, von Bausteinen für organische Katalysatoren, Rezeptormodellen, Kronenether- und Cryptand-Bausteinen geworden. Insofern sind heute außer den vielseitigen wissen-schaftlichen Möglichkeiten und der Rolle von Phanen als Cyclooligomere hochmolekularer Verbindungen ("Polyphenylensulfid", "Makrolon" [39]) auch industrielle Anwendungen im "high-chem"-Bereich zu sehen.

Die Cyclophan-Chemie zeichnet sich dadurch aus, daß sie eine große Vielfalt an Molekültypen und -geometrien bietet, und es erscheint wichtig, die heute bekannten Molekülstrukturen und -geometrien nicht nur für Cyclo-phan-Chemiker zusammenzustellen. Die Cyclophan-Chemie lebt von der drei-dimensionalen Geometrie ihrer Moleküle, und es ist gerade die Vielfalt der im Raum fixiert oder konformativ flexibel angeordneten Teilstrukturen, die sie zu einem reizvollen Forschungsthema werden läßt, das Moleküldesign, Synthese, Strukturanalyse, physikalische Untersuchungen und chemische Re-aktionen bis hin zur Supramolekularen Chemie verbindet.

1 [n]Phane

Auf dem Gebiet der in *m*- oder *p*-Position des Benzenrings überbrückten Verbindungen {[n]Metacyclophane und [n]Paracyclophane} sind in den letzten Jahren besonders im Hinblick auf die Synthese beachtliche Fortschritte erzielt worden [1].

1.1 [n]Metacyclophane (und Hetero-/Hetera-Analoge)
1.1.1 Synthese

1975 gelang die Kupplung von Grignard-Reagentien mit aromatischen Dihalogen-Verbindungen mit einem Nickel-Phosphan-Komplex als Katalysator:

$$YMg-[CH_2]_n-MgY \longrightarrow$$

X = N;   n = 6 - 10, 12
X = CH;   n = 8 - 10, 12

Damit waren einige Metacyclophane und 2,6-Pyridinophane einschließlich des Naturstoffs *Muscopyridin* (1) zugänglich [2]:

1

Das kurz verbrückte *[5]Metacyclophan* (3) wurde auf folgendem Wege erhalten (*Bickelhaupt*):

t-BuOK
DMSO

150°C

2   3   4

Es lagert leicht thermisch zum [5]Orthocyclophan (4) um, möglicherweise via verbrückte Dewar-Benzen-Zwischenstufe. Die intermediäre Bildung von *[4]Metacyclophan* in einer zur obigen analogen Synthese wird vermutet; das entsprechende Dewar-Isomer 5 konnte isoliert werden [3].

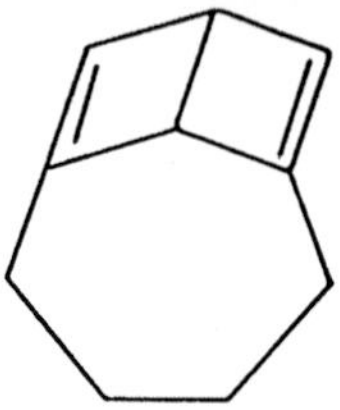

5

[7]Metacyclophan (7) bildet sich bei der Behandlung von [7]Paracyclophan (6) mit Fluorsulfonsäure und *p*-Toluensulfonsäure in Benzen [4].

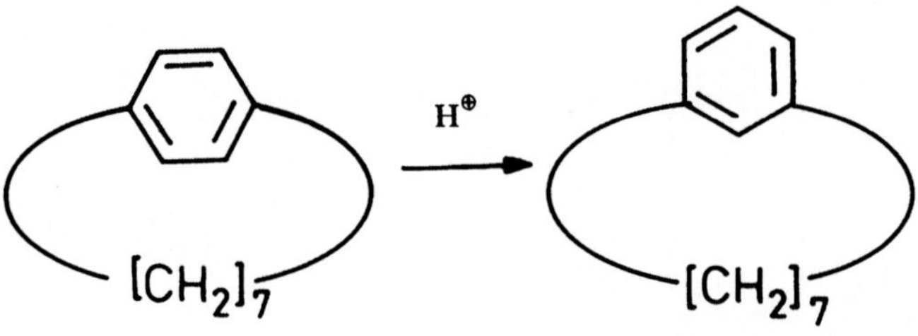

$H^{\oplus}$

6   **7**

Bei der Umsetzung von [10]Orthocyclophanen entstehen *[10]Metacyclophane* [5]:

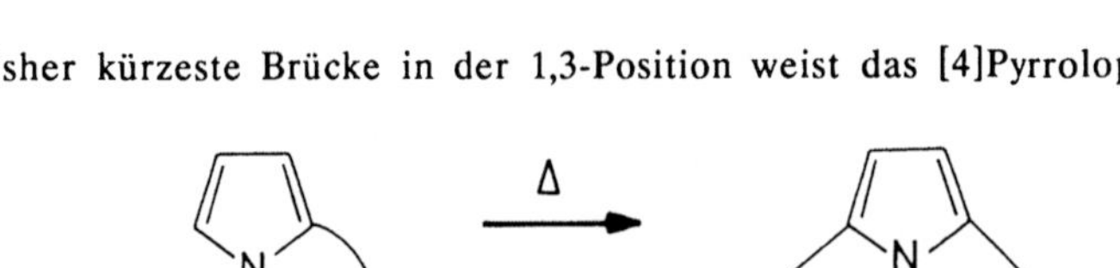

$AlCl_3$
CS_2

R = H, CH_3

Die bisher kürzeste Brücke in der 1,3-Position weist das [4]Pyrrolophan 9 auf [9]:

Δ

8   **9**

In der [n]Metacyclophan-Reihe sind also alle Vertreter mit gesättigten
Kohlenwasserstoff-Brücken von n= 5-10 und n= 12, 13 bekannt, wobei n= 5
die kürzeste Brückenlänge zu sein scheint. Bei den [n](1,3)Naphthalenopha-
nen sind die Vertreter mit n= 6, 8, 10 bekannt (s. *Abschn. 1.3*). Die [n]-
(2,5)Thiophenophane mit n= 8-12 sind gleichfalls hergestellt worden, ebenso
einige [n]Furanophane, [n]Pyrrolophane usw.

Fujita und *Nozaki* [6] entwickelten 1971 eine Synthese des [7](2,6)Pyridi-
nophans (**13**) und des [7](2,6)Pyryliophanium-perchlorats (**12**) sowie einiger
substituierter Pyridinophane ausgehend von 9b-Boraperhydrophenalen (**10**):

Die Dithia[n]metacyclophane **14** (n= 2-9) und entsprechende Pyridino-, Thiopheno- und andere Phane sind nach *Vögtle et al.* leicht zugänglich [7]:

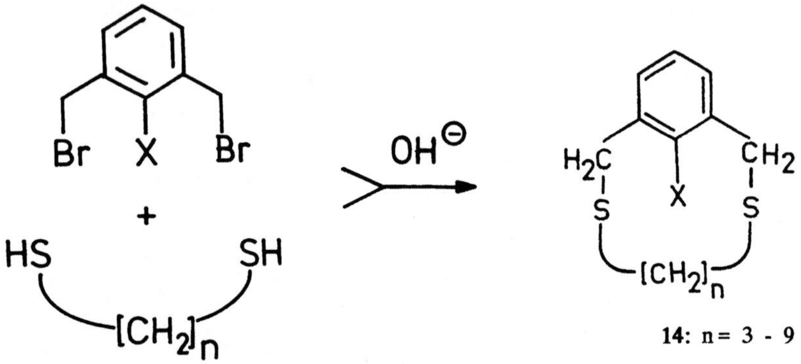

14: n= 3 - 9

Entsprechende Oxaoxo[n]- (**15**) und Diaza[n]metacyclophane (**16**) sind wie die Dithia-Verbindungen gut erhältlich [8]:

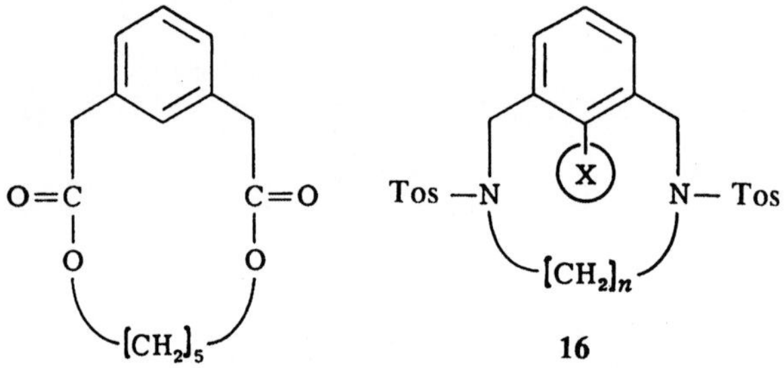

15

16

X = H, F, Cl; $n = 4$
X = F; $n = 5$
X = H, F, Cl, Br; $n = 6$

Nozaki beschrieb [n]Furano-, -Thiopheno- und -Pyrrolophane des Typs 17-19 durch Paal-Knorr-Cyclisierung [10,11]:

Weitere Wege zu [n](1,3)Phanen siehe Lit. [1].

1.1.2 Spektroskopie

In der [n]Meta- wurde wie in der [n]Paracyclophan-Reihe erwartet, daß mit kleiner werdenden Werten von n ein dramatischer Verlust an Aromatizität einherginge. Dies hat sich jedoch nicht bestätigt. Die UV-Spektren von [n]Cyclophanen sind üblicherweise charakterisiert durch zunehmende bathochrome Verschiebungen und Verlust von Feinstruktur, wenn die Länge der Methylenbrücken abnimmt. Dies wird der Verbiegung des aromatischen Rings aus der Planarität heraus zugeschrieben. Wie die [n]Paracyclophane (vgl. *Abschn. 1.2*) zeigen auch die [n]Metacyclophane, die [n](1,3)Naphthalenophane, [n](2,4)Chinolinophane, [n](2,6)Pyridinophane, [n](3,5)Pyrrazolophane und andere [n](2,4)Heterophane ein qualitativ ähnliches Verhalten (bathochrome Verschiebungen bei "Erhalt der Aromatizität").

In den Kernresonanz-Spektren der [n]Cyclophane findet man oft Hochfeldverschiebungen für solche aliphatischen H_i-Atome der Brücke, die ober- oder unterhalb der Ebene des aromatischen Ringes zu liegen kommen. So beobachtet man beim *[7]Metacyclophan* (bei 25°C) noch ein verbreitertes Signal bei $\delta = -0.18$ ppm, also "jenseits" des Standards Tetramethylsilan; bei -73°C liegt es sogar bei $\delta = -1.33$ [15].

Die [n]Metacyclophane zeigen wie die [n]Paracyclophane bei größeren Brückenlängen eine konformative Beweglichkeit der Methylenkette. Bei den [n]Metacyclophan-Kohlenwasserstoffen erwiesen sich nur die NMR-Spektren des kürzesten *[5]Metacyclophans* als nicht temperaturabhängig. Schon die Brücke des *[6]Metacyclophans* unterliegt bei Raumtemperatur einer Pseudorotation und "flippt" zusätzlich ober- und unterhalb der Ebene des Benzenrings hin- und her (Ringinversion). Bei Anwesenheit eines intraannularen Substituenten R_i wird die Brücke an dieser Bewegung gehindert. Während z.B. [7]- und [10]Metacyclophan bei Raumtemperatur wegen der Ringinversion ("flipping") der Oligomethylen-Brücke gemittelte Spektren zeigen, sind die Benzyl-Protonen beim 2-Brom[7]- und 2-Brom[10]metacyclophan nicht äquivalent. Solche Konformationsuntersuchungen wurden auch an [n](1,3)-Naphthalenophanen, [8](2,5)Pyrrolophanen und anderen verwandten Phanen durchgeführt [1].

Während beim *[10]Metacyclophan* die Ringinversion auch bei tiefer Temperatur nicht "eingefroren" werden konnte und beim *[7]Metacyclophan* nur die Ringinversion (Koaleszenztemperatur -28°C), nicht aber die Pseudorotation der CH_2-Gruppen beobachtet wird, ergaben sich aus der Temperaturabhängigkeit der Protonenresonanz des *[6]Metacyclophans* [Signale bei $\delta =$ -1.27 ! (-82°C) und bei $\delta = +0.35$ (30°C)] folgende Details [15]: Die Pseudorotation der Methylen-Brücke (Koaleszenztemperatur $T_c = -31.5°C$, $\Delta G_c^{\ddagger}$ = 46 kJ/mol) läßt sich getrennt von der Ringinversion ($T_c = +76.5$ °C) mit deutlich höherer Energiebarriere untersuchen.

Die konformative Beweglichkeit der Brücke wird selbstverständlich auch durch Einbau von Heteroatomen in die Brücke beeinflußt: In der Dithia[n]-metacyclophan-Reihe **14** (s.o.) wurde z.B. gefunden, daß die Beweglichkeit der Schwefelverbindungen höher ist als die der gleichgliedrigen Kohlenwasserstoffverbindungen; als Grund wird die längere C–S-Bindung anstelle der kürzeren C–C-Bindung angesehen.

Das Konzept der intraannularen Substituenten X in den Ringen **14** wurde zur gezielten Erzeugung von **"Sterischen Wechselwirkungen im Innern cyclischer Verbindungen"** eingesetzt. Mehr als ein Dutzend intraannularer Reste X (z.B. H, F, Cl, Br, CH_3, OCH_3, SCH_3, OH, SH, NO_2, NH_2, CO_2CH_3 usw.) wurde mit unterschiedlichen Ringgrößen so kombiniert, daß der Ringinversionsprozess **A** $\rightleftharpoons$ **B** sterisch gehindert ist. Durch dynamische ^{1}H-NMR-Spektroskopie (diastereotope Aren-C$\underline{H}_2$-S-Methylenprotonen) konnten die Ringinversionsbarrieren jeweils quantifiziert werden [12]:

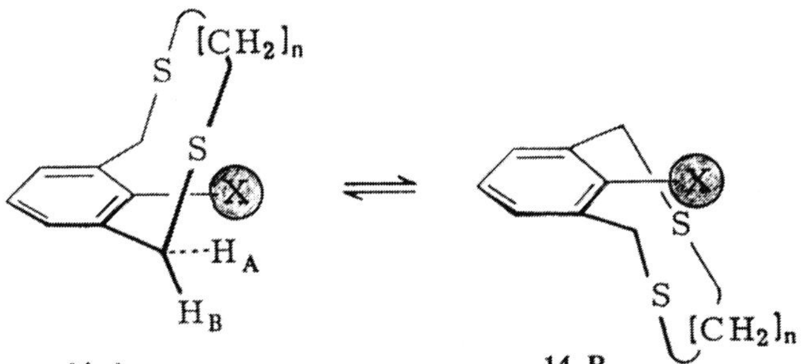

14 A ⇌ 14 B

Wird der intraannulare Substituent in solchen Phanen (14) vergrößert, dann steigen die Umklappbarrieren stark an:

14 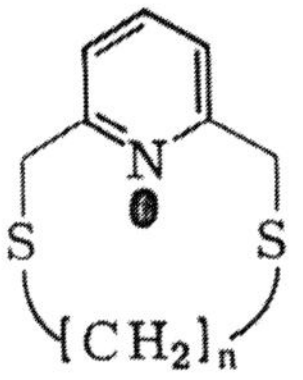   20

Im Phansystem 14 läßt sich daher durch Wahl einer geeignet langen aliphatischen Kette ein Cyclusdurchmesser einstellen, der den intraannularen Substituenten X im Topomerisierungsprozeß 14A ⇌ 14B jeweils gerade noch durch das Ringinnere passieren läßt. Der Meßbereich der dynamischen Kernresonanz kann dem Substituenten angepaßt werden [12].

Dank der synthetischen Variabilität konnte für eine große Anzahl von Substituenten X (in 14) die freie Aktivierungsenthalpie der Diastereotopomerisierung A ⇌ B gemessen werden; die Reihe läßt sich unschwer auf weitere Substituenten ausdehnen. Die sterische Wechselwirkung der meisten Substituenten wurde bei zwei oder drei Brückenlängen (n = 4) untersucht. Der Wert von n bei $\Delta G_c^{\ddagger} = 63$ kJ/mol könnte als Maß für die Größe eines Substituenten gelten ("n-Werte") [12].

Daraus wurde abgeleitet, daß der Raumbedarf von Substituenten in folgender Reihenfolge zunimmt:

$$N\ddot{\cdot} < CH \qquad \text{und}$$

$$H < F < (\text{N})\text{-O} \approx OH < NH_2 < NO_2 \approx Cl,$$
$$CH_3 < CN < Br < OCH_3 < I < SCH_3 < CO_2CH_3 < SO_2CH_3$$

Auch der Raumbedarf der Pyridin-N-oxid-Gruppe konnte auf diese Weise (im System **20**) bestimmt werden [12].

Eine Veränderung der Ringweite in **14** beeinflußt die Ringinversionsbarrieren stark: Verkürzung der Brücke um eine Methylengruppe führt im sterisch kritischen Bereich zu einer Erhöhung von $\Delta G_c^{\ddagger}$ um ca. 29 kJ/mol.

Ersetzt man Methylengruppen der Brücke durch Heteroatome, dann zeigen sich im allgemeinen die von der Veränderung der Bindungslängen her erwarteten Effekte. So erleichtert der Ersatz von -CH$_2$ durch -S stets die Ringinversion, wie beim Vergleich von **21** und **22** sowie **23** und **24** evident wird.

    21   **22**   **23**   **24**

Ersetzt man in den Phanen **25** oder **14** die Schwefelatome durch N(Tos), dann steigt die Inversionsbarriere um ca. 20 kJ/mol:

$$X = N\langle\cdot\rangle,\ C\text{--}H,\ C\text{--}F,$$
$$C\text{--}Cl,\ C\text{--}Br$$

    25

Beim Dioxaphan **26** ist jedoch - entgegen der Erwartung - die Topomerisierungsschwelle um ca. 4 kJ/mol niedriger als bei **27** - ein Zeichen, daß die Verkürzung der Kette um viermal 11 pm durch die höhere Flexibilität der C-O-C-Bindung und den Wegfall einiger *gauche*-H-H-Wechselwirkungen wettgemacht werden kann. In **28** und **30** liegen die $\Delta G_c^{\ddagger}$-Werte wiederum höher als in den entsprechenden Verbindungen **29** und **31**. Die Art der kol-

lidierenden Atome, die miteinander in sterische Wechselwirkung treten, ist
also von Bedeutung [12].

1.1.3   Chemische Reaktionen

Das 1,3-verbrückte Naphthalenophan **32** erfährt bei der Behandlung mit
HBr eine Ringöffnung [13].

Das aus **32** erhaltene Grignard-Reagens **33** reagiert mit O_2 zu unerwar-
teten Produkten; dies demonstriert die Spannung und die transannulare

räumliche Nachbarschaft bestimmter Brücken-Wasserstoff- und -Kohlenstoff-atome mit dem Reaktionszentrum (transannulare Reaktion) [14]:

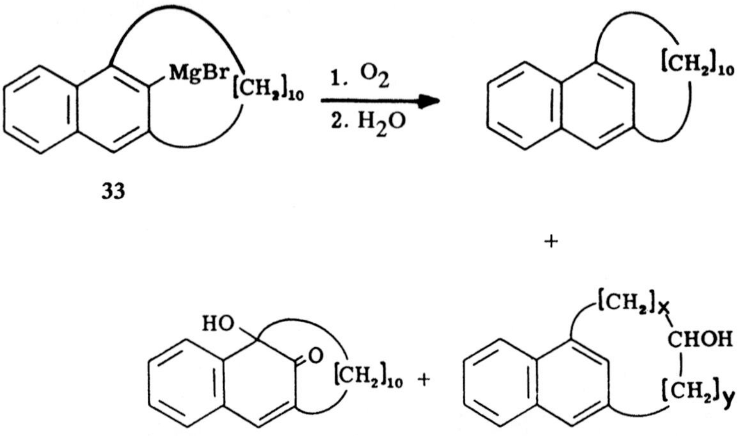

33

Aus den intraannular lithiierten [n]Metacyclophanen des Typs **34** konnte eine Vielzahl von [n]Metacyclophanen **35** mit bestimmten intraannularen funktionellen Gruppen hergestellt werden [15].

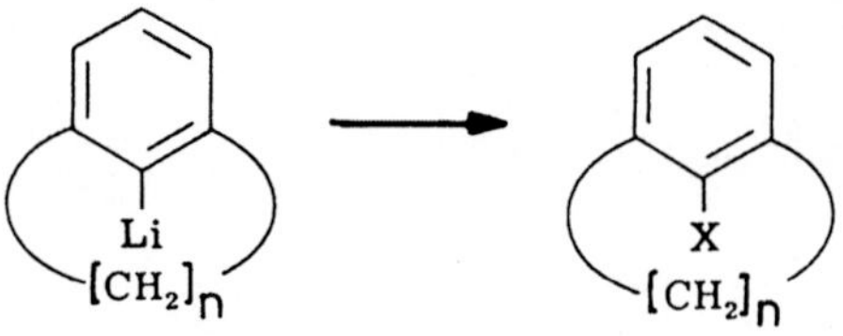

X = H, D, I, Me, CO_2H, CH(OH)Ph, $C(OH)Me_2$

34 35

[5]Metacyclophan geht leicht Diels-Alder-Cycloadditionen ein. Mit Dienophilen entstehen in quantitativer Ausbeute entsprechende Produkte.

Bestrahlung von 2-Chlor[6](1,3)naphthalenophan (**36**) führt zu transannularen Reaktionen [16]:

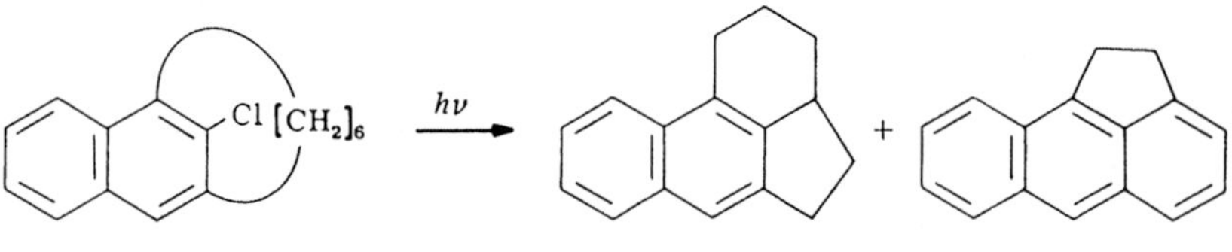

36 37 38

Ähnliche Ringschlüsse wurden bei der Photolyse von 2-Brom[6]- und -[7]-metacyclophan beobachtet.

Nach *Effenberger* [17] führt die Autoxidation der *"[n](2,4)Phloroglucino-phane"* **39** zu den Hydroperoxiden **40**, die in die stabileren hydroxylierten Moleküle **41** übergehen. In alkalischer Lösung lagern letztere zu den Cyclo-pentenonen **42** um:

Das Acyl-Derivat **43** reagiert dagegen mit O_2 zur bis(hydroxylierten) Verbindung **44**. Die "Phloroglucinophane" dienen als Modelle für die Oxidation von Deoxyhumulon zu Humulon und dessen Umlagerung zum Isohumulon, dem bitteren Prinzip des Hopfens [17].

Zu den [n]Metacyclophanen sind auch die Kronenether der folgenden allgemeinen Strukturen zu zählen:

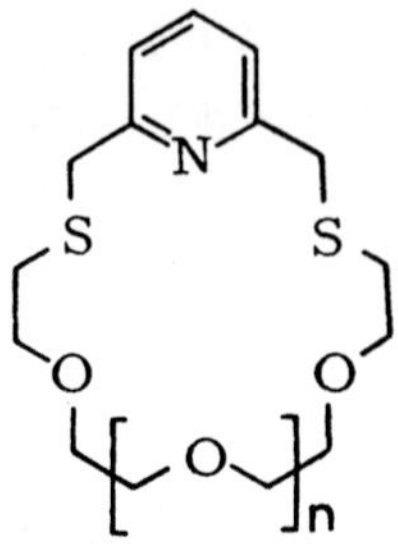

45 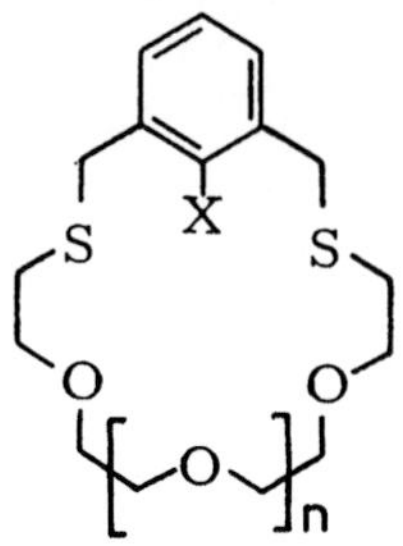   46

Solche Pyridinokronen und intraannular substituierte Benzenokronen [18] sind in vielfältiger Weise eingesetzt worden, u.a. auch für neutrale und saure Chromoionophore [19] (Chromoaceranden [20]), die zum selektiven Nachweis von Kationen, Aminen, Enantiomeren usw. gute Dienste leisten.

Diese Kronenverbindungen sollen hier trotz ihrer prinzipiellen Zugehörigkeit zu den [n]Metacyclophanen oder [2](2,6]- bzw. -(2,5)Heterophanen nicht näher behandelt werden, da sie schwerpunktmäßig eher zu den Kronenethern und Wirtverbindungen gehören, die im letzten *Abschnitt (12.1)* angesprochen werden. Ausführlicher sind sie in Büchern über Wirt/Gast-Chemie, Kronenether, molekulare Erkennung usw. erörtert. Näheres findet man auch in dem Band "Supramolekulare Chemie" (Teubner Verlag, Stuttgart 1989).

1.2   [n]Paracyclophane (und Hetero-/Hetera-Analoge)

1.2.1   Historisches

Das erste, allerdings heteracyclische [n]Paracyclophan {1,12-Dioxa[12]paracyclophan, 1} wurde 1937 von *Lüttringhaus* erhalten [1]. Die Racemattrennung von 2 gelang 1942 im gleichen Arbeitskreis [2].

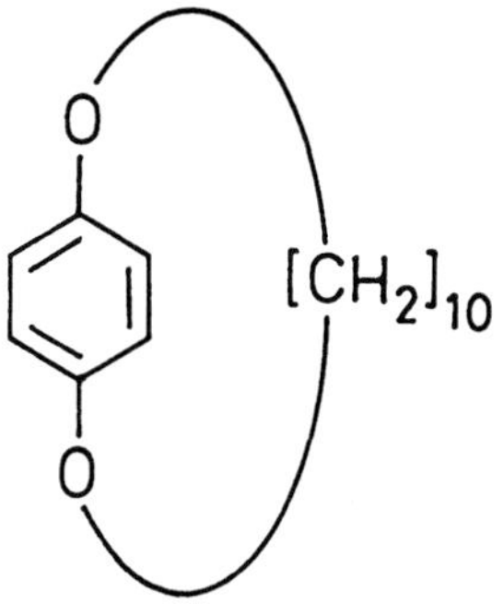

$[CH_2]_{10}$

1

$[CH_2]_{10}$

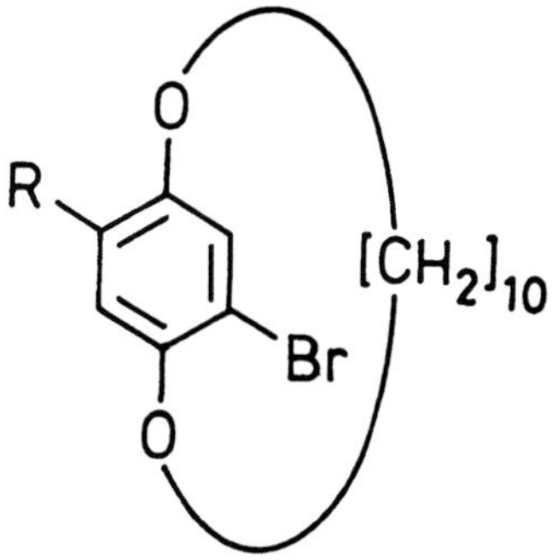

2: R = CO_2H

Huisgen [3] und *Cram* [4] synthetisierten 1954 unabhängig voneinander die [9]- und [10]Paracyclophane 3 bzw. 4 (s.u.):

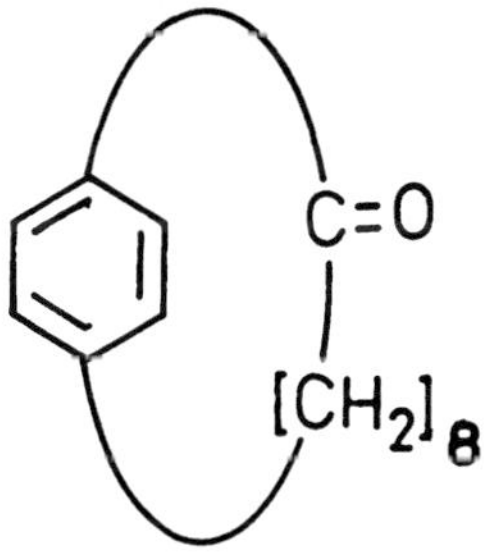

C=O

$[CH_2]_8$

3

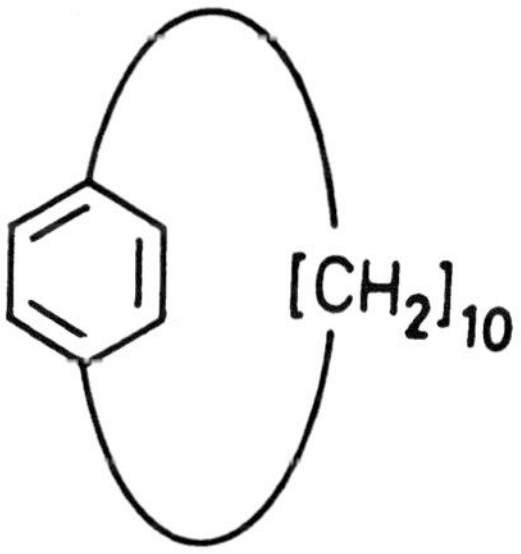

$[CH_2]_{10}$

4

Cram und *Allinger* [5] sowie *Blomquist* [6] trennten die Enantiomere von 5 und *Gerlach* und *Huber* [7] die des [9](2,5)Pyridinophans (6).

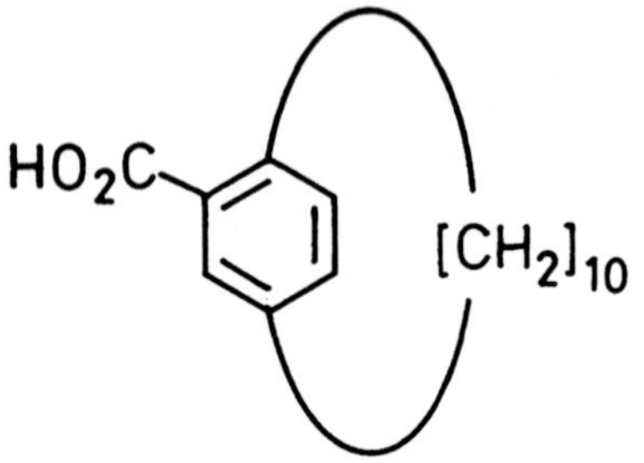

$$HO_2C\text{—}\;\bigcirc\;[CH_2]_{10} \qquad\qquad \bigcirc\;[CH_2]_9$$

5 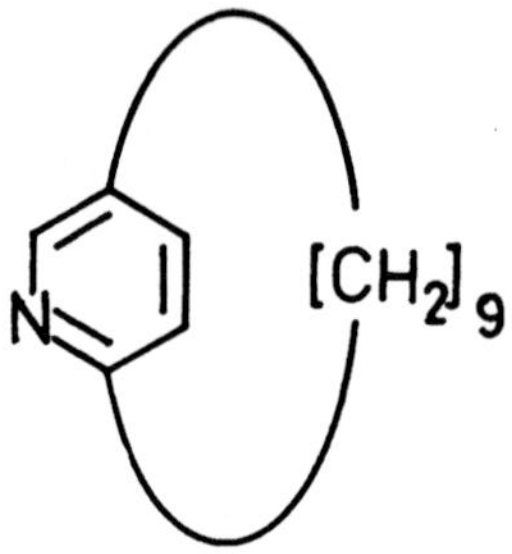   6

1.2.2   Synthesen

Am Beispiel der Synthese der [n]Paracyclophane wurden nahezu alle Cyclisierungsmethoden auf ihre Effizienz geprüft [8]. Es ist historisch interessant, daß in dem Buch "Bridged Aromatic Compounds" von *B. H. Smith* aus dem Jahre 1964 das [8]Paracyclophan als kleinstes [n]Paracyclophan beschrieben war. Allerdings hatte *Allinger* schon 1963 spekuliert, daß das [7]Paracyclophan etwa so gespannt sein sollte wie Cyclopropan und deshalb durchaus synthetisierbar wäre. In der Folgezeit zeigte sich, daß neue Synthesemethoden erforderlich waren, um diese Herausforderung anzugehen. Im folgenden sind lediglich die gängigsten Methoden skizziert. Näheres ist im oben genannten Buch von *B. H. Smith* und insbesondere in der zitierten Literatur zu finden [8].

Die meisten Synthesen der [n]Paracyclophane verwenden intramolekulare Ringschlußreaktionen; bei relativ großen Ringgliederzahlen n entstanden dabei keine für die Paracyclophane spezifischen Probleme. Jedoch versagen die üblichen Methoden bei [n]Paracyclophanen mit weniger als neun Atomen in der Brücke (n < 9).

Die Acyloin-Kondensation ist frühzeitig vor allem von *Cram* erfolgreich zur Herstellung von [9]-, [10]-, [12]- und [14]Paracyclophanen herangezogen worden [8]:

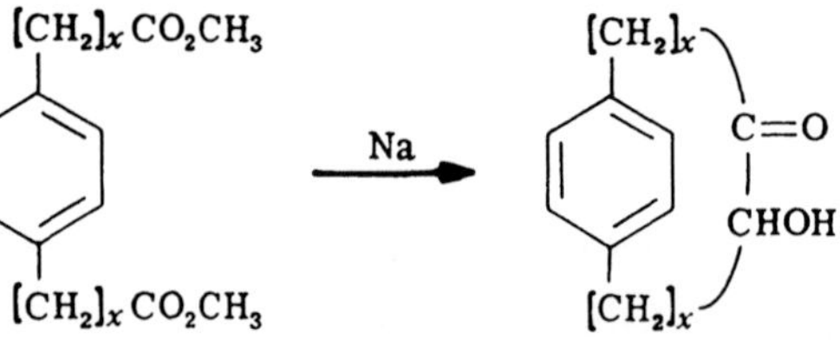

$$
\underset{[CH_2]_x\,CO_2CH_3}{\overset{[CH_2]_x\,CO_2CH_3}{\bigcirc}}
\quad\xrightarrow{\;Na\;}\quad
\underset{[CH_2]_x}{\overset{[CH_2]_x}{\bigcirc}}\;
\begin{array}{l} C{=}O \\ | \\ CHOH \end{array}
$$

Während [n](1,4)Naphthalenophane mit n= 10, 14 durch Acyloin-Kondensation zugänglich waren, versagte die Methode für das [9](1,4)Naphthalenophan.

Die Friedel-Crafts-Acylierung (unter Verdünnungsbedingungen) wurde 1954 von *Huisgen* und *Schubert* eingesetzt und lieferte [n]Paracyclophan-Verbindungen mit n= 9-14, 16 [3,8,9]:

Die intramolekulare Eglinton-Kupplung von Bis(ethinyl)-Verbindungen führt zu [n]Paracyclophan-diinen:

$$x = y = 3$$
$$x = 2; y = 4$$
$$x = 3; y = 4$$
$$x = y = 4$$
$$x = y = 5 \quad ;$$

$$x = y = 3, 4$$

Misumi gelang auf diese Weise die Herstellung von [10]-, [11]-, [12]- und [14]Paracyclophan-diinen sowie von [10]- und [12](9,10)Anthracenophan-4,6-diin [10], woraus durch Hydrierung [10](9,10)Anthracenophan gewonnen wurde.

Die intermolekulare Herstellung von Dithiaparacyclophanen des Typs 7 gelingt leicht und ohne Aufwand durch Umsetzung von Dithiolen mit Dihalogen-Verbindungen in Reinausbeuten von 50-88% {Dithia[8]- bis -[14]para-cyclophan} [11,12]. Durch Sulfonpyrolyse [13] stellte *Misumi* daraus die [8]- bis [12]Paracyclophane und das [14]Paracyclophan (vgl. **8**) in 30-46% Ge-samtausbeute her [12]. Analog wurden [10]- und [14]Anthracenophane [13,14], das [8](3,7)Tropolonophan sowie einige Dithia[n](2,5)pyridinophane mit n= 8, 10, 12 erhalten [8].

X, Y = SH; Hal.

7

$$\xrightarrow[\text{HOAc}]{H_2O_2}$$

$$\xrightarrow[\text{Vak.}]{650\,^\circ C} \quad [CH_2]_n$$

8

Durch Öffnen des Furanrings von Furanobenzenophanen, die durch ge-kreuzte Hofmann-Elimination (Näheres s. *Abschn. 6*) erhalten wurden, konn-te *Cram* erstmals das [8]Paracyclophan (**8d**) gewinnen [15,16]:

9

$$\xrightarrow[H_2O]{Br_2, MeOH}$$

$$\xrightarrow[\text{HCl}]{\text{Zn-Hg}} \quad [CH_2]_8$$

8d

Auf analoge Weise gelang die Synthese des [8](1,4)Naphthalenophans [17] und der chiralen [8][8]- und .[8][10]Paracyclophane 10 [18,19]:

Es bietet sich an, möglichst niedriggliedrige Paracyclophane durch Ringkontraktion höherer [n]Paracyclophane zu erhalten. Die Wolff-Umlagerung wurde von *Allinger* erfolgreich zur Herstellung von [7]- und [8]Paracyclophan-Derivaten eingesetzt [20]:

Das [6]Paracyclophan konnte auf diese Weise nicht gewonnen werden, weil das erforderliche Diazoketon nicht isolierbar war.

Jones gelang 1974 die Darstellung der kleinsten [n]Paracyclophane, die bisher isoliert werden konnten, nämlich des *[6]Paracyclophans* [21] sowie des *[7]Paracyclophans* [22] via Spiro-Dienone 11:

[6]Paracyclophan (8b) wird in guter Ausbeute durch Thermolyse des entsprechenden Dewar-Isomers 13 gebildet. Letzteres ist wiederum das alleinige Produkt der Photolyse von [6]Paracyclophan [23].

13

8a: n = 5
8b: n = 6

Das bei der analogen Reaktion intermediäre Auftreten des bei Raumtemperatur instabilen kleinsten Vertreters der [n]Paracyclophane, des *[5]Paracyclophans* (8a) wurde von *Bickelhaupt et al.* [24] (bei der thermischen Umlagerung von dessen Dewar-Isomerem zu Folgeprodukten) postuliert. Im photostationären Gleichgewicht des Typs 13 $\rightleftharpoons$ 8 liegen nur ca. 6-7% 8a vor. Überlegungen zum Mechanismus solcher Reaktionen führten zu einem neuen synthetischen Weg zu [7]- und [8]Paracyclophanen, allerdings mit geringer Ausbeute:

8d

Aus den vorausgehenden Bemerkungen geht hervor, daß von den [n]Paracyclophanen alle Vertreter von n= 6-16 mit Ausnahme von n= 15 bekannt sind. Da das Paracyclophan 8b (n= 6) aller Wahrscheinlichkeit nach das kleinste *isolierbare* Glied der Reihe ist, liegt diese Familie heute praktisch vollständig vor. Dagegen sind von den entsprechenden [n](1,4)Naphthalenophanen bisher nur jene mit n= 8, 10, 14 und von den [n](9,10)Anthracenophanen nur die mit n= 10, 14 bekannt.

Tochtermann et al. erhielten durch McMurry-Reaktion der Epoxydibromide 3 im Einstufenverfahren mit guter Ausbeute kristalline [6]Paracyclophane **4**. Durch stereospezifische Synthese wurden die (+)- und (-)-Enantiomere der [6]Paracyclophan-8-carbonsäure (**4**, R = CO_2H) gewonnen [25b]:

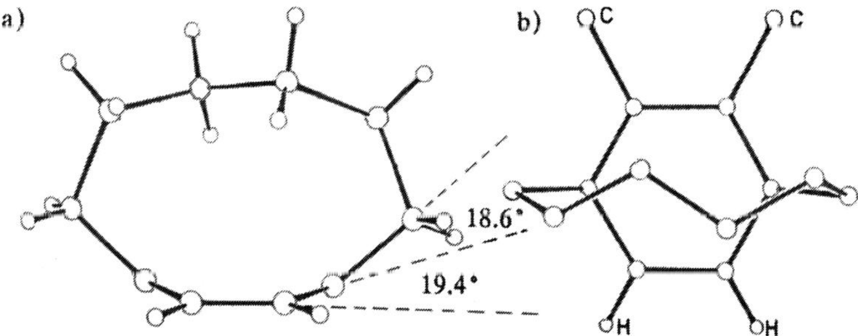

Sie weisen einen bootförmig deformierten Benzenring auf: Die Deformationswinkel α des entsprechenden *ortho*-Diesters wurden durch Röntgen-Kristallstrukturanalyse zu 19.4° und 19.5° bestimmt; die benzylischen Methylengruppen sind um weitere 18.6° und 21.2° abgeknickt [25a] (Abb.1).

Abb.1. Röntgen-Kristallstruktur des [6]Paracyclophan-8,9-dicarbonsäuredimethylesters : a) Seitenansicht, b) Aufsicht

Durch intermolekulare Ester- oder Amidbildung unter Verdünnungsprinzip-Bedingungen konnten heteracyclische Lactame und Lactone aufgebaut werden [26,27]:

$$R = H;\ n = 6\text{-}10$$
$$R = Me;\ n = 5\text{-}10$$
$$R = OMe;\ n = 5\text{-}10,\ 12$$
$$R = OEt;\ n = 12$$

1.2.3   Spektroskopie

Wie oben bei den [n]Metacyclophanen schon erwähnt, wiesen spektroskopische Daten auf eine Nichtplanarität der aromatischen Ringe bei kleiner werdenden Werten von n hin. Erwartungen eines drastischen Verlusts an Aromatizität, die sich in den spektroskopischen Eigenschaften und chemischen Reaktionen zeigen sollten, haben sich auch in dieser Reihe nicht bestätigen lassen [8]. MNDO-Berechnungen der Photoelektronenspektren von *[6]-* und *[7]Paracyclophanen* führten zu dem Ergebnis, daß die beobachteten Aufspaltungen hauptsächlich dem elektronenschiebenden Effekt der Brükkenatome zuzuschreiben waren und weniger dem Verlust an aromatischem "Charakter".

Die *UV-Spektren* auch der Paracyclophane [8] sind bei abnehmender Länge der Methylenbrücke durch zunehmende bathochrome Verschiebungen und Verlust an Feinstruktur charakterisiert. Hierfür wird die Deformation des aromatischen Rings verantwortlich gemacht.

Das *EPR-Spektrum* des metastabilen Tripletts des *[7]Paracyclophans* wurde im Sinne von π-Molekülorbital-Änderungen interpretiert, die von einer Faltung der Brückenkopf-Kohlenstoffatome aus der Ebene des aromatischen Rings heraus herrühren.

Abb.2 zeigt die bekannten, von *Cram* beschriebenen UV-Spektren einiger [n]Paracyclophane (n= 8-10, 12). Inzwischen sind auch die UV-Absorptionen des [7]- und des [6]Paracyclophans bekannt: λ_{max}= 216, 245, 283 bzw. 212, 253, 290 nm.

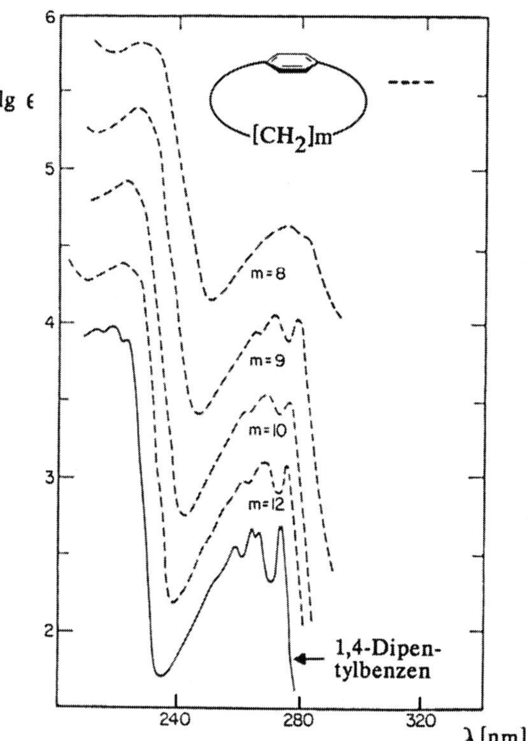

Abb.2. UV-Absorptionsspektren (nach *Cram et al.* [16]) von [8]-, [9]-, [10]- und [12]Paracyclophan (in absol. Ethanol). Zum Vergleich die offenkettige Modellsubstanz 1,4-Dipentylbenzen (durchgezogene unterste Kurve; die Kurven sind auf der Ordinate gegenüber der darunter befindlichen Kurve jeweils um 0.5 logarithmische Einheiten versetzt)

Die UV-Spektren sind herangezogen worden, um ein Maß für die Benzenring-Deformation in den [n]Paracyclophanen abzuleiten.

Aus den *Röntgen-Kristallstrukturanalysen* der Carboxyl-Derivate von [7]- und *[8]Paracyclophan* [25,28] ergaben sich Werte für die Abweichung von der Planarität von α = 17° bzw. 9.1°. Diese Winkel wurden durch neuere Molekülmechanik- und Kraftfeld-Rechnungen bestätigt. Auf diesen Werten von α basierende Berechnungen der Elektronenspektren sind in guter Übereinstimmung mit den experimentellen Daten.

Analysen der berechneten Spannungsenergien deuten darauf hin, daß für kleinere n die Verbiegung des aromatischen Rings als Hauptkomponente der Spannungsenergie anzusehen ist. Demgegenüber wird die Spannungsenergie für die [n]Paracyclophane mit n= 9, 10 hauptsächlich Torsions-Spannungen zugeschrieben, die auf weniger stabile Konformationen der Brücke zurückgehen (Tab.1). Jedenfalls ist die Spannungsenergie nicht etwa auf eine Dehnung von C–C-Bindungen in der Brücke zurückzuführen, wie auch Röntgen-Kristallstrukturanalysen zeigen. Jedoch geht aus letzteren hervor, daß Bindungswinkel-Kompressionen an den benzylischen Kohlenstoffatomen und C-C-Bindungswinkel-Dehnungen an einigen Methylengruppen (bis zu einem Maximalwert von 117° im 3-Carboxyl[7]paracyclophan) eine Rolle spielen. In dem gespanntesten der isolierten [n]Paracyclophane, einem ringsubstituierten [6]Paracyclophan, wurden neuerdings durch Röntgen-Kristallstrukturanalyse gedehnte Bindungswinkel in der aliphatischen Brücke bis zu 126.5° gefunden (Idealwert im ungespannten Fall: 109.5°) [25].

Tab.1. Berechnete Werte für die Abweichung von der Planarität des Benzenrings (α) und Spannungsenergie in [n]Paracyclophanen [8,29-31]

Nr.	n	α [°]	Spannungsenergie [kJ/mol] nach [8]	nach [30]	nach [31]
8f	10	8.4	64.8		
8e	9	8.5	53.2		
8d	8	12.5	70.5	70.3	
8c	7	18.2	87.5	87.5	133.5
8b	6	22.4	120.3		
8a	5	26.5	163.5		

Protonenresonanzspektren: Wie Molekülmodelle zeigen, befinden sich in den kurz verbrückten [n]Paracyclophanen einige der Brückenprotonen in einer Lage über der Ebene des aromatischen Kerns und sind daher zum Teil stark hochfeldverschoben. Die höchsten Hochfeldverschiebungen sind in Tab.2 zusammengestellt.

Tab.2. Hochfeldverschiebungen in den ^{1}H-NMR-Spektren der [n]Paracyclophane [8]

Nr.	n	δ [ppm]
8h	12	0.78 [a]
8g	11	0.68 [a]
8f	10	0.48 [a]
8e	9	0.33 [a]
8d	8	0.19 [a]
8c	7	-0.3 bis -0.9 (m, 2H) [b]
8b	6	-0.6 (m, 2H) [b]

[a] Entkoppelt; [b] Zentrum des Multipletts

Im [10](1,4)Naphthalenophan und [10](9,10)Anthracenophan werden Absorptionen bei noch höherer Feldstärke (δ = -0.40 und 0.00) beobachtet als für das [10]Paracyclophan (δ = 0.48). Diese Kernresonanzen sind dazu benutzt worden, um Ringstrom-Theorien zu prüfen, z.B. das "free electron-Modell" und die *Johnson-Bovey-* und *Haigh-Mallion*-Theorien.

Die *^{13}C-NMR-Spektren* der [n]Paracyclophane sind auch im Hinblick auf den Einfluß des aromatischen Ringstroms auf die ^{13}C-Verschiebungen in der aliphatischen Brücke gemessen worden [32]. Ein solcher Ringstromeffekt scheint in den ^{13}C-NMR-Spektren der [8]- bis [10]Paracyclophane wirksam zu sein.

Auch die *dynamische Kernresonanz* der [n]Paracyclophane wurde studiert [33]. In den [8]- bis [10](1,4)Naphthalenophanen sind die Methylenbrücken (bei Raumtemp.) auf einer oder der anderen Seite des aromatischen Rings fixiert, während das [14](1,4)Naphthalenophan konformativ flexibel ist (im Rahmen der NMR-Zeitskala). Bei einem Ring-substituierten [6]Paracyclophan konnte die Pseudorotation der aliphatischen Brücke NMR-spektroskopisch beobachtet werden [34].

Das Konformationsverhalten verschiedener hetera-substituierter Paracyclophane und Dioxa[n]paracyclophane wurde gleichfalls beschrieben [35].

1.2.4   Chemische Reaktionen der [n]Paracyclophane

Transannulare Reaktionen: Die Acetolyse des optisch aktiven [9]Paracyclophan-4-tosylats führt zum entsprechenden Acetat mit 98 ±2% Retention der Konfiguration. Dies deutet auf die intermediäre Bildung des verbrückten Ions **14** hin [8]:

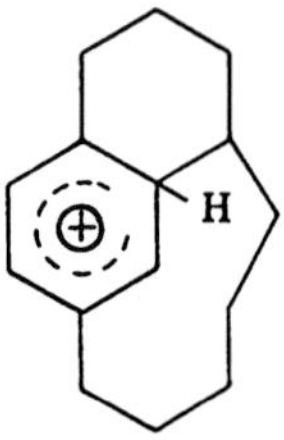

14

Die relativen Acetolysegeschwindigkeiten sprechen zudem für die Teilnahme des Phenylenrings an der Reaktion, denn das Anbringen der Tosylgruppe in 3-, 4- und 5-Stellung bewirkt eine Beschleunigung der Reaktionsgeschwindigkeit. Die drastische Reaktivitätserhöhung beim [9]Paracyclophan-4-tosylat wird der Spannungserleichterung bei der Ionisation zugeschrieben [16].

Auch die Acetolyse des [8]Paracyclophan-3-tosylats führt zu Kohlenwasserstoff-Produkten, was die Bedeutung des transannularen Nachbargruppeneffekts des Benzenrings bei der Ionisation widerspiegelt [8,16]:

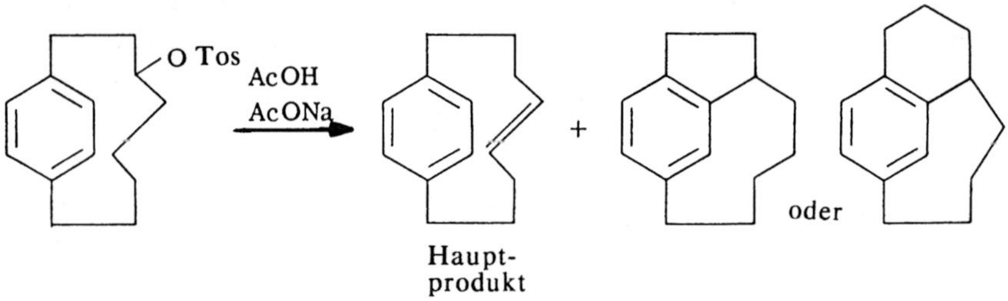

Haupt-
produkt

oder

Bei der Acetolyse des Ditosylats **15** beobachtet man eine doppelte transannulare Substitution im Zuge der thermisch induzierten Bildung von **16** [8].

15   **16**

Bei der Bromierung von [8]Paracyclophan (**8d**) wurden nur Produkte einer Umlagerung und Spaltung der Brücke isoliert [8].

8d

$AlCl_3/HCl$

-10°C

17

Durch Behandlung von [8]Paracyclophan mit $AlCl_3/HCl$ in Dichlormethan bei -10°C entsteht [8]Metacyclophan (**17**) als Hauptprodukt in 38% Ausbeute. Auch [7]Paracyclophan (**8c**) konnte unter Säureeinfluß zum [7]Metacyclophan umgewandelt werden.

Diels-Alder-Reaktionen: Der Benzenring ist gegenüber Diels-Alder-Reaktionen normalerweise als reaktionsträge anzusehen. Nur durch drastische Versuchsbedingungen wie Lewis-Säure-Katalyse oder Verwendung extrem starker Dienophile läßt sich diese Reaktionsträgheit gelegentlich überwinden. Eine andere Möglichkeit zur Reaktionssteigerung besteht im Einsatz sterisch stark gespannter Benzene bzw. Arene. [2.2]Paracyclophan (Spannungsenergie ca. 130 kJ/mol; s. *Abschn. 2.3*) reagiert z.B. mit Dicyanacetylen sowie mit Tetrafluordehydrobenzen zu 1:1- und 1:2-Addukten. Mit dem weniger reaktiven Acetylendicarbonsäuredimethylester findet keine Cycloaddition statt, jedoch wird dieses Dienophil an das stärker gespannte [2.2.2](1,2,4)Cyclophan *(Abschn. 5.1)* angelagert (170°C, 1 h, 61% Ausbeute).

[n]Cyclophane mit kleiner Brückengliederzahl sind wegen ihrer heute guten Zugänglichkeit günstige Studienobjekte für [4+2]Cycloadditionen. So wurden Diels-Alder-Reaktionen von [7]- und [8]Paracyclophan (8c,d) {wie von [7]Metacyclophan} beschrieben [30].

$$RC \equiv CR \quad (18) \quad \xrightarrow{\Delta}$$

8c: n = 7
8d: n = 8

19a: R = CF$_3$, n = 7
19b: R = CF$_3$, n = 8
19c: R = CN, n = 8

8c,d reagieren mit überschüssigem Perfluorbutin (**18**, R = CF$_3$) bei 160°C in 3 h mit 52 bzw. 12.5% Ausbeute zu 1:1-Addukten (überbrückte Barrelene) des Typs **19**.

Wird im Falle von **8d** die Reaktionsdauer auf 24 h verlängert, so erhöht sich die Ausbeute von **19b** auf 76%. Das kürzer verbrückte [n]Paracyclophan erweist sich demnach als additionsbereiter, was auf seine größere Spannungsenergie verglichen mit **8d** zurückgeführt werden kann.

Dicyanacetylen (**18**, R = CN) reagiert unter vergleichbaren Bedingungen nicht mit **8d**; erst bei Zugabe von AlCl$_3$ in *o*-Dichlorbenzen tritt bei 120°C (24 h) Cycloaddition zu dem Feststoff **19c** ein (25% Ausbeute). Acetylendicarbonsäuredimethylester (**18**, R = CO$_2$CH$_3$) läßt sich selbst bei dieser letztgenannten Art der Aktivierung nicht an **8d** addieren; seine dienophile Kraft ist gegenüber den vorgenannten Dreifachbindungs-Dienophilen **18** (R = CF$_3$; R = CN) schwächer.

Wird **8c** mit einer Mischung aus Fluorsulfonsäure und *p*-Toluensulfonsäure in Benzen behandelt, so isomerisiert es zum [7]Metacyclophan. Auch dieser Kohlenwasserstoff läßt sich mit Perfluorbutin bei 150°C in 50% Ausbeute zu einem analogen 1:1-Addukt umsetzen.

Durch Addition von Dienophilen (wie Dehydrobenzen) an Anthracenophane (**20**) können *"Paddlane"* (Sulfone **21** und Kohlenwasserstoffe **22**) mit Triptycen-Struktur hergestellt werden [14]:

20   X = S, SO_2 **21**   n = 8, 12   **22**

Donor/Acceptor-Komplexe: Die π-Basenstärke der Arenringe in [n]Para-
cyclophanen beanspruchte viele Jahre anhaltendes Interessse. Die [9]-, [10]-
und [12]Paracyclophane bilden 1:1-Komplexe mit Tetracyanethen (TCNE).

Die Lage der langwelligsten UV-Absorptionsbande folgt der Reihenfolge
n = 9 > 12 > 10. Dies wurde als eine Kombination von transannularer Delokalisation (Hyperkonjugation) von Ladung interpretiert, welche die Fähigkeit
des Rings erhöht, positive Ladung zu stabilisieren, und der Einschränkung
der transannularen Delokalisation als Folge der Nichtplanarität der Benzenringe [36].

Photochemie: Die Photolyse von [6]Paracyclophan in Cyclohexan-D_{12}
führt zur quantitativen Umwandlung in das entsprechende verbrückte *Dewar-
Benzen* (s.o.) [23]. Dagegen unterliegen [7]- und [8]Paracyclophan [8,23] unter
diesen Bedingungen einer langsamen Polymerisation.

Reaktionen in der Brücke von Paracyclophanen: Das ungewöhnliche Allen **25** konnte in bemerkenswerten 65% Ausbeute nach Umsetzung von **24**
mit Methyllithium isoliert werden [8].

23   **24:** X = Cl, Br   **25**

Auch das Diacetylen **26** ist stabil, reagiert jedoch mit TCNE bei Raumtemperatur zum 1:1-TCNE-Addukt **27**. Die angenommene Art der Wechselwirkung zwischen den Reaktionspartnern ist in **27a** angedeutet [37].

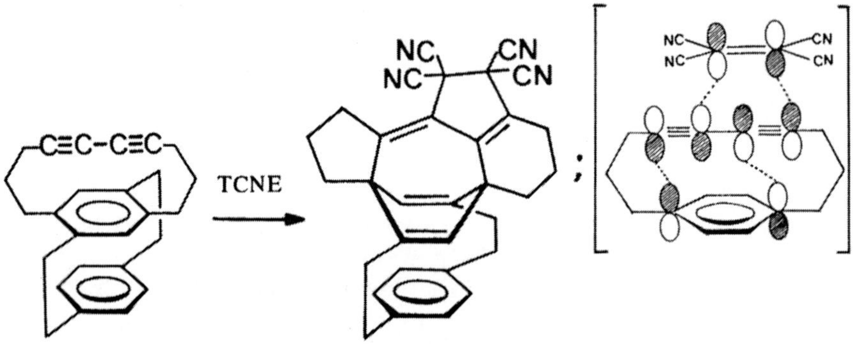

Das [10](9,10)Anthracenophan-4,6-diin (**28**) liefert beim 10minütigen Stehen im Sonnenlicht eine quantitative Ausbeute an dem Photodimeren **30** 8,10).

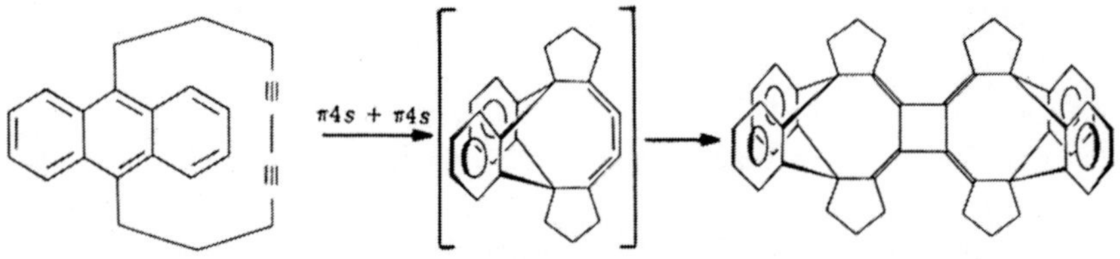

Auch hier ist das angenommene Intermediat **29** in eckigen Klammern angegeben.

Als allgemeine Schlußfolgerung aus der Synthese und Chemie der niedriggliedrigen [n]Paracyclophane ergibt sich, daß damit eine Methodik existiert, Benzenringe zu deformieren.

Weiter ergibt sich, daß "kleine Cyclophane" unerwartete Reaktionen zeigen und insbesondere eine Reaktivität, die an das Verhalten von Oligoalkenen (-olefinen) erinnert, d.h. an einen Trend zu einer Cyclohexatrien-artigen Bindungsfixierung. In scharfem Kontrast dazu zeigen, wie oben mehrfach angedeutet, spektroskopische Ergebnisse, insbesondere die NMR-Spektroskopie und Röntgen-Kristallstrukturen, daß die Delokalisation und der aromatische Ringstrom kaum gestört sind. Insgesamt ist festzuhalten, daß stark deformierte Cyclophane als Moleküle mit aromatischem Strukturteil angesehen werden müssen und daß ihre ungewöhnlichen Eigenschaften weitestgehend Konsequenzen ihrer Spannung (und nicht mangelnder "Aromatizität") sind.

Das [n]Heterophan *[8](3,6)Pyridazinophan* (32b) war im Jahre 1974 von *Nozaki et al.* durch Umsetzung von Cyclododecan-1,4-dion (31) mit Hydrazin und anschließender Luftoxidation hergestellt worden [38].

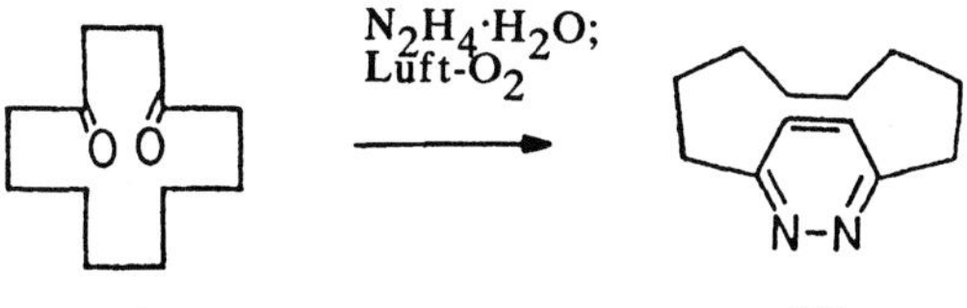

Zur Synthese des *[7](3,6)Pyridazinophans* (32a) mußten *Gassman* und *Boardman* [39] einen Umweg einschlagen; sie gingen vom *(Z,E)*-1,3-Cycloundecadien (33) und 4-Phenyl-1,2,4-triazolin-3,5-dion (34) aus. 32a wurde in Form farbloser Kristalle mit Schmp. 79-80°C erhalten.

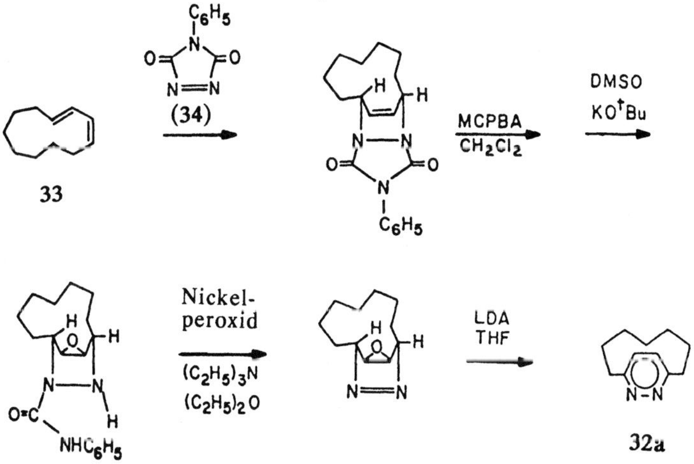

Das [7]Phan **32a** wurde durch Röntgen-Kristallstrukturanalyse gesichert, die zeigte, daß der Pyridazin-Ring in einer Bootform vorliegt mit einem mittleren Deformationswinkel von 17.45°. Die Gegenwart zweier Einproton-Resonanzen bei δ = 0.41 und -1.93 ppm deutet schon an, daß das zentrale Kohlenstoffatom der Siebenerbrücke über dem Zentrum des aromatischen Rings liegen sollte, wodurch die beiden geminalen H-Atome in den Anisotropieeffekt des Pyridazin-Rings gelangen. Die Röntgen-Kristallstrukturanalyse bestätigt diesen Sachverhalt (Abb.3).

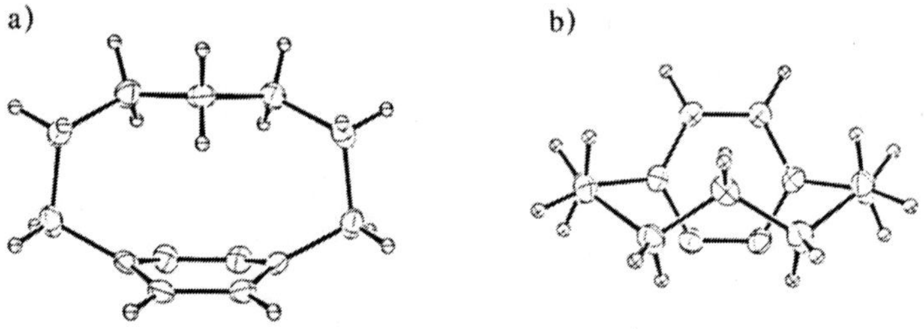

a)   b)

Abb.3. Röntgen-Kristallstruktur von **32a**: a) Seitenansicht, b) Aufsicht

Auch durch Kühlen der Kernresonanz-Probe auf -80°C verschiebt sich die Resonanz bei δ = -1.93 nach δ = -2.33, während sich dieselbe Absorption beim Erhitzen auf 100°C nach δ = -1.75 verlagert. Diese relativ geringe Änderung der Position dieses Protons bei einer Temperaturänderung von 180°C zeigt, daß die Temperatur nur einen relativ kleinen Effekt auf die Gleichgewichtslage der beiden Wasserstoffatome am C-Atom 10 hat.

1.3   [n]Naphthalenophane und [n]Chinolinophane

1.3.1   [n](1,3)Naphthalenophane

Synthese: Eine interessante Synthesestrategie zu *[n](1,3)Naphthalenophanen* (3) entwickelten *Parham et al.*: Verbrückte Indene (1) werden in die entsprechenden Dihalocyclopropane (2) umgewandelt, die mit Basen die gewünschten Phane 3 liefern:

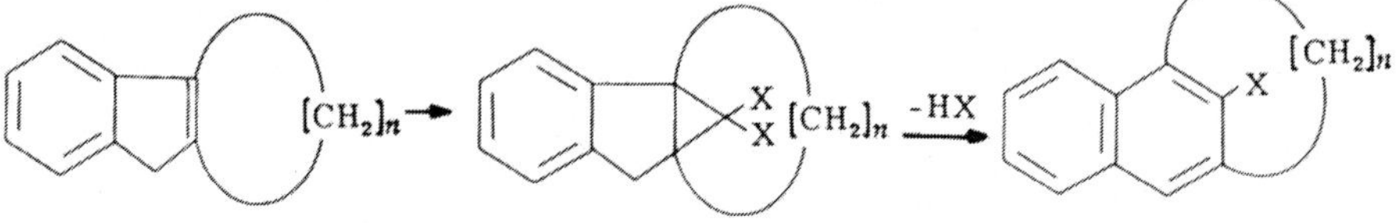

1   2   3: n = 6, 8, 10

Der Vorteil dieser Synthesemethodik ist, daß man intraannulare Substituenten X zur Verfügung hat, die man entweder zum Kohlenwasserstoff-Phan dehalogeniert oder aber derivatisieren kann [1,2]. Die Ausbeuten liegen zwischen 73 und 89% in der letzten Stufe, was auf die Entspannung bei der Öffnung des Cyclopropanrings zurückzuführen ist und auf die zugleich erfolgende Aromatisierung des Naphthalenrings.

Die Synthesemethode ist allgemein anwendbar und gelang bei [n](1,3)-Naphthalenophanen bis herab zu n= 6. Das zunächst postulierte 3 (n= 5) [1] wurde später von *Grice* und *Reese* [2] synthetisiert. Für n= 4 konnte jedoch H-X nicht mehr eliminiert werden.

Die Halogen-substituierten Naphthalenophane 3 werden über das entsprechende *Grignard*-Reagens oder die lithiumorganische Verbindung zu den Kohlenwasserstoffen reduziert. Auch entsprechende Chinolinophane wie 5 sind auf diesem Wege erhältlich [3,4].

4: n= 6, 8, 10   **5:** n= 8, 10

Chemische Reaktionen: Reaktivität und Umlagerungsreaktionen solcher Naphthalenophane, bei denen jedoch nicht das eigentliche Naphthalen-System insgesamt überbrückt ist, sondern die eher als Benzo[n]metabenzenophane anzusprechen sind, wurden untersucht:

Die Photolyse von *2-Chlor[6](1,3)naphthalenophan* (6) führt zum transannularen Ringschluß [5]:

6   **7**   **8**

Die *Grignard*-Verbindungen der [n](1,3)Naphthalenophan-Reihe wie **9** reagieren mit O_2 (unter teilweiser transannularer Reaktion) zu anomalen Produkten, die auf die Ringspannung und die räumliche Nähe von Brücken-Wasserstoffatomen zurückzuführen sind [6] (transannularer Nachbargruppen-Effekt):

9 $\xrightarrow[\text{2. } H_2O]{\text{1. } O_2}$ **10**   +

11   **12**: $x + y = 9$

1.3.2   [n](1,4)Naphthalenophane

Eine Reihe von [n]Naphthalenophanen (**15**: n = 8-10, 14) wurde wie folgt hergestellt [7]:

13: X = O   **14**   **15**: n = 8   n = 9,10

16: x,y = 4
      x,y = 6

n = 10
n = 14

Ausgangspunkt ist das Naphthalenofuranophan **13**, das mit Säure ringgeöffnet wird, worauf eine Diazomethan-Homologisierung folgt.

Die [10]- und [14](1,4)Naphthalenophane können durch Acyloinkondensation von **16** gewonnen werden [8].

Das [12](1,4)Naphthalenophan **18** wurde durch Cycloaddition mit Dehydrobenzen aus dem überbrückten Pentadienon **17** erhalten.

Tobe et al. [9] berichteten 1989 über die Synthese der extrem kurz verbrückten und entsprechend deformierten [6](1,4)Naphthalenophane **19** (sowie der [6](1,4)Anthracenophane **20**):

An dieser Stelle sei auch die Synthese von *[n](3,6)Phenanthrenophanen* (**22**) erwähnt, die von *Sutherland et al.* durch photochemischen Ringschluß der entsprechenden überbrückten Stilbene **21** hergestellt wurden [10]. Ein [12](4,5)Phenanthrenophan wurde durch Acyloinkondensation erhalten.

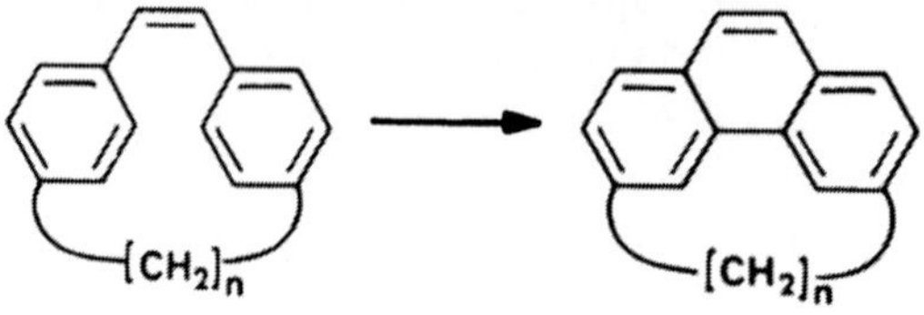

21: n = 7- 10   22: n = 7- 10

^{1}H-NMR-Spektren der Naphthalenophane 15 ergaben, daß nur das [14]-Naphthalenophan mit n= 14 bei Raumtemperatur konformativ flexibel ist (NMR-Zeitskala).

Chemische Reaktionen von [n]Naphthalenophanen: Die Naphthalenophane 15 (n= 8-10) bilden mit Dicyanacetylen bei 100°C die Diels-Alder-Additionsprodukte 23, wobei ausschließlich der nichtverbrückte Benzenring reagiert. Beim [14]Naphthalenophan reagiert zusätzlich auch der *p*-Phenylen-Teil des [n]Naphthalenophan-Systems, wobei Produkte des Typs 24 entstehen, die wegen ihres Paddlan-Charakters erwünscht waren. Die Ausbeuten liegen für n= 14 bei 54% an 23 und bei 7% an 24 [7].

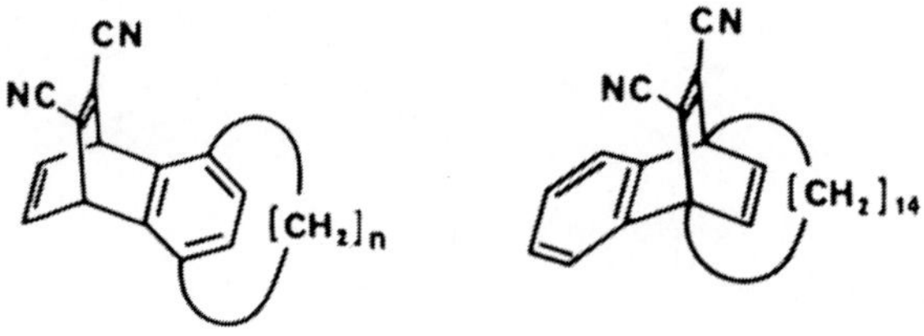

23: n = 8, 9, 10, 14   24

1.4   Weitere [n]Phane

Die Röntgen-Kristallstrukturanalyse des 2-Thia[3]biphenylophans **1** zeigte, daß durch die CH_2-S-CH_2-Klammer der zentrale Vierring zum Trapez verzerrt ist [1].

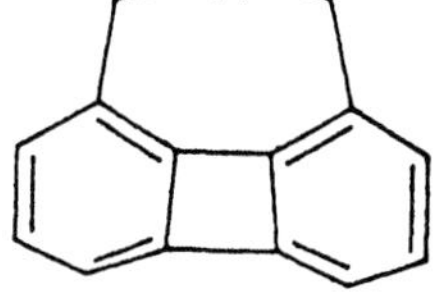

1: X = S

"[n](1,5)Cyclooctatetraenophane" (**2**) und "Semibullvalenophane" (**3**) [2] wurden vor kurzem von *Paquette et al.* beschrieben [3] (vgl. hierzu *Abschn. 9* und *10*):

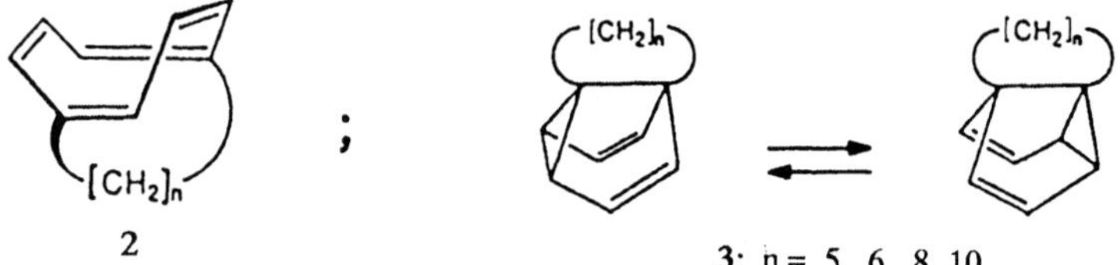

2   **3**: n = 5, 6, 8 10

Die ersten Sandwich-Phane, die *[n]Ferrocenophane* **4** (n= 3-5), wurden schon 1958 von *Lüttringhaus et al.* unter der Bezeichnung *"Ansa-Ferrocene"* veröffentlicht [4]:

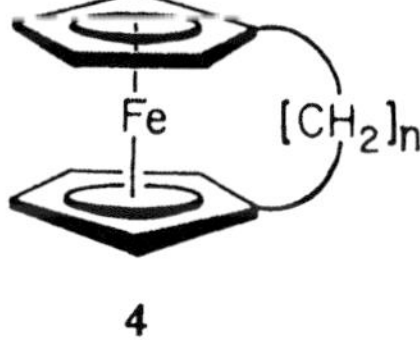

4

Viele weitere Metallocenophane, darunter Ruthenocenophane, überbrücktes Dibenzenchrom sowie das Superferrocenophan sind inzwischen bekannt (siehe auch *Abschn. 10*, "Exotische Phane", sowie *Ch. Elschenbroich, A. Salzer:* "Organometallchemie" (Teubner, Stuttgart 1988) und "Organometallics - A Concise Introduction" (VCH-Verlagsgesellschaft mbH, Weinheim 1989).

Von einer Reihe von [n]Ferrocenophanen sind Röntgen-Kristallstrukturanalysen bekannt, darunter von [3](1,1')Ferrocenophan (TCNE-Komplex), vom [3](1,1')- und [4](1,1')Ferrocenophan-1-on und vom [15](1,1')Ferrocenophan-8-on [6].

1.5   [n.1]Phane

Im Anschluß an die [n]Phane seien hier noch einige verwandte [n.1]Phane [1] erwähnt: Kurz verbrückte "Benzophenonophane" und "Diphenylmethanophane" wie 1-4 wurden als sterisch gehinderte zweiflügelige Propellermoleküle hergestellt [2]:

Die [4.1]Metabenzenophane 1 und 2 weisen wegen ihrer insgesamt engen Verklammerung eine hohe Topomerisierungsschwelle für die Umwandlung der Propellerkonfigurationen ineinander auf: $\Delta G_c^{\ddagger} = 82$ kJ/mol.

Carbokationen (6), Carbanionen (7) und Carbene (8) als Ringbestandteile von Kronenethern wurden aus entsprechenden "Benzophenonophanen" (5) dargestellt und ihre Wechselwirkung mit Kationen studiert [3]:

	X
a	$=O$
b	$=N_2(CH_3)_2$
c	$=NNH_2$
d	$=NNHTos$
e	$=NOH$
f	$=NNHDNP$
g	$=N_2$

DNP = 2,4-Dinitrophenyl

Den Einfluß der Molekülgeometrie auf die spektroskopischen und photochemischen Eigenschaften von α-Oxo[1.n]paracyclophanen (9) untersuchten *Turro* und *Staab et al.* [4]:

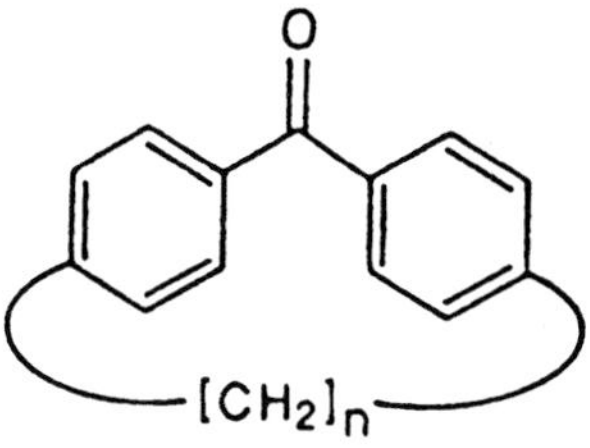

9: n = 8 - 12

2 [2.2]Phane

EINLEITUNG

Von den sechs [2.2]Cyclophanen **1-6** sind heute alle bis auf das [2.2]Orthoparacyclophan (**6**) bekannt.

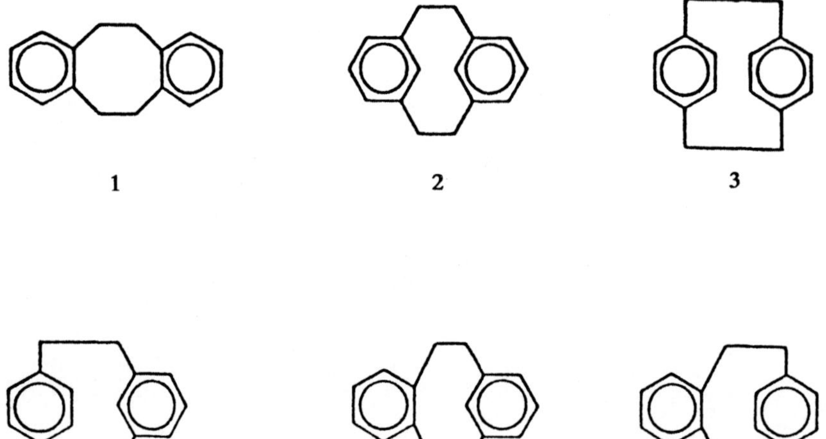

Das [2.2]Orthocyclophan (**1**) ist wegen seiner *ortho*-Verbrückung als Cyclophan weniger interessant; die Überbrückung der *o*-Positionen gilt als vergleichsweise trivial und führt nach *Lüttringhaus* definitionsgemäß nicht zu Ansaverbindungen.

Wir beginnen in der Reihenfolge 1, 2, 3, 4, 5 mit der Beschreibung der Synthesen und Eigenschaften dieser zu den interessantesten Vertretern der Cyclophan-Chemie gehörenden, besonders einfachen überbrückten Benzene. 2 - 5 zeigen alle die für Cyclophane charakteristischen deformierten Benzenringe, transannulare elektronische und sterische Wechselwirkungen, Besonderheiten in den Spektren, und sie erfordern besondere Synthesestrategien. Diese [2.2]Phane stehen im Zentrum der Cyclophan-Chemie.

2.1   [2.2]Orthocyclophan

Synthese: Baker erhielt im Jahre 1945 durch Umsetzung von 1,2-Bis-(brommethyl)benzen (7) mit einem Überschuß einer Suspension von Natrium in siedendem Dioxan das *[2.2]Orthocyclophan* (1,2,5,6-Dibenzocyclooctadien, 1) in 6% Ausbeute [1]. Neben offenkettigen Produkten fiel dabei auch das nächst höhere Oligomer an, das [2.2.2]Orthocyclophan (8).

7   1

8   9

Mit der gleichen Umsetzung, aber striktem Einhalten des Verdünnungsprinzips, konnten *Cope* und *Fenton* 1951 das [2.2]Orthocyclophan in 45% Ausbeute isolieren [2]. Nach dem Müller-Röscheisen-Verfahren werden 40% 1 und 35% 8 erhalten, auch bei relativ hohen Konzentrationen. [2.2.2.2]Orthocyclophan (9) wird durch Umsetzung von 1,2-Bis(2-brommethylphenyl)-ethan mit Phenyllithium in 40% Ausbeute gewonnen [3] (vgl. *Abschn. 7.1.1*).

Die *Eigenschaften* des [2.2]Orthocyclophans (1) bedürfen keiner näheren Diskussion, da hier weder deformierte Benzenringe vorliegen, noch hochfeldverschobene innere Wasserstoffatome. Von den Eigenschaften her ist 1 eher ein Dibenzocyclooctadien als ein charakteristisches Cyclophan. Zu den "Ansaverbindungen" zählte die Verbindung wie erwähnt nicht, denn *"Ansaverbindungen"* sind solche, in denen ein Benzenring in anderer als der *normalen* 1,2- oder *o*-Position verbrückt ist.

2.2   [2.2]Metacyclophane

Das *[2.2]Metacyclophan* ist eine Cyclophan-Modellverbindung "par excellence" und ist als solches gut geeignet, den Reigen der [2.2]Phane anzuführen. Es hat sich einschließlich seiner zahlreichen Substitutionsprodukte als einzigartiges Modellsystem für das Studium von Fragen der Benzenring-Deformation, der statischen und dynamischen Stereochemie, intramolekularer und transannularer sterischer und elektronischer Wechselwirkungen, Wechselwirkungen zwischen räumlich benachbarten, aber nicht unmittelbar aneinander gebundenen funktionellen Gruppen, Fragen nach der Aromatizität deformierter Benzenringe, transannularer Ringschlußreaktionen usw. erwiesen.

2.2.1   Synthese

Pellegrin stellte den Kohlenwasserstoff 2 schon im Jahre 1899, wie eingangs erwähnt, durch Wurtz-Reaktion ausgehend von 1,3-Bis(brommethyl)-benzen (1) mit überschüssigem Natrium und einer molaren Menge Brombenzens in Ether (Phenylnatrium) in variierenden Ausbeuten her [1]. *Baker* versuchte die relativ leichte Bildung des zu dieser Zeit ungewöhnlichen Ringsystems durch das *"Prinzip der starren Gruppen"* zu erklären.

Müller und *Röscheisen* verbesserten im Jahre 1957 die Ausbeute an [2.2]Metacyclophan von 11.7% (die *Baker* 1945 erhalten hatte) auf 25% [2]. Mit Phenyllithium erhielt *Allinger* 1961 das [2.2]Metacyclophan in 39% Ausbeute [3]. *Boekelheide* konnte 1961 die Ausbeute nach dem Müller-Röscheisen-Verfahren sogar auf 77% steigern [4].

Jenny gelang es ab 1966, die höheren Homologen 3-10 neben [2.2]Metacyclophan (2) durch Müller-Röscheisen-Reaktion in THF bei -80°C herzustellen (TPE = Tetraphenylethen) und chromatographisch voneinander zu trennen [5]. Alle Vertreter der $[2_n]$Metacyclophane bis hinauf zum 50-gliedrigen $[2_{10}]$Metacyclophan (10) wurden auf diese Weise charakterisiert.

Na/THF/TPE, -80°C

1

2: n = 2

3 - 10: n = 3 - 10

Die Ausbeuten für das [2.2]Metacyclophan lagen bei 33-35%, für n= 3-10 wurden folgende Ausbeuten erhalten (in %): um 8, 1-2, 5, 4, 0.5, 0.6, 0.5, 0.3.

Nach dem Müller-Röscheisen-Verfahren synthetisierten *Sato et al.* nicht nur im Innern des Zehnrings Methyl-substituierte [2.2]Metacyclophane, sondern sie konnten auch von den Bis(*chlor*methyl)-Verbindungen ausgehen, deren Umsetzung mit Phenyllithium versagt [6].

Aus dem Bis(dithian) 11 des Isophthaldialdehyds läßt sich nach der Corey-Seebach-Methode [7a] durch Alkylierung mit 1,3-Bis(brommethyl)benzen (1) das entsprechend Dithian-substituierte [2.2]Metacyclophan 12 gewinnen, das nach verschiedenen Methoden entschwefelt werden kann und auf diese Weise das [2.2]Metacyclophan (2) liefert, evtl. über das Diketon 13 [7b,c].

+1

11

12

2: X = CH$_2$

13: X = C=O

Die Sulfonpyrolyse der 2,11-Dithia[3.3]metacyclophan-tetroxide 15, die aus den leicht in hohen Ausbeuten erhältlichen Dithia[3.3]metacyclophanen 14 hergestellt werden, führt meist in guten Ausbeuten und mit hoher Reinheit zu den entsprechenden [2.2]Metacyclophanen 16; auch solchen, die im Innern des Rings Substituenten enthalten und gespannt sind. Die "intraannularen" Substituenten X, Y in 16 können auch unsymmetrisch verteilt sein (X ≠ Y). Diese Methode läßt sich auch auf viele andere [2.2]Phane anwenden und dürfte inzwischen eine der universellsten Methoden der Cyclophan-Synthese sein [8], die international mehrhundertfach zum Erfolg führte.

Auch die Stevens-Umlagerung läßt sich ausgehend von den Dithia[3.3]-phanen einsetzen, um zu den entsprechenden [2.2]Metacyclophanen bzw. zu deren Dienen **20** zu gelangen *(Boekelheide)* [9].

Die Stevens-Umlagerung läßt sich auch modifiziert mit Dehydrobenzen als Agens durchführen [10].

Schließlich kann der Schwefel auch photochemisch unter Addition einer thiophilen Phosphorverbindung eliminiert werden. Voraussetzung ist, daß das Ausgangsmaterial und das Produkt keine photolabilen Einheiten tragen.

Über eine neue Methode der Ringkontraktion berichtete kürzlich eine japanische Gruppe: In hohen Ausbeuten wird N_2O aus den entsprechenden Nitrosaminen **23** der 2,11-Diaza[3.3]metacyclophane **22** eliminiert [11]:

21: R = Tos
↓
22: R = H
↓
23: R = NO

2

Auch die entsprechenden 1,11-Diseleno[3.3]phane **25** lassen sich zu [2.2]-Phanen ringverengen [12]:

24

25

2

2.2.2   Eigenschaften [13)]

[2.2]Metacyclophan (2) bildet farblose Kristalle mit Schmp. 132-133°C. Es sublimiert leicht und kann erst bei höheren Temperaturen in Pyren übergeführt werden. Das Molekül weist ein Symmetriezentrum, eine Drehachse und eine Spiegelebene auf (Punktgruppe C_{2h}).

Die Röntgen-Kristallstrukturanalyse von 2 ergibt Moleküle mit einem Symmetriezentrum: Die beiden Hälften des Moleküls bilden eine stufenförmige Anordnung. Die Benzenringe sind nicht planar, sondern bootförmig deformiert. Dadurch wird die räumliche Überlappung der inneren Kohlenstoffatome C(8) und C(16) und der daran gebundenen Wasserstoffatome verringert. Die C(8)-C(16)-Entfernung (a in Abb.1) beträgt 268.9 pm. Die durchschnittlichen aromatischen C-C-Bindungslängen betragen 138.6 pm, die der aliphatischen Bindungen 154.3 pm. Es ist bemerkenswert, daß der normalerweise hexagonal-planare Benzenring eine so starke Deformation mit einer kaum wahrnehmbaren Veränderung der interatomaren Abstände "beantwortet".

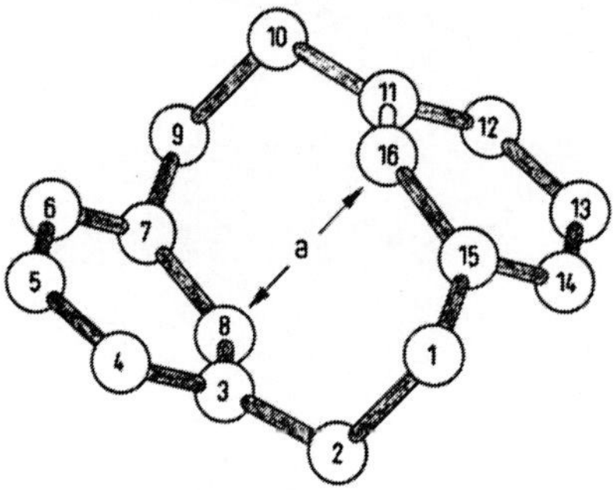

Abb.1. Zur Struktur des [2.2]Metacyclophans (2)

Im intraannular substituierten *8,16-Dimethyl[2.2]metacyclophan* **16a** (X = Y = CH_3) bewirkt die erhöhte Spannung im Molekül verglichen mit dem Stamm-Kohlenwasserstoff 2 eine Aufweitung des C(1)-C(2)-Abstands zu 157.3 pm. Bemerkenswert ist ferner, daß die beiden intraannularen Methyl-Kohlenstoffatome in einer Ebene zusammen mit den C-Atomen 8, 7 und 3 bzw. 16, 11 und 15 liegen (vgl. Abb.1.2). Der C(8)-C(16)-Abstand ist von 268.9 (in 2) auf 281.9 pm (in **16a**) aufgeweitet. Im Kristall scheint die Rotation der intraannularen Methylgruppen um ihre Achse behindert, wenn nicht blockiert zu sein. Jedoch deuten Protonenresonanzmessungen in Lösung auch bei tiefen Temperaturen nicht auf eine Rotationsbarriere für die Methylgruppen hin.

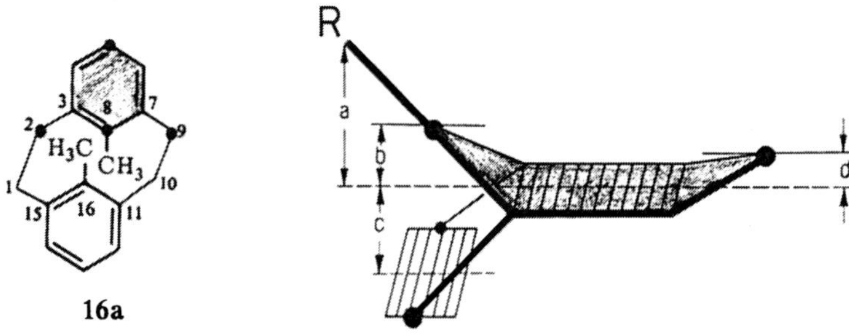

Abb.2. Abweichung der wannenförmig deformierten Benzenringe von der Planarität im [2.2]Metacyclophan-System 2 bzw. 16 (nur einer der beiden Benzenringe ist gezeigt). Details siehe Lit. [13a,c]

Auch das ^{1}H-NMR-Spektrum des gelösten [2.2]Metacyclophans (2) zeigt deutlich die Folgen der Stufenkonformation. **Abb.3** gibt das *^{1}H-NMR-Spektrum* von 2 wieder [13a]. Die Methylenprotonen der Brücken sind nicht äquivalent, da sie eine fixierte gestaffelte Anordnung einnehmen und deshalb als AA'BB'-System absorbieren. Besonders bemerkenswert ist die Absorption der intraannularen Wasserstoffatome H_i bei ungewöhnlich hoher Feldstärke ($\delta = 4.25$). Dies wird durch die Fixierung der H_i-Atome über dem jeweils gegenüberliegenden Benzenring und dem Einfluß von dessen Anisotropieeffekt gedeutet. Das [2.2]Metacyclophan-Molekül ist, wie Hoch- und Tieftemperaturmessungen zeigen, in Lösung vollkommen starr, eine Ringinversion kann ausgeschlossen werden. Im 8-Methyl[2.2]metacyclophan (16b) und im 8,16-Dimethyl[2.2]metacyclophan (16a) sind die Methylprotonen zu extrem hoher Feldstärke verschoben ($\delta = 0.48$ und 0.56, verglichen mit Toluen: $\delta = 2.32$).

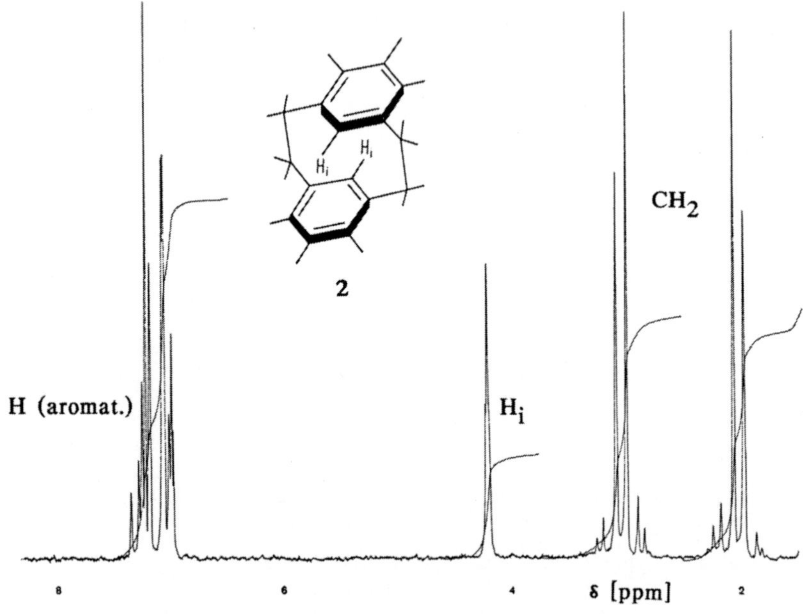

Abb.3. ^{1}H-NMR-Spektrum des [2.2]Metacyclophans (2; 90 MHz, CDCl$_3$)

16a: R = CH$_3$

16b: R = H

16c: R^1 = R^3 = H, R^2 = CH$_3$

16d: R^1 = R^3 = H, R^2 = COOH

Die Starrheit des [2.2]Metacyclophan-Gerüsts wurde endgültig bewiesen durch die *Racematspaltung* der planarchiralen Verbindungen **16c** und **16d**, wozu damals TAPA [(-)-α-(2,4,5,7-Tetranitro-9-fluorenylidenaminooxy)propionsäure] und Chinin eingesetzt wurden [14].

Das *UV-Spektrum* des [2.2]Metacyclophans zeigt eine längstwellige Absorption bei λ_{max} = 272 nm (lg ϵ = 2.64), die gegenüber der Referenzsubstanz 3,3'-Dimethylbibenzyl langwellig verschoben ist.

Transannulare Charge-Transfer-Wechselwirkungen zwischen [2.2]Metacyclophan und Tetracyanethen werden als Grund dafür angesehen, daß eine Bande bei 490 nm auftritt, die im Vergleich zum entsprechenden Komplex mit *m*-Xylen charakteristisch zu längeren Wellen verschoben ist. Dies bedeutet, daß derjenige Benzenring des [2.2]Metacyclophans, der keinen direkten Kontakt mit dem Tetracyanethen hat, die Donorwirkung des mit dem Tetracyanethen wechselwirkenden Benzenrings verstärkt. Jedoch wird die noch stärkere langwellige Verschiebung im [2.2]Paracyclophan-Tetracyanethen-Komplex (λ_{max} = 521 nm) nicht erreicht (s. *Abschn. 2.3*).

Auch im *IR-Spektrum* des [2.2]Metacyclophans treten Banden (zwischen 1400 und 400 cm^{-1}) auf, die in den Spektren von Referenzsubstanzen wie *m*-Xylen, [2.2.2]Metacyclophan (3; s.o.) und [2.2.2.2]Metacyclophan (4; s.o. sowie *Abschn. 7.1.2*) entweder fehlen oder weniger intensiv sind; sie werden der Deformation der Benzenringe zugeschrieben.

Abb.4 zeigt das Photoelektronen-Spektrum des [2.2]Metacyclophans [15]; man vergleiche hierzu die unten *(Abschn. 2.3)* wiedergegebenen PE-Spektren des [2.2]Paracyclophans und anderer $[2_n]$Phane.

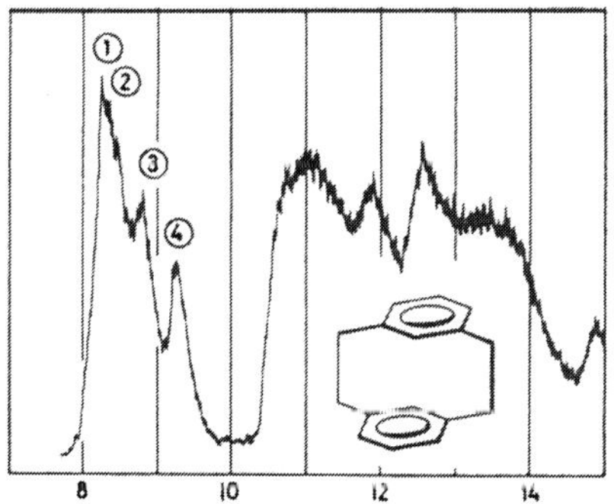

__Abb.4.__ PE-Spektrum des [2.2]Metacyclophans (2) [15]

Während die obigen Diskussionen der *anti*-Konformation des [2.2]Metacyclophans (vgl. Abb.1) galten, die von Anfang an bekannt war, konnten vor einigen Jahren von *Boekelheide* stabile, intraannular substituierte *syn*-[2.2]Metacyclophane synthetisiert werden [16]. Vor kurzem gelang es *Mitchell*, das unsubstituierte *syn*-[2.2]Metacyclophan herzustellen (s.u.).

Grundlage beider stereoselektiver Synthesen sind fixierte *syn*-Konformationen in den ringweiteren 1,11-Dithia[3.3]metacyclophanen. Deren *syn*/*anti*-Konformationsisomerie war von *Vögtle* entdeckt worden [17]. Während *Boekelheide* die *syn*-Konformere intraannular substituierter Dithia[3.3]metacyclophane **14** durch Stevens-Umlagerung ringverengte und auf diese Weise zu den intraannular substituierten *syn*-[2.2]Metacyclophanen **16** gelangte, fixierte *Mitchell* die Konformation des unsubstituierten Dithia[3.3]metacyclophans **14a** durch Komplexierung mit Chromtricarbonyl zu einem dem Dibenzenchrom analogen Übergangsmetall-Aromaten-Komplex.

syn-[2.2]Metacyclophan

Synthese und Eigenschaften [18]: Das *syn*-[2.2]Metacyclophan (**2a**) konnte erst 1985 synthetisiert werden *(Mitchell)*, ist jedoch nur in Lösung bekannt; Kristalle wurden noch nicht isoliert.

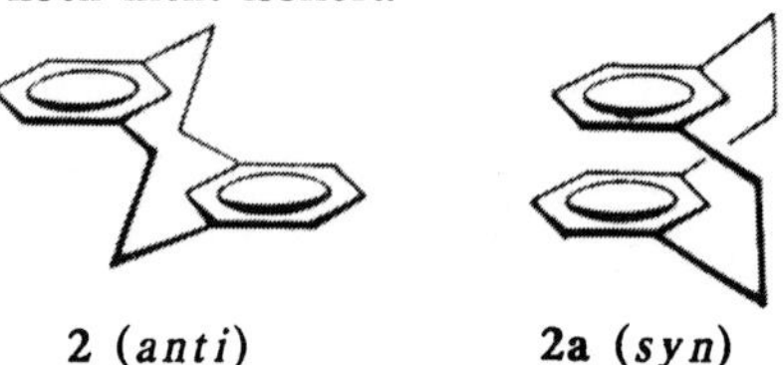

2 *(anti)*   2a *(syn)*

Ausgangspunkt war der konformativ fixierte Bis(chromcarbonyl)-Komplex 27 des (konformativ flexiblen) *syn*-2,11-Dithia[3.3]metacyclophans (*syn*-14a). Rückflußkochen von 14a mit Chromhexacarbonyl in *n*-Dibutylether ergab zunächst mit 70% Ausb. *syn*-26 (Monochromcarbonyl-Komplex). Die *syn*-Konformation ergab sich aus der ^{1}H-NMR-Absorption der intraannularen H-Atome (δ = 7.23 und 4.83). Methylierung von 26 und anschließende Stevens-Umlagerung ergab mit 70% Ausb. das Monochromcarbonyl-Derivat 31D des *syn*-[2.2]Metacyclophans (2a) in Form gelber Kristalle mit Schmp. 120-121°C. Die *syn*-Konformation von 31D geht aus den ^{1}H-NMR-Absorptionen bei δ = 6.93 und 5.51 für die intraannularen Protonen hervor sowie aus einer Röntgen-Kristallstrukturanalyse. Bei 80°C geht dieser *syn*-[2.2]Metacyclophan-Chrom-Komplex innerhalb von einer Stunde in das entsprechende *anti*-Cyclophan über (33C, Schmp. 128°C, "innere" H-Atome bei δ = 5.91 und 3.42). Das metallfreie *syn*-[2.2]Metacyclophan 30D entstand beim Behandeln von 31D mit Cer(IV) in Acetonitril bei -35°C und anschließender Isolierung und Chromatographie des Produkts, gleichfalls bei -35°C. 30D zeigt ein Protonenresonanzspektrum, in dem die inneren H-Atome bei δ = 7.04 und 6.75 absorbieren, während die anderen aromatischen H-Atome durch die cofacialen Ringe bei δ = 7.0-6.3 abgeschirmt sind. Läßt man eine Lösung von 30D auf 0°C erwärmen, so findet Isomerisierung zum Thiomethyl-substituierten *anti*-Cyclophan 32 statt.

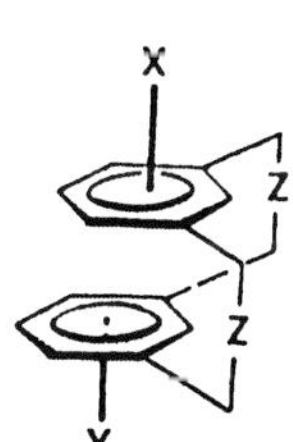

syn-14a: X = Y = -

26: X = Cr(CO)$_3$, Y = -, Z = S

27: X = Y = Cr(CO)$_3$, Z = S

28: X = Cr(CO)$_3$, Y = Z = -

29: X = Y = Cr(CO)$_3$, Z = -

Um zum metall- und substituentenfreien *syn*-[2.2]Metacyclophan 2a zu gelangen, wurde der Bis(chromcarbonyl)-Komplex 27 des 2,11-Dithia[3.3]metacyclophans mit einem Überschuß an Chromhexacarbonyl hergestellt. Stevens-Umlagerung und anschließende Reduktion mit Lithium in Ammoniak bei -40°C lieferte eine Mischung von 28 und 29, die ersten Chromcarbonyl-Derivate des unsubstituierten *syn*-[2.2]Metacyclophans (2a). Entfernung der Chromcarbonyl-Gruppen mit *m*-Chlorperbenzoesäure oder Cer(IV) bei -45°C in Acetonitril ergab erstmals das metall- und schwefelfreie *syn*-[2.2]Metacyclophan **2a**, das oberhalb von 0°C rasch zum stabileren *anti*-Isomeren **2** isomerisiert. Das ^{1}H-NMR-Spektrum des *syn*-[2.2]Metacyclophans **2a** zeigt bei -40°C die intraannularen Wasserstoffatome bei δ = 6.58, die externen aromatischen H-Atome bei 6.36 und 6.60, und die Brücken-Wasserstoffatome bei δ = 3.14 und 2.85 [18].

	X	Y		X	Y
30 :	–	–	32 :	–	–
31 :	Cr(CO)$_3$	–	33 :	Cr(CO)$_3$	–

2.2.3   Chemische Reaktionen der [2.2]Metacyclophane

Dehydrierung des [2.2]Metacyclophans (**2**) mit Pd/Tierkohle liefert bei 300°C in 60% Ausbeute Pyren (**34**):

Elektrophile Substitutionen führen bei [2.2]Metacyclophanen häufig zu transannularen Ringschlüssen. Bei der Nitrierung scheint das Tetrahydropyren **35** als Zwischenstufe aufzutreten:

2   **35**   **36**: X = NO_2, Br, I

Der *transannulare Ringschluß* von doppelt intraannular methylsubstituiertem [2.2]Metacyclophan (**16a**) führt (durch Oxidation mit $FeCl_3$ oder mit CrO_3/H_2SO_4 in Aceton) in quantitativer Ausbeute zum Bis-dienon **37**, das stabil gegen Säuren ist.

16a →   **37**

Transannulare Ringschlüsse werden auch bei photochemischen Reaktionen von [2.2]Metacyclophanen beobachtet [13a]. Beim Bestrahlen von [2.2]Meta-cyclophan (**2**) in Cyclohexan bei Gegenwart von Iod und Natriumhydrogen-carbonat wurde 4,5,9,10-Tetrahydropyren (**35**) in 86% Ausb. erhalten, während bei Gegenwart von Iod das Ausgangsmaterial zurückisoliert wurde.

Metacyclophan-1-ene (**39**) unterliegen einer Photoisomerisierung und bilden die farbigen 4,5,10b,10c-Tetrahydropyrene **40**. Die Rückreaktion kann durch Bestrahlung mit sichtbarem Licht (λ ca. 500 nm) oder thermisch herbeigeführt werden (Stehenlassen der bestrahlten Lösung im Dunkeln). Die Verbindungen **40** sind sauerstoffempfindlich und werden leicht zu 4,5-Dihydropyren **41** oxidiert.

39: R^1, R^2 = H, CH_3 **40**   **41**

Bemerkenswerterweise ist das unsubstituierte *[2.2]Metacyclophan-1,9-dien* (42) viel stabiler als intraannular substituierte [2.2]Metacyclophan-diene 43. Letztere unterliegen im Dunkeln bei Raumtemperatur einer spontanen Valenzisomerisierung und bilden das weit stabilere aromatische *trans*-10b,10c-Dialkyldihydropyren (44). Das unsubstituierte Cyclophandien 42 liefert andererseits eine Mischung von *trans*-10b,10c-Dihydropyren (45) und Pyren, jedoch nur nach Bestrahlung.

42   **45**   **34**

43   **44**

Reduktion: Katalytische Hydrierung des [2.2]Metacyclophans (2) mit Pt/Eisessig ergibt 91% Perhydro[2.2]metacyclophan (46). Wird die Hydrierung nach Aufnahme von 3 mol H_2 unterbrochen, so kann das relativ spannungsfreie 3,4,5,6,7,8-Hexahydro[2.2]metacyclophan (47) isoliert werden.

46   **47**

Birch-Reduktion bei -75 °C führt zum 5,8,13,16-Tetrahydro[2.2]metacyclophan (**48**), für das eine konformativ flexible *anti*-Konformation **48A** angenommen wird [19].

48   **48 A**

Wie von einigen anderen $[2_n]$Cyclophanen, so sind auch vom *anti*-[2.2]-(1,3)Cyclophan (**2**) Eisenorganyl-Komplexe der Typen **49** (Doppeldecker) und **50** (Tripeldecker) hergestellt worden [13b,20]. Sie sind temperatur- und luftstabile Feststoffe, die uneingeschränkt aufbewahrt werden können. Ihre ^{1}H- und ^{13}C-NMR-Spektren erlauben Einblicke in die Art der Metall-Aren-Bindung sowie Abschätzungen des Ringstromeffekts und der elektronenziehenden Effekte aufgrund der Metallkomplexierung.

2.3   [2.2]Paracyclophane

2.3.1   Synthese [1]

Die C-C-Kupplung von 1,4-Bis(brommethyl)benzen (1) mit Natriumiodid in siedendem Dioxan ergibt lediglich [2.2.2]Paracyclophan (2). Jedoch wird [2.2]Paracyclophan (3) in 2.1% Ausbeute durch intramolekulare Cyclisierung von 1,2-(4-Brommethylphenyl)ethan (4a) mit Natrium erhalten:

4a: R = H

4b: R = CH$_3$

3: R = H

5: R = CH$_3$

Hofmann-Elimination: Die Hofmann-1,6-Elimination von *p*-Methylbenzyl-ammoniumhydroxiden ist oft mit gutem Erfolg, allerdings meist geringen Ausbeuten, auf die [2.2]Paracyclophane angewandt worden. Diese Methode ist besonders wertvoll für die Herstellung von mehrschichtigen Cyclophanen (siehe *Abschn. 6*). Das in "Org. Synth." angegebene Verfahren, bei dem von 4-Methylbenzyltrimethylammoniumbromid ausgegangen wird, gilt heute als Standardvorschrift zur Herstellung von [2.2]Paracyclophan:

Das entstehende Wasser wird mit Toluen, dem etwas Phenothiazin (als Inhibitor) zugesetzt wurde, ausgekreist. Die Ausbeute an [2.2]Paracyclophan (3) beträgt 17%, die des Polymeren 8 55%. Bessere Ausbeuten werden z.T. nach neueren Verfahren erhalten:

Bei der letztgenannten Reaktion greift Fluorid an dem Trimethylsilyl-Analogen 9 an; als Ausbeute (im 25 mg-Maßstab) wird 56% angegeben.

Solvolyse des Ditosylats 10b in siedendem Pyridin ergibt [2.2]Paracyclo-phan (3) als einziges Produkt in immerhin 40% Ausbeute:

R = H, CH_3

10a: R = H

10b: R = Tos

40 %

3

Wurtz-Reaktion von **11** lieferte in nur 1% Ausbeute das Tetrafluor[2.2]-paracyclophan **12**.

11

12

Dithiacyclophan-Weg: Die Strategie der Herstellung eines schwefelhaltigen größeren Rings (Dithia-Phane) und dessen Entschwefelung unter Ringverengung führte 1969 zu einem neuen und allgemeinen Zugang zu allen Phan-Typen [2]. Auch in der [2.2]Paracyclophan-Reihe konnte aus den entsprechenden Dithia[3.3]paracyclophanen beispielsweise durch Photoextrusion des Schwefels oder durch Sulfonpyrolyse das [2.2]Paracyclophan (**3**) in 75-80% Ausbeute hergestellt werden [1b]:

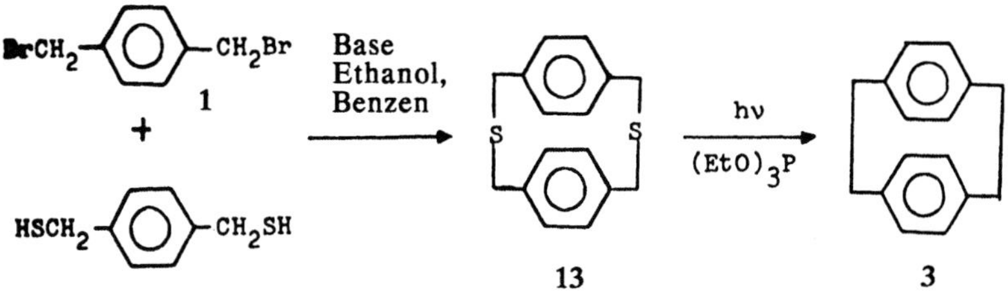

Eine alternative Schwefelextrusions-Methode benutzt eine modifizierte Stevens-Umlagerung, wobei Dehydrobenzen, in situ erzeugt, eine (*cis/trans-*) Stereoisomeren-Mischung an Phenylsulfiden **14** ergibt. Oxidation der Sulfide **14** zu den entsprechenden Sulfoxiden und pyrolytische Elimination von Phenylsulfinsäure in siedendem Xylen liefert die [2.2]Paracyclophan-diene **15**. Für die Diene **15** ist dieser Herstellungsweg die Methode der Wahl. Auch die Bestrahlung der Bis-sulfone von **13** und substituierten Analogen führt zu den [2.2]Phanen [1b].

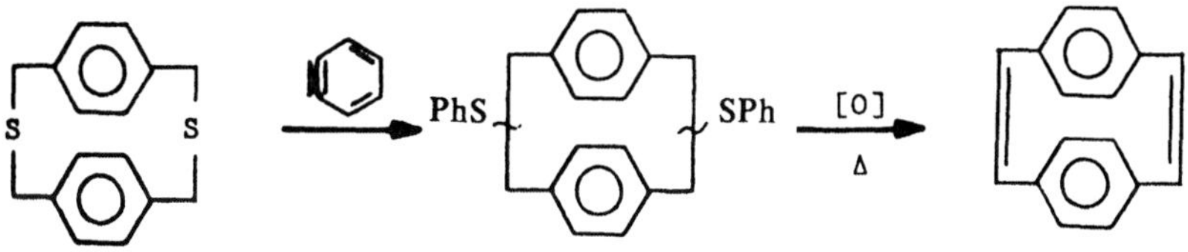

Die Photolyse des Diesters **16** führt zum [2.2]Paracyclophan in bemerkenswert hohen Ausbeuten [3].

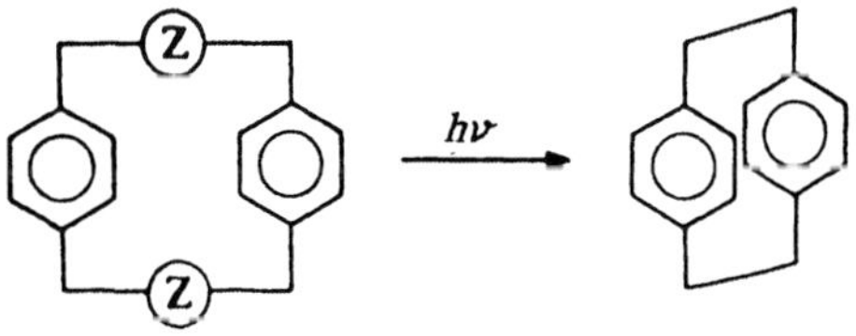

Diels-Alder-Zugang: Die Umsetzung von 1,2,4,5-Hexatetraen (**17**) mit Acetylenen (**18**) führt nach *Hopf* zu substituierten [2.2]Paracyclophanen (**20**) [4,5].

17   18   19   20

$$R = CO_2Me,\ CO_2CMe_3,\ CN,\ CF_3$$

Diese Synthese kann in konzentrierter Lösung ausgeführt werden, wobei beispielsweise 60 g (ca. 50% Ausb.) des gewünschten [2.2]Paracyclophans pro Ansatz resultieren [4c]. Auf diese Weise lassen sich auch höher substituierte [2.2]Paracyclophane herstellen: 4,5,7,8,12,13,15,16-Octamethyl[2.2]paracyclophan (22) wird in 22% Gesamtausbeute aus dem entsprechenden Tetraester 20a erhalten [6]. Die funktionellen Gruppen von 20 können anschließend für weitere Brückenbildungen ausgenutzt werden, wodurch man zu [2$_n$]Phanen gelangt.

20a   1) LAH   2) PBr$_3$ 3) LAH   **20b**   1) *"Rieche"*   2) Pd/H$_2$

21   22

2.3.2   Eigenschaften

Das *[2.2]Paracyclophan* (3) spiegelt die Eigenheiten der Cyclophan-Chemie in besonderem Maße und besonders deutlich wider [1b,4b,7]. Es kann daher als die Schlüsselverbindung oder das Kernstück der Cyclophan-Chemie angesehen werden. Die herausragenden Charakteristika der [2.2]Paracyclophane sind einmal die Wechselwirkung zwischen den π-Elektronensystemen der beiden Benzenring-Ebenen ("Decks" [1b]) und zum zweiten die Deformation der Benzenringe einschließlich deren Konsequenzen. Diese bestehen - wie nachfolgend erörtert - in transannular dirigierenden Effekten bei der elektrophilen Zweitsubstitution, Nachbargruppeneffekten des [2.2]Paracyclophanyl-Restes, *syn*-Additionen an die aliphatischen Brücken, Isomerisierung, Racemisierung sowie photochemische Reaktionen der [2.2]Paracyclophane und ihrer Analogen. Die [2.2]Paracyclophane sind daher auch zu einer Spielwiese für Chemiker geworden, die diffizile stereochemische, elektronische und sterische Effekte zu quantifizieren versuchen.

Die Wechselwirkung zwischen den π-Systemen der beiden Benzenringe in 3 führt zu einem neuen, über beide Ringe ausgedehnten π-Elektronensystem, dessen höchstes besetztes Molekülorbital (HOMO) von höherer Energie ist als das des entsprechenden Alkylbenzens (als Referenzsubstanz) und dessen niedrigstes unbesetztes Molekülorbital (LUMO) energetisch niedriger liegt als das des offenkettigen Referenzmoleküls. Dieses Verdoppeln der Molekülorbitale und das Verengen der HOMO/LUMO-Lücke im Vergleich zum Benzen hat direkte Konsequenzen auf die chemischen und physikalischen Eigenschaften der [2.2]Paracyclophane. Derselbe Wechselwirkungs-Typ ist, wenn auch schwächer, noch in den [3.3]Cyclophanen vorhanden, in den noch ringweiteren [4.4]Cyclophanen jedoch nicht mehr. Dort verhalten sich die individuellen Benzenringe als separierte, isolierte π-Elektronensysteme.

Gerade weil Röntgen-Kristallstrukturanalysen die Voraussetzung für konkrete räumliche Vorstellungen geschaffen haben und vielversprechende MO-theoretische Ansätze vorhanden sind, stellen die Quantifizierung transannularer Wechselwirkungen und die exakte Deutung ihrer Mechanismen ein aktuelles Forschungsproblem dar.

Molekülgeometrie: Vom *[2.2]Paracyclophan* (3) liegt inzwischen eine ganze Reihe von Röntgen-Kristallstrukturanalysen vor. Sie zeigen, daß die vier aromatischen Brückenkopfatome C(3), C(6), C(11) und C(14) aus der Ebene der übrigen Benzen-Kohlenstoffatome herausgebogen werden; die aromatischen Ringe sind also wannenartig deformiert (siehe Abb.1). Abb.1 gibt auch einen Überblick über die Entfernungen zwischen den verschiedenen Kohlenstoffatomen sowie über die Winkel. Der intramolekulare Abstand (h) zwischen den mittleren C-Atomen der beiden Benzenringe ist bis auf 308.7-309.3 pm verkürzt (üblicherweise wird der van der Waals-Abstand zwischen zwei parallelen Benzenringen zu wenigstens 340 pm angesetzt). Es muß daher im [2.2]Paracyclophan (3) zu einer beträchtlichen transannularen π-π-Überlappung kommen, zumal die Entfernung (g) zwischen den aromatischen Brückenkopfatomen C(3), C(14) (dicke Punkte in Abb.1) bzw. C(6), C(11) auf nur 275.1-277.8 pm geschrumpft ist. Zur Kompensation der damit verbundenen transannularen sterischen und elektronischen Wechselwirkungen ist die CH_2-CH_2-Bindungslänge (d) der Brücken ungewöhnlich groß: 163.0 pm (bei 291K); 155.8-156.2 pm (Röntgen-Kristallstrukturanalysen bei 93K).

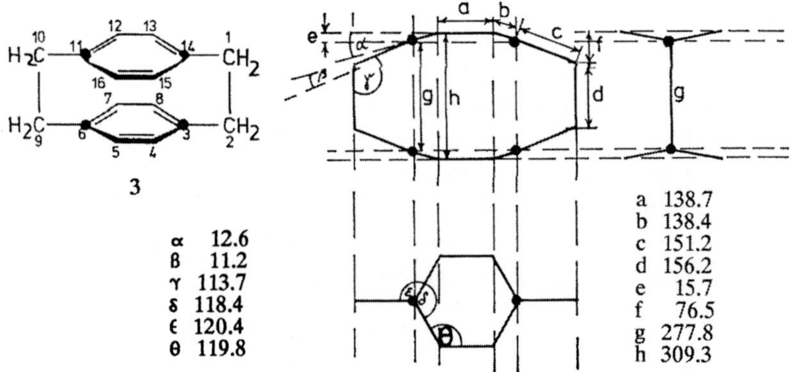

Abb.1. Geometrie des [2.2]Paracyclophan-Moleküls (3) im Kristall (Bindungslängen a-h in pm, Bindungswinkel α -θ in Grad)

Studien von Konformationsgleichgewichten in mehrschichtigen $[2_n]$Phanen (siehe *Abschn. 6*) haben gezeigt, daß die Bootkonformation eines Benzenrings stabiler ist als eine Sesselkonformation, und zwar um wenigstens 16.7 kJ/mol. Die Bootkonformation findet man daher in den $[2_n]$Cyclophanen besonders häufig.

Die Spannungsenergie (SE) des [2.2]Paracyclophan-Moleküls wurde von *Boyd* schon früh zu 129.8 kJ/mol angegeben. Sie wird zwar vom gesamten Molekülskelett übernommen, jedoch liefert die Deformation der Benzenringe aus der ebenen Anordnung den größten Beitrag.

Aus der Temperaturabhängigkeit der Röntgen-Daten ergibt sich, daß im [2.2]Paracyclophan-Molekül eine Ziehharmonika-artige Bewegung ("concertina movement") stattfindet, bei der die Benzenringe senkrecht zur Normalachse gleichzeitig aufeinander zu- und voneinander fortschwingen (siehe Abb.2).

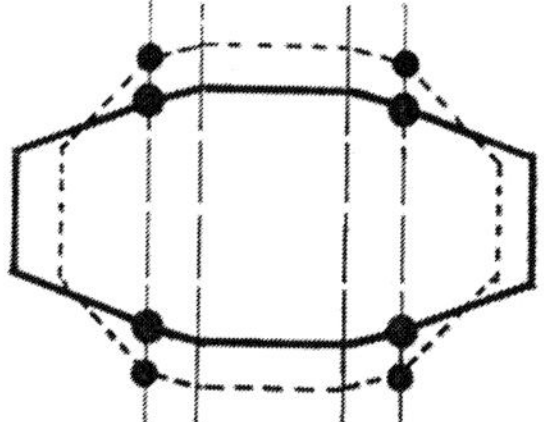

<u>Abb.2.</u> Molekülschwingung des [2.2]Paracyclophans (3), in deren Verlauf die Benzenringe sich einander nähern und wieder entfernen ("concertina movement")

Außerdem findet eine gegenläufige Drehbewegung der Benzenringe um ihre Normalachse statt (siehe <u>Abb.3</u>).

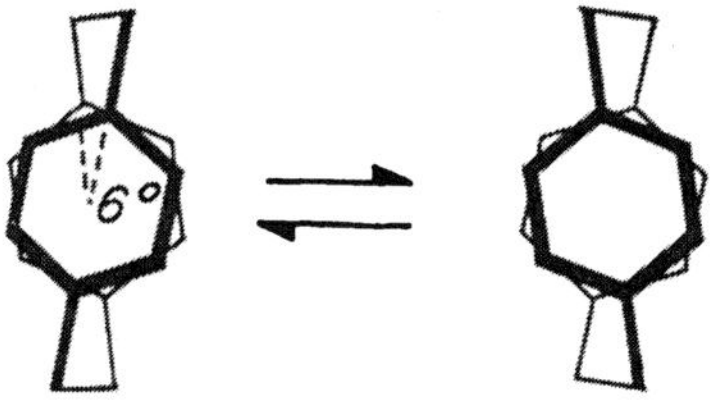

<u>Abb.3.</u> Drehschwingung der beiden Benzenringe des [2.2]Paracyclophans (3) um die Normalachse ("twisting vibration")

NMR-Spektroskopie: Das ^{1}H-NMR-Spektrum des [2.2]Paracyclophans besteht aus zwei Singletts gleicher Intensität für die Methylenprotonen (δ = 3.04) und die aromatischen Protonen; letztere absorbieren wegen des abschirmenden Effekts des zweiten Benzenrings bei vergleichsweise hoher Feldstärke (δ = 6.30).

Elektronenspektren: Die Elektronenspektren der [2.2]Paracyclophane [1b] liefern wichtige Anhaltspunkte über Ausmaß und Mechanismen transannularer elektronischer Wechselwirkungen in gespannten π-Elektronensystemen.

Das UV-Spektrum des *[2.2]Paracyclophans* ist, verglichen mit acyclischen und höhergliedrigen cyclischen Modellverbindungen, charakterisiert durch das Auftreten bathochromer Verschiebungen, das Fehlen von Feinstruktur und durch verminderte Extinktionskoeffizienten. Die Absorptionsbanden liegen bei 225 nm (ϵ = 25200), 244 (3163), 286 (324) und 302 (199) (s.u., **Abb.4**). Die Absorptionsbande bei 302 nm befindet sich jenseits der langwelligen Absorption einfacher Alkylbenzene. Sie ist daher als *"Cyclophan-Bande"* bezeichnet worden und ist charakteristisch für weitere $[2_n]$Cyclophane. Der wichtigste Faktor, der die Lage und Intensität der Cyclophan-Bande beeinflußt, ergibt sich bei einem Vergleich mit anderen $[2_n]$Phanen wie folgt: Der mittlere Abstand zwischen den beiden Benzenringen und das Ausmaß und die Art der Deformation der beiden Benzenringe spielen die Hauptrolle.

Zu tieferem Verständnis des Elektronenspektrums und der ESR-Spektren sowie des photochemischen Verhaltens von [2.2]Paracyclophanen führten Überlegungen von *Gleiter* [8,15], der zeigte, daß eine σ-π-Trennung im [2.2]Paracyclophan-System nicht gerechtfertigt ist, da die 1,2- und die 9,10-Bindungen parallel zur Längsachse der p-Orbitale der Benzenringe ausgerichtet sind und daher durchaus für σ-π-Wechselwirkungen zur Verfügung stehen.

Untersuchungen der Elektronenspinresonanz der Radikalanionen von [2.2]- und höhergliedrigen [m.n]Paracyclophanen ergaben, daß erst bei Brückengliederzahlen m> 3 eine Delokalisierung des ungepaarten Elektrons über beide aromatische Kerne verhindert wird. Bei nicht verbrückten offenkettigen) Modellverbindungen $Ar\text{-}(CH_2)_n\text{-}Ar$ ist die entsprechende Bedingung n> 1. Diese Befunde legen die Annahme nahe, daß für die überbrückten und die nicht überbrückten Verbindungen ein verschiedener Mechanismus für den Elektronenübergang zwischen den beiden Benzenringen verantwortlich ist [8].

Chiralität substituierter [2.2]Paracyclophane: Substituierte $[m_n]$Paracyclophane des Typs **23** sind unter der Voraussetzung planarchiral, daß der mit R substituierte Benzenring bei der betrachteten Temperatur nicht um seine *para*-Phenylen-Achse rotieren kann. Während die Torsions-stereoisomeren Paracyclophan-carbonsäuren **23a,b** in die Antipoden gespalten wurden, ist der Cyclus **23c** mit noch größerer Brückengliederzahl bei Raumtemperatur nicht mehr in die Enantiomere zu trennen [9]. Eine analoge Abhängigkeit der optischen Stabilität von der Brückengliederzahl stellte schon viel früher *Lüttringhaus* an Ansaverbindungen {Dioxa[n]paracyclophanen} des Typs **24** fest [10]:

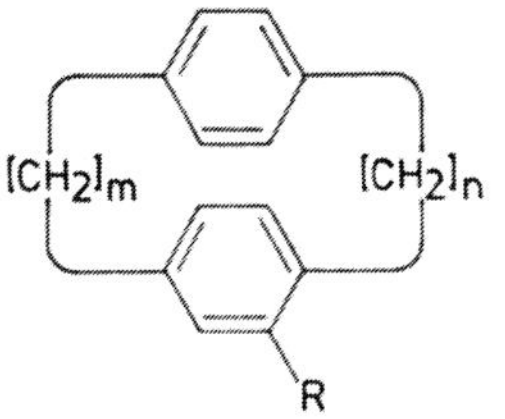

a: R=COOH; *m*=*n*=2
b: R=COOH; *m*=4; *n*=3
c: R=COOH; *m*=*n*=4

23

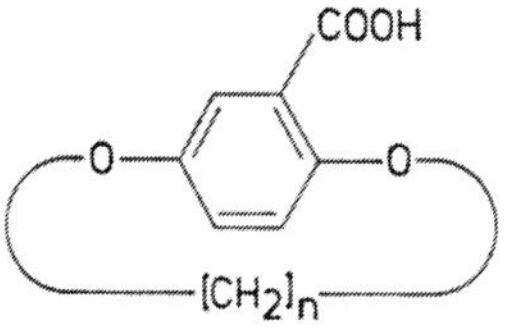

24 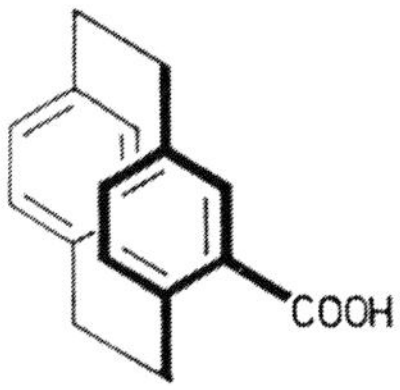 ; (+)-(S)- 23a 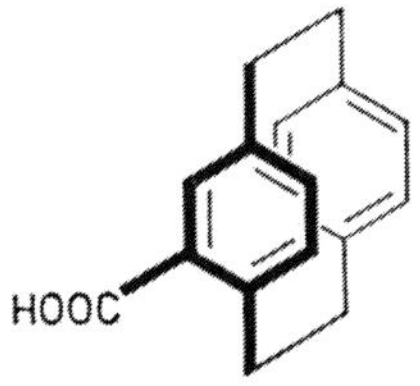 (-)-(R)- 23b

1968 wurde der Verbindung **23a** von *Falk* und *Schlögl* die *absolute* Konfiguration des *S*-4-Carboxy[2.2]paracyclophans zugeordnet [11].

Der *Circulardichroismus* monosubstituierter [2.2]Paracyclophane wurde sowohl experimentell gemessen als auch berechnet [12]. Es wurde unter anderem geprüft, ob zur Ermittlung der absoluten Konfiguration im [2.2]Paracyclophan-System die Oktantenregel auf den n→π*-Übergang des Aryl-CO-Chromophors angewandt werden kann. Hierzu müßte jedoch der n→π*-Effekt vom "Cyclophan-Hintergrund" (Ausläufer des "nackten" Cyclophan-Gerüsts selbst) getrennt werden können. *Tochtermann, Snatzke et al.* haben kürzlich die absoluten Konfigurationen verschiedener [n]- und [2.2]Paracyclophane miteinander verglichen und auf die Probleme bei der Interpretation der CD-Spektren hingewiesen [13].

¹H-NMR-Spektroskopie: Beim Übergang von elektronenschiebenden zu elektronenziehenden Substituenten in einem der Aromatenringe des [2.2]Paracyclophans (3) beobachtet man eine starke Verschiebung *aller* aromatischer Protonen: Das zum Substituenten *ortho*-ständige Proton erfährt durch elektronenschiebende Substituenten eine Verschiebung nach höherer Feldstärke, durch elektronenziehende Substituenten eine solche nach niedrigerem Feld. Auch das Zentrum der Absorptionen aller übrigen aromatischen Protonen verlagert sich in der gleichen Richtung wie das *o*-Proton. Von besonderem Interesse ist, daß in monosubstituierten [2.2]Paracyclophanen auch die

Protonen des nichtsubstituierten gegenüberliegenden *p*-Phenylenrings verschoben werden; dies wurde mit der Annahme *transannularer elektronischer
Wechselwirkungen* gedeutet. Die *o*-Verschiebungen in [2.2]Paracyclophanen
("*ortho*-shift") liegen in ihrer Größenordnung zwischen den Verschiebungen
der zum Substituenten (*Z*)-ständigen Wasserstoffatome in Vinylverbindungen
und den kleineren *ortho*-Verschiebungen der üblichen Benzenverbindungen.
Die *ortho*-"shifts" im [2.2]Paracyclophan-System wurden daher als Ergebnis
eines verstärkten Doppelbindungscharakters in den - deformierten - Benzenringen gedeutet, wobei möglicherweise Grenzstrukturen wie **25** zur Stabilisierung beitragen.

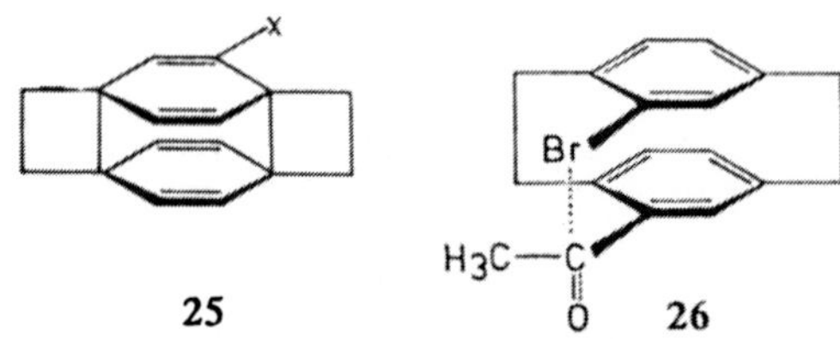

Das pseudo-*geminale* 4-Acetyl-13-brom[2.2]paracyclophan (**26**) zeigt im
IR-Spektrum eine Carbonyl-Streckschwingungsbande (1663 cm^{-1}), die etwas
außerhalb des Bereichs der für andere Isomere gefundenen Absorptionen
liegt (1666-1668 cm^{-1}). *Reich* und *Cram* führten diese etwas geringere Frequenz auf *transannulare* Br···CO-Wechselwirkungen zurück.

Von besonderem Interesse für die Analytik dieses Phan-Typs ist die Tatsache, daß die *Massenspektren* substituierter [2.2]Paracyclophane bei niedriger Ionisierungsspannung überwiegend Radikalionen-Fragmente der beiden
p-Xylylen-Hälften erkennen lassen. Die Massenspektrometrie eignet sich daher gut zur Bestimmung der Art und Anzahl der an jedem aromatischen
Ring haftenden Substituenten.

Die *UV-Spektren* von 4,5,7,8-Tetrafluor[2.2]paracyclophan (**27**) und der
Octafluor-Verbindung **28** lassen eine deutliche Verwandtschaft zum unsubstituierten [2.2]Paracyclophan (**3**) erkennen. Banden im Bereich von 286-291
nm wurden in Analogie zum [2.2]Paracyclophan durch Abweichungen der
aromatischen Ringe von der Planarität gedeutet. Gegenüber den Fluor-substituierten offenkettigen Analoga sind diese Banden gleichfalls - um ca. 25
nm - bathochrom verschoben.

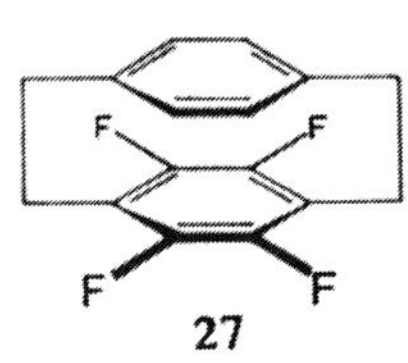

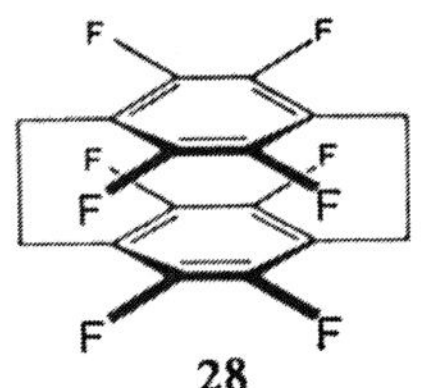

27   28

Während [2.2]Paracyclophan (3) eine wenig intensive Schulter bei 302 nm aufweist, findet man für **27** eine Bande bei 297 nm. Die Abwesenheit einer Absorption in diesem Bereich bei **28** legt die Annahme nahe, daß die 302 nm-Bande von **27** mit einem Donor/Acceptor-Elektronenübergang zusammenhängt, d.h. mit einer transannularen π-π-Wechselwirkung zwischen einem elektronenanziehenden "π-aciden" Tetrafluorphenylen- und dem gegenüberliegenden Benzen-Ring.

Auch die *Protonenresonanz* von **27** läßt auf transannulare Wechselwirkungen schließen: Durch eine - über den Raum wirkende - *transannulare Kopplung* jedes einzelnen aromatischen Protons mit allen vier Fluorkernen des anderen Rings kommt es zu einer Aufspaltung der aromatischen Protonen (Quintuplett bei $\delta = 6.82$, $J_{H\text{-}F} = 0.8$ Hz). Eine alternative long-range-Kopplung über sieben Bindungen wurde für wenig wahrscheinlich gehalten, zumal das offenkettige Analogon (2,3,5,6-Tetrafluor-4,4'-dimethylbibenzyl) keine H-F-Kopplung zeigt.

Die bathochrome Verschiebung und Hypochromie der längstwelligen Bande von **28** relativ zum [2.2]Paracyclophan wird sowohl der transannularen Fluor-Fluor-Abstoßung als auch einer verstärkten Deformation der Benzen-Ringe infolge des größeren Raumbedarfs der Fluoratome zugeschrieben.

An der Brücke substituierte [2.2]Paracyclophane

Die Brücken-substituierten [2.2]Paracyclophane sind wesentlich weniger intensiv untersucht als die Kern-substituierten.

Im Zuge der Synthese des [2.2]Paracyclophandiens [1b,14] (s. u.) stellte *Cram* die bis-*geminalen* Dibromide **29a,b** und daraus die Diketone **30a,b** dar. Auch das Monoketon **31** ist bekannt. Die UV-Spektren der Bromide **29a,b** weisen Maxima bei 236 nm auf. Ein Vergleich mit anderen an den Brücken bromierten [2.2]Paracyclophanen läßt darauf schließen, daß es sich bei der 236 nm-Absorption um die durch den induktiven Effekt der Bromatome bathochrom verschobene 225 nm-Bande des [2.2]Paracyclophans handelt.

Bei den Dionen **30a,b**, deren Maxima bei 235 nm liegen, ist die Annahme eines ähnlichen Einflusses der Carbonylgruppen plausibel, wenn auch Lage und Intensität dieser Banden mit der Absorption eines Benzoyl-Chromophors vereinbar sind.

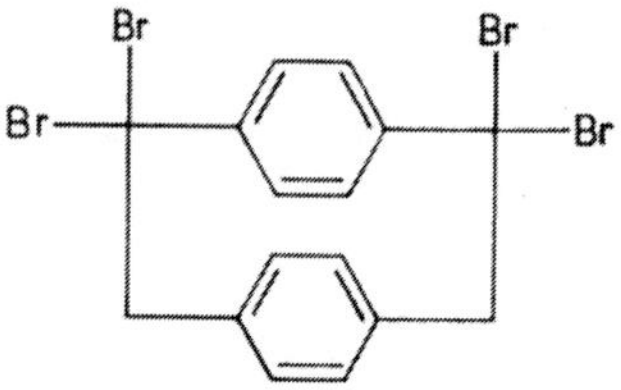

29a 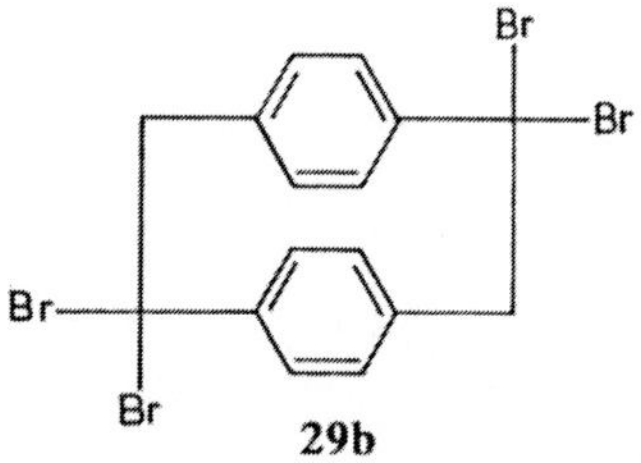   **29b**

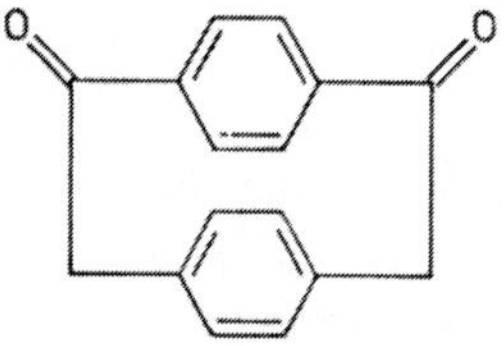

30a 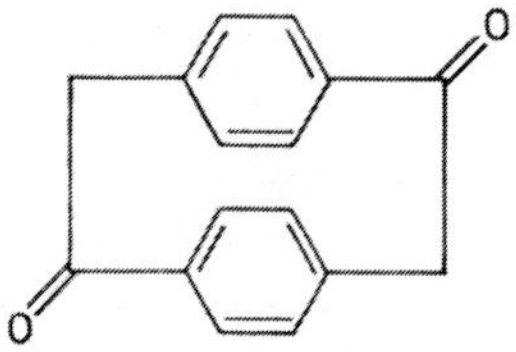   **30b** 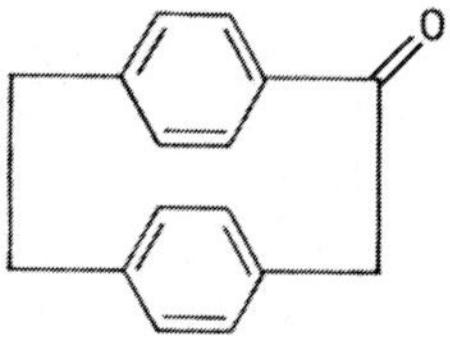   **31**

Das an den Brücken fluorierte Octafluor[2.2]paracyclophan **32** erinnert in seinen spektroskopischen Eigenschaften (z.B. UV-Spektren) an andere [2.2]-Paracyclophane. Das ^{1}*H-NMR-Spektrum* zeigt nur eine Absorption im Aromatenbereich (δ = 7.3), die gegenüber dem unsubstituierten [2.2]Paracyclophan (δ = 6.3) beträchtlich verschoben ist. Im *IR-Spektrum* tritt eine intensive Bande bei 718 cm^{-1} auf, die auch für andere [2.2]Paracyclophane - beispielsweise für die Methoxycarbonyl[2.2]paracyclophane **33** und **34** - charakteristisch ist, beim linearen Poly-*p*-xylylen **35** jedoch fehlt. Der Stammkohlenwasserstoff **3** zeigt diese - dem verzerrten aromatischen Ring zugeordnete - Absorption bei 725 cm^{-1}.

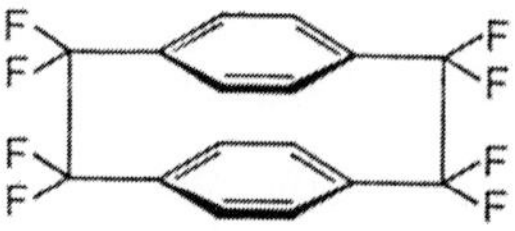

32 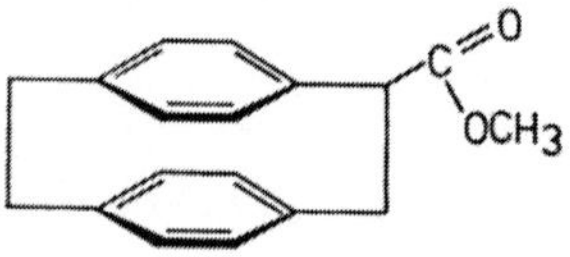   **33**

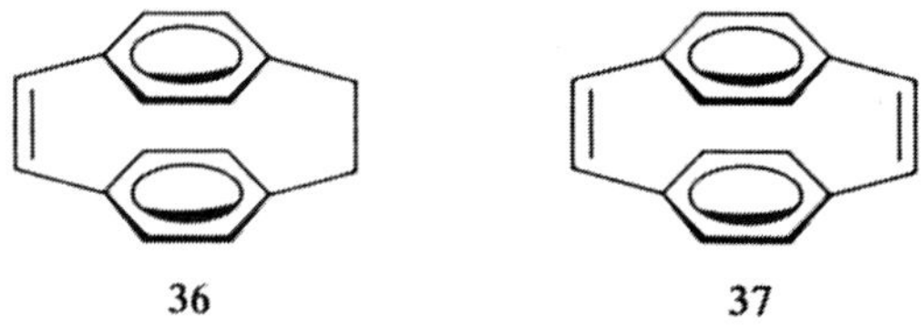

34   35

[2.2]Paracyclophan-1-en und [2.2]Paracyclophan-1,9-dien [1b,14]

Im weiteren Sinne können das En **36** und Dien **37** zu den Brücken-modifizierten [2.2]Paracyclophanen gezählt werden. Zur Darstellung dieser ungesättigten [2.2]Paracyclophane über die Dithian-Alkylierung oder ausgehend von den Dithia[3.3]paracyclophanen mit anschließender Stevens-Umlagerung siehe *Abschn. 2.3.1.*

36   37

Die *UV-Spektren* des [2.2]Paracyclophan-1-ens (**36**) und [2.2]Paracyclophan-1,9-diens (**37**) sind dem des [2.2]Paracyclophans (**3**) selbst sehr ähnlich (vgl. <u>Abb.4</u>) [1b]. Die Spektren sind allerdings weniger aussagekräftig, da sich die einzelnen Banden bei den ungesättigten Paracyclophanen stärker überlappen. Die ungesättigten Cyclen **36** und **37** weisen jedoch nicht die charakteristische Absorption des offenkettigen Analogons, des (*Z*)-Stilbens, auf, weil in ihnen die π-Elektronen der Benzenringe und der C-C-Doppelbindung wegen ihrer starr fixierten Orientierung nach dem Hückel-Modell nicht überlappen können.

Das [2.2]Paracyclophan-1,9-dien (**37**) gehört wegen dieser orthogonalen π-Elektronen-Anordnung und seiner Ringspannung zu den interessantesten überbrückten aromatischen Verbindungen niederer Molmasse und hoher Symmetrie. Wie die Röntgen-Kristallstrukturanalyse ergab, sind die Benzenringe des Molcküls wannenartig deformiert, wobei die Brückenkopfatome 16.6 bzw. 17.8 pm außerhalb der Ebene der vier unsubstituierten aromatischen Kohlenstoffatome liegen. Beim [2.2]Paracyclophan (**3**) ist der entsprechende Wert deutlich kleiner (13 pm; vgl. <u>Abb.5</u>) [1c,1b,7].

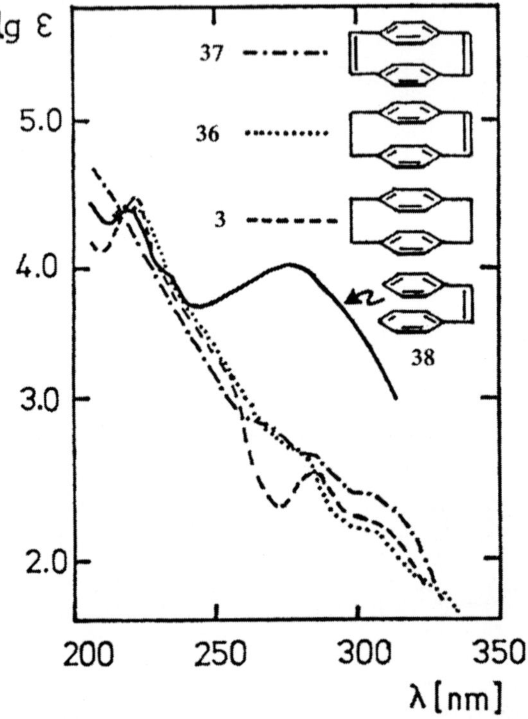

Abb.4. Vergleich der UV-Spektren von **3**, **36**, **37** und (Z)-Stilben (**38**) [1b)]

Bemerkenswerterweise sind die Abstände g und h zwischen den beiden Benzenkernen im Molekül **37** mit 280 und 314 pm länger als beim [2.2]Paracyclophan (**3**; dort 275 und 309 pm). Der C=C-Doppelbindungsabstand beträgt 133.6 pm gegenüber 133.4-133.7 pm in anderen Alkenen. Kaum verändert ist auch der durchschnittliche C–C-Abstand innerhalb der Benzenringe mit 139.9 pm (Benzen: 139.3-139.7 pm). Die mittlere C-Aryl-C-Methin-Bindungslänge von 151.2 pm gleicht der des Toluens, ist jedoch verglichen mit anderen ähnlichen Systemen etwas gestreckt. Dies könnte auf eine verminderte Konjugation der olefinischen Doppelbindungen mit den Benzenringen zurückzuführen sein. Eine solche Einschränkung der Konjugation ist wegen der Orthogonalität der π-Orbitale der beiden ungesättigten Strukturelemente zu erwarten; im UV-Spektrum des Diens (s.o.) kommt dieser Sachverhalt zum Ausdruck.

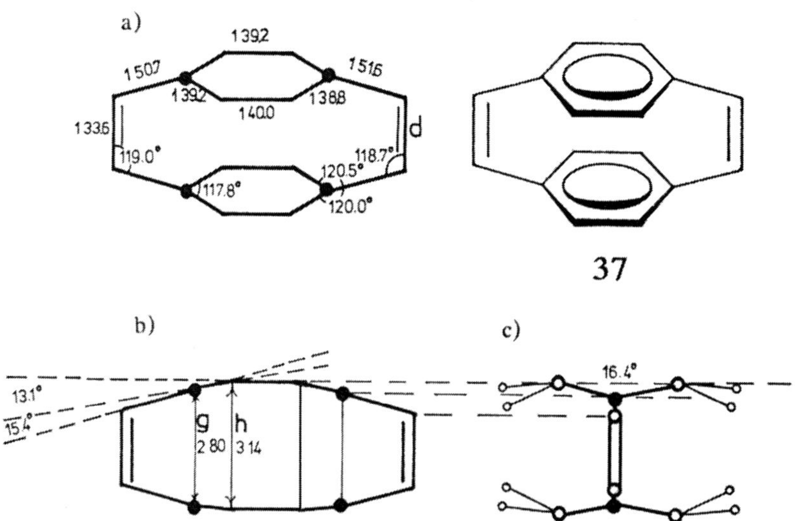

Abb.5.   Geometrie des [2.2]Paracyclophan-1,9-diens (37)

Die Gesamtspannung des Diens **37** wurde zu 163 kJ/mol geschätzt. Die Ringspannung scheint keineswegs über alle Bindungslängen und -winkel verteilt zu sein, sondern hauptsächlich durch Deformation der Benzenringe und weniger stark durch Verlängerung und Deformation der C-Aryl-C-Methin-Bindungslänge sowie des Diederwinkels abgefangen zu werden.

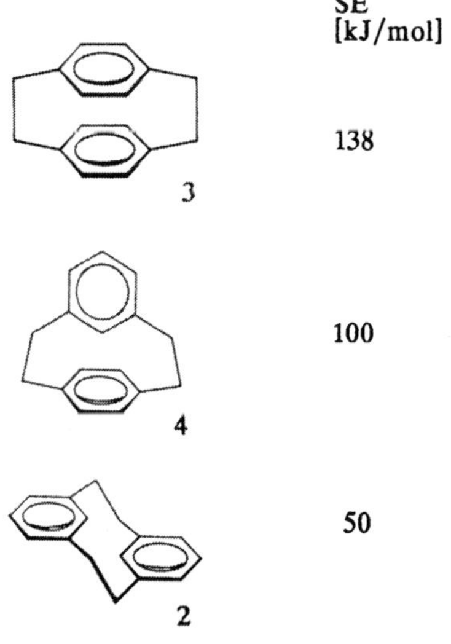

Die Spannungsenergien (SE) der [2_n]Phane und ihrer Oligomethyl-Abkömmlinge wurden von *Hopf* verglichen [4b]: Hier seien lediglich die experimentellen Spannungsenergien der drei wichtigsten [2.2]Phane zusammengestellt (s.S. 101).

Zur *Photoelektronen-Spektroskopie* der [2.2]Phane seien einige allgemeine Bemerkungen angebracht [15]:

<u>Abb.6</u> zeigt zunächst die PES-Spektren des [2.2]Paracyclophans (**3**), seines Diens **37** und des "Cyclopropa[2.2]phans" **39**. Demnach ist das breite, bei allen drei Phanen vorhandene Maximum bei 8 eV wahrscheinlich durch drei nahe beieinanderliegende π^{-1}-Ionisationen zu deuten.

Gleiter kam bei der Interpretation des Photoelektronenspektrums von **39** (vgl. <u>Abb.6</u>), dem "Cyclopropano-Analogen" des [2.2]Paracyclophans zu dem Ergebnis, daß eine starke σ-π-Wechselwirkung zwischen den Cyclopropano-Brücken und den Benzen-"Stockwerken" ("Decks") eintritt. Die langwelligste Bande von **39** ist wenig verschieden von der des [2.2]Paracyclophans (**3**). Der einzige Hinweis auf eine ungewöhnliche σ-π-Wechselwirkung ist die starke Zunahme der Intensität der "Cyclophan-Bande" bei 304 nm (ε = 900); vgl. [2.2]Paracyclophan: λ_{max} = 302 nm (ε = 199).

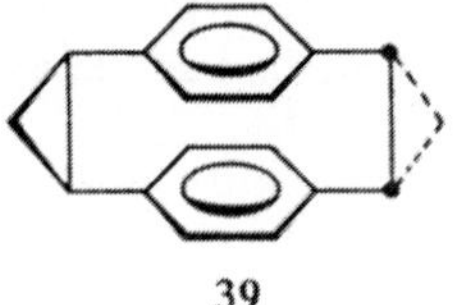

39

Der Vergleich solcher Reihen von [2.2]Phanen ergab u.a., daß in **39** *"through-bond-Wechselwirkungen"* eher stärker sind verglichen mit [2.2]Paracyclophan (**3**), wie es auch für das [2.2]Paracyclophan-monoen (**36**) und das Dien **37** gefunden wurde. Bei der vergleichenden PES-Untersuchung von Alkyl-substituierten [2.2]Phanen ergab sich außerdem, daß Hyperkonjugationseffekte eine Rolle spielen, während induktiven Effekten von Methylgruppen untergeordnete Bedeutung zukommt [15].

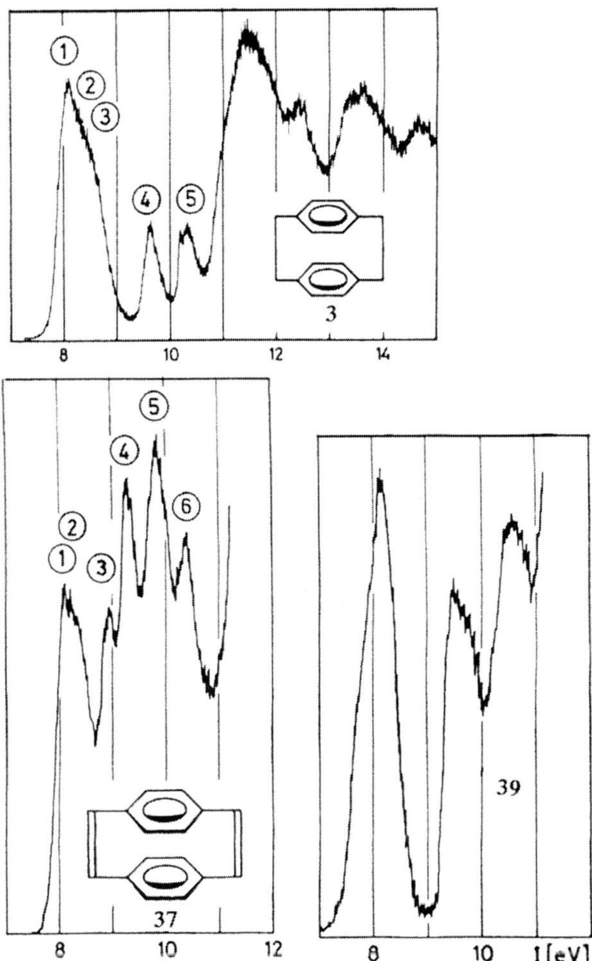

<u>Abb.6.</u> Vergleich der PES-Spektren des [2.2]Paracyclophans (3), dessen Dien 37 und von [1:2,9:10]Bis(methano)[2.2]paracyclophan (39) [15]

Transannulare Wechselwirkungen bei chemischen Reaktionen: Neben chemischen Reaktionen, die eine direkte Bindungsknüpfung zum Ergebnis haben, sind für das [2.2]Paracyclophan-System vor allem auch solche chemischen Reaktionen charakteristisch, wie sie sich beispielsweise in der Bildung von Charge-Transfer-Komplexen ausdrücken.

2.3.3   Reaktionen am aromatischen Kern [1b,4b,7]

π-Komplexbildung: *Cram* untersuchte insbesondere die Frage, ob und wie von Substituenten in dem einen Benzenring ausgeübte elektronische Effekte auf den anderen Benzenring des [2.2]Paracyclophans übergreifen.

Für einige Tetracyanethen-π-Komplexe monosubstituierter [2.2]Paracyclophane wurde die *π-Basenstärke* durch Bestimmung der Lage der längstwelligen "Charge-Transfer"-Bande im UV-Spektrum sowie der Assoziationskonstante ermittelt. Dabei stellte sich heraus, daß die Komplexe zwischen Tetracyanethen und [2.2]Paracyclophan mit elektronenschiebenden Substituenten (Typ A, Abb.7) stabiler sind als solche mit elektronenziehenden Gruppen (Typ B). Aufgrund der unterschiedlichen π-Basizität der substituierten und unsubstituierten Benzenringe nehmen die Autoren an, daß in den Komplexen **A** der substituierte Benzenkern in π-π-Wechselwirkung mit einem Tetracyanethen-Molekül tritt, während bei den Komplexen **B** wahrscheinlich der unsubstituierte aromatische Ring dem Tetracyanethen zugekehrt ist. Diese Annahme wird durch den Befund gestützt, daß der Komplex mit 4-Acetyl[2.2]paracyclophan trotz des elektronenziehenden Substituenten noch stabiler ist als derjenige des *p*-Xylens.

Die konkurrierenden Einflüsse - Elektronenschub des vom Tetracyanethen abgekehrten Benzenrings einerseits und Elektronenzug des Substituenten (Acetyl, Nitril) andererseits - sind in Abb.7 durch entsprechende Pfeile angedeutet.

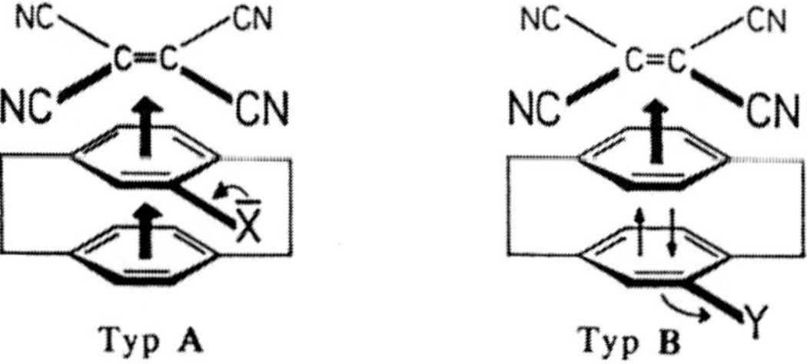

Abb.7. π-π-Komplex mit elektronenschiebendem (Donor-) Substituenten X (A) und mit elektronenziehendem (Acceptor-) Substituenten Y (B)

Für beide Komplextypen **A** und **B** ergab sich darüberhinaus eine annähernd lineare Beziehung zwischen den Übergangsenergien (E_T) der "Charge-Transfer"-Bande und Hammettschen Substituentenkonstanten (σ_m), woraus die Autoren auf die Existenz *transannularer Substituenteneffekte* schließen.

Transannular dirigierender Einfluß bei der elektrophilen Substitution [7]: Anhaltspunkte für *transannulare elektronische und sterische Effekte* ergaben sich auch bei den chemischen Reaktionen im engeren Sinne. Im [2.2]Paracyclophan-System sind transannulare Wechselwirkungen gekennzeichnet durch sterische oder elektronische Einflüsse des einen - u.U. substituierten - aromatischen Kerns auf den Verlauf von Reaktionen am anderen aromatischen Ring. Die starke Abhängigkeit transannularer Wechselwirkungen von der Molekülgeometrie ist evident.

Ein bemerkenswertes Ergebnis hatten vergleichende Messungen der relativen Acetylierungs-Geschwindigkeiten innerhalb der Reihe der [m_n]Paracyclophane. Setzt man die Reaktionsgeschwindigkeit des [6.6]Paracyclophans **23** ($m = n = 6$, $R = H$) gleich 1, so ergeben sich für die folgenden Paracyclophane die angegebenen Werte:

[4.4]Paracyclophan: 1.6

[4.3]Paracyclophan: 11

[2.2]Paracyclophan: >48.

Je näher sich also die Benzenringe kommen, umso stärker steigt die Geschwindigkeit, mit der die erste Acetylgruppe in den Kern eintritt, während gleichzeitig die Reaktionsgeschwindigkeit für den Eintritt der zweiten Acetylgruppe sinkt. Beide Befunde sind zwanglos so zu deuten, daß die positive Partialladung im Übergangszustand der Monoacetylierung (**40**) in beiden Benzenringen verteilt werden kann.

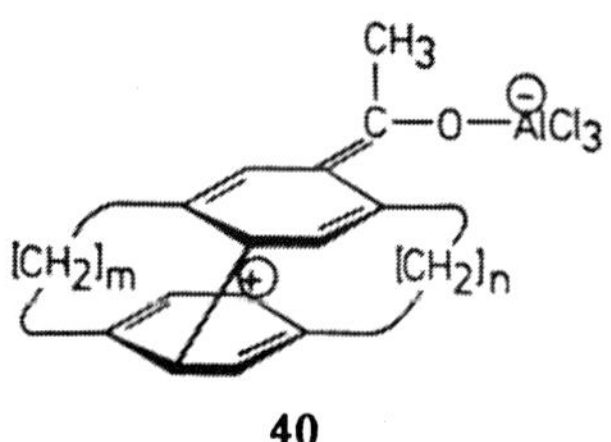

40

Reich und *Cram* studierten die bei der elektrophilen Substitution monosubstituierter [2.2]Paracyclophane anfallende Produktverteilung. Es zeigte sich, daß die transannular dirigierende Wirkung des schon vorhandenen Substituenten X in keinem Fall mit transannularen Resonanzeffekten im Grundzustand in Übereinstimmung gebracht werden konnte: Voraussagen der Produktverteilung, die auf elektrostatischen Grundzustandsmodellen beruhen, wie den kanonischen Strukturen **41** für elektronenschiebende und **42** für elektronenziehende Substituenten, entsprechen demnach nicht den für die Zweitsubstitution erhaltenen experimentellen Ergebnissen.

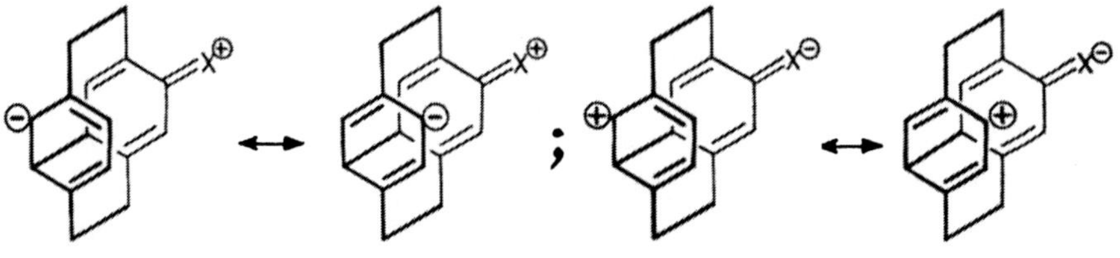

41 (X: elektronenschiebend)   **42** (X: elektronenziehend)

Zieht man Grenzstrukturen wie **41** in Betacht, so wäre elektrophile (Zweit-) Substitution in der pseudo-*m*- und pseudo-*geminalen*-Stellung zu erwarten. Beobachtet wird aber, beispielsweise bei der Bromierung und Acetylierung des 4-Brom[2.2]paracyclophans (**43**), überwiegende Bildung von pseudo-*o*- und pseudo-*p*-Produkten (Abb.8):

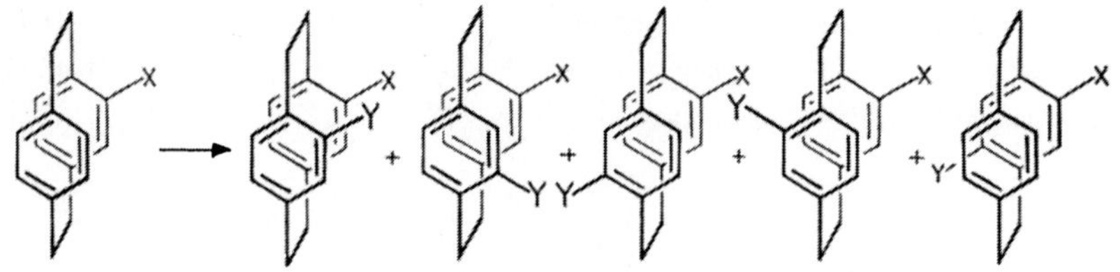

pseudo-   pseudo-   pseudo-   pseudo-   *para*
geminal   *ortho*   *para*   *meta*

	X			Y
43:	Br		44:	Br
43:	Br		45:	$COCH_3$
46:	$COOCH_3$		47:	Br
48:	$COCH_3$		49:	Br
50:	NO_2		51:	Br
52:	CN		53:	Br

Abb.8. Produktverteilung bei der elektrophilen Zweitsubstitution monosubstituierter [2.2]Paracyclophane

Grenzstrukturen wie **42** lassen als bevorzugte Angriffsstellen bei der elektrophilen Substitution die pseudo-*o*- und pseudo-*p*-Position vorhersehen. Bei der Bromierung von 4-Methoxycarbonyl- (**46**) und 4-Acetyl[2.2]paracyclophan (**48**) wird jedoch ausschließlich das pseudo-*geminal* substituierte Produkt erhalten.

Die Experimentalergebnisse lassen sich jedoch gut deuten, wenn angenommen wird, daß die Substitution im [2.2]Paracyclophan-System überwiegend pseudo-*geminal* zu der am stärksten basischen Stelle bzw. zu dem am stärksten basischen Substituenten stattfindet. Die basischsten Stellen in der Bromverbindung sind die zum Bromatom *o*- und *p*-ständigen Positionen (siehe <u>Abb.9</u>). Tatsächlich erhält man bei der Bromierung und Acetylierung überwiegend pseudo-*o*- und pseudo-*p*-Produkte.

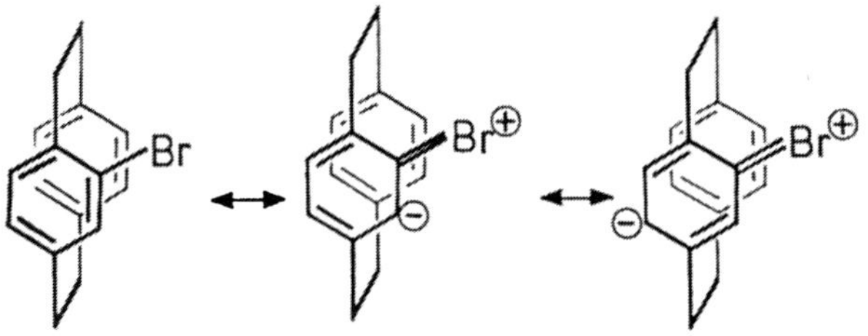

<u>Abb.9.</u> Grenzstrukturen des 4-Brom[2.2]paracyclophans (**43**)

Cram nannte die polaren Formeln *intraannulare Grenzstrukturen* ("intraannular resonance structures"). Die basischste Stelle in den Nitro- und Carbonyl-substituierten [2.2]Paracyclophanen ist der Sauerstoff des Substituenten; Substitution erfolgt in pseudo-*geminaler* Stellung.

Die Korrelierung der transannular dirigierenden Effekte mit der Basizität von pseudo-*geminal* zum Erst-Substituenten befindlichen Gruppen (oder Teilen davon) legt die Beteiligung eines basischen Zentrums im Molekül als Nachbargruppe im Produkt-bestimmenden Schritt der Substitutionsreaktion nahe. Als solches kann nach *Cram* der schon substituierte aromatische Kern fungieren. Der Mechanismus der zur pseudo-*p*-Substitution führenden elektrophilen Substitution sei am Beispiel des 4-Brom[2.2]paracyclophans (**43**) bzw. der Monodeutero-Verbindung **54** erläutert (<u>Abb.10</u>):

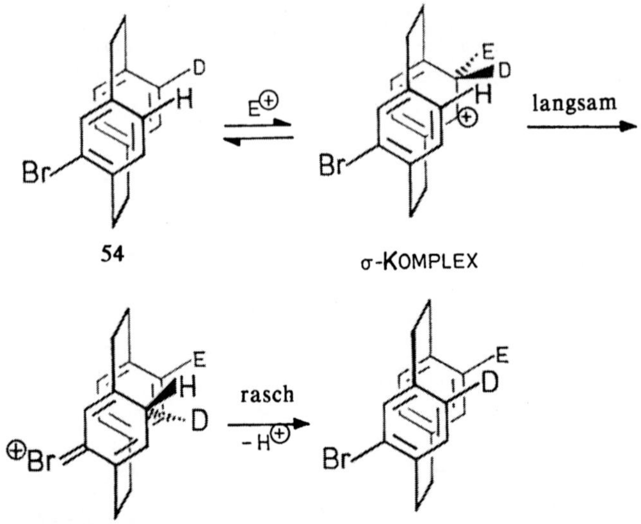

<u>Abb.10.</u> Mechanismus der zur pseudo-p-Substitution führenden elektrophilen Substitution

Das Elektrophil $E^{\oplus}$ greift von der ungehinderten Seite des noch unsubstituierten zweiten aromatischen Kerns an. Ein Proton (Deuteron) wird transannular (von einem Kern zum anderen) verschoben, worauf das schon am zweiten Kern vorhandene in der gleichen Richtung abgeht. Auf diese Weise tritt das Elektrophil auf dem am wenigsten gehinderten Wege in das [2.2]Paracyclophan-System ein und das Proton (Deuteron) aus. Eine Deuterium-Wanderung konnte bei der Bromierung des 4-Methyl[2.2]paracyclophans (55) nachgewiesen werden. Die für die Bromierung von p-Protio- und p-Deutero-4-methyl[2.2]paracyclophan in verschiedenen Lösungsmitteln gefundenen kinetischen Isotopeneffekte k_H/k_D sprechen in Übereinstimmung mit diesem Mechanismus dafür, daß die Protonabspaltung vom σ-Komplex der langsamste Schritt ist.

Das auffallendste Beispiel für transannular dirigierende Effekte bietet die ausschließlich oder überwiegend pseudo-*geminal* verlaufende Substitution bei der Bromierung der basische Sauerstoff-Substituenten (Carboxy, Methoxy, Acetyl, Nitro) enthaltenden [2.2]Paracyclophane. Das Sauerstoffatom der funktionellen Gruppe befindet sich hier in einer günstigen Position zur Aufnahme eines Protons aus der pseudo-*geminalen* Stellung des σ-Komplexes. Der vom obigen abweichende Mechanismus sei am Beispiel der Bromierung des Esters **46** formuliert (Abb.11). Hier übernimmt das Sauerstoffatom des elektronenziehenden Erstsubstituenten die Funktion der intramolekularen Base; es assistiert bei der Protonverschiebung. Die Cyanogruppe besitzt dagegen keine geeignete Geometrie, um ein Proton transannular übernehmen zu können; bei der Bromierung von **52** (s.o.) wird daher kein pseudo-*geminales* Disubstitutionsprodukt gefunden.

Abb.11. Mechanismus der zum pseudo-*geminalen* Produkt führenden elektrophilen Substitution [7]

Transannulare Reaktionen: Es spricht für die besondere Molekülgeometrie des [2.2]Paracyclophan-Systems, daß der bei dem [4.4]Paracyclophan (**56a**) mit 28% Ausb. verlaufende transannulare Ringschluß **56**→**57** für n= 2 nicht zum Erfolg führt [7]:

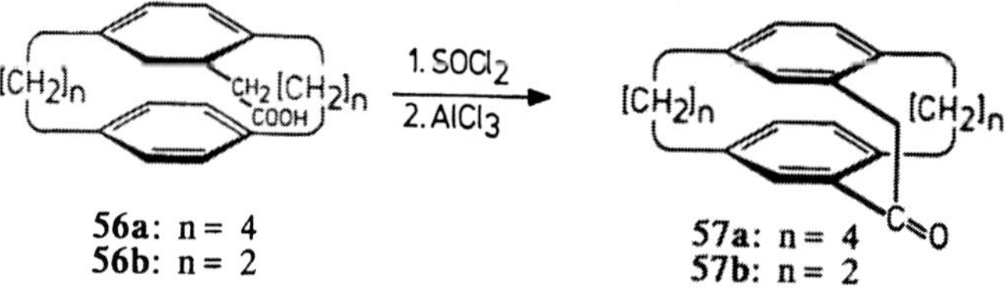

56a: n= 4
56b: n= 2

57a: n= 4
57b: n= 2

Eine intermediär auftretende zusätzliche zweigliedrige Brücke in einem [2.2]Paracyclophan-System postulierten *Forrester* und *Ramasseul.* Bei der Synthese des Bis-hydroxylamins **58**, einer Vorstufe des Diradikals **59**, isolierten sie als Nebenprodukt die pseudo-*p*-Hydroxyverbindung **60**, die durch Oxidation (Luftsauerstoff oder Umsetzung mit Silberoxid) in das violette Chinon **61** übergeht.

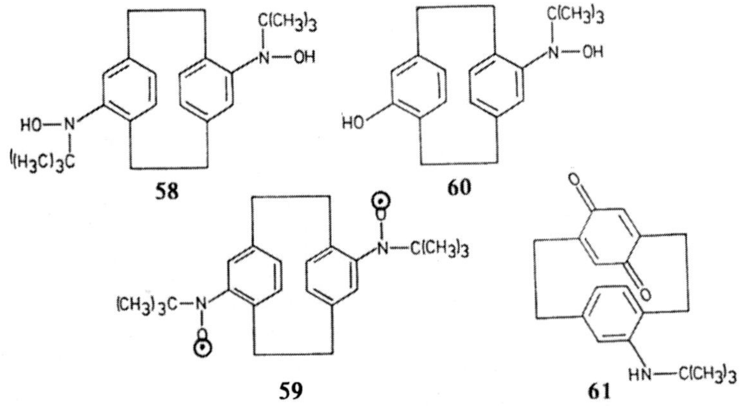

Folgender "transannularer" Reaktionsmechanismus wird angenommen:

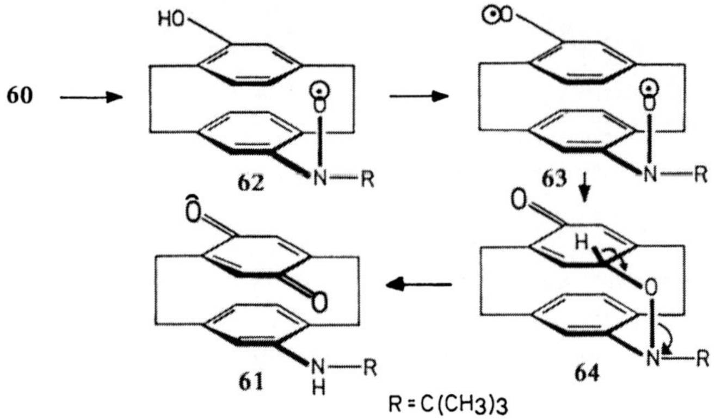

Der entscheidende Schritt besteht dabei in der transannularen Wanderung des N-Oxid-Sauerstoffatoms (**63→64**). Ein solcher intramolekularer Angriff scheint durchaus plausibel, da sich - wie Modelle zeigten - das Sauerstoffatom der N-O-Gruppe in **63** der pseudo-*geminalen* Position des anderen Benzenrings bis auf 260 pm nähern kann. Analoge intermolekulare

Reaktionen - Oxidation von Phenolen zu Chinonen durch N-Oxide - sind
bekannt.

Auf ähnliche Weise scheint aus dem pseudo-*o*-substituierten [2.2]Paracy-
clophan **65** das schwarze *o*-Chinon **66** zu entstehen:

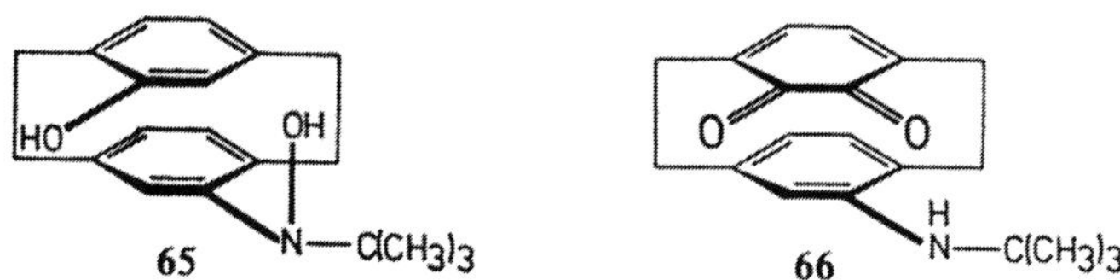

Hopf et al. untersuchten die Epoxidierung, *de Meijere et al.* die Cyclo-
propanierung von [2.2]Paracyclophanen (und des Diens **37**, s.u.) [4b].

2.3.4   Reaktionen in der Seitenkette [1b,4b,7]

Substitution, Addition und Elimination: Cram et al. studierten Solvolysereaktionen des optisch aktiven 1-Tosyloxy[2.2]paracyclophans (**6**) [1]. Zunächst wurde sichergestellt, daß die Umsetzungen 7→6, 7→8, 7→9, 7→10, erwartungsgemäß alle mit vollständiger Retention der Konfiguration ablaufen.

Im Gegensatz dazu entsprechen die bei der Methanolyse, Acetolyse und
Trifluoracetolyse des Tosylats **6** erhaltenen Befunde nicht den Erwartungen.
Cram erhielt den Methylether **8**, das Acetat **9** und das Trifluoracetat **10** mit
der gleichen Konfiguration und mit derselben optischen Reinheit wie bei
der direkten Darstellung aus dem Alkohol **7**. Diese Solvolysereaktionen am
Brückenkohlenstoffatom des [2.2]Paracyclophans laufen daher mit vollständiger Retention der Konfiguration ab. Auch die Reaktionsgeschwindigkeit der
Acetolyse des Tosylats **6** weicht beträchtlich von der Norm (aliphatische se-
kundäre Tosylate) ab; sie ist etwa 100fach schneller als die von 2-Butylto-
sylat und vergleichbar mit der von α-Phenylneopentyltosylat.

---

[1] Die Verbindungsnummern 1-6 sind in den *Abschnitten 2.1-2.7* den [2.2]-
Phan-Kohlenwasserstoffen vorbehalten.

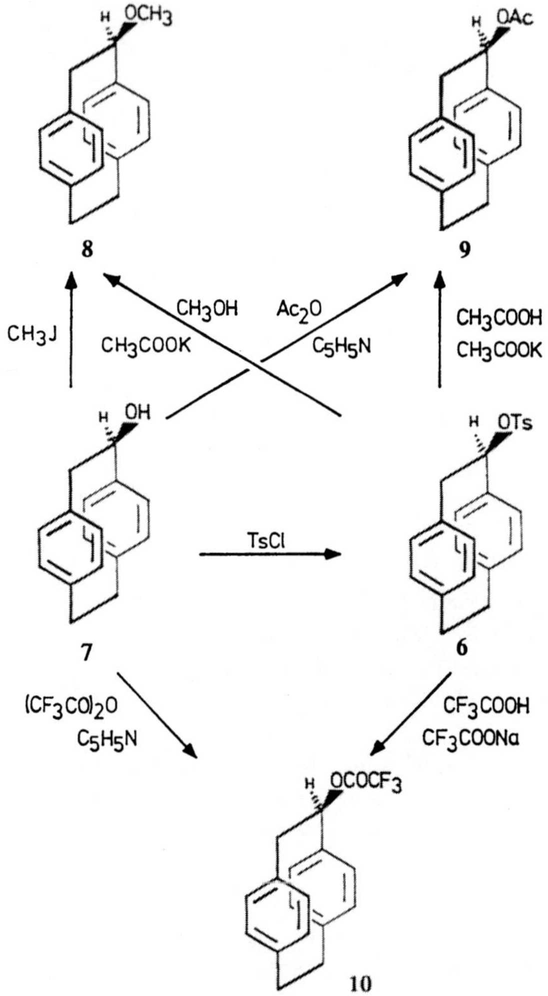

Die hohe Stereospezifität in den Solvolysereaktionen des Tosylats **6** zusammen mit der unerwartet hohen Reaktionsgeschwindigkeit legt nach *Cram* auch die Beteiligung des zum optisch aktiven C-Atom ß-ständigen Phenylrings im Ionisierungsschritt nahe, die zur Bildung des stark gespannten *verbrückten Carboniumions* **11** führt. Dieses wird in einem zweiten zum Produkt führenden Reaktionsschritt geöffnet. Sowohl die Bildung von **11** als auch seine Öffnung müssen mit vollständiger Inversion verlaufen, um insgesamt eine völlige Retention zu gewährleisten.

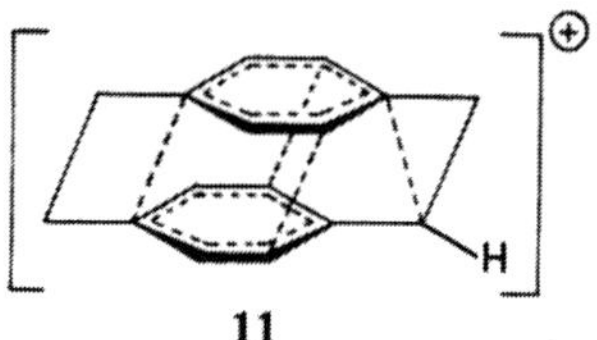

11

Das Kation **11** trägt eine positive Ladung, die über beide Kerne verteilt sein kann, seine Bildung spiegelt den Ausgleich von Winkelspannungen wider, der zur Erleichterung von π-π-Abstoßungsspannungen zwischen den in der Ausgangsverbindung neutralen Benzenkernen führt. Die Verdrillung des Gerüsts in **11** entspricht dem im Kristall gleichfalls etwas tordierten [2.2]Paracyclophanmolekül.

trans- **12** $\xrightarrow{\text{AgOAc-HOAc}}$ trans- **13**

LiBr | DMF

cis- **12** $\xrightarrow{\text{AgOAc-HOAc}}$ cis- **13**

Br$_2$

36 $\xrightarrow{\text{DBr}}$ **14**

Auch der stereochemische Verlauf einiger polarer Additions- und Substitutionsreaktionen in der Brücke des [2.2]Paracyclophan-Systems ist nach *Cram* am besten auf der Basis von 11-ähnlichen Spezies zu erklären: Umsetzung von [2.2]Paracyclophan-1-en (**36**) mit Brom bzw. Deuteriumbromid führt nämlich ausschließlich zu den *cis*-Additionsprodukten **12** und **14**, deren Acetolyse unter Retention der Konfiguration verläuft; *cis*-1,2-Dibrom[2.2]paracyclophan (*cis*-**12**) reagiert mit Lithiumbromid in DMF ausschließlich zu *trans*-**12**, dessen Acetolyse wiederum nur *trans*-Diacetat (**13**) liefert.

2.3.5   [2.2]Paracyclophanyl als Nachbargruppe [7)]

Cram und *Singer* untersuchten die Fähigkeit des [2.2]Paracyclophans, in Carbeniumionen bildenden Systemen wie **15a,b** als Nachbargruppe zu fungieren [7)]. Messungen der Solvolysegeschwindigkeiten und der Aktivierungsparameter zeigten, daß das [2.2]Paracyclophanyl-System in Solvolysereaktionen eine aktivere Nachbargruppe ist als der Phenylkern in den offenkettigen Vergleichsverbindungen **16a,b**: Bei Paracyclophanylbromid (**15a**) ist eine stärkere Aryl-Beteiligung (Ladungsdelokalisierung) als in **16a** zu verzeichnen.

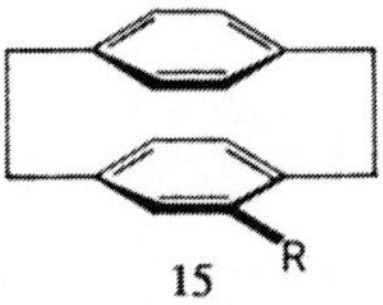

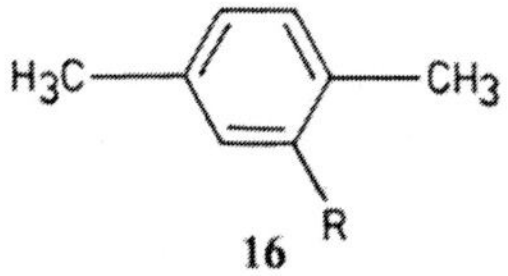

Die Hydrolyse von optisch reinem Bromid **15a** in Dioxan/Wasser ergibt den optisch reinen Alkohol. Dies spricht dafür, daß der transannulare *p*-Xylylenring sich an der Bildung des Carbeniumions nur durch π-σ-Ladungsdelokalisierung (π-σ-Resonanz) der Art **19** beteiligt und wohl kaum durch direkte Verdrängung des Bromids über ein transannular überbrücktes Ion wie **17a**. Im letzteren Fall wäre Racemisierung zu erwarten gewesen.

Cram und *Singer* fanden außerdem einen bemerkenswerten Unterschied bei der Solvolyse der Systeme **15b** und **16b**. Während bei der am α-C-Atom deuterierten Modellverbindung (**16c**) das Deuterium bei der Acetolyse und Hydrolyse in beträchtlichem Maße in der ß-Stellung wiedergefunden wurde (46 und 26% D), blieb das Deuterium in **15c** bei der Acetolyse und Formolyse vollständig in der α-Stellung erhalten.

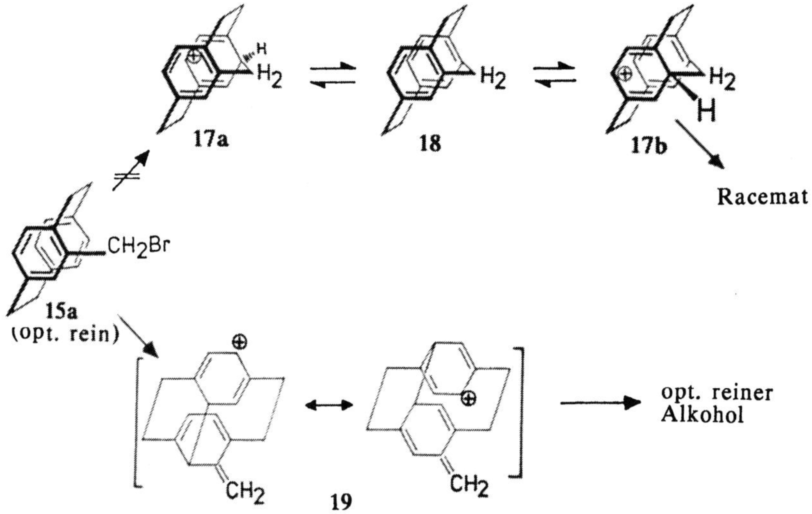

Nugent et al. studierten die Stereochemie des Paracyclophanyl-Phenonium-Ions noch etwas genauer. Sie beschäftigten sich mit der Frage, ob das Phenonium-Ion an der *exo*- oder an der *endo*-Methylen- bzw. -CD_2-Gruppe gebildet und abgesättigt wird. Die Bestimmung der Formolysegeschwindigkeit von 1-Tosyloxymethyltetralin (**20**) sowie *exo*-**21a** und *endo*-17-Tosyloxymethyl-4,5-tetramethylen[2.2]paracyclophan (**21b**) ergab außer dem Nachweis der Beteiligung des Paracyclophan-Systems als Nachbargruppe (**21a,b** solvolysieren rascher als **20**), daß die Bildung des *exo*-Carbonium-Ions bevorzugt ist (das *exo*-Tosylat **21a** solvolysiert 7mal rascher als das *endo*-Tosylat **21b**).

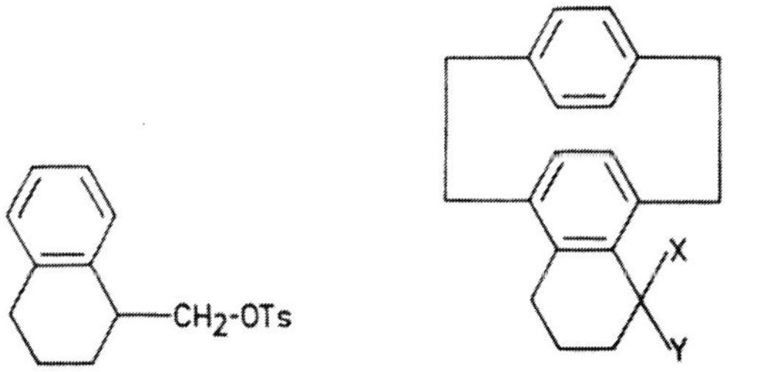

20

exo-**21a**: X = H; Y = CH_2OTs
endo-**21b**: X = CH_2OTs; Y = H

Aus der Produktanalyse wurde auf das Auftreten von überbrückten Ionen der Typen **22a,b** geschlossen, die vom eintretenden Nucleophil ausschließlich am *exo*-Kohlenstoff angegriffen und abgesättigt werden, wofür sowohl sterische als auch elektronische Effekte verantwortlich gemacht werden.

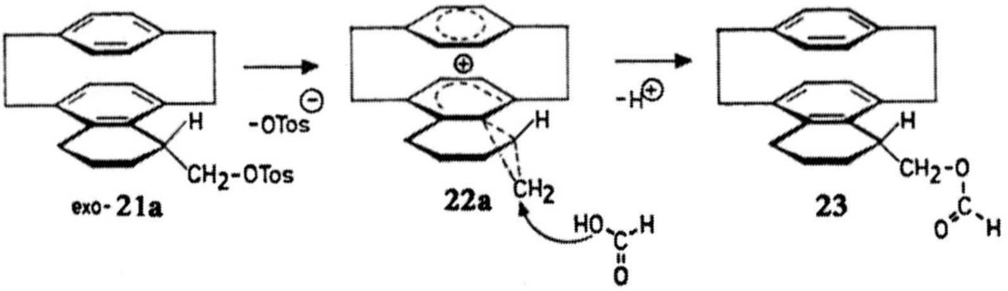

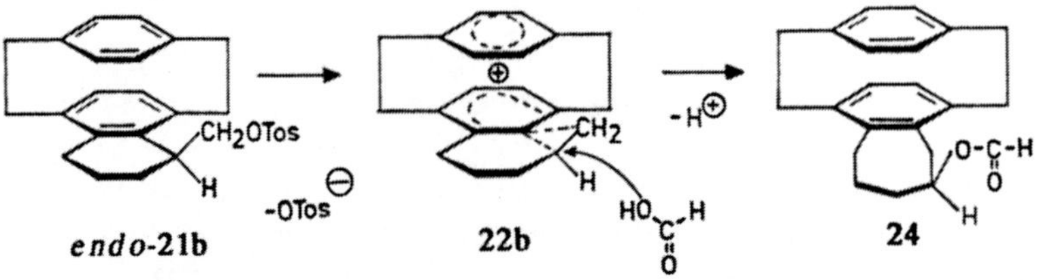

2.3.6   Photochemische Reaktionen der [2.2]Paracyclophane

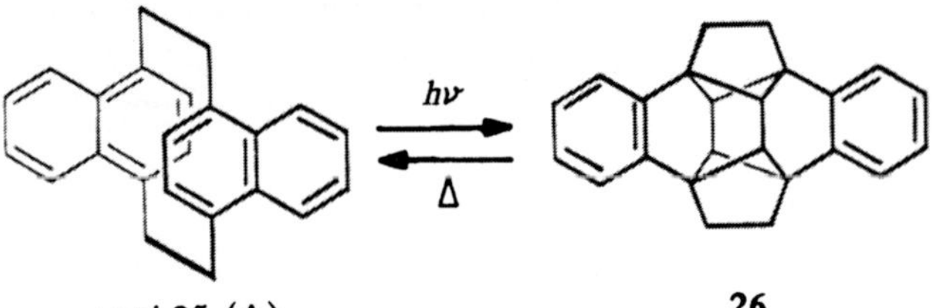

Während das *anti*-Isomere des *[2.2](1,4)Naphthalenophans* (25A) bei der Photolyse 25% Dibenzoequinen (26) liefert (s. *Abschn. 2.6*), werden beim Bestrahlen von [2.2]Paracyclophan (3) unter den verschiedensten Bedingungen nur offenkettige Spaltungsprodukte von 3 gefunden. Der 26 entsprechende Polycyclus *Equinen* (27) konnte nicht nachgewiesen werden. *Cram* und *Delton* schlossen selbst das intermediäre Auftreten von 27-analogen Zwischenstufen bei der Photoracemisierung einiger optisch aktiver Kern- und Brücken-substituierter [2.2]Paracyclophane aus.

27

2.3.7 Cycloadditionen des [2.2]Paracyclophans und seiner Analoga

Diels-Alder-Reaktionen [1b,1c,4b]: Die Ringspannung des [2.2]Paracyclophans erniedrigt die Aktivierungsenergiebarriere für die unkatalysierte Cycloaddition von Dicyanacetylen, so daß schon bei relativ niedrigen Temperaturen 1:1- und 2:1-Addukte erhalten werden: Bei 120°C entsteht ein Gemisch von **28** und **29** in zusammen 71% Ausbeute; bei 170°C wird nur **29**, das bei 210°C ohne Zersetzung sublimiert, gebildet.

29

Cycloadditionen mit Dehydroaromaten: *Brewer*, *Heaney* und *Marples* isolierten bei der Einwirkung von Tetrafluordehydrobenzen (**31**) auf [2.2]Paracyclophan (**3**) das Monoaddukt **32**. Die 2:1-Addukte **33** und **34** wurden bei Verwendung von überschüssigem Pentafluorphenylmagnesiumbromid erhalten.

Das intermediäre Auftreten von 4,5-Dehydro[2.2]paracyclophan (**35**) wiesen *Longone* und *Chipman* durch eine Abfangreaktion mit Anthracen nach. **Sterische Überhäufung** ("overcrowding") im [2]Paracyclo[2](1,4)triptycenophan (**36**) führt zu einer Deformation des [2.2]Paracyclophan-Teils.

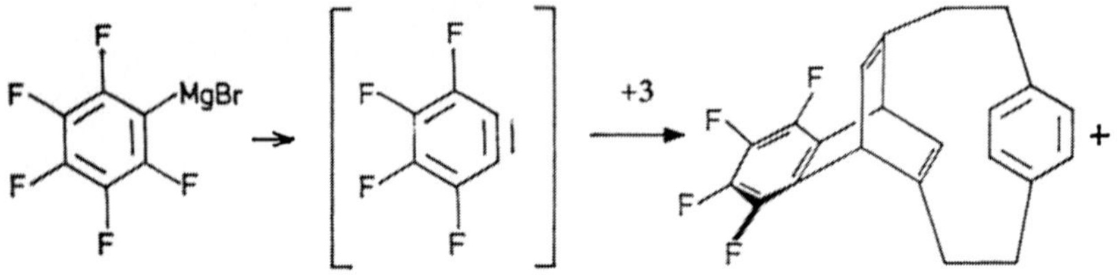

30   **31**   **32**

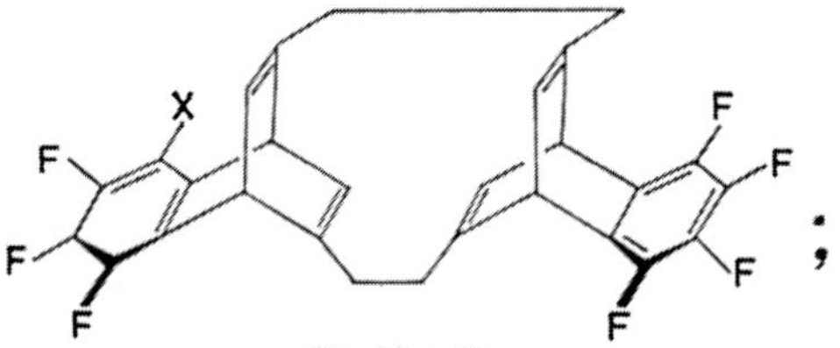

33: X = F
34: X = H

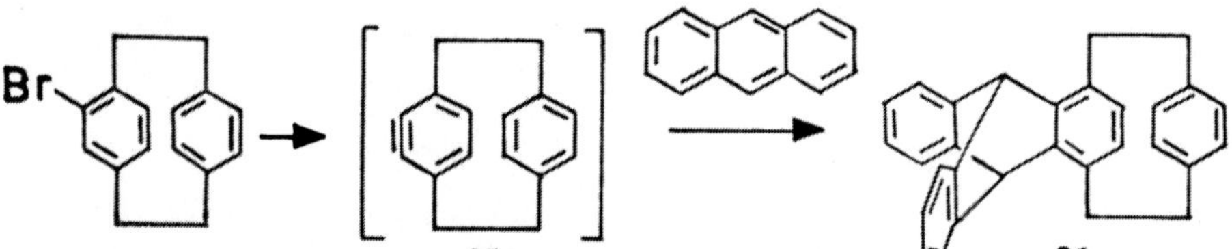

35   **36**

Reduktion: Die katalytische Hydrierung des [2.2]Paracyclophans verläuft anomal. Die ersten vier mol Wasserstoff werden merklich rascher aufgenommen als die letzten zwei. Die Reduktion kann daher so geführt werden, daß sie bei Octahydro[2.2]paracyclophan (**38**) stehen bleibt. Der wenig stabilen, wachsartigen Substanz, die in bis zu 91% Ausb. isoliert wurde, kommt nach *Cram* wahrscheinlich die Struktur **38a** oder **38b** zu. Für das Vorliegen eines nicht konjugierten Diens spricht das UV-Spektrum. Von allen denkbaren Isomeren können außerdem nur die beiden aufgeführten mit Molekülmodellen aufgebaut werden. Das *"Cyclohexenophan"* **38** [2] scheint auch bei der Reduktion von [2.2]Paracyclophan mit Lithium in Ethylamin zu entstehen.

---

[2] Zur Bezeichnung als "aliphatisches Phan-Analogon" ("Aliphan") vgl. *Abschn. 9.*

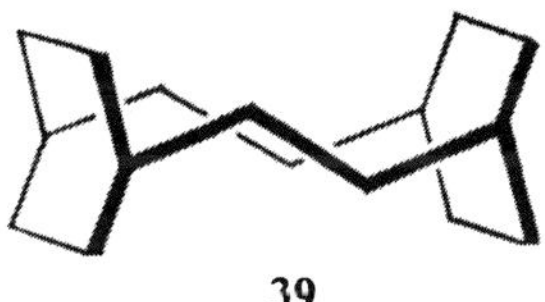

Hydriert man erschöpfend (H$_2$/Pt in Eisessig), so gelangt man zur Perhydro-Verbindung **39**. Molekülmodelle lassen erkennen, daß dieses *"[2.2]Cyclohexanophan"* eine im Molekülinnern sterisch überhäufte Verbindung ist: Die van der Waals-Radien überlappen sich stark, und die Bindungswinkel sind wahrscheinlich deformiert. *Boyd et al.* haben energetisch günstige Konformationen und Spannungsenergien für **39** berechnet.

39

Jenny und *Reiner* erhielten durch Birch-Reduktion des [2.2]Paracyclophans eine Di- und Tetrahydro-Verbindung (**40, 41**). Aufgrund spektroskopischer Beobachtungen schreiben die Autoren der Dihydro-Verbindung den in der Formel **40** (rechts) zum Ausdruck kommenden räumlichen Bau mit schwach bootförmig verzerrtem Benzenring zu.

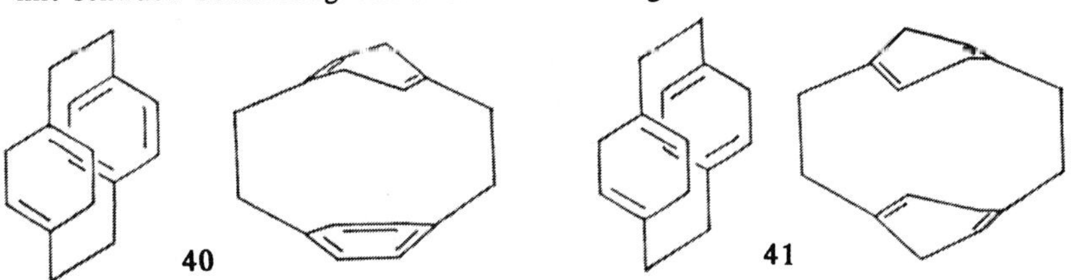

Für das Tetrahydro-Produkt **41** wurde obenstehende räumliche Anordnung wahrscheinlich gemacht (Konstitutionsisomere konnten durch ^{1}H-NMR-Spektroskospie ausgeschlossen werden). Auffallend ist die Disproportionierung von **41** zu **40** und [2.2]Paracyclophan (**3**) bei Erhitzen auf 150-160°C.

An dieser Stelle der Beschreibung der Kern-substitutierten [2.2]Paracyclophane seien ausnahmsweise die Kronenether-Abkömmlinge **42-45** erwähnt, von denen **43** als "Galions-Formel" den Umschlag der beiden in diesem Buch öfter zitierten "Cyclophanes"-Bände verziert [1d-f].

42   **43**

44   **45**

2.3.8   Übergangsmetall–Komplexe des [2.2]Paracyclophans [1b,16,17]

Frühe Arbeiten von *Cram* und *Wilkinson* zeigten, daß [2.2]Paracyclophan rasch mit Chromhexacarbonyl reagiert, wobei **46** entsteht. *Misumi* berichtete über die Herstellung des zweifachen Chromcarbonyl-Komplexes **47**. *Elschenbroich* konnte mit Hilfe der Metallatom-Verdampfungstechnik den ungewöhnlichen Komplex **48**, der ein Chromatom zwischen den beiden *p*-Phenylenringen enthält, herstellen sowie den Komplex **49**, bei dem ein Chromatom zwei Cyclophan-Moleküle verbrückt [18].

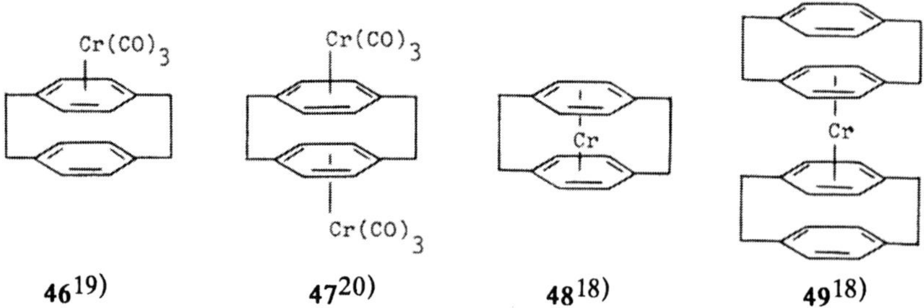

Neuerdings sind mehrere Dutzend Cyclophan-Ruthenium-Komplexe der allgemeinen Strukturen **50a, 51a, 52, 53** hergestellt worden sowie Eisen-Komplexe der Strukturen **50b, 51b**. Die Fe(II)- und Ru(II)-Komplexe der [2_n]Cyclophane sind thermisch- und lichtstabil und können unzersetzt aufbewahrt werden.

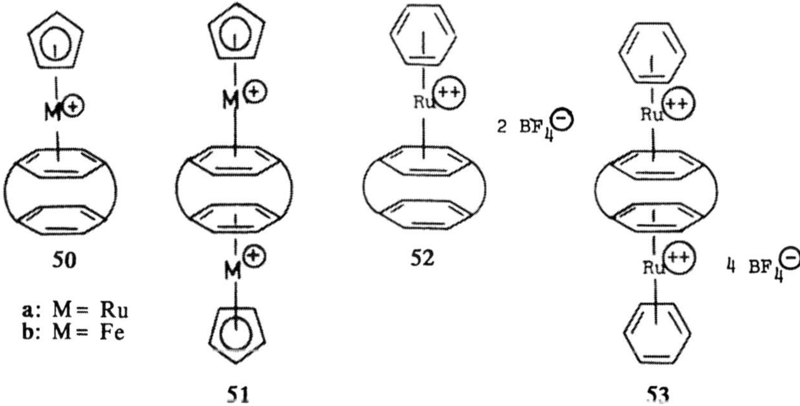

Boekelheide et al. erhielten das interessante Bis(η^6-hexamethylbenzen)-{η^6,η^6-[2.2](1,4)cyclophan}diruthenium(II,II)-tetrafluoroborat (**54**) ²²⁾. Durch Zwei-Elektronen-Reduktion dieses Tetrakations werden die Benzen- in Cyclohexadien-Ringe übergeführt; zugleich bildet sich mit der Brücke zusammen ein Cyclobutan-Ring aus. Abb.12 zeigt das Ergebnis der Röntgen-Kristallstrukturanalyse von **55**:

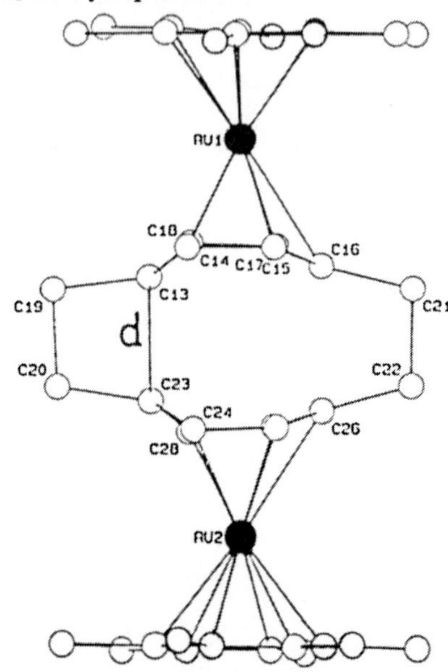

Abb.12. Molekülgeometrie des Produkts **55** {entstanden durch Reduktion des Bis(ruthenium)-Komplexes **54** des [2.2]Paracyclophans [22)]}

Auffallend hieran ist die extreme Länge der "inneren" Cyclobutan-Bindung d zwischen den ehemaligen Brückenkopf-Kohlenstoffatomen C(13) und C(23): Mit 196 pm dürfte sie zu den längsten C-C-Bindungen zählen (Normalwert 154 pm), die bisher gefunden wurden [22)].

2.3.9   Unter Ringspaltung verlaufende Reaktionen

Thermische Isomerisierung und Racemisierung [1a,b,4b)]: Die hohe Spannungsenergie des [2.2]Paracyclophans (**3**) erleichtert die Ringöffnung des Moleküls unter Spaltung der Benzylbindungen. Pyrolyse bei 400°C liefert 4,4'-Dimethylbibenzyl (**57**) und 4,4'-Dimethylstilben. Bei 600°C entsteht *p*-Xylylen (**58**), das bei der Kondensation spontan zu linearem Poly-*p*-xylylen (**59**) polymerisiert.

Reich und *Cram* führten eine Reihe von Versuchen durch, deren Resultate die intermediäre Bildung eines 4,4'-Dimethylenbibenzyl-Diradikals (56) nahelegen. Nach Erhitzen von [2.2]Paracyclophan auf 250°C in *p*-Diisopropylbenzen isolierten sie als einziges nichtpolymeres Produkt 4,4'-Dimethylbibenzyl in 21% Ausbeute.

(-)-4Methoxycarbonyl[2.2]paracyclophan (60) erleidet beim Erhitzen auf 200°C Racemisierung, ohne daß Zersetzung eintritt. Die Geschwindigkeit ist dabei kaum von der Polarität des Lösungsmittels (Dimethylsulfon, Tridecan) abhängig. Wegen der Starrheit des Ringsystems kann die Racemisierung nur unter Ringöffnung und anschließender Rekombination ablaufen. Die Freie Aktivierungsenergie des Vorgangs wurde zu 159 kJ/mol bestimmt. Außer der homolytischen Spaltung einer Benzylbindung zum Diradikal 61 und dessen Rekombination nach der Rotation des Benzenkerns (Weg *A*) wäre auch eine Racemisierung auf folgenden Wegen denkbar:

B) Spaltung zu den *p*-Xylylenen **58** und **62** (*p*-Xylylen-Mechanismus);

C) über die polycyclischen Equinene **63** und **64**, die durch intramolekulare Cycloaddition entstehen könnten.

Die Untersuchung der thermischen Isomerisierung verschiedener disubstituierter [2.2]Paracyclophane bei 200°C durch *Reich* und *Cram* zeigte, daß nur der Diradikal-Mechanismus *(A)* den experimentellen Befunden gerecht wird. So ergab die Isomerisierung ausgehend von dem reinen pseudo-*geminalen*- und pseudo-*m*-Isomeren dasselbe Gleichgewichtsgemisch, ebenso wie pseudo-*o*- und pseudo-*p*-Isomere ineinander übergeführt werden konnten:

A:

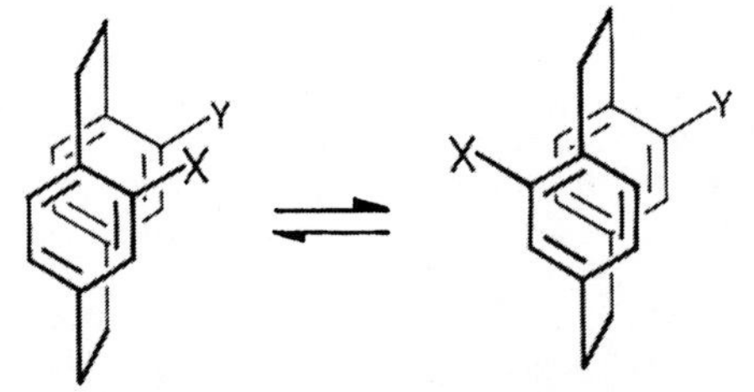

pseudo-*geminal*   pseudo-*meta*

(X = Br, Y = COCH₃)

B:

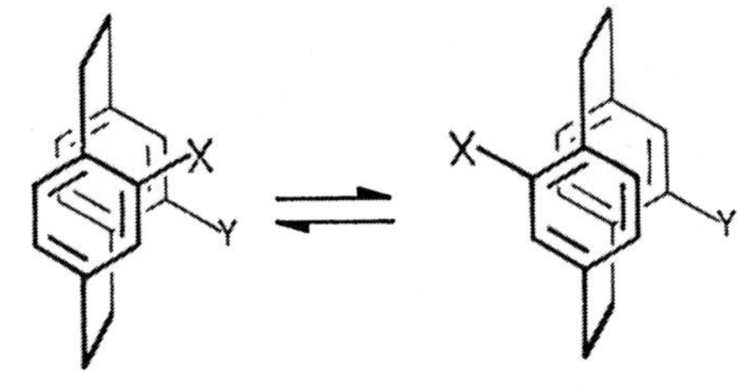

pseudo-*ortho*   pseudo-*para*

Eine weitergehende Isomerisierung von dem einen System *(A)* zum anderen *(B)* bzw. von pseudo-*geminal* zu *m*- und von pseudo-*o*- zu *p*-substituierten Produkten wurde nicht beobachtet; ein Befund, der mit einem *p*-Xylylen- bzw. Polycyclen-Mechanismus nicht zu vereinbaren ist.

Ringerweiterung: Weitere Anhaltspunkte für das Auftreten von Diradikalen erhielten *Reich* und *Cram*, als sie [2.2]Paracyclophan unter Luftausschluß 40 Stunden mit Malein- und Fumarsäuremethylester auf 200°C erhitzten.

Dabei wurden die *cis-* und *trans*-2,3-Bis(methoxycarbonyl)[4.2]paracyclophane **66** und **67** in nahezu gleichem Verhältnis gebildet, unabhängig von der Konfiguration des eingesetzten "Olefins". Die Kenntnis ähnlicher, radikalisch verlaufender Additionsreaktionen legt auch für diese Umsetzung einen Radikalmechanismus nahe, zumal eine konzertierte Addition der olefinischen Doppelbindung an **3** oder an das als Zwischenprodukt anzunehmende Diradikal **56** wegen der mangelnden Stereospezifität der Insertion auszuschließen ist.

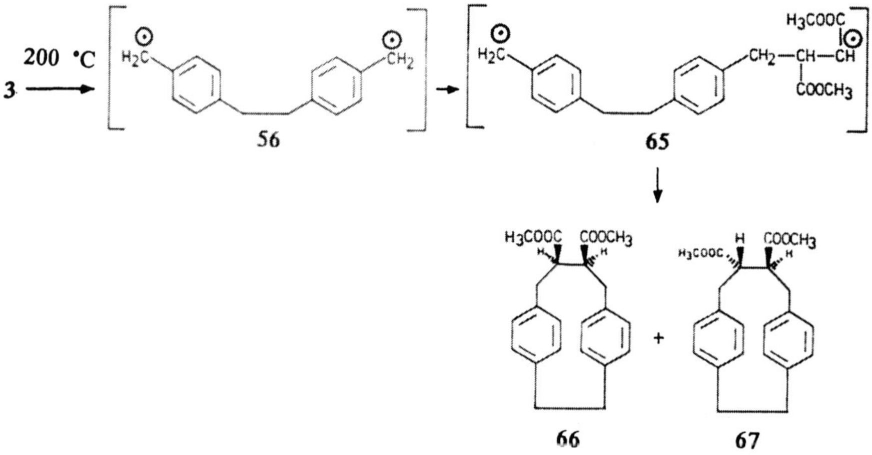

Stabilere Radikale als **56** sollten bei der Thermolyse von 1-Vinyl[2.2]paracyclophan (**68**) und *(E)*-ß-Methoxycarbonyl-1-vinyl[2.2]paracyclophan (**69**) entstehen. Erhitzen von kristallinem **68** auf 165°C bzw. Bestrahlen bei Raumtemperatur mit Licht der Wellenlänge 254 nm ergab das ringerweiterte (*Z*)-[4.2]Paracyclophan-1-en [3] (**72**) in 90 bzw. 13% Ausbeute.

---

[3] Die in der Literatur manchmal benutzte Endung "cycloph-1-en" für Cyclophane mit ungesättigter Brücke erscheint logisch, aber sprachlich weniger günstig.

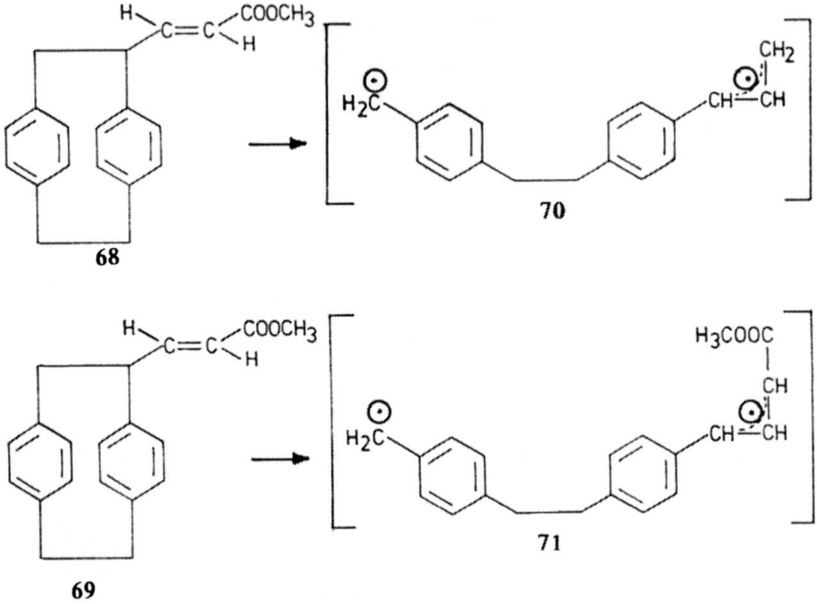

Aus (*E*)-**69** bildete sich beim Erwärmen auf 100°C in Benzen zu 95% das (*Z*)-konfigurierte 3-Methoxycarbonyl[2.2]paracyclophan-1-en (**73**).

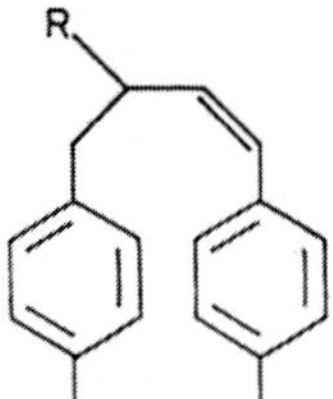

72 : R = H
73 : R = COOCH₃

Die thermische Reaktion (100°C) von **68** mit Fumarsäure- oder Maleinsäuredimethylester ergab mehrere Produkte: Außer **72** wurden Gemische von Stereoisomeren des 1-Vinyl-2,3-bis(methoxycarbonyl)[2.2]paracyclophan-1-ens (**74**) und des *cis*-4,5-Bis(methoxycarbonyl)[2.2]paracyclophan-1-ens (**75**) isoliert. Die Umsetzung von **69** mit Maleinsäuredimethylester lieferte eine ähnliche Produktverteilung. Die Nicht-Stereospezifität dieser Insertionsreaktionen sowie kinetische Daten sind im Einklang mit dem vorgeschlagenen mehrstufig-radikalischen Mechanismus.

Ringerweiterungsreaktionen an [2.2]Paracyclophan-Systemen haben einen bequemen Zugang zu bisher nur schwierig erhältlichen carbocyclischen [m.n]Paracyclophanen (**80**; vgl. *Abschn. 4*) - insbesondere mit kleinem m und n - eröffnet. *Cram* und *Helgeson* erhielten durch Umsetzung des [2.2]-Paracyclophan-1-ons (**76**) mit Diazomethan die umgelagerten Ketone **77**, **78**, die gaschromatographisch getrennt wurden. Wolff-Kishner-Reduktion der Ketone lieferte die Kohlenwasserstoffe **79**, **80**.

Die analoge Umsetzung von [2.2]Paracyclophan-1,9-dion (**81**) ergab ein komplexes Gemisch von [3.3]- und [4.3]Paracyclophan-dionen **83**, **84**, deren Reduktion zu den Carbocyclen **82** und **85** führte. Im Falle des [3.3]Paracyclophans (**82**) war der hier skizzierte Syntheseweg präparativ wertvoll, da das vorher angewandte Verfahren nur geringe Mengen dieses Ringsystems lieferte. Durch Optimierung der Reaktionsbedingungen konnte **82** ausgehend vom [2.2]Paracyclophan (3) in einer Gesamtausbeute von 19% erhalten werden.

Die im Vergleich zu offenkettigen Ketonen rasch ablaufende Umsetzung der niedriggliedrigen Ketone mit Diazomethan sowie das Fehlen von Oxiranen in den Reaktionsmischungen ist wohl auf die Verminderung der Spannungsenergien im Verlaufe der Ringerweiterungsreaktionen zurückzuführen.

Eine ebenfalls präparativ nutzbare, mechanistisch reizvolle Ringerweiterungsreaktion vom [2.2]- zum [3.3]Paracyclophan-Gerüst beschrieben *Hedaya* und *Kyle*. Sie isolierten bei der Acetolyse des Tosylats **86** in 97% Ausbeute 2-Acetoxy[3.2]paracyclophan (**87a**), aus dem sie über **87b** und **77b** das [3.2]Paracyclophan (**79**) gewannen.

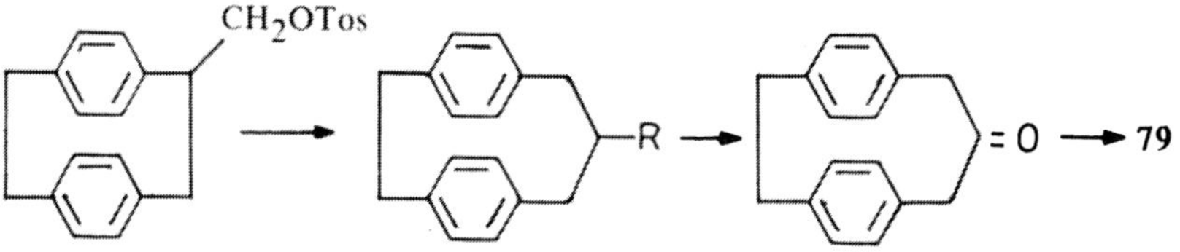

86

87a: R = OCOCH$_3$
87b: R = OH

77b

= O ⟶ 79

Die Übertragung dieses Reaktionsschemas auf das Ditosylat **88** führte zu dem umgelagerten Cyclus **89** sowie zu dessen Eliminationsprodukten **90, 91**. **89** und **90** können pyrolytisch fast quantitativ zu den Dienen **91** abgebaut werden, deren Hydrierung zu [3.3]Paracyclophan (**82**) ohne Schwierigkeiten gelingt.

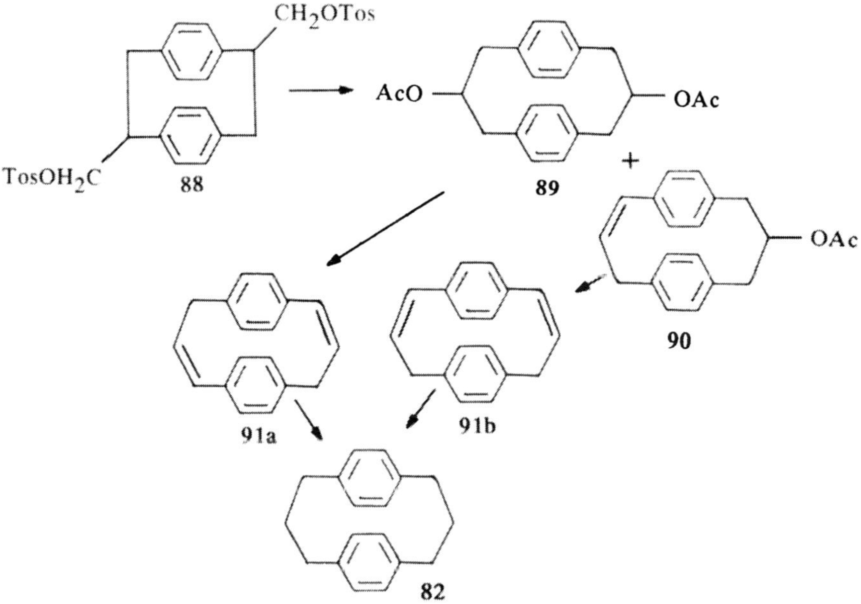

88

89

90

91a   **91b**

82

Carben-Addition: Behandlung von [2.2]Paracyclophan (**3**) mit Diazomethan in Gegenwart von Kupferchlorid ergibt in geringer Ausbeute eine Mischung methylenierter Produkte **92, 93** [23,24]. Im Falle der tetrasubstituierten [2.2]Paracyclophane **94, 95** werden die höher methylenierten Verbindungen **96, 98** oder **97, 99** isoliert [25].

$$3 \xrightarrow[\text{CuCl}]{\text{CH}_2\text{N}_2} \quad \mathbf{92} \quad + \quad \mathbf{93} \quad ;$$

94: R = $-CO_2Me$

95: R = $-Me$

$$\xrightarrow[\text{CuCl}]{\text{CH}_2\text{N}_2}$$

96: R = $-CO_2Me$

97: R = $-Me$

$$+$$

98: R = $-CO_2Me$

99: R = $-Me$

Umsetzung der Cycloheptatrien-Verbindungen wie **92** mit Tritylfluoroborat führt zu Cyclophanen mit einem Tropylium-Ion als dem einen "Stockwerk" (Deck), die wegen ihrer Charge-Transfer-Wechselwirkung zwischen den Stockwerken von Interesse sind [24,26].

Die Reaktion von [2.2]Paracyclophan (**3**) mit Diazoessigester bietet einen neuen Zugang zu Cyclophanen mit Cycloheptatrien-System [27].

Die transannulare Carben-Insertion verläuft rasch und ist eine synthetisch wertvolle Methode zur Konstruktion zusätzlicher Brücken in [2_n]Cyclophanen [1b]. Diese Reaktionsstrategie ist bei der Synthese des Superphans eingesetzt worden. Ein etwas schwieriger Typ einer intramolekularen Carben-Insertion wurde von *Boxberger et al.* berichtet [28]: Die Pyrolyse von **100** liefert **101** und **102**, wenn auch in geringer Ausbeute.

$$\mathbf{100} \xrightarrow{270\text{-}300°C} \mathbf{101} \quad + \quad \mathbf{102}$$

Am Schluß dieses Abschnitts sei noch die von *de Meijere* beobachtete Addition von Singlett-Sauerstoff an *[2.2]Paracyclophan-1,9-dien* (37) erwähnt, bei der zwar keine Einfach-, wohl aber Doppelbindungen "gespalten" werden [29]. Intermediär entsteht das Peroxid **103**. Epoxidierung dieser Substanz führt hauptsächlich zu **104**, das durch Cobalt-katalysierte Umlagerung das interessante Trioxatris(σ-homo)benzen-Derivat **105** als thermisch stabilstes Produkt liefert.

2.4   [2.2]Metaparacyclophane

2.4.1   Synthese

[2.2]Metaparacyclophan [1]) (4) [1] ist zuerst von *Cram* 1966 in kleiner Menge durch Skelettumlagerung des [2.2]Paracyclophans (3) erhalten worden [1a,2)]. Dabei wurde gepulvertes [2.2]Paracyclophan mit $HCl/AlCl_3$ in Dichlormethan bei 0°C umgesetzt. Nach 30 min ließ sich [2.2]Metaparacyclophan in 44% Ausbeute neben Hexahydropyren (6; 10%), Spuren von Biphenyl (7) und unreagiertem Ausgangsmaterial (7%) isolieren. Auch etwas [2.2]Metacyclophan (2) war nachweisbar.

Die Stereochemie dieser Reaktion ist bemerkenswert, denn die säurekatalysierte Umlagerung des optisch reinen (+)-(*S*)-4-Methyl[2.2]paracyclophans [(+)-8] zum optisch reinen (+)-(*S*)-12-Methyl[2.2]metaparacyclophan [(+)-9] verläuft mit 52% Ausbeute [3)]:

---

[1] Die Verbindungsnummern 1-6 sind in den *Abschnitten 2.1-2.7* den [2.2]-Phan-Kohlenwasserstoffen vorbehalten.

Daraus ist zu schließen, daß bei der Skelettumlagerung keine Öffnung des [2.2]Cyclophan-Gerüsts erfolgt, also auch keine Rotation des methylsubstituierten aromatischen Rings.

Bequem kann [2.2]Metaparacyclophan (**4**) präparativ über die Dithiaphan-Route, z.B. durch Sulfonpyrolyse, erhalten werden [4]:

Auf diese Weise konnten *Vögtle et al.* erstmals auch intraannular substituierte [2.2]Metaparacyclophane des Typs **4** (Y = F) erhalten [4].

Eine weitere Methode zur Herstellung größerer Mengen [2.2]Metaparacyclophans bietet die C-C-Kupplung durch nucleophile Acylierung [1b,5,6]:

Bei der Cyclisierung von **14** mit **15** entsteht das Dithian-Derivat **16** in 36% Ausbeute. Daraus können auch das [2.2]Metaparacyclophan-1,9-dien (**20**) sowie entsprechend substituierte Alkohole **18** und Seitenketten-Ketone wie **17** erhalten werden.

2.4.2   Eigenschaften [1a-e)]

Die Röntgen-Kristallstrukturanalyse des [2.2]Metaparacyclophans (4; Schmp. 81-81.5°C) zeigt, daß bei diesem Molekül der *para*-Phenylenring, mit nur sieben Kohlenstoffatomen verbrückt, stark deformiert ist (Abb.1), stärker als im [2.2]Paracyclophan selbst. Dagegen liegt der *meta*-Phenylenring - etwas schwächer verzerrt - in einer Sesselform vor, also anders als beim [2.2]Metacyclophan, wobei C(8) oberhalb und C(5) unterhalb der von C(3), C(4), C(6) und C(7) gebildeten Ebene liegen. Wie beim [2.2]Paracyclophan durchdringen sich auch bei 4 die van der Waals-Bereiche der beiden Benzenringe.

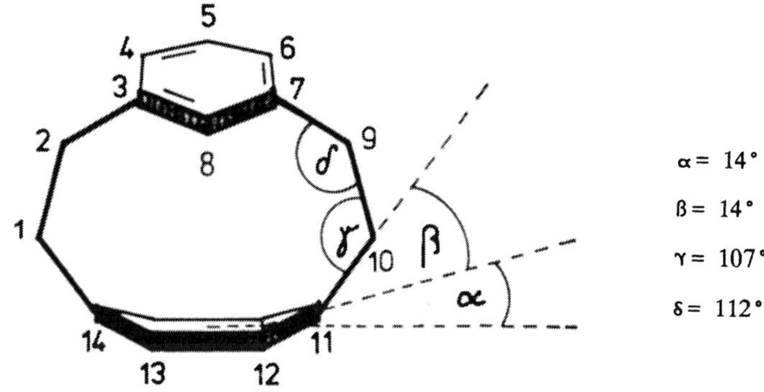

Abb.1. Geometrie des [2.2]Metaparacyclophans (4) im Kristall (mit Winkelangaben)

Berechnungen von *Boyd* und anderen sind in Übereinstimmung mit diesen Befunden.

Die Temperaturabhängigkeit der Kernresonanz von 4 wurde zuerst von *Vögtle* entdeckt [7-9)]. Beim Erwärmen einer Lösung von [2.2]Metaparacyclophan (in DMSO-D_6) findet zunächst eine Verbreiterung sowohl der H(A)-, H(A')-, H(X)-, H(X')-Resonanzen als auch der Methylensignale statt (Abb.2). Bei 190°C sind die ursprünglichen Signale der *p*-Phenylenprotonen verschwunden, und an deren Stelle findet sich ein neues, etwas verbreitertes Singlett bei δ = 6.4. Für den zugrundeliegenden konformativen Bewegungsprozeß erhält man nach der Gutowsky-Holm-Gleichung eine Barriere von $\Delta G_c^{\ddagger}$ = 84-88 kJ/mol (mit T_c = 140°C und $\Delta\nu$ = 85 Hz).

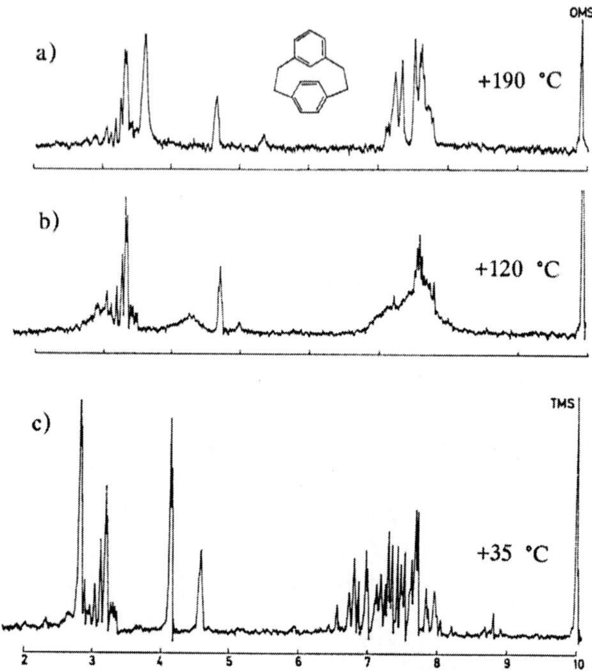

Abb.2. Protonenresonanz des [2.2]Metaparacyclophans (4) bei verschiedenen Temperaturen: a), b) in DMSO-D$_6$; c) in CDCl$_3$ [7]

Über die Art des konformativen Prozesses gewannen *Vögtle et al.* Klarheit, indem sie die durch Sulfonpyrolyse neu zugänglichen unsymmetrischen, intraannular substituierten [2.2]Metaparacyclophane wie **4** (Y = F) untersuchten [7], bei denen ein Durchschwingen der *m*-Phenylen-Einheit sterisch stärker gehindert sein sollte als beim unsubstituierten [2.2]Metaparacyclophan. In der Tat wurde für **4** (Y = F) ein höherer $\Delta G_c^{\ddagger}$-Wert von 95 kJ/mol (in DMSO-D$_6$) ermittelt.

Auch der Befund, daß der optisch aktive Ester **21c** bei 25stdg. Erhitzen auf 200°C nicht racemisiert, deutet darauf hin, daß eine Rotation des *p*-Phenylenrings höchstwahrscheinlich als Mechanismus auszuschließen ist.

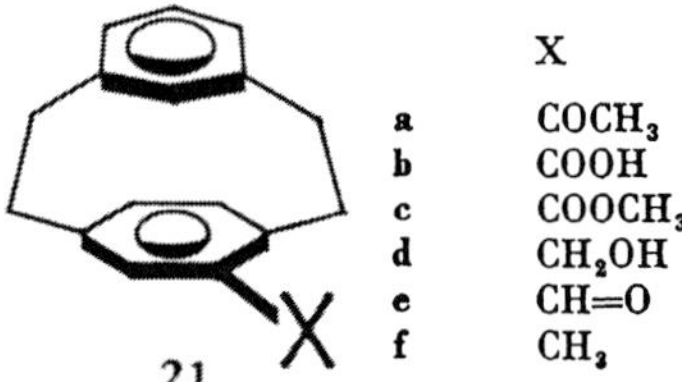

Ein "Schaukelprozeß" **A** $\rightleftarrows$ **B** der in <u>Abb.3</u> skizzierten Art ist daher für die Temperaturabhängigkeit des ^{1}H-NMR-Spektrums des [2.2]Metaparacyclophans verantwortlich zu machen [9].

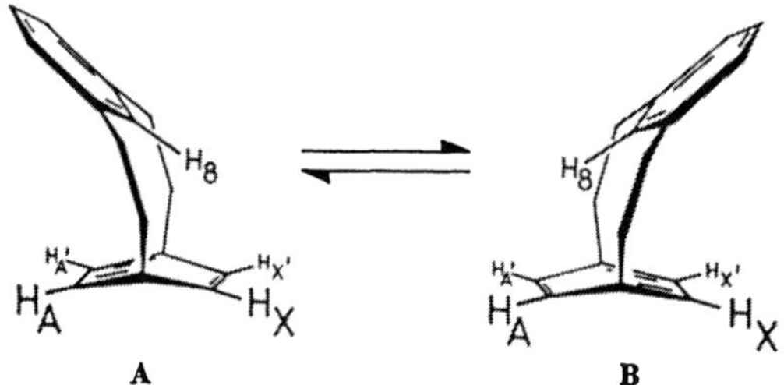

<u>Abb.3.</u> Schaukelprozeß **A** $\rightleftarrows$ **B** (schematisch)

Das intraannulare Wasserstoffatom H_i des [2.2]Metaparacyclophans (**4**, Y = H_i) absorbiert im Bereich zwischen δ = 5.64-5.24. Beim entsprechenden [2.2]Metaparacyclophandien (**20**) findet man das entsprechende Signal wie beim [2.2]Metacyclophan signifikant nach höherer Feldstärke verschoben [10,6]. Ob dies auf einen geringeren Abstand des H_i-Atoms zum *p*-Phenylenring zurückzuführen ist oder auf die Ringspannung bzw. sterische Wechselwirkungen, ist bisher nicht differenziert worden.

Im *UV-Spektrum* des [2.2]Metaparacyclophans (**4**) findet man eine intensive Bande bei 240 nm, die an die 244 nm-Absorption des [2.2]Paracyclophans (**3**) erinnert. Transannulare Charge-Transfer-Wechselwirkungen und normale angeregte Zustände werden für diese Bande verantwortlich gemacht. Die langwelligen Banden bei 283 und 291 nm könnten auf die starke Abweichung des *p*-Phenylenrings von der Planarität zurückzuführen sein, da diese Absorptionen bei der offenkettigen Vergleichsverbindung 3,4'-Dimethylbibenzyl fehlen. Die langwellige Charge-Transfer-Bande des π-Komplexes aus [2.2]Metaparacyclophan (**4**) und Tetracyanethen bei 455 nm liegt deutlich kürzerwellig als die des entsprechenden π-Komplexes des [2.2]Metacyclophans (2; 486 bzw. 490 nm) und des [2.2]Paracyclophans (3; 521 nm). Daraus könnte man folgern, daß [2.2]Metaparacyclophan eine schwächere π-*Base* ist als [2.2]Metacyclophan und [2.2]Paracyclophan.

2.4.3   [2.2]Metaparacyclophan-1,9-dien

Die Röntgen-Kristallstrukturanalyse [11] des [2.2]Metaparacyclophan-1,9-diens (20) zeigt, daß die beiden aromatischen Ringe nicht senkrecht aufeinander stehen. Die von den Kohlenstoffatomen 3, 4, 6, 7 und 12, 13, 15, 16 gebildeten Ebenen sind um einen Winkel von 41° gegeneinander geneigt (Abb.4).

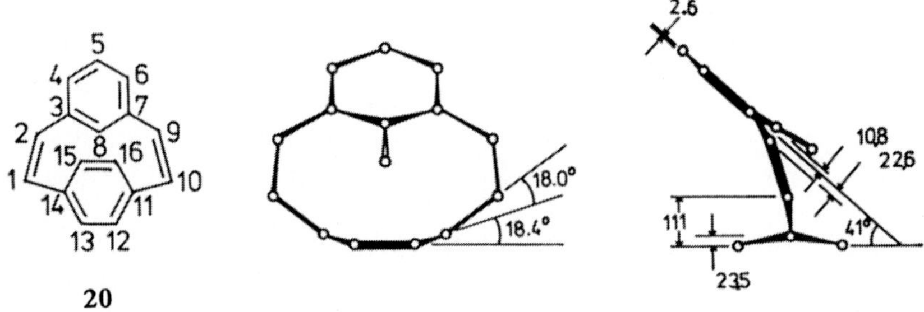

20

<u>Abb.4.</u>   Einige Bindungswinkel und Bindungslängen [pm] im [2.2]Metaparacyclophan-1,9-dien-Molekül [11]

Anders als im [2.2]Metaparacyclophan (4) liegen die beiden Benzenringe im Dien 20 in einer Bootkonformation vor. Die Verzerrung ist beim *m*-Phenylenring hier allerdings weniger stark. Dagegen übertrifft die Deformation des *p*-Phenylenrings diejenige im [2.2]Metaparacyclophan; die Brückenkopfatome C(11), C(14) und die anhaftenden Methylen-Kohlenstoffatome C(1), C(10) sind um 23.5 bzw. 111 pm aus der Ebene der übrigen *p*-Phenylen-Kohlenstoffatome versetzt. Die betreffenden Winkel liegen um 18° (vgl. <u>Abb.4</u>) gegenüber 14° beim [2.2]Metacyclophan und 14 bzw. 15° beim [2.2]Paracyclophan-1,9-dien (vgl. *Abschn. 2.3*).

Im *^{1}H-NMR-Spektrum* des [2.2]Metaparacyclophan-1,9-diens [10,6] findet man bemerkenswerterweise ein Singlett (δ = 6.81) für die *p*-Phenylenprotonen. Das intraannulare Wasserstoffatom H_i absorbiert als breites Singlett bei $\delta = 4.29$. Die Protonenresonanz des [2.2]Metaparacyclophan-diens (20) ist temperaturabhängig. Die Koaleszenztemperatur liegt bei -96°C, was einem $\Delta G^{\ddagger}$-Wert von nur 35 kJ/mol entspricht. Die Barriere für das konformative Umklappen ist daher deutlich niedriger als beim [2.2]Metaparacyclophan (4). Die Gründe für die kleine Schwelle bei 20 sind einmal in der anderen Geometrie des Skeletts zu suchen, die keine tiefe Durchdringung des C(8)-Protons in die π-Elektronendelle erzwingt. Darüber hinaus ist die Energie des Übergangszustands durch konjugative Stabilisierung herabgesetzt, da der m-verbrückte aromatische Ring coplanar mit den Vinylbrücken zu liegen kommt.

Die *UV-Banden* von 20 sind sehr intensiv, jedoch liegen deren Maxima bei kürzeren Wellenlängen als beim [2.2]Paracyclophan-1,9-dien und beim 8,16-Dimethyl[2.2]metacyclophan-1,9-dien (vgl. *Abschn. 2.2*) [6].

2.4.4   Chemische Eigenschaften des [2.2]Metaparacyclophans

Transannularer Ringschluß: Die Acetylierung des [2.2]Metaparacyclophans 4 mit Acetylchlorid/AlCl$_3$ in Dichlormethan bei -25°C führte *Hefelfinger* und *Cram* [9] neben der Acetylverbindung 21a (s.o.; 20% Ausb.) zu dem transannular verbrückten Polycyclus 22, dessen Permanganat-Oxidation Benzen-1,2,3-tricarbonsäure lieferte.

22

Skelettumlagerung und Isomerisierung: Dalton, Gilman und *Cram* [3] erhielten bei vierstündiger Bestrahlung einer Cyclohexan-Lösung des [2.2]Metaparacyclophans (4) 42% [2.2]Metacyclophan:

$$4 \quad\xrightarrow[\mathrm{N_2}]{\substack{h\nu\\ \lambda\ 254\ \text{nm}}}\quad 2$$

Die entsprechende Umlagerung des optisch aktiven (-)-12-Methyl[2.2]metaparacyclophans (21f) liefert bei analoger achtstündiger Bestrahlung ein Gemisch von Methyl[2.2]metacyclophanen 23 neben 27% weitgehend racemisiertem Ausgangsmaterial. Als Mechanismus wird die photochemische Spaltung einer CH_2-CH_2-Bindung angenommen, wodurch ein Umklappen bzw. eine Drehung der beiden Benzenringe erfolgen kann. Bei der Rekombination der benzylischen Kohlenstoffatome ist dann auch Ringkontraktion zum weniger gespannten [2.2]Metacyclophan möglich.

$$(-)\text{-}21f \quad\xrightarrow{h\nu}\quad 23$$

2.4.5   Substituierte und Hetero[2.2](1,3)(1,4)phane

Stereochemie substituierter [2.2]Metaparacyclophane: Das *4-Deutero[2.2]-(1,3)(1,4)cyclophan* (24) zeigt im Hinblick auf die konformative Flexibilität ein k_D/k_H-Verhältnis von 1.20 ±0.04. Es charakterisiert einen der stärksten Deuteriumisotopeneffekte, die bisher beobachtet wurden [12]. Auch entfernte Substituenten, die am C-Atom 7 sitzen, haben einen deutlichen Einfluß. So ist die Geschwindigkeit des konformativen "Flippens" des *7-Amino-Derivats* 25 nur 0.189mal größer als für den Kohlenwasserstoff. Überraschenderweise ist jedoch die konformative Beweglichkeit für das *7-Nitro-Derivat* 26 langsamer, nämlich nur 0.705 von dem von 4 [12]. Das entsprechende *Pyridi-*

nophan 27 [13)] mit dem Pyridin-Stickstoff in 4-Position zeigt die ^{1}H-NMR-Koaleszenz schon bei -43.5°C, was einem $\Delta G^{\ddagger}$-Wert von 45 kJ/mol entspricht. Dieser Befund demonstriert, daß ein sterisch kleiner Substituent, wie es das "einsame" Elektronenpaar am Stickstoff ist, die Ringinversion in diesem Ringtyp erleichtert.

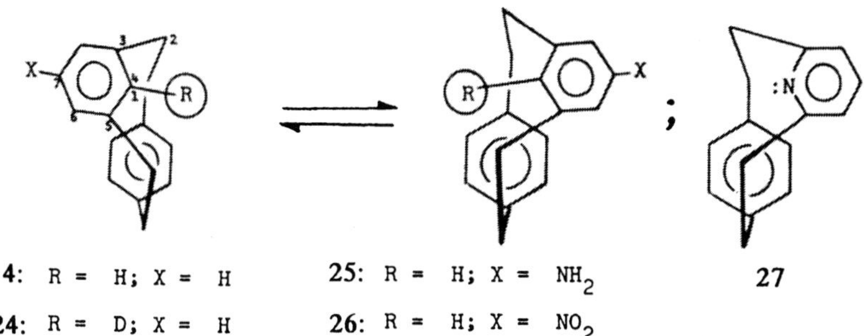

4:   R = H; X = H   25:   R = H; X = NH$_2$ 27

24:   R = D; X = H   26:   R = H; X = NO$_2$

Das dem Kohlenwasserstoff-Dien **20** *(Abschn. 2.4.3)* entsprechende *"8-Aza[2.2](1,3)(1,4)cyclophan-1,9-dien"* (28) [13)] zeigt ein symmetrisches ^{1}H-NMR-Spektrum, das sich auch beim Kühlen auf sehr niedrige Temperaturen (-110°C) nicht verändert. Die Röntgen-Kristallstrukturanalyse von **28** ergab, daß die beiden aromatischen Ringe anders als beim [2.2]Metaparacyclophandien (20) senkrecht aufeinander liegen [14)]. Es ist wahrscheinlich, daß diese Geometrie auch in Lösung vorliegt. In **28** hat man es offenbar mit einer Kombination von reduzierter sterischer Wechselwirkung und konjugativer Stabilisierung zu tun, welche die Energie der senkrechten Orientierung der beiden aromatischen Ringe zueinander soweit herabsetzt, daß diese Geometrie nun zum Grundzustand des Moleküls wird.

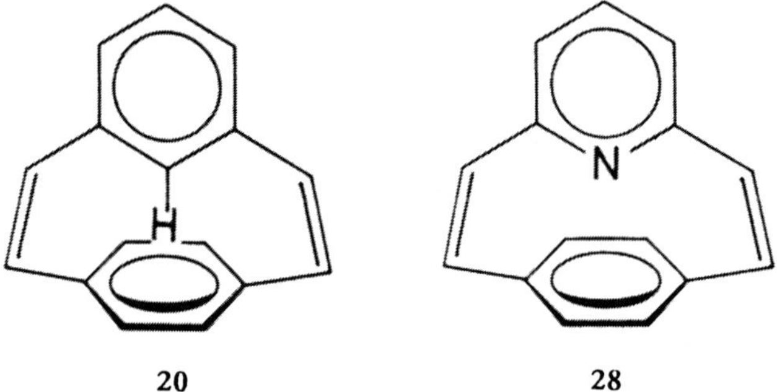

20   28

2.5   [2.2]Orthometacyclophane

Dieser "unsymmetrische" Cyclophan-Kohlenwasserstoff **5** [1] konnte erst im Jahre 1989 [1)] unter Einsatz moderner Analytik synthetisiert werden, nachdem fast zwei Jahrzehnte zuvor intensive Versuche zur Herstellung (nach dem gleichen Verfahren, s.u.) nicht zur Isolierung geführt hatten.

Die Darstellung des *[2.2]Orthometacyclophans* (5) gelang durch Aufbau des größeren schwefelhaltigen Rings **6** und Desulfurisierung des entsprechenden Disulfons **7** durch "Sulfonpyrolyse". Letztere ergab ein gelbes Öl, das nach Auskunft von 400 MHz-^{1}H-NMR-Spektren wenigstens drei Produkte enthielt. Diese konnten durch Gaschromatographie an einer SE-30-Stationärphase bei 180°C in zwei Fraktionen getrennt werden. Der erste Produktanteil (16%) bestand aus dem gesuchten [2.2](1,2)(1,3)Cyclophan (5), wie die NMR-Spektren zeigten. **5** liegt als *syn/anti*-Gemisch im Verhältnis 4:1 vor.

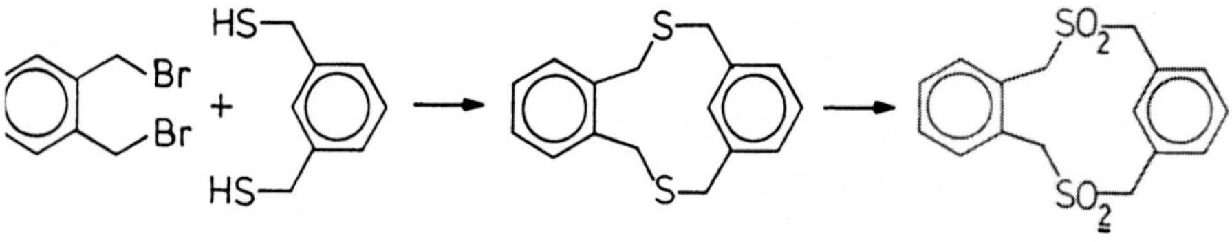

6   **7**

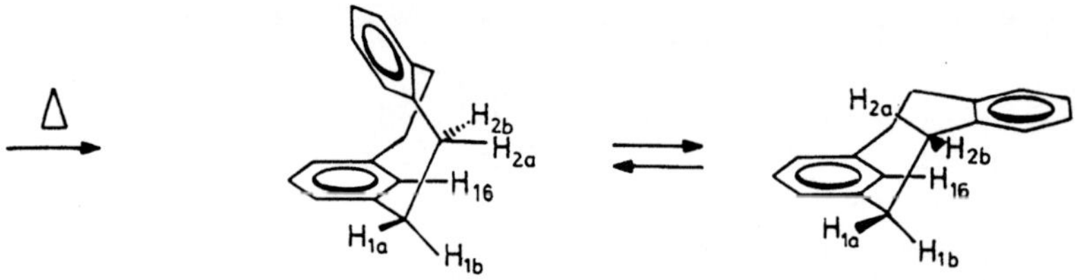

syn-5   **anti-5**

Beide Isomere weisen ein AA'BB'-Muster für die *ortho*- und ein A_2MX-Muster für die *meta*-disubstituierte Benzeneinheit auf. Die chemischen Verschiebungen von *syn*- und *anti*-5 unterscheiden sich in charakteristischer Weise.

In *syn*-5 sind mit Ausnahme von H(16) alle aromatischen Protonen stärker abgeschirmt als die entsprechenden Protonen in *anti*-5 [1)]. Während in

---

[1] Die Verbindungsnummern 1-6 sind in den *Abschnitten 2.1-2.7* den [2.2]-Phan-Kohlenwasserstoffen vorbehalten.

anti-[2.2]Metacyclophanen die intraannularen aromatischen Protonen üblicherweise stark abgeschirmt sind, wird dies bei *anti*-5 nicht beobachtet, weil dessen Benzenringe nicht so eng übereinander liegen wie bei der doppelten *meta*-Verbrückung.

Die CH$_2$-Protonen der Brücken in *syn*-5 liefern ein Spektrum 1.Ordnung, während diejenigen von *anti*-5 nicht detailliert analysiert wurden, weil sie ähnliche Verschiebungen aufweisen. Die starke Hochfeldverschiebung von H(2a) ist auffallend; dieser Wasserstoff ragt weit in den Abschirmungsbereich des *meta*-substituierten Rings hinein.

Temperaturerhöhung auf über 100°C führt zur Verbreiterung der ^{1}H-NMR-Signale der Isomere von 5, ohne daß es jedoch bis 150°C zur Koaleszenz kommt. Die Umwandlungsbarriere $\Delta G^{\ddagger}$ dürfte daher zwischen 84-100 kJ/mol liegen. Dies bedeutet, daß eine Isomerentrennung bei Raumtemperatur nicht sinnvoll wäre.

Für *syn*-5 wird ein geringer Abstand von 210 pm zwischen H(16) und H(2b) berechnet. In der Tat zeigt H(2b) einen starken Kern-Overhauser-Effekt (16%), wenn die Resonanz von H(16) gesättigt wird. Berechnungen ergaben, daß *syn*-5 eine geringere Spannungsenergie als *anti*-5 (ΔSE = 7.3 kJ/mol) aufweisen sollte.

2.6   [2.2]Naphthalenophane – und deren Diene

2.6.1   Einleitung

Im Jahre 1964, als das Buch "Bridged Aromatic Compounds" von *B.H. Smith* erschien, waren nur die beiden Naphthalenophane 6 und 7 bekannt.

[CH$_2$]$_6$

6   7

Das erste (6) [1,2] war von *Baker* 1951, das zweite (7) von *Cram* 1954 [3] beschrieben worden.

Warum sind Naphthalenophane, und insbesondere [2.2]Naphthalenophane [4] interessant? Die Gründe sind z.T. dieselben wie bei den vom Benzen abgeleiteten Cyclophanen, jedoch liegt mit dem Naphthalen ein kondensierter Aromat vor, der eine größere Ausdehnung hat, und es interessieren nicht nur die Art und das Ausmaß der Deformation des Naphthalen-Rings, die Spannungsenergie und die statische und dynamische Stereochemie, sondern auch Charge-Transfer-Effekte zwischen benachbarten kondensierten Aromaten. Darüberhinaus dienen Naphthalenophane als Ausgangsmaterial für topologisch interessante aromatische Verbindungen wie Circulene, Propellicene und Paddlane; optisch aktive Naphthalenophane sind wegen der Struktur/-Chiroptik-Korrelationen und ihrer Beziehung zu den Helicenen von Interesse.

Wie bei den *Cyclo*phanen (*Benzeno*phanen) lassen wir auch hier die mehr durch ihren Kronenetheranteil bestimmten 1,1-Binaphthol-Oligoether (z.B. 8) weg, da sie eher in größere Zusammenhänge über "Molekulare Erkennung" bzw. "Kronenether-Komplexierung" gehören (siehe Studienbuch "Supramolekulare Chemie", Teubner, Stuttgart 1989).

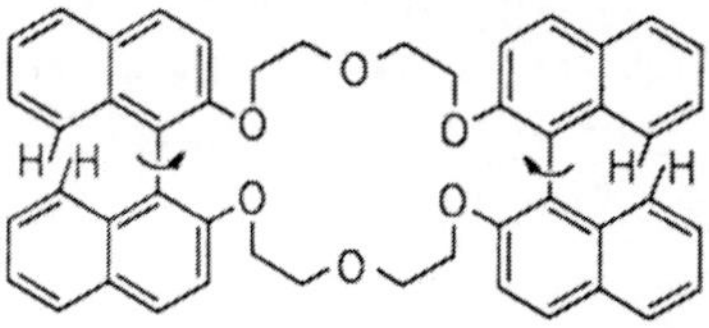

8

Da im folgenden strukturell sehr unterschiedliche Naphthalenophane erörtert werden, läßt sich die Einteilung in Synthese und Eigenschaften nicht so konsequent fortführen wie in den Abschnitten über die eigentlichen Cyclophane (Benzenophane). Es werden daher anschließend nur wichtige Synthesen erwähnt und mehr oder weniger locker in den Text eingeschoben. Die Synthesemethoden sind im wesentlichen analog zu den in der Benzenophan-Reihe besprochenen, insbesondere die Dithia[3.3]phan-Route einschließlich Desulfurisierung, die gekreuzte Hofmann-Elimination, Acyloin-Kondensation, oxidative Kupplung von Acetylenen. Neu sind die Paal-Knorr-Reaktion zum Aufbau von Heterocyclen und die Succinoylierung zum Ankondensieren von Ringen an das Benzensystem [4].

2.6.2   Synthese

[2.2](2,7)Naphthalenophan (7) wurde 1951 durch Wurtz-Kupplung (mit Natrium oder Phenyllithium) von 2,7-Bis(brommethyl)naphthalen erhalten (s.o.). Umsetzung mit $AlCl_3/CS_2$ und anschließende Dehydrogenierung über Pd führt zu Coronen [1].

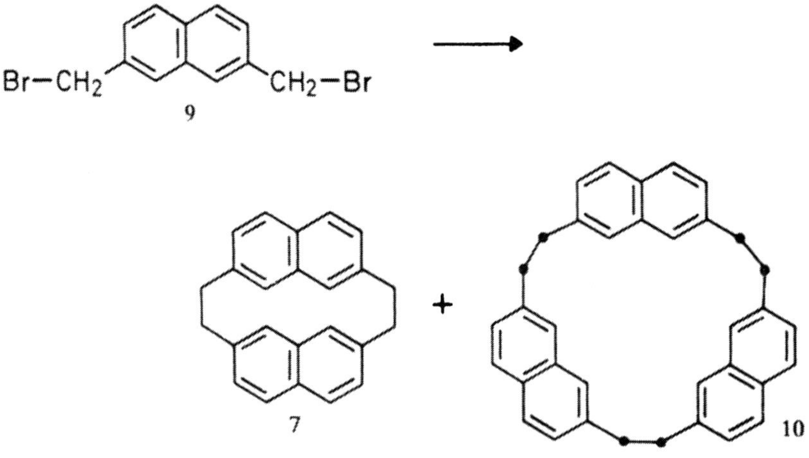

Das *[2.2](1,4)Naphthalenoparacyclophan* (13) wurde zuerst von *Cram et al.* [5] in geringer Ausbeute aus [2.2]Paracyclophan synthetisiert. Dabei wurde ein weiterer Benzenring durch Friedel-Crafts-Acylierung mit Bernsteinsäureanhydrid ankondensiert.

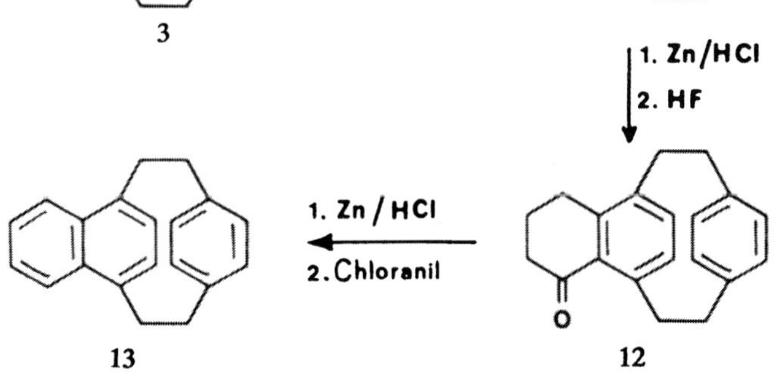

Wasserman und *Keehn* [6] benutzten zur Synthese von **13** die "gekreuzte" Hofmann-Elimination der quartären Ammoniumsalze **14** und **15**. Jedoch scheint die Dithia[3.3]phan-Route ausgehend von **16** mit anschließender photochemischer Extrusion des Schwefels in Triethylphosphit als Lösungsmittel und thiophiler Phosphorverbindung wegen der guten Ausbeuten nahezu optimal, um **13** präparativ zu erhalten [7].

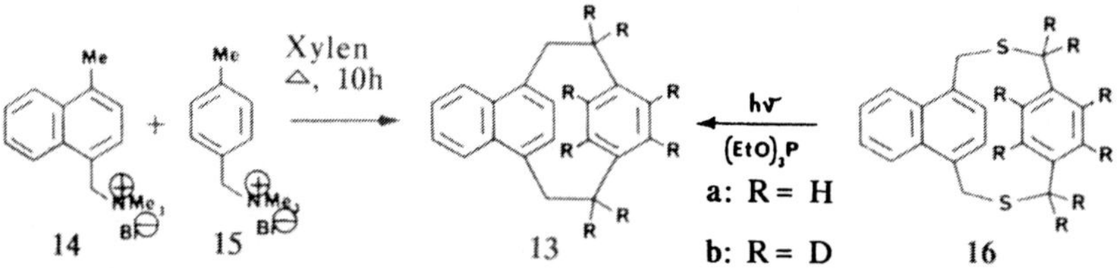

Das *[2.2](1,4)Naphthalenophan* existiert in den beiden denkbaren Isomeren **19** und **20**, die stabil sind. **19** wurde zuerst 1963 durch Dimerisierung einer Benzo-1,4-xylylen-Zwischenstufe **18** hergestellt, die in situ aus dem Ammoniumhydroxid **17** generiert wurde [5]. Dabei entstand **19** allerdings in nur 3% Ausbeute. Dessen *anti*-Konfiguration wurde durch eine alternative Neunstufen-Synthese ausgehend von [2.2]Paracyclophan (**3**) gesichert, wobei je ein Naphthalenring ankondensiert wurde (Gesamtausbeute an **19**: 0.07%).

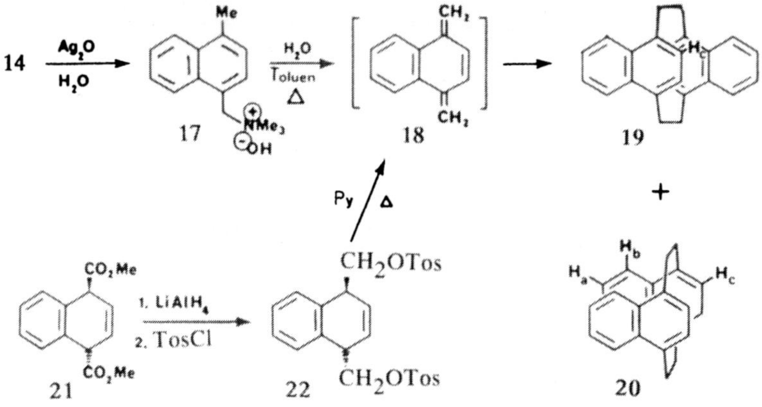

Brown und *Sondheimer* entwickelten eine noch weiter verbesserte Synthese des *[2.2](1,4)Naphthalenophans* (**19**), ausgehend von dem Dihydronaphthalen **21**, das nach Reduktion zum Diol in das Ditosylat **22** übergeführt wurde. Letzteres lieferte das Cyclophan **19** in siedendem Pyridin mit 90% Ausbeute! Da die thermische Dimerisierung von **18** zu **19** formal eine [6π+6π]Cycloadditionsreaktion ist und daher unter Woodward-Hoffmann-Bedingungen thermisch nicht erlaubt ist, scheint die Dimerisierung ein Mehrstufenprozeß zu sein.

Wasserman und *Keehn* konnten im Jahre 1969 die - nicht wie oben mit **15** "gekreuzte" - Zersetzung des quartären Bromids **14** durch Arbeiten in hoher Verdünnung in Xylen bei Gegenwart von Phenothiazin so verbessern, daß 41% des *anti*-Isomeren **19** und 4% des *syn*-Isomeren **20** anfielen. Die höhere Reaktionstemperatur scheint für die Bildung des *syn*-Isomers **20** günstig zu sein.

Für eine weitere Synthese des Naphthalenophans **19** diente das [2.2]Paracyclophantetracarboxylat **23** als Ausgangssubstanz. Die Gesamtausbeute an **19** war vergleichsweise gering, jedoch ist das Tetrabromid **24** gut zugänglich *(Hopf)* [8].

Die ^{1}H-NMR-Spektren der *anti*- und *syn*-Isomeren **19** und **20** unterscheiden sich. Die H_a- und H_b-Protonen von **19** erinnern stark an das 1,4-Dimethylnaphthalen; jedoch sind H_a und H_b in **20** stärker hochfeldverschoben ($\Delta\delta = 0.35$). Dagegen zeigen die H_c-Protonen in **20** den umgekehrten Effekt; sie sind um $\Delta\delta = 1.0$ nach tiefem Feld verschoben, verglichen mit denen von **19**. Die *syn*-Struktur ist außerdem durch Röntgen-kristallographische Analyse bewiesen [9].

Das 1,5-verbrückte *Naphthalenobenzenophan* **26** wurde ebenso wie das achirale (**27**) und das chirale [2.2](1,5)Naphthalenophan (**28**) durch Photolyse der entsprechenden Dithia[3.3]phane hergestellt *(Haenel)* [10]. Von **27** existiert eine Röntgen-Kristallstrukturanalyse [11].

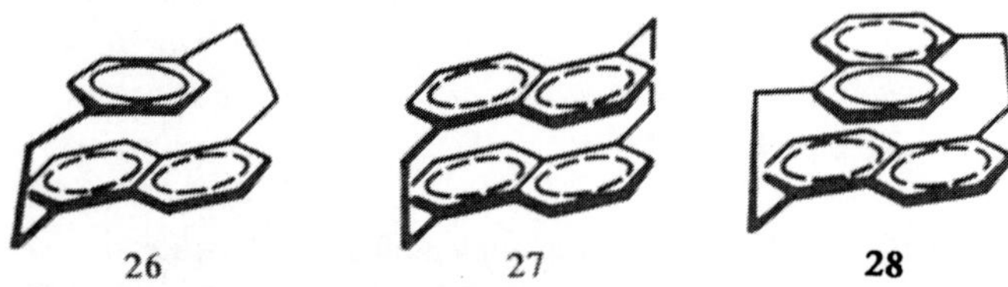

Das *(1,5)Naphthalenopyridinophan* **29** wurde gleichfalls durch Pyrolyse des entsprechenden [3.3]Disulfons erhalten. Auch das Dien **30** wurde aus dem entsprechenden [3.3]Dithianaphthalenopyridinophan synthetisiert; ^{1}H-NMR-Ergebnisse deuten darauf hin, daß die beiden aromatischen Ringsysteme orthogonal aufeinanderstehen, wie es auch für das entsprechende Benzenopyridinophan postuliert wurde [12].

Haenel und *Staab* synthetisierten die chiralen *[2.2](2,6)Naphthalenophane* **31** und das entsprechende Dien **32** {Ringkontraktion und Elimination ausgehend von der entsprechenden Dithia[3.3]-Verbindung} [13]. Die achiralen Isomere **33** und **34** scheinen nicht gebildet zu werden. Auch durch Sulfonpyrolyse wurde **31** erhalten, ebenso wie durch katalytische Hydrierung des Diens **32**. Die Racematspaltung wurde mit Newman-Reagens (TAPA) durchgeführt. Dem links drehenden Enantiomer (-)-**31** wurde (*S*)-Chiralität zugeordnet [14]:

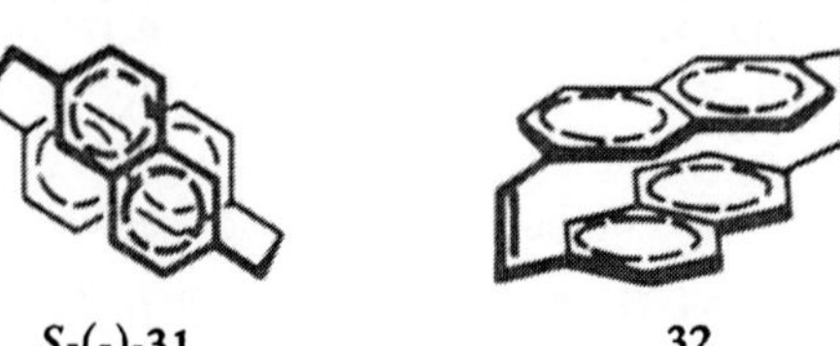

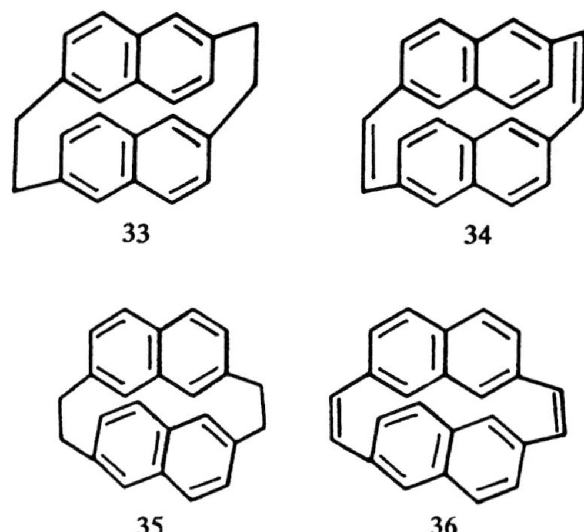

Die beiden *[2.2](2,6)(2,7)Naphthalenophane* **35** und **36** wurden durch Ringkontraktionsmethoden hergestellt; die letztere Verbindung durch Pyrolyse des Bis-sulfoxids [15]. Beide Phane **35** und **36** sind konformativ flexibel und zeigen temperaturabhängige ^{1}H-NMR-Spektren.

Die *syn-* und *anti-*Isomere des *[2.2](1,4)Naphthalenophan-1,13-diens* (**37**, **38**) wurden von *Otsubo* und *Boekelheide* dargestellt [16]. Wieder wurden die gut erhältlichen *anti-* und *syn-*[3.3]Dithiaphane, die sich im Verhältnis 5:1 in 64% Gesamtausbeute bilden, ringkontrahiert (Dehydrobenzen) und anschließend die Sulfoxide pyrolysiert (4 bzw. 1% Ausbeute). Im ^{1}H-NMR-Spektrum absorbiert das H_c-Proton des *anti-*Isomeren **37** um $\Delta\delta = 1$ ppm bei höherem Feld als jenes in **38**, und die Vinylprotonen (H_d) beider Diene **37** und **38** absorbieren bei $\delta = 7.45$ und 7.64. Der Abschirmungseffekt des Naphthalenrings auf die Vinylprotonen ist sogar noch größer als im [2.2]Paracyclophan-1,9-dien.

[2.2](1,3)(2,7)Naphthalenophane: Auf dem Dithia[3.3]phan-Weg mit anschließender Desulfurisierung und Ringkontraktion wurde das *[2.2](1,3)-Naphthalenometacyclophan-1,11-dien* (39a) hergestellt. Solche kondensierten Diene erwiesen sich als wertvoll, da sie leicht photochemisch oder thermisch in die entsprechenden Dihydropyren-Derivate **40** übergeführt werden konnten. Analog wurden aus den Phan-dienen **41** die entsprechenden *trans*-Dihydropyrene **42** als nichtbenzoide Aromaten mit extremen Ringstromeffekten und extrem hochfeldverschobenen Methylgruppen hergestellt [4].

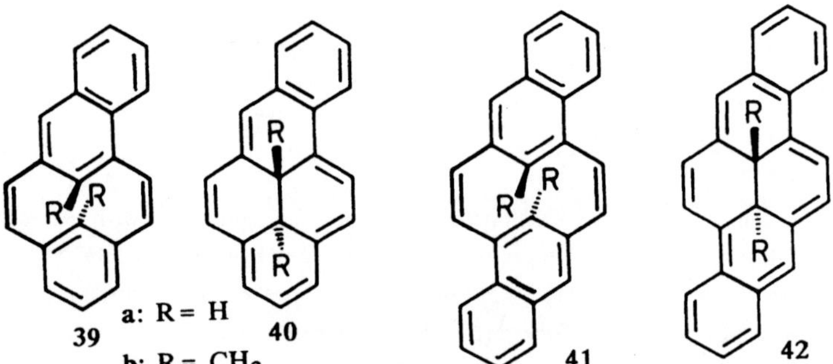

39   a: R = H   40   41   42
    b: R = CH$_3$

Obwohl die Dithia[3.3]phan-Route schon bei den Benzenophanen beschrieben wurde, soll hier noch einmal der gesamte Syntheseweg wiedergegeben werden, insbesondere auch, um die Art der Edukte erkennen zu lassen [17,18].

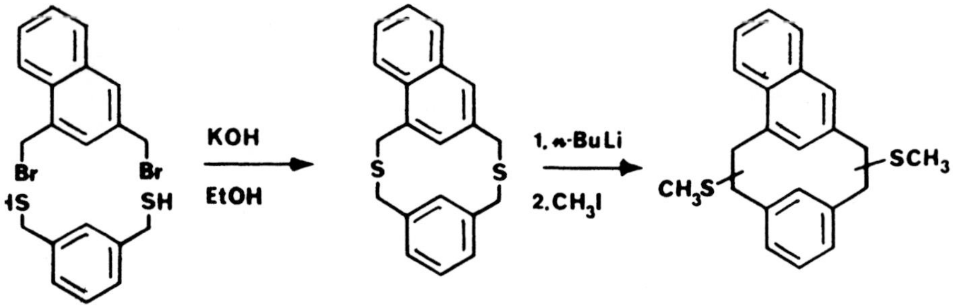

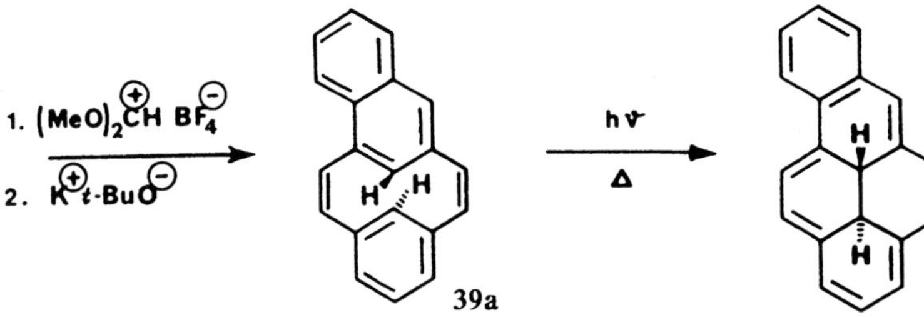

$$\text{39a} \quad \xrightarrow[2.\ K^{\oplus}\ t\text{-BuO}^{\ominus}]{1.\ (MeO)_2\overset{\oplus}{C}H\ B\overset{\ominus}{F_4}} \quad \text{39a} \quad \xrightarrow[\Delta]{h\nu} \quad \text{40a}$$

Die ^{1}H-NMR-Spektren der auf diese Weise gewonnenen Dihydropyrene lieferten eine gute Stütze für die Hypothese, daß äquivalente Kekulé-Strukturen zu besonders starker Diatropie (Aromatizität) führen *(Boekelheide, Mitchell)*.

Die Photoelektronen- [19] und Elektronenspinresonanz-Spektren [20] verschiedener [2.2]Naphthalenophane und ihrer Radikalanionen wurden zusammenfassend erörtert.

Wie *Sato* ^{1}H-NMR-spektroskopisch zeigte, entstehen bei der oben beschriebenen Wurtz-Synthese von **7** in schroffem Gegensatz zu den Verhältnissen bei den [2.2]Metacyclophanen offenbar *anti-* und *syn-*Isomere [21]. Damit wäre **7** das einzige [2.2](2,7)- bzw. -(1,3)Phan dieses Typs, das ohne Umwege als *syn* Konformer erhalten werden kann:

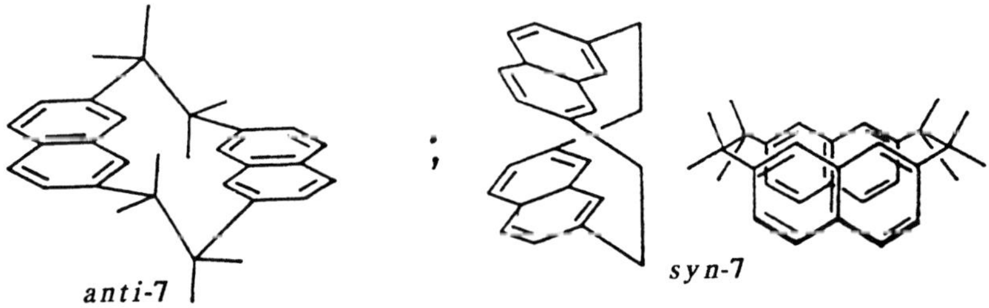

anti-7 ; *syn*-7

2.6.3   Chemische Reaktionen

Bei der Nitrierung liefert 7 interessanterweise das Derivat **43a** mit der intraannularen Nitrogruppe als Hauptprodukt (55% Ausb.) [22]. Dies steht in bemerkenswertem Widerspruch zu den Ergebnissen der Nitrierung des [2.2]-Metacyclophans und verwandter Verbindungen. Eine solche *intraannulare Substitutionsreaktion* ist ansonsten einzigartig in der Cyclophan-Chemie.

43a: R = NO$_2$

43b: R = NH$_2$

Die [2.2](1,4)Naphthalenophane 19 und 20 gehen aufgrund ihres gespannten Gerüsts und der Nähe der beiden übereinandergeschichteten Naphthalen-Ringe spezifische thermische und photochemische Reaktionen ein. Beim Erhitzen oberhalb des Schmelzpunkts (243-245°C) wird das *syn*-Isomer wieder fest und schmilzt dann erneut bei 300-303°C. Dies deutet darauf hin, daß eine vollständige Umwandlung zum *anti*-Isomer 19 eingetreten ist. Im Zuge dieser Umlagerung wird eine diradikalische Zwischenstufe des Typs **44** angenommen.

44

Die *syn-* und *anti*-Isomere 20 und 19 können photochemisch ineinander umgewandelt werden. Die Bestrahlung des *syn*-Isomeren 20 in entgastem Benzen führt hauptsächlich zum *anti*-Isomer; fortgesetzte Bestrahlung von Lösungen des *anti*-Isomers 19 ergibt andere Produkte [23]. Bestrahlung in Cyclohexan-Lösung oberhalb 290 nm führt zur Umwandlung von 19 in das intramolekulare Additionsprodukt 48 [24]. Bei Raumtemperatur rearomatisiert 19 mit einer Halbwertszeit von 76 sec bei 20°C. Das [4π+4π]Additionsprodukt **48** scheint das kinetische Reaktionsprodukt zu sein, denn bei längerer Bestrahlung bei Raumtemperatur (10 Tage) wird das thermodynamisch stabilere Produkt, das Dibenzoequinen **47**, gebildet (25-50% Ausb.). Dieser bemerkenswerte Kohlenwasserstoff entsteht vermutlich durch zwei aufeinanderfolgende $[2\pi+2\pi]$Additionen, wobei die erste zum Zwischenstoff **46** und die zweite zum Endprodukt **47** führen könnte. Das Gerüst von **47** ist durch Röntgen-Kristallstrukturanalyse bewiesen [25].

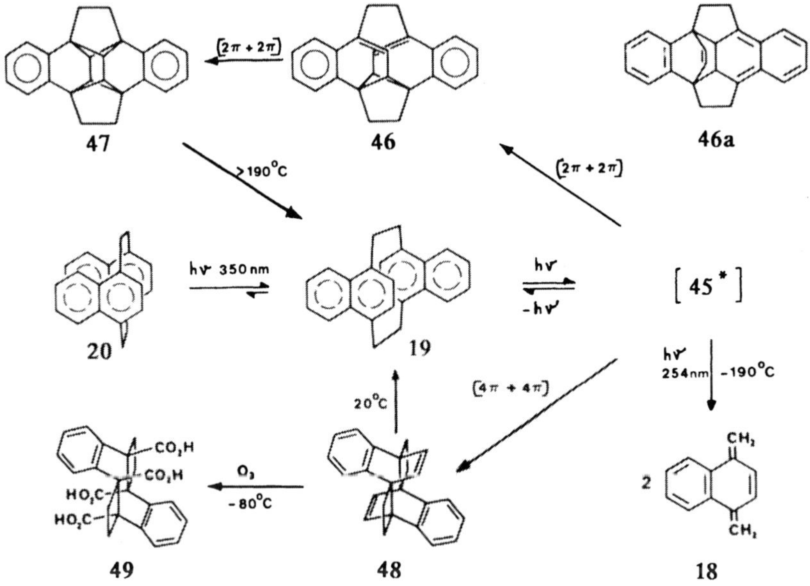

Bestrahlung von Lösungen von **19** in Ether/Ethanol bei -190°C führt unter $[6\pi+6\pi]$Spaltung zum Benzo-1,4-xylylen (**18**), das bei Raumtemperatur hinreichend stabil ist (ungefähr 30% verschwinden in 20 h bei 25°C), um es als Synthon nützen zu können [24].

Die Naphthalenringe in **19** reagieren bei der photosensibilisierten Autoxidation zum interessanten Polycyclus **50** [26]:

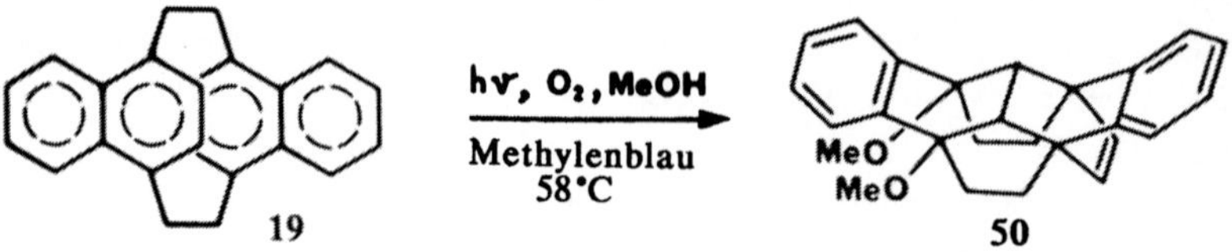

$h\nu$, O_2, MeOH

Methylenblau
58 °C

MeO
MeO

19

50

Auch das Naphthalenoparacyclophan **13a** wurde einer Photooxidation unter Zusatz von Methylenblau als Sensibilisator unterworfen. Dabei wurden die Oxidations- bzw. Umlagerungsprodukte **51** und **52** in einer Gesamtausbeute von 15% isoliert. Folgender Mechanismus wird angenommen [6]:

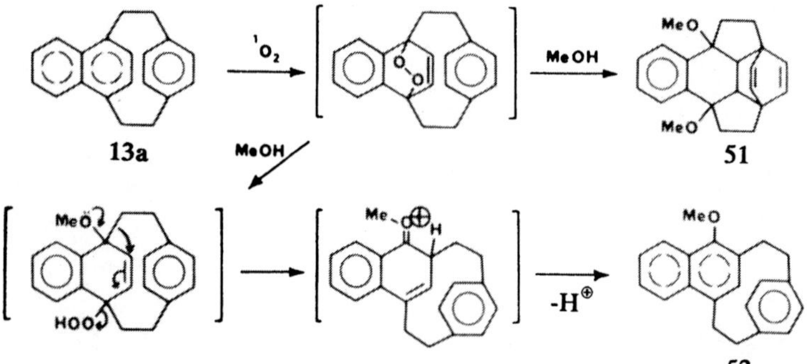

$^1O_2$

MeOH

MeO

MeO

13a

MeOH

51

MeO

MeO

HOO

Me—O—H

$-H^\oplus$

MeO

52

2.7   Nichtbenzoide Phane

Die Cyclophan-Chemie hat in den vergangenen drei Jahrzehnten wesentliche Beiträge zur Aromatenchemie geleistet. Da dort die nichtbenzoiden aromatischen Verbindungen Bedeutung erlangt haben, lag der Gedanke nahe, auch andere Hückel-Aromaten in Phan-Systeme einzugliedern, wie z.B. das Azulen oder Tropolon. Wie bei den Benzeno- und Naphthalenophanen interessiert die Deformation der nichtbenzoiden Hückelaromaten durch die Verklammerung. Auch π-Wechselwirkungen und Charge-Transfer-Effekte in mehrstöckigen ("multi-decked") Phanen konnten hier untersucht werden; bei solchen Gerüsten war dies besonders spannend, da Azulen, Tropon usw. einen hohen Dipolcharakter besitzen oder wie Tropylium oder Cyclopentadienid elektrische Ladungen tragen. Schließlich interessierte auch die Veränderung der Resonanzstabilisierung bzw. -energie in den verklammerten nichtbenzoiden Aromaten, d.h. der eventuelle Verlust an Aromatizität bei der Deformation [1].

2.7.1   Synthesemethoden

Die *Synthesemethoden* für nichtbenzoide Phane [1] sind z.T. analog denen für die Cyclophane und Heterophane. Der Unterschied besteht darin, daß die nichtbenzoiden Aromaten oft empfindlicher als Benzen, Naphthalen und Pyridin sind und daher bei der Synthese milde Bedingungen eingehalten werden müssen. Wegen der oft höheren Reaktivität der nichtbenzoiden Aromaten sind jedoch die in der Cyclophan-Chemie üblichen Cyclisierungsreaktionen häufig weniger günstig als Methoden, bei denen der große Ring bzw. die Klammern schon vorhanden sind und nur noch ein Fünf- oder Siebenring beispielsweise an einen Benzenkern angegliedert werden muß. In der Regel wird daher die Methode II den Cyclisierungsmethoden I vorgezogen:

Für Ringschlüsse nach der Methodik I eignen sich die folgenden [1]:

I. *Cyclisierung bzw. Kupplung aromatischer Bausteine.*

1. Dithiaphan-Route mit anschließender Sulfonpyrolyse (a) oder Photo-Desulfurisierung (b):

a)

b)

2. Kupplungsreaktionen:

a) Hofmann-Elimination. Dabei entstehen häufig Isomere:

Eine Variante geht von der Dihalogennickel-Verbindung **6** aus, die mit Nickeltetracarbonyl in DMF mit 10% Ausbeute das [2.2](2,6)-1,5(1,7)Dihydro-*s*-indacenophan (**7**) liefert [2].

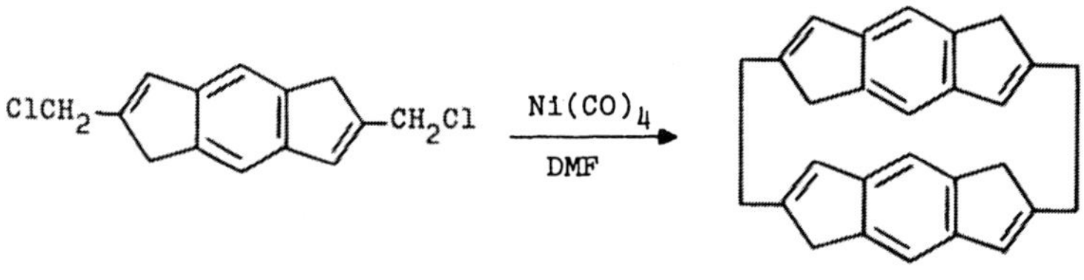

6   7

3. Cyclisierung der Brücke, z.B. durch Thorpe-Ziegler-Reaktion. Diese Methode ist meist nur auf lange Brücken anwendbar.

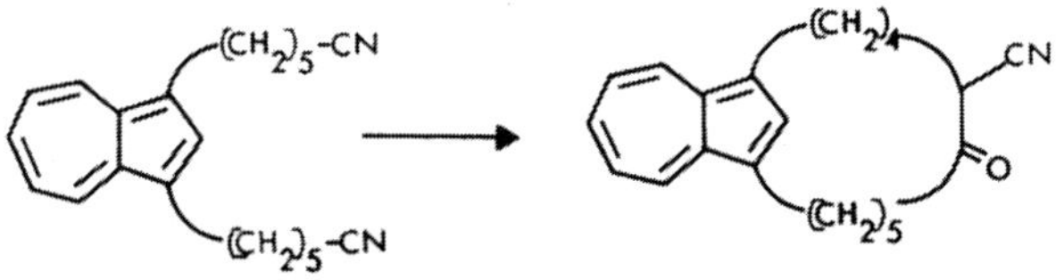

II. *Ringaufbau und Aromatisierung.*

Hier wird das nichtbenzoide aromatische Ringsystem an ein vorhandenes Kohlenstoffgerüst angegliedert, z.B. durch Elimination oder durch direkten Ringaufbau über Aldolkondensation oder die *Hafnersche* Azulen-Synthesemethode:

a)

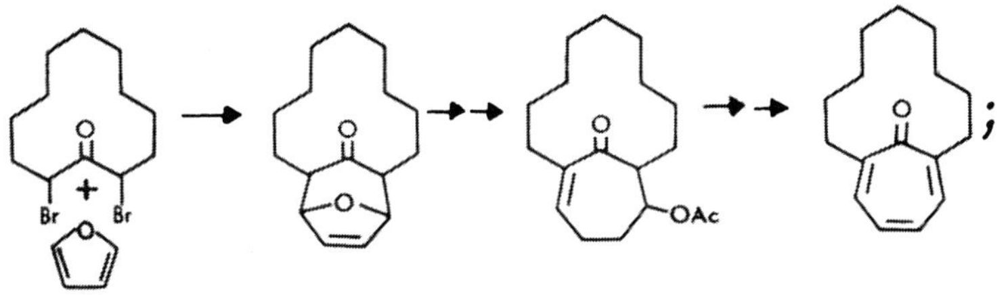

b)

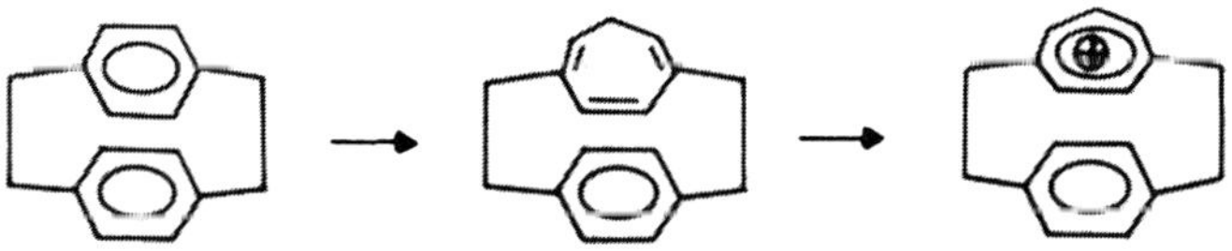

c)

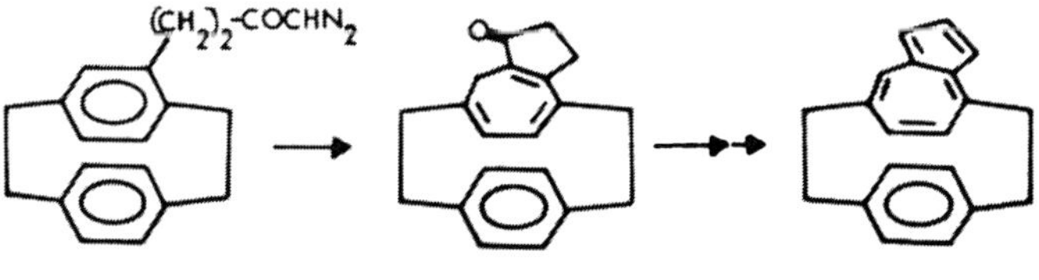

d)

n = 4 - 9, 10, 12, 13

e)

2.7.2   Phane mit nichtbenzoiden 6π-Systemen

Cyclopentadienidophane

Das bisher einzig bekannte unkondensierte *[9](1,3)Cyclopentadienidophan* 8 wurde im Jahre 1971 beschrieben [3]. Der diamagnetische Ringstrom drückt sich im ^{1}H-NMR-Spektrum aus: Man beobachtet hochfeldverschobene Methylenprotonen bei δ = 0.5 (2H, m), die übrigen Protonen absorbieren bei δ = 1.0-1.6. Die Protonen des Fünfrings erscheinen bei δ = 5.33 (1H, t) und 5.02 (2H, d); ihre Lage ist ähnlich wie beim Cyclopentadienid selbst (δ = 5.4).

8

syn/anti-[2.2](2,8)Fluorenidophane

Die Moleküle **9** und **10** [4] wurden durch Basen-induzierte Deprotonierung als dunkelrote Lösungen aus den Fluorenophan-Vorläufern erhalten, die nach der Dithia-Route hergestellt worden waren. Eine Reihe von Fluoren-Protonen [H(1), H(8), H(9)] erscheinen in **10** bei beträchtlich höherer Feldstärke als bei **9**, während H(3), H(6), H(4) und H(5) bei tieferer Feldstärke absorbieren (Nummern des Fluoren-Systems).

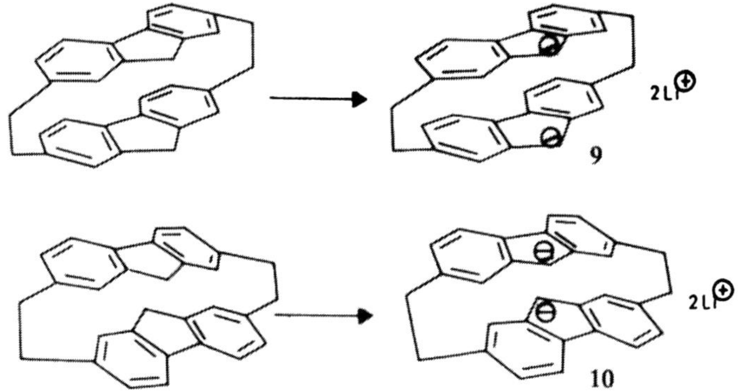

Troponophane

Die *[n](2,7)Troponophane* sind in der Regel durch Aromatisierung bzw. Ankondensation des Siebenrings an ein schon vorhandenes Ringgerüst synthetisiert worden [5]:

Geometrie und physikalische Eigenschaften: Die Brückenglieder in den Troponophanen **11-13** und **14** sind, wie ^{1}H-NMR-Spektren zeigen, in bestimmten Konformationen fixiert (Nichtäquivalenz von "benzylischen" Protonen). Obwohl IR-Spektren von **11** darauf hindeuten, daß der Troponring ähnlich planar und polar ist wie im 2,7-Dimethyltropon (**15**), werden die Carbonylbanden beim Übergang von **13** zu **12** nach höheren Frequenzen verschoben, was auf kleinere Carbonyl-Bindungswinkel und reduzierte Planarität hinweist.

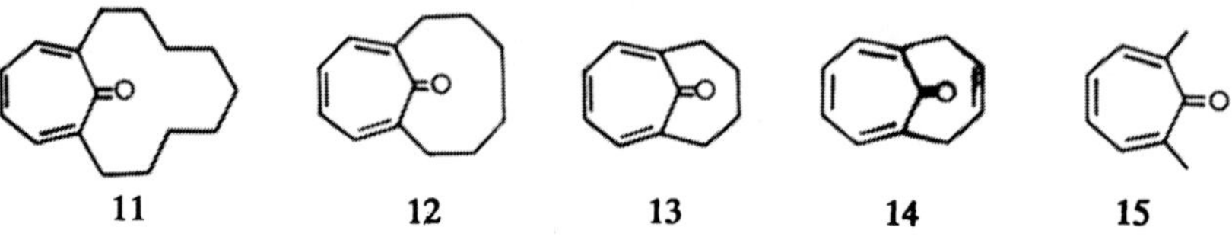

11   **12**   **13**   **14**   **15**

Das Troponophan **13** wurde durch Röntgen-Kristallstrukturanalyse untersucht [5]. Der Troponring ist stark zur Bootform deformiert (<u>Abb.1</u>). Außerdem zeigt er eine ausgeprägte Bindungsalternanz und eine kürzere C=O-Bindungslänge als im Tropon selbst. Dies deutet auf eine eingeschränkte Konjugation hin.

a)   b)

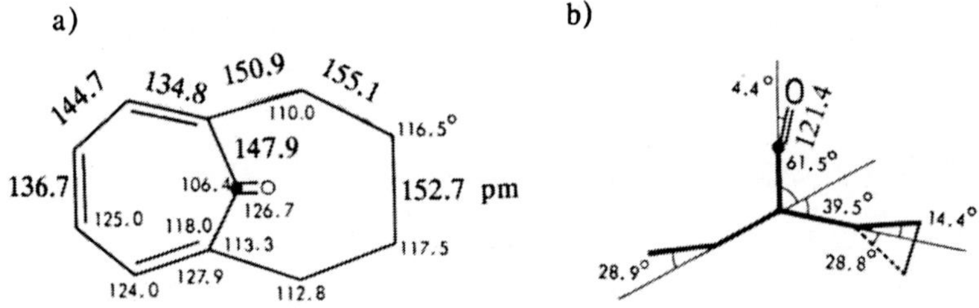

<u>Abb.1.</u> Röntgen-Kristallstruktur von **13** [5]: a) Bindungslängen [pm] und -winkel [Grad], b) Seitenansicht des Moleküls

^{1}H- und ^{13}C-NMR-Spektren untermauern diese reduzierte Konjugation. <u>Abb.2</u> zeigt die Verschiebungen in den ^{1}H- und ^{13}C-NMR-Spektren beim Übergang von Dimethyltropon (**15**) zu den verschiedengliedrigen Troponen einschließlich des überbrückten Cycloheptatriens **16** [1]. Besonders die Carbonyl-Kohlenstoffatome und die C_β- und H_β-Resonanzen sind stark von der Ringgliederzahl abhängig. Der Carbonyl-Kohlenstoff ist bis herab zur Feldstärke für gesättigt substituierte Carbonyl-Kohlenstoffatome tieffeldverschoben. Diese Verschiebung muß wenigstens teilweise auf die positive Partialladung des Kohlenstoffatoms zurückgehen. In Übereinstimmung hiermit wandern H_β und C_β nach hohem Feld und absorbieren ähnlich wie die des Tropilidenophans **16**.

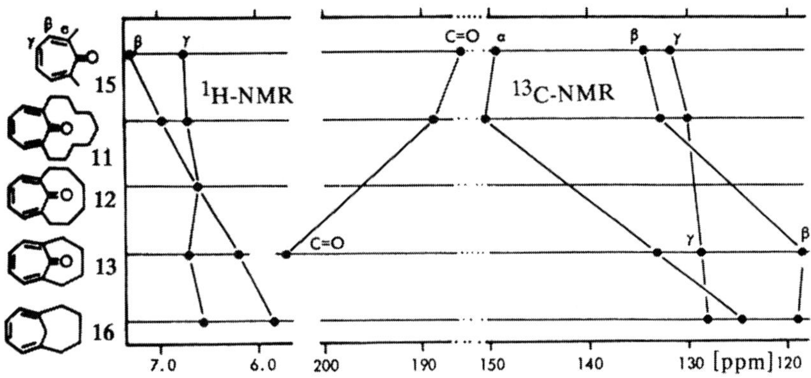

Abb. 2. ^{1}H- und ^{13}C-NMR-Verschiebungen von [n](2,7)Troponophanen [5,1]

Auch die *UV-Spektren* der Troponophane deuten auf eine verminderte Konjugation hin. Die starke und breite Bande der planaren Tropone bei ca. 310 nm ist bei **13** zu einer schwachen Schulter verkümmert, und die allgemeine Form des Spektrums von **13** ähnelt dem von **16**.

[n]Benzotroponophane

Einige [n]Benzo[d]troponophane (**17**, n = 4-10, 12, 13) [1] wurden durch doppelte Aldolkondensation von Cycloalkanonen mit Phthaldialdehyd synthetisiert (siehe oben, Methode IId) [6]. Im IR-Spektrum erkennt man einen deutlichen Einfluß auf die Carbonylfrequenz. Das Halbwellen-Reduktionspotential wird durch die Verbrückung gleichfalls beeinflußt, ebenso die chemische Verschiebung (δ) von Tropon-Protonen, wenn die Brücke kürzer wird als [CH$_2$]$_7$. Änderungen werden auch beim Dipolmoment und bei der Molrefraktion deutlich.

Während in den UV-Spektren von Dimethylbenzotropon und dem lang-
gliedrig verbrückten **17** (n= 13) vier Absorptionsbanden und zwei Schultern
auftreten, findet man für das [5]- und [6]Benzotroponophan nur die beiden
letzten Maxima ($\approx$ 280 und 232 nm) und eine Schulter ($\approx$ 330 nm). Das
Homologe mit n= 4 zeigt nur ein Maximum bei 226 nm. Alle diese Veränderungen belegen den verkleinerten Winkel an der Carbonylgruppe und deren verringerte Konjugation mit dem Rest des π-Systems. Der Grund liegt in
der Abdrängung des Carbonyl-Kohlenstoffatoms aus der Ringebene heraus,
die durch die kurze Verbrückung erzwungen wird. Diese Aussage wurde
durch Röntgen-Kristallstrukturanalyse der beiden niedrigsten Homologen erhärtet. Der Troponring in den [5]- und [4]-verbrückten Verbindungen liegt
in einer stark gebogenen Wannenform vor, vergleichbar derjenigen der
[4](2,7)Troponophane (vgl. <u>Abb.1</u>). Die Delokalisationsenergie für das Homologe **17** (n= 5) wurde zu 204 kJ/mol berechnet, 146 kJ/mol weniger als
für **18**. Dies bedeutet, daß das [5]Benzotroponophan nur wenig mehr Delokalisation zeigt als ein Benzenring.

Tropyliophane

Bei der Protonierung des [9]Troponophans **11** mit einem Äquivalent Tri-
fluoressigsäure (TFA) werden die Tropon- und "benzylischen Protonen" um
ungefähr 0.9-0.4 ppm nach niedrigerem Feld verschoben, während einige der
Brückenprotonen Hochfeldverschiebungen erfahren. Diese Veränderungen
sind in Übereinstimmung mit der Bildung des entsprechenden Hydroxytropy-
lium-Ions **19** [7].

11   19

12   20

Dagegen zeigt [6](2,7)Troponophan (**12**) unter denselben sauren Bedingungen keine dieser Änderungen, und für das [4]Troponophan (**13**, s.o.) findet man selbst in 100proz. TFA nur kleine Tieffeldverschiebungen der Vinylprotonen von ca. 0.1 ppm [1]. Daraus ist zu schließen, daß das Hydroxy-

tropylium-Ion nur dann stabil ist, wenn der siebengliedrige Ring wenigstens eine fast planare Geometrie annehmen kann. Das 2-Hydroxy[6](1,3)tropyliophan (20) kann nicht hinreichend planar sein, um die positive Ladung zu delokalisieren.

Die *[n]Metatropyliophane* gibt es derzeit nur als Benzologe, wie z.B. 23 mit n= 10, 12. Die folgende Formelreihe skizziert den Syntheseweg [8]:

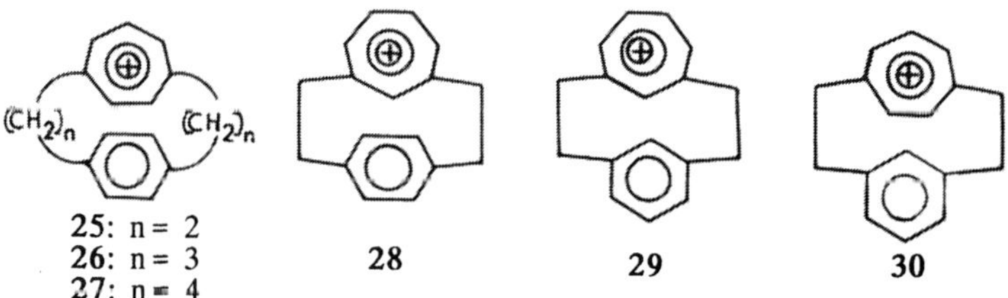

21: n= 9 - 12   22   23: n=10, 12

24

Diese Phane zeigen NMR-Spektren (insbesondere Tropylium-Protonen bei δ= 9.2), die denen der Hydroxy-Verbindungen 22 ähneln. Das Hydroxy[9]-benzohomotropyliophan (24, n= 9) wurde durch Homologisierung von 21a (n= 9) mit Carben hergestellt.

Es gibt heute eine größere Anzahl von Doppeldecker-Phanen (vgl. 25-30) [9,10], die eine Tropylium-Ion-Einheit enthalten und sich in Länge, Anzahl und Position der Brücken·unterscheiden. Sie wurden hauptsächlich als Modellsubstanzen für Studien von Charge-Transfer- (CT-)Wechselwirkungen herangezogen:

25: n= 2
26: n= 3
27: n= 4   28   29   30

Wegen mehrfach verbrückter und bezüglich Tripeldecker-Phane mit Tropylium-Einheiten siehe *Abschn. 5:* "Mehrfach verbrückte Phane".

Die folgende Formelreihe zeigt das Prinzip der Synthese ausgehend vom [2.2]Paracyclophan (3):

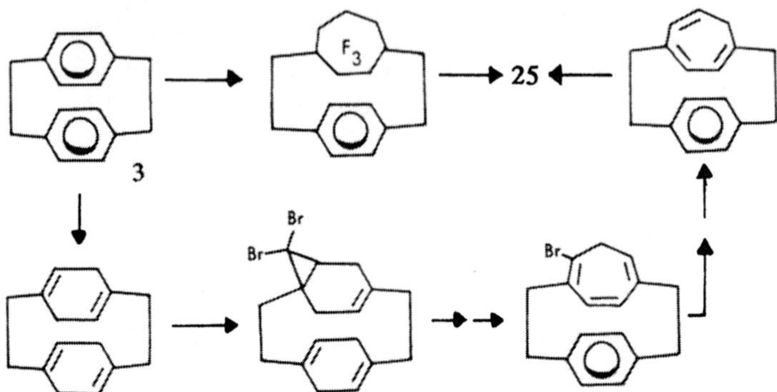

Molekülgeometrie der Tropyliophane: Obwohl bisher keines der Tropyliophane der Röntgen-Kristallstrukturanalyse unterzogen wurde, kann man durch Vergleich der Strukturen von zweifach verbrückten Tropyliophanen wie 25 und 28-30 mit beispielsweise dem vierfach verbrückten Tropyliophan 31 (und Vergleich mit dem unsubstituierten Tropylium-Ion) Schlüsse auf die Molekülgeometrie ziehen [1]. Die Tropylium-Protonen von 31 erscheinen wegen dessen "face-to-face"-*syn*-Stereochemie bei etwas höherer Feldstärke ($\Delta\delta$ ca. 1.22 ppm) als im unverbrückten Tropylium-Ion (δ = 9.28).

Für diese Hochfeldverschiebung sind der diamagnetische Ringstromeffekt des Benzenrings und die aufgrund der Charge-Transfer-Wechselwirkung (Ladungsübergang) erhöhte Elektronendichte verantwortlich. Die Stufenform der Moleküle **29** und **30** kann gleichfalls aus dem ^{1}H-NMR-Spektrum abgeleitet werden: Die Singlett-Absorptionen der Benzen-Protonen von **29** und **30** erscheinen bei viel höherem Feld ($\Delta\delta$ ca. 2.2 ppm), und die drei übrigen Benzenprotonen bei tieferer Feldstärke als in **31**. Bei den Paracyclophanen **25** und **28** findet man nichtäquivalente Benzenprotonen im ^{1}H-NMR-Spektrum. Dies weist auf eine fixierte Geometrie (NMR-Zeitskala) bei Raumtemperatur hin. Auch für **30** wurde bis zu Temperaturen von 120°C kein Anzeichen eines konformativen Prozesses (Ringflip) gefunden. Dagegen beobachtet man für **28** bei höherer Temperatur ein Gleichgewicht zwischen den beiden äquivalenten Konformeren. Die Energiebarriere für diesen dynamischen Prozeß liegt bei 67 kJ/mol, also ca. 20 kJ/mol niedriger als beim [2.2]Metaparacyclophan. Dies deutet auf eine Abnahme der Spannung im Übergangszustand im Zusammenhang mit der Änderung der Größe des Aromatenrings hin [10].

Charge-Transfer- (CT-)Wechselwirkungen: Man kann das Ausmaß der chemischen Verschiebungsdifferenz (0.69 ppm) zwischen den Benzenprotonen von **25** und denjenigen von [2.2]Paracyclophan (**3**) annähernd auf die Charge-Transfer-Wechselwirkungen in **25** zurückführen. Die Tropylium-Ringprotonen in **25** und **31** erscheinen bei etwas höherer Feldstärke als jene im unverbrückten Tropyliumfluoroborat. Dies ist die Folge einer Kombination des Ringstromeffekts der gegenüberliegenden aromatischen Ringe und der Charge-Transfer-Wechselwirkung. Die größere Hochfeldverschiebung für die Protonen in **31** verglichen mit denen in **25** ist in Übereinstimmung mit dem Ergebnis, das für die entsprechenden Benzenophane selbst erhalten wurde [11].

Da die Elektronenspektren verschiedener [2.2]Phane von diversen Autoren unter unterschiedlichen Bedingungen aufgenommen wurden, ist es derzeit schwierig, hieraus Charge-Transfer-Effekte zu quantifizieren. *Boekelheide* hat gezeigt, daß beim Übergang von **25** zu den entsprechenden drei- und vierfach verbrückten Benzenotropyliophanen eine sukzessive bathochrome Verschiebung der Charge-Transfer-Banden eintritt [12]; in dieser Reihenfolge verringert sich der Abstand zwischen den beiden Aromatenringen, und die Verdrillung wird verkleinert. Daraus kann geschlossen werden, daß die Charge-Transfer-Wechselwirkungen abnehmen, wenn die

Entfernung der beiden aromatischen Einheiten - wie beim Übergang von [2.2]- zu [3.3]- und [4.4]Tropyliobenzenophanen - größer wird.

Auch der Einfluß der relativen Lagen der beiden Aromatenringe übereinander ist mit Hilfe der Spektren der isomeren [2.2]Tropyliobenzenophane **25** und **28-30** untersucht worden: In jenen Phanen, in denen die beiden Aromaten stärker überlappen, wie in **25**, **28** und **30**, beobachtet man schwache CT-Banden bis zu etwa 450 nm, während in **29** mit *zwei* *m*-substituierten Aromatenringen eine starke Bande bei ungefähr 410 nm auftritt. Bei der Tripeldecker-Verbindung **32** erstreckt sich eine breite Bande von 434 bis 600 nm [1].

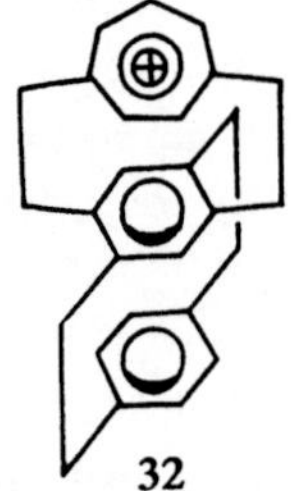

32

Tropyliocycloheptatrieno- und [2.2](1,4)Tropyliophane

Die Synthese des [2.2](1,4)Tropyliophan-bis(tetrafluoroborats) (**33**) und des Tropyliocycloheptatrienophan-tetrafluoroborats (**34**) aus [2.2]Paracyclophan sei skizziert [13]:

Im Elektronenspektrum von **34** findet man eine Bande bei 313 nm und Schultern bei 360 und 423 nm; diese Ähnlichkeit zum [2.2](1,4)Tropylioparacyclophan (25) verdeutlicht die Elektronendonor-Kapazität des Cycloheptatrien-Rings.

Das Tropyliophan 33 erwies sich als wenig stabil, konnte aber mit Hilfe der Kernresonanz (^{1}H-NMR) charakterisiert werden. Dagegen ist das entsprechende [4.4](4,6)Benzotropyliophan (35) als Benzologes und zugleich höheres Homologes von 33 stabil [1].

35

Tropolonophane

Nur das [2.2]Paracyclo[2](3,7)tropolonophan (38) und seine Chlor- und Brom-Derivate 36, 37 sind bis heute bekannt [14]. Ihre Synthese folgte der Dithia[3.3]phan-Route mit anschließender Entfernung des Schwefels durch Sulfonpyrolyse (die photochemische Desulfurisierung führte hier zu einem weniger günstigen Ergebnis).

36: X = Cl
37: X = Br   38

Die Tropolonophane waren aus folgenden Gründen von besonderem Interesse:

a) Liegt der Tropolonring bei kurzer Verbrückung in der Enolon-Form **A** vor oder in den Diketo-Formen **B** oder **C**, die wegen ihrer Nichtplanarität voraussichtlich zu einer geringeren Ringspannung führen würden?

b) **Liegt die Enolon-Form A vor, welche Tendenz zur Ketonisierung findet man in Abhängigkeit von der Ringspannung oder von sterischen Effekten?**

c) **Welchen Charge-Transfer-Effekt bewirkt das Tropolon-System?**

d) **Wie wird die Gesamtspannung auf die aromatischen Ringe, insbesondere das Tropolon-Ringsystem, verteilt?**

Geometrie des Tropolonophans: Die Röntgen-Kristallstrukturanalyse [14] von **38** ergab zunächst, daß das Molekül monomer vorliegt; Anzeichen für intermolekulare Wasserstoffbrückenbindungen sind, anders als beim Tropolon, nicht zu erkennen. Der Abstand zwischen den beiden Aromatenringen (Interplanar-Abstand) ist ähnlich wie der im [2.2]Paracyclophan (**3**). Die Deformation des Tropolonrings aus der Ebene heraus ist größer als die des Benzenrings, worin sich das relative Ausmaß der Delokalisation widerspiegelt. Trotz der Verzerrung des siebengliedrigen Rings liegt dieser in der Tropolon-Form **A** vor und nicht in einer der Keto-Formen **B** oder **C** (Abb.3).

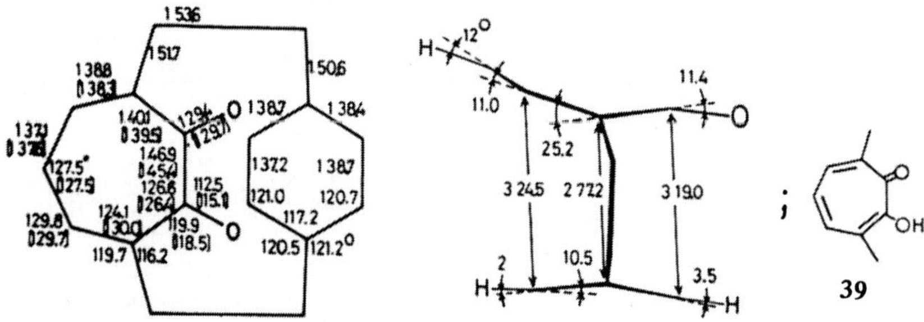

Abb.3. Röntgen-Kristallstruktur von **38**. Die in Klammern angegebenen Vergleichszahlen beziehen sich auf das Referenzmolekül Dimethyltropolon (**39**). Bindungslängen in [pm]

Auch in Lösung liegen **38** und **36** in der Enolon-Form vor und zeigen keine Tendenz zur Ketonisierung. Dies wird schon durch die positive

Farbreaktion mit $FeCl_3$ und die Bildung des Methylethers nahegelegt, beides charakteristische Reaktionen der Tropolone, genauso wie durch die nicht gelungene Chinoxalin-Bildung ausgehend von **38**.

Anders als bei der Vergleichssubstanz Dimethyltropolon (**39**) liefert **38** bei der Bromierung ausschließlich das Bromketon **40**, das beim Erhitzen **37** ergibt. Die katalytische Hydrierung von **36** mit Pd/C führte zu viel überhydriertem Produkt; auch dies im Gegensatz zur Reaktion des 3,7-Dimethyltropolons (**39**). Hierin dürfte sich die Destabilisierung des verklammerten Tropolon-Rings durch die Spannung widerspiegeln [1].

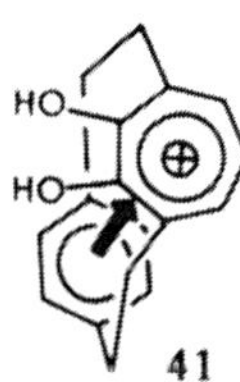

38 ⟶   **40**   ⟶   **37**

Charge-Transfer-Wechselwirkungen: Die Elektronenspektren von **38** und **36** ähneln denen des Dimethyltropolons **39**; lediglich breitere Banden und geringe Rotverschiebungen werden beobachtet. Dies deutet auf vergleichsweise geringe Charge-Transfer-Wechselwirkungen hin.

Dagegen findet man in den Spektren in saurer Lösung eine schwache, aber deutliche Schulter bei ca. 420 nm. Dies entspricht der Charge-Transfer-Absorption (400-430 nm) im Tropylioparacyclophan **25**. Die Annahme eines Beitrags des Dihydroxytropylium-Ions **41** scheint gerechtfertigt [1].

41

Eine Stabilisierung des Übergangszustands **43** durch Charge-Transfer-Wechselwirkung spielt bei der Wanderung der Acetyl-Gruppe (Acetotropie) des Acetats **42** eine Rolle. Die Freie Aktivierungsenthalpie dieses Vorgangs ist mit $\Delta G^{\ddagger} = 29$ kJ/mol beträchtlich geringer als beim nicht-verbrückten Tropolonacetat ($\Delta G^{\ddagger} \approx 45$ kJ/mol). Der Unterschied wird mit der Stabilisierung des Übergangszustands **43** durch Charge-Transfer-Wechselwirkungen gedeutet (Pfeil in Formel **43**).

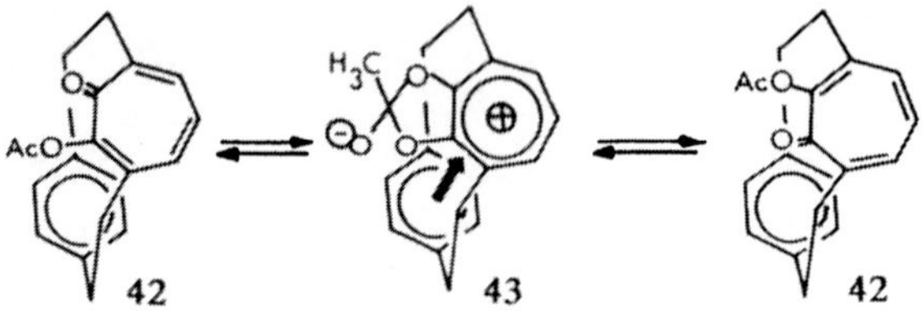

Tropochinonophane

Über die Dithia[3.3]phan-Route wurden einige interessante [2.2]Paratropochinonophane (**44**, **45**) synthetisiert [15].

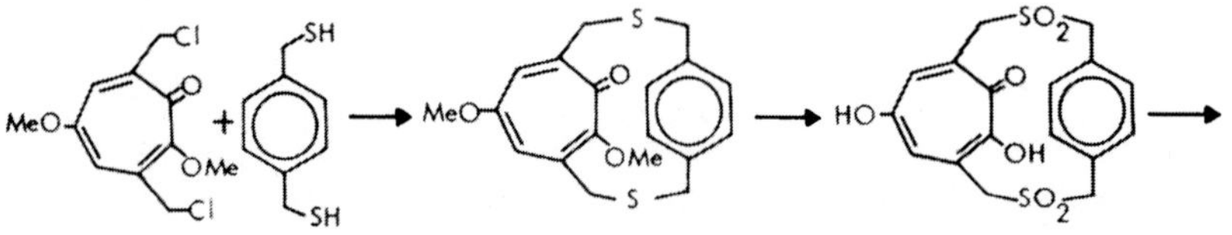

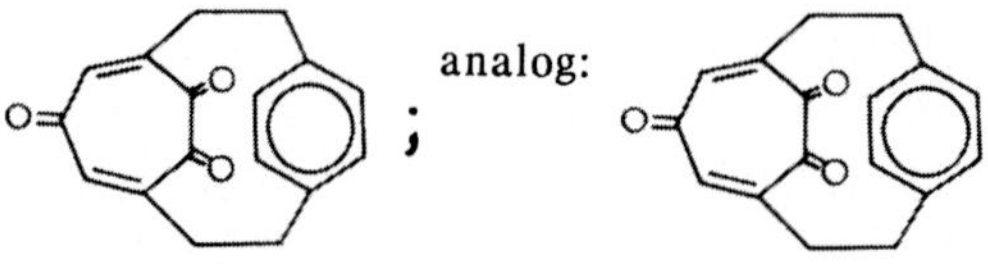

analog:

44   **45**

Die dem Molekül durch die Verklammerung auferlegte Spannung wird, wie Röntgen-Kristallstrukturuntersuchungen von **44** zeigen, in der Deformation der ungesättigten Ringe widergespiegelt. Jedoch ist die Deformation des Benzenrings bei **44** geringer als im [2.2]Paracyclophan (**3**); der *p*-Tropochinon-Ring ist zu einer tiefen Bootform verbogen (<u>Abb.4</u>). Dabei ist der Diketon-Teil des *p*-Tropochinon-Rings fast parallel zur mittleren Ebene des Benzenrings angeordnet, während der Dienon-Teil davon weggebogen ist. In dem entsprechenden [3.3]Tropochinonophan (**46**) sind die Deformationen insgesamt deutlich geringer.

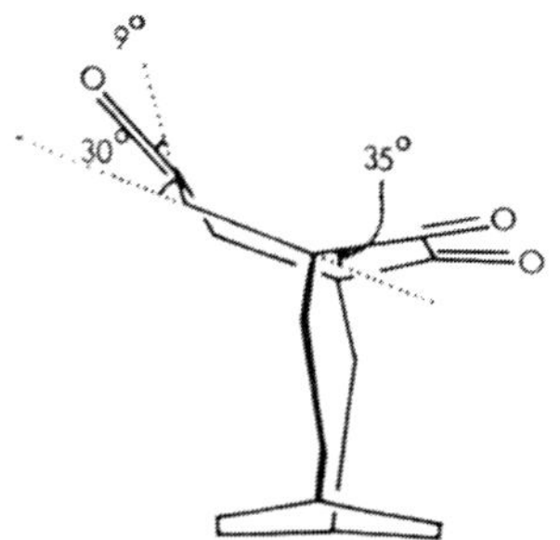

<u>Abb.4.</u>   Molekülstruktur (Bindungswinkel) von **44** [1]

Die Spannung und Deformation wird auch in den spektroskopischen Eigenschaften deutlich. Während Massenspektren der weniger gespannten [3.3]Phane **46** und **47** starke Fragmentionen-Peaks aufweisen, die auf den Verlust dreier CO-Fragmente zurückgehen, der in Paratropochinonen allgemein beobachtet wird, findet man für die gespannteren [2.2]Phane **44** und **45** nur die Abspaltung zweier CO-Teilchen, was darauf hindeutet, daß die Elimination des dritten CO mehr Energie erfordert.

46   **47**

Während Tropochinone im *IR-Spektrum* zwei Gruppen von komplexen Carbonylbanden ähnlicher Frequenzen bei ca. 1670 und 1605 cm^{-1} aufweisen, nimmt die Intensität der letzteren Bande beim Übergang von **46** und **47** zu **44** und **45** ab und findet sich bei dem mutmaßlich gespanntesten Molekül **45** als einzelne Absorption bei ca. 1670 cm^{-1}.

Aus den *^{1}H-NMR-Spektren* ergibt sich, daß beispielsweise **45** in einer Stufenform vorliegt, während **47** eine *syn*-Konformation einnimmt (Hochfeldverschiebung von Chinonprotonen) [1].

Charge-Transfer-Wechselwirkung: In den Elektronenspektren von **44-47** findet man eine geringfügige Erhöhung der Intensität oder eine Schulter bei 350-400 nm; aufgrund ihrer bathochromen Verschiebung beim Übergang zu polaren Solventien wurde sie wie bei Benzochinonophanen schwachen und breiten Charge-Transfer-Banden zugeordnet.

Die ersten *Halbwellenreduktionspotentiale* ($E_{1/2}$) von **44** (-0.64 V), **45** (-0.64 V), **46** (-0.53 V) und **47** (-0.52 V) lassen eine beträchtliche Zunahme der LUMO-Energie verglichen mit derjenigen des 3,7-Dimethylparatropochinons (-0.35 V) erkennen. Da **46** und **47** sicherlich weniger verbogene Chinonringe enthalten, dürfte die Differenz der LUMO-Energien [(-0.52) (-0.35)= -0.17 V] auf Charge-Transfer-Wechselwirkungen zurückzuführen sein [1].

2.7.3   [2.2]Phane mit 10π–Systemen

Die *[2.2]Azulenophane* und *[2]Azuleno[2]phane* 48-54 sind alle über die Schwefelroute (Dithia[3.3]-phan-Desulfurisierung) ausgehend von Azulen-bis-(methyltrimethylammonium)diiodid synthetisiert worden [1]. Dieses Ausgangsmaterial ist stabiler als die zersetzlichen (Halogenmethyl)azulene. 51 und 54 sind ausgehend von [2.2]Metaparacyclophan und [2.2]Paracyclophan durch intramolekulare Carben-Insertion hergestellt worden [16].

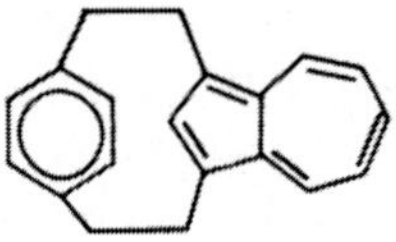

48

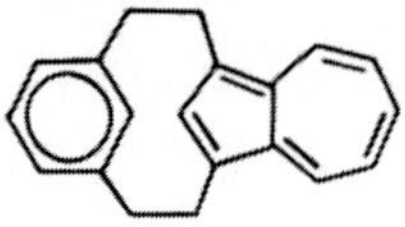

49

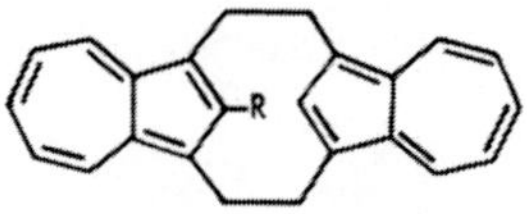

50a: R = H
50b: R = CH_3

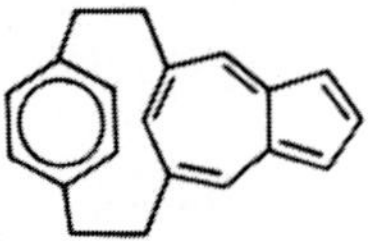

51

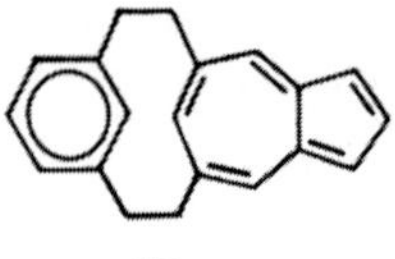

52

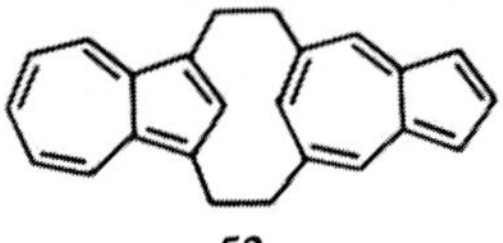

53

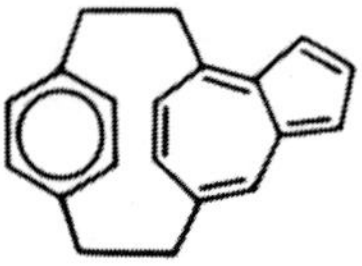

54

Die Azulenophane 55 und 56 wurden durch Hofmann-Elimination erhalten und durch anschließende Chromatographie an H_3PO_4-imprägniertem Kieselgel getrennt [17].

55   56

Geometrie: Wie <u>Abb.5</u> zeigt, findet man für alle Phane **48** [18], **50a** [19] und **53** [20] Deformationen der Azulenringe (bis zu 9°), eine Dehnung der Bindungen C(9)-C(10) (Azulen-Numerierung) in **48** und **50a**, Dehnungen der Bindungen C(4)-C(5) und C(5)-C(6) sowie Winkeldeformationen an C(4) und C(5) in **53**. Diese Deformationsart entspricht der bei den [2.2]Benzenophanen {[2.2]Cyclophanen} gefundenen. Die Deformation der Benzenringe in **48** und **53** ist der im [2.2]Metaparacyclophan recht ähnlich.

^{1}H-NMR-Spektren zeigen, daß diese Geometrien auch in Lösung vorliegen und bei Raumtemperatur konformativ starr sind. Die inneren Arenprotonen sind stark hochfeldverschoben, die äußeren geringfügig nach niedrigem Feld, verglichen mit offenkettigen Referenzverbindungen (substituierten Azulenen und Xylen):

Δδ   0.67   0.42   0.71   Δδ   0.71   0.47   0.68

55   56

Alle Moleküle mit zwei *m*-Brücken (z.B. **49**, **50a,b**, **52**, **53**) liegen in stufenförmigen *anti*-Konformationen vor [1]. Bei höherer Temperatur wurde für **51** ein Umklappen (flipping) des Azulenrings beobachtet; die Energiebarriere für diesen dynamischen Vorgang ergab sich zu $\Delta G^{\ddagger}$ = 58 kJ/mol (T_c = 70°C). Zum Vergleich: diejenige des [2.2]Metaparacyclophans (**4**) liegt höher (86 kJ/mol, $T_c \approx$ 146°C).

Dagegen gibt es bis 190°C keine Anzeichen für einen solchen Prozeß bei **48**, woraus sich eine Barriere von >92 kJ/mol ableitet.

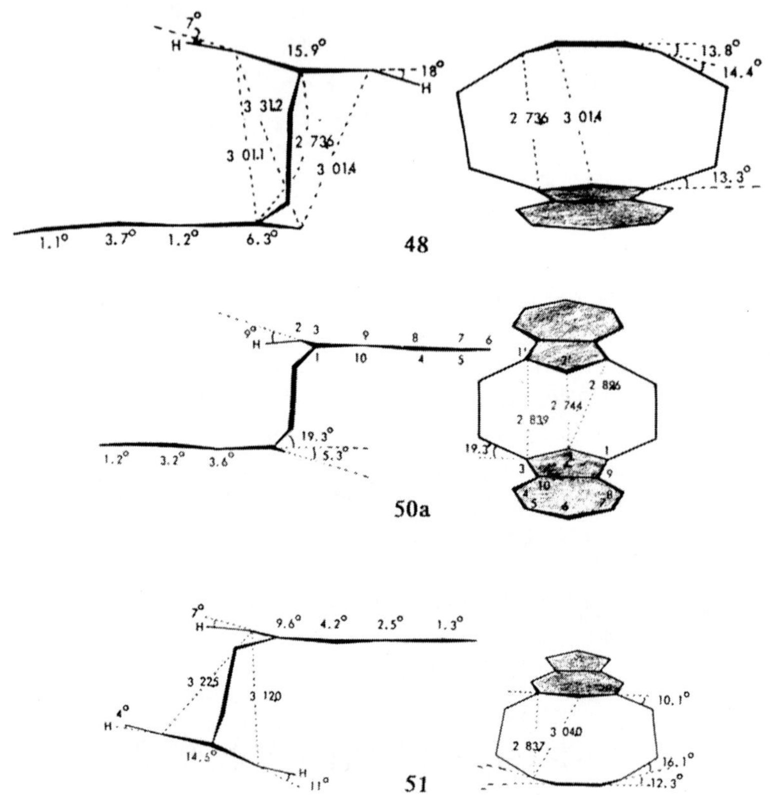

<u>Abb.5.</u>   Röntgen-Kristallstrukturen von **48, 50a** und **51** [18-20]. Links Seiten-
ansicht, rechts Aufsicht. Bindungslängen in [pm], Winkel in [Grad]

Es ist anzunehmen, daß die unterschiedlichen Ringinversionsbarrieren
vom Ausmaß der sterischen Abstoßung zwischen dem inneren H-Atom und
dem gegenüberliegenden Benzenring (im Übergangszustand) abhängen. Die
Abstände zwischen dem gegenüberliegenden H-Atom und dem Benzenring
im Übergangszustand der Ringinversion wurden für **48**, [2.2]Metaparacyclo-
phan (**4**) und **51** aus Röntgendaten zu ≈ 120, ≈ 150 und ≈ 175 pm berechnet.

Auch die 2,6-verbrückten Azulenophane **55** und **56** (s.o.) scheinen eine
gewisse Gleitbewegung bei Raumtemperatur durchzuführen, wie aus IR- und
^{1}H-NMR-Spektren geschlossen wurde.

Transannulare Wechselwirkungen [1]: Die drei wichtigsten Elektronenabsorptionsbanden des *Azulens* (^1L_b ca. 670 nm, ^1L_a ca. 400 nm, ^1B_b ca. 270 nm) werden etwas bathochrom verschoben und erfahren eine Verbreiterung (Verlust an Feinstruktur), wenn die Azulen-Einheit in ein Doppeldecker-[2.2]phan-System eingezwängt wird. In der Reihe der *[2]Azuleno[2]benzenophane* erfährt die ^1B_b-Bande der Metacyclophane **49** und **52** eine größere bathochrome Verschiebung (ca. 2500 cm^{-1}) als jene der Paracyclophane **48** und **51** (ca. 300 cm^{-1}). Der Unterschied kann qualitativ aus den Molekülorbitalen von Azulen und Xylen abgeleitet werden. Wie Abb.6 (rechte Seite) zeigt, wechselwirkt das HOMO des Azulens, das für die ^1B_b-Bande verantwortlich ist, aus geometrischen Gründen nicht stark mit der *p*-Xylen-Einheit in **48** und **51**. Daher unterscheidet sich das nächste HOMO dieser Verbindungen nicht sehr von dem des Azulens. Dagegen erlauben die Geometrien von **49** und **52** eine hinreichende Überlappung des Orbitalkoeffizienten der inneren Kohlenstoffatome, um die starke bathochrome Verschiebung zu bewirken. Das Azulenophan **54**, das eine starke Überlappung (asymmetrisch) zeigt, führt zu einer bathochromen Verschiebung in beiden ^1B_b- und ^1L_a-Banden.

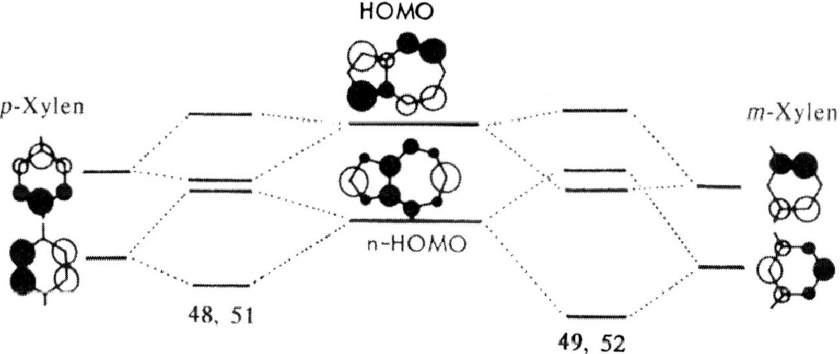

Abb.6. Orbital-Wechselwirkungen zwischen Azulen und *p*- und *m*-Xylen-Einheiten in [2.2]Phanen

Die Elektronen- [17], Photoelektronen-Spektren [21] und Magneto-Circulardichroismen [22] von **55** gleichen denen von **56**, was auf die Ähnlichkeit der Orbital-Wechselwirkungen der beiden Azulenringe in diesen Verbindungen hinweist. Das Fehlen eines starken Orientierungseffekts erhärtet die Auffassung des Azulens als gestörte [10]Annulen-Struktur.

Die Phane **55** und **56** fluoreszieren aus dem dritten angeregten Singlett-zustand heraus. Diese Anomalie scheint von einer großen Energiedifferenz ("gap") zwischen den S_2- und S_3-Zuständen wie beim Azulen selbst herzu-rühren, bei dem der Energieunterschied zwischen S_1 und S_2 diese Rolle spielt.

Die Monoprotonierung der *[2.2]Azulenophane* führt zu ausgeprägten Charge-Transfer-Banden bei 400 und 500 nm. Nach der Säurekonzentration zu schließen, die erforderlich ist, um eine maximale Intensität der Charge-Transfer-Banden zu erreichen, wurde geschätzt, daß das Isomer **55** eine et-was stärkere Base als das Isomer **56** ist. Dies weist auf einen geringen Ori-entierungseffekt hin, der möglicherweise auf die Dipol-Dipol-Wechselwirkung zwischen zwei Azulenringen zurückzuführen ist.

Transannulare Wechselwirkungen in den Anionradikalen von **48**, **50a**, **55** und **56** wurden gleichfalls untersucht [23]. Der Azulenring dieser Verbindun-gen zeigt eine starke Tendenz zur Bildung von Ionenpaaren (mit Gegenkat-ionen).

Transannulare Reaktionen: Die Azulenophane **49** und **50a** können photo-chemisch transannularen Reaktionen unterworfen werden, dié zur Synthese der Azulenophenalene **58** und Naphthodiazulene **60** ausgenutzt wurden [24]. Letztere sind nichtalternierende Isomere von Benzpyren und Dibenzpyren.

a)

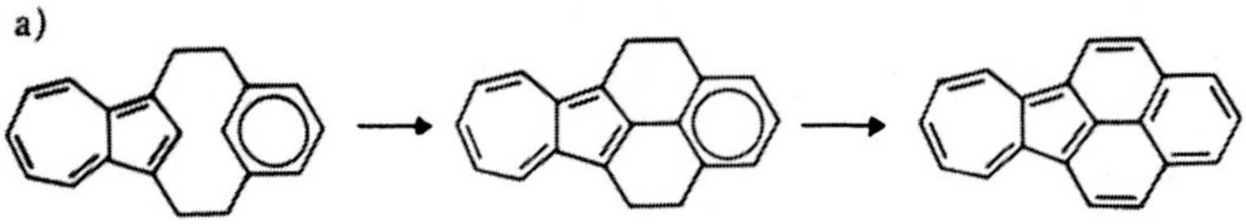

49	**57**	**58**

b)

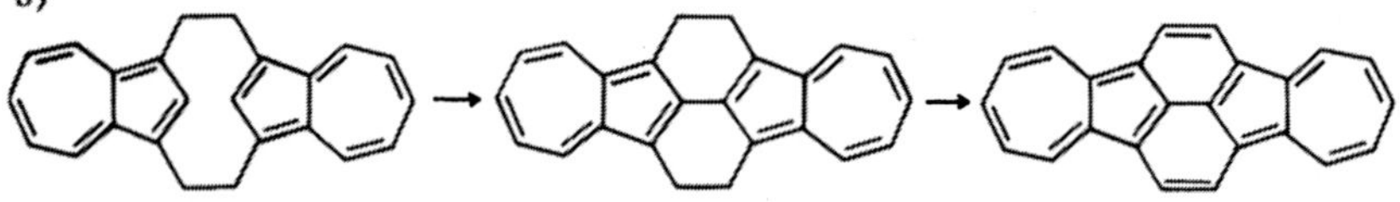

50a	**59**	**60**

Eine transannulare Reaktion wird auch bei der Säurebehandlung von **49** beobachtet, wobei das Tropylium-Ion **61** entsteht [1].

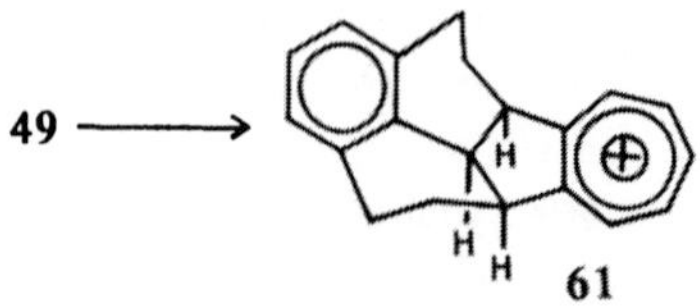

49 ⟶ **61**

2.8   [2.2]Anthracenophane

Bereits 1961 veröffentlichte *Golden* eine durch ihre Einfachheit beste-chende Synthese des *[2.2](9,10)Anthracenophans* (7) [1,2]. Es entsteht aus der leicht erhältlichen Bis(chlormethyl)-Verbindung des Anthracens mit Na-triumiodid in Aceton (1,6-Elimination zu der entsprechenden Bis-*exo*-methy-len-Verbindung). *Golden* fand auch die leichte photochemisch induzierte Cyclisierung von 7 zur Käfigverbindung 8. *Kaupp* konnte durch Messung der Quantenausbeuten zeigen, daß bei dieser photochemischen Reaktion ein Di-radikal auftritt [3]:

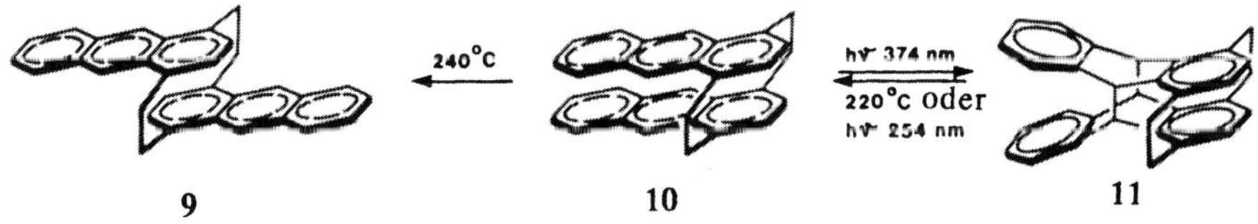

Die folgenden von *Misumi* beschriebenen *[2.2]Anthracenophane* erwiesen sich als interessant in Bezug auf das Studium der transannularen π-Elektronenwechselwirkungen bei der Excimerfluoreszenz, aber auch ihre Photodimerisierung und ESR-spektroskopische Befunde zeichnen diese ste-reochemisch faszinierenden Verbindungen aus. Zunächst wurden die *anti*- und *syn*-Isomere 9 und 10 des *[2.2](1,4)Anthracenophans* hergestellt (durch Dimerisierung des durch Hofmann-Elimination entstehenden 1,4-Anthra-chinonodimethans) [4]. Das *syn*-Isomere 10 unterliegt einer raschen licht-induzierten Cyclisierung zur Käfigstruktur 11, die sowohl thermisch als auch photochemisch reversibel ist. Das Isomere 10 kann auch thermisch in die *anti*-Form 9 umgelagert werden.

Die statische Stereochemie von 10 und 11 ist durch Röntgen-Kristall-strukturanalyse bewiesen [1,5].

Das *[2.2](1,4)(9,10)Anthracenophan* (12) wurde ebenso wie *[2.2]Paracy-clo(9,10)anthracenophan* (13) und *[2.2](1,4)Naphthaleno(9,10)anthracenophan* (14) durch gekreuzte Hofmann-Elimination quartärer Ammoniumhydroxide erhalten [6]. Die UV-Spektren dieser Anthracenophane zeigen bathochrome Verschiebungen der langwelligsten Bande im Vergleich mit den offenkettigen

Analogen und deuten so auf beträchtliche transannulare π-elektronische Wechselwirkungen hin.

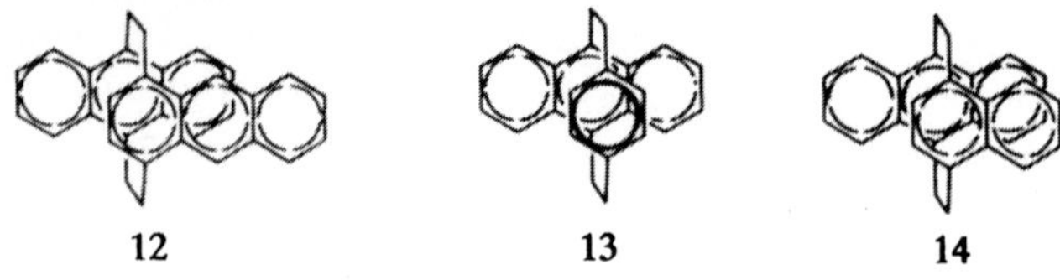

12   13   14

Während das ESR-Spektrum von **12** kompliziert aussieht, legt dasjenige des Radikalanions von **7** nahe, daß das ungepaarte Elektron über beide Anthracenringe delokalisiert ist. ENDOR-Studien der Radikalanionen der *anti*- und *syn*-Isomere **9** und **10** zeigten, daß sich die Spindichte in den Radikalanionen im überlappenden Teil des Moleküls akkumuliert [7,8].

2.9   [2.2]Phenanthrenophane und [2.2]Phenanthrenobenzenophane

Das *[2.2](3,6)Phenanthrenoparacyclophan* (15) wurde aus dem entsprechenden Dithiaphan durch Schwefelextrusion erhalten. Es konnte zum Coronen dehydriert werden (AlCl$_3$) [1]. Auch das entsprechende Dien **16** wurde aus dem Dithiaphan durch Wittig-Umlagerung und Elimination des Bis-sulfoxids erhalten sowie auch durch Stevens-Umlagerung unter Einsatz von Dehydrobenzen [2,3]. Eine entgaste Lösung des Diens **16** ändert unter Lichteinwirkung seine Farbe nach tieforange und liefert dann ein NMR-Spektrum, das auf das überbrückte Annulen **17** hinweist. Oxidation mit Sauerstoff oder Iod führt quantitativ zum Coronen. Von *Boekelheide* wurde das *[2.2]Dihydrophenanthrenobenzenophan-dien* **18** beschrieben [4].

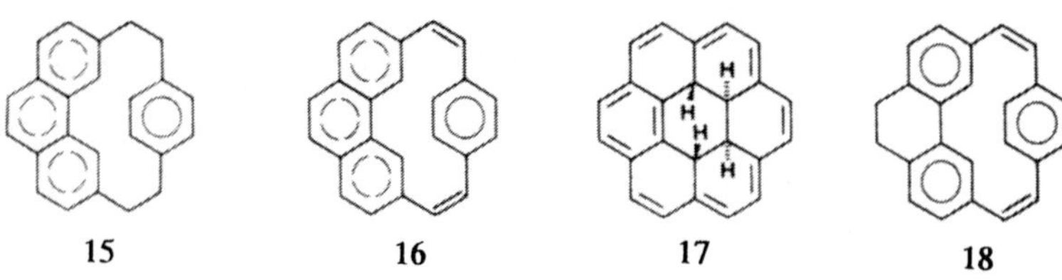

15   16   17   18

Die Phenanthrenonaphthaleno- und Biphenylophane **19** bzw. **20** wurden wieder nach der Ringkontraktionsmethode ausgehend von den Dithia[3.3]phan-Vorläufern gewonnen [5]. ^{1}H-NMR-Spektren sprechen für das Vorliegen von *syn*-Konformationen. Es gelang nicht, ausgehend von **19** und **20** oder von dem gleichfalls bekannten Phenanthrenophan **21** zu polycyclischen aromatischen Verbindungen vom Circulen-Typ zu gelangen [6].

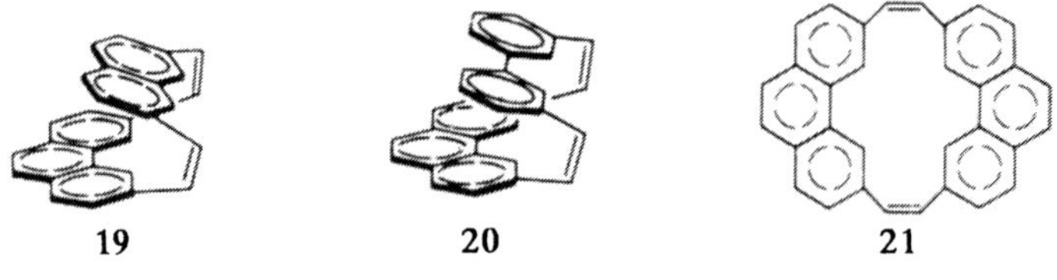

Von *Haenel* und *Staab* wurde die Synthese des *[2.2](2,7)Phenanthrenophans* **22** als Isomerenmischung und einiger ähnlicher unsymmetrischer Phenanthrenophane mit Biphenyl-Komponente beschrieben [7]. Als potentielle Zwischenstufe für eine Kekulen-Synthese wurde **24** hergestellt. Dabei entstand auch ein ringweiteres [2₅](2,7)Phenanthrenophan [8].

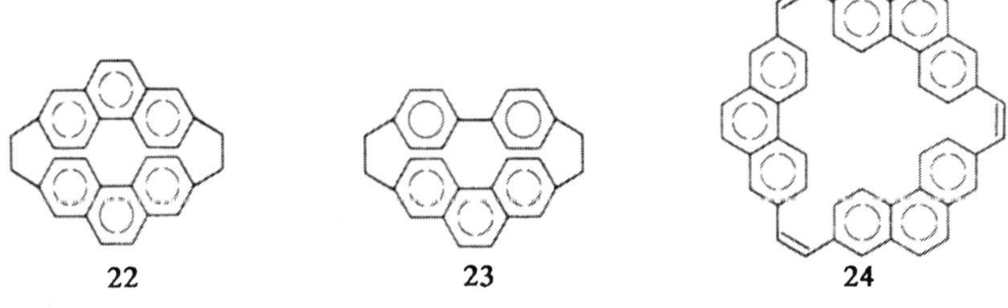

Einige [2.2]Phane mit Fluoren-, Fluorenon- *(Haenel)* und Dibenzthiophen-Einheiten seien hier gleichfalls erwähnt, z.B. das [2.2](2,7)Fluorenophan **25** [9] (vgl. *Abschn. 2.7.2*). Aus **26** konnte Thiacoronen erhalten werden [10,3)

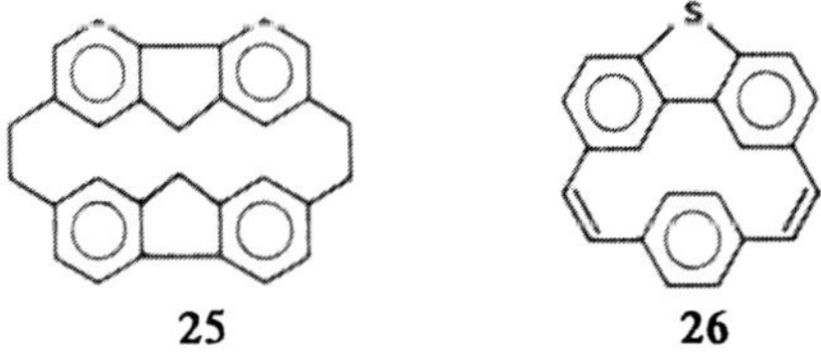

2.10   Pyrenophane und höher kondensierte Phane
2.10.1   Pyrenophane

Das *[2.2](2,7)Pyrenophan* (28) wurde von *Misumi* [1], *Staab* [2] und *Mitchell et al.* [3] ab 1975 beschrieben [4]. In allen Fällen führte die Syntheseroute über transannulare Ringschlüsse von Metacyclophanen. Röntgen-Kristallstrukturen von 28 [5] und seines entsprechenden Diens [6] beweisen das Vorliegen der verbrückten Pyrenringe. Die Excimerbildung ist solvensabhängig. Von den Radikalanionen von 28 wurden ESR- und ENDOR-Spektren aufgenommen [7].

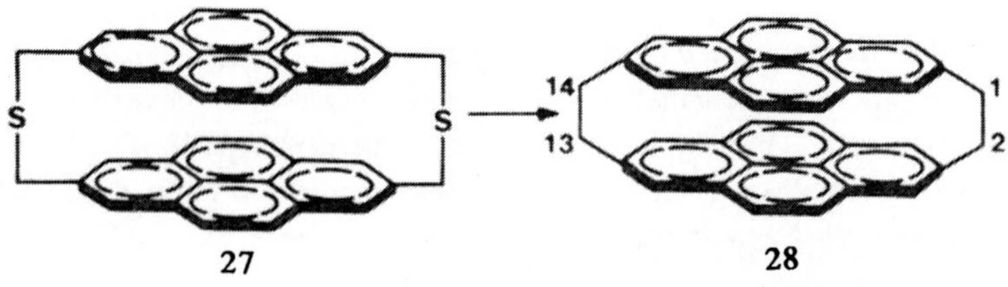

Mit der Dithia[3.3]phan-Strategie konnten einige Isomere des Pyrenophans 28 mit anderer Verknüpfung synthetisiert werden, die insbesondere wegen ihrer Fluoreszenz untersucht wurden, darunter [2.2](1,6)-, [2.2](1,6)(2,7)-, [2.2](1,8)- und *[2.2](1,3)Pyrenophan* (29).

Auch einige "gemischte", "unsymmetrische" Pyrenonaphthaleno- und Pyrenobenzenophane wie 30 und 31 sind bekannt. Darüber hinaus wurde von *Misumi* ein noch höher kondensiertes [2.2](1,3)Phan 32 beschrieben [4].

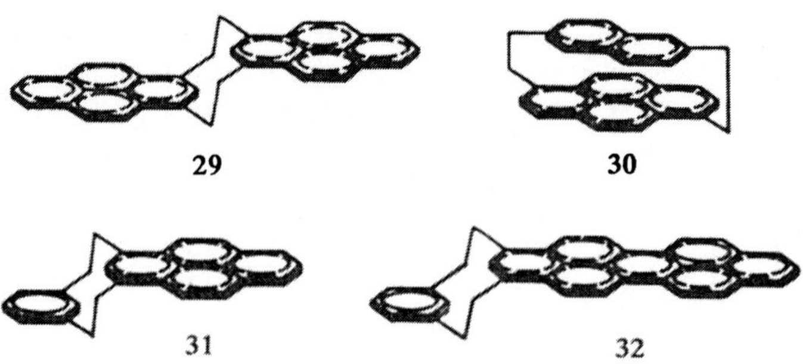

2.10.2 [2.2]Phane aus höher kondensierten Ringensembles und aus Oligophenylen-Bausteinen

Ausgehend vom Tetrahydrodibenzanthracen-System (**33**) stellten *Staab* und *Vögtle* [8] sowie *Staab* und *Diederich* [9] die [2.2]Phane **34-36** sowie **37** [10] her, durch deren Elektrocyclisierung bzw. Dehydrierung das Kekulen (**38**) [11] und dessen kleineres "Analogon" **39** [12] zugänglich waren (*Staab et al.*). Als Modellsubstanz für Makrocyclisierungen diente das *m*-Terphenylophan **40** [8].

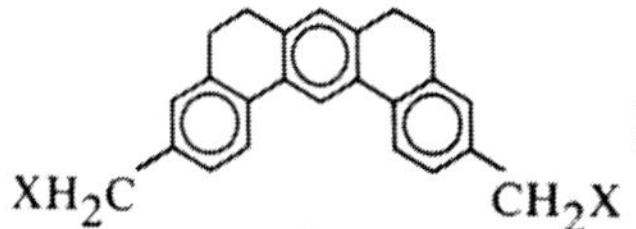

33

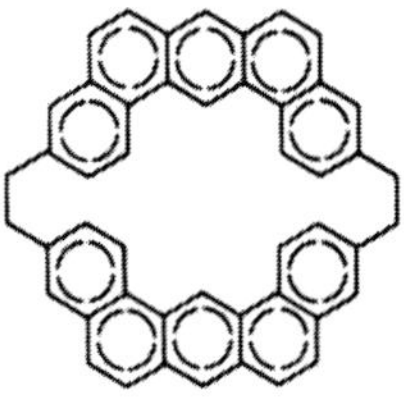

34

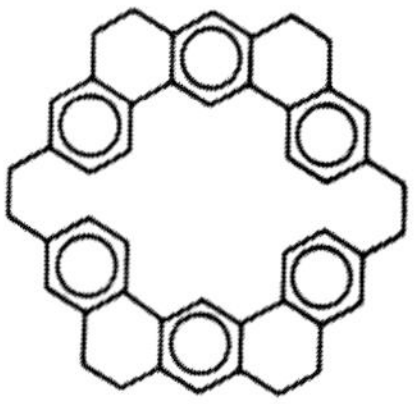

35

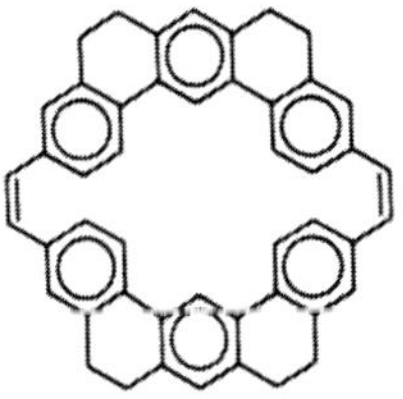

36

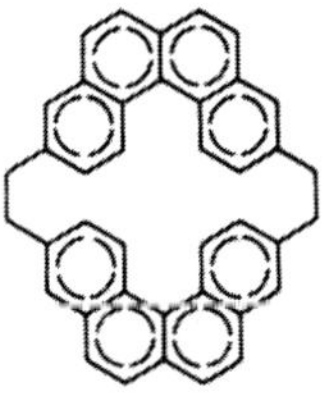

37

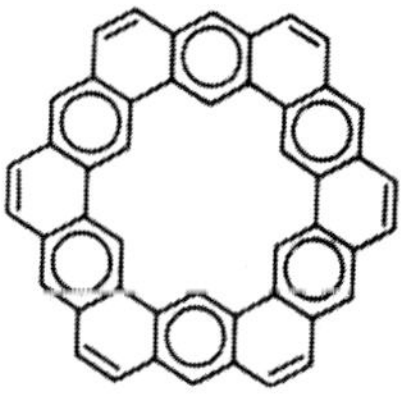

38

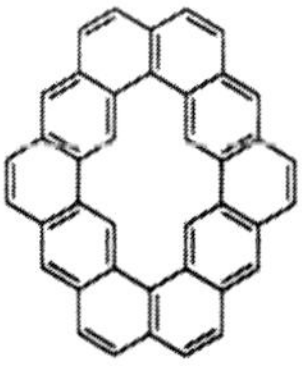

39

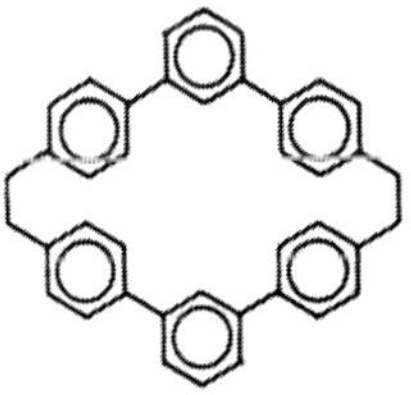

40

Das *[2.2](4,4')Biphenylophan* (**41**) wurde in guten Ausbeuten durch Pyrolyse des entsprechenden Disulfons erhalten [13]:

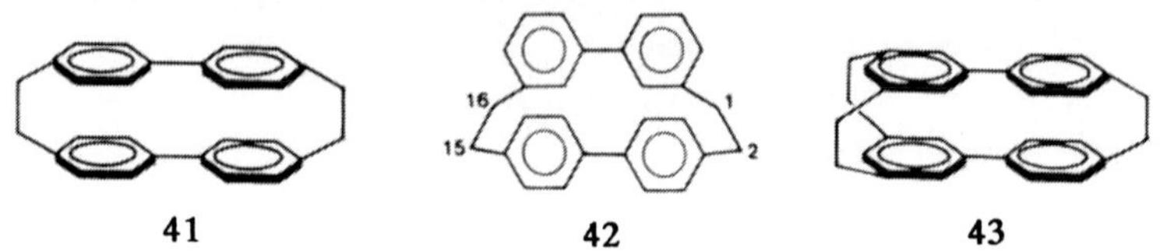

41   42   43

Das *[2.2](3,3')(4,4')Biphenylophan* (42) und sein entsprechendes 1,15-Dien zeigen temperaturabhängige ^{1}H-NMR-Spektren, woraus auf einen entsprechenden Ringinversionsprozeß (ring flipping) geschlossen wurde [14].

Demgegenüber ist das von *Vögtle et al.* präparierte dreifach verklammerte [2.2.2]Biphenylophan 43 konformativ fixiert [15].

Von den vom Quaterphenyl, Quinquephenyl und *p*-Terphenyl abgeleiteten Phanen 44-48 ist das 4,4'''-verbrückte 44 [16] konformativ flexibel, während 45 [17], 46 [18a] und das zweifach verklammerte 47 [18b] konformativ fixiert sind. Letztere enthalten schraubenförmig gewundene Benzenringe und sind daher helical-chiral. Da zu der Zeit, als diese Moleküle erstmals synthetisiert wurden, noch keine effizienten chiralen Trennreagentien für unfunktionalisierte Racem-Verbindungen zur Verfügung standen, sind die Racemate bis heute nicht in die Enantiomere getrennt worden. Mit "*Okamoto*-Harzen" wäre die Racematspaltung heute aussichtsreich.

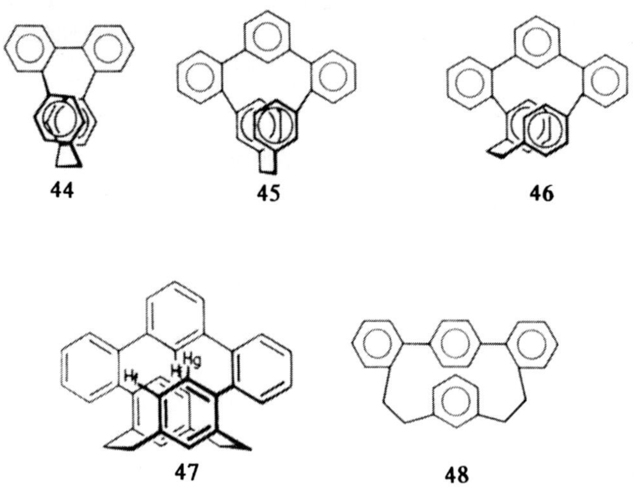

44 45 46

47   48

"Oligophenyleno-Phane" wie **44-48** sollten eigentlich eher als [2.0.0.0]Cyclophane (oder -Benzenophane) bezeichnet werden, was von der Natur des "aromatischen Kerns" her angezeigt wäre; jedoch vereinfacht die Zusammenfassung der Arenkerne der betreffenden Ringensembles den Phannamen erheblich. Man vergleiche hierzu *Abschnitt 2.14* {"[2.0.0]Phane"} sowie *Abschnitt 7* {[m$_n$]Phane}.

Für den im *[2.2]Terphenylo(1,4)benzenophan* **49** ablaufenden Ringinversionsprozeß **A** ⇌ **B** wurde eine Barriere $\Delta G_c^{\ddagger} = 56$ kJ/mol ermittelt [19].

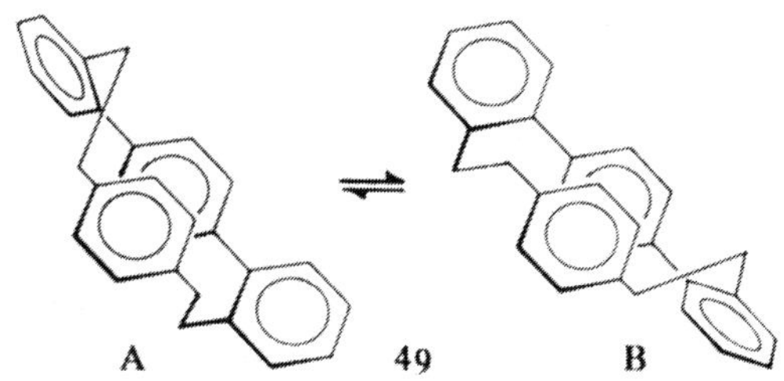

2.11   [2.2]- und [m.n]Donor-Acceptor-Phane

In diesem Abschnitt sollen aus Vergleichsgründen abweichend von den bisherigen Abschnitten außer [2.2]Phanen auch mehr als zweifach verbrückte, solche mit längeren Brücken und mehrschichtige Phane beschrieben werden.

Das von *Wöhler* 1844 entdeckte tiefgrüne, kristalline **Chinhydron** (Abb.1), das aus den beiden Komponenten Hydrochinon und *p*-Benzochinon leicht erhältlich ist, regte *Staab* zur geometrischen Fixierung durch Cyclophan-artige Verklammerung an. Daß die Bindung zwischen Donor (Hydrochinon) und Acceptor (Chinon) nicht allein durch Wasserstoffbrückenbindungen bedingt sein kann, geht schon daraus hervor, daß außer Hydrochinonen auch *p*-Dimethoxybenzen und viele andere π-Donoren, die keine H-Brücken bilden können, mit Chinonen kristalline tieffarbige Komplexe bilden.

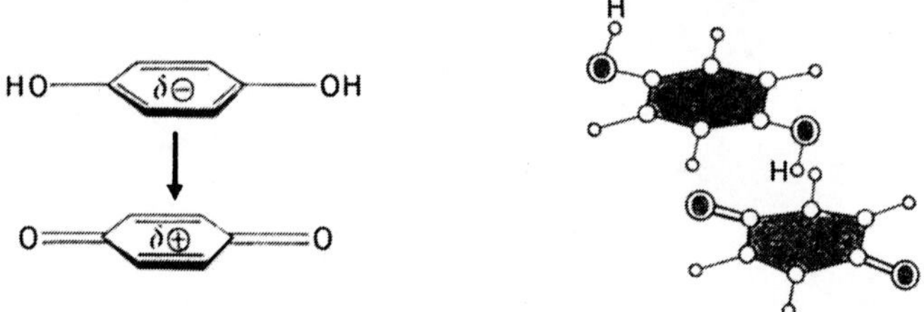

<u>Abb.1.</u>   Chinhydron. Links: Donor-Acceptor-Wechselwirkung; rechts: "face-to-face"-Anordnung von Hydrochinon und *p*-Benzochinon im Kristall [1)

Im Einklang damit steht das Verhalten verklammerter (intramolekularer) CT-Komplexe vom Cyclophan-Typ: *Staab* und *Rebafka* synthetisierten zuerst die parallel und gekreuzt angeordneten *[2.2](2,6)Chinhydronophane* 6 und 7. Sie fanden einen starken Orientierungseffekt der Charge-Transfer-Wechselwirkung [2)]: Der Extinktionskoeffizient für die Charge-Transfer-Bande von 6 ist ungefähr 10mal so groß wie der von 7. Von solchen CT-Paracyclophanen mit [2.2]Para- [3,4)], [2.2]Meta- [5)], [2.2]Metapara- [6)] und [m.n]Phan-Struktur [7)] wurden detaillierte Studien der Nullfeld-Aufspaltung (zero field splitting-Parameter) [8)] unternommen und Molekülorbital-Analysen [9)] durchgeführt.

Das analoge *[2.2](1,3)Chinhydronophan* 8 konnte gleichfalls synthetisiert werden [5,10)]; seine Geometrie erlaubt nur schwache intermolekulare Wasserstoffbrückenbindungen verglichen mit den starken intramolekularen H-Brücken, die für 6 und 7 gefunden wurden.

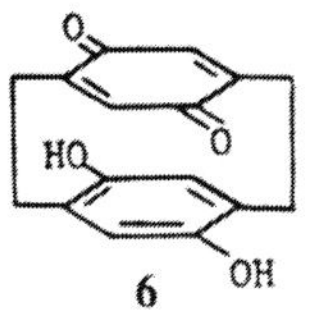

Die tetrasubstituierten [2₄](1,2,4,5)Cyclophane **9-11** wurden durch eine Kombination der Dithiacyclophan-Schwefelextrusions-Route mit einem schrittweisen Aufbau der weiteren Brücken hergestellt [11].

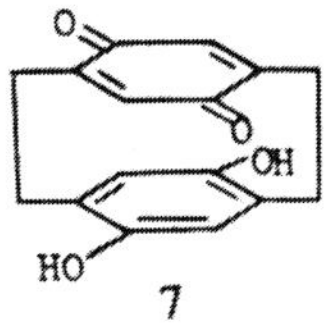

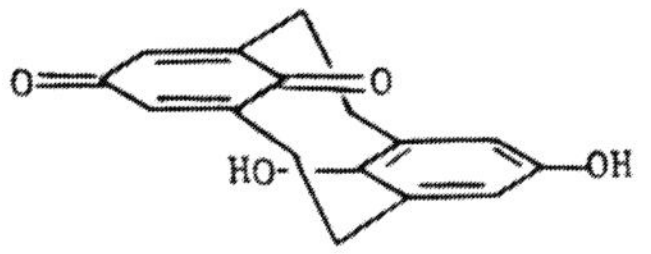

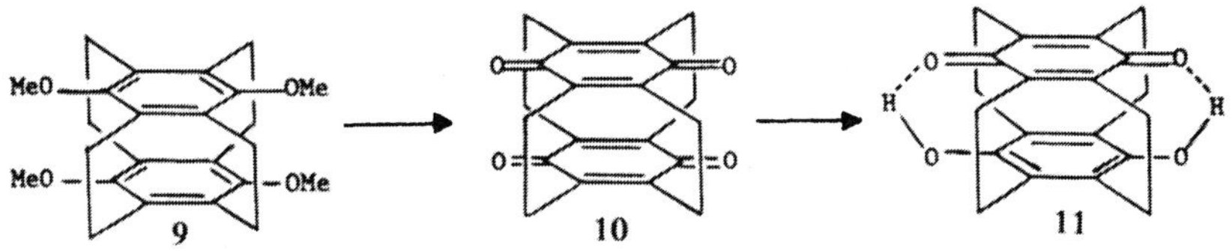

Im kurzwelligen Teil des Absorptionsspektrums von **11** findet man Banden, die gegenüber denen des Bis(chinons) **15** wenig verschoben sind [11]. Langwellig tritt bei **10** eine von 330 bis über 650 nm reichende, intensive CT-Bande auf, die aufgrund ihrer Konzentrationsunabhängigkeit einem intramolekularen CT-Übergang zugeschrieben wird. Die CT-Absorption von **11** ist der des pseudo-*geminalen* [2.2]Paracyclophan-Chinhydrons **6** überraschend ähnlich, obwohl wegen des kürzeren Donor-Acceptor-Abstands für **11** eine längerwellige CT-Absorption erwartet wurde. Dem Einfluß des kürzeren Abstands auf die Donor-Acceptor-Überlappung wirkt bei **11** offenbar die größere Abweichung von der planaren Anordnung der Donor- und Acceptor-Einheiten infolge der großen Ringspannung entgegen, ähnlich wie es aus dem Vergleich von [2.2]- und [3.3]Paracyclophan-Chinhydronen geschlossen worden war. Der Vergleich der CT-Bande von **11** mit der des pseudo-*geminalen* [2.2]Paracyclophan-Chinhydrons **6** zeigt auch, daß bei **11**, in dem die Donor-Acceptor-Orientierung starr fixiert ist, die Bandenbreite gegenüber derjenigen der flexibleren Vergleichsverbindung nicht reduziert ist (<u>Abb.2</u>).

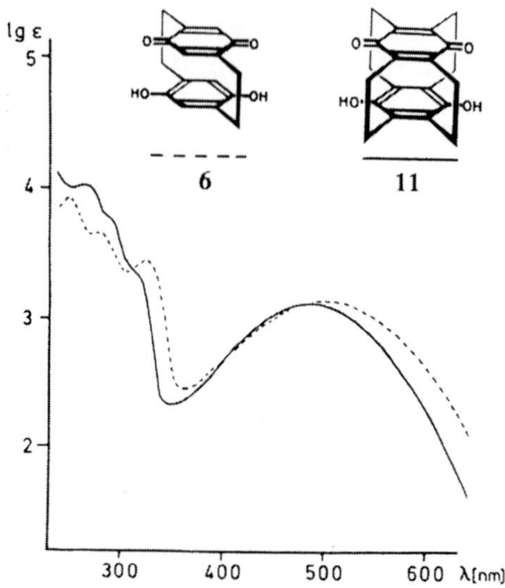

<u>Abb.2.</u> CT-Absorptionen des $[2_4](1,2,4,5)$Cyclophan-Chinhydrons (11) (——) und des pseudo-*geminalen* [2.2]Paracyclophan-Chinhydrons (6) (---); in Methanol [11]

Die CT-Absorption von 12 $[\lambda_{max}=$ 370 ($\epsilon=$ 1350), in Dioxan; 383 (1470), in $CHCl_3$] liegt um etwa 100 nm kürzerwellig als die von 11. Dies wird auf die reduzierte Donorstärke infolge des sterisch bedingten Herausdrehens der Methoxy-Gruppen aus der Konjugation mit dem Donorring zurückgeführt [11].

H_3CO — OCH$_3$

12

Das vierfach verbrückte Chinonobenzenophan 16 wurde ausgehend von $[2_4](1,2,4,5)$Cyclophan 13 durch Singlett-Sauerstoffoxidation erhalten, wobei zunächst das Epidioxid 14 entsteht [12]. Mit Basen bildet sich das stabile Hydroxydienon 15, ein Tautomer des entsprechenden Hydrochinons, das in das Chinon 16 übergeführt werden kann.

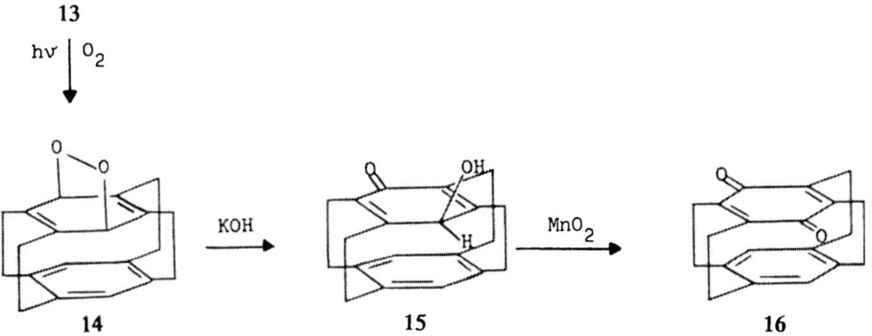

Auch in der Reihe der Naphthalenophane konnten *Staab et al.* Charge-Transfer-Wechselwirkungen studieren [13]. Die *anti-* und *syn-*isomeren *[2.2](1,4)Naphthalenophane* **17** und **18** entstanden im 7:1-Verhältnis mit 26% Gesamtausbeute durch Pyrolyse des quartären Ammoniumhydroxids **I** in Xylen. Die Isomere **17** und **18** wurden chromatographisch getrennt. Demethylierung und Oxidation führte zu den entsprechenden *Naphthochinonophanen* **19** und **20**, ohne daß Isomerisierung eintrat. Bei höherer Temperatur jedoch (230°C, 1 h, Argon) wird **20** in **19** umgewandelt, wobei eine 1:1-Mischung der beiden Verbindungen resultiert.

Auf ähnliche Weise wurde das *[2](1,4)Naphthaleno[2]paracyclophan* (21) in 5-10% Ausbeute durch gekreuzte Reaktion (Pyrolyse von **I** und **II**) erhalten [14]. Die Elektronenspektren dreier Chinone, die von **21** abgeleitet sind, und von **19** und **20** wurden miteinander verglichen *(Staab)* [13].

2.11.1   Mehrschichtige Donor–Acceptor–Phane

Obwohl die vielschichtigen Phane im *Abschnitt 6* ("Mehrschichtige Phane") im Zusammenhang behandelt werden, sei hier wegen der wichtigen Konsequenzen gerade dieses Verbindungstyps eine Auswahl von Molekülen miteinbezogen [15]. Als Donoren fungieren in den folgenden vielschichtigen Donor-Acceptor-Phanen Benzenringe, Methoxy-, Hydroxy-, Tetrathiafulvalen- (TTF-)Gruppen, als Acceptoren fungieren Chinon-, Tetracyanochinodimethan- (TCNQ-), Terephthalsäureester- und *p*-Dicyanbenzen-Einheiten.

2.11.1.1   Mehrschichtige Paracyclophan-Chinone

Im folgenden sind einige der von *Staab et al.* [16] und *Misumi et al.* [17] synthetisierten mehrlagigen (mehrschichtigen) Paracyclophanchinone zusammen mit der zweilagigen Grundverbindung **22** zusammengestellt [15].

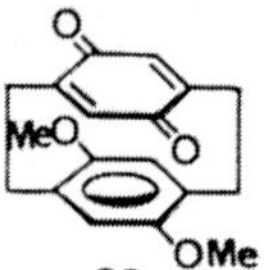

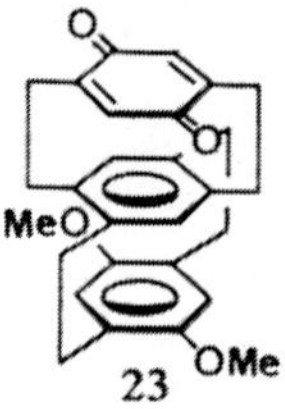

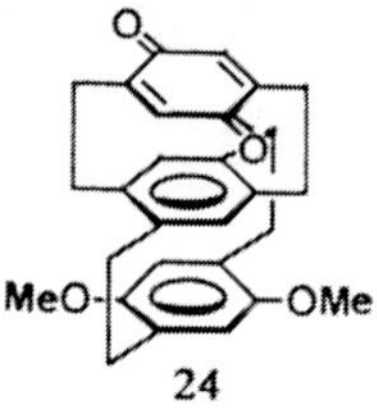

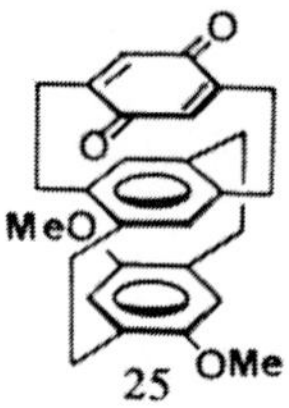

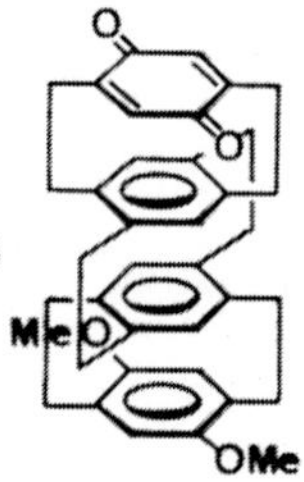

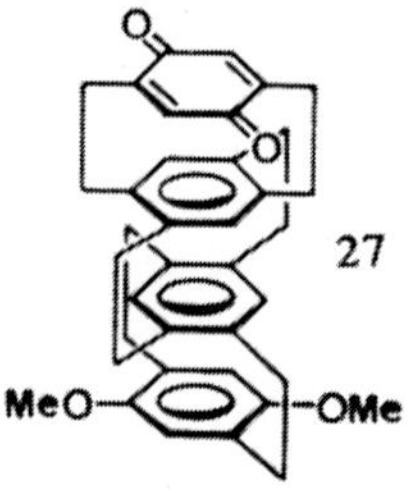

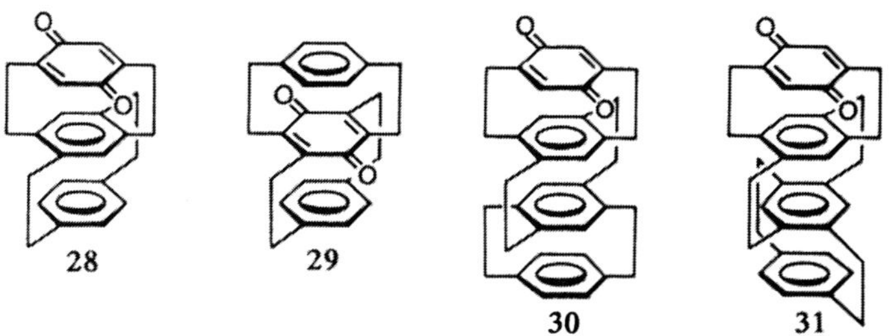

Eine Vorstellung von der Synthesemethodik gibt folgendes Schema [15]:

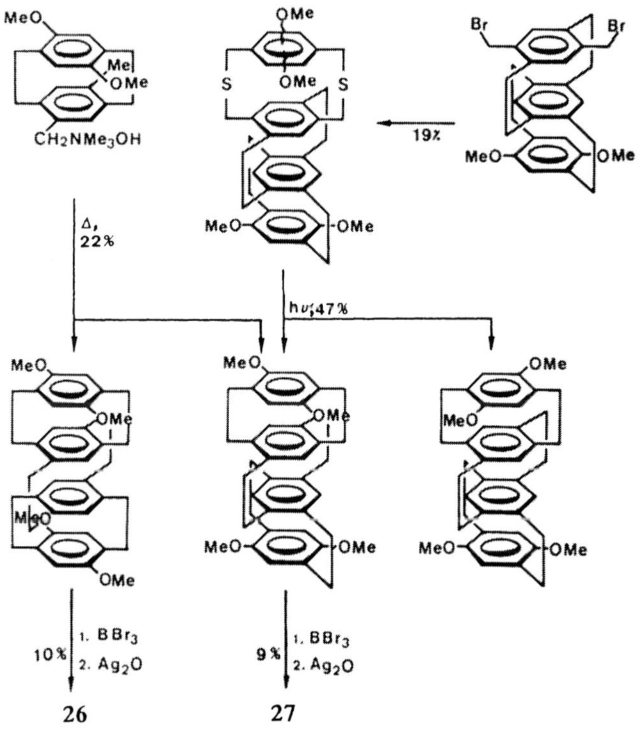

Alle Donor-Acceptor-Cyclophane **22-31** zeigen in ihren Elektronenspektren breite und strukturlose Charge-Transfer-Banden im längerwelligen Bereich (Abb.3) [15].

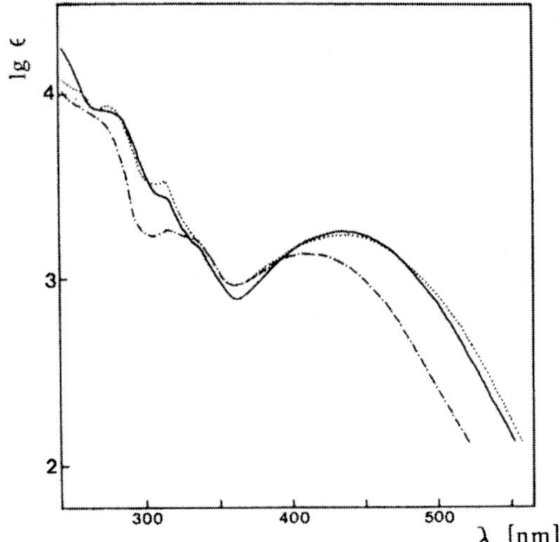

Abb.3. Elektronenspektren dreier isomerer dreilagiger Chinonophane **23** (····), **24** (-·-·-), **25** (——) (in Dichlormethan) [15]

Bemerkenswert ist, daß die CT-Übergänge der mehrlagigen Donor-Acceptor-Phane hier im Gegensatz zu den Verhältnissen bei den zweilagigen Phanen (**22**) kaum von der relativen Orientierung der Donor- und Acceptor-Einheiten abhängen. Die Isomerenpaare **23/25** (und **26/27**) zeigen praktisch deckungsgleiche Absorptionskurven (Abb.3).

In der Reihe der Dimethoxychinone **22**, **23** und **26** verschieben sich die Charge-Transfer-Bandenmaxima nicht parallel mit der Zunahme der Anzahl der Schichten. Bei **22** ist die Dimethoxybenzen-Einheit so nahe am Chinon-Bauteil plaziert, daß die CT-Bande von **22** nach längeren Wellen verschoben ist. Verglichen mit **22** haben die mehrlagigen Verbindungen **23** und **26** zwei Donortypen: die Duren-Einheit (der mittlere bzw. innere Benzenring) und die Dimethoxybenzen-Einheit. Bei **26** kann man die Duren-Einheit aufgrund der Tatsache als Hauptdonor betrachten, daß die Absorptionskurven von **26** und **30** nahezu deckungsgleich sind. Die beiden Methoxygruppen liefern also keinen ersichtlichen Beitrag zum CT-Übergang. Aus diesem Grunde gibt es keine nennenswerte Orientierungsabhängigkeit der Chinon- und Dimethoxy-benzen-Einheiten auf die CT-Übergänge von **23-27** [15].

2.11.1.2 Mehrschichtige Paracyclophane mit Tetracyanochinodimethan-Einheit

Die Elektronenspektren der zwei- und dreilagigen "TCNQ-Phane" **32** [18] und **33-36** [19] zeigen ausgeprägte breite CT-Banden (mit Ausläufern bis zu über 1000 nm). Wie Abb.4 zeigt, ist das Absorptionsmaximum der zweilagigen Grundstruktur **32** nach längeren Wellen verschoben als die Maxima der dreilagigen Verbindungen **34-36**. Die Tatsache, daß die CT-Banden von **34-36** verglichen mit der von **33** eine ausgeprägte Rotverschiebung zeigen, deutet darauf hin, daß die Dimethoxybenzen-Einheit hier (bei Gegenwart starker Acceptoren) als starker π-Donor fungiert und Elektronendichte durch den "elektronischen Hohlraum" des "gesandwichten" mittleren Benzenrings hindurchschiebt.

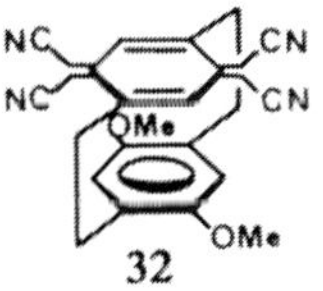

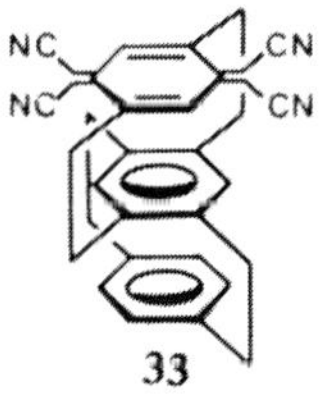

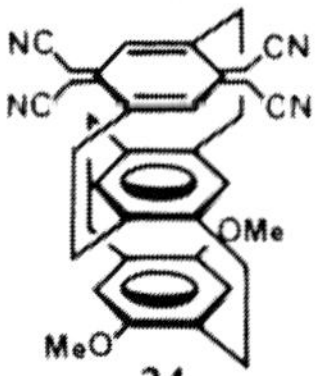

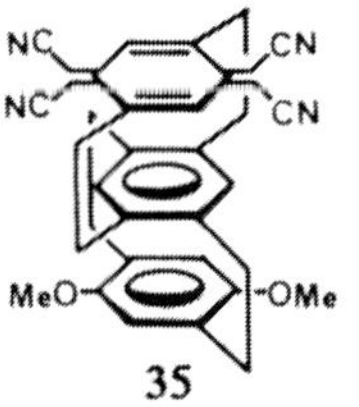

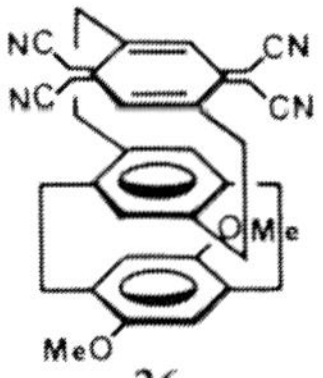

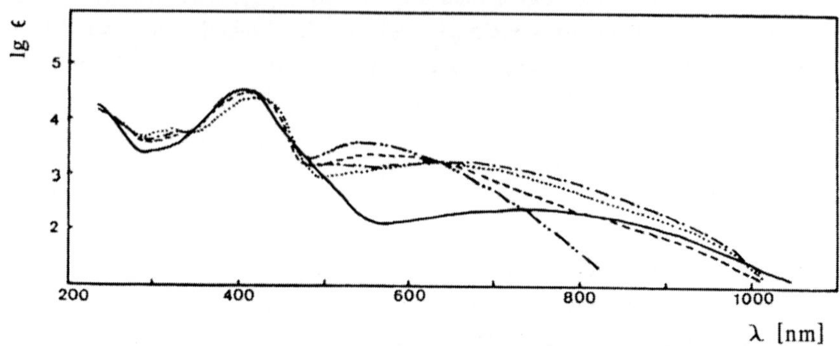

<u>Abb.4.</u> Elektronenspektren der TCNQ-Phane **32** (——), **33** (–··–), **34** (- - -), **35** (–·–) und **36** (···) ; in Dichlormethan [15]

Intramolekulare Exciplex-Bildung: Fluoreszenz- und Nanosekunden-Laser-Photolyse-Studien zeigten, daß der intramolekulare Komplex im angeregten Singlett-Zustand der drei isomeren dreischichtigen Dicyano[2.2]paracyclopha-ne **37-39** [20] die Struktur $(DD)^{\oplus}A^{\ominus}$ aufweist [21] (D = Donor, A = Accep-tor).

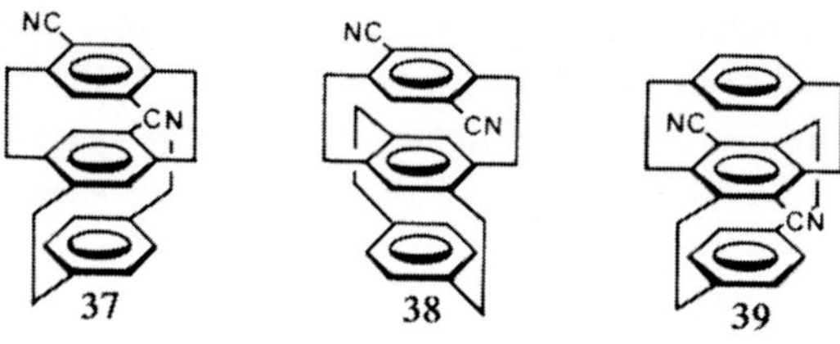

2.11.1.3   Weitere [2.2]- und [3.3]Phane als Donor-Acceptor-Systeme

Auch in der *[2.2]-* und *[3.3]Metaparacyclophan-Reihe* wurden Chinone, Chinhydrone und andere Donoren und Acceptoren tragende Moleküle hergestellt *(Staab et al.)* [7]:

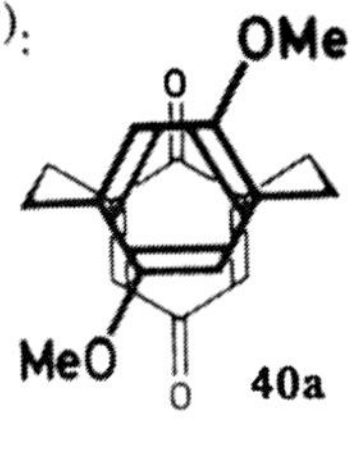

40a 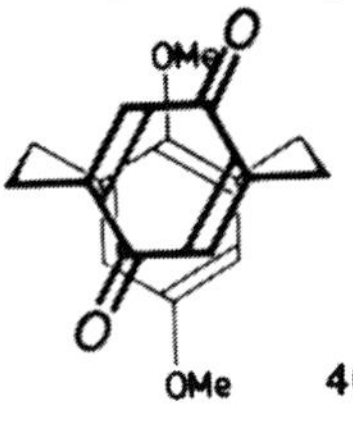   **40b**

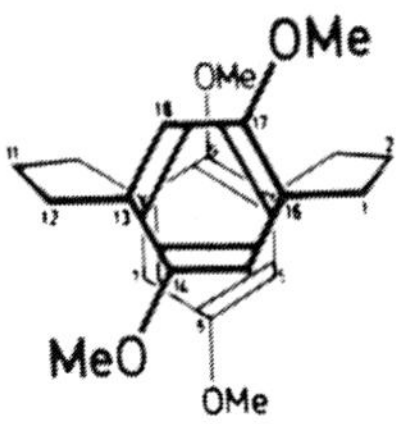

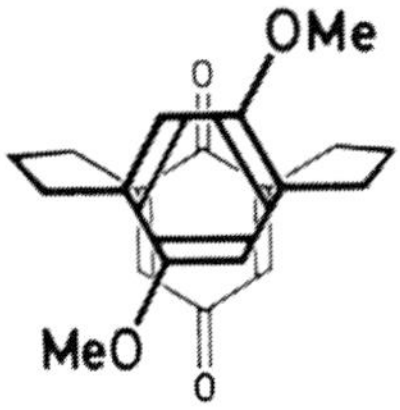

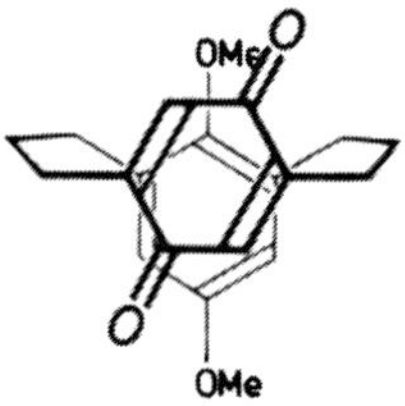

41a   **41b**   **42**

Die Donor-Acceptor-Verbindung **40a** mit *meta/para*-[2.2]Phan-Struktur wurde in die Enantiomere getrennt und der Circulardichroismus gemessen.

Von den [2.2]- und [3.3]Phanen **43-45** mit TTF-Bausteinen und dem intermolekularen Charge-Transfer-Komplex **46** sind Röntgen-Kristallstrukturanalysen bekannt *(Staab)* [22].

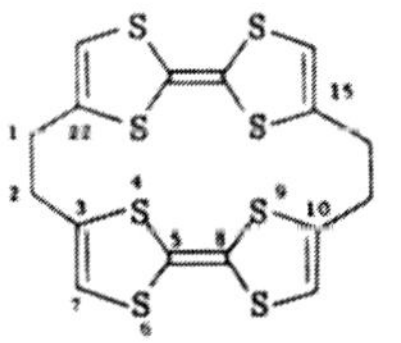

43 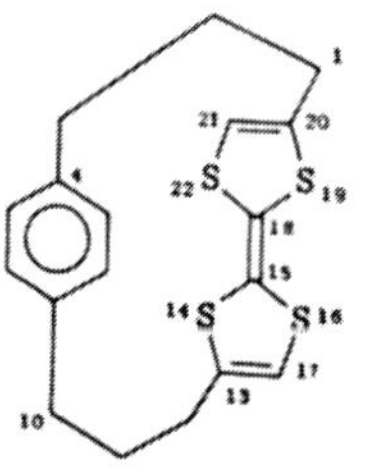   **44** 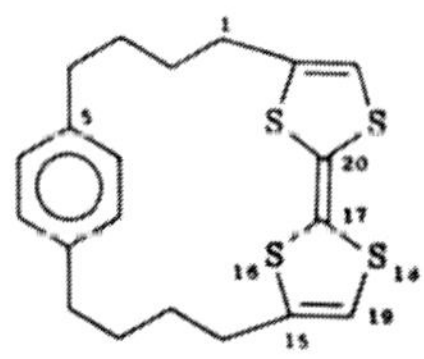   **45**

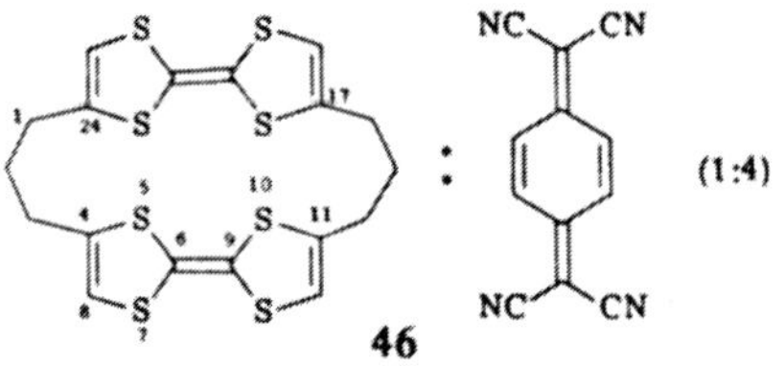

46   (1:4)

2.12   [2.2]Heterophane

2.12.1   Synthese

a) *Dithia[3.3]phan-Weg mit anschließender Ringverengung:* Das *[2.2](2,6)Pyridinophan* (10) wurde zwar zuerst von *Baker et al.* schon im Jahre 1958 durch Wurtz-Kupplung hergestellt [2)] (s.u.), jedoch scheint auch hier die von *Rasmussen* und *Martell* 1971 ausgearbeitete [3)] Dithiapyridinophan-Entschwefelung ausgehend von dem von *Vögtle et al.* dargestellten 2,11-Dithia[3.3]-(2,6)pyridinophan (7) [4)] präparativ ergiebiger zu sein.

Nach Deoxidation der Pyridin-N-oxid-Funktionen mit Eisen/Trifluoressigsäure erfolgt die Sulfonpyrolyse mit 46% Ausbeute [3)].

Das *[2.2]Metacyclo(3,5)pyridinophan* (15) wurde gleichfalls über die Dithiaphan-Route gewonnen [5)]; die Desulfurisierung wurde jedoch photochemisch ausgehend vom Sulfid durchgeführt (23% Ausb. an 15). Das Monosulfid 14 (ein 2-Thia[3.2]phan) konnte aus der Reaktionsmischung isoliert werden; es deutet darauf hin, daß die Schwefelextraktion schrittweise abläuft.

Mit analoger Methodik konnten die anders verbrückten Pyridinophane **16**, **17** und **18** hergestellt werden [1b]:

Das *[2.2]Paracyclopyridinophan* **16**, das durch Hofmann-Elimination präparativ erhalten wurde, ist zusätzlich durch Pyrolyse des entsprechenden Bis-sulfons erhältlich.

Das *[2.2]Paracyclo(2,6)pyridinophan* **17** konnte in guter Ausbeute durch Bestrahlung des entsprechenden Dithiaheterophans in Triethylphosphit gewonnen werden [6].

Während **9** (s.o.) auch ohne vorherige Reduktion des N-Oxids pyrolysiert werden kann und dabei **10** ergibt, gelang dies nicht bei der Pyrolyse zum Heterophan **17** [7].

Eine recht hohe Ausbeute von 65% erhält man bei der Pyrolyse des entsprechenden Bis-sulfons zum **Naphthalenopyridinophan** **18** [8].

b) *Stevens-Umlagerung:* Die Ausgangsmaterialien hierzu, die Dithia[3.3]phane, sind dieselben wie beim Sulfonpyrolyse-Weg. Auf diese Weise wurde das Pyridinophan-dien **22** aus **7** erhalten, wobei Methylierung mit Meerwein-Reagens (Trimethyloxonium-tetrafluoroborat), Behandlung mit Kalium-*tert*-butylat aufeinanderfolgen. **20** entsteht als Gemisch verschiedener trennbarer Isomere. Das Dien **22** fällt in 20% Ausbeute an [9].

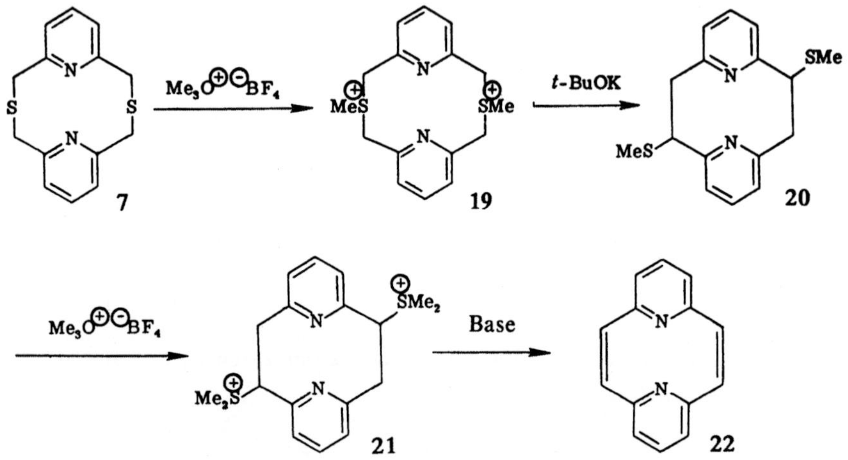

Auch bei der Herstellung von *[2.2]Paracyclo(2,6)pyridinophan-1,9-dienen* wie **25** [7] wurde die Stevens-Umlagerung angewandt. Durch Raney-Nickel-Entschwefelung von **23** wurden auch die [2.2]Phane mit gesättigten Brücken wie **24** erhalten. Dasselbe gelang auch durch Sulfonpyrolyse [10].

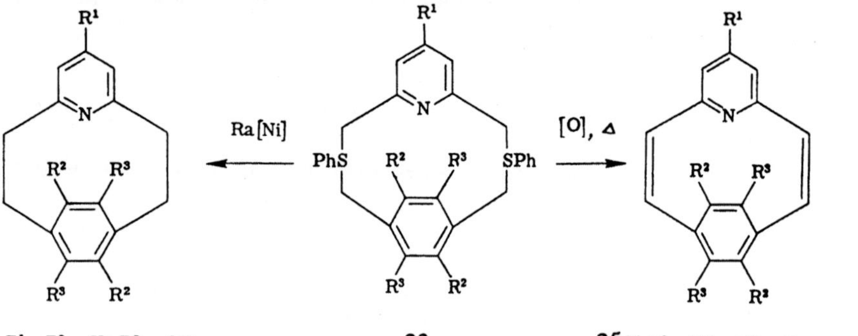

24a: $R^1 = R^3 = H$; $R^2 = CH_3$
24b: $R^1 = H$; $R^2 = R^3 = CH_3$
24c: $R^1 = CH_3$; $R^2 = R^3 = H$

23

25a: $R^1 = R^2 = R^3 = H$
25b: $R^1 = R^3 = H$; $R^2 = CH_3$
25c: $R^1 = H$; $R^2 = R^3 = CH_3$
25d: $R^1 = CH_3$; $R^2 = R^3 = H$

c) *[2.2]Heterophane durch Wurtz-Reaktion:* Die erste Anwendung der Orga-
nometall-Kupplungsreaktion auf die Synthese von [2.2]Heterophanen wurde
von *Baker et al.* bereits 1958 beschrieben [2]. Zunächst wurde von dem
Edukt **26** ausgegangen; es konnte aber später gezeigt werden, daß auch die
Phenyllithium-Kupplung von **27** zu dem gewünschten *[2.2]Pyridinophan* **10**
führt (*Boekelheide*, 1970) [9].

Organonatrium- und Organokalium-Verbindungen führen zu recht effizienten Kupplungen von Alkyl- oder Benzylhalogeniden. Obwohl die Bildung
von Radikalen angenommen wird, werden keine ungewünschten Oligomere
gebildet wie bei der ursprünglichen Wurtz-Reaktion mit elementarem Natrium. Dies wird auf die Bildung von Solvenskäfigen zurückgeführt [1]:

Die Wurtz-Reaktion ist oft in der Cyclophan-Chemie angewandt worden,
hat jedoch keine große Bedeutung bei der Heterophan-Synthese erlangt, weil
die Hofmann-Elimination und insbesondere der Dithia[3.3]phan-Weg präparativ leistungsfähiger sind.

Vor allem von *Jenny et al.* wurde schon in den 60er Jahren eine Serie
von oligomeren [2.2]- und [2ₙ]Heterophanen durch modifizierte Wurtz-Kupplung hergestellt: So wurde das *[2.2](3,5)Pyridinophan* (**29**) ausgehend von
3,5-Bis(chlormethyl)pyridin (**12**) mit Natrium in THF bei tiefer Temperatur
in 2% Ausbeute erhalten [11].

29

1970 wurden von *Boekelheide et al.* *(2,6)Pyridinophane* wie 31 ausgehend von der Bis(brommethyl)pyridin-Verbindung 30 hergestellt [12]:

$$\text{30} \xrightarrow[\text{Ph}_2\text{C}=\text{CPh}_2]{\text{Na}} \text{31}$$

Auch die tri- und tetrameren Makrocyclen *[2.2.2](3,5)Pyridinophan* (32) und *[2.2.2.2](3,5)Pyridinophan* (33) wurden charakterisiert (siehe *Abschn. 7:* [m$_n$]Phane) [13].

32   33

Jenny und *Holzrichter* stellten [2.2.2.2](2,6)Pyridinophan (35a) und [2.2.2.2.2.2](2,6)Pyridinophan (35c) auf ähnlichem Wege dar, und zwar ausgehend von 34. Auch das Trimer und Pentamer dieser Serie wurden von *Jenny* 1969 beschrieben [14] (vgl. *Abschn. 7*).

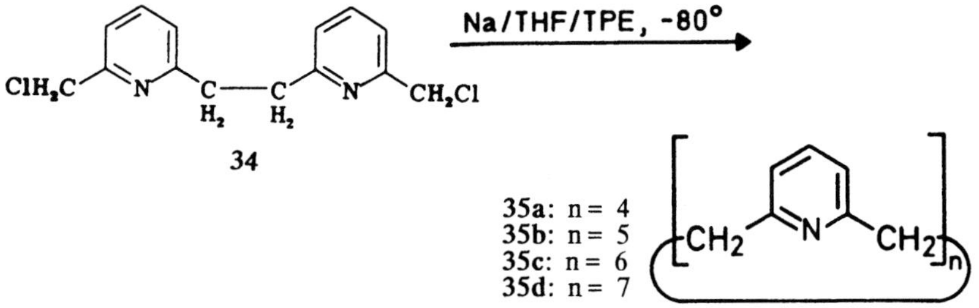
Na/THF/TPE, -80°
ClH2C
CH2Cl
34
35a: n = 4
35b: n = 5
35c: n = 6
35d: n = 7
CH2
CH2
n

Die Bakersche Ringschlußmethode wurde von *Jenny* auch erfolgreich bei der Synthese des ***[2]Metacyclo[2]pyridinophans* 28** angewandt [15].

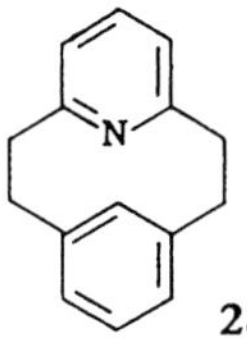

28

Wie *Kauffmann* 1970 zeigte, gelingt die C-C-Kupplung ausgehend von Methylpyridinen durch direkte Lithiierung entsprechender α-Methyl-substituierter Pyridine [16]:

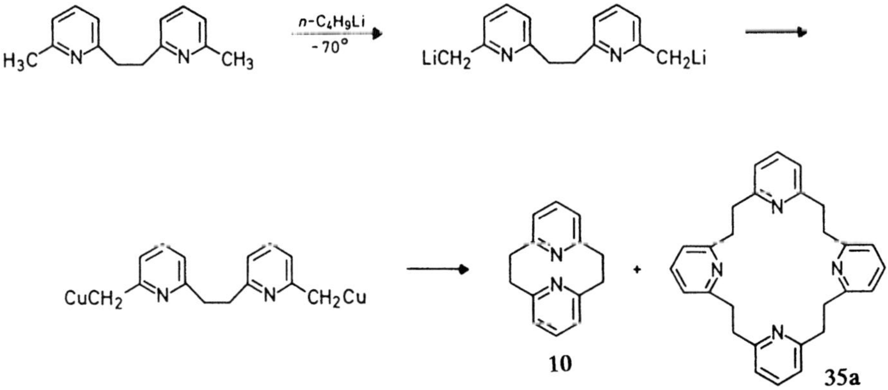
n-C4H9Li
-70°
H3C
CH3
LiCH2
CH2Li
CuCH2
CH2Cu
10
35a

Allerdings entsteht bei dieser Reaktion das gewünschte "dimere" Heterophan **10** mit nur 1% Ausbeute; das Tetramere **35a** ist mit allerdings auch nur 4% Ausbeute das Hauptprodukt.

d) ***Hofmann-Elimination:*** Die Hofmann-Elimination wurde von *Jenny et al.* bei der Synthese von ***[2.2](2,5)Pyridinophanen*** eingesetzt [1]:

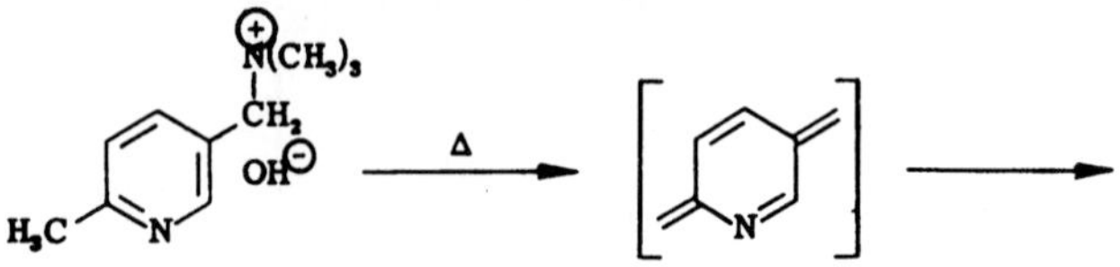

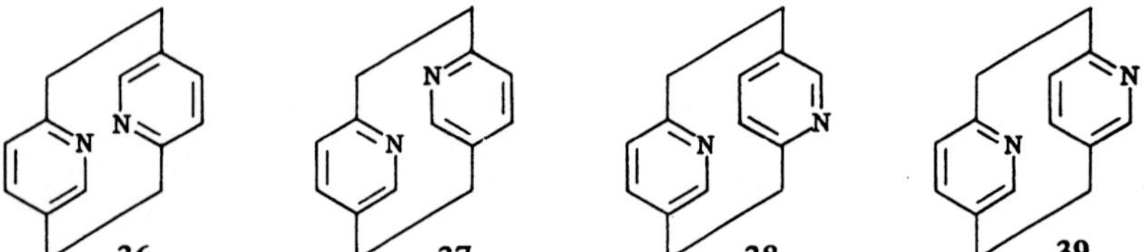

36 **37** **38** **39**

Sie konnten die vier möglichen Isomere **36-39** chromatographisch trennen.

Die ***[2.2]Pyridinophane*** **40-44** mit verschiedener Orientierung der Pyridin-Stickstoffatome im Phansystem wurden erst 1988 beschrieben [18].

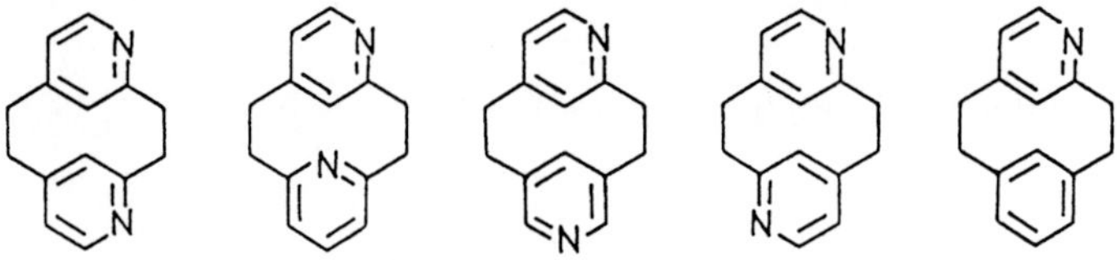

40 **41** **42** **43** **44**

Bei der Synthese von [2.2](2,5)Heterophanen war die 1,6-Hofmann-Elimination besonders erfolgreich. Das erste bekannt gewordene war das ***[2.2]-(2,5)Furanophan*** (**47**; *Winberg*, 1960), das durch Pyrolyse des quartären Ammoniumhydroxids **45** über die angenommene Zwischenstufe **46** (2,5-Dimethylen-2,5-dihydrofuran) entsteht [19]. Diese Zwischenstufe ist bei -78°C stabil. Wenn **46** in Ethanol bei Gegenwart von Radikalinhibitoren unter Rückfluß erhitzt wird, reagiert es mit 73% Ausbeute zu **47**:

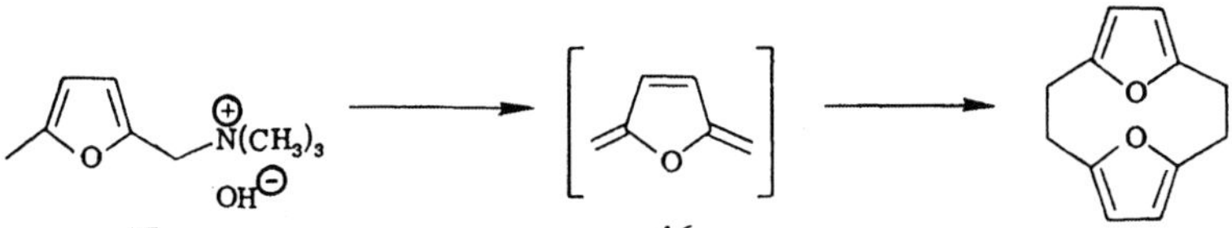

Die substituierten Derivate **48** und **49** werden analog aus den entsprechend substituierten Ausgangsmaterialien präpariert. *Winberg* erhielt ähnlich auch das *[2.2](2,5)Thiophenophan* (**50**) in 19% Ausbeute unter azeotroper Entfernung des bei der Reduktion entstehenden Wassers. Das gemischte *[2.2](2,5)Furanothiophenophan* (**51**) wurde von *Fletcher* und *Sutherland* 1969 erstmals durch Kreuzungsreaktion ("cross breeding") ausgehend von äquimolaren Mengen der entsprechenden quartären Ammoniumhydroxide des Thiophens und Furans in siedendem Xylen dargestellt [20].

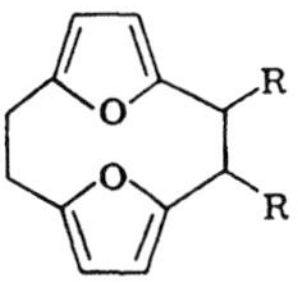

48a: R = CH₃
48b: R = Ph

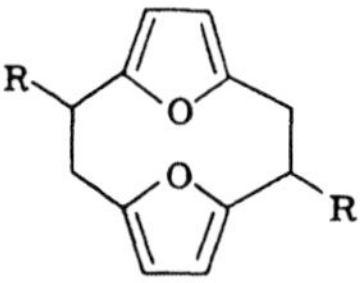

49a: R = CH₃
49b: R = Ph

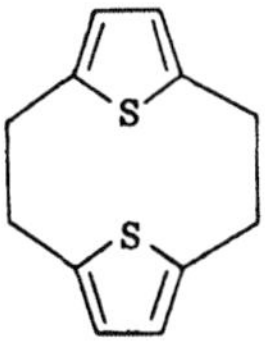

50

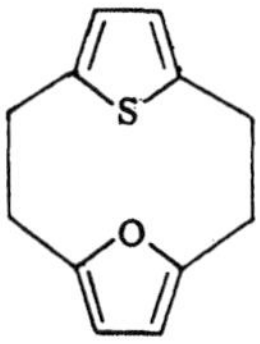

51

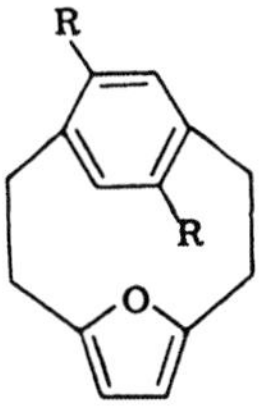

52: R = H
53: R = D

Die Kreuzungsreaktion war schon früher von *Cram* (1961) bei der Synthese des *[2.2](2,5)Furanoparacyclophans* (**52**) angewandt worden [21]. Zur Untersuchung von Ringinversionsvorgängen synthetisierten *Whitesides et al.* 1968 die Deuterium-substituierte Verbindung **53** [22].

Später wurden weitere gemischte [2.2]Phane der Typen **54-56** beschrieben, z.B. *[2.2]Paracyclo(2,5)thiophenophan* (**54**), das in lediglich 1.6% Ausbeute durch Hofmann-Kreuzungselimination entsteht [1]. Auch mehrschichtige Moleküle dieses Typs sind bekannt (siehe *Abschn. 6*, "Mehrschichtige Phane").

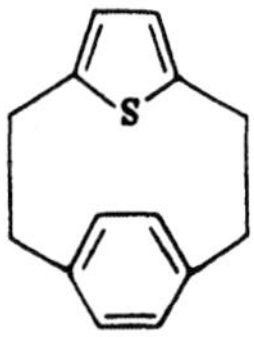

54

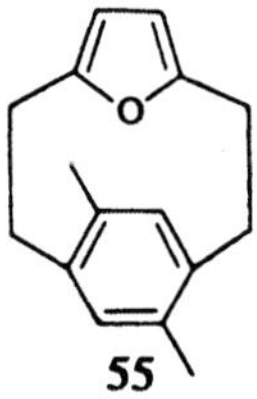

55

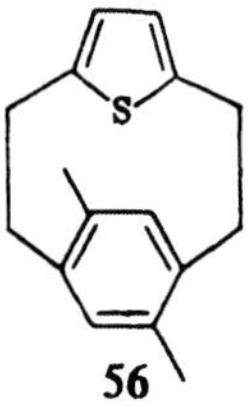

56

Das *[2.2](2,5)Furano(1,4)naphthalenophan* (59) erhielten *Wasserman* und *Keehn* im Jahre 1969 in 11% Ausbeute [23]. Daneben bildet sich das [2.2]-Furanophan 47 als Nebenprodukt; auch bei den anderen Kreuzungsreaktionen fallen üblicherweise alle möglichen Dimere an.

Beim "Kreuzen" von 57 und 58 in siedendem Xylen entstehen *anti-[2.2]-(1,4)Naphthaleno-2,5-thiophenophan* (60a) und dessen *syn*-Isomer 60b in 4.1 bzw. 0.3% Ausbeute neben 61 [24]. Analog wurden die gemischten Anthracenophane 62, 63 und 65 mit 0.8, 2.8 und 5.5% Ausbeute erhalten; das *[2.2]-(9,10)Anthraceno(2,5)furanophan* (64) läßt sich in der wesentlich höheren Ausbeute von 40% fassen [25].

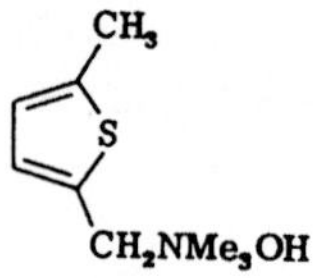

57 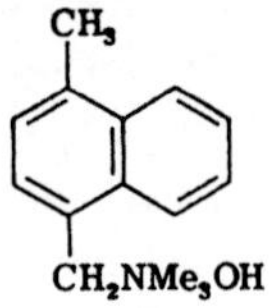   58 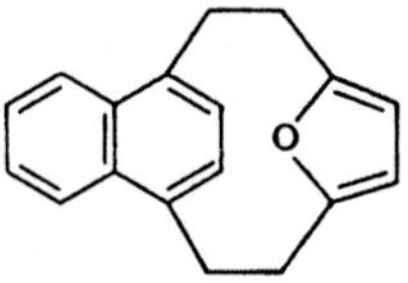   59

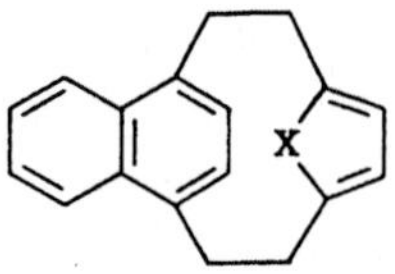

60a: X = S (anti)
60b: X = S (syn)

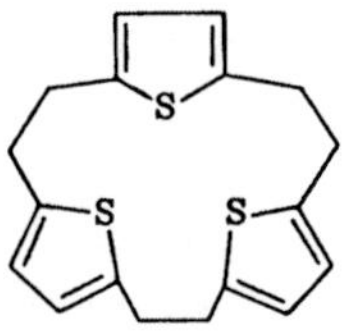

61

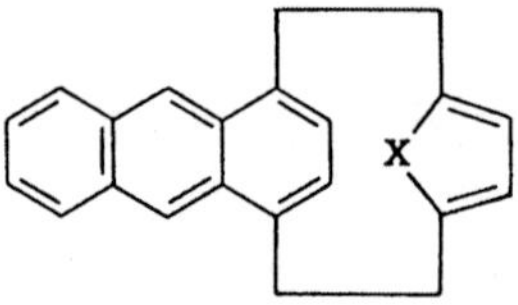

62: X = O
63: X = S

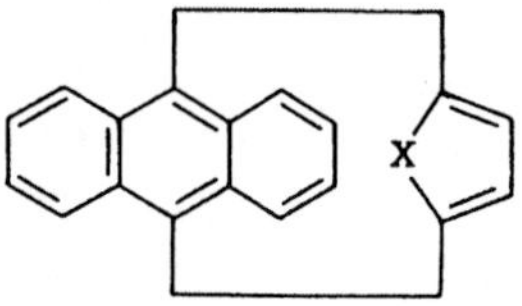

64: X = O
65: X = S

Die folgende Kreuzungsreaktion führt zu den dreistöckigen Furanocyclophanen 66a bzw. 66b [26]:

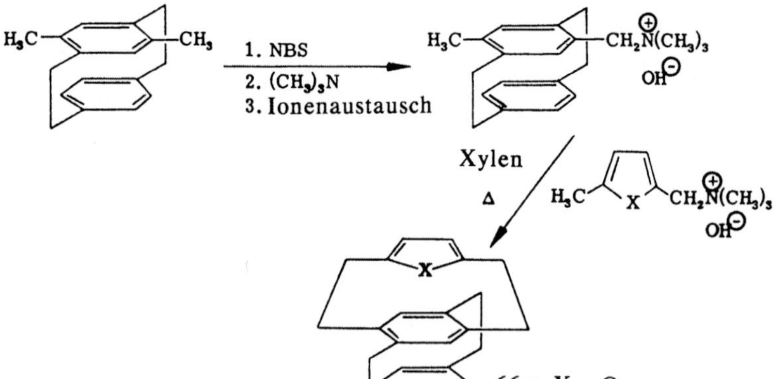

66a: X = O
66b: X = S

Das *1-Chlor[2.2]furanophan-monoen* **67** wurde von *Cram* bei Arbeiten über makrocyclische Polyether in 29% Ausbeute erhalten [27].

Durch Ringöffnung des Furanocyclophans **52** konnte *Cram* das Paracyclophan-dion **68** herstellen. *Keehn et al.* verallgemeinerten diese Methode und führten einen oder beide der Furanringe in entsprechende Pyrrolringe über [1b].

Das Furanophan **47** kann demnach als synthetischer Vorläufer anderer Heterophane dienen. Es wurde beispielsweise in das Tetraketon **71** übergeführt, das Paal-Knorr-Cyclisierungen, u.a. zu **72**, unterworfen werden kann [1b].

Das *N,N'-Dimethyl[2.2](2,5)pyrrolophan* (**73**) wird in 42% Ausbeute durch Kondensation von **71** mit überschüssigem N-Methylamin erhalten [28].

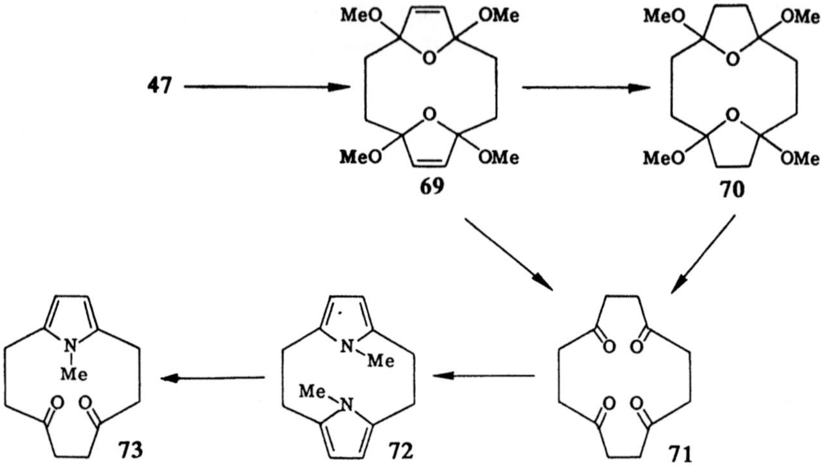

47 ⟶ **69** ⟶ **70**

73   **72**   **71**

Auf analoge Weise konnte das deuterierte Derivat **74** hergestellt werden, das für Konformationsuntersuchungen nützlich war [1b].

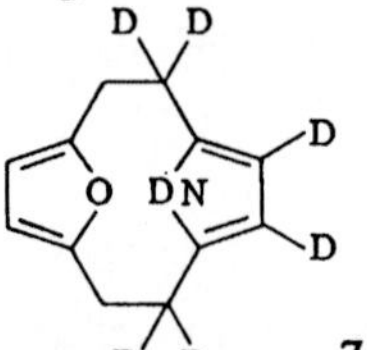

74

Die Substituenten am (intraannularen) Stickstoff der Pyrrolophane ließen sich vielfältig variieren [1b]: Die Formeln **75a-f** zeigen einige der synthetisierten Derivate. Auch ein dreifach verbrücktes Pyrrolophan **76** war zugänglich [29].

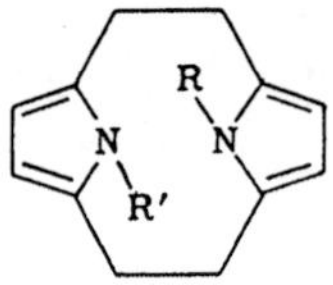

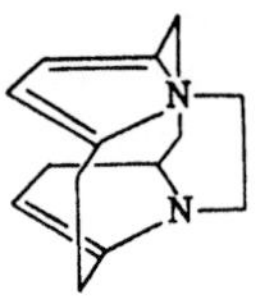

75a: R = *p*-PhCH₃; R′ = H   **75d**: R = C₂H₅; R′ = H   **76**
75b: R = Ph; R′ = H   **75e**: R = *p*-BrPh; R′ = H
75c: R = C₂H₅; R′ = CH₃   **75f**: R = *p*-BrPh; R′ = CH₃

Das unsubstituierte *[2.2](2,5)Pyrrolophan* (**79**) konnte nicht aus dem Tetraketon **71** mit Ammoniak bereitet werden, sondern entsteht als Dianion **78** aus dem N-Benzylpyrrolophan **75** mit Natrium in flüssigem Ammoniak (*Keehn et al.*, 1975) [1b].

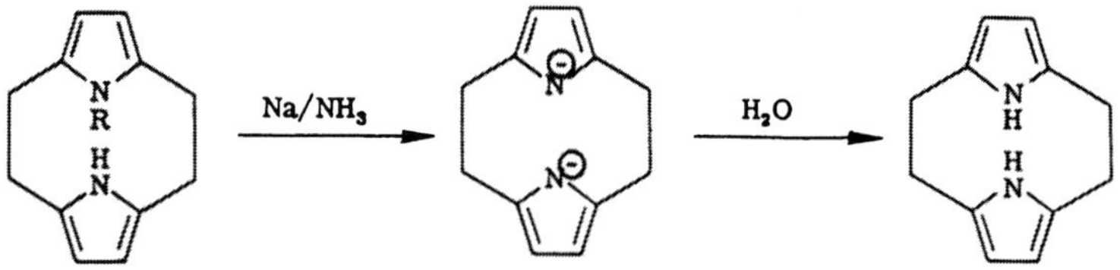

75: R = CH₂Ph **78** **79**

Kondensation des Tetraketons **71** mit *o*-Phenylendiamin liefert ein weiteres dreifach verklammertes Pyrrolophan **80** (vgl. **76**) [1b].

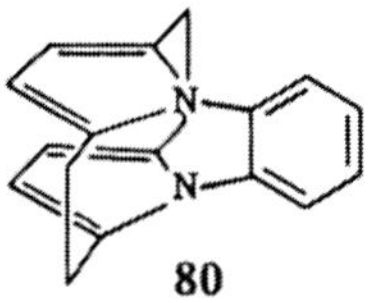

80

An dieser Stelle seien auch die neuen "Porphycen"-Redoxsysteme erwähnt, die als *[2.2]Bipyrrolophan-diene* **82** aufgefaßt werden können (*E. Vogel*). Sie sind durch McMurry-Kupplung aus dem Diketon **81** zugänglich [30].

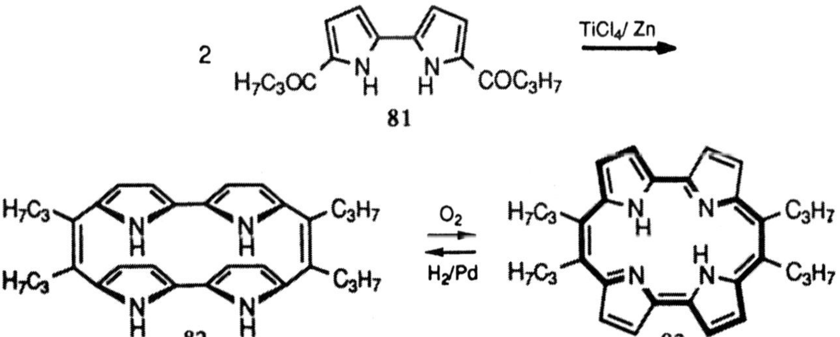

81

82 **83**

2.12.2   Stereochemie der [2.2]Heterophane

Ersetzt man die Benzenringe im [2.2]Metacyclophan sukzessiv durch Pyridinringe, so erhält man die Produkte *[2]Metacyclo[2](2,6)pyridinophan* (28) und *[2.2](2,6)Pyridinophan* (10; s.o.). Eines bzw. zwei der intraannularen H-Atome sind dann durch die "einsamen" Elektronenpaare des Pyridin-Stickstoffs ersetzt. Das ^{1}H-NMR-Spektrum von 28 [31] zeigt ein AX_2-System für die Protonen des Pyridinrings und ein AB_2-System für die extraannularen Protonen des Benzenrings. Das intraannulare Wasserstoffatom H_i in Position 8 erscheint in der Protonenresonanz bei recht hoher Feldstärke ($\delta = 4.40$). Die Methylenprotonen der Brücke absorbieren als ABCD-System, das bis 200°C temperaturunabhängig ist. Daraus wurde geschlossen, daß 28 wie [2.2]Metacyclophan bis zu hohen Temperaturen als starres *anti*-gestaffeltes Ringsystem vorliegt. Die Freie Enthalpie der Aktivierung für die Ringinversion wurde aus den experimentellen Daten zu >113 kJ/mol extrapoliert.

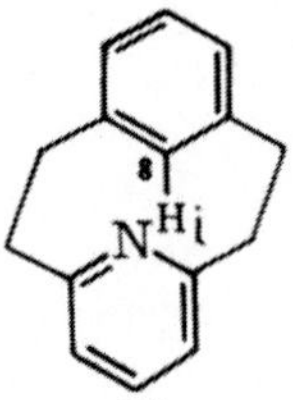

28 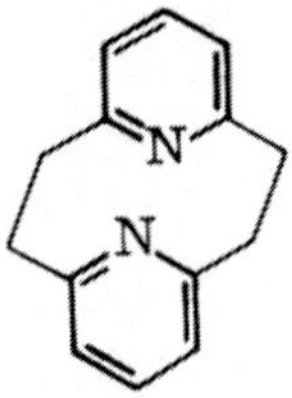   10

Dagegen wird für 10 in Lösung - diesmal auf der Basis der Temperaturabhängigkeit des ^{1}H-NMR-Spektrums - ein Ringinversionsprozeß $A \rightleftharpoons B$ angenommen (<u>Abb.1</u>) [32].

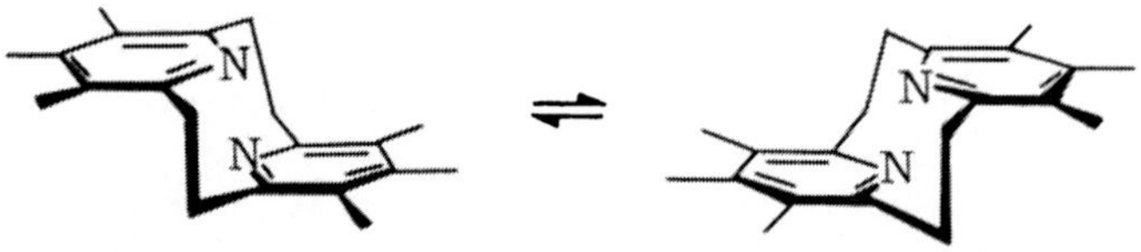

A   B

<u>Abb.1.</u>   Ringinversionsprozeß für 10 (schematisch) [33]

Die Freie Enthalpie der Aktivierung ($\Delta G_c^{\ddagger}$) für diesen Prozeß wurde experimentell zu 62 kJ/mol ermittelt, die Arrhenius-Energie (E_A) ergab sich zu 64 kJ/mol.

Unter der Annahme analoger Ringinversionsmechanismen für [2.2]Metacyclophan (2), 28 und 10 wäre die sterische Hinderung im Übergangszustand

zwischen den intraannularen Gruppen (intraannulares H oder Pyridin-Stickstoff) offensichtich am geringsten in **10**, bei dem zwei "einsame" Elektronenpaare an den Pyridin-Stickstoffatomen miteinander wechselwirken. Daraus
wurde geschlossen, daß der *Raumbedarf eines einzelnen Elektronenpaares*
am Stickstoffatom des Pyridins kleiner ist als der eines intraannularen Was-
serstoffatoms am Benzenring.

Detaillierte ^{1}H-NMR-Studien an einer Serie von [2.2]Phanen, darunter
auch an Dithia[2.2]phanen, bestätigen diese Ergebnisse und zeigen, daß die
Ringinversionsprozesse in [2.2](1,3)- und -(2,6)Phanen durch sterische Effekte intraannularer Gruppen (non-bonded interactions) gesteuert werden
können bzw. daß die jeweilige Barriere von der Größe der intraannularen
Gruppe abhängt (siehe *Abschn. 2.13*) [33,34].

Die Energiebarrieren für die Ringinversion der Pyridinophan-Isomere **40-
44** (s.o., vgl. Abb.1) wurden durch Bestimmung der Racemisierungskinetik
untersucht [Racematspaltungen bzw. Anreicherungen durch HPLC an Cellu-
losetris-3,5-dimethylphenylcarbamat und Poly(triphenylmethylmethacrylat)].
Die Circulardichroismen der strukturisomeren Pyridinophane und deren protonierter Spezies wurden gemessen und die Auswirkung der Chromophor-
Orientierung auf den Circulardichroismus verglichen. Ein typisches Beispiel
ist in Abb.2 gegeben [18].

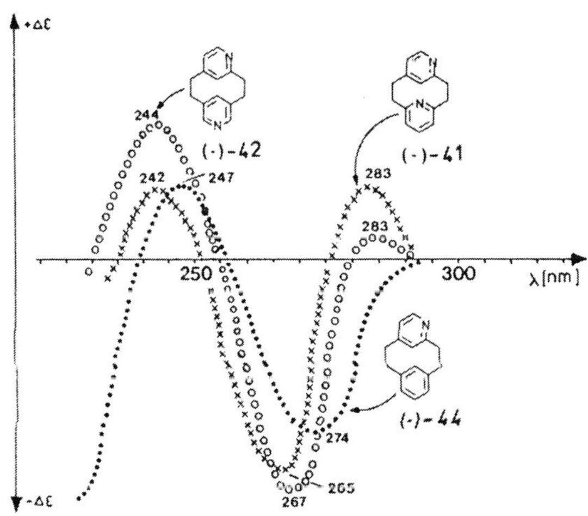

Abb.2.   CD-Spektren von (-)-41 (xxx), (-)-42 (ooo) und (-)-44 (•••), in Methanol

Dabei wird ein Einfluß der Chromophor-Orientierung bei **42** und **41** nicht beobachtet; die Kurven haben einen ähnlichen Verlauf. Ersatz des Pyridinrings durch einen Benzenring (**44**) führt zu einer bathochromen Verschiebung um 5 nm und zum Verschwinden des ersten positiven Cotton-Effekts, der bei **41** und **42** um $\lambda = 283$ nm liegt (Abb.2). Die Racemisierungsbarrieren und Struktur-Chiroptik-Beziehungen dieser [2.2]Pyridinophane wurden auch mit entsprechenden 1-Oxa[2.2]pyridinophanen verglichen [18] (siehe *Abschn. 2.13:* Heterocyclische [2.2]Phane).

[2.2]Heterophane mit fünfgliedrigen "aromatischen" Ringen:
Die *[2.2](2,5)Heterophane* **47, 50, 51, 73** können sicherlich nicht direkt mit den [2.2](1,3)Benzeno- und Pyridinophanen verglichen werden, da sie eine völlig verschiedene Geometrie der fünfgliedrigen "aromatischen" Ringe aufweisen. *Winberg et al.* schlugen auf der Basis von Raman- und IR-Spektren frühzeitig die *anti*-Konformation **B** mit C_{2h}-Symmetrie für das *[2.2]-(2,5)Furanophan* (**47**) und das *[2.2](2,5)Thiophenophan* (**50**) vor und schlossen die *syn*-Form **C** und die coplanare Konformation **A** aus energetischen Gründen aus [19].

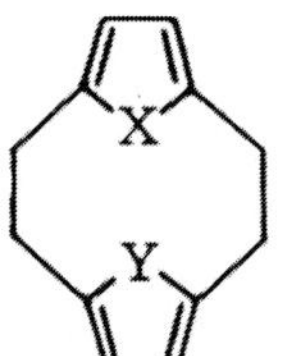

47: X = Y = O

50: X = Y = S

51: X = O; Y = S

73: X = Y = NCH$_3$

Aus den ^{1}H-NMR-Spektren ließ sich die *anti*-Anordnung **B** der Pyrrol-kerne für **73** ableiten [28].

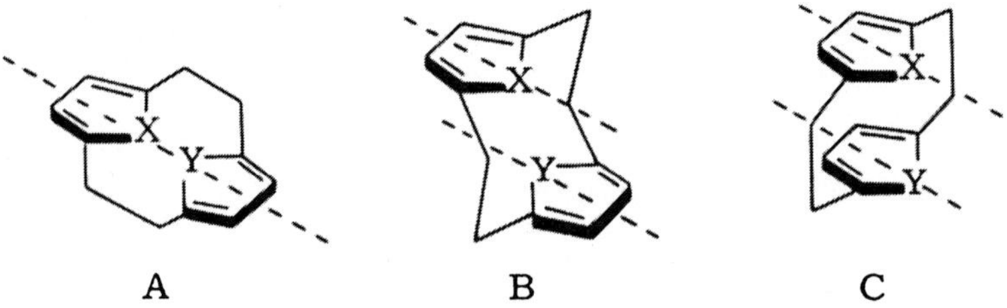

Von dem Charge-Transfer-Komplex des [2.2](2,5)Thiophenophans **50** mit Benzotrifuroxan wurde zuerst eine Röntgen-Kristallstrukturanalyse bekannt

(Abb.3) [35]. Daraus ergibt sich, daß wie beim [2.2]Metacyclophan die Länge der C-C-Bindungen des Phans praktisch dieselben sind wie in unverbrückten Thiophenen. Jedoch sind die Thiophenringe in **50** deutlich deformiert: Sie liegen in einer Art Bootform vor. Die Brückenkopfatome C(2) und C(5) jedes Thiophenrings ragen 8-10 pm über die Ebene der anderen Ringatome hinaus. Diese Ebenen der "Aromaten"-Ringe (nach der least squares-Methode) liegen fast parallel zueinander. Der Abstand zwischen zwei Brückenkopf-C-Atomen (2,2'- oder 5,5'; Thiophen-Numerierung) derselben CH_2CH_2-Brücke (280 und 282 pm) ist exakt derselbe wie im [2.2]Paracyclophan. Der S···S-Abstand (319 pm) ist ungefähr 100 pm größer als für ein unverbogenes Modellmolekül berechnet; er ist aber ungefähr 50 pm kürzer als der van der Waals-Abstand. Die Entfernungen zwischen dem Schwefelatom eines Thiophenrings und einem Brückenkopfatom (z.B. C-2) des zweiten Thiophenrings (293-302 pm) sind gleichfalls beträchtlich kürzer als die Summe der van der Waals-Radien.

Trotz dieser exakten Kenntnis des Baus von [2.2]Heterophanen ist es nicht ohne weiteres möglich, Rückschlüsse darauf zu ziehen, wie groß der Raumbedarf des Schwefels bzw. Sauerstoffs ist, da die Bindungslängen und -winkel zwischen den Benzeno- oder Pyridinophanen und den aus den Fünfring-Heterocyclen aufgebauten Phanen stark unterschiedlich sind.

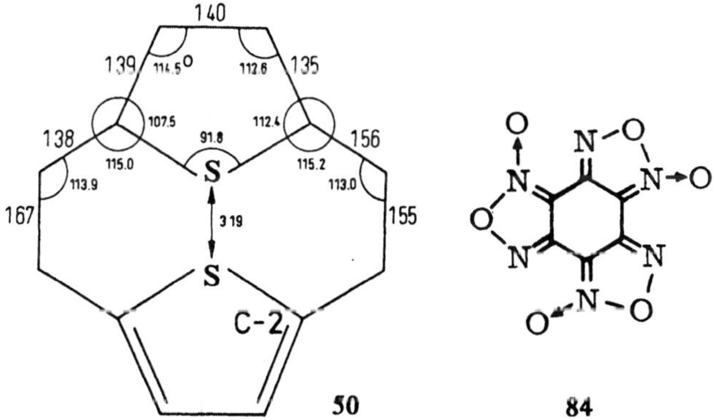

Abb.3.   Molekülgeometrie des [2.2[(2,5)Thiophenophans (**50**) im 1:1-Addukt mit Benzotrifuroxan (**84**) [35] (Bindungslängen in [pm])

Das Thiophenophan **50** erwies sich ^{1}H-NMR-spektroskopisch als bei allen Temperaturen starr, während das Furanophan **47** konformativ flexibel ist.

Dies dürfte nicht allein auf den Unterschied in der Raumbeanspruchung der Schwefel- und Sauerstoffatome im fünfgliedrigen Heterocyclus zurückgehen, sondern auch auf die unterschiedlichen Bindungswinkel und -längen im [2.2]Thiopheno- und [2.2]Furanophan.

Während die ^{1}H-NMR-Spektren der Verbindungen **54**, **66** und **86** (X = S) aufgrund ihrer konformativen Starrheit temperaturunabhängig sind, beobachtet man für die entsprechenden Furanophane **52**, **66** und **86** (X = O) Koaleszenztemperaturen von -39, -58 und -62°C [26].

Diese leichtere Ringinversion der Furanophane verglichen mit den Thiophenophanen zeigt sich auch beim Vergleich der entsprechenden [3.3](2,5)-Thiophenophane **87** (Koaleszenztemperatur 105°C) mit den [3.3](2,5)Furanothiophenophanen **88**: Letztere sind bis hinab zu Temperaturen von -90°C konformativ flexibel [36].

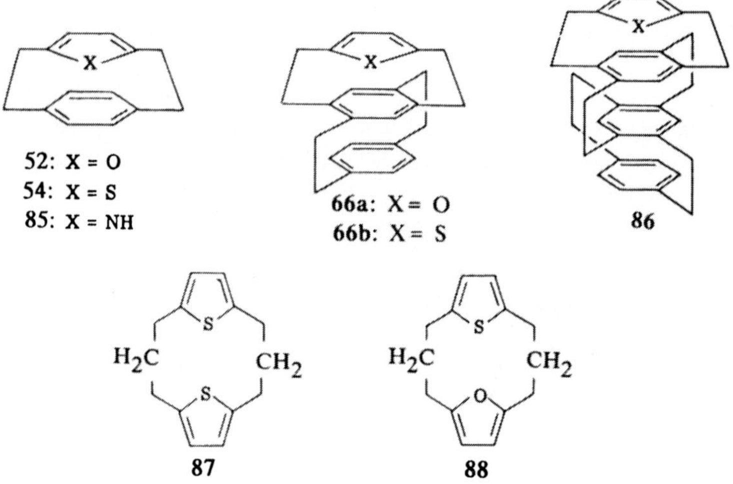

Demgegenüber bleibt das ^{1}H-NMR-Spektrum des [2.2](2,5)Thiophenofuranophans (**51**) wie das des [2.2](2,5)Thiophenophans (**50**) bis 200°C unverändert [32].

Das *Pyrroloparacyclophan* **85** (s.u.) zeigt eine Koaleszenztemperatur von 105°C [37]. Auf dieser Basis kann man annehmen, daß der relative Raumbedarf der fünfgliedrigen Heteroaromaten in der Reihenfolge O < NH < S zunimmt. Daß eine Pyrrolo-NH-Gruppierung einen größeren Raumbedarf hat als ein Furan-Sauerstoffatom, könnte auch daraus abgeleitet werden, daß das Furanopyrrolophan **90** ein temperaturunabhängiges ^{1}H-NMR-Spektrum zeigt und konformativ starr ist.

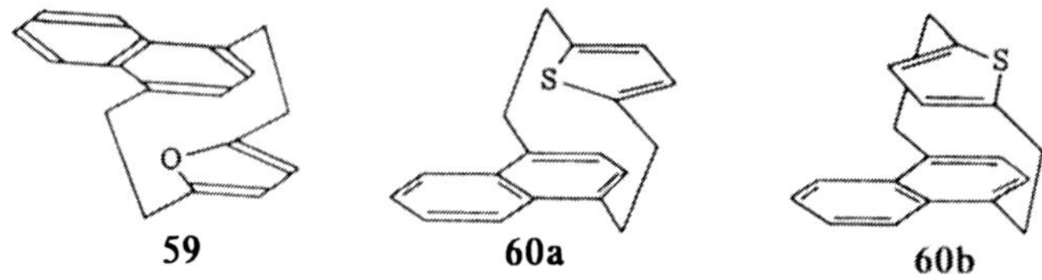

85: R = H
89: R = CH$_3$

90

Aus der Protonenresonanz von **59** wurde geschlossen, daß das Molekül in der *anti*-Konformation vorliegt. Bemerkenswerterweise gibt es hier jedoch auch die *syn*-Konformation, die z.B. für **60a,b** gefunden wurde (s.o., *Abschn. 2.12.1*).

59

60a

60b

Das Furanopyridinophan **91** befindet sich nach der Röntgen-Kristallstruktur interessanterweise in der *syn*-Form; die Koaleszenztemperatur liegt höher als 110°C [39].

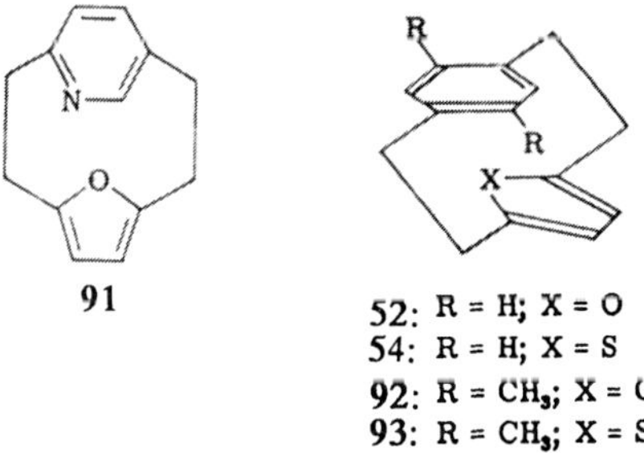

91

52: R = H; X = O
54: R = H; X = S
92: R = CH$_3$; X = O
93: R = CH$_3$; X = S

Führt man Methylgruppen als Substituenten ein, wie in **92** und **93**, so erhält man als Ergebnis, daß die Furanverbindung konformativ flexibler ist (Koaleszenztemperatur -29°C); die Thiophenverbindung bleibt konformativ starr.

Die beiden Anthracenofurano- und -thiophenophane **64** und **65** sind konformativ fixiert [24].

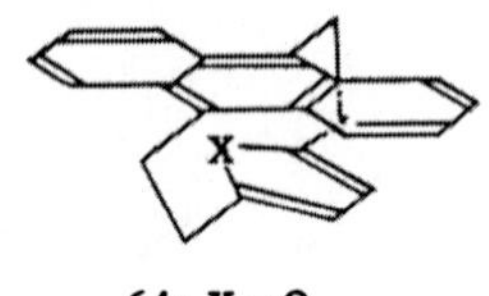

64: X = O
65: X = S

Die Pyrroloparacyclophane **85** und **89** liegen in der *anti*-Form vor. Die Oxazol- und Thiazol-Verbindungen **94a,b** können als *syn*- und *anti*-Isomere isoliert werden. Die Koaleszenztemperaturen liegen bei 80°C bzw. höher als 150°C [1b].

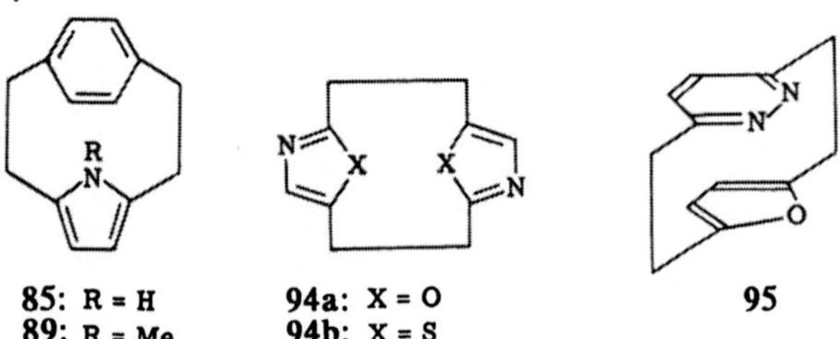

85: R = H   94a: X = O   95
89: R = Me   94b: X = S

Dem *[2.2]Furanopyridazinophan* **95** wurde die *syn*-Form zugeordnet. Die Koaleszenztemperatur dürfte über 110°C liegen [40].

Für das *[2.2]Parabenzenopyridinophan* **17** wurden von verschiedenen Arbeitskreisen Koaleszenztemperaturen von -30 bis -50°C gefunden, und auch das entsprechende Dien **25a** kann entweder frei rotieren oder ist konformativ starr [1b].

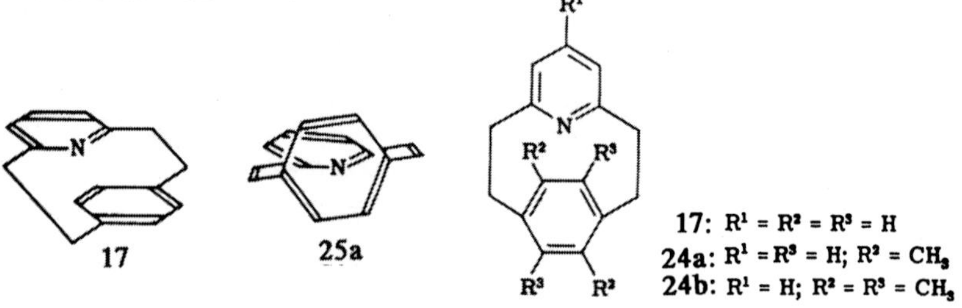

17   25a

17: $R^1 = R^2 = R^3 = H$
24a: $R^1 = R^3 = H$; $R^2 = CH_3$
24b: $R^1 = H$; $R^2 = R^3 = CH_3$

Die methylsubstituierten Pyridinoparacyclophane **24a,b** weisen Koaleszenztemperaturen von -25°C auf.

Die vier isomeren *[2.2](2,5)Pyridinophane* **36-39** wurden getrennt isoliert [38]. Ihre ^{1}H-NMR-Spektren unterscheiden sich charakteristisch.

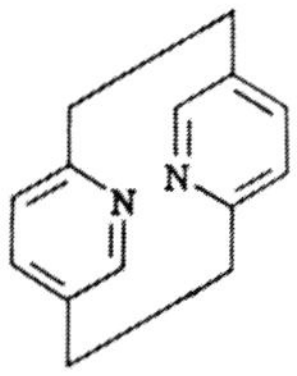

36 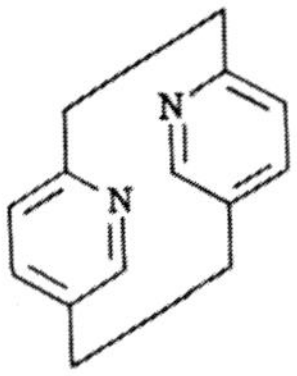   **37** 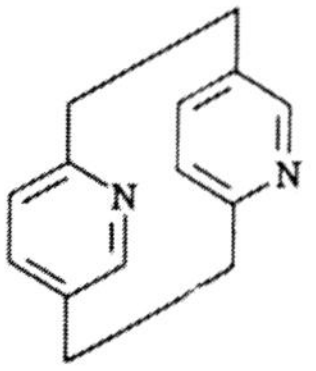   **38** 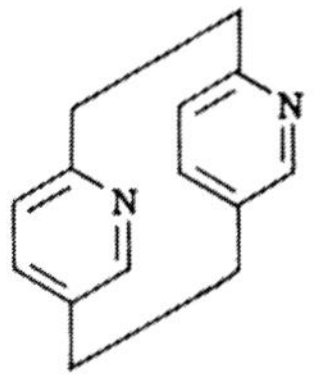   **39**

UV-Spektroskopie [1b)]: Die langwelligste Absorption des *[2.2](2,5)Furanophans* (47; 222 nm) zeigt eine bathochrome Verschiebung von 2 nm verglichen mit seinem unverbrückten Stammheterocyclus, dem 2,5-Dimethylfuran. Wenn dies auch nicht gerade eine starke π-π-Wechselwirkung zwischen den Furanringen anzeigt, so geht doch aus dem ^{1}H-NMR-Spektrum dieser Verbindung hervor, daß eine transannulare elektronische Wechselwirkung aufgrund der einsamen Elektronenpaare der beiden Furan-Sauerstoffatome möglich ist.

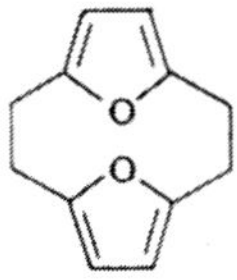

47 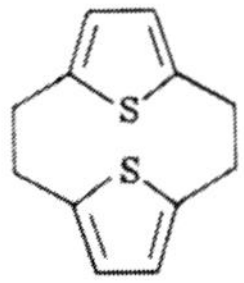   **50**

Im UV-Spektrum des *[2.2](2,5)Thiophenophans* (50) erkennt man zwei Banden bei 245 nm ($\epsilon = 7700$) und 275 nm ($\epsilon = 5720$). Dahingegen weist die unverbrückte Stammsubstanz 2,5-Dimethylthiophen nur eine Bande bei 238 nm ($\epsilon = 7250$) auf. Aus diesem spektroskopischen Vergleich ist daher nicht nur eine allgemeine Rotverschiebung zu konstatieren, sondern es erscheint im [2.2]Phan auch eine neue Bande. Dies wurde als starker Hinweis auf transannulare Wechselwirkungen im Thiophenophan-System gewertet.

Im gemischten *Furanopyridinophan* 91 findet man entsprechend eine bathochrome Verschiebung von 4 nm relativ zum 2,5-Dimethylfuran. Auch in den *Furano-* und *Thiophenoparacyclophanen* 52 und 54 beobachtet man insgesamt Rotverschiebungen aller Banden bezogen auf analoge Banden der "Molekül-Hälften". In den Spektren der *Paracyclopyrrolophane* 85 und 89 findet man ebenso Hinweise auf bathochrome Verschiebungen. In einigen

Fällen wurden Schultern in den UV-Kurven gefunden, die bei den offenkettigen Bausteinen nicht vorhanden sind.

Diese Ergebnisse wurden auch im Sinne einer verstärkten Basizität dieser [2.2]Heterophane aufgrund von transannularen Wechselwirkungen interpretiert.

91

52: X = O
54: X = S

85: R = H
89: R = Me

Insgesamt ergaben die zahlreichen Röntgen-Kristallstrukturanalysen, daß in gemischten Heterophanen der fünfgliedrige Ring keine oder nur wenig Deformation aus der Planarität heraus erfährt. Daraus wurde geschlossen, daß die bathochromen Verschiebungen in den UV-Spektren eher auf transannulare elektronische Wechselwirkungen zurückgehen als auf Ringdeformationen. Dies wurde durch Photoelektronen-Spektren untermauert.

IR-Spektroskopie [1b]: In der Literatur findet man ein einziges Beispiel, in dem das Vorhandensein transannularer Wechselwirkungen mit Hilfe der IR-Spektroskopie untersucht und bestätigt wird [10]. Die Kohlenstoff-Deuterium- (C-D-)Frequenzverschiebung wurde dabei für eine Reihe von Aminen gemessen, deren pK_a-Werte bekannt waren (in Deuterochloroform). Die Korrelation der pK_a-Werte zur C-D-Verschiebung war gut und wurde auch auf die *Pyridinophane* 17, 24a,b angewandt:

17

24a: $R^1 = R^3 = H$; $R^2 = CH_3$
24b: $R^1 = H$; $R^2 = R^3 = CH_3$

17 ergab sich dabei als um 1.20 pK_a-Einheiten stärker basisch als 2,6-Dimethylpyridin. Außerdem führt die Substitution durch die Methylgruppen zu einer Abnahme der Basizität. Daraus wurde geschlossen, daß die Basizität dieser Verbindungen aufgrund der Phanstruktur durch Elektronenschub vom Benzenring in den Pyridinring erhöht wird. Eine Vermehrung der Anzahl von Methylsubstituenten, die zwar die Elektronendichte des Benzenrings verstärkt, hindert jedoch auf der anderen Seite den Transfer von Elektronendichte zum Pyridinring.

Photoelektronen-Spektroskopie von [2.2]Heterophanen [1b,42]: *Boekelheide* wandte diese Methode erstmals 1979 auf die [2.2]Heterophane an, beobachtete jedoch keine ungewöhnlichen Spektren der Pyridinophane 17 und 24 [10]. Aus der heutigen Literatur ergibt sich allgemein, daß die deutliche Herabsetzung der Ionisierungspotentiale der Cyclophane auf transannulare elektronische Wechselwirkungen zurückgeht. Theoretisch wurde gezeigt, daß diese Abnahme nicht auf eine Zunahme der Substitution der aromatischen Ringe zurückgeht, weil die fraglichen Orbitale orthogonal zueinander stehen. Beispielsweise findet man eine stärkere Abnahme der Ionisationspotentiale beim Übergang vom [2.2]Paracyclophan zum Superphan (s.u.) als beim Übergang von *p*-Xylen zum Hexamethylbenzen. Dies scheint allein auf transannulare Wechselwirkungen in diesen Systemen zurückzuführen zu sein. Für die Heterophane wird ein ähnlicher Trend angenommen.

2.12.3   Chemische Reaktionen von [2.2]Heterophanen

Bei der UV-Bestrahlung von *trans*-1,3,10b,10c-Tetramethyl-2-azadihydropyren (96) entsteht 8,12,14,16-Tetramethyl[2]metacyclo[2](3,5)pyridinophan-1,9-dien (97). Das Hydrochlorid von 97 zeigt die schnellste bisher bekannte Dunkelreaktion in der Dihydropyren-Reihe [12]. Das Vorhandensein einer Ladung in einem der aromatischen Ringe erleichtert offensichtlich die Bildung einer Bindung zum anderen Ring.

Bestrahlung des Monoens **98** führt zu einem Photogleichgewicht mit dem Dihydropyren-Derivat **99**.

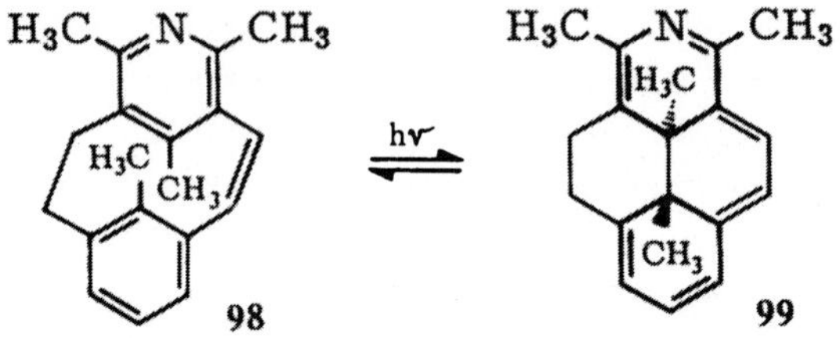

Die Frage des vorliegenden Isomers *[2.2](2,6)Pyridinophan-1,9-dien* (**22**) oder 10,10b-Diaza-10b,10c-dihydropyren (**100**) wurde zugunsten des Diens **22** entschieden [9]. Eine Isomerisierung von **22** zu **100** wurde nicht beobachtet.

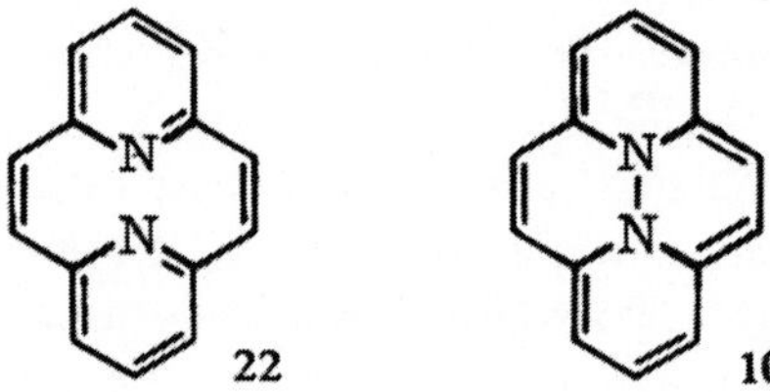

Die *[2.2]Pyrrolophane* **75a,d,g** tauschen langsam Wasserstoff gegen Deuterium aus (innerhalb von zwei Tagen in CH_3OD).

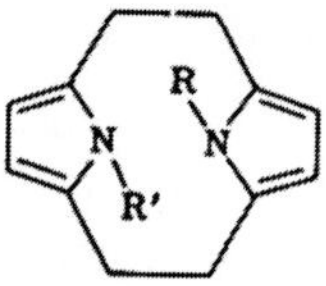

a: R = *p*-PhCH₃; R' = H
b: R = Ph; R' = H
c: R = C₂H₅; R' = CH₃

d: R = C₂H₅; R' = H
e: R = *p*-BrPh; R' = H
f: R = *p*-BrPh; R' = CH₃
g: R = CH₃; R' = H

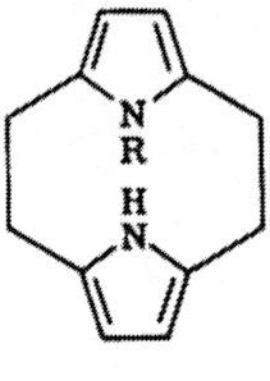

75

75a
R = CH₂Ph

79: R = H
75g: R = CH₃

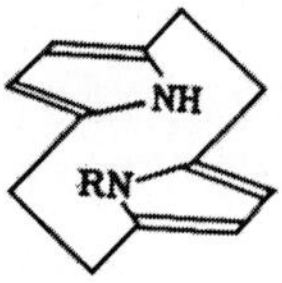

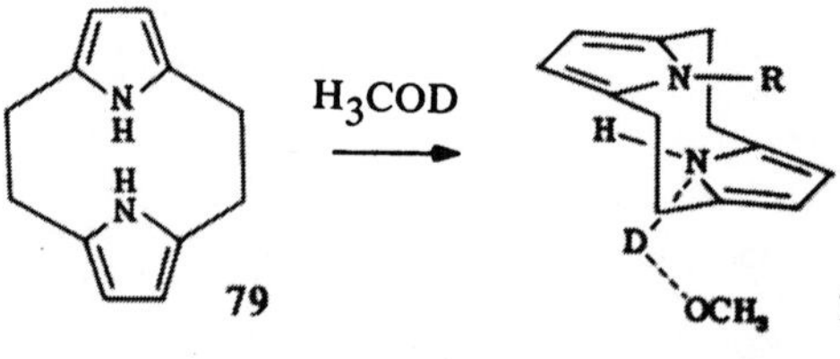

H_3COD

79

101

Offenbar wird dabei der Stickstoff in eine tetraedrische Anordnung ge-
zwängt, wenn sich das Deuterium anlagert. Dieses zwingt den vorhandenen
NH-Wasserstoff gegen den gegenüberliegenden Pyrrol-Ring, was beträchtliche
sterische Abstoßung bedingt.

Bei einigen Furanophanen beobachtet man interessante transannulare Reaktionen [1b]. Äquimolare Mengen von *[2.2](2,5)Furanophan* (47) und Dimethylacetylendicarboxylat ergeben beim Erhitzen auf 105°C ein 1:1-Addukt
103, das bei 165°C wieder in die Komponenten zurückreagiert. Die Bildung
des symmetrischen Addukts kann durch einen Zweistufenmechanismus erklärt werden: Im ersten Schritt findet eine intermolekulare Diels-Alder-Reaktion statt, die zu dem Intermediat 102 führt, das in einer zweiten Diels-
Alder-Reaktion weiterreagieren kann, die nun intramolekular ist und 103
ergibt. Letzteres wird mit H_2/Pd zum Produkt 104 hydriert.

$$R = COOCH_3$$

In dem gemischten *[2](2,5)Furano[2](1,4)naphthalenophan* (59) ist der
Furanring die reaktivere Dienkomponente und reagiert dementsprechend zuerst mit Acetylendicarbonsäuredimethylester nach Diels-Alder, wobei 105
entsteht. Danach tritt am unsubstituierten Kern der Naphthalengruppe eine
intramolekulare 1,4-Addition zu 106 ein [42].

59 + R=COOCH₃

106   R = COOCH₃   **105**

Intraannulare Reaktionen: Die Mono- und Di-N-oxide **107** und **108** des *[2.2](2,6)Pyridinophans* (10) konnten ohne Schwierigkeit erhalten werden [9].

10   **107**   **108**

Auch das N-Oxid (**109**) ausgehend vom *[2.2](2,5)Furano(3,6)pyridazinophan* (95) wurde erhalten. Das ^{1}H-NMR-Spektrum des N-Oxids zeigt, daß eine der beiden α-Methylprotonen am N-oxidierten Pyridazin-Ring einen Abschirmungseffekt erfährt [40].

95 ⟶ **109**

Das Benzenofuranophan **52** reagiert mit Brom in Methanol bei tiefer Temperatur zu **110**, das zu **111** und **112** [(*Z*)- und (*E*)-Endion] hydrolysiert werden kann [43].

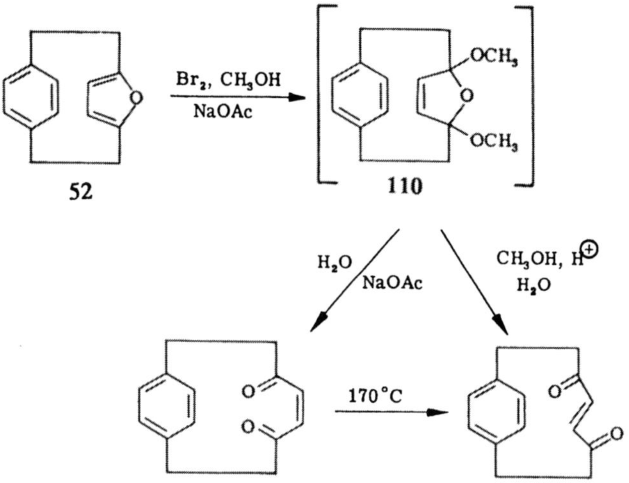

52 **110** **111** **112**

Wasserman untersuchte die Reaktion von **52** mit Singlett-Sauerstoff. Nach Hydrierung des Reaktionsgemisches isolierte er die drei Produkte **68**, **113** und **114** [44].

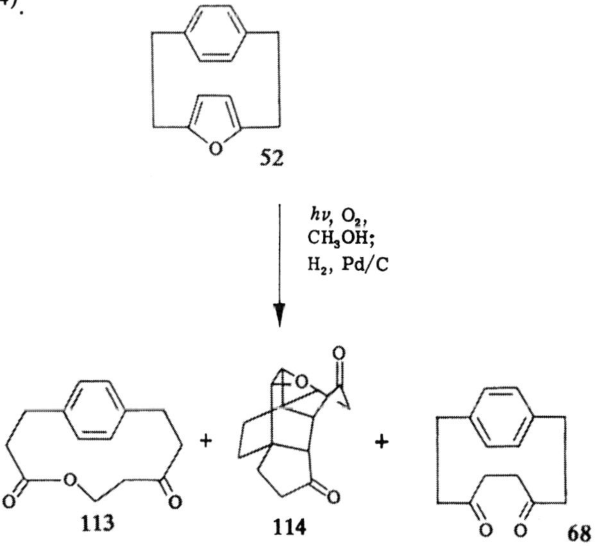

52 **113** **114** **68**

Die Konstitution des Polycyclus **114** wurde durch Röntgen-Kristallstrukturanalyse gesichert. Die Reaktion verläuft über ein intermediäres *endo*-Peroxid **115**, Umlagerung zu **116** und **117**, Isomerisierung zum Endion **118**, intramolekulare Diels-Alder-Reaktion und Hydrierung zum Produkt **114** [1b].

115

116

118

117

119

114

Durch die Singlettsauerstoff-Oxidation des *[2.2](2,5)Furanophans* (**47**) wurde **122** erhalten (in Methanol), das vermutlich durch intramolekulare Diels-Alder-Reaktion von **121** gebildet wird. **123** wurde zum bekannten Hexahydro-*as*-indacen (**124**) hydriert [43].

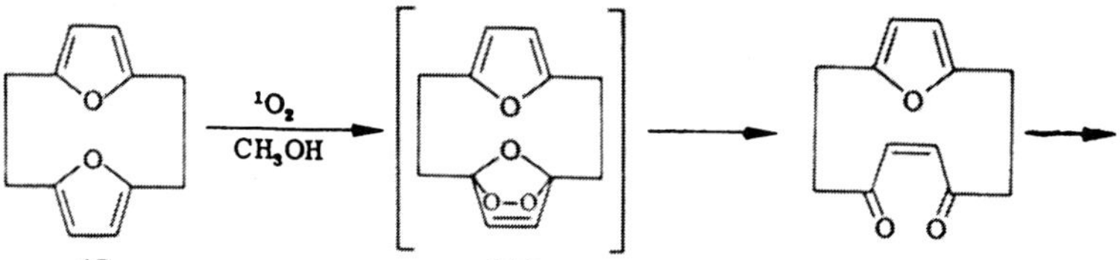

47 → **120** → **121** →

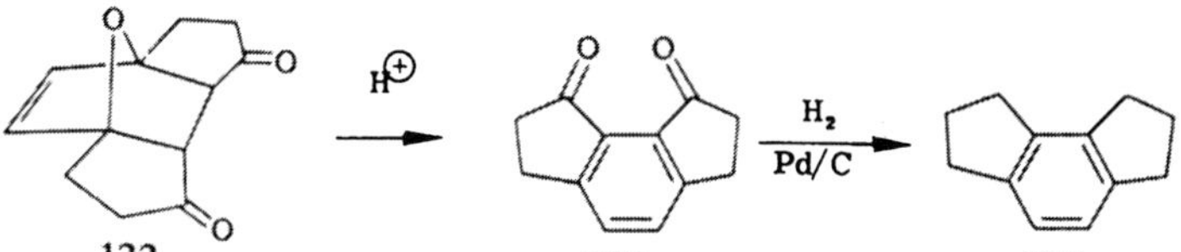

122 →(H⊕)→ **123** →(H₂ / Pd/C)→ **124**

Andere Autoren haben im Verlauf dieser Reaktion ein Nebenprodukt isoliert, das vermutlich die Struktur **125** hat [43].

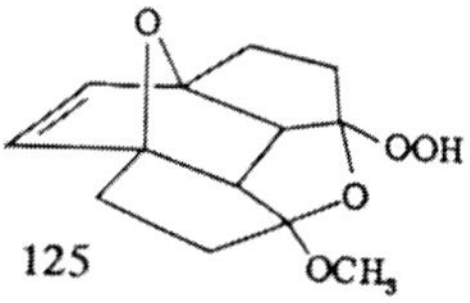

125

Führt man die Oxidation des [2.2](2,5)Furanophans (**47**) in Dichlormethan durch, so wird **127** erhalten, wahrscheinlich durch Umlagerung über das Intermediat **126**. **127** ist durch Röntgen-Kristallstrukturanalyse gesichert.

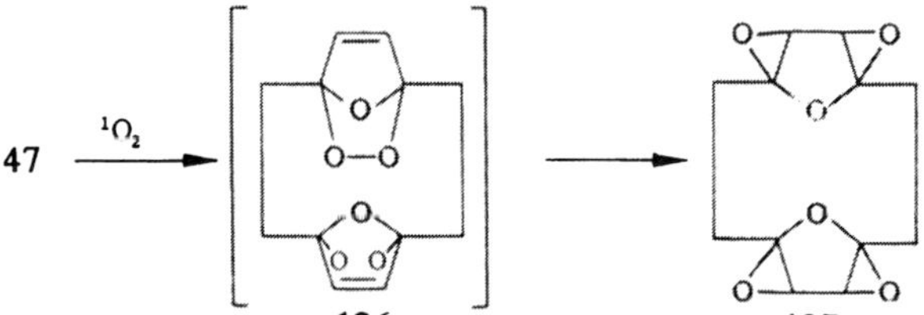

47 →(¹O₂)→ **126** → **127**

Eine bemerkenswerte Reaktion fand *Cram* beim Stehenlassen des *Furanoparabenzenophans* **52** im Sonnenlicht: Das in Cyclohexan gelöste Phan ergab das [2.2.2]Paracyclophan, wobei von der Furaneinheit nichts mehr zu finden war [9].

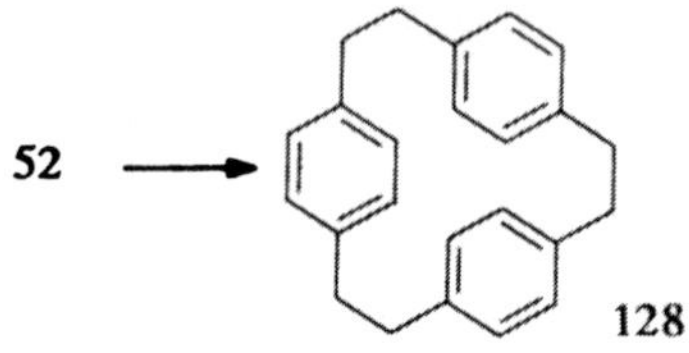

52 ⟶ **128**

Das *[2.2]Furanophan* 47 reagiert mit Dehydrobenzen zu einem 1:1- (129) und einem 2:1-Addukt (130) [45].

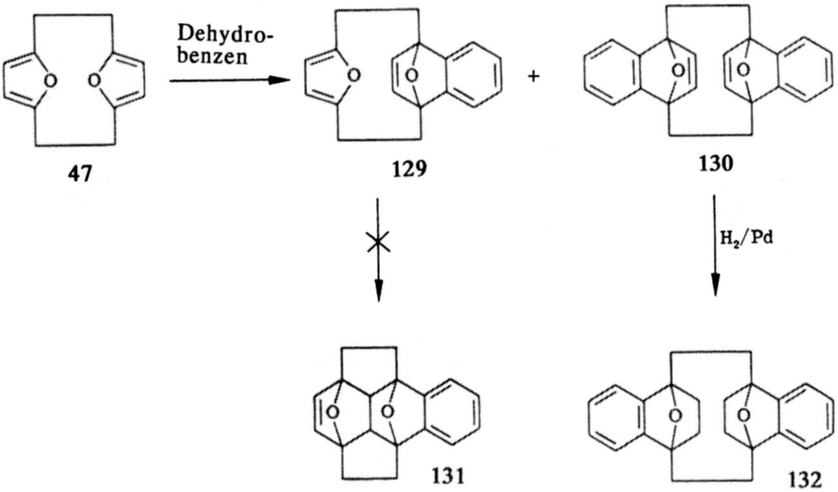

47   Dehydro-benzen ⟶ **129**   +   **130**

131   **132**

H_2/Pd

Das intramolekulare Produkt 131 wurde nicht gefunden. Versuche, 130 in das [2.2](1,4)Naphthalenophan umzuwandeln, scheiterten.

Umsetzung von [2.2]Furanophan (47) mit Tetrachlorcyclopropen ergab das Produkt 133, dessen Konstitution durch Röntgen-Kristallstrukturanalyse untermauert ist [45].

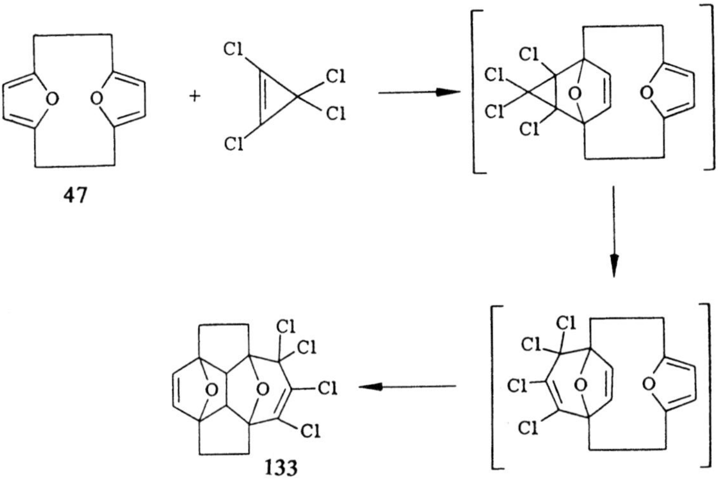

47

133

Bei der Cycloaddition des ***Anthracenofuranophans*** **64** mit Dimethylacetylendicarboxylat entsteht das 2:1-Addukt **134**, da die elektronenreichere Doppelbindung reagiert [42].

64

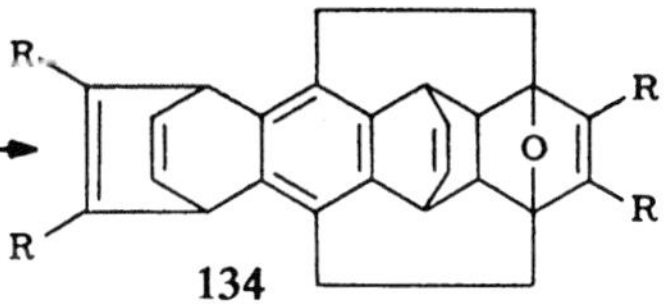

134

Auch elektrophile Substitutionen an multinuclearen π-Überschuß-Heterophanen wie **52** und **47** sind beschrieben worden: Man erhält z.B. hohe Ausbeuten an mono-acetylierten Produkten wie **135-137** [1b].

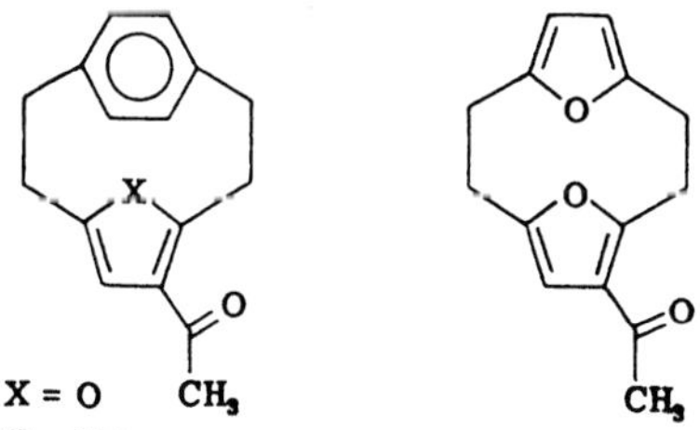

135: X = O
136: X = NH

137

2.13   Hetera[2.2]phane

2.13.1   Heteracyclische [2.2]Metacyclophane [1]

2.13.1.1 Synthese

1968 gelang *Vögtle* erstmals die Synthese des *1,10-Dithia[2.2]meta-cyclophans* (6), des damals ersten in den Brücken Heteroatom-substituierten [2.2]Phans (des Typs I; vgl. Abb.1) und des ersten mittelgliedrigen Dithia-phans überhaupt [2]:

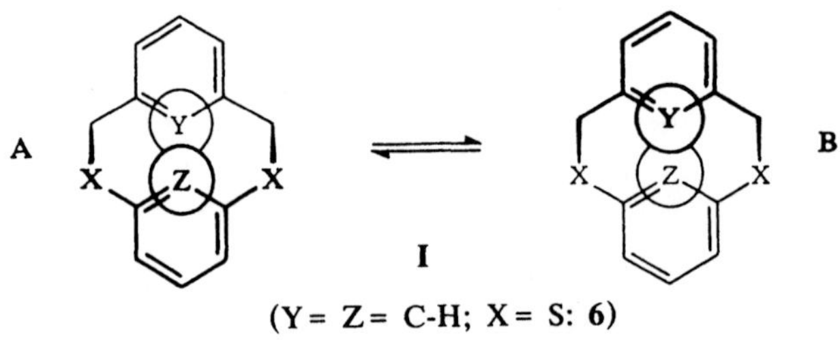

(Y = Z = C-H; X = S: 6)

Abb.1.   Allgemeine Formeln für Hetero- (Y, Z = Heteroatom) und Hetera-phane (X = Heteroatom). Der gezeigte Ringinversions-Prozeß A⇌B läuft nur dann ab, wenn die abstoßende sterische Wechselwirkung zwischen Y und Z hinreichend klein ist

Die Umsetzung des 1,3-Bis(brommethyl)benzens mit 1,3-Dimercaptoben-zen unter Verdünnungsprinzip- (VP-)Bedingungen führte nach Optimierung in 68% Ausbeute zum zehngliedrigen Cyclus 6 [3]. Frühere Versuche, das 1,10-Dithia[2.2]metacyclophan-Gerüst 6 herzustellen, hatten zum entspre-chenden 20-gliedrigen Tetrathia[2.2.2.2]metacyclophan 7 geführt. In der "Cy-clophan-Bibel" von *B. H. Smith*, "Bridged Aromatic Compounds", ist zwar die Formel von 6 zu finden, die Daten der dort beschriebenen Verbindung sind aber die des Dimeren 7 [4].

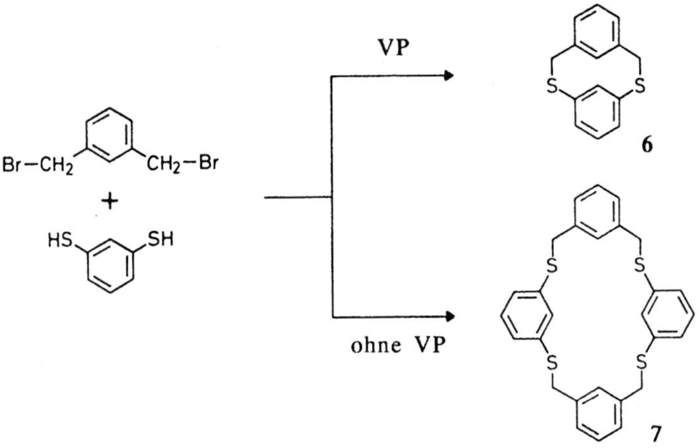

VP

ohne VP

6

7

Mit entsprechender Synthesemethodik war die Darstellung von *Dithia-[2.2](2,6)pyridinophanen* wie **8-10** möglich, die - damals noch ohne Ausnutzung des Caesium-Effekts (s.u.) - mit 28, 29 bzw. 30% Ausbeute erhalten wurden [5].

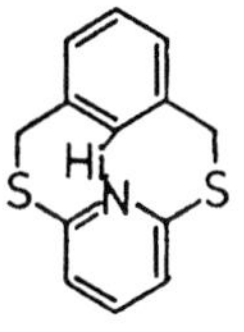

8 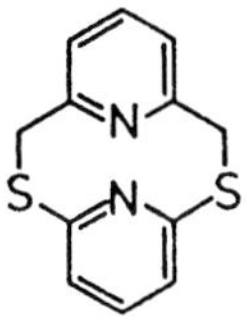   **9** 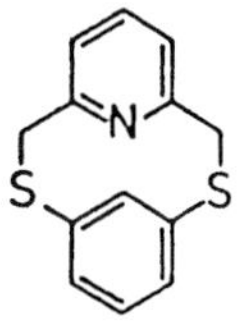   **10**

Obwohl für den [2.2]Metacyclophan-Kohlenwasserstoff (**2**) bereits eine gewisse Ringspannung im zehngliedrigen Ringinnern nachgewiesen ist und die intraannularen Wasserstoffatome sich gegenseitig sterisch stören, war es möglich, im Zehnring-Innern substituierte Analoge von **6**, z.B. **11** und zahlreiche weitere herzustellen [6].

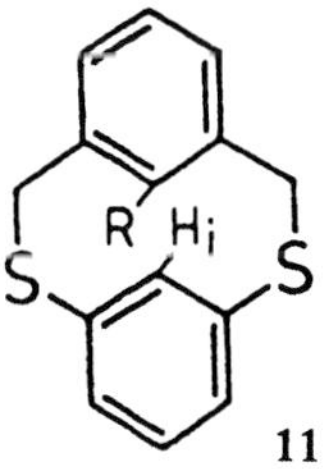

11

a: R = CO_2Me g: R = CH_3

b: R = NO_2 h: R = OCH_3

c: R = CO_2H i: R = CN

d: R = CO_2D k: R = SCH_3

e: R = CO_2-*t*-Bu   l: R = C_6H_5

f: R = CO_2Ph

Auch planarchirale Dithia[2.2]metacyclophane wie 12 und 13 wurden erhalten und in die Enantiomere getrennt [6].

a: R = H

b: R = CO$_2$H

c: R = CO$_2$Me

d: R = CO$_2$Et

12   e: R = NH$_2$ 13

Bei den meisten Synthesen zu solchen Heteraphanen konnten durch Zusatz von Cs$_2$CO$_3$ *(Caesium-Effekt)* und Variation des Lösungsmittels beträchtliche Ausbeuteverbesserungen erzielt werden. Die Kombination CsOH/Ethanol/Benzen erwies sich zusammen mit der Reaktionsführung unter Verdünnungsbedingungen ("2C-VP-Reaktion") als Standardverfahren. [7]

Versuche in den Jahren 1970 und 1973 [8], die [2.2]Metacyclophane 16, 17 mit noch kürzeren Klammern zu synthetisieren, scheiterten zunächst an der bevorzugten Bildung der Dimere 18/19 bzw. 20/21. Erst in den 80er Jahren gelang es *Vögtle et al.*, derartige ringgespannte Diheteraphane wie 16 und 17 mit optimierten Cyclisierungsverfahren unter Einsatz von Caesiumhydroxid in kleinen Mengen zu erhalten [9]. Dabei wurde das Oxathiaphan 16 zunächst mit 1.9% Ausbeute - durch Ringschluß von 1,3-Bis(brommethyl)benzen (14) und 1-Hydroxy-3-thiophenol (15a) - gewonnen. Die Umsetzung von 1-*p*-Toluensulfonylamino-3-thiophenol (13b) und 14 unter analogen Versuchsbedingungen ergab 17 in immerhin 9% Ausbeute. Ohne "Caesium-Assistenz" waren 16 und 17 bisher nicht erhältlich.

Für den *"Caesium-Effekt"* gibt es eine Reihe von Deutungsversuchen [7]: Dabei wurde zunächst die Sonderstellung des Caesium-Kations innerhalb des Periodensystems der Elemente und innerhalb der Alkalimetalle in Betracht gezogen. Die bekannten Unterschiede im Kationradius, in der Ladungsdichte und der Polarisierbarkeit beeinflussen das Lösungs- und Aggregationsverhalten der Alkalimetallsalze und damit die Art der Ionenpaarbildung in den unterschiedlichen Lösungsmitteln.

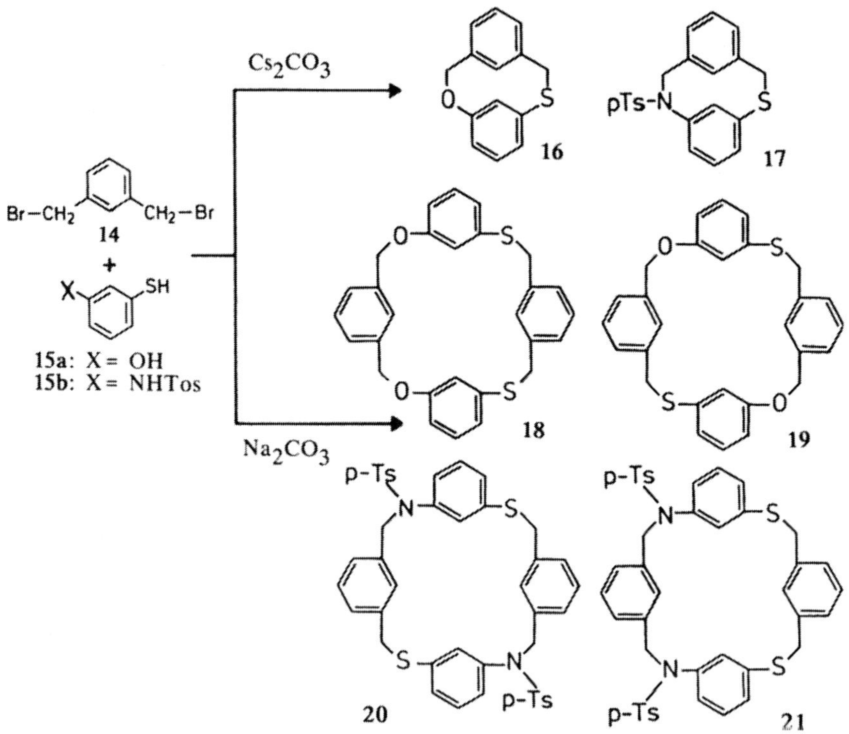
Cs$_2$CO$_3$
Br–CH$_2$
CH$_2$–Br
14
+
X
SH
15a: X = OH
15b: X = NHTos
Na$_2$CO$_3$
O
S
16
pTs-N
S
17
O
S
O
S
18
O
S
S
O
19
p-Ts
N
S
S
N
p-Ts
20
p-Ts
N
S
N
S
p-Ts
21

Neben Lösungsmitteleinflüssen (geringfügige Solvation von $Cs^{\oplus}$ in DMF oder Ethanol/Benzen) sowie Kontaktionenpaar-Bildung und der Möglichkeit zur Ausbildung von "Tripel-Ionen" wurde für makrocyclische Cyclisierungen eine Art Abrollmechanismus vorgeschlagen (Abb.2) [10]:

Bei gespannten mittelgliedrigen Ringen wie **16** könnte das $Cs^{\oplus}$-Ion den intramolekularen Ringschluß als "homogener Katalysator" beschleunigen und damit bevorzugen ***("Oligomerbildungs-Selektivität")***.

Der Einfluß des Anions ist nicht zu unterschätzen; Versuche mit unterschiedlichen Anionen (Fluorid, Bromid) oder anderen Basen als $OH^{\ominus}$ oder $CO_3^{2\ominus}$ führten zu anderen Resultaten. Der hier erörterte Caesium-Effekt bei der Bildung der heteracyclischen [2.2]Metacyclophane ist bisher an stark basische Anionen wie $OH^{\ominus}$ und $CO_3^{2\ominus}$ gebunden.

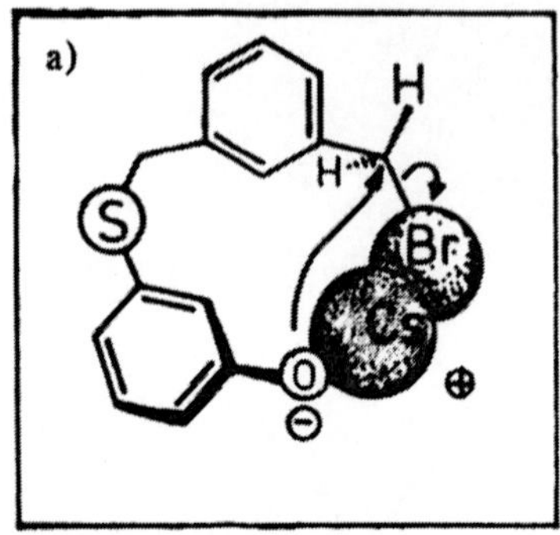

intramolekular

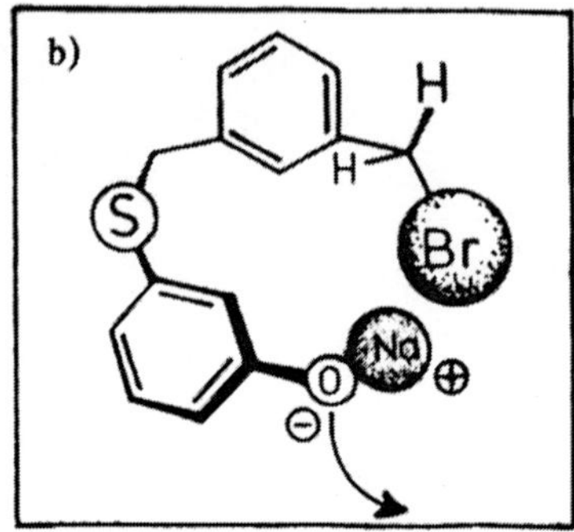

intermolekular

Abb.2. Zur Deutung des (intramolekularen) Ringschlusses an der Oberfläche des Cs-Kations (a) und des Na-Kations (b) im Falle der Bildung von gespannten, zehngliedrigen [2.2]Metacyclophanen wie z.B. 16 [10])

Kellogg sowie *Mandolini* [11]) führten die Überlegenheit des $Cs^\oplus$-Ions nicht auf einen stereochemisch definierten Mechanismus zurück, sondern lediglich auf durch das Caesium-Ion bewirkte Löslichkeits- und/oder Ionenpaareffekte.

Die Monothia- und Monooxa[2.2]metacyclophane 22-25 waren - obwohl von stereochemischem und spektroskopischem Interesse - bis zum Jahre 1986 unbekannt. Sie bilden - wie 16 und 17 - eine neue Familie von niedermolekularen helicalen Verbindungen (zweiflügelige Propeller-Anordnung), deren Ringspannung von der Länge der Kohlenstoff-Heteroatom-Bindungen in den Brücken abhängig sein dürfte.

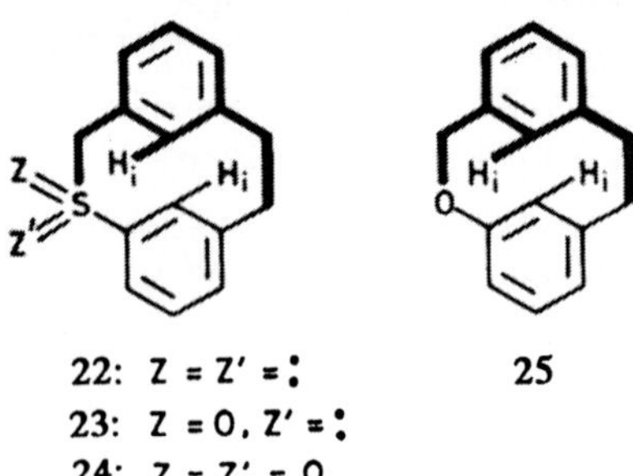

22: Z = Z' = :̈

23: Z = O, Z' = :̈

24: Z = Z' = O

25

Die heteracyclischen [2.2]Phane **22** und **25** (Schmp. 108 bzw. 79-80°C) wurden durch Ringschlußreaktion der Bis(brommethyl)-Verbindung **26** und **27** mit Phenyllithium in Ausbeuten von 65 bzw. <1% erhalten [12].

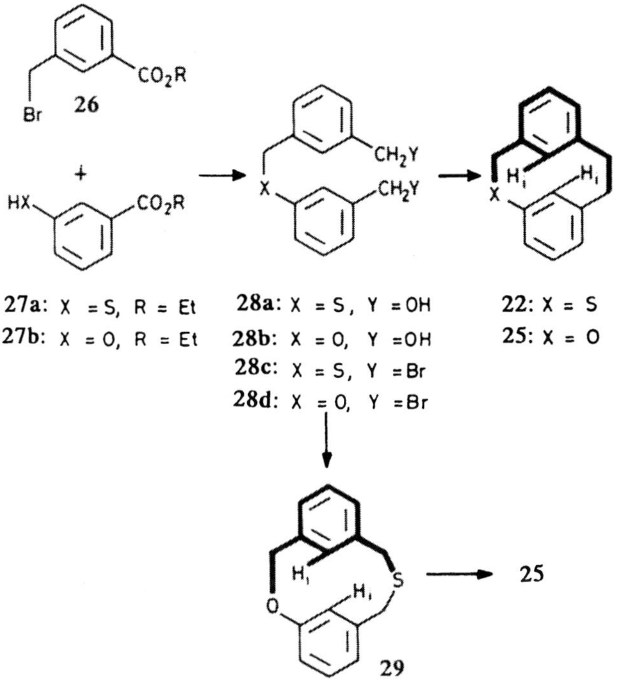
CO2R
Br
26
+
HX
CO2R
CH2Y
X
CH2Y
Hi
Hi
X
27a: X = S, R = Et
27b: X = O, R = Et
28a: X = S, Y = OH
28b: X = O, Y = OH
28c: X = S, Y = Br
28d: X = O, Y = Br
22: X = S
25: X = O
Hi
S
Hi
O
25
29

25 wurde auch durch photochemische Entschwefelung von 10-Oxa-2-thia-[3.2]metacyclophan (**29**) in 22% Ausbeute hergestellt.

Die Oxidation des racemischen Thiaphans **22** mit H_2O_2 führt bei 70°C zu den vier stereoisomeren Sulfoxiden **30** mit einem Diastereomerenüberschuß *(de)* von 76%, wohingegen die analoge Oxidation bei Raumtemperatur ausgehend vom enantiomerenreinen Sulfid **22** einen höheren *de* von 91% ergibt [12].

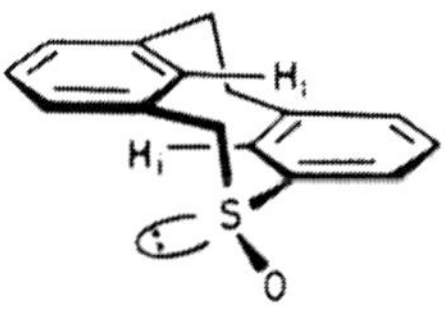
Hi
Hi
S
O

30a

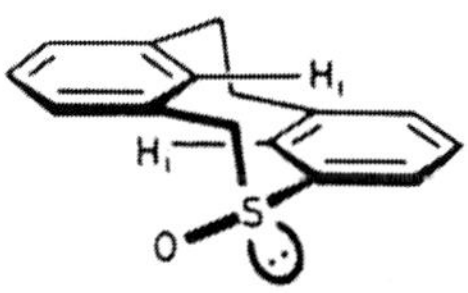
Hi
Hi
S
O

30b

Das *N-Tosylaza[2.2]metacyclophan* 33 wurde analog zu 22 und 25 synthetisiert [13]:

26a: X=CO$_2$Et
26b: Y=CH$_2$Br

31: X=CO$_2$Et

32a: X=CO$_2$Et
32b: X=CH$_2$OH
32c: X=CH$_2$Br

33: R= Tosyl

Dabei spielt das zur Cyclisierung der Bis(brommethyl)-Verbindung 32c verwendete Phenyllithium, insbesondere dessen Lösungsmittel, eine entscheidende Rolle: Phenyllithium in Benzen/Diethylether (7:3) liefert eine Ausbeute von 47% an 33, während unter sonst gleichen Bedingungen mit Benzen/*n*-Hexan (3:1) lediglich Ausbeuten um 20% zu erreichen sind. Möglicherweise wirkt sich die Koordination durch Ether-Sauerstoffatome günstig auf die Bildung geeigneter Phenyllithium-Aggregate aus.

Das helicale *Oxa[2.2]naphthalenophan* (40) wurde 1988 von *Vögtle et al.* beschrieben. Die Darstellung gelang auf folgendem Wege durch photolytische Desulfurisierung von 39 mit Triethylphosphit [14]:

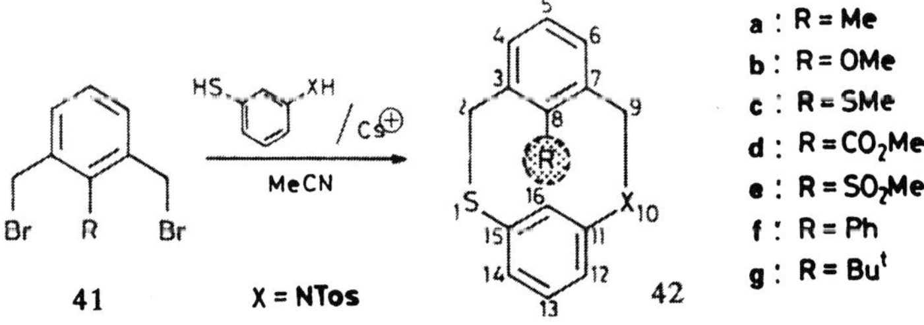

Die ersten im Ringinnern funktionalisierten chiralen [2.2](1,3)Heteraphane des Typs **42** wurden 1989 erhalten, nachdem die Cyclisierungsreaktion verbessert worden war. Dieses bisher ergiebigste Verfahren schließt die Abstimmung des Verdünnungsprinzips mit dem *"Caesium-Effekt"* und dipolaraprotischen Lösungsmitteln wie Acetonitril ein [15].

Von besonderem Interesse sind Phenyl und *tert*-Butyl als extrem große
intraannulare Substituenten:

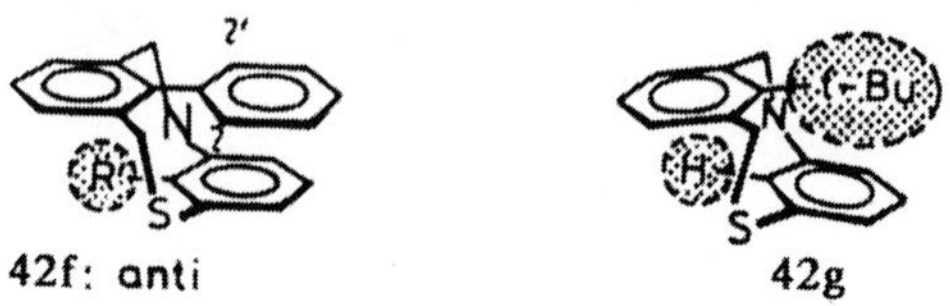

Unter Ausnutzung der optimierten Synthesemethodik gelang schließlich
der die Ringspannung erhöhende Einbau kondensierter Aromaten in Thiaza-
[2.2]metacyclophan-Einheiten (vgl. **43**) [16a]:

Die ersten *diagonal* di-heter̲asubstituierten und chiralen [2.2]Phane **44**
waren auf folgendem Weg zugänglich (Ausbeute < 1%):

Das *1,9-Oxathia[2.2]metacyclophan* (**44a**; Schmp. 107-109°C) ist bei
Raumtemperatur nicht unbegrenzt beständig; das Sulfon **44b** erwies sich dagegen als stabil.

2.13.1.2 Eigenschaften

Das 1,10-Dithia[2.2]metacyclophan (6) hat einen Schmp. von 145-146°C. (man vgl. das unsubstituierte [2.2]Metacyclophan mit Schmp. 132-133°C; *Abschn. 2.2.2*). Auch in den stereochemischen Eigenschaften ist die Dithia-Verbindung 6 dem Kohlenwasserstoff ähnlich: Es liegt eine stufenförmig fixierte Konformation vor, die auch bei höheren Temperaturen starr bleibt, wie Koaleszenz-Experimente bei variabler Temperatur beweisen. Die stufenförmige Struktur drückt sich in Hochfeld-verschobenen intraannularen Protonen von 6 aus, wobei H(8) bei δ = 5.42, H(16) bei δ = 4.41 absorbiert (der entsprechende Wert für den Kohlenwasserstoff [2.2]Metacyclophan ist 4.29).

Dagegen sind die heteracyclischen [2.2]Pyridinophane je nach Struktur konformativ flexibler: Während die AB-Systeme von 6 und 45a-d im ^{1}H-NMR-Spektrum bis 180°C unverändert bleiben ($\Delta G_c^{\ddagger}$> 96 kJ/mol, in Diphenylether), sind die CH_2-Resonanzen von 10 und 8 temperaturabhängig 5).

6: X = H
45a: X = F
45b: X = Cl
45c: X = Br

8: X = H
46a: X = F
46b: X = Cl
46c: X = Br

9

9

Für die Freie Enthalpie der Aktivierung des zugrundeliegenden Umklappvorgangs, der nach Modellbetrachtungen als C⇌D zu formulieren ist, ergeben sich für 10 die Werte $\Delta G_c^{\ddagger}$= 86 kJ/mol (bei 140°C; 84 kJ/mol bei 125°C).

C   ⇌   D

9

Für **8** beobachtet man lediglich Signalverbreiterungen, jedoch keine Koaleszenz, woraus sich für $\Delta G_c^{\ddagger}$ mit $T_c > 140°C$ ein Grenzwert von >86 kJ/mol ergibt.

Die Fluor-Verbindung **46a** ist thermisch nicht stabil; offenbar greift hier der Pyridin-Stickstoff am - räumlich benachbarten - Kohlenstoffatom der C-F-Bindung nucleophil und transannular an, weshalb sich die Verbindung in Lösung und im kristallinen Zustand (bei 110°C) unter Violettfärbung verändert [5].

Die Methylenprotonen von **9** absorbieren in allen üblichen Lösungsmitteln als Singlett, woraus sich mit $T_c > 0°C$ und $\Delta\nu = 13$ Hz ein $\Delta G_c^{\ddagger}$-Wert >57 kJ/mol errechnet.

Daraus ergibt sich, daß die Substitution zweier Methylen-Gruppen durch Schwefelatome in den Brücken von [2.2]Phanen wegen des dadurch verursachten größeren Abstands der wechselwirkenden (intraannularen) Atome ebenso eine Erniedrigung der Ringinversionsschwelle zur Folge hat wie der sukzessive Ersatz von CH durch N beim Übergang von **6** zu **8** bzw. **9** zu **10**. Aus diesen Befunden ist in Übereinstimmung mit *Gault*, *Price* und *Sutherland* [17] zu folgern, daß das **einsame Elektronenpaar am Pyridin-Stickstoff** weniger Raum beansprucht als ein aromatisches H-Atom [18].

Von einigen Dutzend der hier angegebenen heteracyclischen [2.2]Phane sind Röntgen-Kristallstrukturanalysen bekannt [19], so z.B. von **6, 8, 11b, 22, 33, 42b,d**. Die Kristallstruktur von **11b** (intraannulare NO_2-Gruppe) zeigt in Übereinstimmung mit ^{13}C-NMR- und Festkörper-^{13}C-NMR-Spektren, daß die NO_2-Gruppe um 48° gegen den Phenylenring verdreht ist und durch diesen Packungseffekt somit eine racemische Anordnung von **11b** im Kristall verursacht [20].

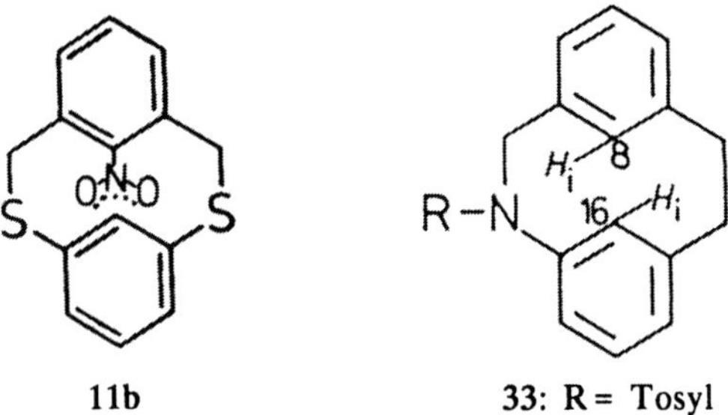

11b   33: R = Tosyl

Am Beispiel der Röntgen-Kristallstrukturanalyse des N-Tosylaza[2.2]meta-
cyclophans (33) soll die Festlegung der Winkel in heteracyclischen [2.2]Me-
tacyclophanen vor Augen geführt werden (Abb.3) [13,15].

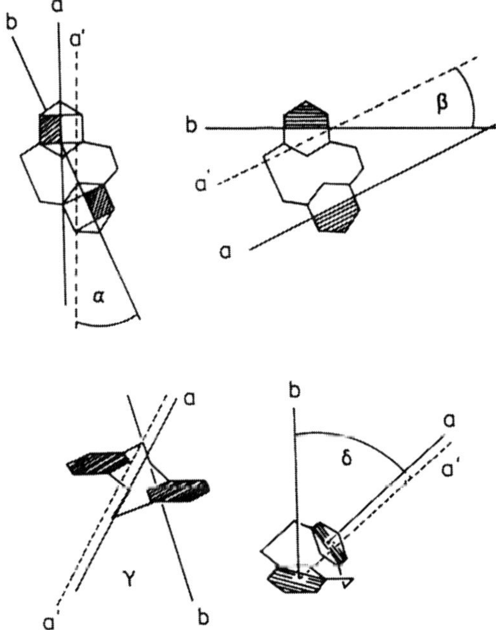

Abb.3. Festlegung der Winkel in heteracyclischen [2.2]Metacyclophanen auf
der Basis von Röntgen-Kristallstrukturanalysen [9,13,15]

__Abb.4__ illustriert den stufenförmigen und helical verdrillten Bau des Phans **33** [13]. Die kurze C-N-Bindung hat außer einer starken sterischen Abstoßung der intraannularen H-Atome (H_i) eine Verdrillung der Ebenen der *m*-Phenylenringe gegeneinander und eine geringfügige wannenförmige Verbiegung der Benzenringe zur Folge. Gut erkennbar ist die im Kristallgitter vorliegende fixierte *anti*-Konformation des Cyclophangerüsts. Der mit 231.3 pm kurze C(8)-C(16)-Abstand führt zu einem Eintauchen der inneren Wasserstoffatome H_i(8) und H_i(16) in den Anisotropiebereich der gegenüberliegenden Benzenringe. Die Verdrillung δ der Benzenringe gegeneinander steht in gutem Einklang mit der für das Thiaphan **22** gefundenen. Der Einfluß des annähernd sp^2-hybridisierten Brücken-Stickstoffatoms in **33** führt wie bei **16** und **17** mit γ = 5.6 bzw. 6.9° zu einer geringen Veränderung des Winkels γ.

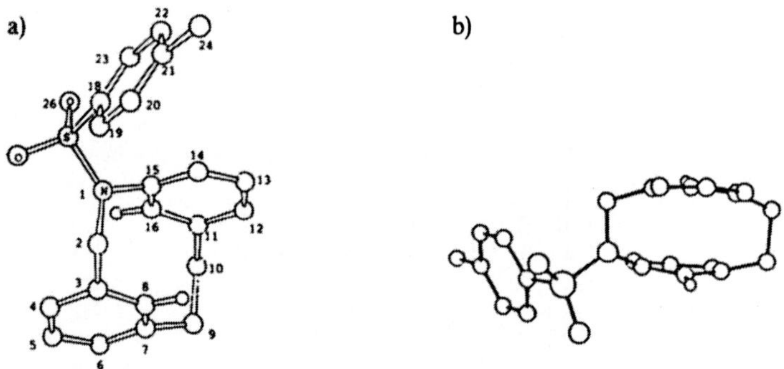

__Abb.4.__ Molekülbau von **33** (Röntgen-Kristallstrukturanalyse): a) stufenartiger Bau, b) Blick entlang der Achse C(8)-C(16) [13]

Statische und dynamische Stereochemie: Die ^{1}H-NMR-Spektren der Oxa-[2.2]pyridinophane **47-50** zeigen charakteristische Hochfeldverschiebungen für die intraannularen Protonen (__Abb.5__). Der besonders engen Verklammerung der Oxa[2.2]phane **47-50** entspricht eine deutlich höhere Hochfeldverschiebung verglichen mit Kohlenwasserstoff-[2.2]Phanen wie **2**: δ = 3.86 für **25** ist die bisher höchste bekannte H_i-Absorption für [2.2]Phane. Aufgrund der konformativen Fixierung des [2.2]Phan-Gerüsts spalten die O-CH$_2$-Protonen zum AB-System auf, die Ethano-Brücke erscheint als komplexes 4-Spin-System.

47

48

49

50

25

2

51

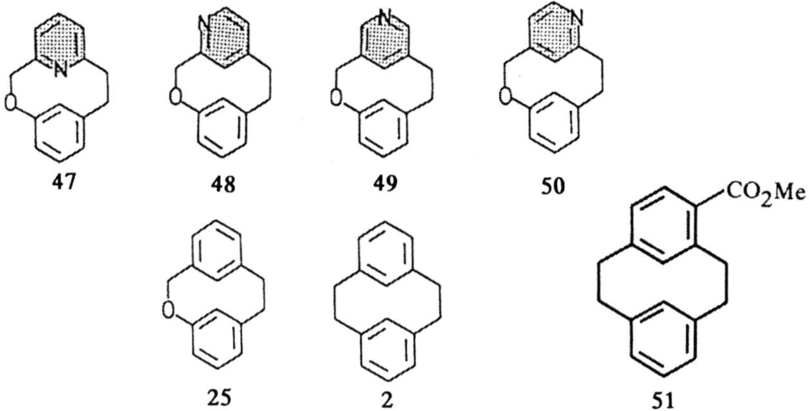

Die ^{1}H-NMR-Spektren aller Oxa[2.2]phane **47-50** und **25** zeigen keine Temperaturabhängigkeit [21].

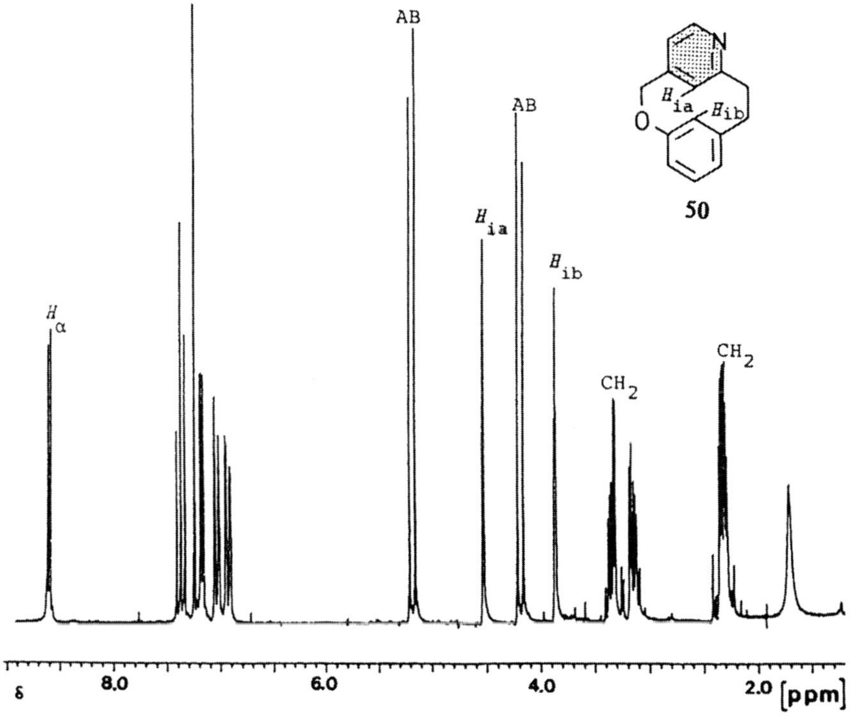

Abb.5. ^{1}H-NMR-Spektrum von **50** (200 MHz, $CDCl_3$) [21]

Enantiomerentrennung: Die Racematspaltung des Oxa[2.2]metacyclophans **25** gelang an Cellulosetris(dimethylphenylcarbamat) als Basislinientrennung; **47** wurde durch HPLC an Polydiphenyl-2-pyridylmethylmethacrylat in optisch reiner Form gewonnen [12].

Das Tosylaza[2.2]metacyclophan **33** wurde an Triacetylcellulose durch Niederdruck-Chromatographie mit Ethanol als Eluent in die Enantiomere getrennt bzw. angereichert; Trennversuche mit anderen chiralen Phasen führten nicht zu einer Anreicherung [13]. Die strukturisomeren Pyridinophane konnten bis auf wenige Ausnahmen an Poly(triphenylmethylmethacrylat) enantiomer angereichert werden [21].

Racemisierungsbarrieren: Die Energiebarriere des [2.2]Metacyclophan-4-carbonsäuremethylesters (**51**) kann mit 131 kJ/mol als Leitmarke für [2.2]-Metacyclophane angesehen werden. Wegen des geringeren sterischen Anspruchs des freien Elektronenpaars am Stickstoff liegt die Barriere von **47** mit 124 kJ/mol um 7 kJ/mol niedriger. Aufgrund der Verengung des zehngliedrigen Rings durch das Sauerstoffatom ist die Barriere des Oxa[2.2]metacyclophans (**25**) - bemerkenswert geringfügig - auf 132 kJ/mol erhöht [21].

Das Tosylazaphan **33** weist eine bemerkenswerte Enantiomerenstabilität auf, die mit $\Delta G_{INV}{}^{\ddagger}$ = 137 kJ/mol einen direkten Vergleich mit der Tosylaza-Verbindung **17** zuläßt (128 kJ/mol). Die beiden im Vergleich zu den Heteraphanen **22** und **16** (123 und 121 kJ/mol) hohen Racemisierungsbarrieren der Moleküle **33** und **17** lassen sich möglicherweise durch das Auftreten sterischer Wechselwirkungen, aber auch durch elektronische Effekte des Tosyl-Rests in Verbindung mit dem N-Elektronenpaar am Stickstoff erklären. Der Unterschied zur Monothia-Verbindung **22** liegt bei ca. 12 kJ/mol.

	X	Y	Z	R
25	O	CH_2	CH_2	H
44a	O	CH_2	S	H
16	O	S	CH_2	H
17	N-Tos	S	CH_2	H
22	S	CH_2	CH_2	H

46a: X = S
44b: X = SO_2

Das "diagonale" Diheteraphan **44b**, von dem eine Röntgen-Kristallstruk-turanalyse existiert, konnte in die Enantiomere getrennt werden. Die Race-misierungsschwelle liegt für **44b** bei 127 kJ/mol, also ähnlich wie bei dem Isomer **16**. Die intraannularen Wasserstoffatome H_i absorbieren bei $\delta = 5.08$ und 3.93 (**44a**) bzw. $\delta = 5.35$ und 4.12 (**44b**).

Struktur/Chiroptik-Beziehungen: Die helicalen Cyclophane **16**, **17**, **22** und **33** zeigen im Bereich zwischen 220 und 260 nm jeweils intensive Cotton-Ef-fekte (Abb.6,7).

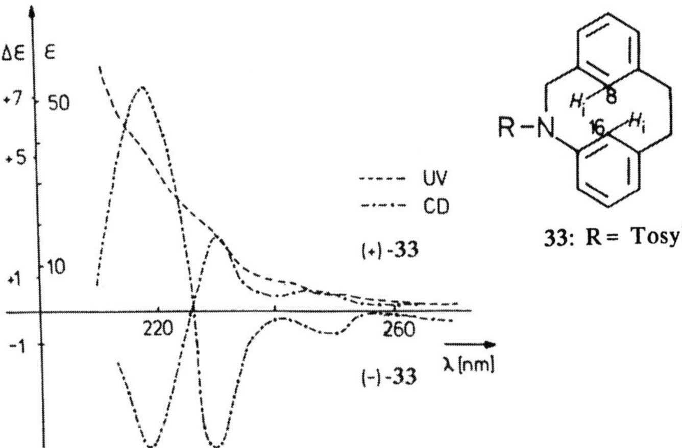

Abb.6. UV- und CD-Kurven von (+)- und (-)-33 (in Ethanol) [12]

Die Reihe Konstitutions-isomerer Pyridinophane **47-50** erlaubt es, unter Erhalt des starren helicalen Molekülgerüsts (kein Chiralitätszentrum vorhan-den) ausschließlich den Einfluß der Chromophor-Orientierung zu beobachten. In Abb.8 sind die CD-Spektren von **47** und **49** miteinander verglichen [21]. Die Lage des ersten Cotton-Effekts von **47** und **49** ($\lambda = 266$ und 284 nm), die ähnliche Chromophore aufweisen, bei denen lediglich der Pyridinring um 180° "gedreht" ist, wird um immerhin 1.4 eV verschoben. Die Veränderun-gen im CD gehen hier ausschließlich auf die unterschiedliche Orientierung des Pyridinrings bei gleicher Grobstruktur zurück.

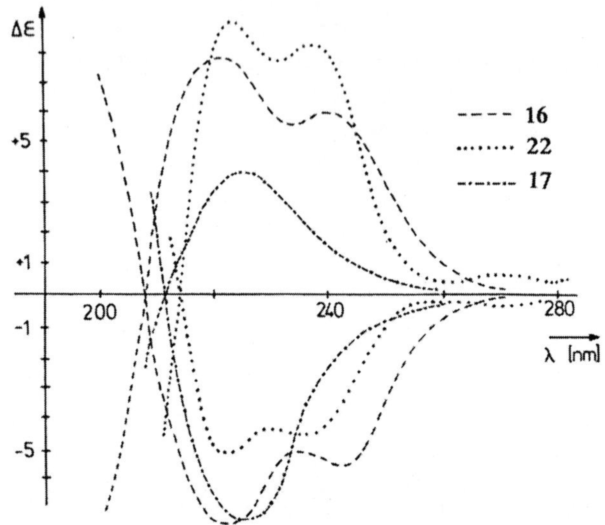

Abb.7. Vergleich der CD-Kurven von **16**, **17** und **22** (**16** und **17** in Dioxan, **22** in Ethanol); jeweils beide Enantiomere [12]

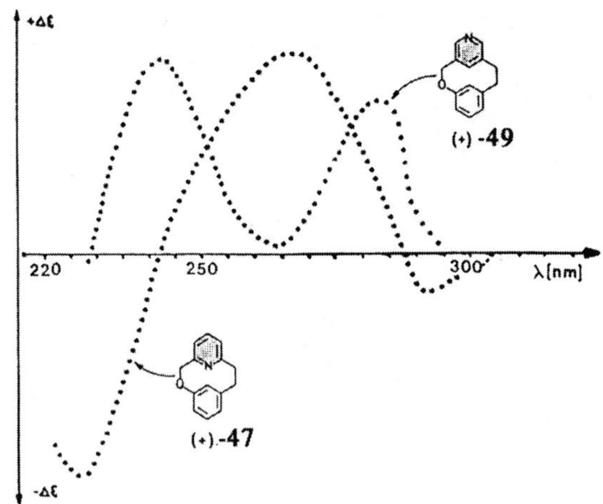

Abb.8. CD-Spektren von (+)-47 und (+)-49 (in Methanol) [12]

Dagegen kann ein Einfluß der Chromophor-Orientierung bei **52** und **53** (mit CH_2-CH_2-Brücken) nicht beobachtet werden (**Abb.9**); die Kurven nehmen einen annähernd gleichen Verlauf. Der Ersatz des Pyridin-Aromaten durch Benzen (in **54**) führt zu einer bathochromen Verschiebung um 5 nm und zum Verschwinden des ersten positiven Cotton-Effekts, den **53** und **52** bei $\lambda = 283$ nm aufweisen.

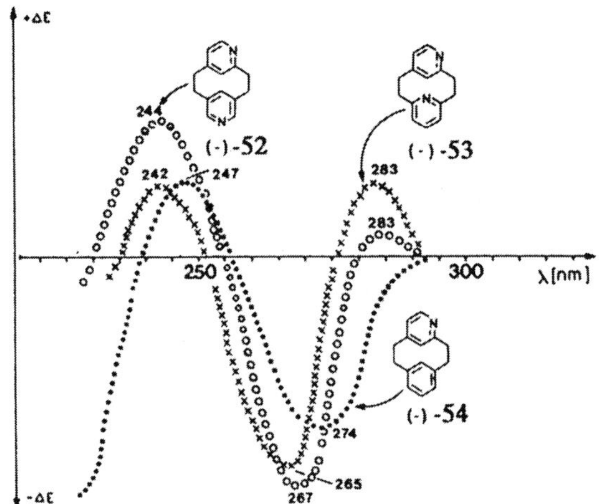

Abb.9. CD-Spektren von (-)-53 (xxx), (-)-52 (ooo) und (-)-54 (···) im Vergleich (in Methanol) [12]

In saurer Lösung führt die Protonierung der Pyridinophane zu neuen CD-Kurven der protonierten Verbindungen; bei **54** verschwindet z.B. das längerwellige negative Maximum.

Die CD-Spektren von **42a-f** ähneln denen von **33** [15]. Aufgrund der *anti*-Konformationen beobachtet man in den intraannular substituierten heteracyclischen [2.2]Metacyclophanen das intraannulare Wasserstoffatom H_i bei recht hoher Feldstärke, wobei die Hochfeldverschiebung annähernd umso größer ist, je voluminöser der intraannulare Substituent ist, der das H_i in die π-Wolke des entgegengesetzten Rings drängt. **42g** zeigt die bisher höchste ^{1}H-NMR-Hochfeldverschiebung eines aromatischen Protons in dieser Reihe von [2.2]Metacyclophanen. Für **42g** findet man eine gehinderte Rotation des *tert*-Butyl-Substituenten: ^{1}H-NMR-Messungen bei -70°C (400 MHz) zeigen eine charakteristische Verbreiterung des Singletts der *tert*-Butyl-gruppe, während andere Signale scharf bleiben. Bei **42f** ist die Rotation des intraannularen Phenylrings eingeschränkt: die Barriere beträgt 64 kJ/mol.

Auch die CD-Spektren von kondensierten (43) und mehrschichtigen [2.2]-Phanen (vgl. *Abschn. 6*) wurden nach der Enantiomerenanreicherung gemessen [16].

Am Beispiel des *N*-Toluensulfonyl-8-thiomethyl-1-thia-10-aza[2.2]metacyclophans (42c) wurde mit Hilfe der anomalen Röntgenbeugung die absolute Konfiguration bestimmt [22]. Hieraus kann durch Vergleich der Circulardichrogramme auch die absolute Konfiguration einiger anderer, ähnlicher [2.2]Metacyclophane abgeleitet werden.

2.13.2   [2.2]Metaparacyclophane

Von den heteracyclischen [2.2]Phanen mit *m,p*-Verknüpfung gibt es nur wenige, von den [2.2]Paracyclophanen mit Heteroatomen in der Brücke bislang keine Vertreter. Das *2,9-Dithia[2.2]metaparacyclophan* (55) wurde aus 1,3-Dimercaptobenzen und 1,4-Bis(brommethyl)benzen in einer Verdünnungsprinzip-Reaktion in 9% Ausbeute dargestellt [23].

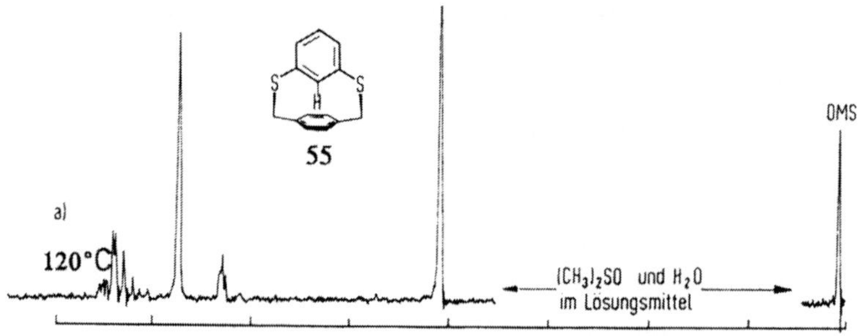

Die Protonenresonanzen von 55 sind wie die des [2.2]Metaparacyclophan-Kohlenwasserstoffs (4) temperaturabhängig (<u>Abb.10</u>):

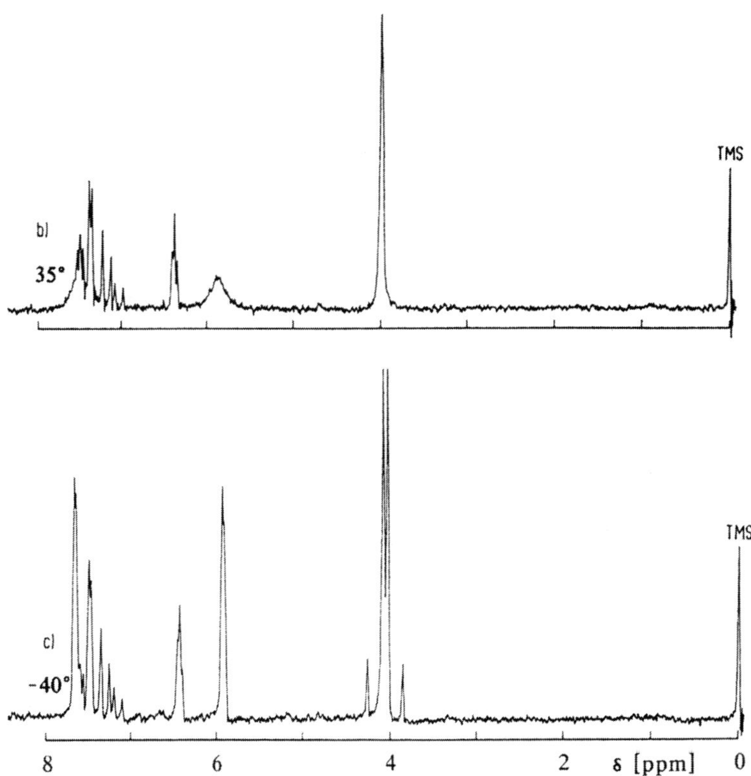

<u>Abb.10.</u> Protonenresonanzen von **55** bei verschiedenen Temperaturen: a) in $(CD_3)_2SO$; b,c) in CCl_4/CS_2 [23]

Die *p*-Phenylen-Protonen von **55** erscheinen bereits bei 35°C in $CDCl_3$ als stark verbreiterte Absorptionen. Erwärmen (in DMSO-D_6) führt zum Verschwinden der ursprünglichen *p*-Phenylen-Signale und zur Neubildung eines ab 120°C scharfen Singletts bei δ = 6.70 (Koaleszenztemperatur T_c = 40°C). Das Methylen-Singlett verschärft sich gleichfalls. Beim Kühlen von **55** (in CCl_4/CS_2) verschärfen sich die *p*-Phenylen-Protonen; bei -40°C bilden sie ein AA'XX'-System. Mit den aus den *p*-Phenylen-Signalen entnommenen Daten ergibt sich $\Delta G_c^{\ddagger}$ zu 62 kJ/mol. Auch das Methylen-Signal spaltet beim Kühlen auf: T_c = -20°C. Bei -40°C liegt ein scharfes AB-System vor; die Auswertung der Temperaturabhängigkeit der Methylen-Absorption führt somit zu $\Delta G_c^{\ddagger}$ = 61 kJ/mol. Da eine Rotation des *p*-Phenylenrings alleine keine CH_2-Koaleszenz herbeiführen kann, wurde angenommen, daß bei hinreichend hoher Temperatur der Umklappvorgang A⇌B stattfindet [23]:

Dieser bewirkt eine Mittelung sowohl für die aliphatischen als auch die *p*-Phenylen-Protonen. Ob zusätzlich eine Rotation des *p*-Phenylenrings eine Rolle spielt, kann aus der Gleichheit der $\Delta G_c^{\ddagger}$-Werte nicht entnommen werden. Für die Rotationsbarriere läßt sich lediglich $\Delta G_c^{\ddagger} > 61$ kJ/mol angeben.

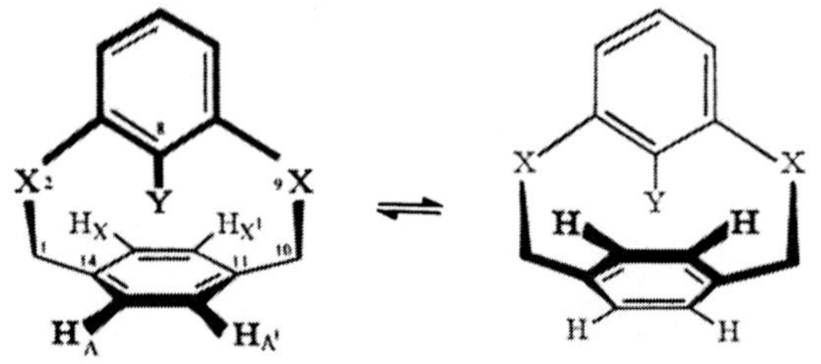

Für die entsprechende Ringinversion des [2.2]Metaparacyclophans (**4**) wurde eine (höhere) Freie Enthalpie der Aktivierung von 84.6 kJ/mol gefunden *(Abschn. 2.4)*. Substitution von H(8) in **4** durch ein Fluoratom führt, wie die temperaturunabhängige Protonenresonanz von **4a** zeigt, zur Blockierung der Ringinversion ($\Delta G_c^{\ddagger} > 95$ kJ/mol). Bei **55** ist demnach die sterische Wechselwirkung im Ringinnern viel geringer als in **4** [23].

2.14   [2.0.0]Phane

Die folgenden [2.0.0]Phane enthalten wie die [2.2](1,3)Phane einen (starren) zehngliedrigen Ring einschließlich intraannularer Substituenten (H, Elektronenpaar...). Das "Benzo[2.2]metacyclophan" ("Triphenylenicen", [2.0.0]-Metaorthometacyclophan; 56) wurde von *Vögtle et al.* erstmals synthetisiert und in die Enantiomere getrennt [1]. Die Röntgen-Kristallstruktur ergibt für die Ethano-Brücke und die beiden Benzenringe eine stufenförmige Gestalt ähnlich der des [2.2]Metacyclophans (2), jedoch sind die drei Aromaten-Bausteine schraubenförmig gewunden fixiert (dreiflügelige Propeller-Anordnung).

56   57   58a: R = H
58b: R = C_6H_5

59   60

Die absolute Konfiguration von 56 wurde durch anomale Röntgenbeugung bestimmt: P-(-)-25, M-(+)-25 [2].

Die Racemisierungsbarrieren der heterosubstituierten [2.0.0]Phane 57-60 liegen relativ hoch ($\Delta G_{INT}^{\ddagger}$ = 115-125 kJ/mol); die Enantiomere sind also stabil [3].

Das [2.0.0]Pyridinophan 62 ist noch nicht bekannt, obwohl es wahrscheinlich leicht aus dem - bisher nur in geringer Menge erhaltenen - 2-Thia-[3.0.0]phan 61 *(Newkome)* [3] hergestellt werden könnte.

61   62

3 [3.3]Phane

Die wichtigsten Vertreter der [3.3]Phane (allgemeine Formel I) sind die
Dithia[3.3]phane, die vielfältig als Zwischenstufen für die Synthese der entsprechenden [2.2]Phane eingesetzt wurden. Es sei lediglich eine Auswahl einiger interessanter [3.3]Phane gegeben. Folgende Unterabteilungen sind zu
unterscheiden: Die "symmetrischen" [3.3]Meta-, -Para- und -Orthocyclophane
sowie die "unsymmetrischen" [3.3]Orthometa-, -Metapara- und -Orthoparacy-
clophane und entsprechende [3.3]Heterophane:

[3.3]Phan
I

ortho
Ia

meta
Ib

para
Ic

om
Id

mp
Ie

op
If

Von allen diesen Strukturtypen gibt es Beispiele. Im folgenden *Abschnitt*
sind die bekanntesten ausgewählt.

3.1   [3.3]Phan-Kohlenwasserstoffe

Das *[3.3]Paracyclophan* (6) ist frühzeitig von *Cram* [1] beschrieben worden. Die Darstellung erfolgte durch Acyloin-Kondensation. Es erwies sich als weniger stark gespannt verglichen mit [2.2]Paracyclophan [1]. Auf die Röntgen-Kristallstrukturanalyse von **6** und dem **6** $\cdot$ Cr$^{\oplus}$I$_3^{\ominus}$-Komplex [2a] sowie neuere NMR-, PES- und ESR-Studien an substituierten [3.3]Paracyclophanen [2b] sei nur hingewiesen.

In Lösung liegt folgendes Gleichgewicht **A** ("Sessel") $\rightleftarrows$ **B** ("Wanne") [3] vor:

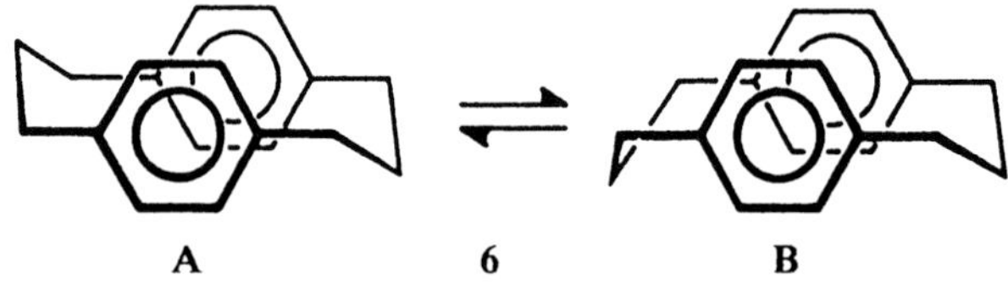

A   **6**   **B**

In neuerer Zeit sind [3.3]Phan-Kohlenwasserstoffe der Meta- und Para-Reihe nach folgenden Methoden a)-c) hergestellt worden:

a) *"Nicht doppelt benzylische Sulfonpyrolyse"* [4a] (und "photolytische Sulfidextraktion") [4b]:

$$R^1 = R^2 = R^3 = R^4 = H \qquad \mathbf{6}$$
$$R^1 = R^2 = CN, \quad R^3 = R^4 = OMe \qquad \mathbf{7}$$

$\xrightarrow{\underline{550°C} \,/\text{Vak.}}$

9 *)

b) *Cyclisierung mit TosMIC:* [5]

Einstufig (Ar = Aren):

$$2 \, Ar\underset{CH_2X}{\overset{CH_2X}{\diagdown}} + H_3C\!-\!\langle\ \rangle\!-\!SO_2CH_2NC \xrightarrow[CH_2Cl_2/H_2O]{NaOH, \ n\text{-}Bu_4NI} \quad \xrightarrow{HCl} \quad$$

(TosMIC)

n: 1, 2, 3, ...

Zweistufig:

$$TosMIC + Ar\underset{CH_2X}{\overset{CH_2X}{\diagdown}} \xrightarrow[CH_2Cl_2/H_2O]{NaOH, \ n\text{-}Bu_4NI} \quad Ar\underset{CH_2CH\diagdown_{NC}^{Ts}}{\overset{CH_2CH\diagdown_{NC}^{Ts}}{\diagdown}} \ ;$$

II

$$Ar\underset{CH_2X}{\overset{CH_2X}{\diagdown}} + II \xrightarrow[CH_2Cl_2/H_2O]{NaOH, \ n\text{-}Bu_4NI} \quad \xrightarrow{HCl} \quad$$

---

*) Der Kohlenwasserstoff **9** kann als [3](4,4″)Orthoterphenylo[3](1,3)benzeno-
phan oder - umständlicher - als [3.3.0.0](1,3)(1,4)(1,2)(1,4)benzenophan
aufgefaßt werden.

Beispiele von auf diese Weise erhaltenen [3.3]Phanen {und [3$_n$]Phanen}:

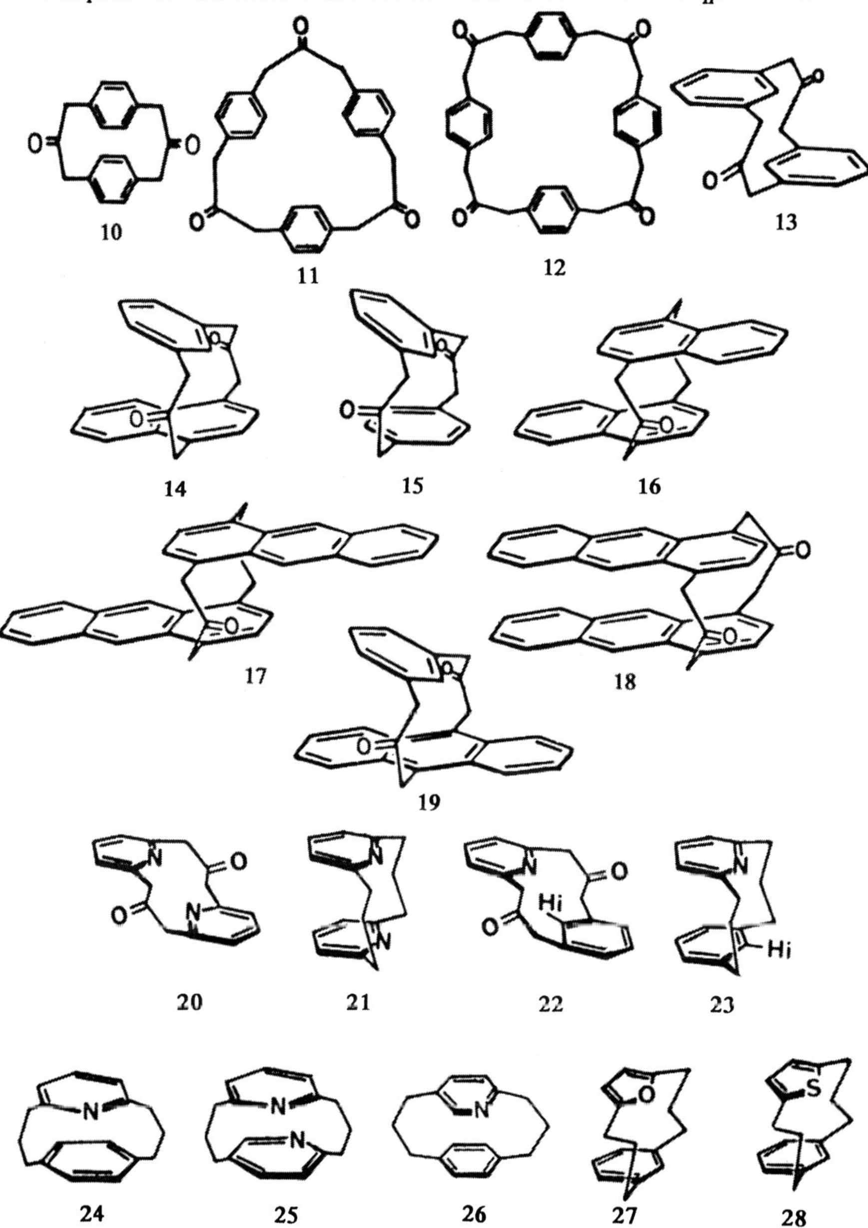

c) *Chromhexacarbonyl-Komplex-Methode* (nach *Semmelhack* [6]):

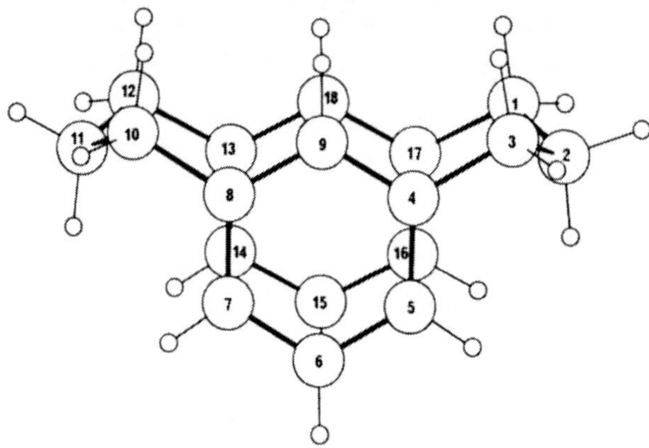

(a) $Cr(CO)_6$; (b) $LiN(iPr)_2$; (c) I_2; (d) $LiN(iPr)_2$; (e) O_2; (f) Na_2SO_3; (g) Na, NH_3

Das [3.3]Metacyclophan- und das [3.3]Naphthalenophan-Skelett sind ausserdem durch Ringerweiterung ausgehend von [2.2]Metacyclophan-1,10-dion mit Diazomethan und mit Hilfe der Malonester-Methode hergestellt worden.

[3.3]Metacyclophan (8) ist durch Röntgen-Kristallstrukturanalyse gesichert [6]: Im Kristall nimmt 8 eine *syn*-Geometrie ein, wobei die Brücken-CH_2-Gruppen in einer Sessel/Sessel-Konformation vorliegen (Abb.1).

Abb.1.   Röntgen-Kristallstruktur   des   [3.3]Metacyclophan-Kohlenwasserstoffs
         (8) [6]

Dieselbe Konformation wird bei Molekülmechanik-Rechnungen als Energieminimum gefunden; daraus geht auch die Verdrillung der Arenringe hervor. Rechnungen ergeben zudem, daß wie bei den 2,11-Dithia[3.3]metacyclophanen (s.u.) alle *anti*-Konformere eine um ≈ 25 kJ/mol höhere Energie aufweisen (Abb.2).

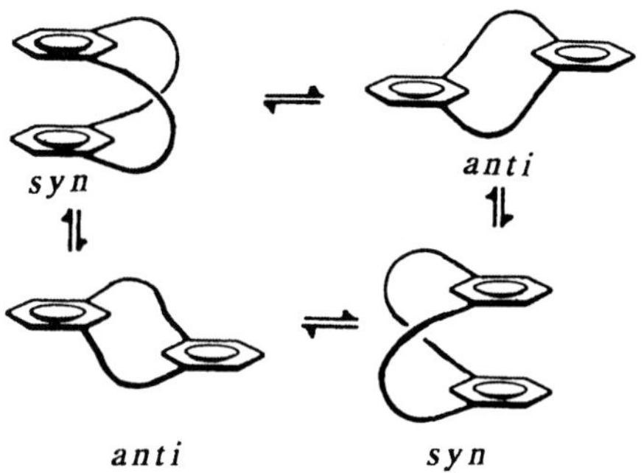

Abb.2. *syn-* und *anti*-Konformere und *syn-*/*anti*-Isomerisierung von [3.3]-Metacyclophanen (schematisch)

In Lösung wird durch variable Temperatur-^{1}H- und -^{13}C-NMR-Spektroskopie ein dynamisches Verhalten des [3.3]Metacyclophans (8) gefunden, das auf die Interkonversion zwischen *syn*-Konformeren - über eine Sessel/Boot-Konformation 8B - zurückgeht (Abb.3). Die Barriere für die Isomerisierung wurde zu 42-46 kJ/mol ermittelt [6,7].

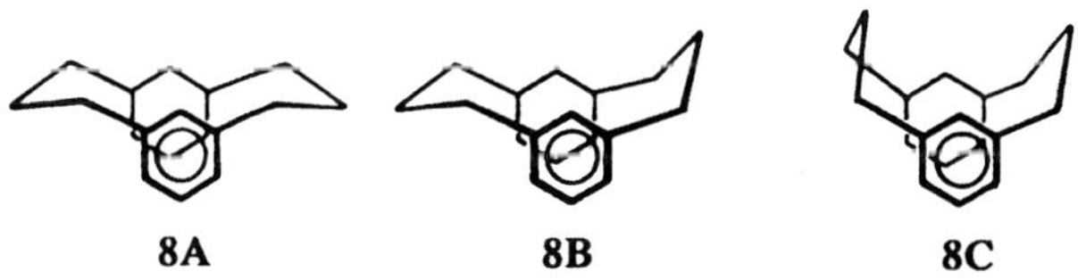

Abb.3. Konformations-Isomerisierung der [3.3]Metacyclophan-Brücken

[3.3]Phane vom Donor-Acceptor-Typ siehe *Abschnitt 2.11* sowie Lit. [8].

Das *[3.3](1,4)Naphthalenophan* tritt in *syn-* und *anti-*Isomeren (17a,b) auf [9]:

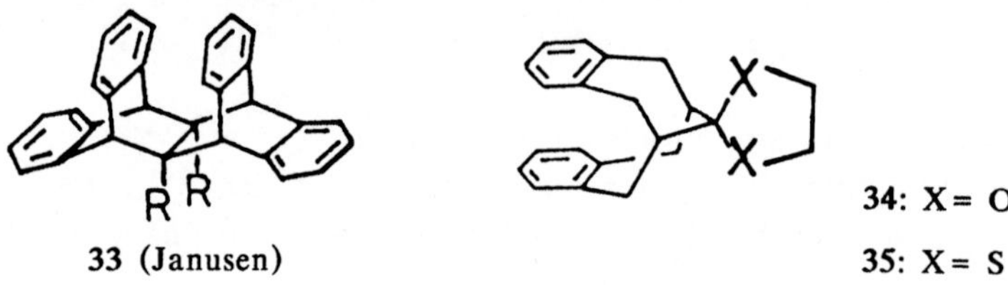

17a   17b

Es scheinen nur wenige *[3.3]Orthocyclophane* bekannt zu sein [10]. Da sie eine relativ "flache" Konformation einnehmen dürften, sind sie für die Cyclophan-Chemie nicht sehr interessant. Die folgenden [3.3](1,2)Phane zeigen jedoch π-π-Wechselwirkungen, d.h. elektronische Wechselwirkungen zwischen "face-to-face"-fixierten Benzenringen.

Das *"Janusen"* (33) wurde von *Tashiro* et al. zu den [3.3]Orthocyclophanen gezählt; es enthält zusätzliche Brücken [11].

33 (Janusen)

34: X = O

35: X = S

Röntgen-Kristallstrukturanalysen der Verbindungen 34 und 35 zeigen, daß die kürzesten intramolekularen Abstände zwischen zwei Benzen-Ringen bei 303-307 pm liegen und daß der Diederwinkel zwischen den beiden Phenylen-Ringen 25° beträgt.

3.2   Dithia- und Diaza[3.3]phane

Das *2,11-Dithia[3.3]paracyclophan* (7) wurde 1970 bekannt [1]: Die beim [3.3]Paracyclophan-Kohlenwasserstoff (6) formulierte Ringinversion (A⇌B, s.o., *Abschn. 3.1*) scheint hier rascher abzulaufen.

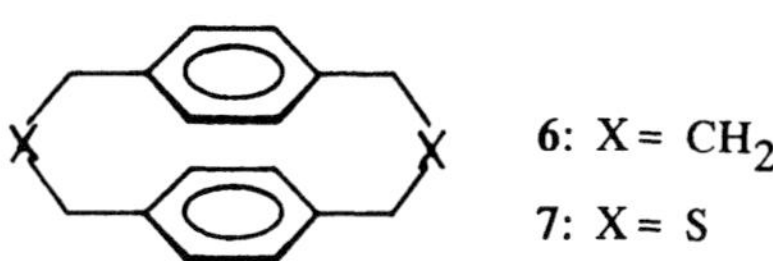

6: X = CH_2

7: X = S

Dithia[3.3]phane sind vielfältig als Zwischenstufen zur Herstellung der [2.2]Phan-Kohlenwasserstoffe eingesetzt worden [2].

Interessante   [3.3]Phane   sind   das   *2,19-Dithia[3.3](4,4')-(E)-azobenzeno<2>phan* (8) [*)] [und das entsprechende vierfach verbrückte Analogon 9 *(Rau)*] [3]. 8 (und 9) werden durch Licht isomerisiert (*"organische Schalter"*) [4]. Damit ist die Möglichkeit der (*E*)/(*Z*)-Photoisomerisierung von Azobenzenen durch Veränderung des Bindungswinkels am Stickstoff experimentell nachgewiesen. Bei beiden Molekülen 8 und 9 ist eine (*E*)/(*Z*)-Isomerisierung durch Rotation um die N=N-Doppelbindung wegen der Verbrückung nicht mehr möglich, so daß hier nur eine *Inversion am Stickstoffatom der Azogruppe* in Frage kommt. Bei der kinetischen Analyse von Bestrahlungsversuchen in verdünnter Lösung wurden auch Hinweise auf eine Tetraazacyclobutan-Bildung erhalten.

[*)]   Die Zahl 2 zwischen den spitzen Klammern (< >) deutet darauf hin, daß hier *zwei* Azobenzen-Einheiten (in 4,4'-Position) miteinander zu einem zweischichtigen Phan verbrückt sind. Dabei wird Azobenzen wie eine "aromatische Einheit" behandelt. - Eine alternative (korrektere, aber umständlichere) Bezeichnung müßte die vier Benzenringe als Aromaten einsetzen und würde zu einem Tetraaza[3.2.3.2](1,4)benzeno<4>phan-Namen führen.
Exakte und bindende Vorschriften, welche Bezeichnung die "richtige" ist, gibt es bisher nicht. Allgemein sollte eine Verbindung möglichst nur einen Namen erhalten. Bei alternativen Möglichkeiten zur Benennung sollte in der Regel der kürzere Name gewählt werden (vorausgesetzt, er ist nicht weniger eindeutig).

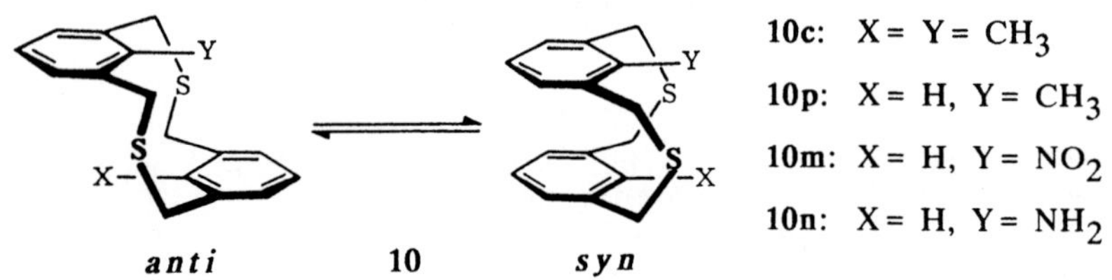

Intraannular substituierte *2,11-Dithia[3.3]metacyclophane* des Typs **10** sind wegen der durch Schwefelelimination zu gewinnenden [2.2]Phan-Kohlenwasserstoffe in großer Zahl dargestellt worden (vgl. *Abschn. 2.2*) [2a].

Nr.	X	Y
d	NO_2	H
e	NH_2	H
f	NO_2	NO_2
g	NH_2	NH_2
h	N=N–Ph	H
i	N=N–Ph	N=N–Ph

Nr.	X	Y
k	NO_2	CH_3
l	NH_2	CH_3
m	H	NO_2
n	H	NH_2

10 a : R = H
b : R = F
10 c : R = CH_3

10

10o

Dieser Phan-Typ kommt daher an vielen Stellen dieses Studienbuches vor.

Vögtle et al. beobachteten zuerst das Auftreten der *syn*- und *anti*-Konformere bei intraannular substituierten Dithia[3.3]metacyclophanen [5]:

10c: X = Y = CH_3

10p: X = H, Y = CH_3

10m: X = H, Y = NO_2

10n: X = H, Y = NH_2

anti   **10**   *syn*

Durch Röntgen-Kristallstrukturanalysen sind die Konformationen einiger Vertreter der Dithia[3.3]metacyclophane des Typs **10** bewiesen [2b]: Das unsubstituierte **10a** (X = Y = H) [6] liegt demnach im Kristall ausschließlich in der *syn*-Form vor [7].

Durch Dipolmomentmessungen wurde geklärt, daß auch die Difluor-Verbindung **10b** (X = Y = F) [5] in Lösung bevorzugt die *syn*-Konformation ausbildet. Von der Dimethyl-Verbindung **10c** sind *syn*- und *anti*-Isomere getrennt und daraus die entsprechenden *syn*- und *anti*-[2.2]Phane hergestellt worden [8].

Besonders große Substituenten wie Nitro-, Carboxyl-, Phenylgruppen wurden ins Ringinnere von [3.3]Phanen eingebaut (vgl. z.B. **10o**) [9]. Phenyl als intraannulare Gruppe ist aus mehreren Gründen attraktiver als andere Substituenten: Neben der Möglichkeit, elektronische Effekte in neuem Zusammenhang zu studieren, bietet sich hier die Chance, Benzenringe übereinander zu schichten, ohne sie wie bei den bisher bekannten Phanen mehrfach verbrücken zu müssen.

Die Darstellung von **10s** gelang durch eine Benzidin-Umlagerung **10q** → **10r**: C_6H_5- wandert dabei von "außen" ins Zwölfring-Innere [9a].

10s : X = S

Über Dithia[3.3]naphthalenophane [7] und -pyridinophane [5] siehe die angegebene Literatur.

2,11-Dithia[3.3]orthocyclophan (**11**) wurde 1979 beschrieben [10]. In Lösung scheint das *anti*-Konformer bevorzugt zu sein und eine *anti/anti*-Ringinversion des Typs **A** ⇌ **B** abzulaufen:

A   11   B

1989 wurde über verwandte *2,11-Dithia[3.3](5,6)indanocyclophane* (12, 13) berichtet und eine Röntgen-Kristallstrukturanalyse publiziert (<u>Abb.1</u>; *Hopf et al.*) [11].

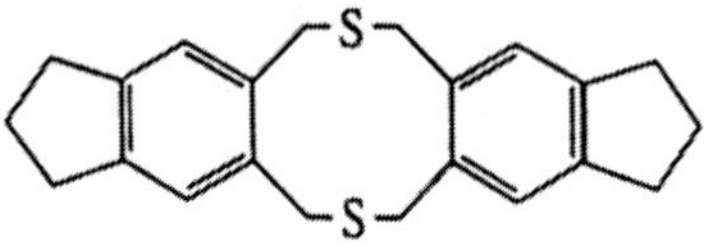

12 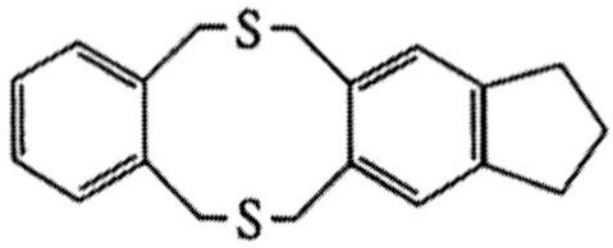   13

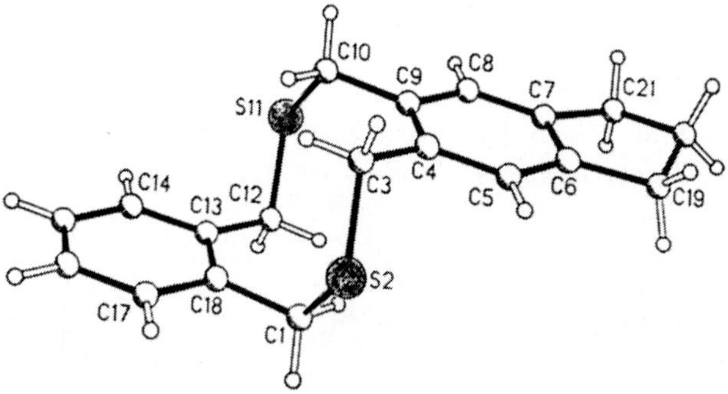

Abb.1. Röntgen-Kristallstruktur von 13 [11]

Hinsichtlich von [3.3]Metaparacyclophanen [mit $(CH_2)_3$-Brücken [12]] bzw. CH_2-S-CH_2-Brücken [13] sei auf die Literatur verwiesen.

Tetrathia- [14] und *Hexathia[3.3]phane* [15] wurden gleichfalls beschrieben:

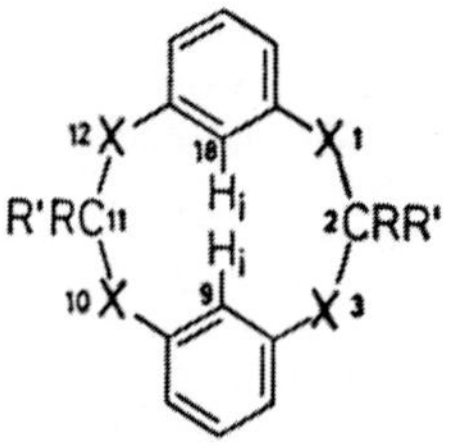

14a: X = S
14b: X = SO$_2$ 16   17

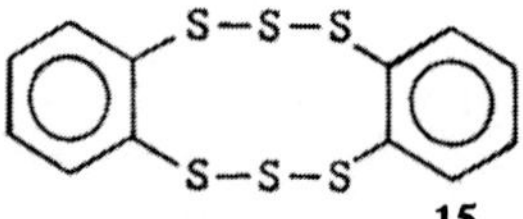

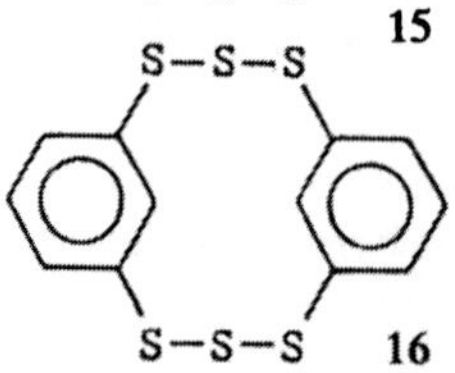

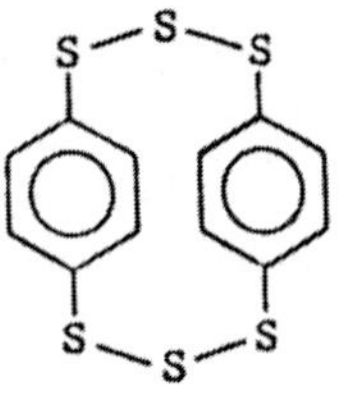

15

Diaza[3.3]phane der *meta-* und *para*-Reihe wurden von *Vögtle et al.* [16] sowie später von *Takemura et al.* [17] {im Hinblick auf den Abbau zu [2.2]Phanen (s. *Abschn. 2.2*)} dargestellt:

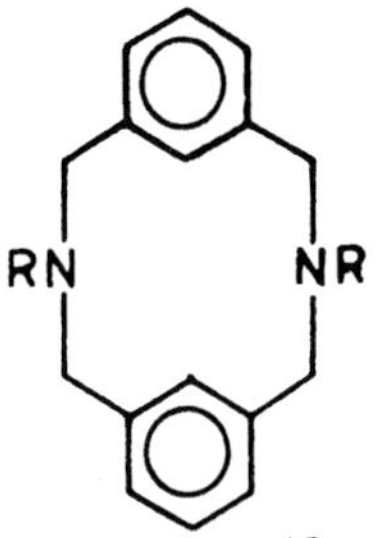

18 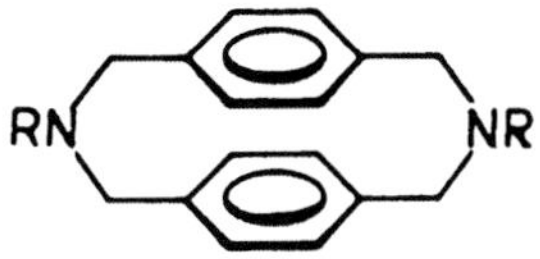   19   a: R = Tos
                        b: R = NO
                        c: R = CH$_3$
                        d: R = NH$_2$ 20

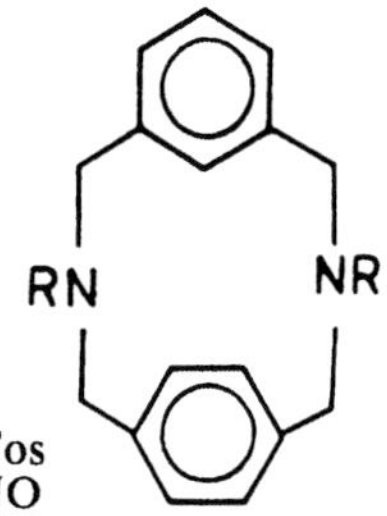

In letzterer Arbeit wird auch über höhere cyclooligomere Triaza[3.3.3]- und Tetraaza[3.3.3.3]paracyclophane berichtet [17].

3.3   1,11-Diselena[3.3]phane

Das erste (unsubstituierte) *1,11-Diselena[3.3]metacyclophan* (23) wurde sowohl durch Kuppeln von Dihalogeniden wie 22 mit Natriumselenid *(Mitchell)* als auch durch Deselenierung von Tetraselena[4.4]cyclophan mit $P(NEt_2)_3$ dargestellt. Die Ausbeuten waren zunächst gering [1].

Eine verbesserte Synthese von 23 wurde 1987 mitgeteilt *(Misumi)* [2]: Durch Kuppeln des Bis(selenocyanats) 21 mit dem Dibromid 22 bei Gegenwart von $NaBH_4$ wurde das Diselenacyclophan 23 in vergleichsweise hoher Ausbeute erhalten. Bei dieser Verdünnungsprinzip-Reaktion ist ein großer Überschuß an $NaBH_4$ erforderlich, um das Reaktionssystem unter reduktiven Bedingungen zu halten und oxidative Polymerisationen zu unterdrücken.

Der Abbau des Diselena[3.3]metacyclophans 23 zum [2.2]Metacyclophan (2) gelingt a) durch Wittig- oder Dehydrobenzen-induzierte Stevens-Umlagerung, b) durch Photo-Deselenierung mit Tris(dimethylamino)phosphan und c) durch Blitz-Pyrolyse im Vakuum [2].

^{1}H-NMR-Spektren der Selena[3.3]metacyclophane zeigen, daß das *syn*-Konformer als stabilstes Isomer vorliegt [3]. Im kristallinen Zustand findet man wie beim 2,11-Dithia- (10a) auch für das 2,11-Diselena[3.3]metacyclophan (23) ausschließlich die *syn*-Konformation.

Für den gelösten Zustand konnte durch Tieftemperatur-^{77}Se- und -^{1}H-NMR-Spektren bewiesen werden, daß 2,11-Diselena[3.3]metacyclophan (23) einer *syn* $\rightleftarrows$ *anti*-Umwandlung unterliegt ($\Delta G^{\ddagger}_c \approx$ 33.5 kJ/mol). Ein Sessel $\rightleftarrows$ Boot-Umklappvorgang der Brücken-CH_2-Gruppen ("bridge wobble") wird - wie beim [3.3]Metacyclophan (8, *Abschn. 3.1*) - gleichfalls beobachtet, allerdings mit einem so niedrigen $\Delta G^{\ddagger}$-Wert, daß die Bestimmung nicht mehr möglich war.

Auch das intraannular Dimethyl-substituierte Diselena[3.3]metacyclophan ist bekannt [2].

4 [m.n]Phane (m, n≥ 2)

4.1 [3.2]Phane

Griffin untersuchte die Ring-Umklappvorgänge in (an der Brücke) substituierten [3.2]Metacyclophan-Kohlenwasserstoffen durch ^{1}H-NMR-Spektroskopie [1]. Er formulierte einen konformativen Prozeß **6A⇌6B** mit einer Schwelle $\Delta G^{\ddagger}_{60}$ um 66-70 kJ/mol, die vom Substituenten abhängig ist.

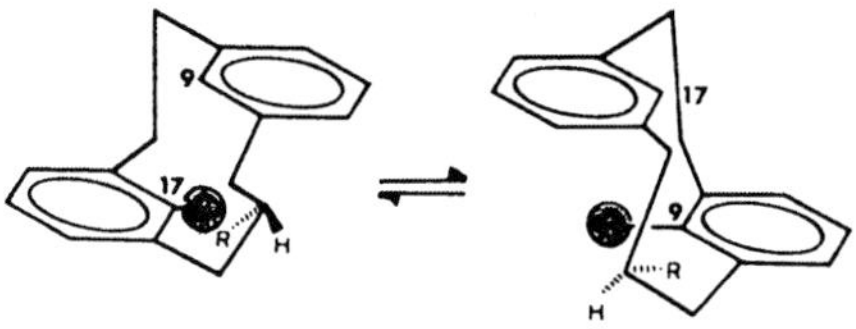

Grützmacher beschrieb kürzlich eine einfache Synthese von substituierten [3.2]Paracyclophan-10-enen ausgehend von Bis(4-acylphenyl)propanen durch McMurry-Reaktion [2]:

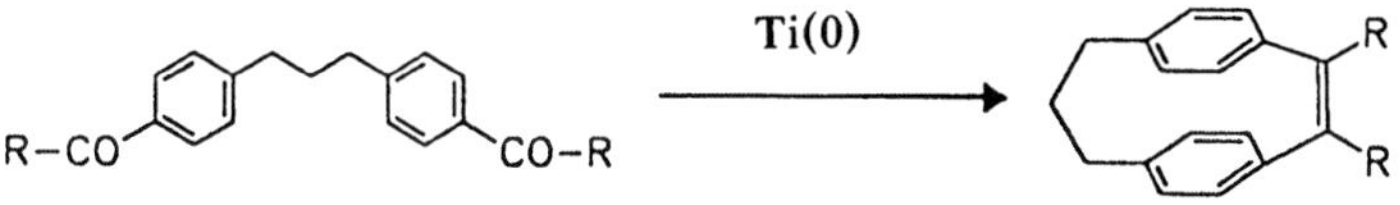

Die meisten Vertreter der [3.2]Phane findet man in der Familie der *2-Thia[3.2]phane*. *Sato* stellte das erste *2-Thia[3.2]metacyclophan* (8a) durch Umsetzung der Bis(halogenmethyl)-Verbindung 7 mit Na_2S her [3].

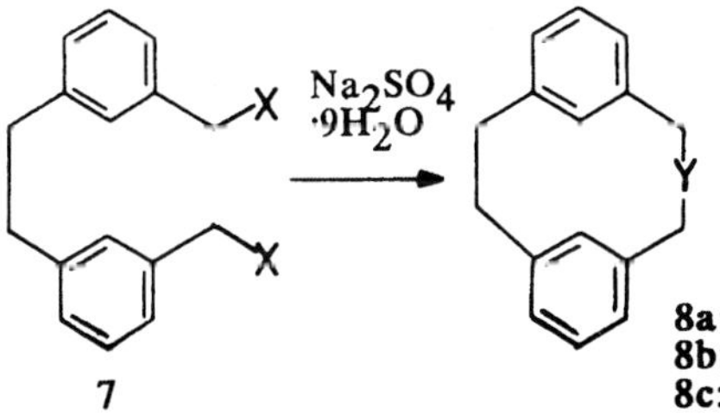

8a: X = S
8b: X = SO
8c: X = SO$_2$

Die ^{1}H-NMR-Spektren des Sulfids **8a**, des Sulfoxids **8b** und des Sulfons **8c** erwiesen sich als temperaturabhängig, woraus Energiebarrieren für die

Ringinversionen C $\rightleftharpoons$ D von 55, 63 und 68 kJ/mol ermittelt wurden. Die *syn*-Konformation **E** scheint - wie bei den [3.3]Metacyclophanen (s.o.) - energetisch günstig zu sein [3)].

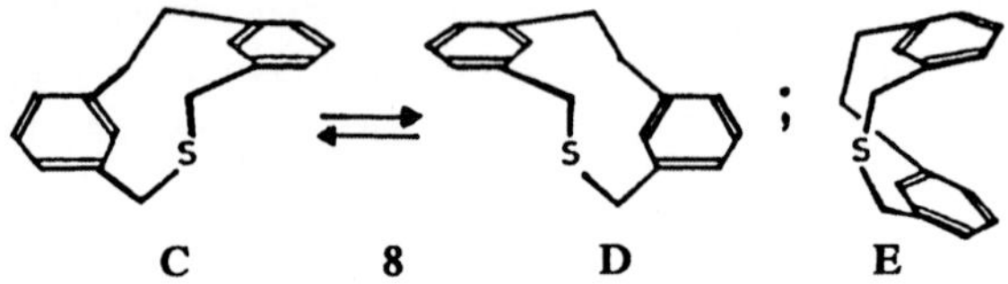

C   8   D   E

Vögtle und *Przybilla* fanden einen neuen Syntheseweg zu den hetera- und heterocyclischen Oxathia[3.2]phanen ausgehend von 3-(Mercaptomethyl)-phenol (9) [4)]:

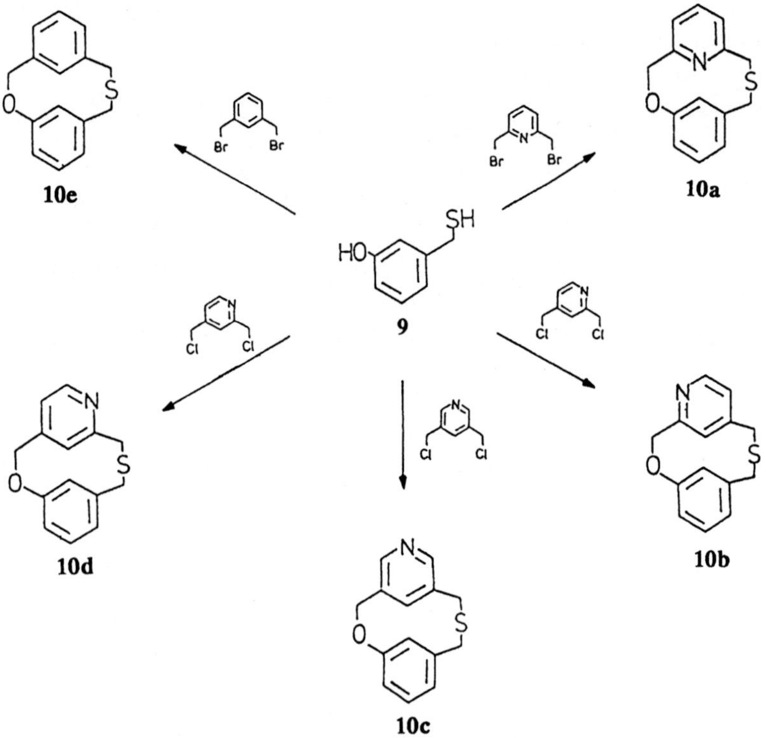

10e

10a

9

10d

10c

10b

Unter Verdünnungs-Bedingungen und Caesium-Assistenz werden die [3.2]-Phane in Ethanol als Lösungsmittel in guten Ausbeuten erhalten. Auch diese enger verklammerten Oxa[3.2]phane erweisen sich als konformativ beweglich. Die Ringinversionsbarrieren wurden sowohl über die Koaleszenz der ^{1}H-NMR-Signale der $C\underline{H}_2O$- als auch z.T. der $C\underline{H}_2S$-Gruppe ermittelt.

Die gleichfalls synthetisierten 2-Thia[3.2]pyridinophane 11a-c zeigen eine um etwa 23 kJ/mol höhere Barriere als entsprechende Oxa[3.2]phane des Typs 10 [4]. Dies wurde einerseits auf die unterschiedliche Geometrie des Pyridinaromaten zurückgeführt, andererseits auf die Verkürzung der einen Brücke in 10 aufgrund der C-O-C-Bindung. Die vom Benzen abweichende Geometrie des Pyridins beeinflußt die Ringinversionsbarriere auch im [3.2]Phan-Gerüst: Die 2,4-verklammerten Pyridinophane 10b und 10d zeigen im Rahmen der Meßgenauigkeit die gleichen Energiewerte wie das 1-Oxa[3.2]metacyclophan 10e, die Barriere von 10c (95 kJ/mol) ist hingegen um 7 kJ/mol höher als die der Strukturisomeren 10b und 10d. Die Moleküldynamik ist hier also eine empfindliche Meßsonde für die molekulare Feinstruktur.

Für 11a-c findet man bei Koaleszenztemperaturen von 0 bis 3°C einen ΔG_{INV}^{*}-Wert von 78 kJ/mol.

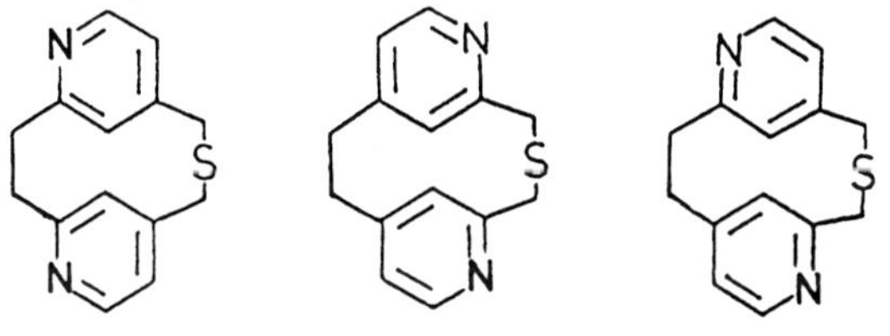

11a   11b   11c

Das *2-Thia[3.2]naphthalenophan* (13) wurde wie im *Abschn. 2.13* beschrieben hergestellt [5]. Bei der Cyclisierung der Bis(brommethyl)-Verbindung 12b unter Verdünnungs-Bedingungen und Caesium-Assistenz ist die Wahl des Lösungsmittels wichtig. Bei Einsatz der "Standardbedingungen" [Ethanol/Benzen (1:1)] wird lediglich eine Ausbeute von 2.5% erzielt, während die Cyclisierung in Acetonitril eine Ausbeutesteigerung auf 78% brachte. Das dipolar aprotische Lösungsmittel scheint die Bildung des Ringsystems bei gespannten Cyclophanen, insbesondere auch in der Pyridin-Reihe, positiv zu beeinflussen.

12a: X = OH
12b: X = Br   **13**   **14**

Wie alle 2-Thia[3.2]phane ist **13** eine ideale Vorstufe für die Herstellung des entsprechenden [2.2]Phans (**14**) durch Entschwefelung.

Aufschlußreich ist ein Vergleich der [3.2]Phane **13** und **10e** mit dem [3.1]Phan **14** [5].

13   **10e**   **14**

Alle drei Verbindungen zeigen temperaturabhängige ^{1}H-NMR-Spektren; die Ringinversionsbarrieren wurden durch Koaleszenz der Signale der CH$_2$O-Gruppe bestimmt. Während die Barriere für das 2-Thia[3.2]metacyclophan (**10e**) 55 kJ/mol beträgt, findet man für das Naphthalenophan **13** eine überraschend hohe Schwelle von 98 kJ/mol, für das Benzo-Analoge **14** dagegen eine um 10 kJ/mol niedrigere Ringinversionsbarriere (88 kJ/mol). Die sterische Abstoßung der vier intraannularen Wasserstoffatome in **13** scheint durch die Deformierbarkeit der beiden Naphthalenringe (verglichen mit den Benzenringen in **10e**) nicht überkompensiert zu werden.

4.2   Ausgewählte höhere [m.n]Phane

Die Reihe der *[m.n]Paracyclophan*-Kohlenwasserstoffe **6** gehört zu den intensivst untersuchten.

Die Konsequenzen der bei länger werdenden Brücken nachlassenden Ringspannung und π-Wechselwirkungen zwischen den "face-to-face"-Benzenringen wurden detailliert und mit allen zur Verfügung stehenden spektroskopischen Methoden, darunter frühzeitig UV, NMR [2] und später PES [3] und ESR [4], studiert.

Die Elektronenspektren der Phane mit m, n > 4 weisen ähnliche Absorptionen auf wie die offenkettige Vergleichssubstanz **7**. Beim Übergang vom [4.4]Paracyclophan zur [4.3]Verbrückung beobachtet man aber eine diskontinuierliche Änderung der Lichtabsorption, die darauf zurückzuführen ist, daß der Abstand der Benzenringe den van der Waals-Normalwert von ca. 340 pm unterschreitet. Weitere Verringerung der Brückenlängen führt zu zwei neuen Banden zunehmender Intensität, von denen eine längerwellig, die andere kürzerwellig liegt als die längstwellige Absorptionsbande von **7**. Diese Befunde sind Indizien für zunehmende *Deformation* und *transannulare Wechselwirkungen* zwischen den "face-to-face"-Benzenringen [1].

Die ESR-Spektroskopie führte zu dem interessanten Ergebnis, daß in den Radikalanionen der [m.n]Paracyclophane die Frequenz des Elektronenaustausches ("Elektronen-Hüpfen") zwischen den beiden Benzenringen mit zunehmendem m, n rasch geringer wird. Für n = m $\geq$ 4 wird die Austauschfrequenz, die vor allem von der Wanderungsgeschwindigkeit des Gegenions (meist $K^{\oplus}$) zwischen den beiden äquivalenten Seiten des Radikalanions abhängt, zu < 10^6 sec^{-1} bestimmt [3].

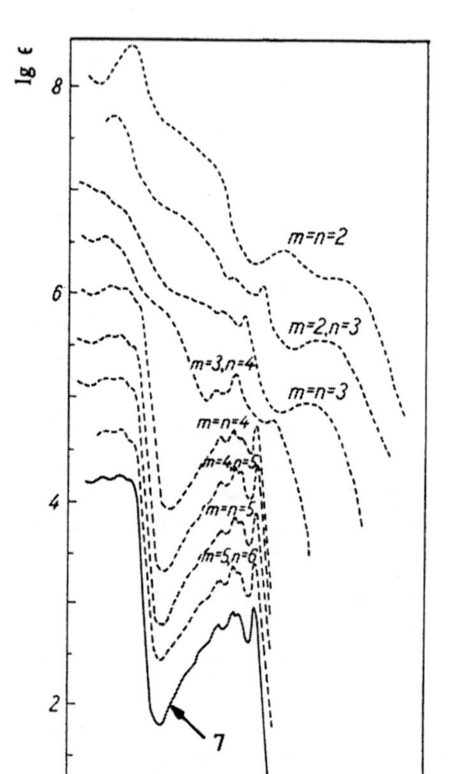

Abb.2. Vergleich der Elektronenspektren einiger [m.n]Paracyclophane, in Cyclohexan [1] [Die Spektren sind gegenüber der Referenzsubstanz **7** (ausgezogene Linie) jeweils um eine halbe Ordinateneinheit nach oben versetzt]

Von dem Tetramethoxy[7.7]paracyclophan-dion **8**, dessen Carbonylgruppen durch doppelte 1,3-Dithian-Reaktion eingeführt wurden, ist die Röntgen-Kristallstruktur bekannt [5].

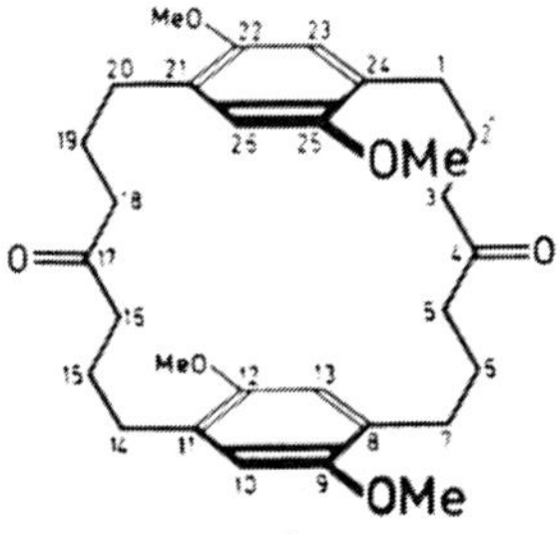

Das orangefarbene, kristalline [4.4](1,8)Anthracenophan-tetrain (**9**) wurde durch oxidative Kupplung von 1,8-Diethinylanthracen nach *Eglinton* synthetisiert [6].

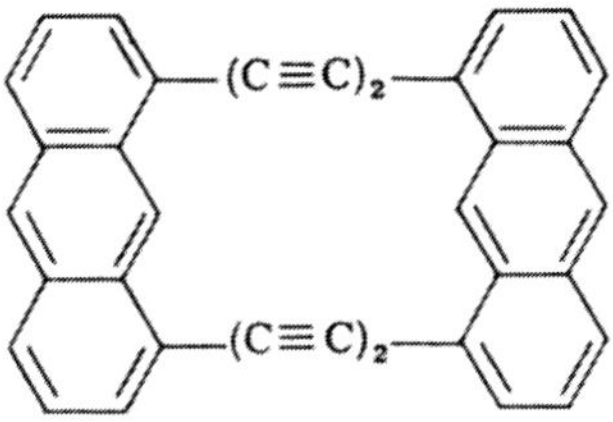

Die ^{1}H-NMR-Spektren des Hetero-hetera[4.4]phans **10** [7] sind temperaturabhängig, obwohl die 14-gliedrigen Ringe keine blockierenden intraannularen Substituenten tragen. *Newkome* postulierte einen ("anti-longitudinalen") konformativen Prozeß zwischen zwei annähernd planaren Konformationen **10A** und **10B** ($\Delta G^{\ddagger}_c \approx 70$ kJ/mol) [7]:

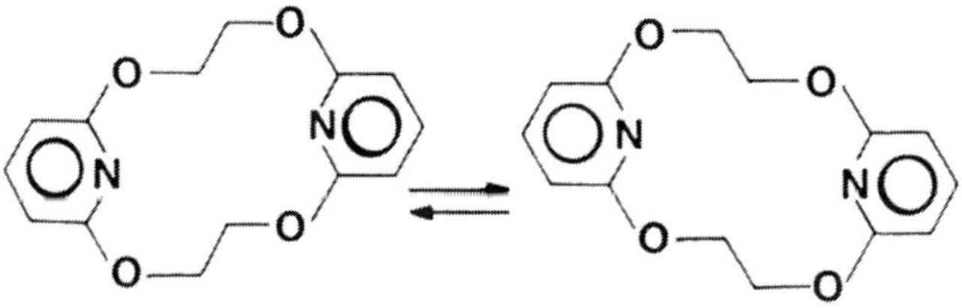

10A
(planar)

10B
(planar)

Die Tetraselena-Verbindung **11b** entpuppte sich als konformativ flexibler als die entsprechende Schwefelverbindung **11a** ($\Delta G^{\ddagger}_{298} = 53$ bzw. 46 kJ/mol) [8].

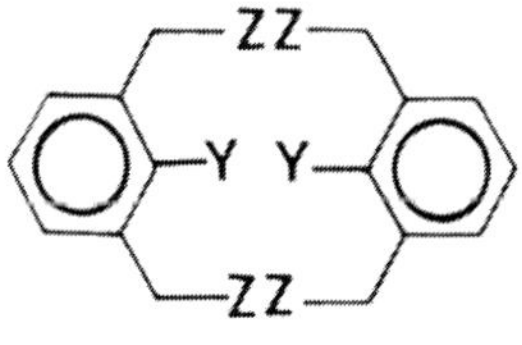

11a: Z = S, Y = H

11b: Z = Se, Y = H

11c: Z = S, Y = CH_3

11d: Z = S, Y = C_6H_5

5   Mehrfach verbrückte Phane

EINLEITUNG

Unter mehrfach verbrückten Phanen [1] versteht man solche, die mehr als zwei Brücken enthalten. Wir beginnen mit den [2_n]Phanen, die drei bis sechs Ethano-Brücken und zwei Benzenringe als aromatische Bausteine enthalten. Die Brücken können symmetrisch wie in den (1,3,5)Cyclophanen oder unsymmetrisch wie z.B. in einem (1,3,5)(1,2,4)Cyclophan angebracht sein. Während früher den [2.2]Cyclophan-Kohlenwasserstoffen am meisten Aufmerksamkeit entgegengebracht wurde, sind es heute - nach der erfolgreichen Synthese des Stars unter diesen Molekülen, des "Superphans" (13) - eher die mehrfach verbrückten heterocyclischen großhohlräumigen Wirtverbindungen, die im *Abschnitt 12* (**Molekulare Erkennung mit Phanen**) näher beschrieben sind. Die letztgenannten Verbindungen enthalten in der Regel längere Brücken, die zudem Heteroatome aufweisen können. Auch die Aromatenkerne sind oft größer als Benzen, (z.B. Naphthalen), und sie können auch aus "Ringensembles" aufgebaut sein.

Abb.1 zeigt die acht möglichen "symmetrischen", mehr als zweifach verbrückten [2_n]Cyclophan-Kohlenwasserstoffe 6-13, in denen das Substitutionsmuster der Brücken an jedem der beiden Benzenringe dasselbe ist.

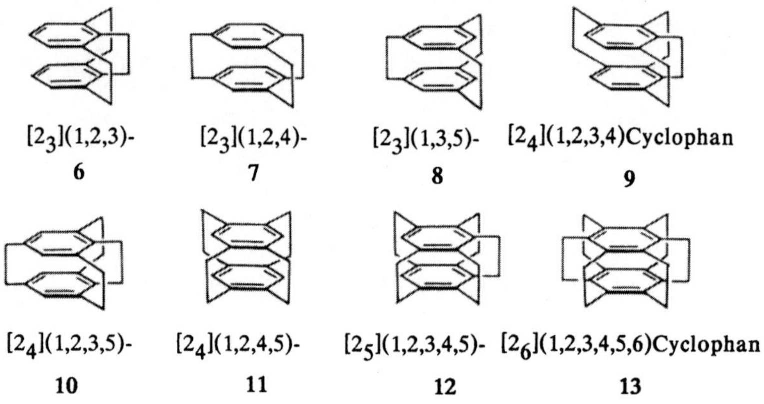

Abb.1. Die acht möglichen [2_n]Cyclophane

In <u>Abb.2</u> sind alle bekannten unsymmetrischen ("skewed") $[2_n]$Cyclophane aufgelistet, bei denen das Substitutionsmuster der Brücken an den Benzenringen nicht dasselbe ist.

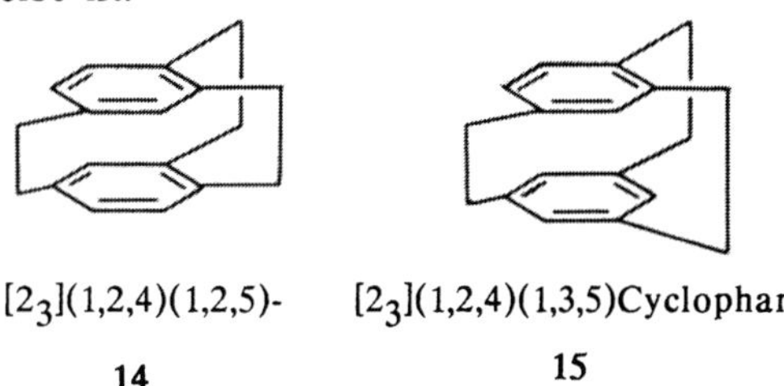

$[2_3](1,2,4)(1,2,5)$- $[2_3](1,2,4)(1,3,5)$Cyclophan

14   **15**

<u>Abb.2.</u>   Die bisher bekannten unsymmetrischen $[2_n]$Cyclophane

Es sei hier schon darauf hingewiesen, daß es einen zweiten Typ von $[m_n]$Phanen gibt, der im *Abschnitt 7* näher beschrieben ist. Die Aromatenkerne jener $[m_n](x,y)$**Phane** sind generell nur zweifach (in x,y-Position) verbrückt. Den Unterschied zwischen den beiden $[m_n]$Phan-Typen erkennt man also an der Angabe der Anzahl der Brückenkopfpositionen (Zahlen in runden Klammern). Beispiel: $[2.2.2](1,3,5)$Phan und $[2.2.2](1,3)$Phan bzw. $[2_3](1,3,5)$Phan und $[2_3](1,3)$Phan (s. *Abschn. 7*).

5.1   [2.2.2]Phane

SYNTHESE

Die ersten dreifach verbrückten Cyclophan-Kohlenwasserstoffe des Typs 16 scheinen von *Hubert* und *Dale* im Jahre 1965 hergestellt worden zu sein. Ausgehend von einem dreifach substituierten Benzenderivat, das drei terminale Acetylenfunktionen enthielt, wurde der zweite Benzenring durch Trimerisierung dreier Dreifachbindungen aufgebaut [2]. Mit dieser Methode konnte allerdings der am meisten interessierende kürzest verbrückte Vertreter dieser Verbindungsklasse, (8; s.o.), nicht hergestellt werden.

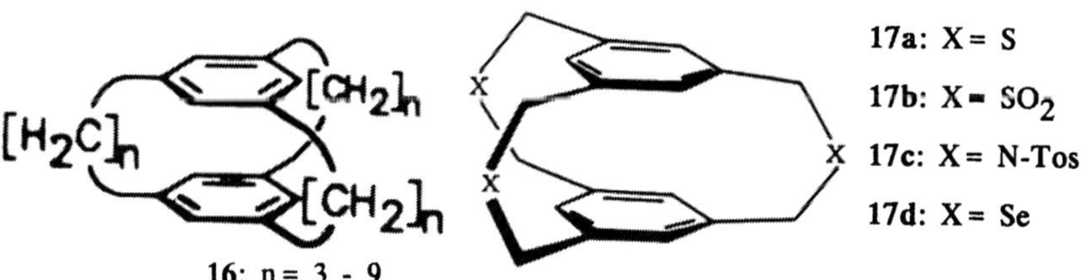

16: n = 3 - 9

17a: X = S

17b: X = SO$_2$

17c: X = N-Tos

17d: X = Se

Das erste dreifach verbrückte Phan, das in einer Einstufensynthese ausgehend von wohlfeilen Edukten dargestellt werden konnte, war das *Trithia-[3.3.3]phan* 17a (*Vögtle et al.*, 1970) [3]. Inzwischen gibt es die Aza- [4] und Selen-analogen [5] Heterocyclen (17c,d). Alle sind durch die geglückte Entfernung der Heteroatome günstige Ausgangsmaterialien für den [2.2.2]-(1,3,5)Cyclophan-Kohlenwasserstoff 8.

Das erste dreifach verklammerte Cyclophan des [2.2.2]Typs war das *[2.2.2](1,2,4)Cyclophan* (7), das von *Cram* und *Truesdale* aus [2.2]Paracyclophan (3) durch Angliederung einer weiteren Ethano-Brücke erhalten wurde [1c,d]. Interessant an den in der Reaktionsfolge 3→7 beschriebenen Umsetzungen ist die Herstellung des chlormethylierten Methylketons 19, wobei die Chlormethylierung 18 → 19 ausschließlich in die "pseudo-*geminale*" Stellung führt. Der Grund hierfür sind transannulare dirigierende Effekte, die in der Cyclophan-Chemie wohlbekannt sind.

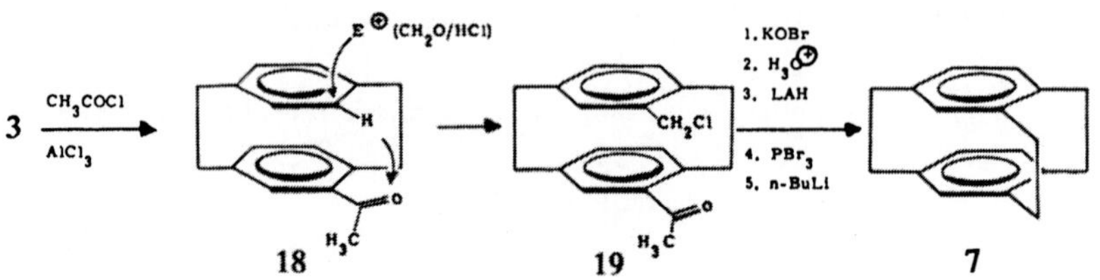

Im vorliegenden Fall ist die hohe Selektivität durch die basische Carbonylgruppe verursacht, die eine optimale Lage einnimmt, um das pseudo-*geminale* Proton des darüberliegenden reaktiveren Benzenrings intramolekular zu übernehmen, während das Elektrophil von außen angreift. Eine Reihe von Oxidationen, Substitutionen und Reduktionen lieferte das Zielmolekül 7.

Die Anzahl der Schritte zur Darstellung mehrfach verbrückter Cyclophane konnte stark reduziert werden, als es möglich wurde, pseudo-*geminale* Diester wie 22 durch Addition von 1,2,4,5-Hexatetraen (20) an Methylpropiolat (21) zu gewinnen *(Hopf)* [6].

Neben **22** liefert die *Diels-Alder*-Addition von **20** und **21** auch die isomeren Diester **23-25**, die für eine Umwandlung in $[2_4]$Cyclophane (**9-11**) ideal sind. Bei allen drei "Brückenschlägen" wird der dirigierende Einfluß einer Carbonyl-Gruppe ausgenutzt.

Substituierte *$[2_3](1,2,4)$Cyclophane* können auch auf folgendem Weg durch Carben-Insertion gewonnen werden [7]:

Die Anzahl der Brücken läßt sich durch Wiederholung der Reaktionsfolge bis auf eine vierfache Verbrückung ausdehnen; jedoch konnte auf diesem Wege Superphan (13; s.u.) nicht erhalten werden.

Während die anderen Synthesemethoden für vielfach verbrückte $[2_n]$Phane häufig entweder vielstufig oder nur für bestimmte $[2_n]$Phane günstig sind, ist die Sulfonpyrolyse [8] relativ allgemein anwendbar (allerdings nicht auf das Superphan selbst):

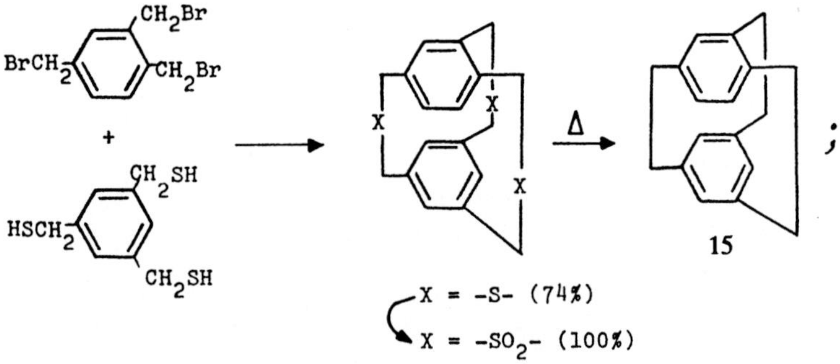
CH2Br
BrCH2
CH2Br
+
CH2SH
HSCH2
CH2SH
X
X
X
Δ
;
15
X = -S- (74%)
X = -SO2- (100%)

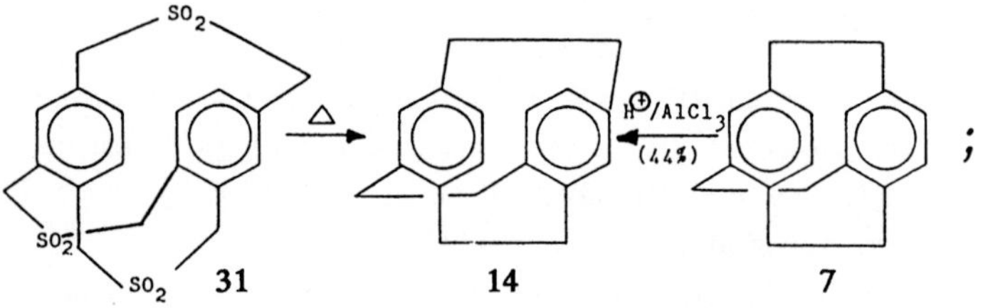
SO2
Δ
H⊕/AlCl3
(44%)
;
SO2
SO2
31
14
7

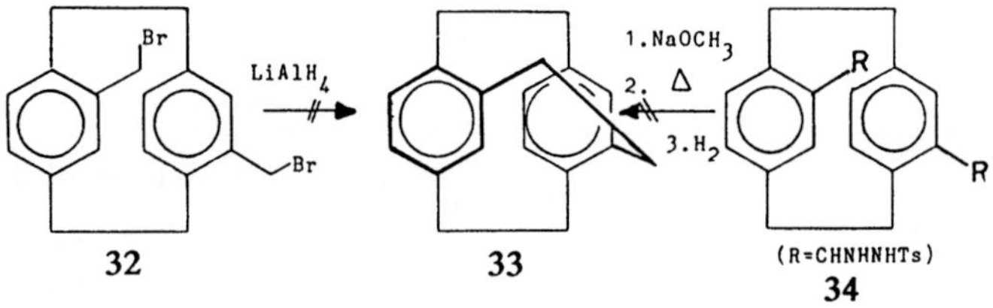
Br
LiAlH4
Br
1.NaOCH3
2. Δ
3.H2
R
R
32
33
(R=CHNHNHTs)
34

Die Pyrolyse des Sulfons **31** führt dementsprechend zu **14**. Letzteres kann auch durch Isomerisierung von **7** unter Friedel-Crafts-Bedingungen erhalten werden. Dagegen führt weder die Reduktion der Bis(brommethyl)-Verbindung **32** noch die Carben-Dimerisierung im Falle von **34** zum $[2_3]$(1,2,4)-(1,3,4)Cyclophan (**33**) bzw. zu seinem Monoen [1d,e].

Das dreifach verklammerte [3.2.2]Phan **35** wurde von *Cram* und *Truesdale* bei der Synthese des [2$_3$](1,2,4)Cyclophans (**7**) mit hergestellt:

R = COCH$_3$ **35**

Die von *Boekelheide* ausgearbeitete Benzcyclobuten-Cyclisierungsmethode (s.u.) ließ sich auf die Darstellung des [2$_3$](1,2,4)Cyclophans (**7**) aus **36** anwenden, sowie auf das damals noch unbekannte [2$_3$](1,2,3)Cyclophan (**38**) 1d,e).

Das Dimethyl-substituierte (1,2,3)-verbrückte Ringsystem **38a** ist auch durch Spaltung einer Ethano-Brücke eines vierfach verbrückten Cyclophans zugänglich; und zwar durch Pyrolyse des [2$_4$](1,2,4,5)Cyclophans (**10**):

Über die photochemische Dimerisierung zweier Tris-stilbene zu Tris-cyclobuta[2.2.2]phanen siehe *Abschn. 5.5.*

EIGENSCHAFTEN DER [2.2.2]PHANE

Das [2.2.2]Phan **8** schmilzt bei bei 204-206°C, das [2.2.2]Cyclophan-trien **39** kristallisiert in farblosen Plättchen mit fast dem gleichen Schmelzpunkt (203-204°C).

39 zeigt im UV-Spektrum Absorptionen bei λ = 252 nm (ϵ = 1960) und 325 nm (ϵ = 90), während eine Lösung von **8** in Hexan Absorptionsmaxima bei λ = 257 nm (ϵ = 1340) und 312 nm (ϵ = 14) aufweist [9].

Die Ionisierungsenergien von **8** liegen bei 7.70 eV und 8.75 eV [10]. Im Photoelektronen-Spektrum von **39** findet man dagegen drei Banden bei 8.06 eV, 9.24 eV und 9.4 eV; sie entsprechen den ersten fünf Ionisierungsenergien. - Bezüglich der ESR-spektroskopischen Ergebnisse sei auf die Übersicht *Gersons* verwiesen [11].

Im ^{1}H-NMR-Spektrum von **8** erkennt man je ein Singlett für die sechs aromatischen (δ = 5.73) und zwölf Methylen-Protonen (δ = 2.75) [9]. Das ^{1}H-NMR-Spektrum des Triens **39** besteht dagegen lediglich aus zwei Singletts gleicher Intensität bei δ = 7.37 und 6.24. Welches Signal welcher Protonensorte zugeordnet werden muß, konnte durch Darstellung der deuterierten Verbindung **40** geklärt werden:

Das Trien **40** liefert ein einziges Singlett (δ = 6.24) für die sechs aromatischen Protonen, die somit in **40** bei höherer Feldstärke absorbieren als die vinylischen. Die Hochfeldverschiebung der Aromatenprotonen rührt daher, daß zwei Benzenringe in geringem Abstand "face-to-face" zusammengeklammert werden. Noch ungewöhnlicher ist die Lage der Vinylprotonen-Signale in **39**, die durch die Ringspannung in dem starren, dreifach verbrückten *syn*-Cyclophan erklärt wird.

Röntgen-Kristallstrukturanalysen: Vergleiche der Abstände der Benzenringe in der Reihe der zwei- bis sechsfach verbrückten Cyclophane (Abb.3-7) zeigen, daß die Benzenringe umso dichter zusammenrücken, je mehr Brücken das Molekül aufweist: Vom [2.2]Paracyclophan-1,9-dien (**41**) zum (1,3,5)Cyclophan-1,9,17-trien **39** zum (1,2,4,5)Cyclophan **11** bis zum Superphan (**13**) nimmt der Abstand der Benzenringe von 280 über 274 und 268 bis zu 262 pm ab [12].

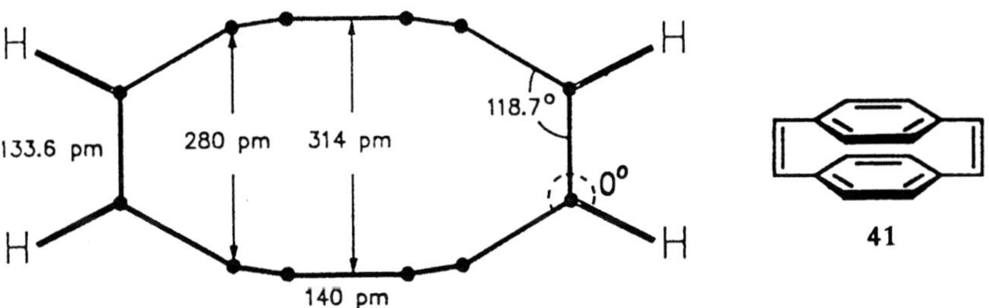

Abb.3.   Geometrie des [2.2]Paracyclophan-1,9-diens (**41**) [12a]

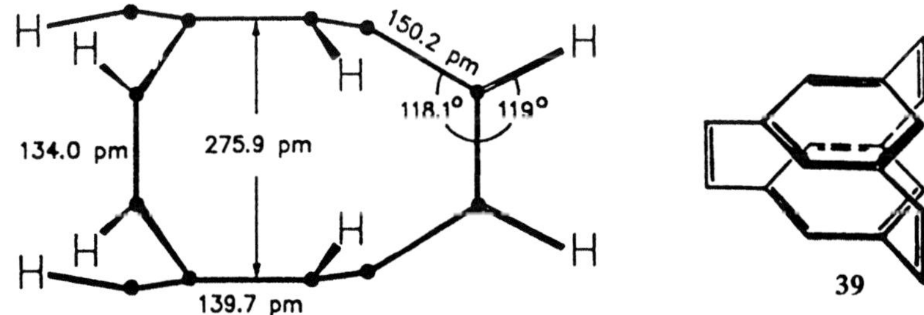

Abb.4.   Geometrie des [2.2.2]Cyclophan-triens **39** [12b]

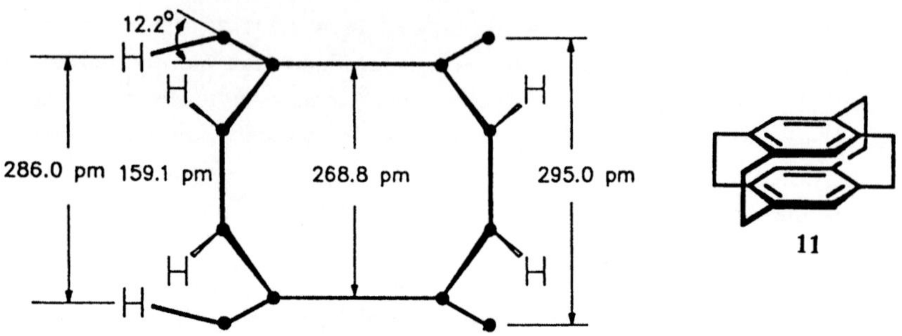

Abb.5. Geometrie des [2.2.2.2](1,2,4,5)Cyclophans (11) [12c]

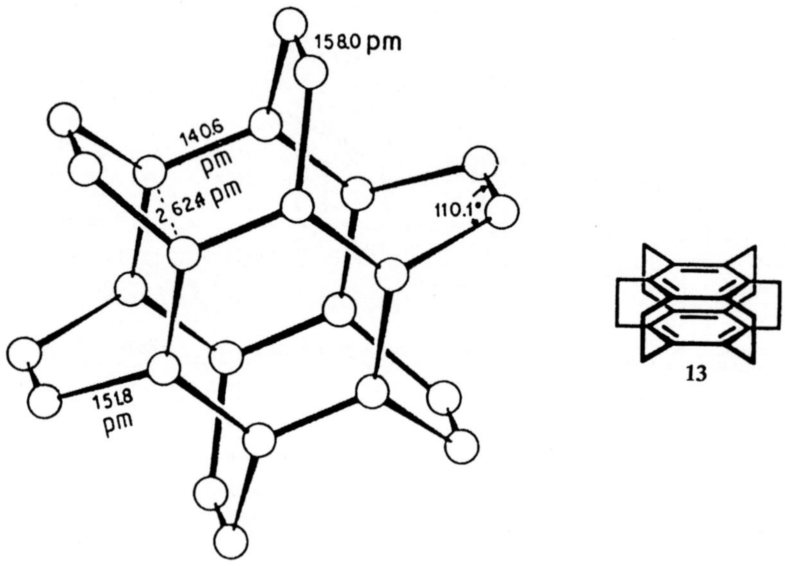

Abb.6. Geometrie des Superphans (13) [12d]

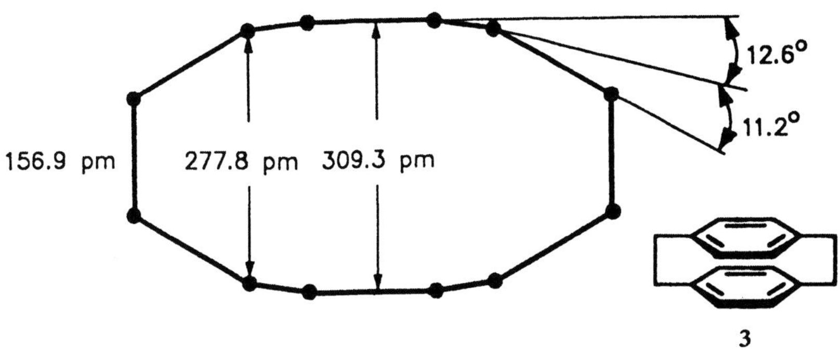

Abb.7.   Geometrie des [2.2]Paracyclophans (3) [12d] (zum Vergleich)

Die Benzenringe sind je nach Anzahl der Brücken boot-, sesselförmig oder - im Superphan **13** - nicht verzerrt. Im [2.2]Paracyclophan-1,9-dien (**41**) sind die Verknüpfungsstellen an den Spitzen der Wannenform, im (1,2,4,5)-Cyclophan **11** an den vier Basis-C-Atomen der Wanne zu finden. Die H_2C-CH_2-Einfachbindungslänge nimmt von 160 pm im [2.2]Paracyclophan (**3**) zu 158 pm im Superphan (**13**) ab. Das Cyclophan-trien **39** ist trotz der kürzeren vinylischen Brücken weniger gespannt als das Cyclophan **8** mit den längeren Ethanobrücken: Wie die Röntgen-Kristallstrukturanalysen zeigen, kompensiert die Winkelverengung beim Übergang von sp^2-C-Atomen (normal 120°) auf sp^3-C-Atome (normal 109°) den Einfluß der Bindungsverlängerung ($HC=CH \rightarrow H_2C$-CH_2) über.

5.2   [2.2.2.2]Cyclophane

SYNTHESE

Hierfür eignet sich die Cycloadditions-Methode nach *Hopf* [6]:

20 + **21** $\xrightarrow{\Delta}$

22 (R=CO$_2$CH$_3$) + **23** + **24** + **25**

23:
1. ClCH$_2$OCH$_3$/AlCl$_3$
2. DIBAH
3. MnO$_2$
4. TsNHNH$_2$
5. RO$^{\ominus}$, hν
→ **11**

24:
1. ClCH$_2$OCH$_3$/AlCl$_3$
2. LAH
3. PBr$_3$
4. Zn/DMSO
→ **9**

25: → **10**

Auf diese Weise lassen sich die isomeren vierfach verbrückten [2$_4$]Cyclophane **9-11** erhalten.

Das [2$_4$]Phan **11** wurde auch durch eine Kombination der transannular dirigierenden Effekte der Estergruppe und der Sulfonpyrolyse gewonnen. Diese Darstellung war historisch die erste *(Boekelheide et al.)* [13]. Die Entschwefelung des Dithia[3.3]paracyclophans **42** gelang durch Photodesulfurisierung in Trimethylphosphit als Lösungsmittel. Die Chlormethylierung führte wieder zum pseudo-*geminalen* Substitutionsprodukt **44**, das zu **11** cyclisiert wurde.

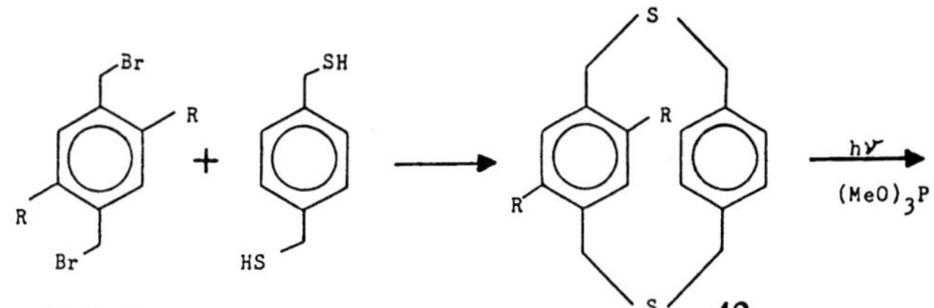

(R=CO_2CH_3) 42

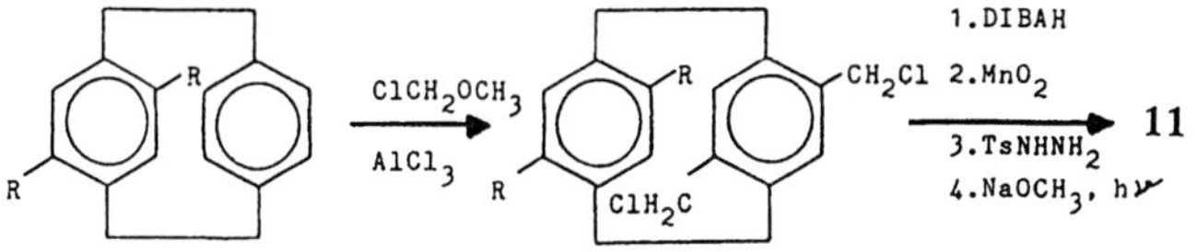

43 (R =CO_2CH_3) 44

Dieser Weg wurde auch zur Herstellung des Chinons **48** und des Chinhydrons **49** gewählt [14]:

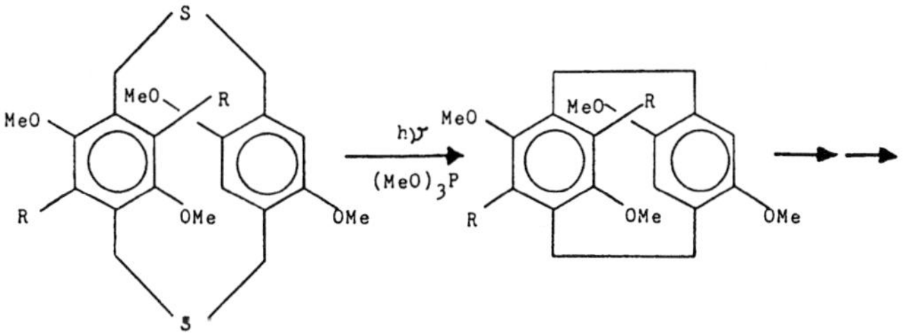

45 (R =CO_2CH_3) 46 (R=CO_2CH_3)

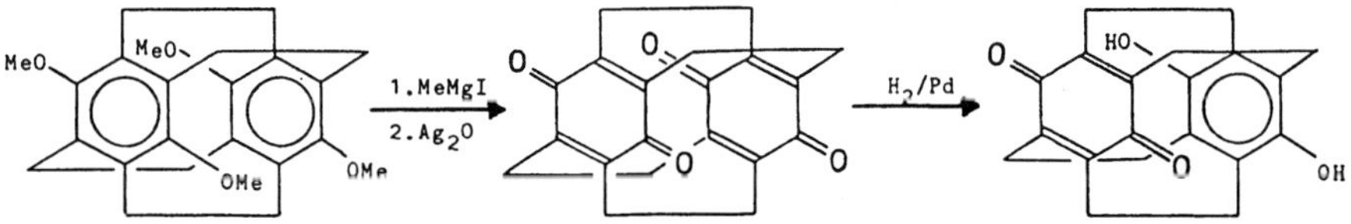

47 48 49

Das Dithiaphan **45** wird durch Bestrahlung in Trimethylphosphit zu **46** entschwefelt, das in den tetraverbrückten Tetraether **47** umgewandelt wird. Letzterer dient als Ausgangsmaterial für das Bis(chinon) **48** und das *[2$_4$](1,2,4,5)Cyclophan-chinhydron* (**49**).

Boekelheide fand einen neuen Weg [1d,c,15], um die noch fehlenden Mitglieder der $[2_n]$Cyclophan-Familie aufzubauen, insbesondere auch das "Superphan". Hierzu wurde die Fähigkeit der *o*-Xylylen-Derivate ausgenutzt, [4+4]Cycloadditionen zu [2.2]Orthocyclophanen (Dibenzcyclooctadienen) einzugehen, sowie die Beobachtung, daß *o*-Chlormethyltoluene (vgl. 50, 53) thermisch HCl eliminieren, wobei Benzcyclobutene (vgl. 51, 55) gebildet werden. Da letztere unter pyrolytischen Bedingungen zu den *o*-Xylylenen (vgl. 54) ringöffnen, ist eine direkte Methode verfügbar, um aromatische Halogenide in diese reaktiven Intermediate umzuwandeln. Wird die Dimerisierung intramolekular durchgeführt, so kann man zwei Ethano-Brücken in einer Stufe aufbauen. Dieses Konzept wurde zuerst bei dem tetrasubstituierten $[2_4]$Phan 11 realisiert, das damit aus 2,5-Dimethylbenzylchlorid (50) zugänglich war [15]:

Vögtle et al. stellten das $[2_4]$Phan 11 in einer recht einfachen Reaktionssequenz durch Sulfonpyrolyse her [16]. Diese Methode dürfte am schnellsten zu diesem Kohlenwasserstoff führen. Durch Kupplung des Tetrathiols 57 mit dem Tetrabromid 56 mit Caesiumcarbonat in DMF bei milden Temperaturen erhält man in 10% Ausbeute die isomeren Tetrathia$[3_4]$cyclophane 58a,b; deren Sulfone 59a,b liefern durch Pyrolyse in einer insgesamt praktisch nur drei Stufen umfassenden Synthese das $[2_4]$Cyclophan 11, neben dem Benzcyclobuten-Derivat **55**. Die Optimierung der Reaktionsbedingungen bei der Umsetzung von **56** und **57** führte in 18.5% Ausbeute zum Isomerengemisch **58**. Die Trennung der Isomeren, die Zuordnung ihrer ^{1}H-NMR-Signale sowie eine Röntgen-Kristallstrukturanalyse des reinen Isomers **58a**, das in dreifacher Menge verglichen mit **58b** gebildet wird, wurde von *Misumi* beschrieben [16]. Dort wird auch der Einsatz des Thiuroniumsalzes von **56** anstelle des Thiols **57** empfohlen, der (mit CsOH als Base) zu einer deutlichen Ausbeutesteigerung führte (75% Ausbeute).

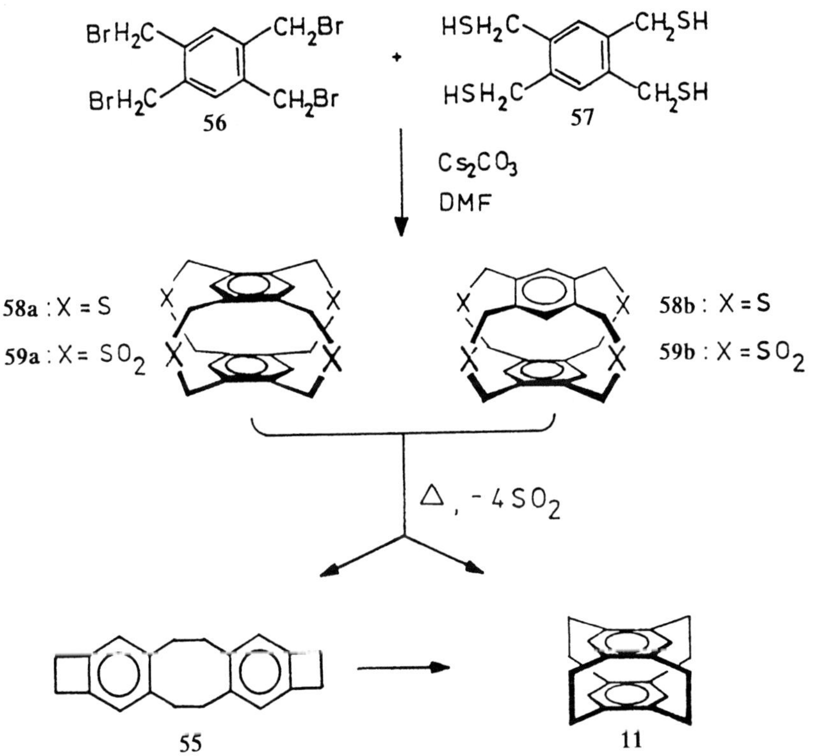

Zu den Eigenschaften der [2$_4$]Phane siehe Lit. [1d,e,11,10b].

5.3   [2.2.2.2.2]Phane

SYNTHESE

Die elegante Synthese des *[2₅](1,2,3,4,5)Cyclophans* (12) [17] [und des Superphans (13)] bewies den hohen Stellenwert der *o*-Xylylen-Dimerisierungsmethode bei der Einführung mehrerer Brücken: Das Schlüssel-Intermediat **63** wurde durch Grignard-Kupplung von **62c** erhalten, das über Routinemethoden aus **60** zugänglich war. Wenn man bedenkt, daß die organische Chemie zu einem großen Teil die Kunst ist, C-Atome zu verknüpfen, dann muß der letzte Schritt dieser Reaktionssequenz, bei welcher vier gespannte Einfachbindungen in einer einzigen Umsetzung und in exzellenter Ausbeute gebildet werden, als synthetisches Meisterstück gewertet werden [1g]:

62a: R= CO_2CH_3

62b: R= CH_2OH

62c: R= CH_2Br

Das $[2_5]$Cyclophan **12** kann bequem durch Sulfonpyrolyse (von **64b**) erhalten werden, wobei als denkbare Zwischenstufe gleichfalls das Benzcyclobuten **63** in Frage kommt [16]:

CHEMISCHE REAKTIONEN MEHRFACH VERBRÜCKTER PHANE

Im folgenden werden wir die chemischen Reaktionen mehrfach verbrückter $[2_n]$Phane gemeinsam - nach Reaktionstypen geordnet - behandeln [1d,g]. Lediglich die Reaktionen des Superphans sollen wegen ihrer Besonderheiten in einem eigenen *Abschn. 5.4* (Superphan) getrennt zusammengefaßt werden. Wir beginnen mit den Reaktionen an den Brücken der $[2_n]$Phane und beschreiben daran anschließend die Reaktionen der Benzenkerne.

A. Reaktionen der Ethano-Brücken von $[2_n]$Phanen

a) *Radikalische Spaltung von Ethano-Brücken:* Wie beim [2.2]Paracyclophan lassen sich auch die Brücken von 7 und 10 radikalisch spalten, wobei die Methylen-Gruppen in der Regel zu Methyl-Gruppen abgesättigt werden:

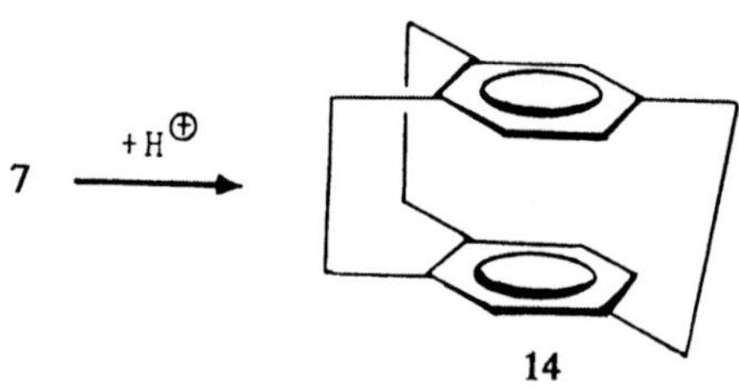

Analog zum [2.2]Paracyclophan sind auch Abfangreaktionen mit Malein- und Fumarsäureestern durchführbar, wobei $[4.2_n]$Cyclophane wie z.B. **66** entstehen.

Demgegenüber sind die $[2_n]$Phane **9** und **12** sowie das Superphan (**13**) in dieser Reihenfolge thermisch beträchtlich stabiler als **10**. Sie sind bis über 350°C beständig und werden weder reduktiv gespalten, noch gehen sie Ringerweiterungsreaktionen ein.

$$9 \xrightarrow{\Delta} \text{hochmolekulares Material}$$

$$12 \xrightarrow{\Delta} \text{keine Reaktion}$$

$$13 \xrightarrow{\Delta} \text{keine Reaktion}$$

b) *Ionische Spaltung der Ethano-Brücken:* Analog wie [2.2]Paracyclophan mit Friedel-Crafts-Agentien (AlCl_3/HCl) in [2.2]Metaparacyclophan umgewandelt werden kann, gelingt es, das dreifach verklammerte **7** innerhalb von 30 Minuten bei -10°C in Dichlormethan in 44% Ausbeute zu dem "verdrillten" Kohlenwasserstoff *[2_3](1,2,4)(1,2,5)Cyclophan* (**14**) umzulagern. Dieses unsymmetrische Cyclophan ist auch durch Sulfonpyrolyse darstellbar.

Aus dem entsprechenden Trithia[3.3.3]cyclophan **17a** kann via dreifache Hofmann-Elimination des Tris-sulfoniumsalzes **67** mit *n*-Butyllithium das Tris-alken **39** erhalten werden.

B. Reaktionen der Benzenringe von $[2_n]$Cyclophanen

Ähnlich wie bei den zweifach verklammerten Cyclophanen, beispielsweise [2.2]Paracyclophan, sind die chemischen Reaktionen von mehrfach verklammerten Phanen aus verschiedenen Gründen von Interesse. Es erhebt sich jeweils die Frage, ob bei deformierten Aromatenringen chemische Reaktionen am Ring oder in den Brücken wie bei offenkettigen Benzenabkömmlingen ablaufen oder ob die Spannung der Aromatenringe deren Reaktionsverhalten signifikant beeinflußt. Vor allem Cycloadditions-Reaktionen an den Benzenringen der $[2_n]$Cyclophane waren in dieser Hinsicht aufschlußreich.

a) *Diels-Alder-Additionen:* Benzen geht normalerweise keine [4+2]Cycloadditionen ein, in denen es die Rolle der Dien-Komponente spielen soll.

Üblicherweise werden Benzen und ähnliche Aromaten gerade wegen ihrer geringen Diels-Alder-Reaktivität sogar als Lösungsmittel bei solchen Additionen benutzt. Nicht einmal das "Superdienophil" 4-Phenyl-1,2,4-trioxazolin-3,5-dion (68) addiert bei Raumtemperatur an Benzen oder an Oligomethylbenzene, auch nicht nach mehreren Wochen. Wenn jedoch Aromatenkerne in ein $[2_n]$Phangerüst inkorporiert sind, dann beobachtet man bei einigen eine dramatische Steigerung der Additions-Geschwindigkeit. So reagiert [2.2]Paracyclophan (3) mit dem Dienophil 68 beispielsweise bei Raumtemperatur innerhalb von sechs Tagen zu einem 1:2-Cycloaddukt (die Positionen der neu gebildeten C-C-Bindungen sind in den Formeln mit Pfeilen markiert):

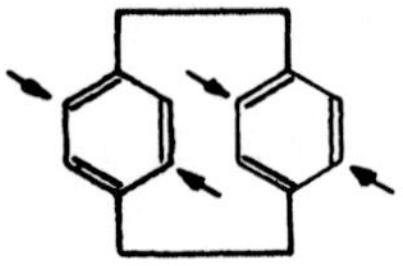

3 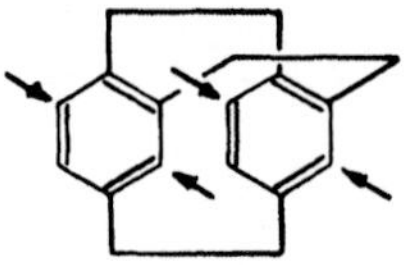   7 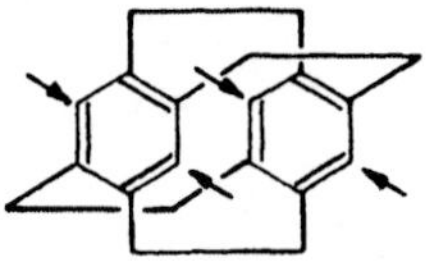   11

Der Einbau weiterer Brücken wie in 7 und besonders 11 verursacht eine extreme Zunahme der Additionsgeschwindigkeit: Nach Zugabe von $[2_4]$-(1,2,4,5)Cyclophan (11) verschwindet die intensiv rote Farbe von 68 in einigen Sekunden. Dieses Cyclophan kann daher in seiner Cycloadditions-Kapazität mit nichtcyclischen Oligoalkenen verglichen werden! Ähnliche Trends findet man für die Additionen von 3, 7 und 11 mit Tetracyanethen und Dicyanacetylen sowie mit Maleinsäureanhydrid, Perfluor-2-butin und Dimethylacetylendicarboxylat.

Daß eine hohe Spannung im Substratmolekül allein nicht genügt, um Diels-Alder-Additionen eines mehrfach verbrückten Phans zu induzieren, wird jedoch durch das Verhalten der Kohlenwasserstoffe 10, 9 und 13 illustriert, von denen keiner mit den verschiedenen genannten Dienophilen reagiert. Schließt man jedoch aus diesen Befunden, daß das $[2_5]$Cyclophan 12 gleichfalls ein schwacher Diels-Alder-Partner sei, so hat man sich getäuscht: Überraschenderweise reagiert 12 sowohl mit Dicyanacetylen (60°C, 3 d, 44% Ausb.) und mit Perfluor-2-butin (100°C, 7 d, 100% Ausb.), wobei jeweils 1:1-Addukte gebildet werden. Daraus ist zu erkennen, daß die Bildung der [4+2]Additionsprodukte durch eine ausgewogene Balance zwischen der Ringspannung des Substratmoleküls und der Cycloaddukte bestimmt wird. Über

Cycloadditionen des Superphans, die mit Lewis-Säure-Katalysatoren induziert werden, siehe im *Abschnitt 5.4*.

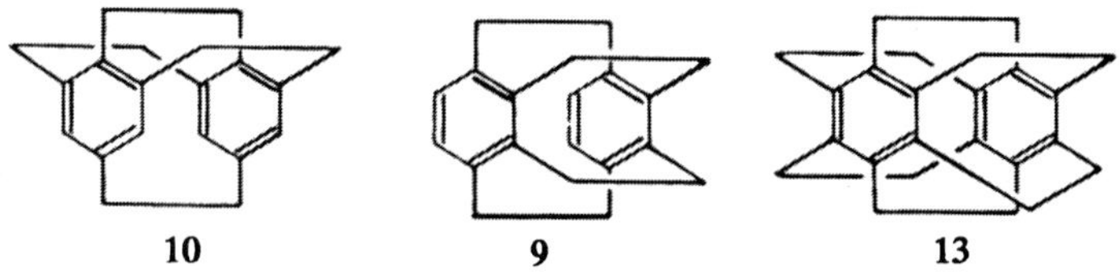

Bei der [4+2]Cycloaddition von Singlett-Sauerstoff an **11** entsteht primär das *endo*-Peroxid **68a**, das Ausgangsmaterial für weitere mehrfach verbrückte oxygenierte Phane ist, wie folgende Reaktionssequenz zeigt [13]:

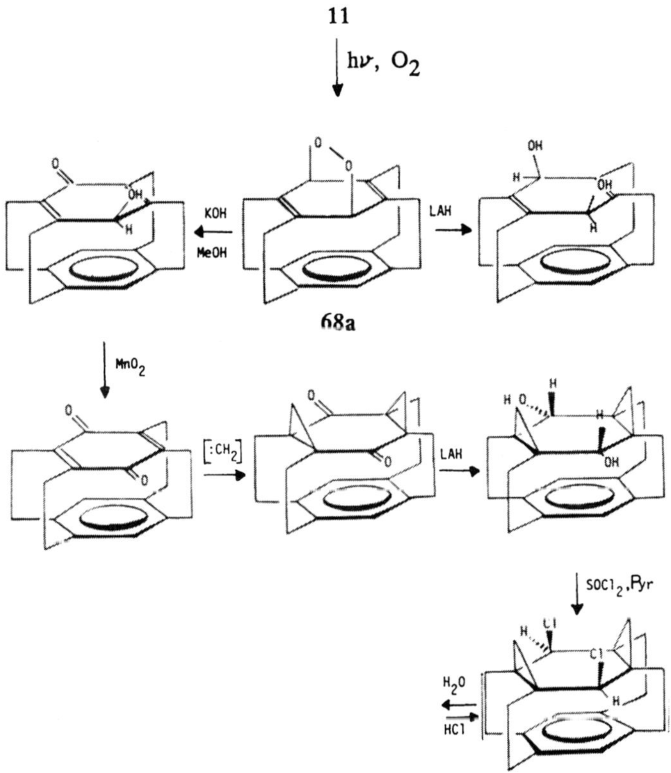

Mit Dicyanacetylen bildet 11 bei Bestrahlung in THF bei Raumtemperatur mit 44% Ausbeute das 1:1-Addukt 69 mit Cyclooctatetraen-Ring.

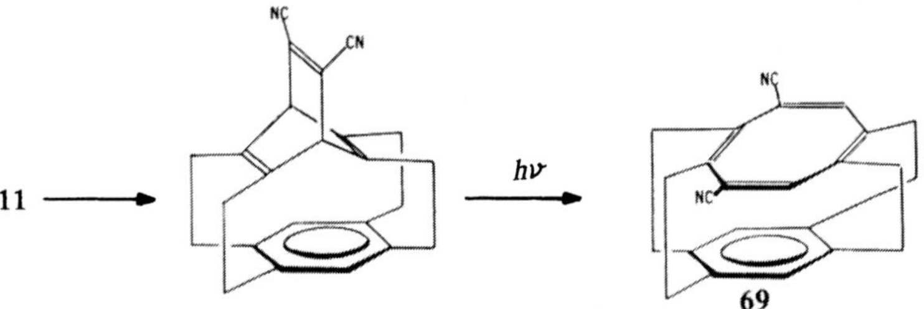

Hydrierung von $[2_n]$*Phanen:* Sowohl die katalytische Hydrierung als auch die Birch-Reduktion wurde an $[2_n]$Cyclophanen geprüft. Ihr Reaktivitätsmuster ist dem bei den Diels-Alder-Additionen beobachteten vergleichbar. Gegenüber dem [2.2]Paracyclophan findet man für das $[2_3]$(1,2,4)Cyclophan (7) eine erschwerte katalytische Hydrierung, das Dien 70 und das Monoen 71 können aber doch isoliert werden.

Die Addition des fünften Äquivalents Wasserstoff erfordert bereits drastische Bedingungen (sechs Tage bei 70°C), das resultierende Monoen 71 läßt sich unter diesen Bedingungen nicht mehr weiter reduzieren. Dies wird aufgrund von Molekülmodell-Betrachtungen klar, da das perhydrierte Produkt 72 ein stark gespannter Kohlenwasserstoff ist.

Aus der Reihenfolge der Hydrierungs-Reaktivitäten kann man schließen, daß weder 10 noch 12 noch Superphan (13) unter verschiedenen Bedingungen und mit verschiedenen Katalysatoren zu olefinischen Produkten hydriert werden (Hydrierung des Superphans mit Li/NH_3 s.u.).

C. Andere Additionsreaktionen

Umsetzung von **11** mit Ethyldiazoacetat führt zum Primärprodukt **73**, das jedoch spontan zum siebengliedrigen Ringsystem **74** isomerisiert. Über eine analoge Reaktion des Superphans s.u.

[2₃](1,3,5)Cyclophan (8) reagiert mit $AlCl_3/HCl$ bei 0°C innerhalb von zehn Minuten zu einem halogenhaltigen Kohlenwasserstoff, der mit Lithium in *tert*-Butylalkohol einen Kohlenwasserstoff $C_{18}H_{24}$ mit der Käfigstruktur **78** liefert:

D. Reaktionen unter Erhalt des aromatischen Rings

a) *Elektrophile aromatische Substitution:* Die Bromierung des $[2_3](1,2,4)$-Cyclophans (7) liefert die erwartete Monobrom-Verbindung **79** sowie Spuren des Dibromids **80**. Dabei ist **7** reaktiver als [2.2]Paracyclophan (3), und auch das vierfach verbrückte Phan **10** konkurriert nicht mit **7**. Unter diesen Bedingungen reagiert **10** nicht mit Brom. Die Friedel-Crafts-Acylierung von **7** führt zum analogen Acetyl-substituierten $[2_3]$Cyclophan (79% Ausb.).

Dagegen liefert das $[2_4](1,2,3,5)$Cyclophan (**10**) das entsprechende Keton **81** nur in geringer Ausbeute (6%); das Hauptprodukt besteht aus den (1,2,3)Cyclophanen **82** und **83** (*ipso*-Substitution von **10**).

Durch Formylierung nach *Rieche* geht **10** in fast quantitativer Ausbeute in den Aldehyd **84** über, während die Nitrierung mit rauchender Salpetersäure und Eisessig bei 70°C innerhalb von zwei Minuten allerdings nur Spuren der Nitroverbindung **85** liefert:

b) *Übergangsmetall-Komplexe:* Zur Darstellung der Ruthenium- und Eisen-Komplexe des $[2_5](1,2,3,4,5)$Cyclophans (12) entwickelten *Boekelheide et al.* [1d] eine neue Methode, wobei die Umsetzung von Aren-Ru-Komplexen mit Cyclophanen in Gegenwart von Silbersalzen genutzt wird. Auf diese Weise sind die Ru-Komplexe **86** und **87** aus $[2_5](1,2,3,4,5)$Cyclophan (12) erhältlich. Der Eisen-Komplex **88** wurde nach Bestrahlung von η^6-*p*-Xylylen(η^5-cyclopentadienyl)-Fe(II)-hexafluorophosphat und **12** in Dichlormethan in 68% Ausbeute isoliert:

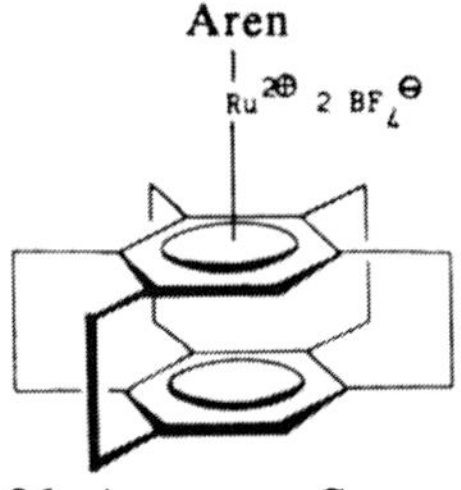

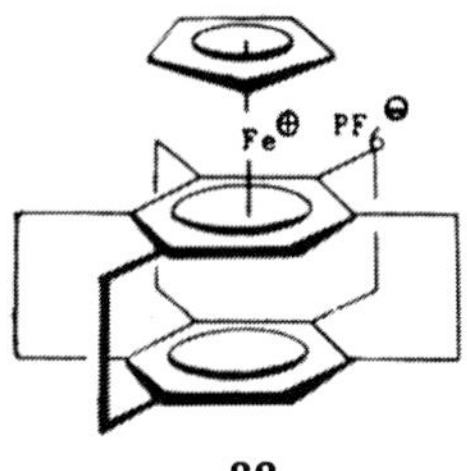

86: Aren = p-Cymen
87: Aren = Hexamethylbenzen

88

5.4 Superphan

SYNTHESE

Bei der Superphan-Synthese von *Boekelheide* [1] wird eine Strategie mehrfach wiederholt: Die "*o*-Xylylen-Dimerisierung" (s.o., *Abschn. 5.2*) wird dreimal benutzt, um ausgehend von einem [2.2]Orthocyclophan die restlichen vier Ethano-Brücken einzubauen. Ein weiterer Vorteil der ***Boekelheideschen*** Synthese des Superphans (13) ist, daß von einem wohlfeilen, kommerziellen Edukt, dem Chlorduren **89**, ausgegangen wird:

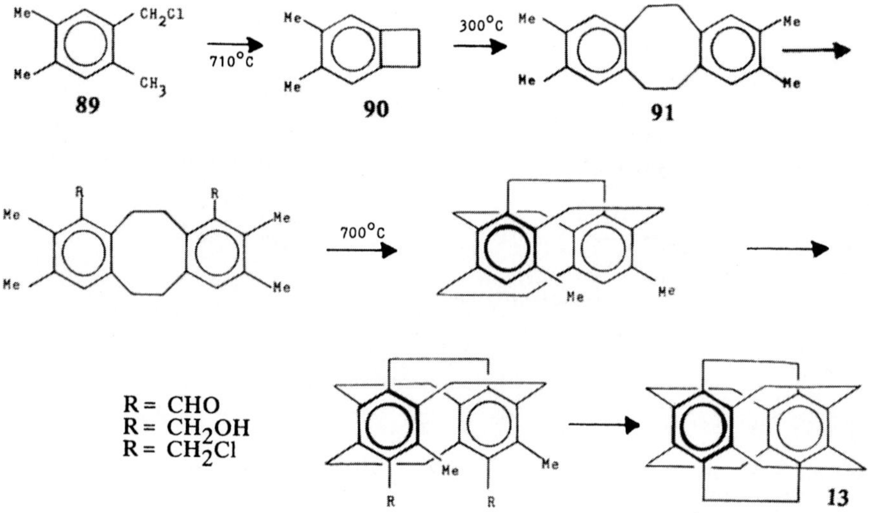
Me
CH2Cl
CH3
89
710°C
90
300°C
91
R
700°C
R= CHO
R= CH2OH
R= CH2Cl
13

Eltamany und *Hopf* beschrieben später eine zweite Synthese des Superphans (13), die von 4,5,12,13-Tetramethyl[2.2](1,4)cyclophan (**26**) ausging und bei der die restlichen Brücken schrittweise eingeführt wurden [2,1b-e]:

Versuche, das Superphan durch Elimination von Schwefel aus dem entsprechenden Hexathia[3_6]cyclophan (**92**) zu erhalten, scheiterten daran, daß dieses Hexathiaphan bisher nicht zugänglich war [3)], obwohl die entsprechenden vier- und fünffach verbrückten Tetrathia[3_4]- und Pentathia[3_5]cyclophane noch hergestellt werden konnten. Offenbar bereitet das Schließen der letzten Brücke Schwierigkeiten, da sowohl das Produkt sterisch gehindert und gespannt ist, als auch im Übergangszustand der nucleophilen Verdrängungsreaktion von Br$^\ominus$ durch S$^\ominus$ eine optimale räumliche Anordnung der Reaktionszentren wahrscheinlich nicht möglich ist. Deshalb entsteht in einer Nebenreaktion der entsprechende dreifache Hydrothiophen-Ring **93**.

93

92

EIGENSCHAFTEN

Das Superphan (13) hebt sich aus der Reihe der anderen $[2_n]$Phane, abgesehen von der totalen Überbrückung aller Arenpositionen, durch seine hohe Molekülsymmetrie hervor: Punktgruppe D_{6h}. Die Symmetrie des Superphans spiegelt sich in den spektroskopischen Eigenschaften wider. Die einfachen ^{1}H- und ^{13}C-NMR-Spektren lassen den symmetrischen Molekülbau erkennen, der eindeutig durch Röntgen-Kristallstrukturanalyse bewiesen wurde.

Auffallendstes Merkmal der vor dem Superphan dargestellten $[2_n]$Phane war die "face-to-face"- und "bent-and-battered"-Natur der Benzenringe. Im Gegensatz dazu sind die beiden Benzenringe des Kohlenwasserstoffs 13 planar und nicht deformiert. Ihr bemerkenswert geringer intramolekularer Abstand beträgt 262.4 pm (vgl. Abb.8), verglichen mit dem des [2.2]Paracyclophans von 308.7 und 275.1 pm. Die anderen aus der Röntgen-Kristallstrukturanalyse zu entnehmenden Größen, z. B. Bindungslängen und -winkel, liegen im Normalbereich der Phane.

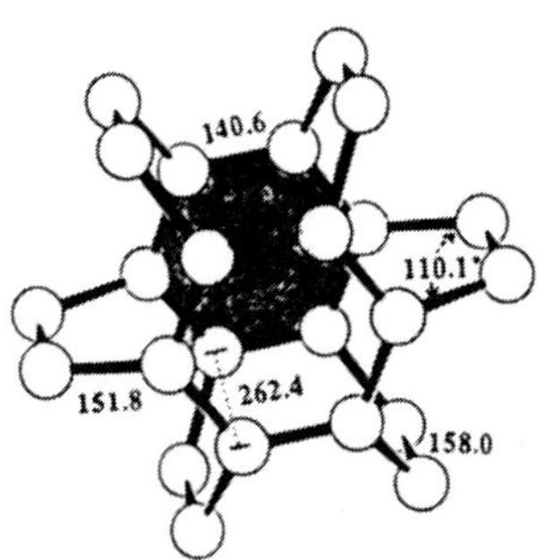

<u>Abb.8.</u> Intramolekulare Abstände [pm] im Superphan (13; nach der Rönt-
gen-Kristallstrukturanalyse) [1a]

Die PES- und ESR-Spektren des Superphans wurden mit denen anderer
Phane verglichen [4,5,1e]. Das Photoelektronen-Spektrum des Superphans
(13) zeigt drei Banden bei 7.55 eV, 8.17 eV und ca. 9.6 eV. Sie entsprechen den ersten fünf Ionisierungsenergien (<u>Tab.1</u>, <u>Abb.9</u>).

<u>Tab.1.</u> Vergleich der Ionisierungsenergien I_j [eV] von $[2_n]$Cyclophanen

[2.2]Paracyclophan (3)	[2.2.2](1,3,5)Cyclophan (8)	Superphan (13)
8.1	7.7	7.55
(8.1)	7.7	7.55
8.4	8.75	8.17
9.6	8.75	8.17
10.3	-	9.6

Wie ersichtlich, sinken die ersten fünf Ionisierungsenergien bei Änderung
der Brückenzahl von zwei auf sechs um 0.5 eV, 0.2 eV, 1.2 eV bzw. 0.7 eV
ab [4].

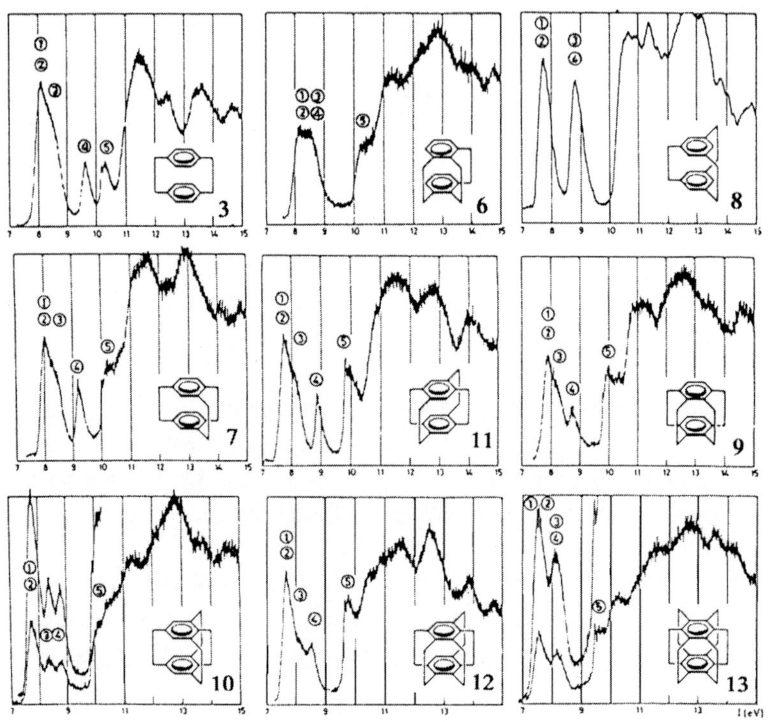

<u>Abb.9.</u>   Vergleich der Photoelektronen-Spektren einiger $[2_n]$Phane (3-12) mit dem des Superphans (13) [4]

Das Superphan bildet farblose Kristalle, die relativ schwer löslich sind und erst bei 325-327°C ohne Zersetzung schmelzen. Die sechs Ethanobrücken sind ganz im Gegensatz zu denen der übrigen $[2_n]$Phane thermisch stabil.

CHEMISCHE REAKTIONEN [1c)]

A. *Reaktionen in den Brücken:* Versucht man, Superphan (13) mit Zink in konz. Schwefelsäure zu reduzieren, so bildet sich bemerkenswerterweise unter Aufweitung einer Brücke das Monothia[3.2$_5$]cyclophan **94** in 32% Ausbeute; der Schwefel stammt aus der Schwefelsäure. Diese Reaktion wurde bisher nur beim Superphan beobachtet.

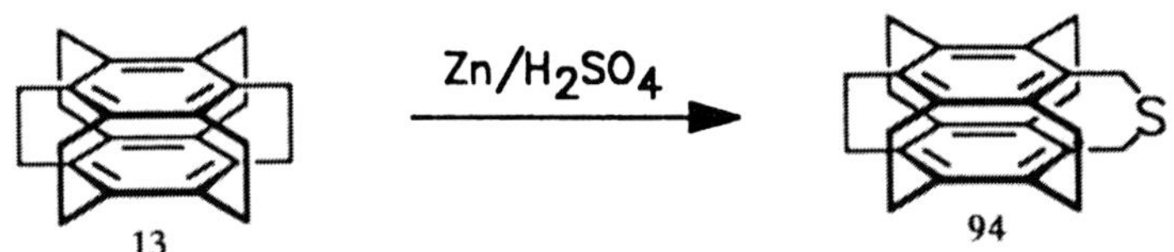

Das Superphan-monoen **95** ließ sich aus Superphan mit konventioneller Methodik darstellen:

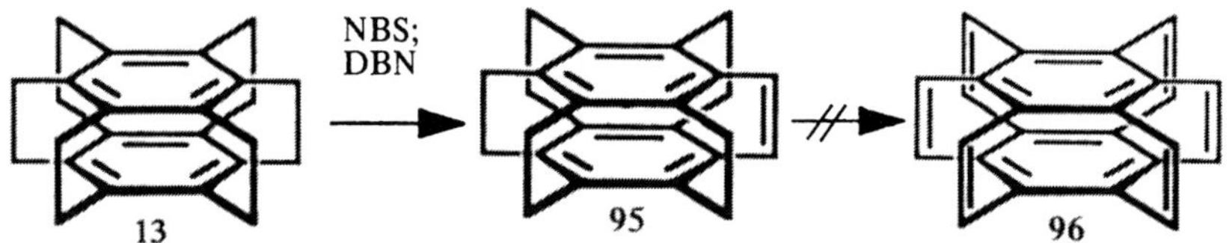

Aufgrund der relativ geringen Ausbeute an **95** von 20% wurde das hochinteressante Superphan-hexaen **96**, in dem zwei orthogonale π-Systeme mit je zwölf Elektronen vorliegen, noch nicht erreicht.

Eine anionische Spaltung der C$_2$-Brücken im Superphan (13) gelingt bei dessen Reduktion mit Lithium/Ethylamin in *n*-Propylamin; die Kohlenwasserstoffe **97** und **98** wurden in 57 bzw. 7% Ausbeute isoliert. Das folgende Formelschema gibt Hinweise zur Deutung dieses Befunds:

B. *Reaktionen der Benzenringe:* Bei Versuchen, das gegenüber [4+2]Cycloadditionen vergleichsweise reaktionsträge Superphan (13) durch Lewis-Säure-Katalyse zur rascheren Reaktion zu bringen, wurde eine interessante Folge von Additionsreaktionen beobachtet: Läßt man Superphan und Tetracyanethen bei Raumtemperatur in Dichlormethan drei Tage bei Gegenwart von AlCl₃ stehen, so wird die Käfigverbindung 100 isoliert, die durch Röntgen-Kristallstrukturanalyse gesichert ist.

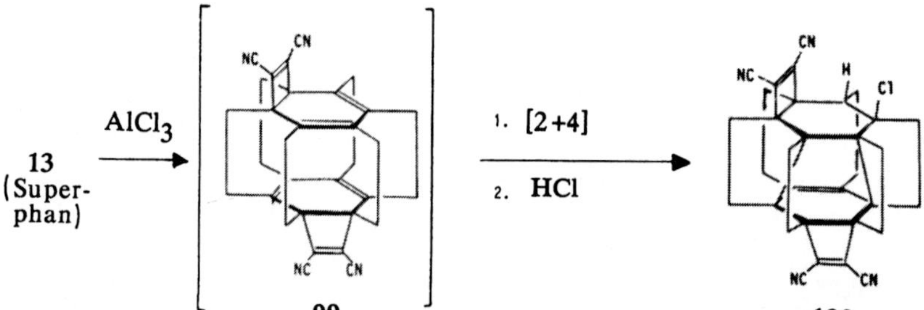

Man nimmt an, daß in einer doppelten [2+2]Cycloaddition zunächst **99** gebildet und daß dieses 2:1-Intermediat durch eine intramolekulare [4+2]Cycloaddition stabilisiert wird; das entstehende Tetraen reagiert mit gleichfalls entstandenem HCl zu dem isolierten Produkt **100**.

Superphan (13) bildet unter Birch-Reduktionsbedingungen das Birch-Produkt **101**, allerdings nur in 10% Ausbeute. Diese Substanz rearomatisiert jedoch bei Raumtemperatur in kurzer Zeit zu Superphan (13) zurück.

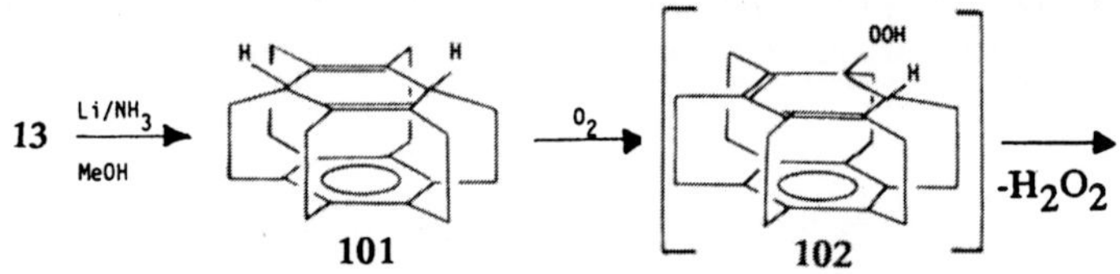

Superphan (13) wurde mit Diazoessigester umgesetzt, wobei zuerst ein Tropilidenester **103** erhalten wird. Dessen Reduktion mit LAH liefert den Alkohol **104**, der mit BF₃-Etherat zum Tropyliophan **105** isomerisiert. Bei der Umkristallisation aus Methanol/Wasser oder Stehenlassen an Luft wird dieses zum Superphan (13) zurückverwandelt. Dies könnte über das Carbinol **106** und dessen Valenzisomer **107** verlaufen, wobei letzteres unter Acetaldehyd-Abspaltung in Superphan übergeht:

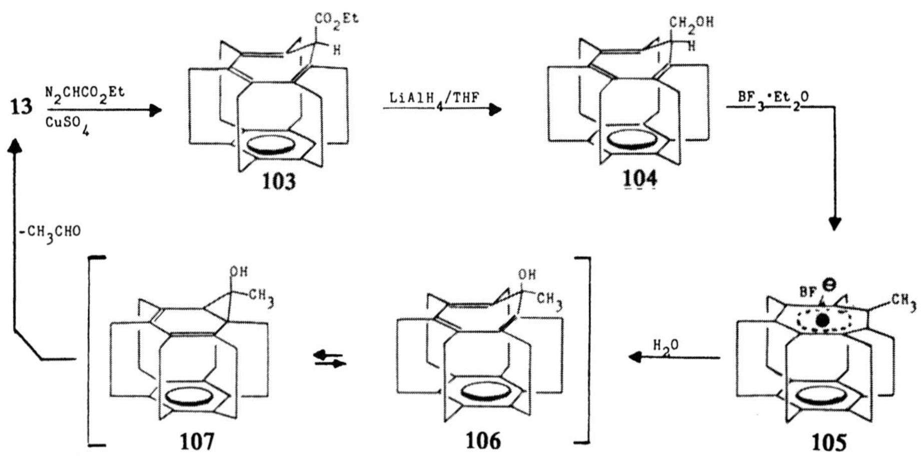

Superphan (13) wird mit Meerwein-Reagens zum Kation **108** alkyliert, das mit NaBH$_4$ **109** ergibt. Umkristallisation dieses Kohlenwasserstoffs aus Methanol führt zum Oxiran **110** [1c]:

5.5   Weitere mehrfach verbrückte Phane

Das   vierfach   verklammerte   *[2₄](1,4,5,8)(1,2,4,5)Biphenylenobenzenophan*
(**10b**) wurde auf folgendem Wege durch Sulfonyprolyse erhalten [1]:

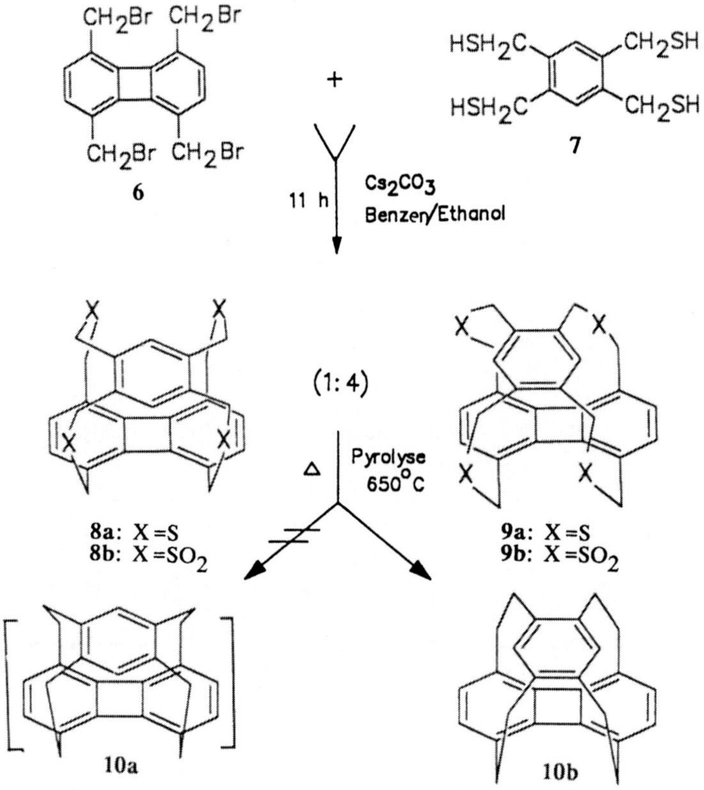

$$CH_2Br \quad CH_2Br$$

6

$$HSH_2C \quad CH_2SH$$
$$HSH_2C \quad CH_2SH$$

7

11 h Cs_2CO_3
Benzen/Ethanol

(1 : 4)

Δ   Pyrolyse
650°C

8a: X = S
8b: X = SO$_2$

9a: X = S
9b: X = SO$_2$

10a

10b

Die Zuordnung der Isomere **8a**, **9a** und **10b** konnte durch ^{1}H-NMR-
Spektroskopie eindeutig getroffen werden.

Bestrahlung des (*E,E,E*)-1,3,5-Tris(styryl)benzens (**11**) in Benzen bei 317
nm liefert ein hochschmelzendes Dimer **12**, dessen Konstitution durch Röntgen-Kristallstrukturanalyse exakt bestimmt ist [2a]:

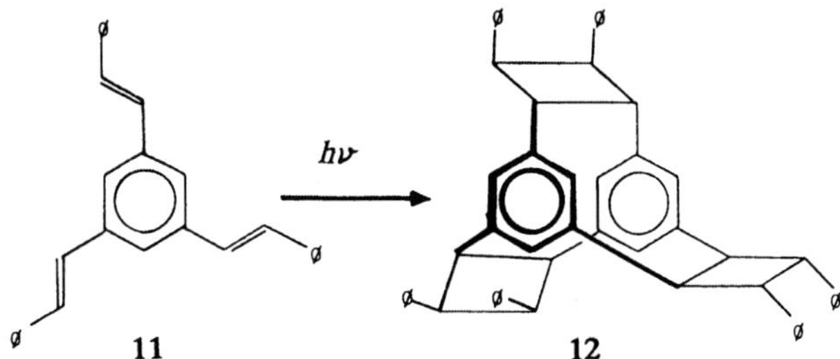

Auch nur zweifach verbrückte 1,2-Ethano[2_n]meta- und -paracyclophane sind auf diese Weise zugänglich. Allerdings kann die zweite Brücke nur in Ausnahmefällen (Arenkerne = Naphthalen, sowie bei Pyridyl- und Cyano-Substituenten) bis herab zu n= 2 verkürzt werden [2b].

Mehrfach verklammerte Pyridinophane

Nach der *Boekelheideschen* Benzcyclobuten/*o*-Xylylen-Route waren das *4,13-Diaza[2_4](1,2,4,5)cyclophan* (13) und sein 4,16-Isomer 14 zugänglich [3]:

[2_4]Biphenylophan

Die Cyclisierung der Tetrakis(brommethyl)- 15 mit der Tetrakis(mercaptomethyl)-Verbindung 16 führt nach *Vögtle* und *Weber* zum gekreuzten isomeren Tetrasulfid 18a [4]:

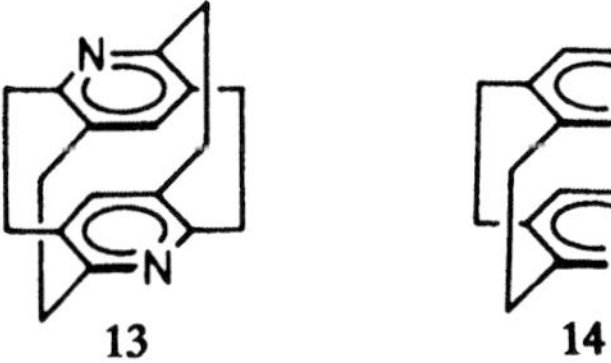

13   14

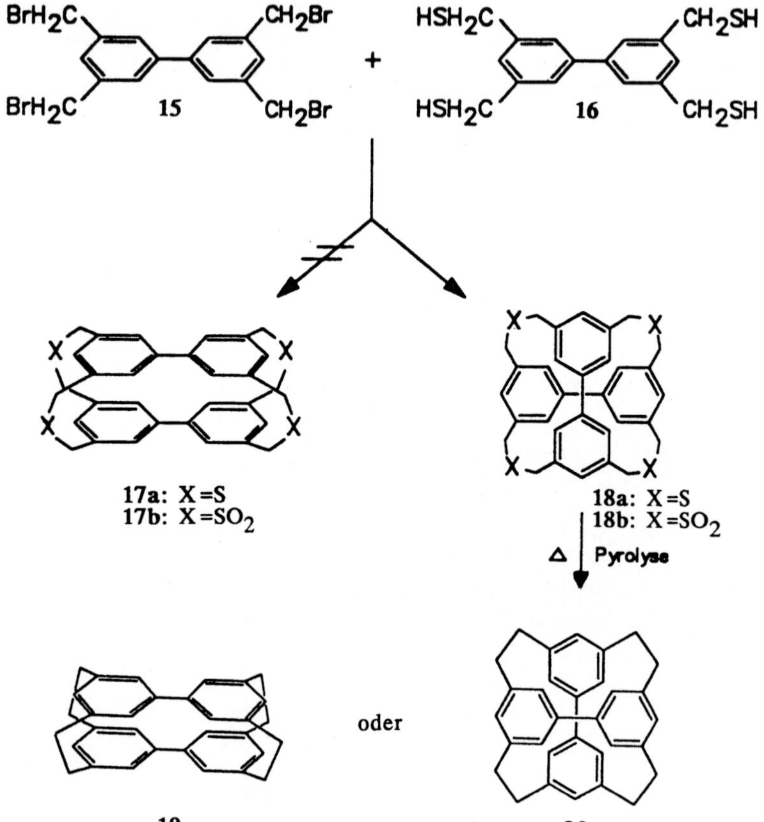

15 + **16**

17a: X = S
17b: X = SO$_2$

18a: X = S
18b: X = SO$_2$

Δ | Pyrolyse

19   oder   **20**

Dessen Konstitution ist durch Röntgen-Kristallstrukturanalyse eindeutig gesichert [5]. Die Pyrolyse des Sulfons **18b** lieferte den entsprechenden Kohlenwasserstoff, dessen Struktur aber bis heute nicht eindeutig geklärt ist. ^{1}H-NMR-Spektren machen eher das Biphenylophan **19** mit parallelen Biphenyl-Gruppen wahrscheinlich, während Molekülberechnungen für den gekreuzten isomeren Kohlenwasserstoff **20** eine höhere thermodynamische Stabilität voraussagen.

Die folgenden mehrfach verklammerten Araliphaten waren großteils durch Sulfid-Cyclisierung mit anschließender Schwefel-Elimination zugänglich. Die darin enthaltenen aromatischen Einheiten gehören zur Gruppe der

Biphenyle, der Terphenyle, der Triphenylmethane und Triphenylbenzene [6]. Die Frage der Isomerenbildung (21, 22) bei der Sulfonpyrolyse fiel zugunsten von 21 aus.

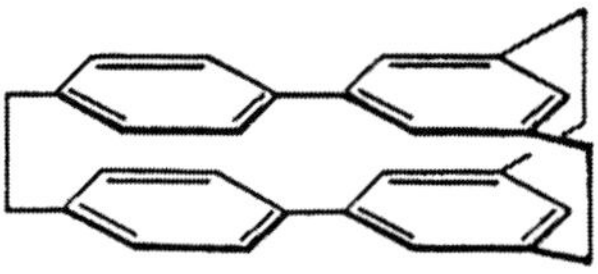

21

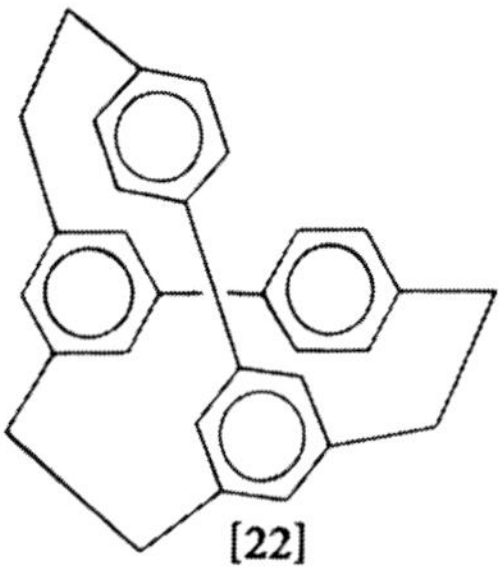

[22]

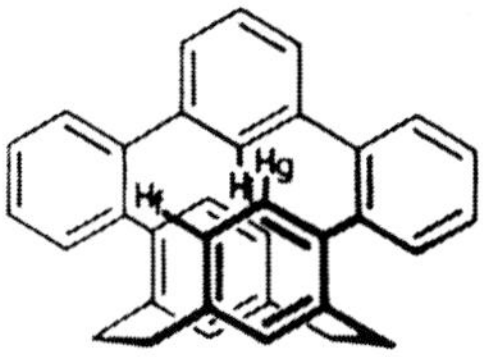

23

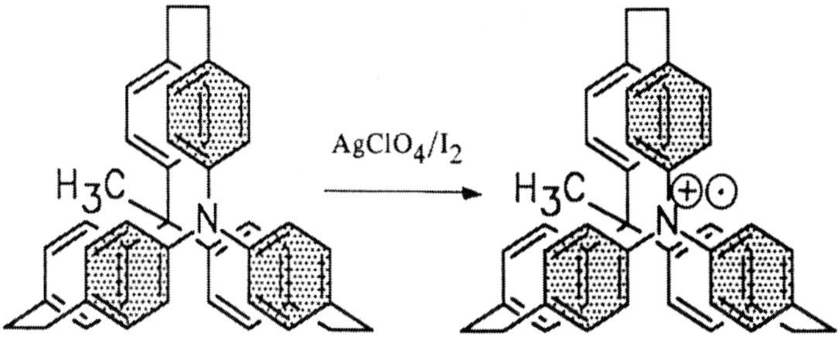

24 25

Von den dreifach verklammerten Triphenylethanen 27, Triphenylbenzenen 28 sowie von den gemischten Triphenylethan-/Triphenylbenzenen 29 sind jeweils auch die entsprechenden Triene bekannt [6]. Das vom Triphenylamin abgeleitete dreifach verklammerte Phan 24 läßt sich zum Radikalkation 25 oxidieren [7].

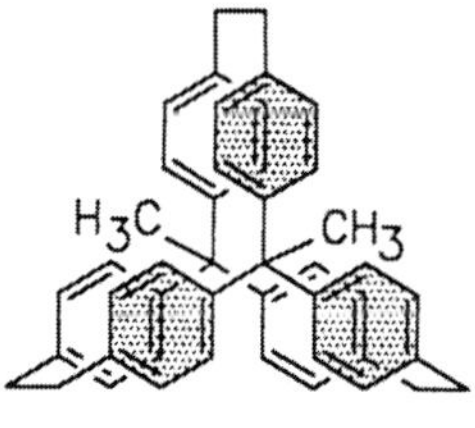

27

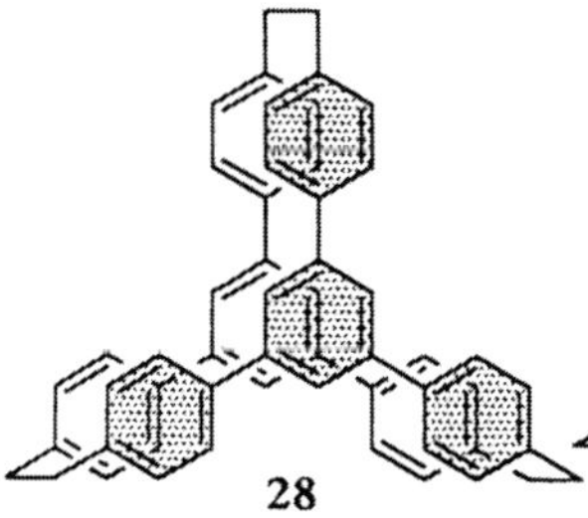

28

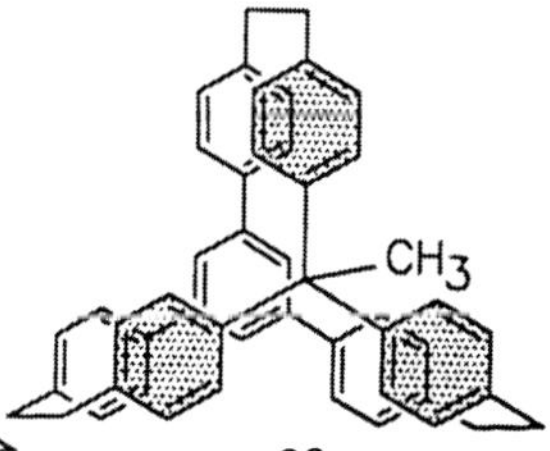

29

Die dreifach verklammerten Cyclophane **30**, die eine Mesitylen- und eine *meta*-substituierte Triphenylethan-Einheit enthalten, sind durch Sulfonpyrolyse erhalten worden. Obwohl der Ether **30** (R = OCH_3) zum Brückenkopf-Chlorid umgesetzt werden konnte, war es nicht möglich, dieses in das erhoffte (Trityl-)Radikal umzuwandeln [8]:

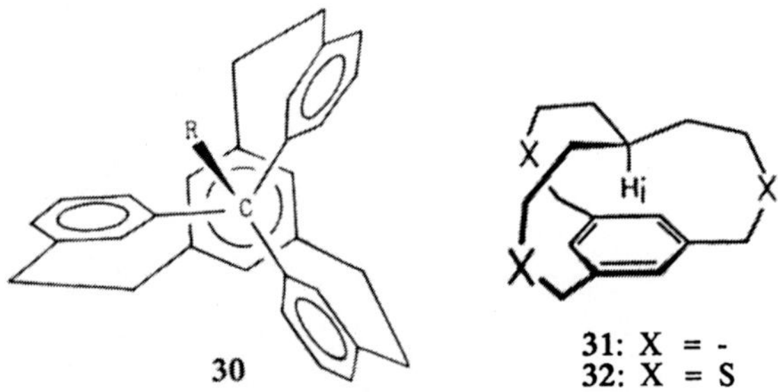

Von *Pascal* wurde das Phan **31** ausgehend vom dreifach substituierten Benzen beschrieben, bei dem der Brückenkopf jedoch lediglich aus einem Methin-Kohlenstoff besteht [9]. Das Interessante an diesem Verbindungstyp ist, daß das Methin-Wasserstoffatom sowohl nach außen (*"out"*) als auch nach innen ragen kann (*"in"*). Das intraannulare H_i-Atom in **31** und **32** erfährt eine extreme Hochfeldverschiebung [δ (H_i) = -4.03 bzw. -1.68)] [9].

Die Abstände zwischen H_i (bzw. dem entsprechenden Kohlenstoffatom C_i) und dem gegenüberliegenden Benzenring sind dementsprechend kurz: 169 bzw. 278 pm für **33**, dessen Röntgen-Kristallstrukturanalyse gelang.

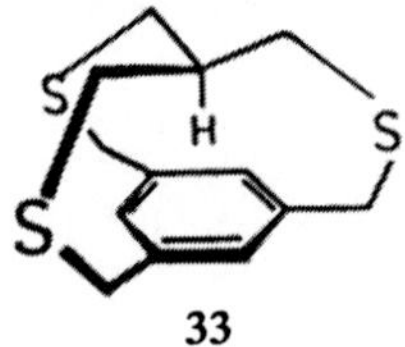

Dieser Verbindungstyp zeigt nach DNMR-Messungen Ringinversionsprozesse, wobei die Barriere $\Delta G_c^{\ddagger}$ für **33** bei 59 kJ/mol liegt.

Die vierfach verklammerten Tetraphenylethene **34** wurden über die Sulfid-Cyclisierung erhalten, jedoch bisher nicht zu den Kohlenwasserstoffen abgebaut [10]:

34a

34b

Interessante Makropolycyclen sind durch Wittig-Reaktion zugänglich, deren Details von *Wennerström et al.* ausgearbeitet wurden [11]. Ausgehend vom 1,3,5-Benzentricarbaldehyd (35) und dem Ylid aus dem Bis-(triphenylphosphonium)-Salz 36 des 1,4-Bis(brommethyl)benzens ist das dreifach verbrückte Cyclophan 37 in 1.7% Ausbeute zugänglich.

35   36   37   38

Die Autoren schlugen den Familiennamen *"Bicyclophane"* für diese Substanzklasse vor und bezeichneten 37 als $[2_6](1,4)_3(1,3,5)_2$Bicyclophan-hexaen. Katalytische Hydrierung liefert das Bicyclophan 38 in quantitativer Ausbeute.

In den Brücken Heteroatom-substituierte mehrfach verbrückte Phane

Das historisch zweite dreifach verbrückte Benzenophan, das in einem Cyclisierungsschritt leicht zugänglich war, ist das Triazaphan 39, das im Jahre 1970 mit immerhin 30% Ausbeute aus dem 1,3,5-Tris(brommethyl)benzen und der Tritosyl-Verbindung des 1,3,5-Tris(aminomethyl)benzens synthetisiert wurde [12]. Es unterliegt einem Ringinversionsprozeß A⇄B, dessen Freie Aktivierungsenthalpie $\Delta G_c^{\ddagger} = 57$ kJ/mol beträgt und der damit eine signifikant höhere Barriere aufweist als das entsprechende Trisulfid, dessen CH_2-

Signale selbst bei -110°C im ^{1}H-NMR-Spektrum noch als Singlett erscheinen, während **39** bei -57°C ein AB-System zeigt.

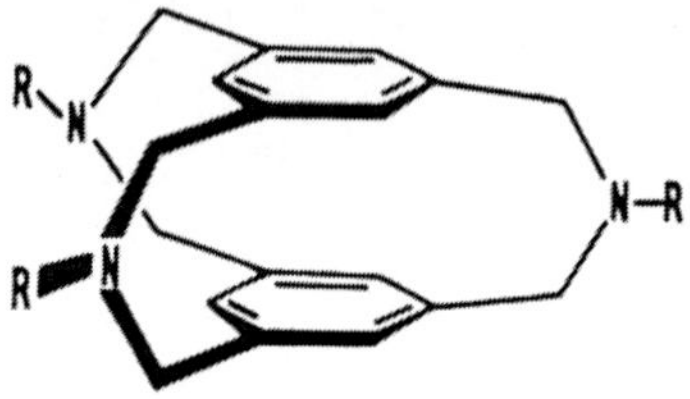

39

$$R = p - SO_2 \cdot C_6H_4 \cdot Me$$

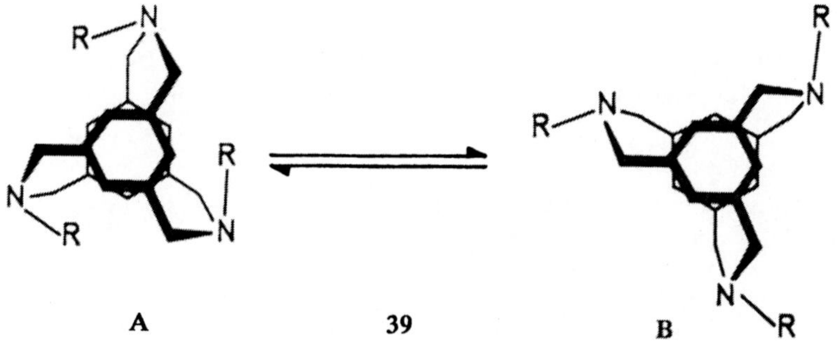

A   **39**   B

Die Hexathia-Verbindung **40** konnte 1972 in der beachtlichen Ausbeute
von 25% synthetisiert werden. Auch Hexathia$[m_n]$phane des Typs **41** sind
mit Verdünnungsprinzip-Techniken zugänglich [13].

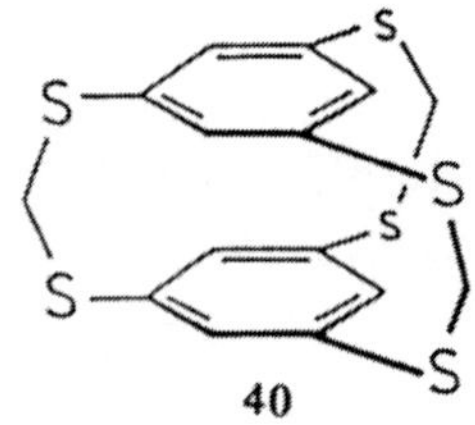

40

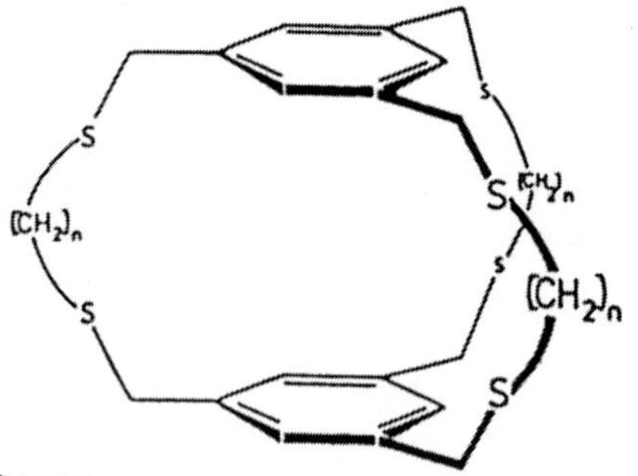

41

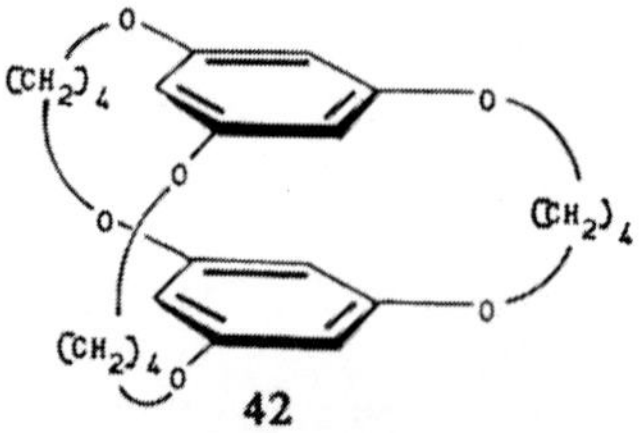

42

Analoge Hexaoxaphane wie **42** konnten aus Phloroglucin und 1,4-Dibrom-*n*-butan hergestellt werden [14].

Das Azo[3.2.3]phan **44** war auf folgendem Wege durch Reduktion der beiden Nitro-Gruppen von **43** zugänglich [15]:

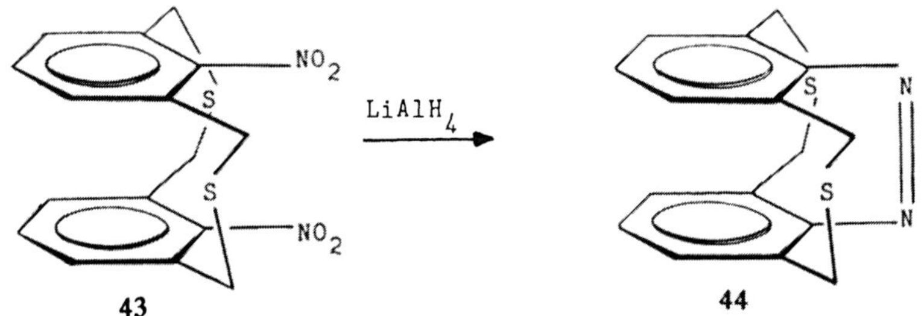

43   **44**

Das vierfach verbrückte Azobenzen **45** wurde in *Abschn. 3.1* erwähnt.

45

Vor einigen Jahren wurden großhohlräumige, mehrfach verbrückte Thiaphane wie **46** und **47** sowie das sechsfach verbrückte, an ein "benzenologes" Superphan erinnerndes Molekül **48**, mit Hilfe des *"Caesium-Effekts"* synthetisiert [16].

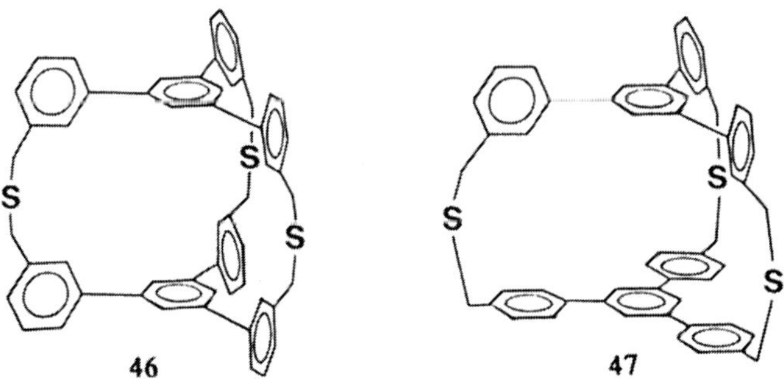

46   **47**

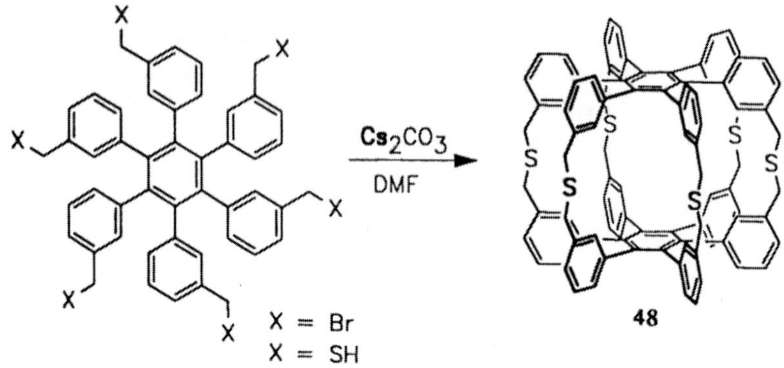
Cs2CO3
DMF
X = Br
X = SH
48

Die isomeren dreistöckigen Hexathiaphane 49 und 50 wurden auf folgendem Wege erhalten:

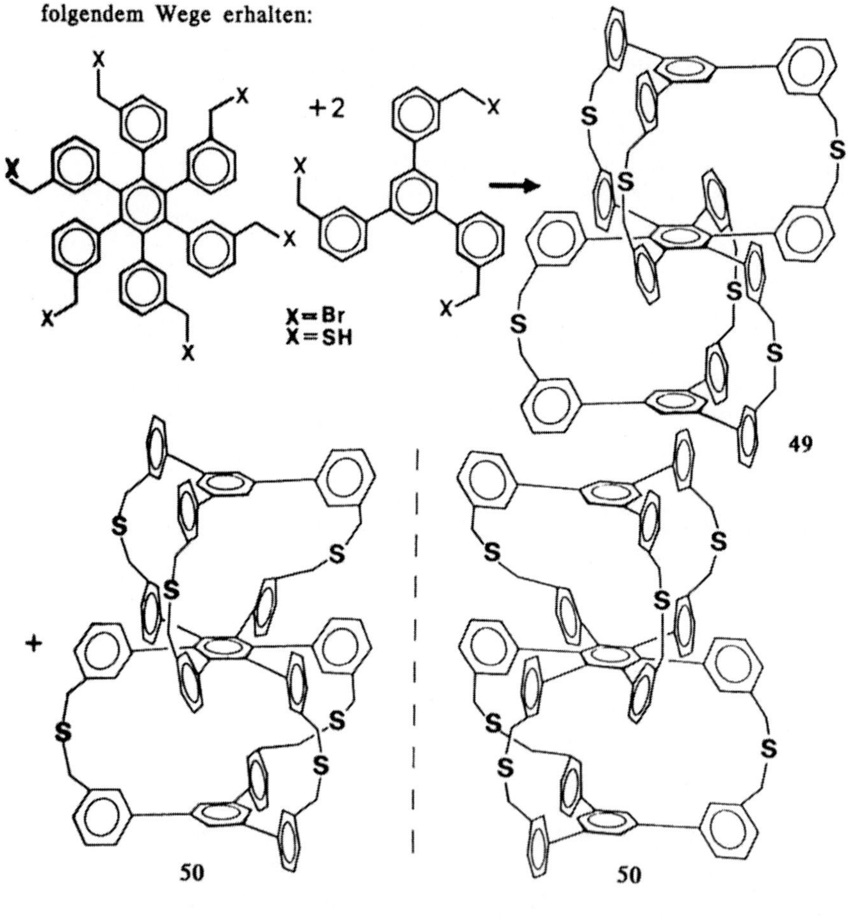
+2
X=Br
X=SH
49
+
50
50

50 erwies sich als chiral, und die Enantiomere konnten angereichert werden [16b].

Die dreifach verbrückten großhohlräumigen Phane **51** und **52** wurden im Zusammenhang mit der Wirt/Gast-Chemie hergestellt und seien nur am Rande erwähnt [17], da Verbindungen mit großen Hohlräumen im *Abschn. 12* näher erläutert werden. Eine Reihe von lipophilen, vom *o*-Terphenyl abgeleiteten dreifach verbrückten Ringgerüsten (**53-58**) sei hier noch gezeigt [18]. **53** weist Selektivität für Na$^{\oplus}$-Ionen auf.

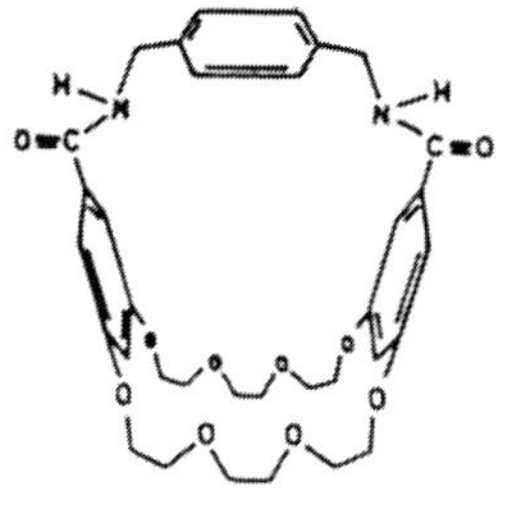

51

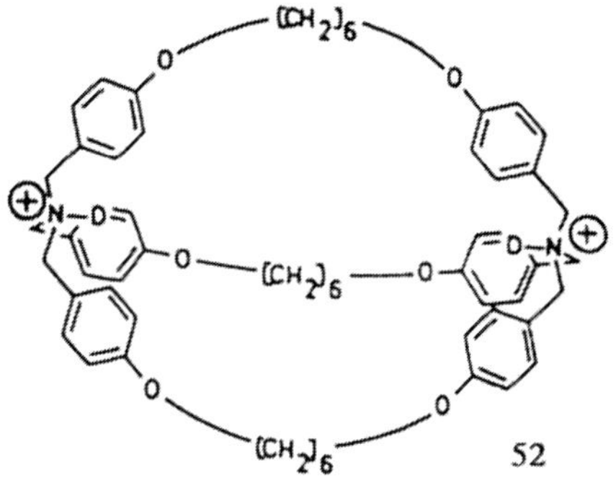

52

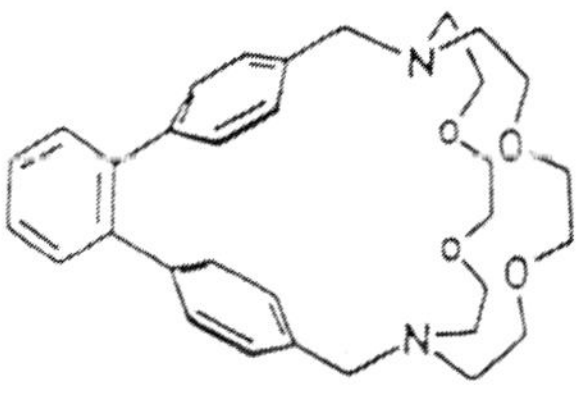

53

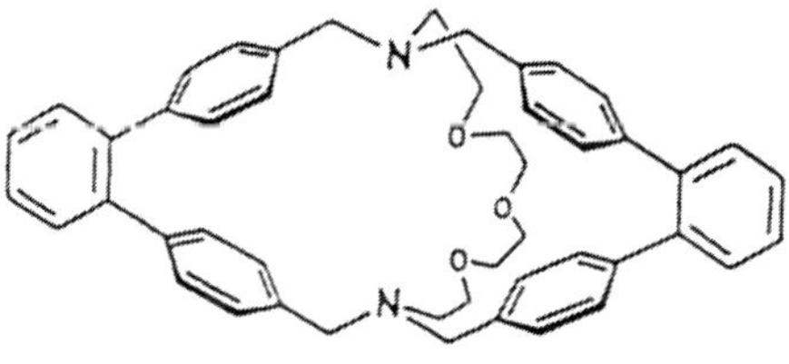

54

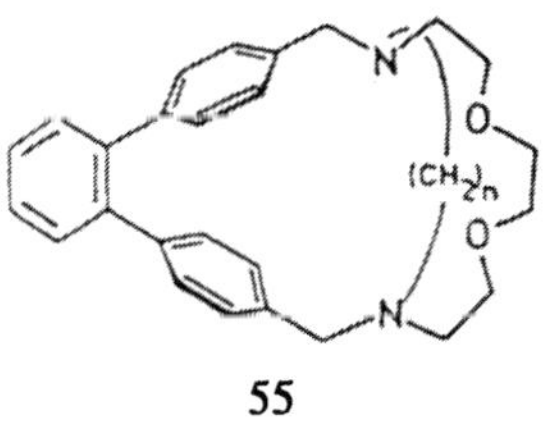

55

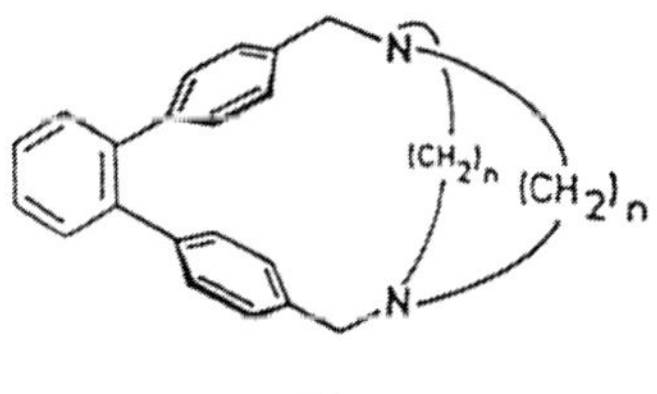

56

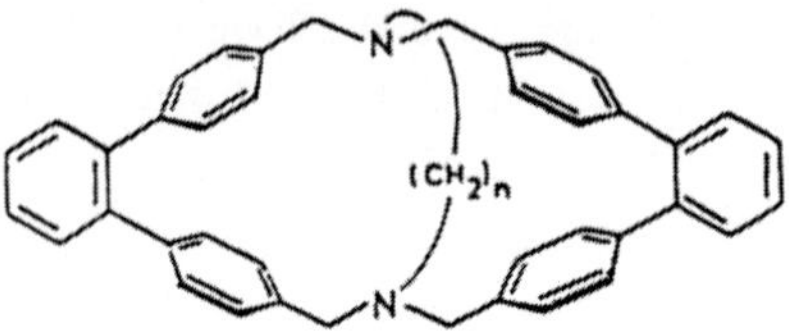

57

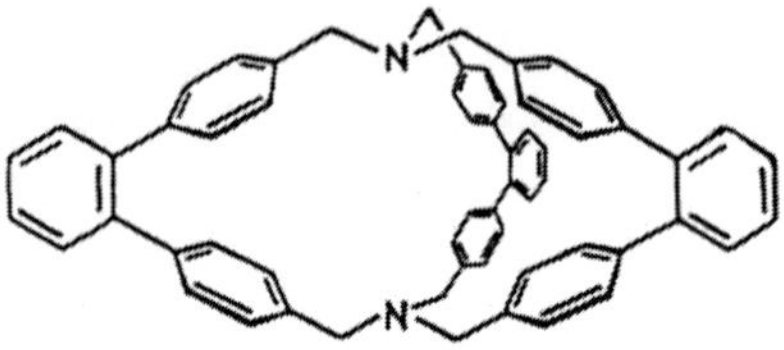

58

Welche Vielfach-Kronenstrukturen durch Mehrfachverbrückung von Kronenether-Bausteinen erhalten wurden, ist aus den Formeln **59** [19], **60** [17] und **61** [20] zu ersehen.

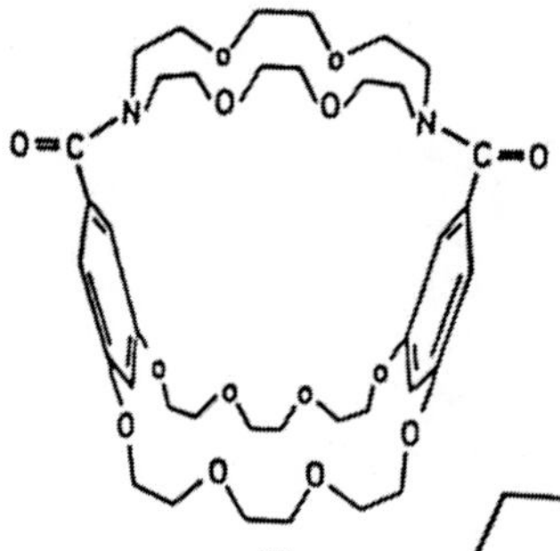

59

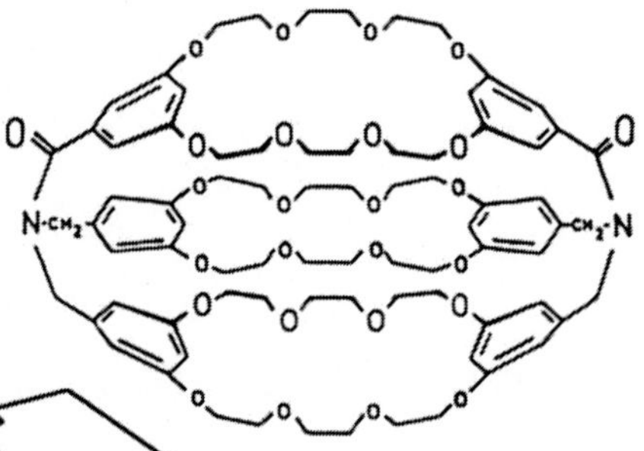

60

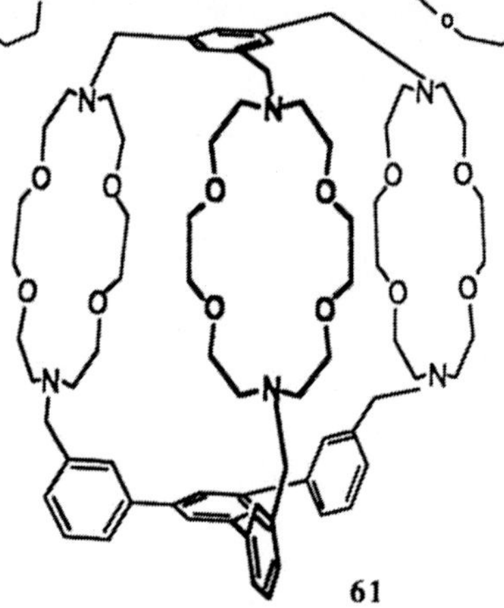

61

Moleküle mit korbförmigem Hohlraum wie **62** entstehen durch multiplen Brückenschlag [21]:

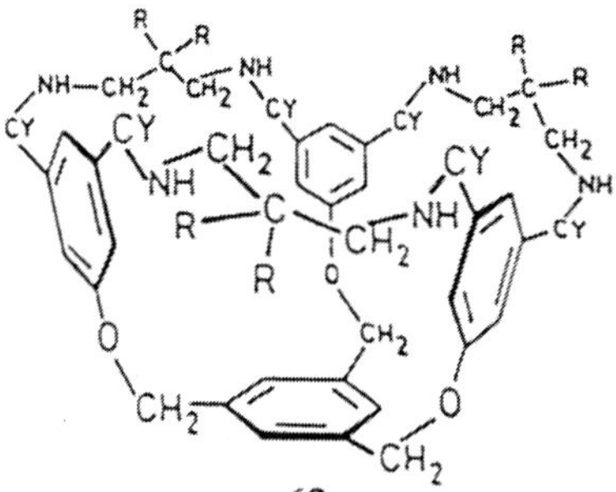

62a

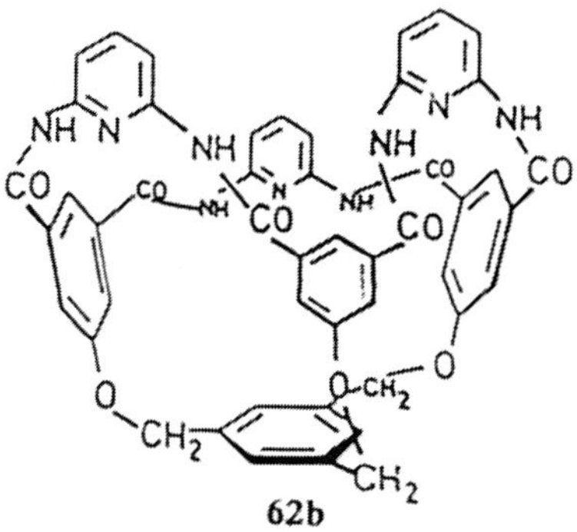

62b

Die *in/out*-isomeren verbrückten Triphenylphosphane **63** sind gleichfalls im Zusammenhang mit der Aufnahme von Gastmolekülen im Hohlraum von Interesse (s. *Abschn. 12.3*) [22]:

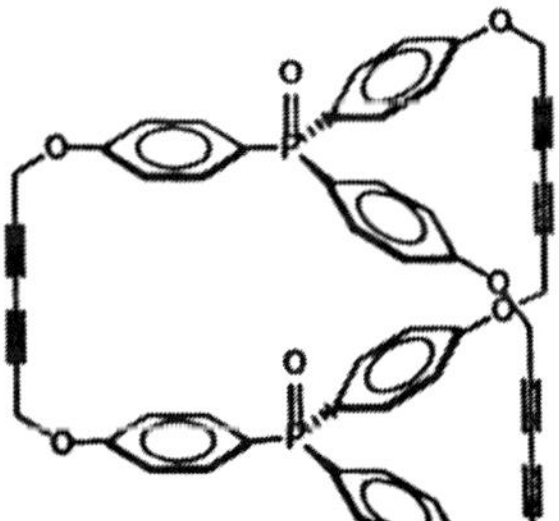

63

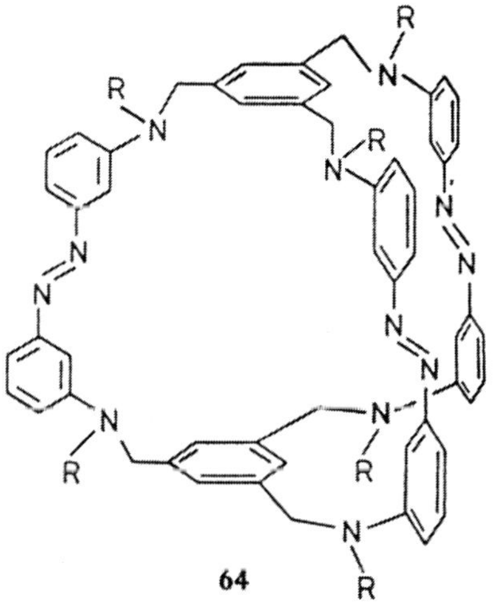

64

Das Tris(azobenzen)-verbrückte Cyclophan **64** ist als "molekularer Schalter" (*E*)/(*Z*)-isomerisierbar [23].

Weitere mehrfach verklammerte Phane siehe *Abschnitte 10, 12.*

6 Mehrschichtige Cyclophane

Die bisher in diesem Buch behandelten Cyclophane bzw. Phane enthielten meistens zwei Schichten von Aromaten ("Doppeldecker"). Da diese bereits interessante elektronische und sterische Effekte hervorrufen, war es umso spannender zu versuchen, die Anzahl der Schichten (Decks) noch zu erhöhen. Dabei war insbesondere die elektronische Wechselwirkung von übereinandergestapelten Aromaten in mehr als zweischichtigen Phanen von Interesse, deren Decks mit den Flächen "face-to-face" zueinander angeordnet sind [1].

Es soll nicht unerwähnt bleiben, daß es auch andere Typen von mehrschichtigen Verbindungen gibt, die nicht zu den Cyclophanen gehören: Hierzu zählen 1,8,9-Triarylanthracene, [14]Helicen, Tripeldecker-Nickelocene und verwandte Tripel- und Quadrupel-Übergangsmetall-Komplexe. Wir teilen im folgenden in Paracyclophane, Metacyclophane, Metaparacyclophane und weitere vielschichtige Phane ein.

6.1 Mehrschichtige Paracyclophane

6.1.1 Mehrschichtige [2.2]Paracyclophane

SYNTHESE

Zur Darstellung mehrfach geschichteter [2.2]Paracyclophane [1] erwies sich die Hofmann-Elimination quartärer Ammoniumhydroxide als am geeignetsten und ausbaufähigsten. Dies unter anderem deshalb, weil die Zwischenstufen, die für diese Methode benötigt wurden, relativ gut zugänglich waren. Obwohl wir schon bei der Beschreibung der [2.2]Paracyclophane auf deren Synthese via Hofmann-Elimination eingegangen sind, sei hier noch einmal aus Vergleichsgründen die reinrassige und die Überkreuz-Dimerisierung der aus den Ammoniumhydroxiden entstehenden Parachinodimethane beispielhaft zusammengestellt [1a] (Abb.1).

Da die Ausbeuten bei der Hofmann-Elimination, insbesondere bei der Überkreuz-Pyrolyse zweier unterschiedlicher Ammoniumbasen im 1:1-Verhältnis anfangs niedrige Ausbeuten an Cyclophanen ergab [2], mußte die Methodik verbessert werden: So konnten die Ausbeuten an den gekreuzten Phanen 7, 12 und 13 bis auf 15-38% optimiert werden, und zwar durch Einsatz größerer als katalytischer Mengen von Phenothiazin, einem Überschuß der leichter verfügbaren Ammoniumbase, durch Verwendung eines Dreihals-

Birnenkolbens und durch Einsatz der geringst möglichen Menge an Solvens *(Misumi)* [1a]. Auf diese Weise wurden die Tripel- und Quadrupel-schichtigen [2.2]Paracyclophane der <u>Abb.2</u> aus den entsprechenden Di- und Tetramethyl[2.2]paracyclophanen **7** und **1** dargestellt [3]. Überkreuz-Kupplung von **10** mit **6** führte zu der höchsten Ausbeute an dem dreischichtigen Kohlenwasserstoff **12** [4]. Die Moleküle **19** und **20** sind die ersten mehrschichtigen Cyclophane, die nach dieser Methode erhältlich waren.

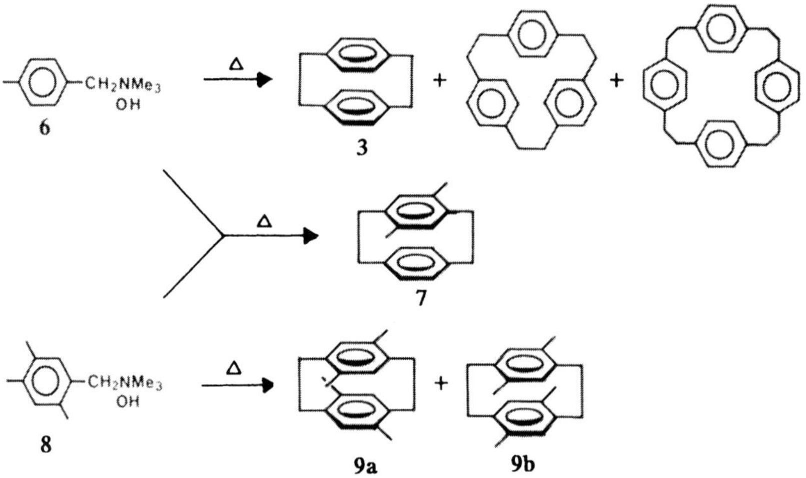

<u>Abb.1</u>   Zur Herstellung von $[2_n]$Phanen durch (Überkreuz-)Hofmann-Elimination

Aus <u>Abb.2</u> ist zu ersehen, daß die isomeren vierschichtigen Moleküle **17** (D_2-Symmetrie) und **18** (C_{2h}-Symmetrie) durch Elimination von **10** erhalten wurden. Die Pyrolyse einer äquimolaren Mischung von **16** und **10** führt zu einem Gemisch der fünfschichtigen Cyclophane **21** und **22** (<u>Abb.3</u>). Das Di-methyl-Derivat **24** mit D_2-symmetrischem Gerüst konnte durch Überkreuz-kuppelnde Pyrolyse von **23** und **6** erhalten werden [2,5]. Aus **16** wurde eine 2:1-Mischung sechsschichtiger Phane gewonnen, die durch Säulenchromato-graphie mit Benzen als Elutionsmittel getrennt werden konnten. Das leichter lösliche Hauptisomer ist **25** mit D_2-Symmetrie, während das in geringeren Mengen anfallende weniger lösliche Isomer die Struktur **26** mit C_{2h}-Symme-trie hat [2,6].

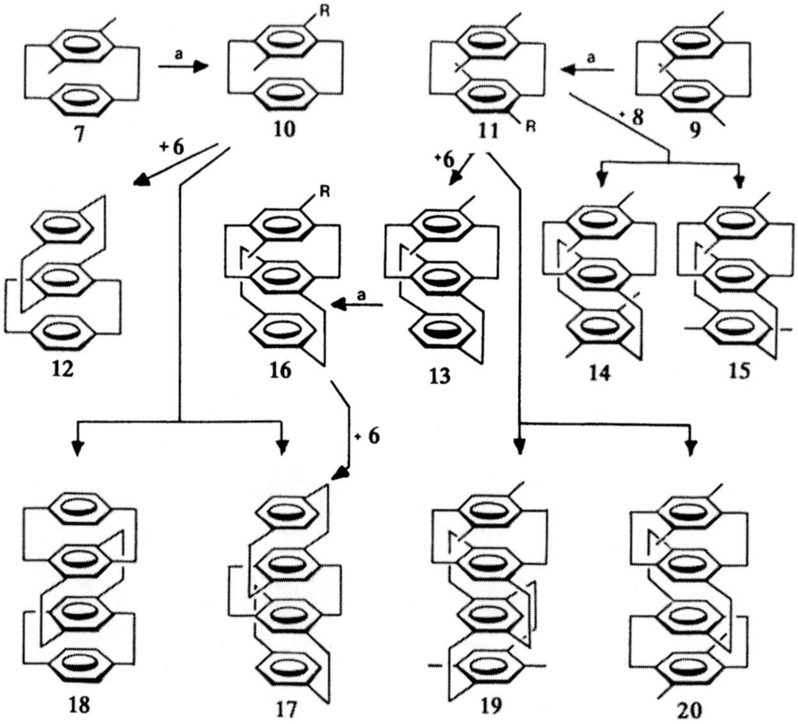

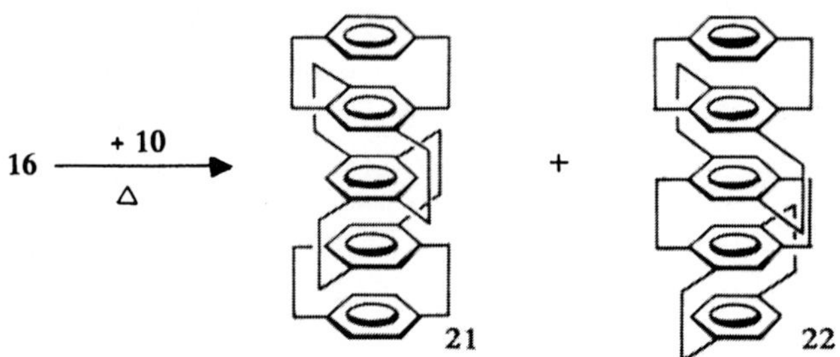

$R = CH_2\text{-}NMe_3^{\oplus}OH^{\ominus}$; a = 1. NBS, 2. NMe_3, 3. $OH^{\ominus}$

Abb.2. Tripel- und Quadrupeldecker-Phane durch Hofmann-Elimination (Ausbeuteangaben siehe Lit. [1a])

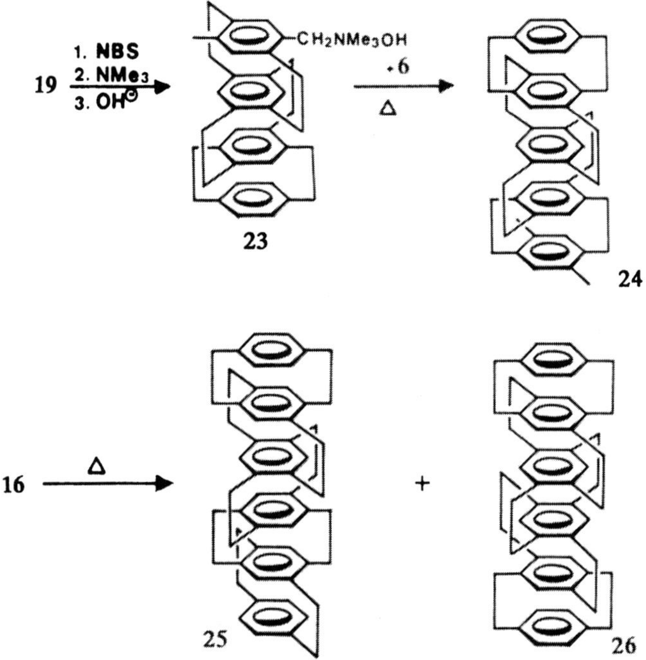

Abb.3. Darstellung fünf- und sechsschichtiger Cyclophane

EIGENSCHAFTEN

Molekülbau und Spannungsenergie: Abb.4 zeigt das Ergebnis der Röntgen-Kristallstrukturanalyse des dreischichtigen Brom[2.2][2.2]paracyclophans **27** (s.u.).

Abb.5 bietet einen Einblick in die Röntgen-Kristallstruktur des vier-schichtigen Tetramethyl[2.2][2.2][2.2]paracyclophans **20** [1a]; an diesem Phan wurde die erste Röntgen-Kristallstrukturanalyse eines mehrschichtigen Phans durchgeführt. Wie aus Abb.5 hervorgeht, liegen die Abstände zwischen be-nachbarten Benzenringen im Bereich von 274-313 pm. Dies bedeutet eine "face-to-face"-Fixierung von vier Benzenringen innerhalb des van-der-Waals-Berührungsabstands (340 pm). Ähnliche nichtbindende Abstände (274-319 pm) findet man in der Kristallstruktur des Brom-substituierten dreischichti-gen [2.2]Paracyclophans **27** (Abb.4).

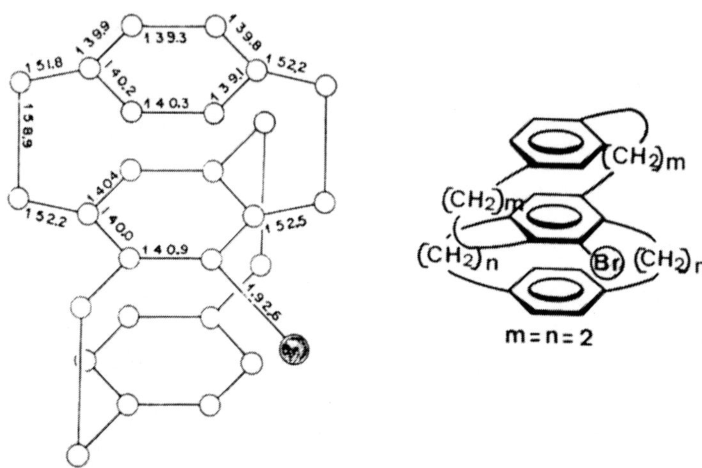

Abb.4. Röntgen-Kristallstruktur des dreischichtigen Brom[2.2][2.2]paracyclophans 27 [1] (Bindungslängen in pm)

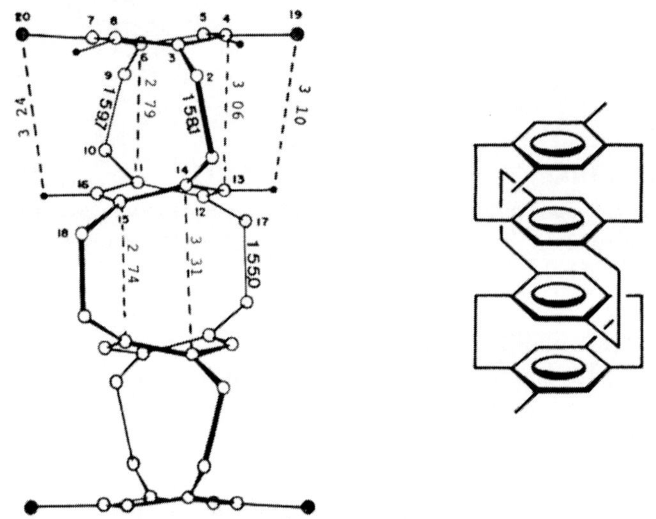

Abb.5. Röntgen-Kristallstruktur des vierschichtigen Tetramethyl[2.2][2.2]-[2.2]paracyclophan-Isomers 20 [7] (Bindungslängen in pm)

Alle außen liegenden Benzenringe der drei- und vierschichtigen Moleküle sind zur Bootform verbogen, mit Deformationswinkeln ähnlich wie bei dem zweischichtigen [2.2]Paracyclophan (3). Dagegen sind die innen liegenden Benzenringe ganz anders, nämlich zur Twistform deformiert. Die Twist-Winkel γ betragen ca. 13.5°, die Winkel α und β liegen im Bereich zwischen 10.8 und 12.9° (Abb.6).

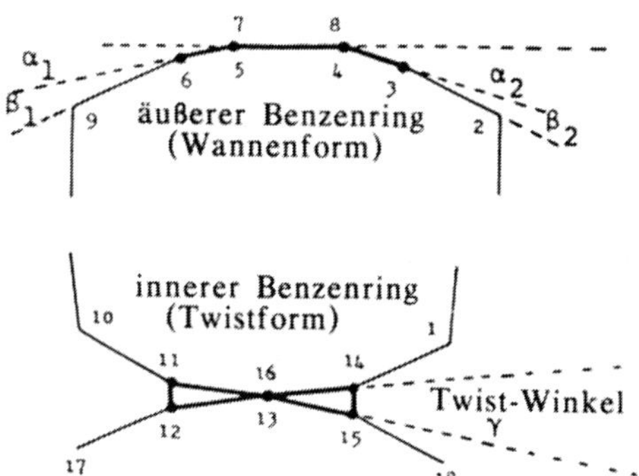

Abb.6. Zur Deformation der Benzenringe in vielschichtigen Paracyclophanen [1a]

Die sp^3-sp^3-Einfachbindung der Ethano-Brücken zwischen den beiden inneren Benzenringen In 20 ist 155 pm lang und damit etwas kurzer als die sp^3-sp^3-Bindungen (ca. 158 pm) der Ethano-Brücken in 3 und den anderen in 20. Während im Kristall von 3 die symmetrische Rotationsschwingung (ca. 6.4°) der beiden Benzenringe um eine Achse in der Mitte und senkrecht zu den Benzenringen erfolgt, ist die Rotation der inneren und äußeren Benzenringe von 20 und 27 aufgrund der Abstoßung zwischen den beiden o-Methylen-Gruppen auf eine Seite beschränkt (mit Winkeln von 8 bzw. 6.8°).

Die Spannungsenergie des nichtsubstituierten dreischichtigen [2.2]Paracyclophans 12 ist 245 kJ/mol und damit fast doppelt so hoch wie die des [2.2]Paracyclophans (3; 138 kJ/mol) [8]. Da die Röntgen-Kristallstrukturanalyse einen ähnlichen Deformationswinkel der Bootform der Benzenringe in den doppel- und dreischichtigen Paracyclophanen ergibt, ist zu schließen, daß der twistförmige innere Benzenring im dreischichtigen Molekül 12 stärker gespannt ist als die Bootform des äußeren Benzenrings. Darüber hinaus ist der Beitrag des inneren twistförmigen Benzenrings an der Gesamtspannungsenergie ungefähr doppelt so hoch wie der des äußeren bootförmigen Benzenrings.

Spektroskopische Eigenschaften: In Abb.7 sind die Absorptionsspektren einiger vielschichtiger [2.2]Paracyclophane mit dem des [2.2]Paracyclophans (3) verglichen [2]. Es stellt sich heraus, daß die UV-Kurven beinahe unabhängig von der Methyl-Substitution und der konfigurativen Stereoisomerie sind. Bemerkenswert ist der Befund, daß die Phane mit zunehmender Anzahl von Schichten (Decks, layers) starke bathochrome und hyperchrome Verschiebungen zeigen. Diese Verschiebungen sind beim Übergang vom "einschichtigen" Bibenzyl zum zweischichtigen und vom zweischichtigen zum dreischichtigen Phan zu erkennen, wobei die Absorptionskurven auffallend strukturärmer werden.

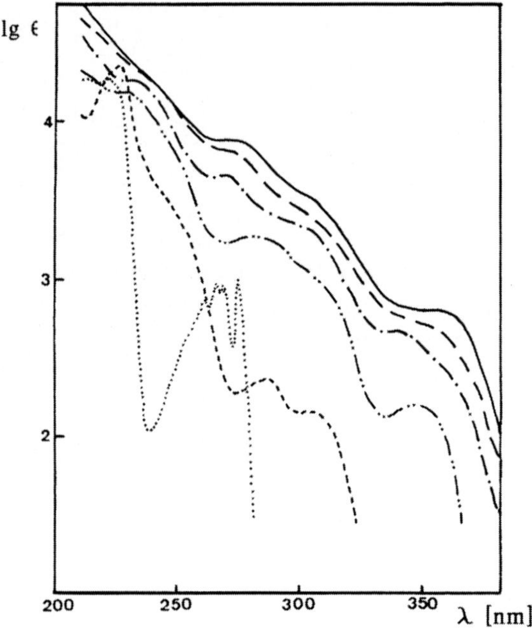

Abb.7. Elektronenspektren mehrschichtiger [2.2]Paracyclophane (in Cyclohexan): (···) 4,4'-Dimethylbibenzyl; (---) 3; (-··-) 12; (-·-): 17: (-) 21; (——) 25

Diese spektralen Befunde sind hauptsächlich durch *transannulare π-π-elektronische Wechselwirkungen* oder *transannulare Delokalisation* zu erklären. Dies geht insbesondere daraus hervor, daß die Absorptionsbanden-Verschiebungen nur wenig von einem zweiten wichtigen Faktor beeinflußt werden, nämlich der Deformation der Benzenringe. Semiempirische Berechnungen der Elektronenspektren von zwei- bis vierschichtigen [2.2]Paracyclophanen - unter Beachtung der Konfigurations-Wechselwirkung zwischen Grund-, angeregten und Charge-Transfer-Konfigurationen - sind in Übereinstimmung mit der obigen Interpretation.

Aus den *Emissionsspektren* ließen sich weitere Informationen hinsichtlich der transannularen Wechselwirkungen in vielschichtigen Cyclophanen ableiten. Fluoreszenz- und Phosphoreszenz-Spektren zeigen bathochrome Verschiebungen mit zunehmender Anzahl der Schichten, analog zu den Verhältnissen bei den Absorptionsspektren [2]. Die Fluoreszenzspektren haben demgegenüber jedoch den Vorteil, daß die Fluoreszenzmaxima im Unterschied zu der schwierig festzustellenden längstwelligen Absorption im Absorptionsspektrum klar unterschieden werden können. Beim Übergang vom fünf- zum sechsschichtigen ("quintuple, sextuple layered") Phan findet man keine weitere Rotverschiebung des Maximums. Dies deutet darauf hin, daß bei mehr als fünfschichtigen Molekülen keine weitere Zunahme der transannularen Wechselwirkungen beobachtet wird *(Misumi)*.

Die Lebensdauer der Phosphoreszenzen wird zunehmend kürzer und konvergiert ähnlich wie die Bandenverschiebungen in den Absorptions- und Fluoreszenzspektren. Dies deutet auf eine Absenkung der Energielücke zwischen Grund- und Triplettzuständen hin, wodurch die Wahrscheinlichkeit für eine strahlungslose Desaktivierung zunimmt [2].

Charge-Transfer-Komplexe mit π-Acceptoren: Bei π-Komplexen verschiedener Oligomethylbenzene mit Tetracyanethen (TCNE) wurde schon 1958 eine gute Korrelation zwischen der Charge-Transfer- (CT-)Bandenlage und der Assoziationskonstanten K des Komplexes gefunden [9]. Für das vierschichtige Tetramethylparacyclophan (Gemisch **19/20**) wurde im Vergleich mit [2.2]Paracyclophan (**3**) gefunden, daß sich die stärkere transannulare Wechselwirkung in der π-Basizität widerspiegelt [10]. Mit der Zunahme der Schichten werden die langwelligen Maxima der TCNE-Komplexe zu längeren Wellen verschoben und daher der Donorcharakter der Cyclophane zunehmend stärker. Sogar im fünfschichtigen Komplex **28** ist die π-Donorwirkung des Cyclophans noch wirksam. Erst beim Übergang vom fünf- (vgl. **28**) zum sechsschichtigen 1,3,5-Trinitrobenzen- (TNB-)Komplex findet man keinen merklichen Unterschied mehr in der *transannularen Elektronen-Donor-Kapazität.*

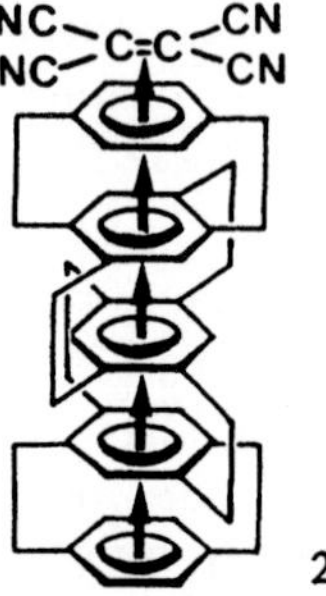

28

Kernresonanz: Es ist lange bekannt, daß die aromatischen Protonen von [m.n]Paracyclophanen bei hoher Feldstärke absorbieren, verglichen mit entsprechenden Alkylbenzenen, wobei mit abnehmender Zahl der Methylengruppen in den Brücken die Hochfeldverschiebung üblicherweise zunimmt [11]. Als Ursache wird der Anisotropieeffekt des einen Benzenrings auf die aromatischen Protonen des anderen Rings angesehen sowie die Rehybridisierung der Benzen-Kohlenstoffatome aufgrund der Ringdeformation. Es war daher zu erwarten, daß auch die aromatischen Protonen von vielschichtigen [2.2]Paracyclophanen durch die Anisotropie entfernterer Benzenringe (abgesehen von den Effekten der benachbarten "face-to-face"-Benzenringe) beeinflußt werden und daß dieser Cyclophan-Typ Modellmoleküle zum Studium der magnetischen Anisotropie von Benzenringen bietet.

Die Zuordnung der zahlreichen aromatischen Wasserstoffatome gelang aufgrund der Beobachtung, daß die Protonen der äußeren Benzenringe von vielschichtigen [2.2]Paracyclophanen stärker lösungsmittelabhängig sind als die der inneren Benzenringe [12]. Die chemische Verschiebungsdifferenz beim Übergang von CCl_4 zu $CDCl_3$ als Lösungsmittel liegt hier oft in der Größenordnung von 0.1-0.15 ppm. Auch der Kern-Overhauser-Effekt wurde zur Identifikation einzelner aromatischer Protonen herangezogen [1a].

Magnetische Anisotropie: Zunächst werden mit zunehmender Anzahl von Schichten beträchtliche Hochfeldverschiebungen aller aromatischen Protonen beobachtet. So findet man die aromatischen Protonen beim [2.2]Paracyclophan in CCl_4 bei $\delta = 6.35$, beim dreischichtigen Cyclophan 12 bei 5.35, beim vierschichtigen Cyclophan **19** bei 5.47 und beim sechsschichtigen Cyclophan **25** bei 4.8. Man kann auf diese Weise die Absorption von Protonen an bestimmten Schichten (Decks) eines vielschichtigen Cyclophans voraussagen.

Weiter wurde gefunden, daß Aryl-H-Atome, die pseudo-*geminal* zum Substituenten stehen, oder aromatisch gebundene CH_3-Gruppen, die sterisch eingezwängt ("sterically compressed") sind, üblicherweise eine Tieffeldverschiebung erfahren. Dies ist auch für H_b in **13**, **15**, **19** und **20** der Fall [11].

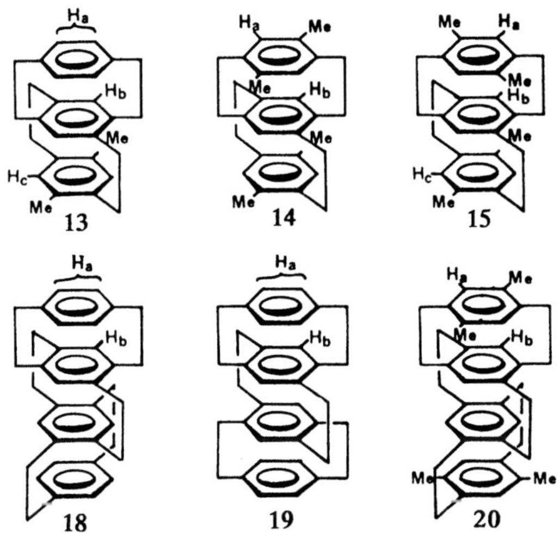

Ein Durchschnittswert für eine sterisch eingezwängte Methylgruppe ist z.B. $\Delta\delta$ = -0.36, wie er für das 4-Methyl[2.2]paracyclophan gefunden wird. Interessant ist auch die hohe Tieffeldverschiebung von $\Delta\delta$ = -0.71 ppm von H_b im dreischichtigen Molekül **14**. Mit diesem hohen Wert kann **14** als ein neuartiges Beispiel für eine *sterische Kompression* "von zwei Seiten" gewertet werden, und er spricht zudem für eine Additivität der Verschiebungen aufgrund der Kompression [1a].

Einen weiteren Einfluß beobachtet man bei der Einführung von Substituenten, wie es auch für das [2.2]Paracyclophan gefunden wurde: Man registriert eine starke chemische Verschiebung der *ortho*-aromatischen Protonen verglichen mit einer nichtcyclischen Verbindung [13]. Solche erhöhten *ortho*-Verschiebungswerte werden auch bei methylierten mehrschichtigen Cyclophanen beobachtet ($\Delta\delta \approx$ 0.42).

^{13}C-NMR-Spektren [14]: Die **π-π-Kompression** wirkt sich stark auf die ^{13}C-NMR-Spektren von mehrschichtigen [2.2]Paracyclophanen aus. Die Kohlenstoffatome aller äußeren Benzenringe erfahren annähernd gleiche Tieffeldverschiebungen wie bei den zweischichtigen Cyclophanen. Bei dreischichtigen Verbindungen wie **12** beobachtet man wieder einen doppelten Kompressionseffekt, denn die Signale für das unsubstituierte Aren-C-Atom von **12** werden um $\Delta\delta = 7.95$ tieffeldverschoben verglichen mit der entsprechenden Kohlenstoffresonanz der Referenzverbindung 6,9-Dimethyl[4.4]paracyclophan. Diese Tieffeldverschiebung ist etwa doppelt so stark wie der Differenzwert (4.25 ppm) zwischen den entsprechenden C-Atomen von Dimethyl[4.4]paracyclophan und 4,7-Dimethyl[2.2]paracyclophan (**7**), was auf eine Additivität des Beitrags der sterischen Kompression auf die Kohlenstoffresonanzen hindeutet:

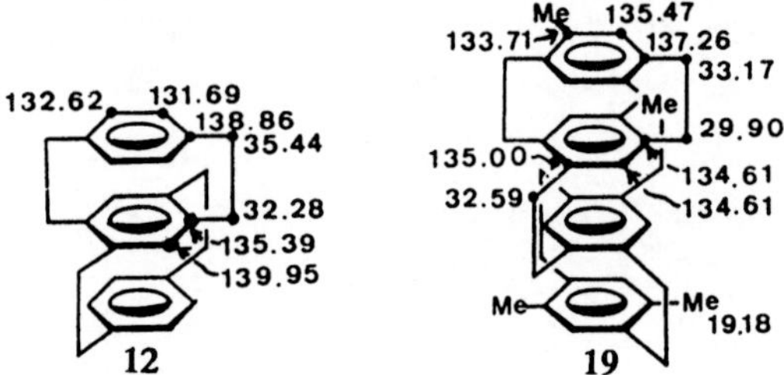

<u>Abb.8.</u> ^{13}C-NMR-Absorptionen einiger ausgewählter mehrschichtiger [2.2]-Paracyclophane [14]

ESR-Spektroskopie: ESR- und ENDOR-Spektren der Radikalanionen von vielschichtigen [2.2]Paracyclophanen [15] zeigen, daß deren Spindichteverteilung weitgehend durch Wechselwirkungen mit den Gegenionen beeinflußt ist. MO-Berechnungen legen nahe, daß die beobachteten Ionenpaarungseffekte durch Ionenpaarmodelle erklärt werden können, in denen das Kation oberhalb des Zentrums des äußersten Benzenrings lokalisiert ist und daß z.B. das Kaliumion in einem nur locker gebundenen Ionenpaar des dreischichtigen Radikalanions von einer Seite des Moleküls zur anderen Seite hin- und herwandert (DMF/THF als Solvens). Ähnliches war für das Ionenpaar des [2.2]Paracyclophan-Anionradikal-Kalium-Ions in DMF/THF gezeigt worden.

Chiroptik: Die optisch aktiven vielschichtigen [2.2]Paracyclophane **12**, **19** und **21** mit bekannter absoluter Konfiguration wurden herangezogen, um eine Korrelation zwischen der optischen Aktivität und der Wechselwirkung zwischen den Schichten *("stacking interaction")* zu studieren. Die Synthese gelang via Hofmann-Eliminationspyrolyse ausgehend von den zwei- und dreischichtigen Ammoniumbasen **10** und **16** bekannter absoluter Konfiguration [16]. Die optischen Rotationen (Drehwerte) der Verbindungen mit der (*R*)-Konfiguration sind im sichtbaren Bereich negativ (linksdrehend) und nehmen mit der Anzahl der Schichten zu. So ist beispielsweise der Drehwert von (*R*)-(-)-**12** $[\alpha]^D_{28}$ = -256, der von (*R,R,R*)-(-)-**21** $[\alpha]^D_{22}$ = -362 (in $CHCl_3$).

CHEMISCHE REAKTIONEN

Bei den zweischichtigen [m.n]Paracyclophanen sind die chemischen Reaktionen, die auf transannulare elektronische Wechselwirkungen und die molekulare Ringspannung zurückzuführen sind, ausführlich untersucht worden, so daß sich Vergleiche mit den mehrschichtigen Analogen anbieten. Die dreischichtigen Paracyclophane zeigen wie die "Doppeldecker" eine erhöhte Reaktivität bei der Bromierung. Bei der Friedel-Crafts-Reaktion und bei der Nitrierung liefern sie nur geringe Ausbeuten, was auf ihre noch höhere Spannung zurückgeführt wird.

Elektrophile Substitution; Bromierung: Die dreischichtigen [2.2][2.2]-, [2.2][3.3]- und [3.3][3.3]Paracyclophane wie **29-31** liefern bei der nichtkatalytischen Bromierung mit Pyridiniumhydrobromid-perbromid leicht die Monobromide **27, 32, 33** als einzige Produkte (<u>Abb.9</u>) [17]. Diese Bromierungsreaktionen sind in kürzerer Zeit beendet als jene der [n]- und der zweischichtigen Paracyclophane. Dies deutet darauf hin, daß aufgrund *transannularer elektronischer Stabilisierung* des Übergangszustands eine beschleunigte Reaktion stattfindet. Auch mit überschüssigem Reagens wird keine Dibrom-Verbindung gebildet. Man nimmt an, daß der erste Bromsubstituent wegen seines Raumbedarfs und induktiven Effekts die Zweitsubstitution behindert, wodurch die Bildung des zweiten σ-Komplexes am inneren (mittleren) Benzenring blockiert wird.

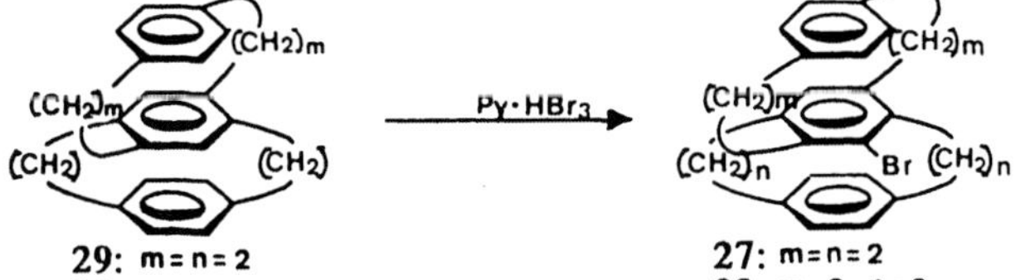

29: m = n = 2   **27:** m = n = 2
30: m = 2, n = 3   **32:** m = 2, n = 3
31: m = n = 3   **33:** m = n = 3

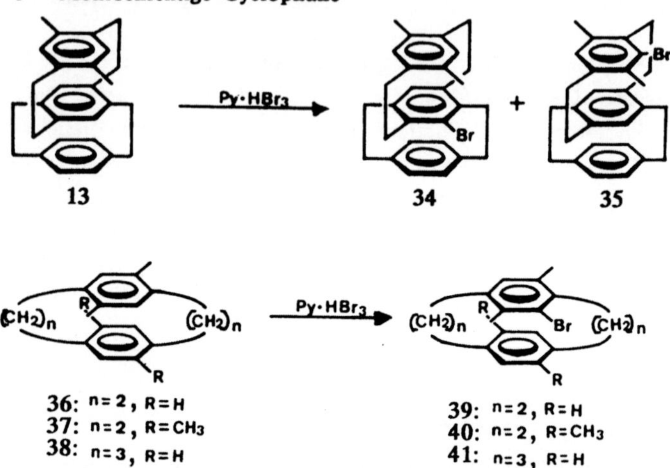

Abb.9. Kern-Bromierung zwei- und mehr als zweischichtiger Phane

Allgemein wird beobachtet, daß die Reaktionen aller dreischichtigen Verbindungen bei weitem rascher ablaufen als die der zweischichtigen, auch unter Konkurrenzbedingungen. Je größer die Anzahl der Schichten im Molekül, desto rascher die Reaktion, unabhängig vom Typ des Reagens. Die raschere Reaktion der dreischichtigen Cyclophane verglichen mit den zweischichtigen wird durch Vergleich der beiden σ-Komplexe **42** und **43** begründet, die aufgrund der *transannularen Ladungsdelokalisation* unterschiedlich stabil sind. Die Zwischenstufe **43** profitiert von den Elektronendonor-Eigenschaften der beiden außen liegenden Benzenringe stärker als es im zweischichtigen Phan **42** möglich ist.

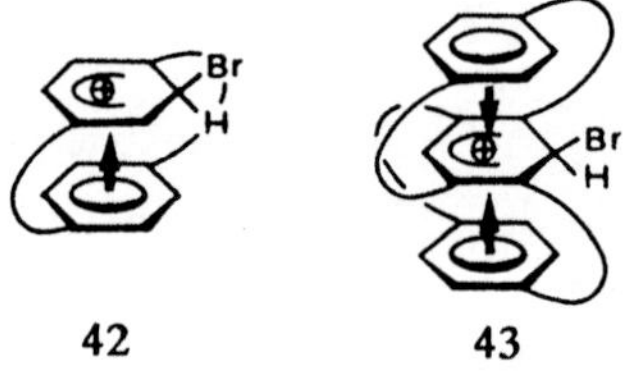

Skelettumlagerungen: Im Unterschied zu der Skelettumlagerung des [2.2]-Paracyclophans zum [2.2]Metaparacyclophan (siehe *Abschn. 2.4*) führt die Umsetzung des Tetramethyl[2.2]paracyclophans **9a** mit demselben Katalysator (AlCl$_3$/HCl) in 38% Ausb. zum Tetramethyl[2.2]metaparacyclophan (**46**), das

durch eine interessante doppelte Umlagerung der Ethano-Brücke am C3-
und der Methylgruppe am C4-Atom gebildet wird [18].

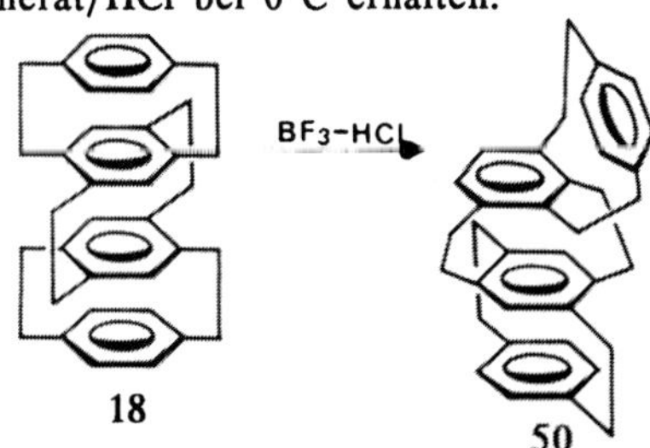

Unter denselben Bedingungen liefert das dreischichtige Cyclophan **12** nur
polykondensiertes Material. Wenn die Reaktion jedoch bei niedrigerer Temperatur durchgeführt wird, bildet sich das dreischichtige Metaparacyclophan
47 als Hauptprodukt zusammen mit zwei isomeren Metaparacyclophanen (**48**
und **49**):

Mit schwachen Friedel-Crafts-Katalysatoren wie $SnCl_4$/HCl bei Raumtemperatur oder $TiCl_4$/HCl (oder BF_3-Etherat/HCl oder I_2) erhält man jedoch aus **12** in 80% Ausbeute ein Gemisch von **48** und **49**. Dagegen liefert
9a mit der schwächeren Protonsäure $SnCl_4$/HCl kein Umlagerungsprodukt,
was darauf hinweist, daß das dreischichtige Molekül reaktiver als das zweischichtige ist. Die Produkte **48** und **49** entstehen in Analogie zu **46** durch
die oben beschriebene doppelte Umlagerung der beiden Etheno-Brücken am
inneren der drei Benzenringe von **12**, und es ist zudem interessant, daß das
molare Verhältnis der entstandenen Isomere **48** und **49** (1.2:1) unabhängig
von den Reaktionsbedingungen (Reaktionszeit, Temperatur, Katalysatortyp)
ist [1a]. Eine ähnliche Umlagerung wurde mit dem vierschichtigen Cyclophan
18 bei Einsatz von BF_3-Etherat/HCl bei 0°C erhalten:

Als Mechanismus wird folgender angenommen:

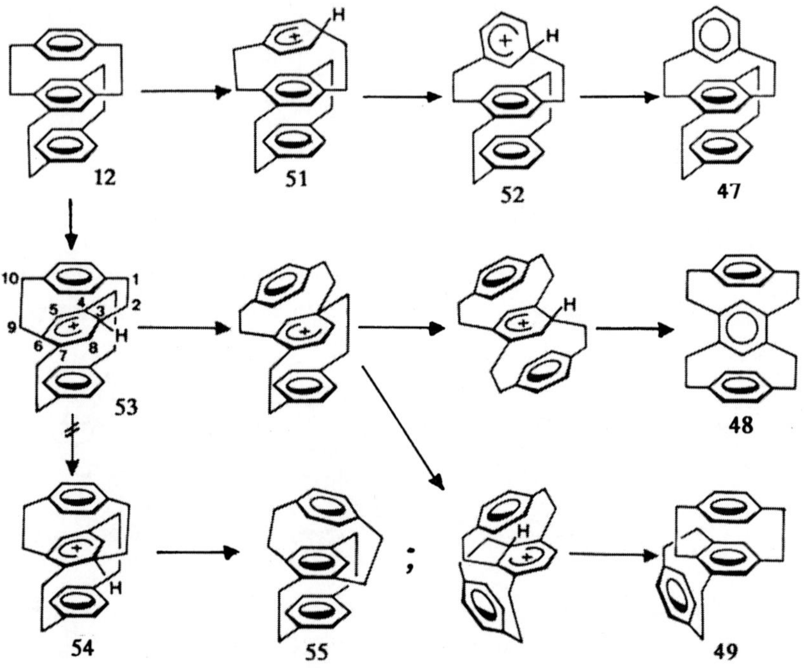

Die Struktur des protonierten Cyclophans 53, das bei der katalytischen Umlagerung mit einer schwachen Friedel-Crafts-Säure entsteht, konnte durch NMR-Spektroskopie in $FSO_3H/SO_2ClF/CD_2Cl_2$ bei -100°C gesichert werden [18]. Die bevorzugte Protonierung am Brückenkopf-C-Atom des innenliegenden Benzenrings wird der stärkeren π-Basizität dieses inneren Benzenrings zugeschrieben, sowie der ausgeprägten Spannungserleichterung und der stärkeren Stabilisierung des intermediären σ-Komplexes 53 verglichen mit den an einem der äußeren Benzenringe gebildeten. Insgesamt wurde aus diesen Untersuchungen geschlossen, daß die Umlagerungen im Falle der schwachen Protonsäuren thermodynamisch gesteuert sind, während im Falle der Katalyse mit starken Säuren eine kinetische Kontrolle wahrscheinlich ist [1a].

Carbenaddition: Wie das [2.2]Paracyclophan (3) wurde auch das dreischichtige Phan 12 mit Diazomethan/Kupferchlorid umgesetzt. Aus dem entstandenen Tropilidenocyclophan 56 wurde mit Tritylfluoroborat Hydrid abstrahiert, wobei das dreischichtige Tropylioparacyclophan 57 [19)] gebildet wird. Die Wechselwirkung zwischen den gestapelten aromatischen Ringen (*"stacking interaction"*), insbesondere zwischen dem Tropylium-Ring und den Benzenringen, spiegelt sich klar in den Hochfeldverschiebungen aller aromatischen Protonen im NMR-Spektrum sowie in den bathochromen Verschiebungen der Charge-Transfer-Banden (λ_{max}= 434 nm für 57) in den Elektronenspektren wider.

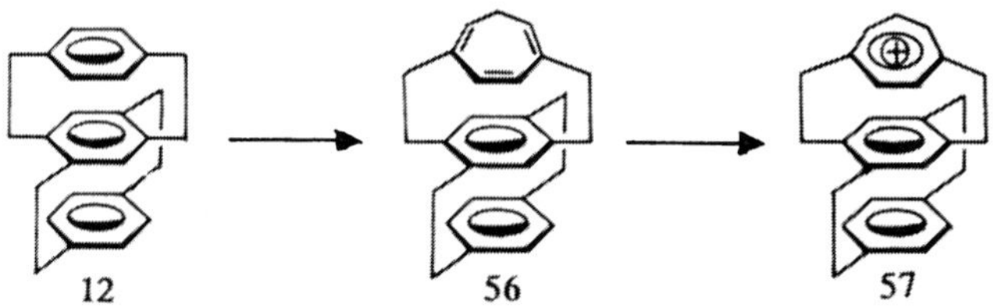

Übergangsmetall-Komplexe: Auch hier stand die Frage der transannularen elektronischen Wechselwirkungen zwischen Benzenringen und Chromcarbonyl-komplexierten Benzenringen im Vordergrund. Die entsprechenden Cyclophane wurden mit Chromhexacarbonyl in Diglyme bei 150°C zwei Stunden umgesetzt, wonach die Komplexe 58-63 isoliert werden konnten [20)]. Die Ausbeute nimmt mit zunehmender Anzahl von Schichten ab, während das Bis(Übergangsmetall)-/Mono(Übergangsmetall)-Verhältnis zunimmt. Diese Ergebnisse deuten darauf hin, daß das zuerst komplexierte Tricarbonylchrom weniger starke transannulare elektronische Effekte auf den anderen äußeren Benzenring ausübt, wenn die Anzahl der Schichten zunimmt. Röntgen-Kristallstrukturanalysen zeigen darüber hinaus, daß der Interplanarabstand zwischen zwei Benzenringen im [2.2]Paracyclophan nach der Koordination der Tricarbonylchrom-Gruppe kürzer als üblich ist (z.B. in 58). Die drei Mono(Übergangsmetallcarbonyl)-Komplexe 58-60 zeigen deutliche bathochrome Verschiebungen ihrer Charge-Transfer-Banden verglichen mit dem Tricarbonylchrom-Komplex des *p*-Xylens. Bemerkenswerterweise findet man jedoch keinen Unterschied in der Größe der Verschiebungen in Abhängigkeit von der Anzahl der Schichten in den Cyclophan-Liganden. Im Gegenteil - die Charge-Transfer-Banden der Bis(Komplexe) **61-63** verschieben sich mit zunehmender Anzahl der Schichten nach kürzeren Wellenlängenbereichen.

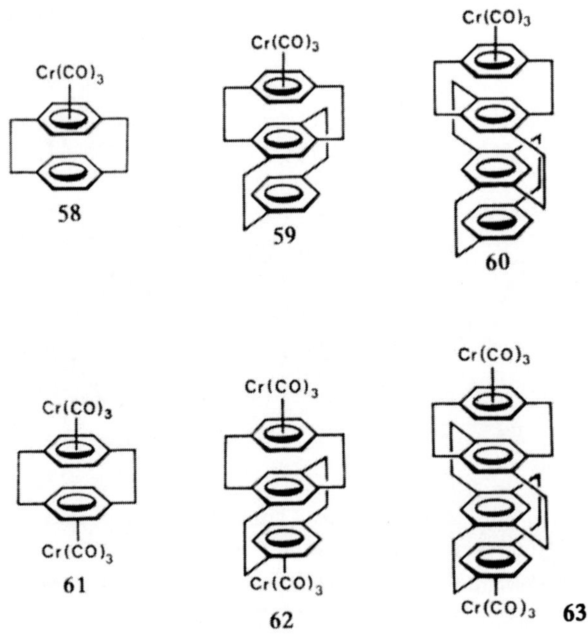

6.1.2 Dreischichtige [m.m][n.n]Paracyclophane

Cyclophane dieses Typs (m,n= 2-4; vgl. **64a-f**) sind von Interesse, weil man an ihnen transannulare elektronische Wechselwirkungen studieren konnte, ohne die Ringspannung von noch enger verklammerten Cyclophanen in Kauf nehmen zu müssen.

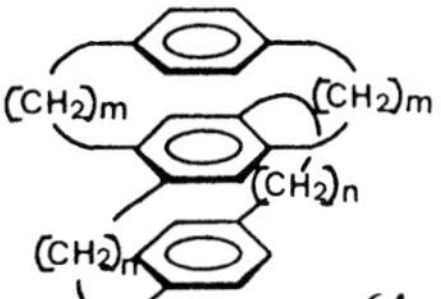

64

a: m=n=2
b: m=2, n=3
c: m=n=3
d: m=2, n=4
e: m=3, n=4
f: m=n=4

Die Synthesemethodik ist im folgenden für das dreischichtige [3.3][3.3]-Paracyclophan **64c** skizziert [21]:

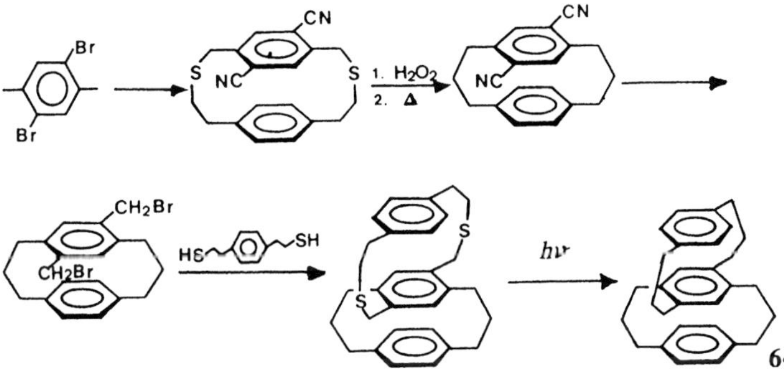

64c

Dabei wurde insbesondere die Ringverengungsmethode über den Dithiacyclophan-Weg mit anschließender Sulfonpyrolyse bzw. Photodesulfurisierung eingesetzt.

Die *UV/Vis-Spektren* dieser Cyclophane und ihrer TCNE-Komplexe zeigen dieselbe Reihenfolge abnehmender Wechselwirkungen wie im Falle der zweischichtigen [n.n]Paracyclophane: [2.2] > [3.3] > [4.4] für die Kohlenwasserstoffe selbst und [3.3] > [2.2] > [4.4] für die Charge-Transfer-Komplexe. Alle fünf Kohlenwasserstoffe **64a-e** ergeben charakteristische Excimer-Fluoreszenzbanden mit Verbreiterungen und großen *Stokeschen* Verschiebungen; nur die [4.4][4.4]-Verbindung **64f** zeigt eine Bande bei 395 nm, die einer angeregten Trimer-Emission zugeordnet wurde [21].

6.2   Mehrschichtige [2.2]Metacyclophane

Die [2.2]Metacyclophane sind wegen des einzigartigen Molekülbaus, der ungewöhnlichen elektrophilen Substitutionsreaktionen, transannularer Reaktionen und als Ausgangssubstanzen für verbrückte [14]Annulene, wie in *Abschnitt 2.1* dieses Buches näher ausgeführt, von Interesse. Mehrschichtige Moleküle dieses Typs sollten daher weitere Einblicke in sterische und elektronische Effekte bieten.

SYNTHESE

In Abb.1 ist die Synthese der ersten bekannten dreischichtigen [2.2]Metacyclophane skizziert [1]:

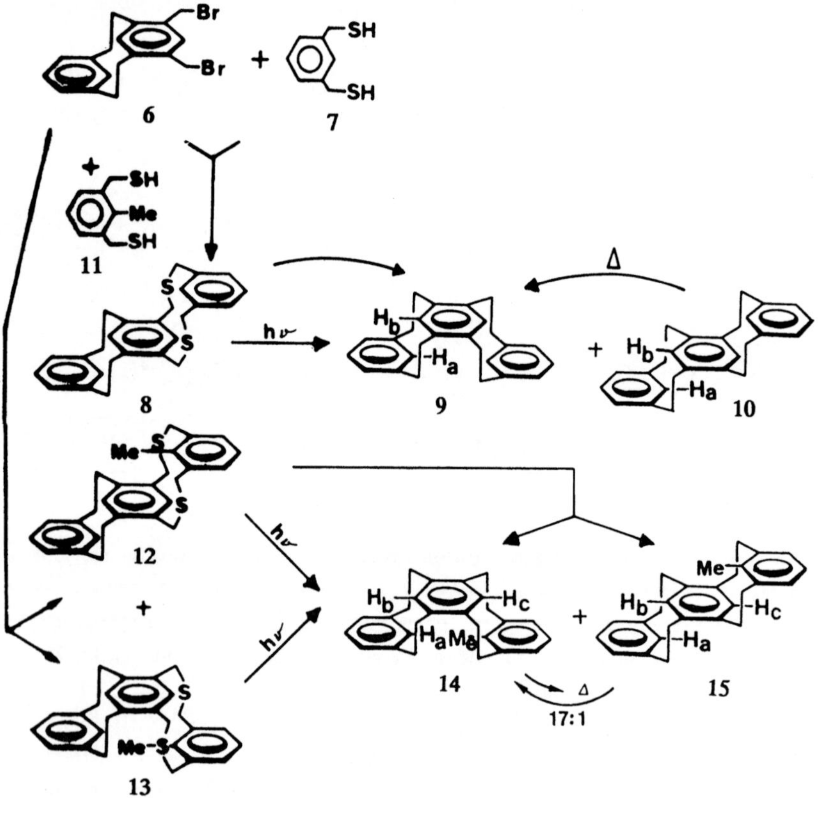

Abb.1.   Synthese dreischichtiger [2.2]Metacyclophane

Daraus ist auch ersichtlich, daß diese Moleküle in jeweils zwei Konformationen **9** und **10** bzw. **14** und **15** vorliegen können, auf die unten näher eingegangen wird.

Entsprechende Synthesewege zu vierschichtigen [2.2]Metacyclophanen, die im Verhältnis von Konformeren zueinander stehen, sind in <u>Abb.2</u> angegeben.

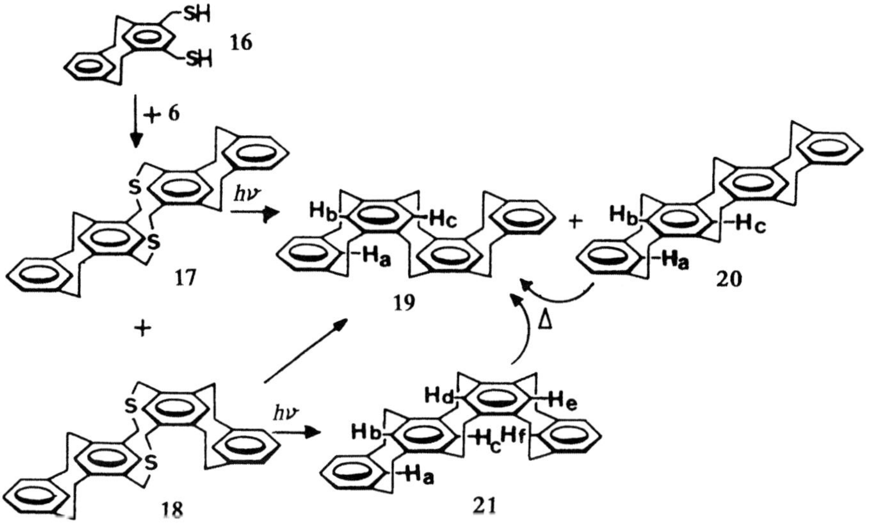

<u>Abb.2.</u>   Synthesewege zu vierschichtigen [2.2]Metacyclophanen (**19-21**)

Wie aus beiden Abbildungen hervorgeht, spielen Dithia[3.3]phan-Zwischenstufen und deren Desulfurisierung die Hauptrolle.

Die beiden konformeren dreischichtigen Cyclophane **9** und **10** wurden auch durch Raney-Nickel-Reduktion des Bis(dithian)-Derivats **22** [2)] hergestellt.

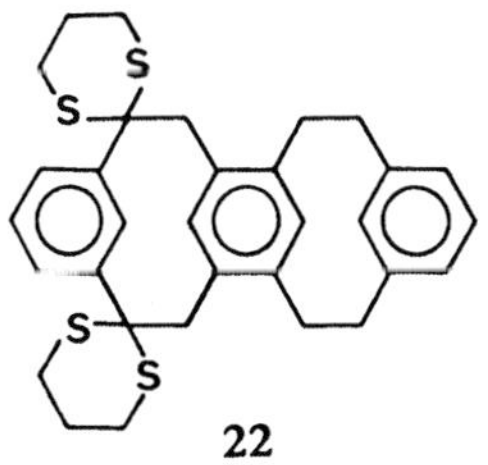

EIGENSCHAFTEN

^{1}H-NMR-Spektren [1]: Eines der bekanntesten Charakteristika vielschichtiger Metacyclophane ist die chemische Verschiebung der inneren aromatischen Protonen, die sich an benachbarten Benzenringen gegenüberstehen und die durch die magnetische Anisotropie der Ringe signifikant beeinflußt werden. Während die intraannularen Wasserstoffatome (H_i) des [2.2]Metacyclophans (**2**) bei δ = 4.27 absorbieren, sind die inneren Protonen H_a (Abb.3) von **9** (δ = 5.03) auch verglichen mit den H_a-Protonen von **10** (δ = 4.41) zu tieferer Feldstärke verschoben. Dies wird durch einen entschirmenden Effekt des dritten räumlich benachbarten Benzenrings erklärt und erlaubt überdies die Zuordnung der beiden Konformere. Die ausgeprägte Tieffeldverschiebung von H_a in **14** kann auf einen zusätzlichen entschirmenden Effekt aufgrund sterischer Kompression zwischen H_a und der eng benachbarten Methylgruppe zurückgeführt werden, zusätzlich zum Effekt der magnetischen Anisotropie des dritten Benzenrings. Auch die Tieffeldverschiebung des Methyl-Signals von **14** (δ = 1.07) verglichen mit dem von **15** (δ = 0.58) wurde als Summe der Anisotropie- und sterischen Kompressions-Effekte gedeutet. In der Tat wurde beim Einstrahlen bei den Methylprotonen von **14** ein Kern-Overhauser-Effekt (NOE) von 22% beobachtet, während für **15** kein Effekt gefunden wurde.

Molekülbau: Die exakte Stereochemie des *up/down*-Isomers von **9** wurde durch Röntgen-Kristallstrukturanalyse bestimmt (Abb.3).

Es fällt auf, daß alle drei Benzenringe zur Bootform deformiert sind, wobei der innere Benzenring größere Bindungswinkel aufweist. Die mittleren Ebenen der teilweise übereinandergestapelten Benzenringe liegen annähernd parallel.

Dagegen weichen die drei Benzenringe der Methyl-substituierten Verbindungen **14** und **15** aufgrund der abstoßenden Wechselwirkung der intraannularen Methylgruppe von den parallelen Stapeln ab (Abb.4). Die besonders starke Abweichung in dem *up/down*-Isomeren **14** wird durch die starke Abstoßung zwischen dem intraannularen Wasserstoffatom H_a und der Methylgruppe gedeutet; NOE-Experimente untermauern diese Interpretation.

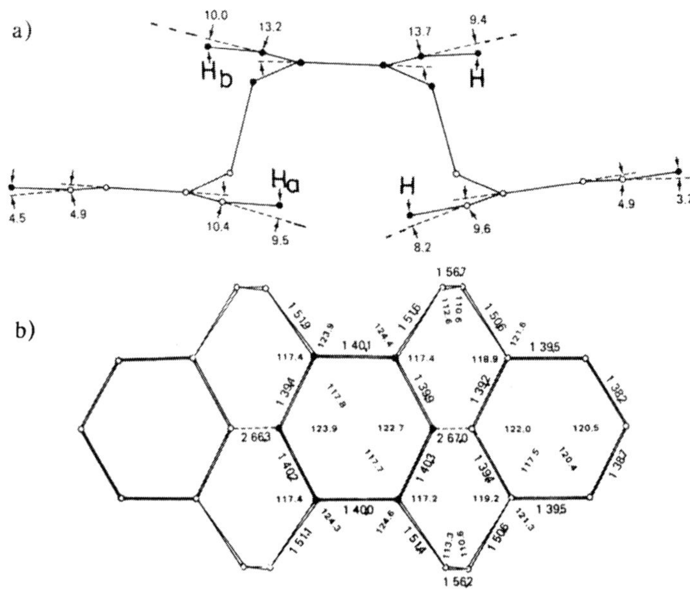

Abb.3. Röntgen-Kristallstruktur des *up/down*-Isomers **9**. a) Seitenansicht, b) Bindungslängen [pm] und -winkel [Grad] [3]

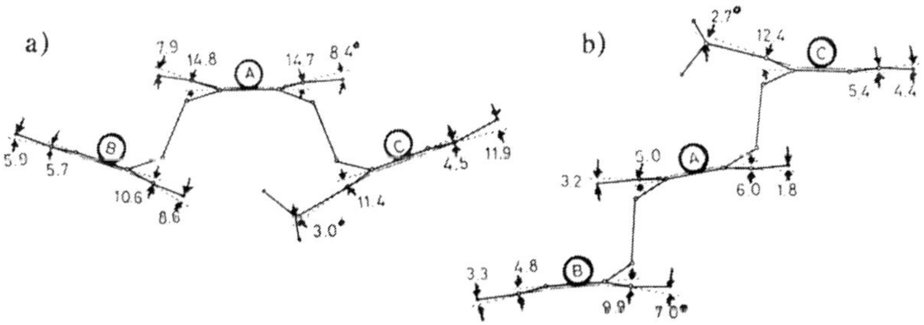

Abb.4. Seitenansicht des dreischichtigen 8-Methyl[2.2][2.2]metacyclophans. a) *up/down*-Isomer **14** (Winkel AB = 16.3°, Winkel AC = 22.5°), b) *up/up*-Isomer **15** (Winkel AB = 3.1°, Winkel AC = 12.1°) [4]

CHEMISCHE REAKTIONEN

Konformations- und Konfigurationsisomerisierung: Im Gegensatz zu der hohen konformativen Stabilität des [2.2]Metacyclophans (Energiebarriere für die Ringinversion ≈ 138 kJ/mol) beobachtet man eine vergleichsweise leichte thermische Interkonversion zwischen den Konformeren *mehrschichtiger Metacyclophane* [1]. Wie in <u>Abb.1</u> oben schon angedeutet, liefert das *up/up*-Isomer **10** in Toluen-D_8 eine 1:1-Mischung von **9** und **10** und wird nach drei bis vier Minuten bei 100°C innerhalb von 16-18 Minuten quantitativ in **9** übergeführt. Unter denselben Bedingungen liefert das *up/up*-isomere Methylcyclophan **15** ein Gleichgewichtsgemisch von **14** und **15** (Verhältnis 17:1), das sich auch beim Behandeln von **14** unter ähnlichen Bedingungen einstellt. Analog werden die vierschichtigen Isomere **20** und **21** thermisch unter ähnlichen Bedingungen zum stabilsten *up/up/down*-Isomer **21** isomerisiert [5].

Am Beispiel des dreischichtigen Metacyclophans **24** wurde eine interessante Skelett-Photoisomerisierung beobachtet:

<u>Abb.5.</u> Skelett-Photoisomerisierung des dreischichtigen Phans **24**

Bestrahlung mit einer Mitteldruck-Quecksilber-Lampe führte zu einem neuen dreischichtigen Metaparacyclophan **27**, das über eine Benzvalen-Zwischenstufe **26** entstehen könnte (<u>Abb.5</u>) [6].

Zur Stabilität von 9 und 10: Aus NMR-Studien der thermischen Isomerisierung der dreischichtigen Metacyclophane, des *up/down*-Isomers **9** und des *up/up*-Isomers **10** wurde geschlossen, daß **9** um wenigstens 16 kJ/mol stabiler ist als **10**. Da die beiden Konformere **9** und **10** sich praktisch nur durch die Boot- oder Sessel-Deformation des innen liegenden Benzenrings unterscheiden, wie aus Abb.3.4 ersehen werden kann, wird die Differenz in der Stabilität hauptsächlich der Art der Deformation des zentralen Benzenrings zugeschrieben. Um hierüber Näheres zu erfahren, wurden mit SCF-MO-Berechnungen nach der MINDO/2-Methode zwei Verbiegungsarten des Benzenrings in die Boot- und Sesselformen theoretisch geprüft [7]. Daraus ergab sich, daß die Deformation zur Bootkonformation leichter und mit weniger Verlust an Resonanzenergie ablaufen sollte als die zum Sesselkonformeren. Es wurde daher geschlossen, daß der Verlust des innenliegenden Benzenrings an Resonanzenergie hauptsächlich für den Unterschied in der thermischen Stabilität der Konformere **9** und **10** verantwortlich ist.

Transannulare Reaktionen zu Pyrenophanen: Die transannulare Bildung von Tetrahydropyren (**30**) aus [2.2]Metacyclophan, die via Elimination eines Protons und von HX aus einem intermediären Kation **29** oder des entsprechenden *ipso*-substituierten Kations **31** oder via Ein-Elektronentransfer-Mechanismus abläuft, ist seit langem bekannt (siehe *Abschn. 2.2*).

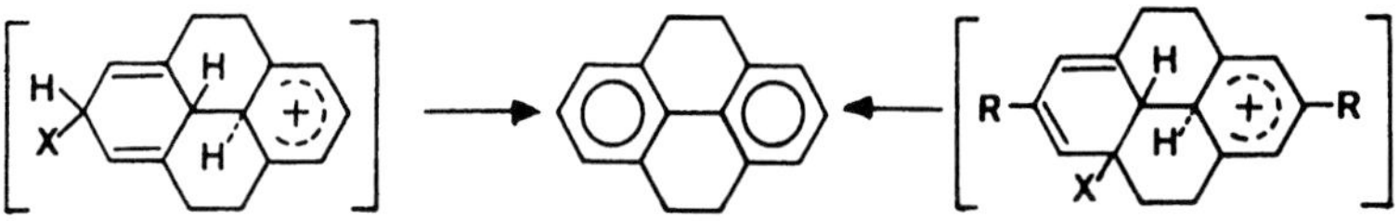

29   30   31

Bei den mehrschichtigen [2.2]Metacyclophanen führen analoge transannulare Reaktionen und darauffolgende Dehydrogenierungen zu einer Reihe von "kondensierten" aromatischen Cyclophanen und polykondensierten Kohlenwasserstoffen, wie in Abb.6.7 gezeigt ist [8].

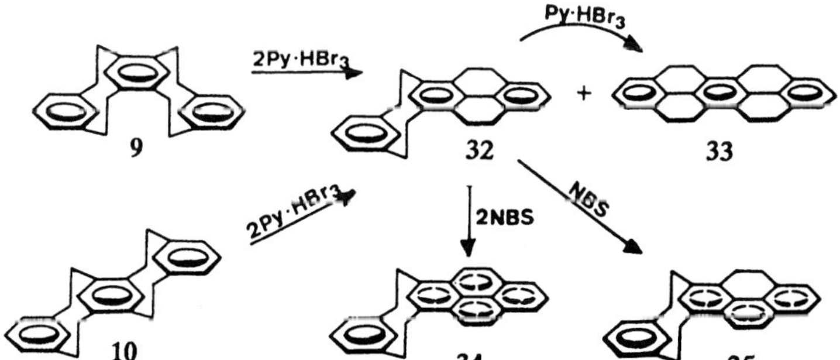

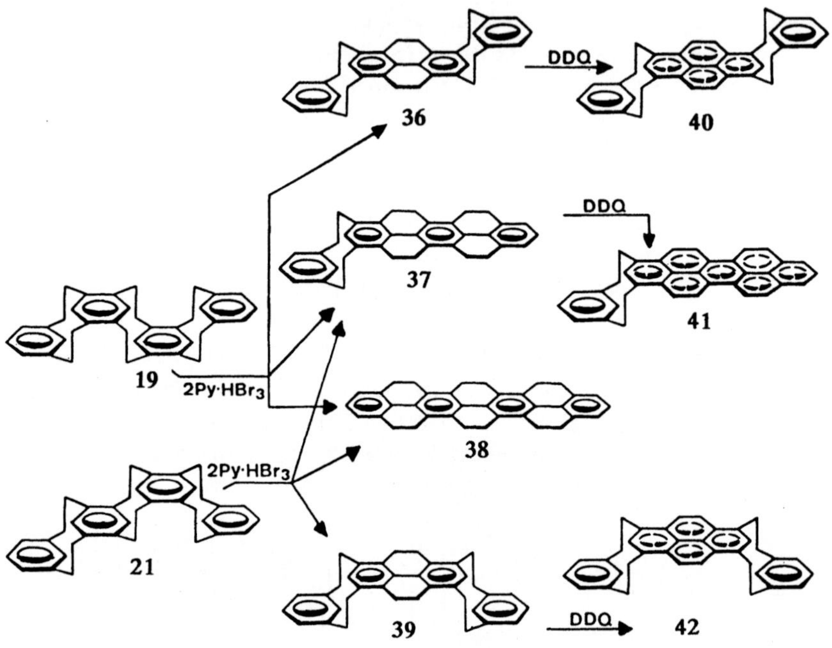

Abb.6. Bildung kondensierter Kohlenwasserstoffe und von Pyrenophanen aus drei- und vierschichtigen [2.2]Metacyclophanen [5]

Der Befund, daß **40** keine thermische Isomerisierung zu **42** zeigt, steht in starkem Kontrast zu der raschen Umwandlung von **10** in **9**. Dies kann dadurch gedeutet werden, daß die Verteilung der molekularen Spannung, die aus der π-π-Abstoßung resultiert, über einen großen Pyrenring erfolgen kann, oder durch den nahezu gleichen Verlust an Resonanzenergie in den sessel- und bootdeformierten Pyrenringen von **40** und **42**.

Abb.7 zeigt, daß die durch transannulare Reaktionen erhaltenen Produkte **30**, **33** und **38** mit überschüssigem DDQ dehydrogeniert werden können, wobei sie quantitative Ausbeuten an Pyren (**43**), Peropyren (**44**) und Teropyren (**45**) liefern. Dies bietet eine nützliche Synthesemethodik für pyrenartig kondensierte Kohlenwasserstoffe [9].

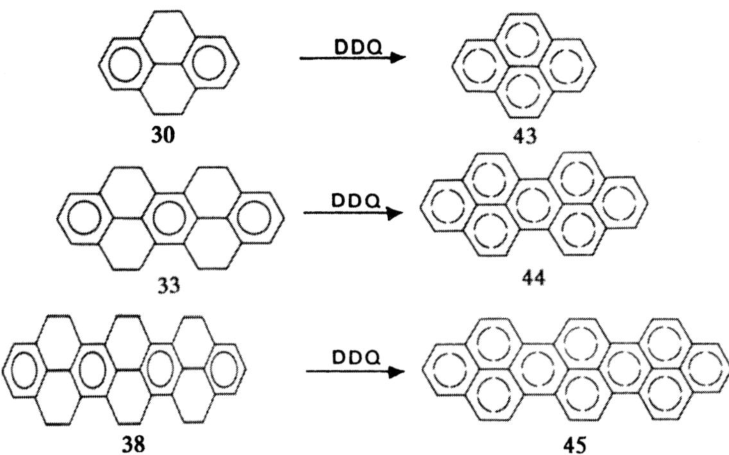

30   →(DDQ)   43
33   →(DDQ)   44
38   →(DDQ)   45

Abb.7. Bildung kondensierter Aromaten durch transannularen Ringschluß aus zwei- bis vierschichtigen [2.2]Metacyclophanen [5]

Die Pyrenophane **46-51**, die sich durch ihre unterschiedliche Überlappung bei der Stapelung zweier Pyrene unterscheiden, sind interessant, weil sie Korrelationen zwischen der Struktur und den Fluoreszenzspektren von Pyren-Excimeren ermöglichen. Sie wurden durch Kombination von transannularen Reaktionen/Dehydrierung und der direkten Photodesulfurisierung der entsprechenden Dithiacyclophane hergestellt [10].

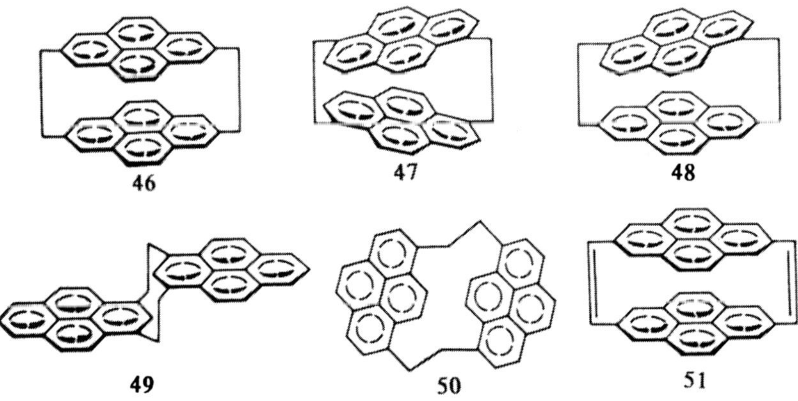

46   47   48

49   50   51

6.3   Mehrschichtige Metaparacyclophane

Mehrschichtige Metaparacyclophane fanden Beachtung, weil schon das einfache zweischichtige [2.2]Metaparacyclophan (**4**) wegen seines einzigartigen Molekülbaus, seiner transannularen elektronischen Wechselwirkungen und wegen der konformativen Beweglichkeit des *meta*-Phenylenrings Besonderheiten bietet. Es war zu erwarten, daß bei mehrschichtigen Molekülen dieses Typs bestimmte Eigenschaften des [2.2]Metaparacyclophans erhalten bleiben, andere noch stärker ausgeprägt sein sollten.

SYNTHESE UND ISOMERISIERUNG

Eine beachtliche Reihe von drei- bis vierschichtigen Metaparacyclophanen ist mit üblichen Phansynthese-Methoden hergestellt worden:

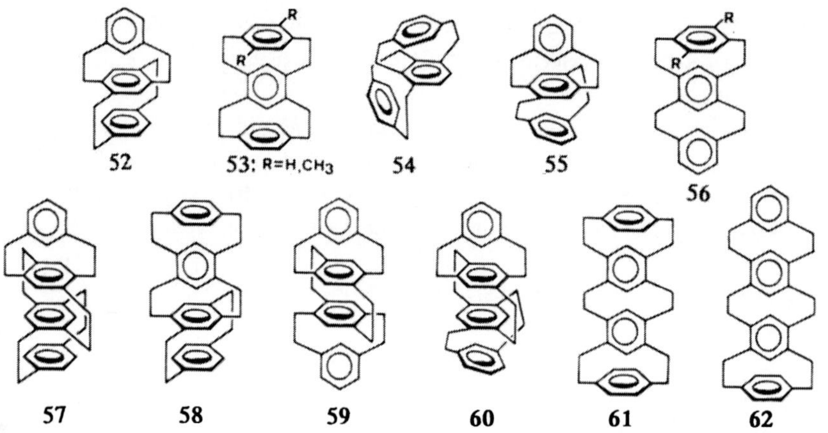

Dabei spielten der Aufbau von Dithia[3.3]phanen und deren kontraktive Entschwefelung die größte Rolle. Abb.8 gibt als charakteristisches Beispiel Synthesewege für einige dreischichtige Metaparacyclophane wieder [1].

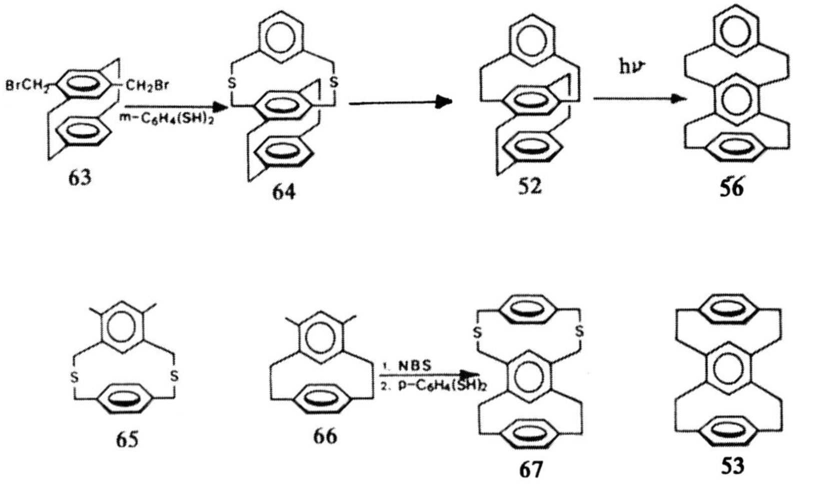

Abb.8. Synthesewege für dreischichtige Metaparacyclophane

Die unerwartete Bildung des Nebenprodukts **56** bei der Photodesulfurisierung von **64** zu **52** verläuft, wie oben schon angedeutet, möglicherweise über eine Benzvalen-Zwischenstufe **68**, die aus **52** entsteht, das während der Bestrahlung gebildet wird. Diese Annahme wird durch den Befund gestützt, daß längere Bestrahlung von **64** die Ausbeute an **56** verbessert (23%), wobei zugleich die Ausbeute an **52** abnimmt. Außerdem führt die Bestrahlung von **52** in entgastem Cyclohexan zum Isomer **56**.

Eine ähnliche Skelettumlagerung im Zuge der Entschwefelung wurde bei der Bestrahlung der Dithiaphane **69** und **70** beobachtet [2], die zu den vierschichtigen Metaparacyclophanen **61** bzw. **62** führt, sowie bei der bereits beschriebenen Photoisomerisierung von **24** zu **27**.

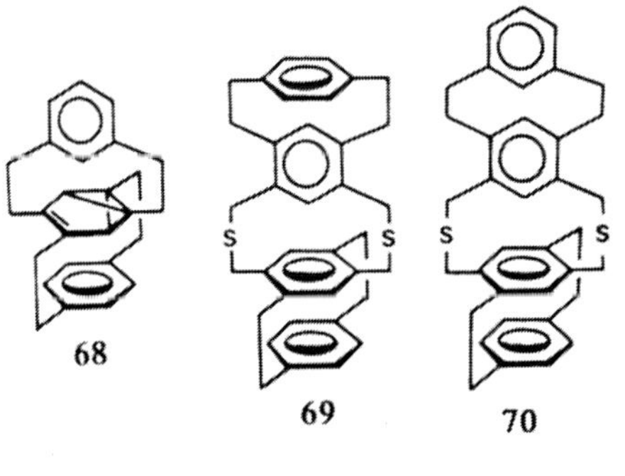

Eine faszinierende Photoisomerisierung wurde auch bei der Bestrahlung der vierschichtigen Dithia- bzw. Diselenametacyclophane 71 (X = S bzw. Se) mit einer Hochdruck-Quecksilber-Lampe in Benzen entdeckt, wobei die hochgespannte Käfigverbindung 72 in 83 bzw. 47% Ausbeute gebildet wird 3):

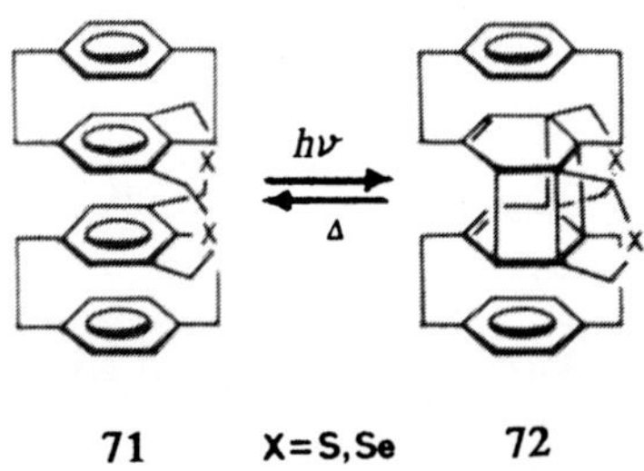

Die Polycyclen 72 sind bei Raumtemperatur stabil und lassen sich in THF zu 71 zurückumlagern, d.h. sie zeigen photochrome Eigenschaften. Dabei erhält man für X = S bei 90°C eine quantitative Ausbeute mit einer Halbwertszeit von 30 min, für X = Se bei 60°C 70% Ausbeute mit einer Halbwertszeit von 25 min [4].

EIGENSCHAFTEN

Molekülbau und Kernresonanz: Die beiden dreischichtigen Metaparacyclophane 52 und 55 zeigen ein ^{1}H-NMR-Muster ähnlich dem des [2.2]Metaparacyclophans selbst, abgesehen von Hochfeldverschiebungen einiger aromatischer Protonen, die auf den Anisotropieeffekt des dritten Benzenrings zurückzuführen sind. Die Energiebarriere für das konformative Flippen des *meta*-Rings wurde zu 75 und 80 kJ/mol für 52 (T_c= 100°C) und 55 (T_c= 116°C) bestimmt; beide Barrieren liegen also niedriger als diejenige des [2.2]Metaparacyclophans (88 kJ/mol). Der Grund für diese niedrigere Energiebarriere wird in der Verbiegung ("twisting") des zentralen Benzenrings aufgrund der Verklammerung mit den beiden *meta*-Phenylenringen gesehen.

Im Falle der Cyclophane 53 und 56 sind je zwei Konformere möglich, die für 53 (R = H) formuliert seien:

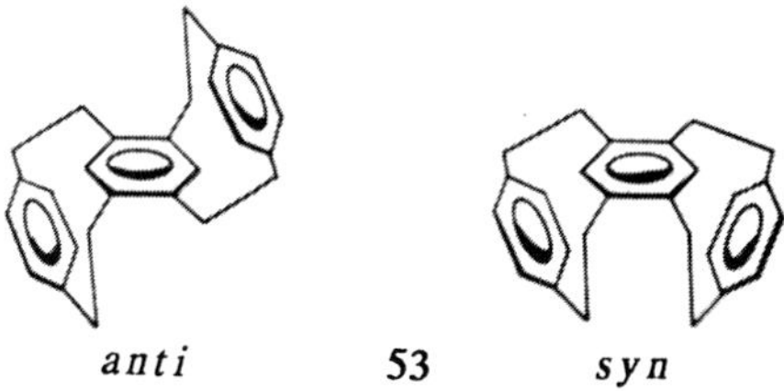

Da **56** (R = H) keine Temperaturabhängigkeit des ^{1}H-NMR-Spektrums zeigt, wurde geschlossen, daß die Verbindung nur aus einem einzigen Konformer besteht. In der Tat wurde die *syn*-Anordnung entsprechend *syn*-**53** (einer der äußeren Benzenringe ist in diesem Fall *meta*-verbrückt) durch Röntgen-Kristallstrukturanalyse bestätigt (Abb.9):

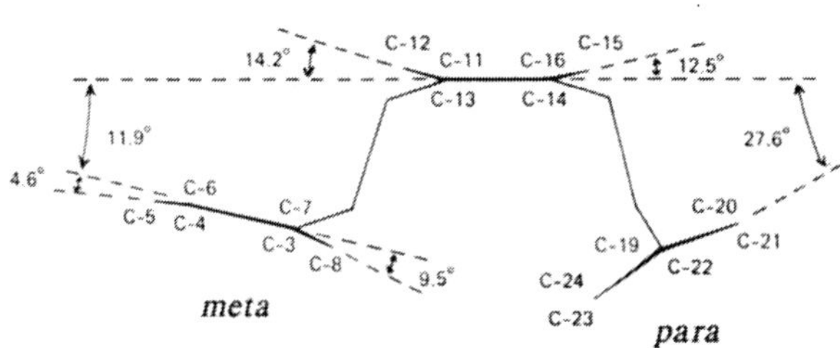

<u>Abb.9.</u> Seitenansicht des dreischichtigen Metaparacyclophans *syn*-**56** (R = H) [4]

Der innere Benzenring ist zu einer Bootform verbogen, ähnlich wie im Falle des *up/down*-Konformeren **9** (s.o.).

Dagegen besteht die entsprechende Dimethyl-Verbindung **56** (R = CH_3) aus zwei Konformeren (Verhältnis 1:1), wie durch NMR-Spektroskopie gezeigt wurde. Die Methylgruppe gleicht demnach die Stabilitäten der *syn*- und *anti*-Konformere einander an, indem es das *syn*-Konformer weniger stabilisiert verglichen mit der Stammverbindung **56** (R = H).

Im Gegensatz zu der *syn*-Struktur von **56** (R = H) wurde für den Kohlenwasserstoff **53** (R = H) das *anti*-Konformer **65** durch NMR-Spektroskopie wahrscheinlich gemacht. Die Röntgen-Kristallstrukturanalyse bestätigt dies und zeigt eine partielle Überlappung der drei Benzenringe, wie aus <u>Abb.10</u> ersehen werden kann:

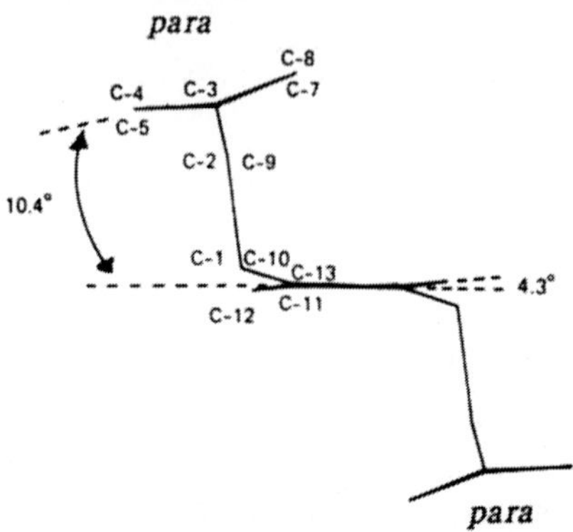

<u>Abb.10.</u> Seitenansicht des dreischichtigen [2.2]Metaparacyclophans **53** (R = H) [4]

Bei höherer Temperatur beobachtet man für **53** ein konformatives Flippen: Zwei Typen aromatischer Protonen der zwei *para*-substituierten Ringe koaleszieren bei 85°C und erscheinen bei höherer Temperatur (140°C) als Singlett in der Mitte ihrer ursprünglichen Positionen; dies deutet auf einen Umklappvorgang der beiden *anti*-Konformationen via doppeltes "flipping" der beiden *para*-Phenylen-Ringe hin [5].

Vergleiche der NMR-Spektren der drei- mit den vierschichtigen Verbindungen **61** und **62** zeigen, daß letztere in einer Zickzack-artigen Konformation vorliegen, ähnlich jener des vierschichtigen Metacyclophan-Konformers **19**, während der Kohlenwasserstoff **58** die *anti*-Form **53** als "Untereinheit" enthält.

6.4   Weitere mehrschichtige Phane

6.4.1   Heterophane

Bei den meisten mehrschichtigen Heterophanen ist ein oder sind mehrere Benzenringe meist durch Furan-, Thiophen- oder Pyridinringe ausgetauscht. Auch hier interessieren selbstverständlich transannulare elektronische Wechselwirkungen und sterische Spannungen, die nun mit den (oben erörterten) Kohlenwasserstoff-Stammsubstanzen verglichen werden können. Die in diesem Zusammenhang hergestellten Heterophane 8-11 und 13, 14 wurden denn auch mit den zweischichtigen Referenzverbindungen verglichen. Die Synthesemethode der Wahl ist wieder die Hofmannsche Eliminationsmethode, insbesondere Überkreuzreaktionen dieses Typs unter Einsatz der Ammoniumhydroxide 12 [1].

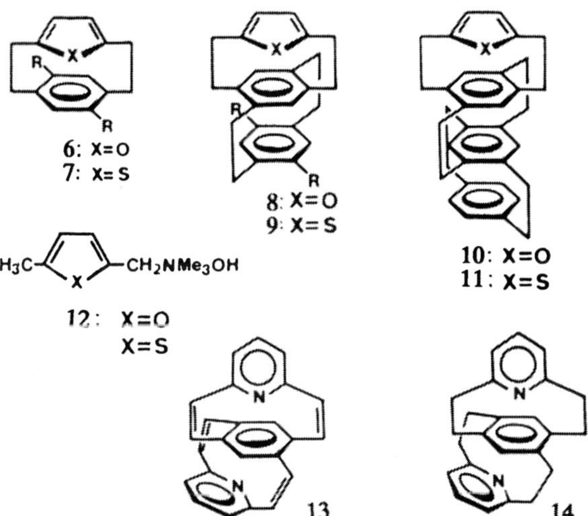

Das charakteristische Merkmal der NMR-Spektren mehrschichtiger Heterophane ist die Hochfeldverschiebung aller aromatischen Protonen, wenn sie auch relativ geringfügig sind. Bemerkenswert ist auch, daß die aromatischen Protonen der Benzenringe, die dem Heteroaromaten direkt benachbart sind ("face-to-face"), in der Furan-Reihe, nicht aber in der Thiophen-Reihe äquivalent sind. Dies kann durch die Fixierung der Thiophen-Ringe und die konformative Flexibilität in der Furan-Reihe erklärt werden, wie variable Temperatur-NMR-Spektren [1] und die Röntgen-Kristallographie von 8 (R = H) und 9 (R = CH₃) zeigen (Abb.1) [2].

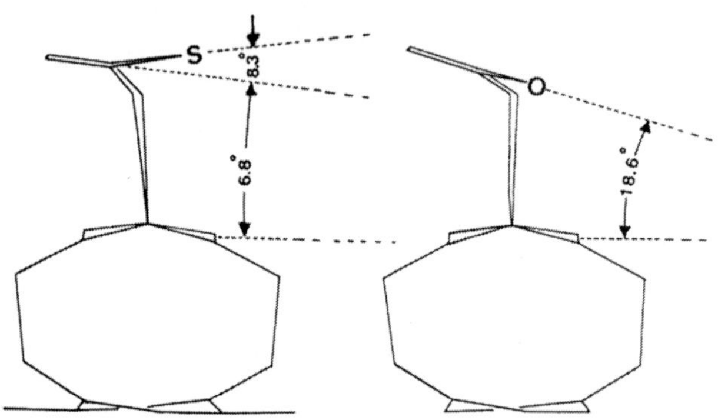

Abb.1. Seitenansicht der dreischichtigen Paracycloheterophane **8** (R = H) und **9** (R = CH₃) [2]. (Man vergleiche die Winkel zwischen dem Heteroaromaten und dem benachbarten Benzenring)

Die beiden Reihen mehrschichtiger Paracycloheterophane zeigen ähnliche Tendenzen in den Elektronenspektren: Die charakteristischen Absorptionen der heteroaromatischen Ringe verschwinden mit steigender Anzahl von Schichten mehr und mehr. Die Absorptionskurven der Thiophen-Verbindungen zeigen eine ausgeprägte Ähnlichkeit mit denen der mehrschichtigen Paracyclophane, und die Spektren der Furan-Reihe sind bemerkenswerterweise ähnlich denen der entsprechenden mehrschichtigen Metaparacyclophane. Diese spektralen Eigenschaften hängen möglicherweise mit der Ähnlichkeit der Stapelung der Aromatenschichten in den Molekülen zusammen ("stacking mode"). Am Beispiel des Pyridinophans **13** wurde geprüft, ob eine direkte Wechselwirkung zwischen den beiden Pyridin-Stickstoffatomen durch die π-Elektronenschicht des mittleren Benzenrings möglich ist. Die Verbindung zeigt bei der Bildung einer monoprotonierten Spezies nur geringe Basizität. Man findet einen relativ kurzen N-N-Bindungsabstand (504 pm; Röntgen-Kristallstrukturanalyse) [3].

Das dreischichtige Pyridinophan **14** zeigt bei der NMR-Analyse ein bemerkenswert ähnliches Verhalten wie das einfache [2.2](2,6)Pyridinoparacyclophan.

6.4.2   Donor-Acceptor-Phane

Auf diese Verbindungsgruppe ist bereits im *Abschn. 2.11.1* im Zusammenhang eingegangen worden [4-9]. Hier seien lediglich einige der wichtigsten Repräsentanten (unter den dort angegebenen Verbindungsnummern) nochmals aufgeführt:

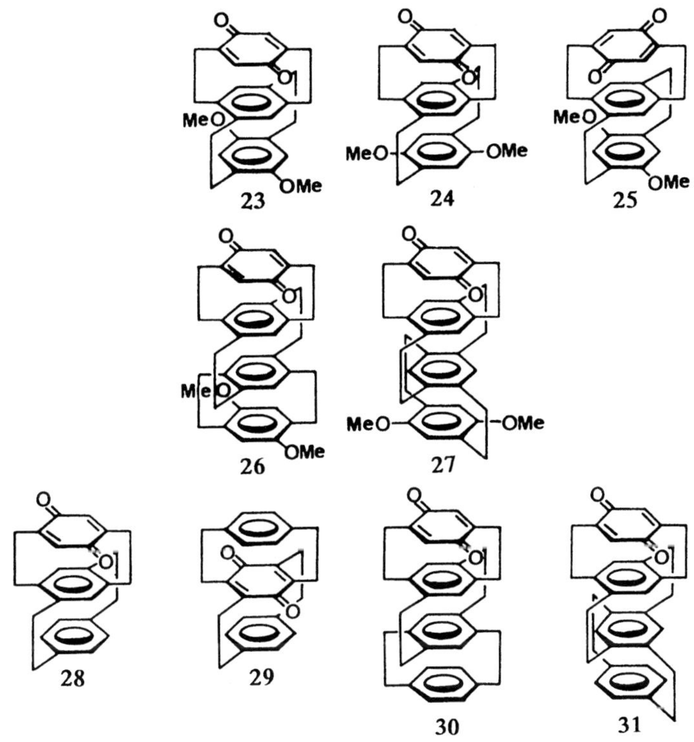

Die Synthese wurde im *Abschn. 2.11.1.1* bereits skizziert.

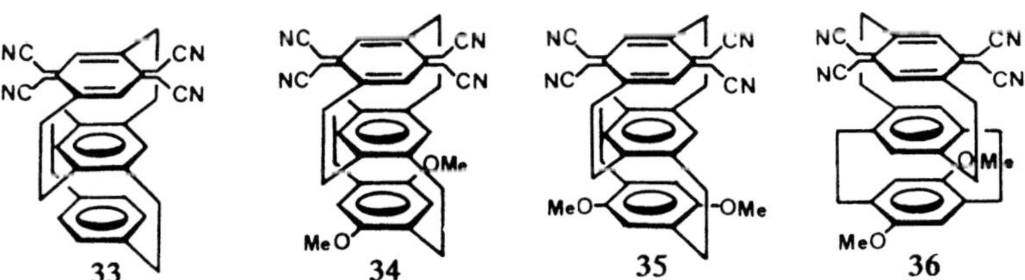

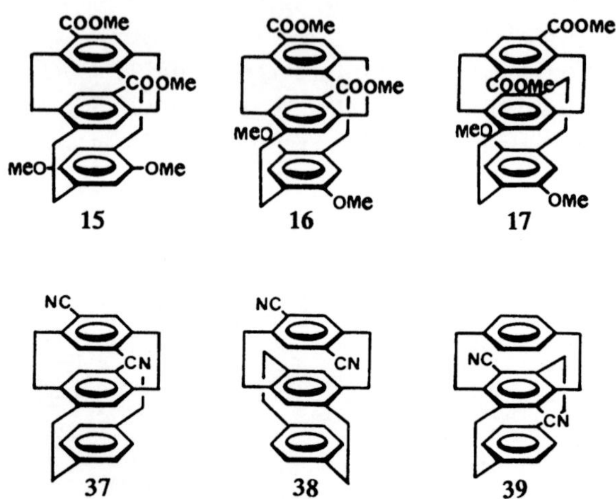

6.4.3   Phane mit Anthracen-Ring und Diacetylen-Gruppe

Die intramolekulare Fixierung von Anthracen-Einheiten und Dreifachbindungen (Diacetylen als Chromophor) diente gleichfalls dem Studium elektronischer Wechselwirkungen. Die transannulare elektronische Wechselwirkung im dreischichtigen Anthracenophan 6 sollte in Anbetracht der Elektronenspektren des entsprechenden zweischichtigen Anthracenophan-Vergleichspaars stärker ausfallen als im isomeren Anthracenophan 7. Die Synthese der Anthracenophane 6 und 7 wurde durch Überkreuz-Pyrolyse entsprechender quartärer Ammoniumhydroxide versucht [10]. Dabei fiel jedoch anstelle von 6 das unerwartete Produkt 8 (R = H, CH$_3$) an. Dessen Molekülbau ist nicht nur UV- und ^{1}H-NMR-spektroskopisch, sondern auch durch Röntgen-Kristallstrukturanalyse gesichert [11].

Die Bildung von **8** ist das Ergebnis einer intramolekularen Diels-Alder-Reaktion des hochgespannten innenliegenden Benzenrings in **6** mit dem Anthracenring. Diese ungewöhnliche Cycloaddition scheint das erste Beispiel dafür zu sein, daß ein Benzenring unter gewöhnlichen Reaktionsbedingungen als Dienophil reagiert; offensichtlich ist die Erleichterung der Spannung die Triebkraft der Reaktion.

Das dreischichtige Paracyclophan-diin **11** entsteht bei der intramolekularen oxidativen Kupplung der Diethinyl-Verbindung **10**, die aus Dimethyl[2.2]paracyclophan (**9**) in einer Achtstufensequenz hergestellt wurde:

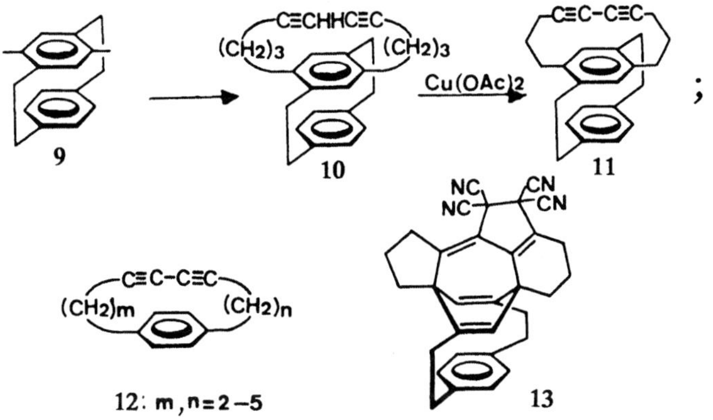

Wie die Röntgen-Kristallstrukturanalyse (Abb.2) zeigt, sind die Diacetylen-Bindungen bogenförmig gekrümmt, und die zwei Benzenringe liegen in einer Boot- und einer Twistform vor. Dies deutet darauf hin, daß starke elektronische Abstoßungen zwischen den drei π-Systemen stattfinden.

Bei der Untersuchung des Elektronen-Spektrums des 11-TCNE-Komplexes wurde beobachtet, daß die anfängliche blaue Farbe des Charge-Transfer-Komplexes bei Raumtemperatur rasch verschwand und sich ein farbloser Feststoff bildete. Dieser wurde durch Massen-, IR- und NMR-Spektroskopie als 1:1-Cycloaddukt charakterisiert [13]. Auch die anderen Paracyclophan-diine **12** lieferten ähnliche 1:1-Cycloaddukte in guten Ausbeuten, jedoch erst bei höheren Temperaturen. Diese Reaktionen werden im Sinne der MO-Theorie als *"Drei-π-System-Cycloadditionen"* interpretiert, d.h. als Wechselwirkung zwischen dem HOMO eines Benzenrings, dem HOMO eines Diacetylens und dem LUMO von TCNE, unter der Voraussetzung, daß es sich um einen konzertierten Prozeß handelt (Abb.3).

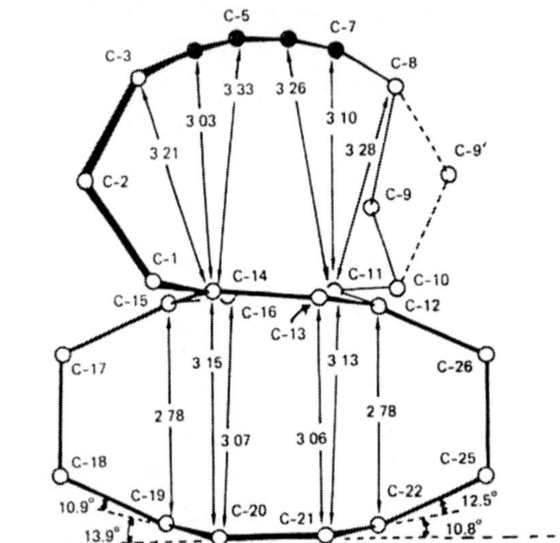

Abb.2. Röntgen-Kristallstruktur des Paracyclophan-diins **11** [12] (Abstände in pm). Ethin-C-Atome schwarz

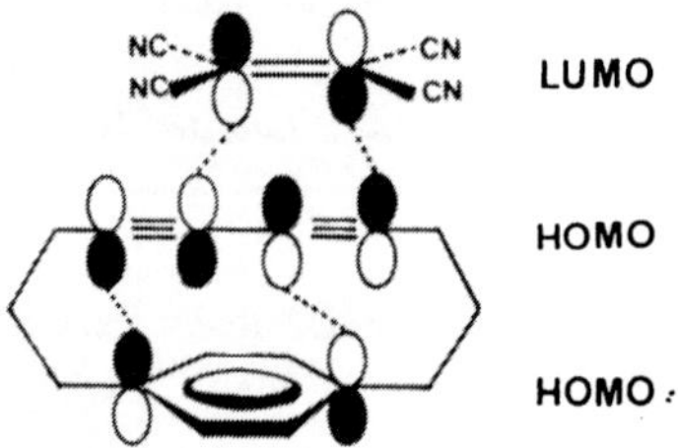

Abb.3. Orbitalskizze der Wechselwirkung zwischen den drei π-Systemen für die "Multi-Cycloaddition" von Paracyclophan-diinen des Typs **12** mit TCNE [14]

6.4.4   Mehrschichtige Heteraphane

In den Brücken heterosubstituierte - und infolgedessen helical-chirale - dreischichtige Phane des Typs **18** wurden 1990 zugänglich [15], nachdem die Synthesemethodik optimiert worden war [16]:

20

19   a: X = O, Y = S
     b: X = NTos, Y = S
     c: X = NTos, Y = SO$_2$
     d: X, Y = CH$_2$

18

14

1. n—BuLi
2. MeI

15

CH$_3$S~   ~SCH$_3$

1. Raney—Ni
2. NBS

CsOH

HS~   ~NHTos
+
17

R   R

16a: R = H
16b: R = Br

Bei der Cyclisierung von **16b** mit **17** fallen ausschließlich die *"up/down"*-Isomere **B** von **18a** und **18b** in 5 bzw. 35% Ausbeute an. Im Falle des Kohlenwasserstoffs **18d** wurde dagegen auch das *up/up*-Isomer erhalten *(Misumi, Abschn. 6.2)* [17]. Von **18b** wurde eine Röntgen-Kristallstruktur bekannt. Die Circulardichrogramme von **18a** und **18b** ähneln denen der zweischichtigen Analogen stark, sind jedoch nach längeren Wellen verschoben, was auf eine geringe Wechselwirkung der π-Elektronen im [2.2]Metacyclophan-Kohlenwasserstoff-Teil des Gerüsts in **18a,b** zurückgehen dürfte. Die dritte Schicht hat demnach wenig Einfluß auf den Gesamt-Cottoneffekt.

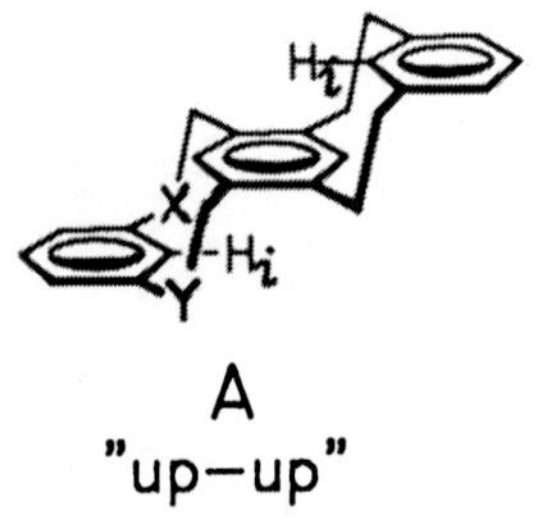

7 $[m_n]$(m,n)Phane

7.1 $[2_n]$Phane

Zur optischen Unterscheidung von den mehrfach verbrückten $[2_n]$Phanen (s. *Abschn. 5*) schreiben wir bei den hier erörterten $[2_n]$Phanen das *n* kursiv.

7.1.1 $[2_n]$Orthocyclophane

SYNTHESE

Baker hatte schon im Jahre 1945 durch Cyclisierung von 1,2-Bis(brommethyl)benzen mit einem Überschuß einer Suspension von Natrium in siedendem Dioxan das [2.2]Orthocyclophan (1,2,5,6-Dibenzocyclooctadien, **6**) in 6% Ausbeute erhalten (siehe *Abschn. 2.1*). Das nächst höhere "Oligomer", das *[2.2.2]Orthocyclophan* (**7**) und offenkettige Nebenprodukte wurden dabei nachgewiesen [1]. *Müller* und *Röscheisen* konnten neben 40% an **6** bis zu 35% **7** isolieren, wobei sie in relativ hohen Konzentrationen arbeiteten [2]. Das [2.2.2.2]Orthocyclophan (**8**) wurde von *Bergmann* 1953 durch Umsetzung von 1,2-Bis[(2-brommethyl)phenyl]ethan mit Phenyllithium in 40% Ausbeute dargestellt [3].

Aus der Reihe der [2.2.2]Orthocyclophane sei noch das von *Staab* synthetisierte Triin **9** genannt [4], von dem 1989 eine Röntgen-Kristallstrukturanalyse beschrieben und ein planar-trigonaler "Tribenzocyclin"-Ni(0)-Komplex (**10**) hergestellt wurde [5]:

7.1.2 [2$_n$]Metacyclophane (und Analoge)

SYNTHESE

Während *Pellegrin* schon im Jahre 1899 das [2.2]Metacyclophan (2) durch Wurtz-Reaktion aus 1,3-Bis(brommethyl)benzen (11) mit überschüssigem Natrium und Brombenzen in wasserfreiem Ether erhalten konnte [6], wurden die höheren "oligomeren" [2$_n$]Metacyclophane (12-19) erst ab 1966 von *Jenny et al.* isoliert [7]. Dabei wurde 1,3-Bis(brommethyl)benzen (11) mit Natriumtetraphenylethen in THF bei -80°C nach dem Müller-Röscheisen-Verfahren cyclisiert. Das Reaktionsgemisch wurde an Al$_2$O$_3$ sorgfältig chromatographiert, wobei die vollständige Reihe der oligomeren [2$_n$]Metacyclophane bis hinauf zum 40-gliedrigen [2$_{10}$]Metacyclophan (19) isoliert und charakterisiert werden konnte. Dabei zeigte sich, daß andere Varianten der Wurtz-Reaktion zur Herstellung der oligomeren [2$_n$]Metacyclophane weniger günstig sind.

Br—CH$_2$ ⬡ CH$_2$—Br

11

Na/THF/TPE, -80°

[CH$_2$ ⬡ CH$_2$]$_n$

2 (n = 2)

12 - 19 (n = 3 - 10)

In <u>Tab.1</u> sind die Ausbeuten der verschiedenen [2$_n$]Metacyclophane bei einem typischen Ansatz zusammengestellt.

Das *[2.2.2](2,7)Naphthalenophan* (22) wurde von *Griffin* und *Orr* durch Wurtz-Reaktion aus 2,7-Bis(brommethyl)naphthalen (20) in 2% Ausbeute dargestellt [8].

Br—CH$_2$ ⬡⬡ CH$_2$—Br

20

21

22

Tab.1. Nach dem Müller-Röscheisen-Verfahren von *Jenny et al.* isolierte [2$_n$]Metacyclophane [7]

| [2$_n$]Metacyclophan | | %-Gehalt des | effektive Ausb. [%] |
n	Verb.-Nr.	Rohprodukts	an reiner Verbindung
2	2	44	33
3	12	16	7.5
4	13	13	1.7
5	14	8	5.1
6	15	5.5	3.1
7	16	≈1	0.5
8	17		0.6
9	18		0.5
10	19		0.3

Das *[2.2.2.2](2,6)Pyridinophan* (27) wurde von *Kauffmann et al.* aus der Dikupferorganyl-Verbindung 25 in 4% Ausbeute erhalten [9].

EIGENSCHAFTEN

Die höheren [2$_n$]Metacyclophane lassen sich interessanterweise auf dem Papier in Konformationen zeichnen, bei denen die Benzenringe nach innen gerichtet sind. Wenn auch diese Konformationen nicht zu den stabilsten gehören, so erlaubt die hier vorliegende einzigartige Molekülgeometrie doch den gedanklichen Aufbau von molekularen Hohlräumen bzw. Calixaren-artigen Strukturen. Für das [2.2.2.2.2.2.2.2]Metacyclophan {17; [2$_8$]Metacyclophan} wurde von *Jenny* die wahrscheinliche Konformation **A** vorgeschlagen.

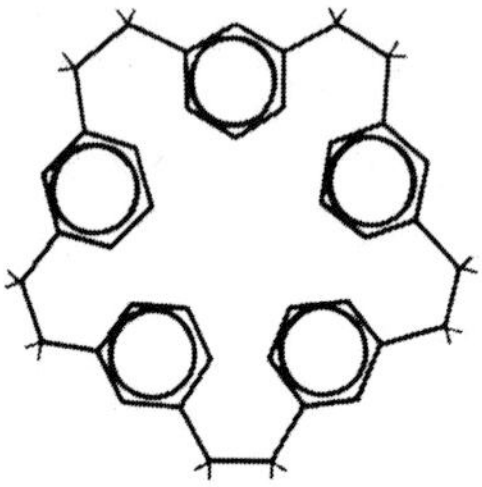

14

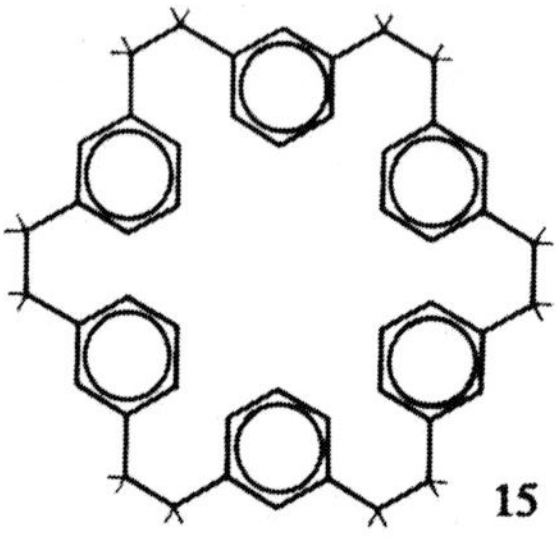

15

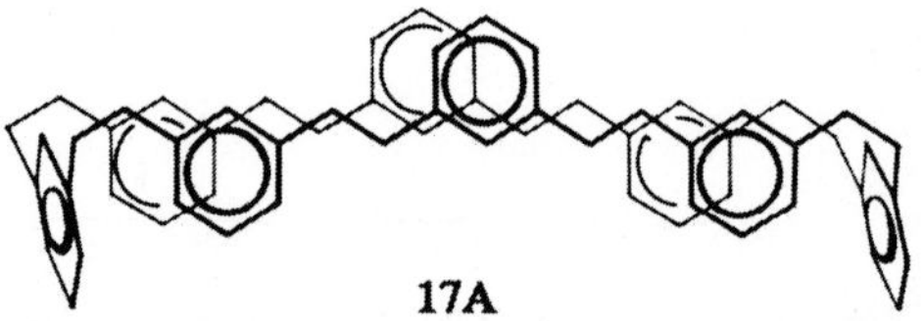

17A

Das Vorliegen dieser kompakten, gestreckten Konformation des Octamers **17** macht u.a. die Fragmentierungen im Massenspektrometer aufgrund der Möglichkeit von transannularen Reaktionen verständlich (s.u.).

Die *Schmelzpunkte* der [2$_n$]Metacyclophane alternieren mit zunehmender Ringgröße:

a) Bei *n*= *2, 4, 6* verschieben sie sich nur wenig nach tieferen Temperaturen.

b) In der ungeradzahligen Reihe *n*= *3, 5, 7* liegen die Schmelzpunkte merklich tiefer und verschieben sich mit wachsendem *n* stark zu tieferen Temperaturen.

c) Der Übergang von *n*= *6* nach *n*= *8* ist von einem starken Rückgang der Schmelztemperatur begleitet (*n*= Anzahl von *m*-Xylylen-Einheiten, siehe <u>Tab.1</u>).

Einige Beispiele: Während [2.2]Metacyclophan (**2**) bei 135°C schmilzt, liegen die Schmelzpunkte des Trimeren (**12**) bis Octameren (**17**) bei 117, 133, 96, 129, 102°C (das Heptamer wurde ausgelassen). *Jenny* schloß u.a. aus der Verteilung der Schmelzpunkte, daß die ungeradzahligen Ringe nicht ganz spannungsfrei sind, was sich auch in den Ausbeuten äußerte [10].

Die *Elektronenspektren* der oligomeren [2$_n$]Metacyclophane und offenkettiger Vergleichs-Verbindungen zeigen weitgehende Übereinstimmung; man findet keine der Besonderheiten des UV-Spektrums des [2.2]Metacyclophans.

NMR-Spektren [10]: Das für [2.2]Metacyclophan (2) charakteristische AB$_2$C-Spektrum im aromatischen Bereich bleibt auch bei den höheren [2$_n$]Metacyclophanen erhalten, während man für 1,3-Diethylbenzen und offenkettige Referenzverbindungen lediglich unübersichtliche Multipletts mit Schwerpunkten um $\delta = 7$ beobachtet. Ein gut aufgelöstes AB$_2$C-Spektrum kann daher in der Reihe der [2$_n$]Phane als Kriterium für das Vorliegen einer Ringverbindung gelten. Die aliphatischen Protonen, die im [2.2]Metacyclophan als AA'BB'-System erscheinen, gehen schon beim [2.2.2]Metacyclophan in ein Singlett über, das selbst bei -60°C keine Aufspaltung erfährt. Bei den höheren Oligomeren muß daher den aliphatischen Protonen eine beträchtliche Beweglichkeit zugeschrieben werden.

Die Hochfeldverschiebung der inneren (H$_i$-)Protonen des [2.2]Metacyclophans (2) nimmt beim Übergang zu größeren Ringweiten in gesetzmäßiger Weise ab: Jedoch ist diese Hochfeldverschiebung selbst beim [2$_6$]- und [2$_8$]Metacyclophan noch nachweisbar, da im AB$_2$C-Spektrum die A-Protonen bei tiefstem, die C-Protonen (H$_i$) bei höchstem Feld und die B-Protonen dazwischen absorbieren. Die Beobachtung dieses Abschirmungseffekts selbst bei den großen Ringen ist bemerkenswert. Sie kann dadurch erklärt werden, daß man annimmt, die Benzenringe seien stark aus der Ringebene herausgedreht oder stünden annähernd senkrecht zu dieser, wobei die A-Protonen abwechselnd nach oben und unten gerichtet sind (vgl. oben angegebene Konformation A für das [2$_8$]Metacyclophan). Das Spektrum des [2$_8$]Metacyclophans (17) unterscheidet sich von demjenigen des [2$_6$]Metacyclophans (15) insofern, als die Signale aller aromatischen Protonen um 0.1 ppm nach höherem Feld verschoben sind. Dies deutet gleichfalls auf das Vorliegen der gestreckten Konformation A hin, für die auch die Schmelzpunktsalternanz und die Massenspektrometrie sprechen.

Massenspektrometrie: Die Massenspektren der [2$_n$]Metacyclophane sind durch folgende Regelmäßigkeiten ausgezeichnet:

a) Die [2$_n$]Metacyclophane bilden ein beständiges M$^{\oplus\ominus}$-Radikal-Ion, dessen Intensität alle Fragmentionen übertrifft. Daher ist die massenspektrometrische Molmassen-Bestimmung eindeutig.

b) Alle Fragment-Ionen treten in Dreiergruppen bei den Massenzahlen M-$(91 + x \cdot 104)$, M-$(105 + x \cdot 104)$ und M-$(119 + x \cdot 104)$; $x = 0,1,2..$ auf. Der mittlere Peak dieser Dreiergruppe ist stets am intensivsten.

c) Im unteren Massenbereich findet man Fragmente, die auf einen parallel zum normalen Zerfallsmechanismus ablaufenden Fragmentierungsvorgang hindeuten. Diese Fragmente erscheinen bei den Massenzahlen $91 + x \cdot 104$, $105 + x \cdot 104$ und $119 + x \cdot 104$. Dieser Zerfallsprozeß scheint weniger günstig, da die Fragmente dieser Reihe bis höchstens $x = 2$ zu erkennen sind.

Eine Überraschung bietet das Massenspektrum des $[2_8]$Metacyclophans (17), das bei Tiegeltemperaturen oberhalb 400°C ein Spektrum ähnlich dem der übrigen $[2_n]$Cyclophane liefert. Bei niedrigerer Temperatur (ca. 180°C) wird überraschenderweise ein genaues Abbild des Spektrums des [2.2]Meta-cyclophans (2) registriert. Dies ist an den charakteristischen Fragmenten M-28 (C_2H_4) und M-1 (H-Radikal) zu erkennen. Dabei konnte ausgeschlossen werden, daß die Probe durch [2.2]Metacyclophan selbst verunreinigt war. Möglicherweise geht diese Bildung des [2.2]Metacyclophans (2) aus $[2_8]$Me-tacyclophan (17) auf das Vorliegen von Konformationen wie 17A zurück, aus der heraus *transannulare Ringschlußreaktionen* ablaufen können [10].

7.1.3 $[2_n]$Paracyclophane

Die Umsetzung von 1,4-Bis(brommethyl)benzen (28) mit Natrium/Na-triumiodid in siedendem Dioxan bei Abwesenheit von Brombenzen lieferte ausschließlich [2.2.2]Paracyclophan (29a) neben offenkettigen Produkten, jedoch kein [2.2]Paracyclophan (3) [11].

Vögtle und *Kißener* fanden eine Oligomer-Selektivität bei der Wurtz-Re-aktion mit unterschiedlichen Alkali-Metallen: Mit Cs-Metall läßt sich die höchste Ausbeute an $[2_3]$Paracyclophan (29a) erhalten, wie <u>Abb.1</u> zeigt [12].

28 a: X = Cl
   b: X = Br   TPE = Tetraphenylethen

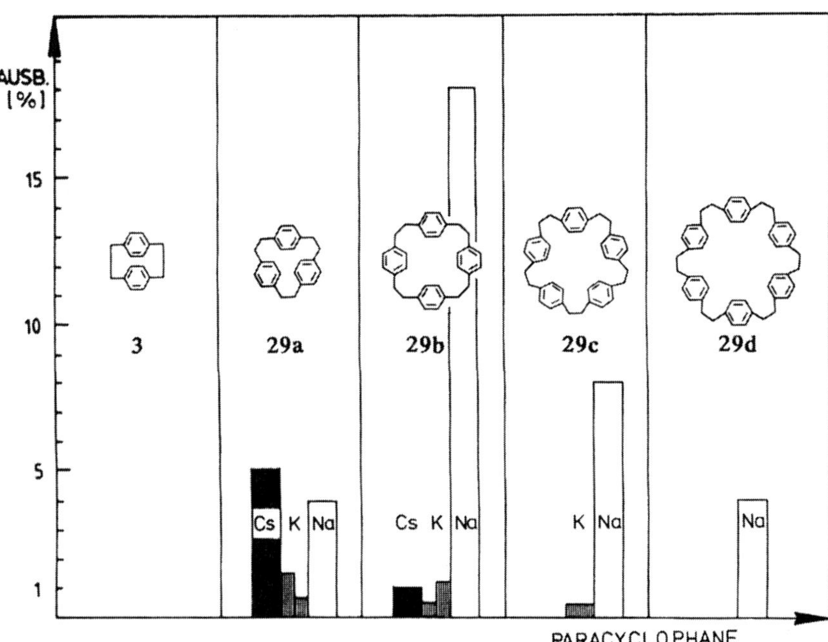

Abb.1. Oligomer-Selektivität bei der Wurtz-Reaktion mit verschiedenen Alkalimetallen, insbesondere mit Cs-Metall. Abhängigkeit der Ausbeuten der [2$_n$]Paracyclophane **29a-d** vom Alkalimetall [12]

Das [2$_4$]Paracyclophan-tetraen (**30**) wurde von *Wennerström et al.* 1975 erstmals hergestellt [13]:

30

31

Der Makrocyclus ist in einer einfach auszuführenden Eintopf-Wittig-Reaktion zugänglich, wobei vier C=C-Doppelbindungen geschlossen werden; Verdünnungsprinzip-Bedingungen sind nicht notwendig. Wie die Formeln 31-39 zeigen, sind *o*-, *m*- und *p*-verknüpfte Kohlenwasserstoff-Makrocyclen auf diesem Wege allgemein gut zugänglich.

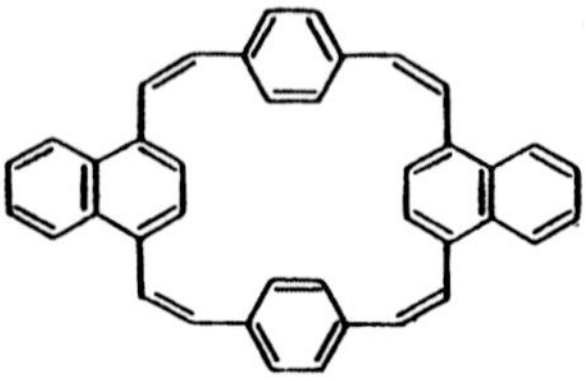

32 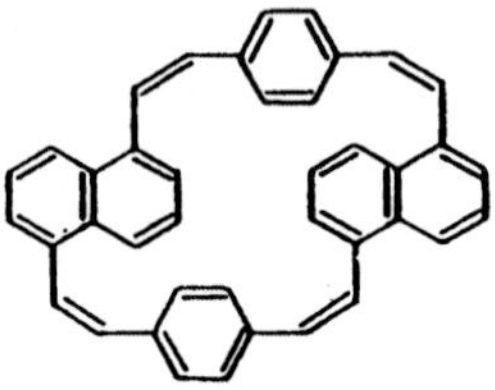   33 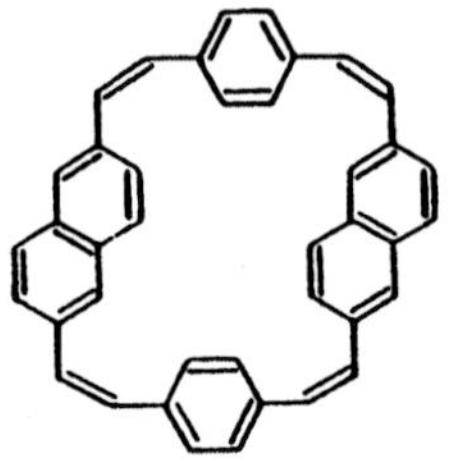   34

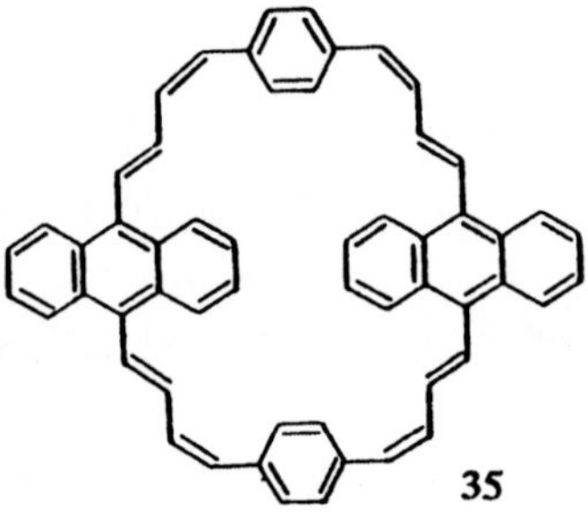

35

Die Methodik sei am Beispiel der Synthese des Thiopheno-Makrocyclus **36** skizziert, der mit 1.6% Ausbeute in einer Eintopfreaktion erhalten wurde 14).

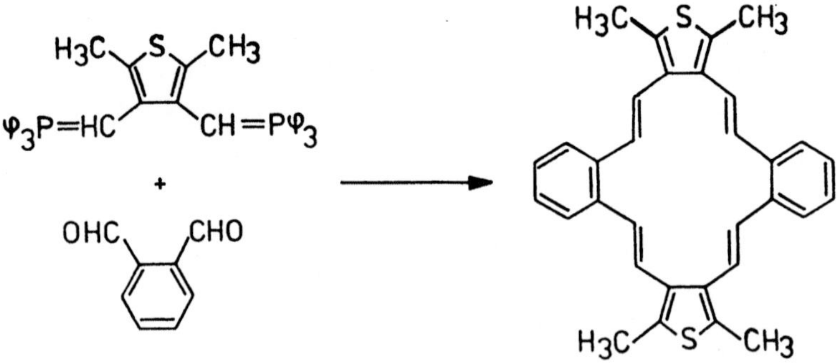

36

Viele der halbstarren Makrocyclen mit gesättigten und ungesättigten Brücken wie **37-39** zeichnen sich durch konformative Beweglichkeit oder durch stabile Konformere aus, auf die oft durch temperaturabhängige Kernresonanzspektroskopie geschlossen werden kann.

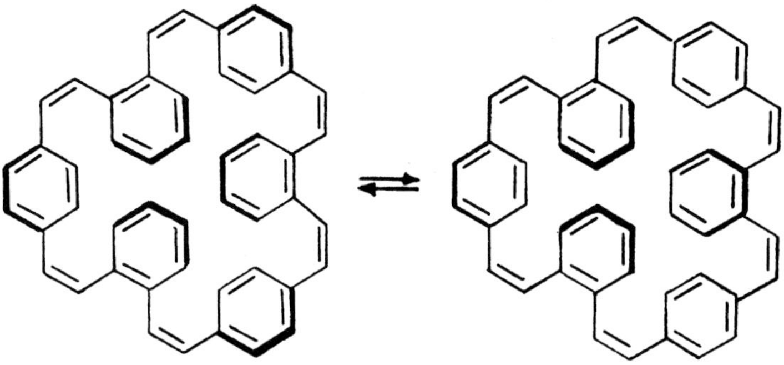

A **37** **B**

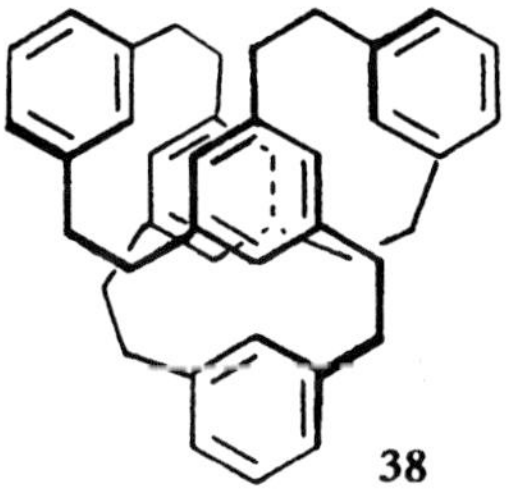

38

39

Einige der mit C=C-Doppelbindungen verbrückten Makrocyclen konnten durch Elektronenübertragung (Elektronentransfer, ET) mit Alkalimetallen in die aromatischen, anionischen und dianionischen Kohlenwasserstoffe übergeführt werden, was zu konformationsanalytischen Studien und zu Erkenntnissen über die Aromatizität in Großringen und Benzoannulenen führte [15].

7.1.4   [2_n](2,7)Phenanthrenophane

Hexahydro[2.2.2](2,7)phenanthrenophan (41a) und *Decahydro[2_5](2,7)phe-nanthrenophan* (41b) wurden neben offenkettigen Produkten bei der Reaktion von 2,7-Bis(chlormethyl)-9,10-dihydrophenanthren (40) mit Natrium/Tetraphenylethen in THF erhalten. Die massenspektrometrisch bestimmten Ausbeuten liegen für 41a bei 3.5% und für 41b bei 1.2% [16].

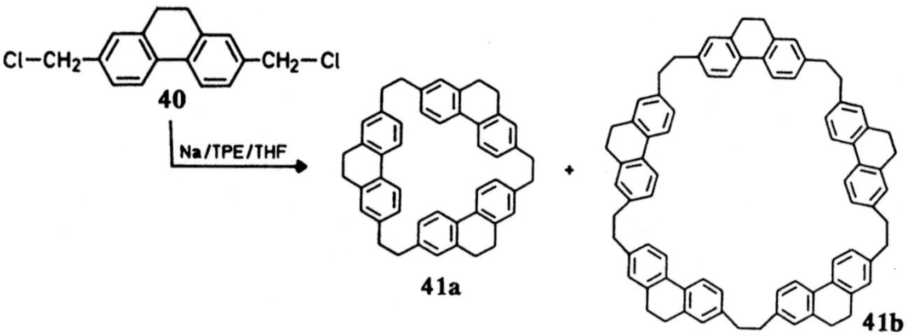

7.1.5   Tri-*o*-thymotid (TOT)

Tri-o-thymotid (TOT, 43) [17] wurde von *Spallino* und *Provençal* bei der Einwirkung von konz. Phosphorsäure auf *o*-Thymotinsäure (42) entdeckt [18]. Erst *Baker* konnte zeigen, daß es sich dabei um das Tri-*o*-thymotid (43) mit Schmp. 174°C handelt [19]. Beim Umkristallisieren aus *n*-Hexan war das bei 174°C schmelzende Clathrat (Lösungsmittel-Einschlußverbindung) entstanden. Erst bei langer Trocknung bei 160°C/1 Torr entweicht das Hexan; das dann lösungsmittelfreie Tri-*o*-thymotid schmilzt bei 217°C. Das rohe TOT, das meist noch Di-*o*-thymotid enthält, wird zunächst durch Extraktion mit Aceton im Soxhlet gereinigt. Das anfallende Aceton-Clathrat wird mehrfach aus Methanol umkristallisiert. Es enthält dann etwas Methanol-Clathrat und wird zu dessen Zersetzung unter Vakuum erwärmt oder 24 Stunden auf 130°C erhitzt. Anschließend wird es aus Isooctan umkristallisiert.

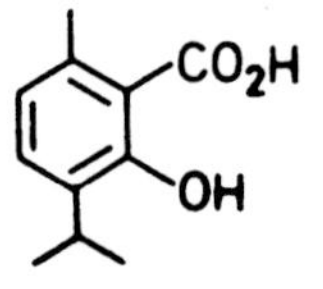

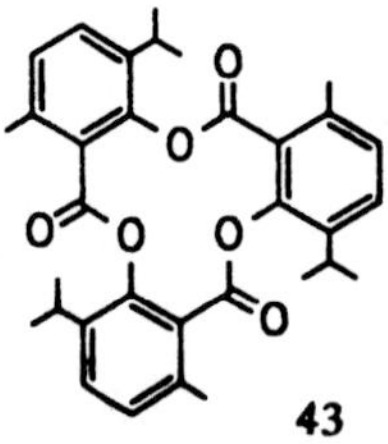

Für das TOT (43) wird eine nichtebene, propellerartige Konformation postuliert (dreiblättriger Propeller), bei der alle drei Carbonyl-Sauerstoffatome auf der gleichen Seite des zwölfgliedrigen Rings liegen sollen. Das Molekül weist außer einer dreizähligen Achse keine Symmetrie auf.

TOT bildet in reiner lösungsmittelfreier Form orthorhombische Kristalle, die sich von den meist trigonalen Kristallen der Clathrate deutlich unterscheiden. Tri-*o*-thymotid scheint keine nennenswerten Wasserstoffbrücken zu bilden. Beim Zusammenlagern zweier und mehrerer Moleküle scheinen nur *van der Waals*-Kräfte wirksam zu sein. Dabei entstehen Käfige im Kristallgitter des TOT, in die sich Gastmoleküle einlagern können. Dies führt zur Stabilisierung des gesamten Wirt/Gast-Gitters. Das reine Tri-*o*-thymotid (43) bildet dagegen kein sehr stabiles Kristallgitter; jedoch läßt sich unter bestimmten Bedingungen ein weitgehend leeres Wirtgitter mit Hohlräumen für Gastmoleküle erhalten.

Die Abmessungen der Elementarzelle des TOT sind aufgrund der lockeren *van der Waals*-Bindungen variabel. Daher kann sich das Wirtgitter an bestimmte Gastmolekülgrößen anpassen. Die Bildung der Gitterhohlräume wird stark durch die Wechselwirkung mit den Gastkomponenten beeinflußt.

TOT bildet *Einschlußverbindungen* (Clathrate) mit vielerlei Gastsubstanzen wie z.B. Alkanen, Halogenalkanen, Alkoholen, Estern, Ketonen, Ethern [17]. Meist findet man eine Stöchiometrie, bei der auf ein Gastmolekül zwei TOT-Moleküle kommen. Die Länge des Gastmoleküls darf offenbar 950 pm nicht überschreiten, da sonst eine Kanalstruktur entsteht, bei der sich die Zusammensetzung mit der Länge der Gastkomponente ändert. Die Anzahl der Gastmoleküle pro Wirtmoleküle wird dabei mit zunehmender Kettenlänge geringer.

Die Clathrate des TOT lassen sich in einfacher Weise folgendermaßen darstellen: Man löst etwas TOT in der flüssigen Gastkomponente auf und erwärmt, falls erforderlich. Beim Abkühlen der Lösung fällt das kristalline Clathrat aus. Dabei hängt die Zusammensetzung des Clathrats in einigen Fällen von der Abkühlungsgeschwindigkeit ab.

Feste Gastkomponenten können in 2,2,4-Trimethylpentan oder 2,3-Dimethylpentan gelöst werden, die mit TOT keine Clathrate bilden. Zur Herstellung des Methanol-Clathrats setzt man als Kristallisationskeime kleine Mengen des Aceton-Clathrats oder etwas Aceton zu.

TOT (43) kann in freier Form (vor der Clathratbildung) eine Rechts- oder Linksschraube bilden. Mit üblichen physikalisch-chemischen Methoden war die Isolierung der Antipoden bisher nicht möglich. Jedoch ist es dem Pionier der *Clathrat-Chemie, Powell* [20], über Einschlußverbindungen gelungen, die wenig stabilen optischen Antipoden zu trennen: Während das Methanol-Clathrat gleiche Mengen der Rechts- und Links-Helix enthält, findet man im Cyclohexan-Clathrat bei allen sechs Tri-*o*-thymotid-Molekülen der Elementarzelle die gleiche geometrisch fixierte Struktur. Das Clathrat liegt also nicht als Racemat vor, sondern jeder Kristall besteht einheitlich entweder aus der Rechts- oder der Links-Helix (*spontane Racematspaltung* durch Konglomeratbildung). Zur Trennung der Rechts- und Links-Propeller-Helices züchtet man Einkristalle dieser Clathrate, die manchmal so groß sein können, daß sie fast ein Gramm wiegen. Löst man einen solchen einheitlichen Einkristall beispielsweise in Chloroform, so stellt man die entsprechende Links- oder Rechtsdrehung linear polarisierten Lichts fest.

Eine zweite Möglichkeit zur Trennung oder Anreicherung des TOT besteht darin, daß man Clathrate des TOT mit einer gleichfalls racemischen Gastverbindung bildet. Dabei wird die *D*-Form der Wirtkomponente im allgemeinen bevorzugt und die *D*-Form der Gastkomponente "clathratiert". Setzt man die *D*- oder *L*-Form der Gastkomponente ein, so findet man nur Kristalle dieser einen Form. Auf diese Weise ist mit dem *D*- oder *L-sec*-Butylbromid eine Trennung des Tri-*o*-thymotids in die Enantiomere gelungen. Mit enantiomerenreinem TOT konnte so auch racemisches *sec*-Butylbromid in die Enantiomere gespalten werden [20].

Für die Racemisierung der "Atropisomere" des Tri-*o*-thymotids wurde eine Barriere von 67 kJ/mol bestimmt. Sie ist für ein Atropisomer relativ niedrig; zurückgeführt wird sie auf die sterische Wechselwirkung zwischen den Isopropyl- und Carbonylgruppen.

Eine Zusammenstellung von Röntgen-Kristallstrukturanalysen von TOT-Clathraten findet man in Lit. [21].

7.2   [1$_n$]Phane

EINLEITUNG

In diesem Abschnitt sei das Hauptaugenmerk auf die zunehmend wichtiger werdenden Calixarene gerichtet. Lediglich die Dihydropleiadene (1) [1],

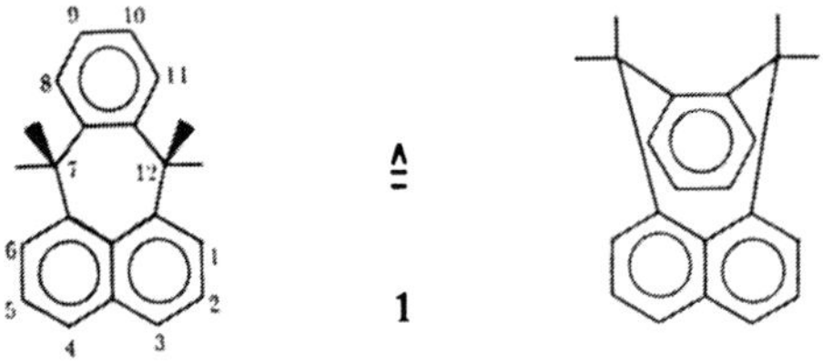

cyclische *para*-Phenylensulfide (z.B. 2) [2], die Röntgen-Kristallstrukturanalyse des Tetrathia[1.1.1.1]metacyclophans (3) [3],

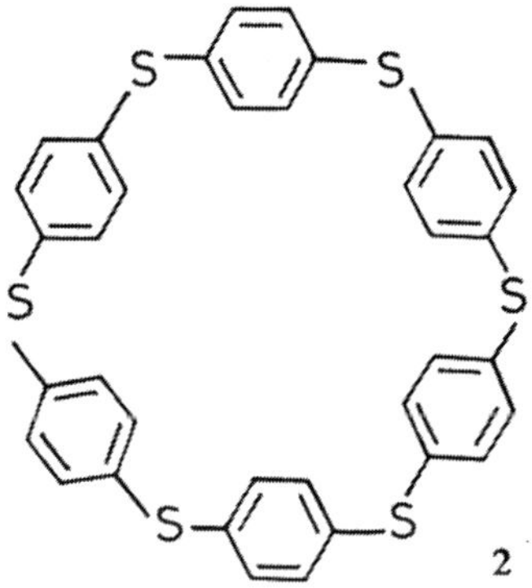

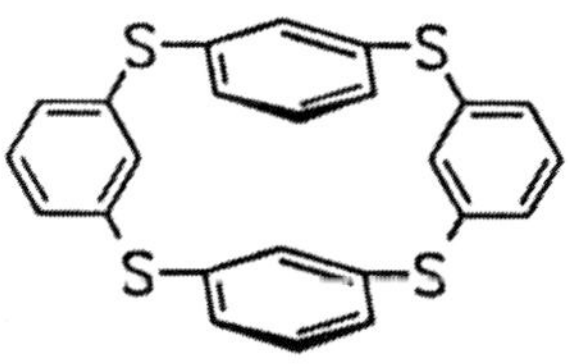

das tetramere "4,4'-Biphenylsulfid" 4 [2],

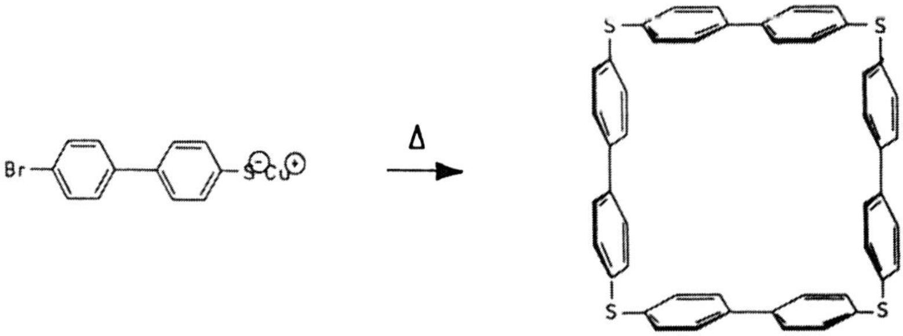

und die neuen Thiophen-Analogen 5 [4)] des Porphyrins seien zuvor erwähnt.

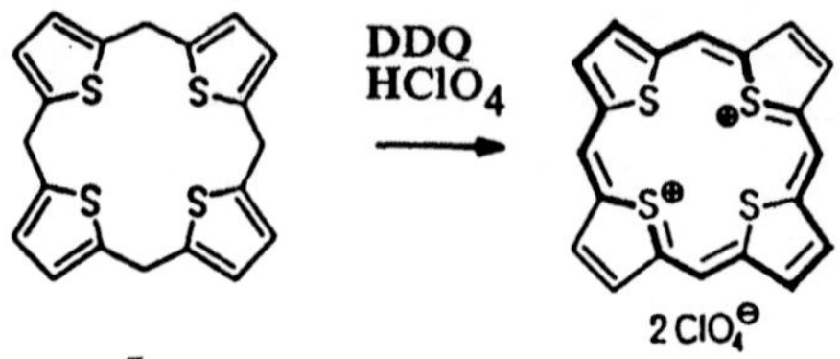

5a   5b

7.2.1   Calixarene

Die Calixarene [1)], schon seit vielen Jahren bekannt, sind erst neuerdings stärker in den Blickpunkt des Interesses gerückt, weil sie vielgliedrige Kohlenstoffringe bieten, die einen Hohlraum aufbauen und zusätzlich funktionelle Gruppen tragen. Von der Konstitution her gesehen sind sie [1_n]Cyclophane des Typs 6, die wegen ihrer kelchartig aussehenden Konformationen von *Gutsche* den Namen *"Calixarene"* (griech. *calix:* Kelch; *aren:* aromatische Ringe als Bestandteil des Makrocyclus) erhalten haben [1)]. Wegen ihrer korbartig geformten Hohlräume sind sie im Zusammenhang mit der Wirt/Gast- bzw. Rezeptor/Substrat-Chemie besonders aufgrund ihrer leichten Herstellbarkeit von steigendem Interesse, und einige Calixarene sind dementsprechend bereits kommerziell erhältlich.

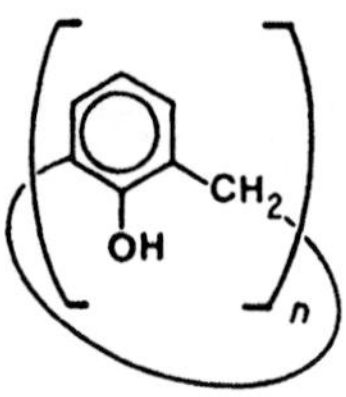

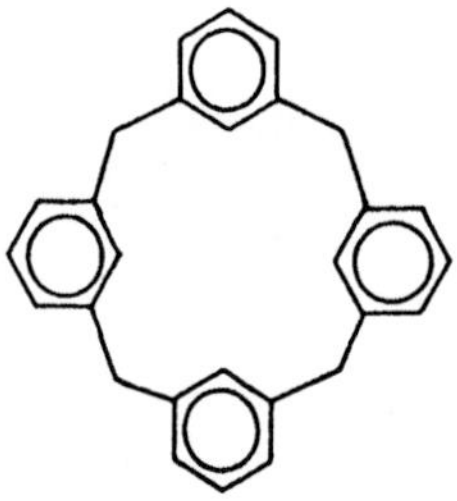

6   7

a) NOMENKLATUR

Da die IUPAC-Nomenklatur schon für einfache Calixarene, die noch nicht einmal die charakteristischen Substituenten tragen, zu komplizierten Namen führt, beispielsweise für 7 zu:

Pentacyclo[19.3.1.1^{3,7}.1^{9,13}.1^{15,19}]octacosa-
1(25),3,5,7(28),9,11,13(27),15,17,19(26),21,23-dodecaen,

wurde schon frühzeitig nach alternativen Nomenklaturen gesucht.

Cram und *Steinberg* benannten 7 als *[1.1.1.1]Metacyclophan* [2]. Nach der von *Gutsche* entwickelten Calixaren-Nomenklatur heißt das aus *p-tert*-Butyl-phenol und Methylen-Einheiten zusammengesetzte cyclische Tetramer 8: 5,11,17,23-Tetra-*tert*-butyl-25,26,27,28-tetrahydroxycalix[4]aren; meist wird dieser Verbindungstyp als *p-tert-Butylcalix[4]aren* abgekürzt.

b) SYNTHESE

Die Calixarene sind durch basen- und säurekatalysierte Kondensation von Phenolen mit Formaldehyden und anderen Carbonylverbindungen zugänglich. Auch Alkylbenzene und heterocyclische Verbindungen können mit Formaldehyd und anderen Aldehyden makrocyclisiert werden. Darüber hinaus lassen sich die Calixarene aber auch stufenweise über offenkettige Vorstufen synthetisieren. Schließlich sind Calixarene erhältlich, die anstelle der verbrückenden Methyleneinheiten Ether-Sauerstoff enthalten. Außerdem können die Hydroxygruppen der Calixarene verethert und verestert werden. Aus der Vielzahl der heute bekannten Methoden, die auch im Zusammenhang mit der Herstellung von Chemiewerkstoffen (Bakelite, Novo-Lacke etc.) interessieren, seien einige charakteristische herausgegriffen [1].

Die Geschichte der Calixarene scheint mit *Adolf von Baeyer* [3] zu beginnen, der im Jahre 1872 wäßrigen Formaldehyd mit Phenol erhitzte und ein hartes harziges, nichtkristallines Produkt erhielt. Die damaligen Methoden erlaubten jedoch die Charakterisierung eines derartigen Materials nicht, und so blieb die Struktur der entstandenen Produkte unbekannt. Drei Jahrzehnte später entwickelte *Baekeland* einen Prozeß, der diese Phenol-Formaldehyd-Reaktion zur Herstellung eines "Phenoplast"-Materials ausnutzte, das unter dem Namen "Bakelite" mit Erfolg kommerziell vertrieben wurde. Dadurch wuchs das Interesse an dem Phenol-Formaldehyd-Prozeß. Arbeiten *Zinkes*, der verschiedene *p*-substituierte Phenole, wäßrigen Formaldehyd und Natriumhydroxid bei verschiedenen Temperaturen einsetzte, lieferten hochschmelzende, unlösliche Materialien, für die damals die Konstitution eines cyclischen Tetrameren 8, also eines *Calix[4]arens*, postuliert wurde. *Cornforth* versuchte später zu zeigen, daß es sich jeweils nicht um eine einzige Verbindung handelte, sondern daß die höher und tiefer schmelzenden Produkte aus der Kondensation von Formaldehyd mit *p-tert*-Butylphenol und anderen Phenolen Konformationsisomere der Calix[4]arene seien. Diese Vermutung wurde jedoch durch Arbeiten von *Kämmerer* (1972) [4] und von *Munch* (1977) [5] widerlegt, die durch temperaturabhängige ^{1}H-NMR-Messungen nahelegten, daß in Calix[4]arenen rasche Konformationsumwandlungen ablaufen.

Gutsche konnte schließlich 1981 klären, daß es sich um Gemische von Cyclooligomeren mit verschiedener Ringgröße handelt [6]. An einem gut studierten Beispiel wurde gezeigt, daß die Kondensation von *p-tert*-Butylphenol und Formaldehyd das cyclische Tetramer 8 (R = *tert*-Butyl) sowie das cyclische Hexamer (10, R = *tert*-Butyl), das Octamer 12 (R = *tert*-Butyl) als Hauptprodukte sowie kleine Mengen des Pentamers 9 (R = *tert*-Butyl) und des Heptamers 11 (R = *tert*-Butyl) liefert.

9

10

ance

11   12

Raschig schien schon im Jahre 1912 die Existenz von cyclischen Verbindungen in Bakelit-Produkten bei der Kondensation von *p-tert*-Butylphenol und Formaldehyd nachgewiesen zu haben, was jedoch von *Baekeland* bezweifelt wurde. *Zinke* und *Ziegler* beschrieben 1941 ein Produkt aus *p-tert*-Butylphenol und Formaldehyd mit einem Schmp. oberhalb von 340°C, dessen Acetat eine Molekularmasse von 1725 haben sollte [8]. Es wurde zwar kein Strukturvorschlag für dieses Produkt gemacht, aber es scheint ziemlich sicher, daß diese Autoren das *p-tert*-Butylcalix[8]aren (12, R = *tert*-Butyl) isoliert hatten. Näheres zur Geschichte dieser Entwicklungen findet man bei *C. D. Gutsche* [1].

Im Jahre 1975 berichtete *Gutsche* über die Herstellung von cyclischen Tetrameren verschiedener *p*-substituierter Phenole mit Formaldehyd nach einem Kondensationsverfahren der "Petrolite-Corporation". Bei dem "Petrolite-Verfahren", das zur Herstellung von oberflächenaktiven Verbindungen entworfen worden war, wird ein *p*-substituiertes Phenol mit Paraformaldehyd und einer Spur 50%igem NaOH in Xylen mehrere Stunden zum Sieden erhitzt. Aus der erkalteten Reaktionsmischung setzt sich ein unlösliches Produkt ab, das im Falle des *p-tert*-Butylphenols fast ausschließlich aus cyclischem Octamer (12, R = *tert*-Butyl) besteht, das damit leicht in Ausbeuten von 60-70% verfügbar ist.

Wird bei derselben Kondensation anstelle der katalytischen eine stöchiometrische Menge an Base eingesetzt, so erhält man das *p-tert*-Butylcalix[6]-aren (10, R = *tert*-Butyl) in Ausbeuten von 70-75% in reiner kristalliner

Form. Dagegen wird **8** als kleinstes ganzzahliges Cyclo-Oligomer in der geringsten Ausbeute erhalten: Das Verfahren ist "kapriziös", und man muß mit variierenden Ausbeuten zwischen 0 und 45% vorlieb nehmen.

Gutsche empfiehlt für das *tert*-Butylcalix[4]aren (**8**) folgendes Verfahren: Man benutzt die Methode von *Zinke*, modifiziert nach *Cornforth*, und pulverisiert das feste harzige Material im letzten Verfahrensschritt. Diese Substanz, die sich in fester Form nicht basenfrei isolieren läßt, wird nun in einem organischen Lösungsmittel gelöst und mit Säure gewaschen, worauf nach Abdampfen des Lösungsmittels basenfreies Harz erhalten werden kann. Zugabe einer kleinen Menge Base liefert **8** in 25-30% Ausbeute.

Die ungeradzahligen Calixarene sind schwieriger in größeren Mengen zu gewinnen als diejenigen mit gerader Anzahl von Aromateneinheiten. *Ninagawa* und *Matsuda* [9] erhielten mit einem modifizierten Petrolite-Verfahren (6 h bei 55°C, anschließend 6 h bei 150°C) ein Reaktionsgemisch, aus dem sie 23% des Tetramers **8**, 5% des Pentamers **9** und 11% des Octamers **10** isolierten. Mit Dioxan als Lösungsmittel und 30 Stunden Erhitzen gelang *Nakamoto* und *Ishida* [10] die Isolierung des Hexamers, Heptamers und Octamers mit einem 6%-Anteil des Heptamers (**11**).

Während der Mechanismus der Bildung der cyclischen Oligomere noch wenig bekannt ist, sind die ersten Stufen der Reaktion des Formaldehyds mit dem Phenol relativ gut geklärt: Aus Formaldehyd und Phenol entwickeln sich in einem basenkatalysierten Prozeß zunächst 2-Hydroxymethyl- und 2,6-Bis(hydroxymethyl)phenole (Abb.1).

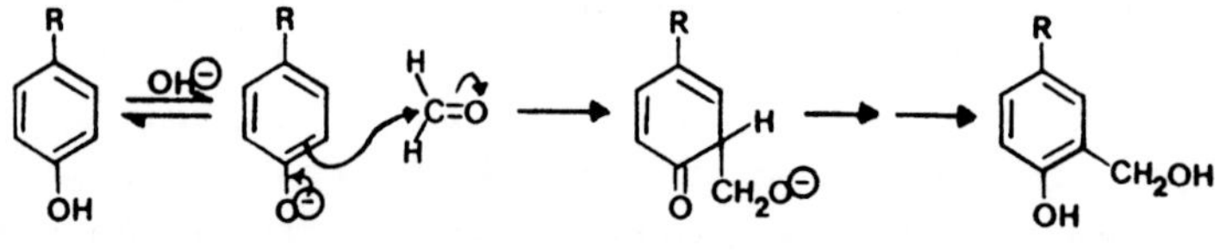

Abb.1.   Basen-katalysierte Hydroxymethylierung von Phenolen

Anschließende Kondensation des Ausgangsphenols mit den Hydroxymethylphenolen führt zu linearen Dimeren, Trimeren, Tetrameren usw., wobei als Intermediate auch *ortho*-Chinonmethid-Stufen auftreten können, die mit den Phenolat-Ionen in einer Michael-ähnlichen Umsetzung weiterreagieren können (Abb.2):

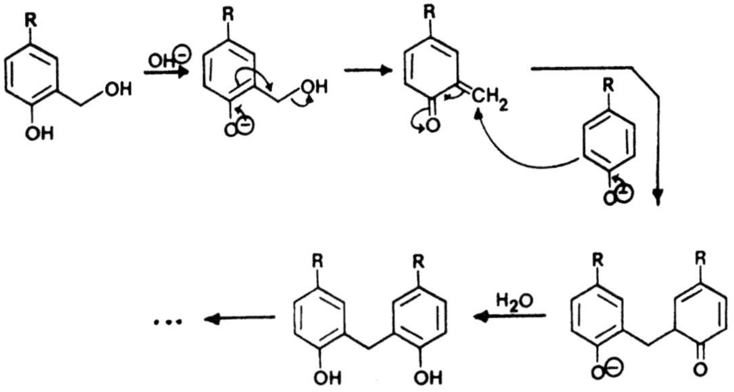

Abb.2. Basen-katalysierte Bildung linearer Oligomerer aus Phenolen und
Formaldehyd

Da die Bildung von *o*-Chinonmethiden aus *o*-Methoxymethylphenol hohe
Temperaturen (500-600°C) erfordert, sind diese Zwischenstufen angezweifelt
worden. Auf der anderen Seite ist jedoch bekannt, daß Oxy-Cope-Umlage-
rungen ausgehend von den Anionen viel rascher ablaufen als ausgehend von
neutralen Verbindungen; *o*-Chinonmethide können daher aus den 2-Hydro-
xymethylphenolaten durchaus gebildet werden.

Auch intermolekulare Dehydratisierungen von 2-Hydroxymethylphenolen
unter Bildung von Dibenzylethern können unter den Bedingungen der *Zinke-
Cornforth-* und Petrolite-Kondensationsreaktionen ablaufen, wie in Abb.3
skizziert ist. 13a kann beispielsweise zum Ether 14 führen, während 15 beim
Erhitzen polykondensierte Ether ergibt.

Daraus folgt, daß die Gemische, aus denen die Calixarene entstehen, lineare Oligomere verschiedener Länge enthalten, in denen die *o,o'*-Brücken
aus CH$_2$- ebenso wie aus CH$_2$OCH$_2$-Gruppen bestehen.

Was in der Endphase der Reaktionssequenzen passiert, die zu den
Calixarenen führen, bleibt vorläufig rätselhaft. Obwohl klar ist, daß die linearen Oligomere unter Wasser- und Formaldehyd-Verlust in die Cyclooligomere übergehen, weiß man wenig über die unmittelbaren Vorläufer der
Calixarene. Eine gemeinsame Vorstufe scheint nicht wahrscheinlich zu sein.

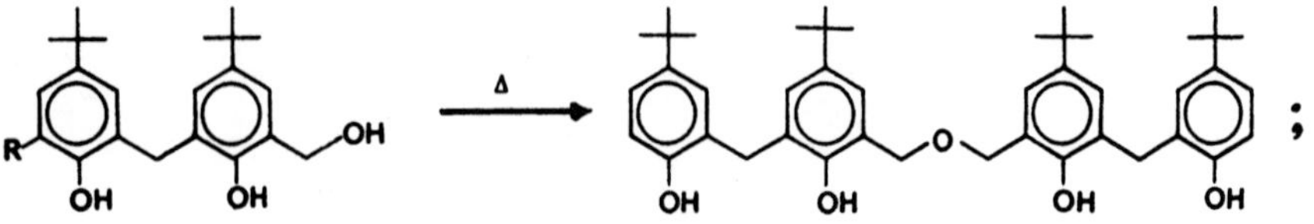

13 *a*:R = H
    b:R =CH$_2$OH

14

15

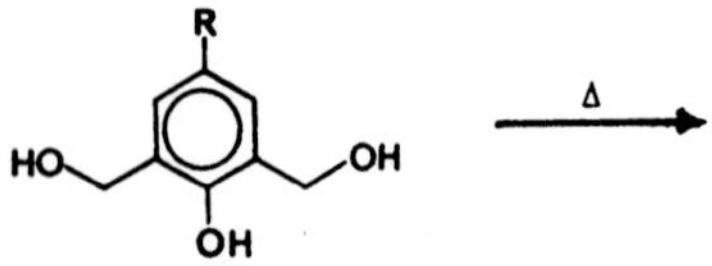

höhermolekulare Ether

Abb.3. Bildung von Dibenzylethern ausgehend von 2-Hydroxymethylphenol

Auch die Triebkraft für die vergleichsweise hohen Ausbeuten an Calixarenen, vor allem für das Cyclohexa- und -octamer, ist nicht klar, und es ist derzeit ein Geheimnis, warum die höheren Cyclo-Oligomere leichter als das Cyclotetramer gebildet werden, obwohl letzteres aus Entropiegründen bevorzugt sein sollte. Allerdings können einige Argumente zur Erklärung dieser Befunde angebracht werden: intramolekulare Wasserstoffbrücken-Bildung und Kationen-Templat-Effekte:

Wie die Konzentrationsunabhängigkeit der OH-Streckschwingung im IR-Spektrum von 8 (3160 cm^{-1}) zeigt, ist dieser Cyclus intramolekular *Wasserstoffbrücken*-gebunden. Auch Molekülmodelle zeigen, daß sich die vier OH-Gruppen des Calix[4]arens in der "Konus-Konformation" (s.u.) nahe kommen. Allerdings findet man auch für die konformativ flexibleren Cyclohexa- und -octamere ähnliche IR-Banden (3150 bzw. 3230 cm^{-1}), was auf starke intramolekulare Wasserstoffbrücken-Bindungen auch in diesen Ringsystemen hinweist. Überraschender noch ist die Tatsache, daß die linearen offenkettigen Tetramere, Pentamere und Hexamere analoge OH-Streckschwingungen bei 3210 cm^{-1} aufweisen, die gleichfalls starke intramolekulare Wasserstoffbrücken indizieren. Wasserstoffbrückenbindungen können bei den linearen Oligomeren entweder *inter*molekular sein *("Hemicalixarene"),* wodurch pseudocyclische Anordnungen entstehen (Abb.4), oder es können *intra*molekulare

Wasserstoffbrücken vorhanden sein, die gleichfalls zu Pseudocyclen führen (Abb.4). Die letztgenannten sind als *"Pseudocalixarene"* bezeichnet worden.

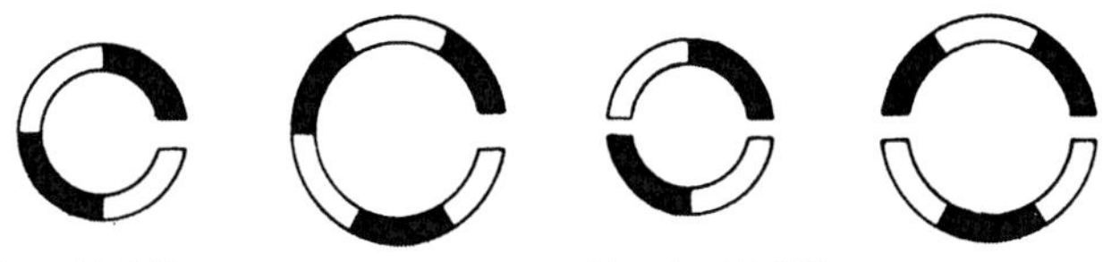

Abb.4. Offenkettige Calixaren-Vorläufer und ihre Anordnung zu pseudo-ringförmigen Hemi- und Pseudocalixarenen (nach *Gutsche* [1)]). Die schraffierten und nicht-schraffierten Bogenteile symbolisieren die Areneinheiten

Auch der oben angesprochene *Templateffekt* kann zur Interpretation der Ringbildungs- bzw. Oligomer-Selektivität herangezogen werden. Hierfür spricht der Befund, daß die Ausbeute an Calix[6]aren, dem Hauptprodukt beim stöchiometrischen Einsatz von Base, mit RbOH etwas höher ist als mit CsOH, KOH oder NaOH; LiOH ist dagegen unwirksam. Darüber hinaus haben Arbeiten von *Izatt* gezeigt, daß die Calixarene in der Tat ionophore Eigenschaften für NaOH, KOH, RbOH und CsOH aufweisen, jedoch nicht für LiOH. Man darf also davon ausgehen, daß die Art des Kations einen Einfluß auf die Ringgröße hat, jedoch sind die Details der Rolle der Kationen beim Cyclisierungsprozeß noch nicht geklärt.

Ein anderer, neuerer Befund muß bei der *Oligomer-Selektivität* gleichfalls berücksichtigt werden: Im Gegensatz zu einem früheren Bericht, daß die cyclischen Oligomere unter den Reaktionsbedingungen nicht ineinander umwandelbar sind, wurde kürzlich bewiesen, daß eine 20-35%ige Ausbeute an *p-tert*-Butylcalix[4]aren erhalten wird, wenn *p-tert*-Butylcalix[8]aren und *p-tert*-Butylcalix[6]aren in siedendem Diphenylether bei Gegenwart einer kleinen Menge Kalium-*tert*-butylat erhitzt werden. Diese Befunde deuten darauf hin, daß zumindest bei längerer Temperierung von Phenol-Formaldehyd-Ansätzen eine thermodynamische Äquilibrierung eventuell kinetisch kontrolliert gebildeter Cyclooligomerer möglich ist.

Säure-katalysierte Reaktion von Resorcinen und Aldehyden: Einen speziellen Calixaren-Typ mit OR-Gruppen an der Peripherie des Makrocyclus erhält man, wenn Resorcin mit Aldehyden (außer Formaldehyd) umgesetzt wird. *Michael* isolierte bereits im Jahre 1883 zwei kristalline·Verbindungen aus der Umsetzung von Resorcin und Benzaldehyd, deren Konstitution 1940 von *Niederl* und *Vogel* einem tetrameren Calix[4]aren des Typs 16 (R' = H) mit acht extraannularen Hydroxylgruppen zugeordnet wurde.

Das Massenspektrum eines Octamethylethers 16 (R = R' = CH_3) und Röntgen-Kristallstruktur-Bestimmungen beweisen diesen Molekülbau. Nach *Högberg* [11] handelt es sich im Unterschied zu der basenkatalysierten Oligomerisierung beim säurekatalysierten Prozeß um eine elektrophile aromatische Substitution, wobei das angreifende Agens durch Protonierung des Aldehyds am Sauerstoff entsteht, wodurch ein Mesomerie-stabilisiertes Carbokation als Elektrophil gebildet wird. Formaldehyd führt wegen seiner großen Reaktivität offensichtlich auch zur Substitution in der 2-Position (abgesehen von den 4- und 6-Stellungen), wobei quervernetzte Makromoleküle entstehen. Die höheren Aldehyde mit sterisch größeren Alkylgruppen reagieren dagegen weniger in der gehinderten 2-Stellung (zwischen den OH-Gruppen des Resorcins).

Die Stereochemie der Makrocyclen des Typs 16 ist experimentell weniger kompliziert als theoretisch denkbar: Von den (bei angenommener konformativer Beweglichkeit) vier möglichen Diastereomeren von 16 bilden sich vorwiegend zwei, das *cis,cis,cis-* und das *cis,trans,cis*-Produkt. *Högberg* konnte zeigen, daß das *cis,trans,cis*-Isomer, das im Falle der Resorcin-Benzaldehyd-Kondensation kinetisch gesteuert entsteht, in situ in das *cis,cis,cis*-Produkt umgewandelt werden kann, weil letzteres schwerer löslich ist. Auf diese Weise können Ausbeuten von mehr als 80% an *cis,cis,cis*-Isomer erhalten werden.

Säurekatalysierte Kondensationen von Alkylbenzenen und Formaldehyd sowie von heterocyclischen Arenen und Aldehyden: Die Calix[4]arene **17a,b** wurden aus Mesitylen und 1,2,3,5-Tetramethylbenzen durch Kondensation mit Formaldehyd in Gegenwart von Eisessig hergestellt. Das Calixaren **17a** kann auch durch Friedel-Crafts-Alkylierung von Chlormethylmesitylen unter Oligomerisierung erhalten werden.

17a: R = H
17b: R = CH$_3$

R = CH$_3$, C$_2$H$_5$
18a: Y = O
18b: Y = S
18c: Y = NH

Ähnliche Makrocyclen, die heterocyclische Aromatenkerne über eingliedrige C-Brücken verknüpfen, sind durch Kondensation von Furanen, Thiophenen und Pyrrolen mit Aldehyden und Ketonen erhalten worden (**18a-c**). Diese Verbindungen werden üblicherweise nicht als Calixarene bezeichnet, obwohl sie ihnen in ihrem Molekülbau und in der Synthesemethodik nahestehen. Die Ausbeute bei der Herstellung von **18a** aus Furan und Aceton kann durch Zusatz von LiClO$_4$ von ca. 20% auf über 40% gesteigert werden. Dies hat zur Annahme eines Templateffekts geführt. Neuere Befunde zeigen jedoch, daß die höheren Ausbeuten nicht mit der Art des eingesetzten Metallions korrelieren, sondern mit der Acidität des Reaktionsmediums 12).

Stufenweise Synthese von Calixarenen

Hayes-Hunter-Kämmerer-Synthese: Diese Autoren entwickelten 1956 eine "rationale" Synthese, mit der verschieden substituierte Calixarene verschiedener Ringgliederzahl durch stufenweise Verlängerung der zunächst offenkettigen Vorstufen und anschließende Cyclisierung erhältlich sind. Ausgehend von *p*-Kresol wurde eine der *ortho*-Positionen durch Bromierung geschützt, wonach Methylengruppen (durch baseninduzierte Hydroxymethylierung) sowie Arylgruppen eingeführt wurden (durch säurekatalysierte Arylierung).

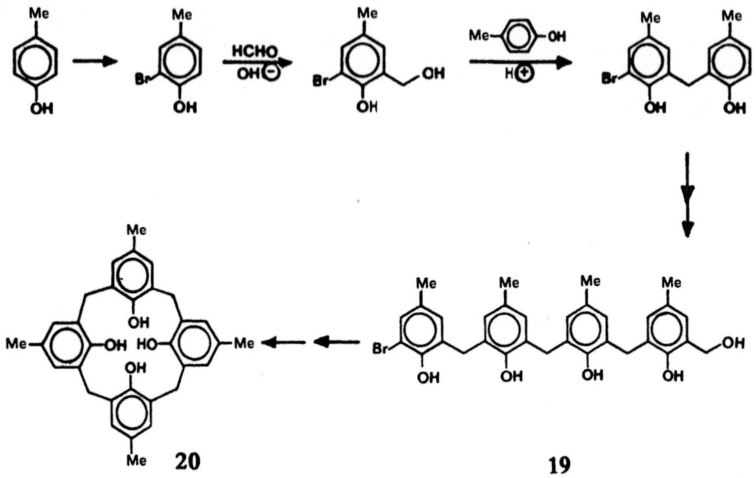

Abb.5. Zehnstufen-Synthese von *p*-Methylcalix[4]aren (20) nach der *Hayes-Hunter*-Methode

Das lineare bromsubstituierte Tetramer **19** wurde debromiert und dann zu **20** cyclisiert (Abb.5).

Kämmerer verbesserte diese Synthesemethode und dehnte sie auf pentamere, hexamere und heptamere Methyl- und *tert*-Butyl-substituierte Calixarene aus [13]:

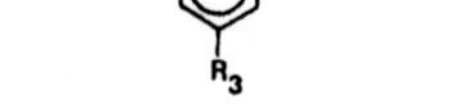

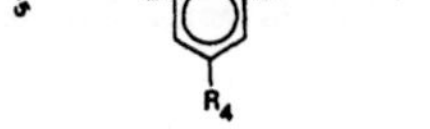

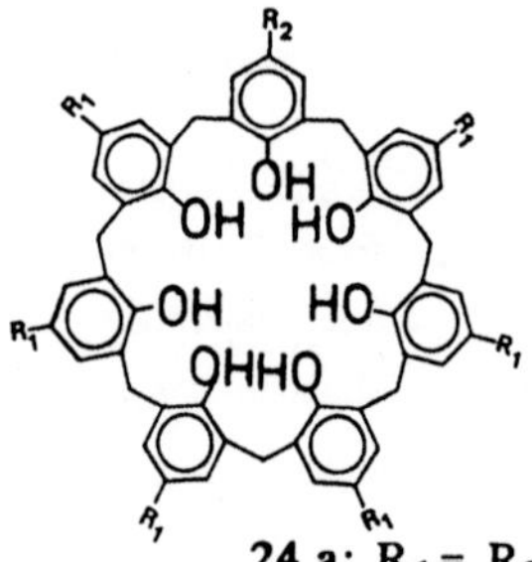

24 a: $R_1 = R_2 = R_3 = R_4 = CH_3$

Der Nachteil der Methode liegt in der bescheidenen Gesamtausbeute an Endprodukten. So führt beispielsweise die Umwandlung von *p-tert*-Butylphenol nur mit 11% zum *tert*-Butylcalix[4]aren, die Umsetzung des *p*-Phenylphenols in nur 0.5% Ausbeute zum *p*-Phenylcalix[4]aren (26):

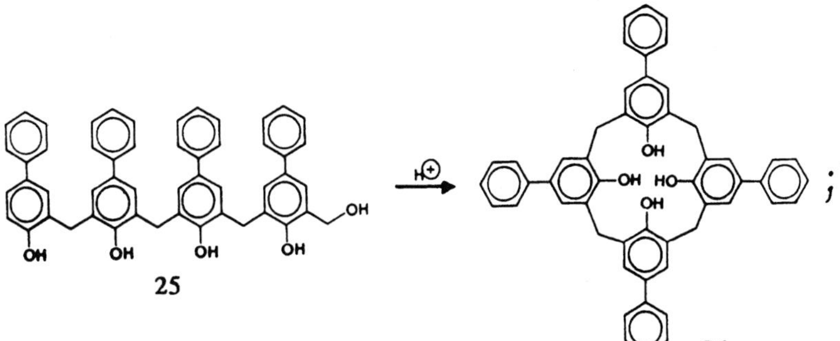

Abb.6. Stufenweiser Aufbau von *p*-Phenylcalix[4]aren (26) nach der Methode von *Hayes* und *Hunter*

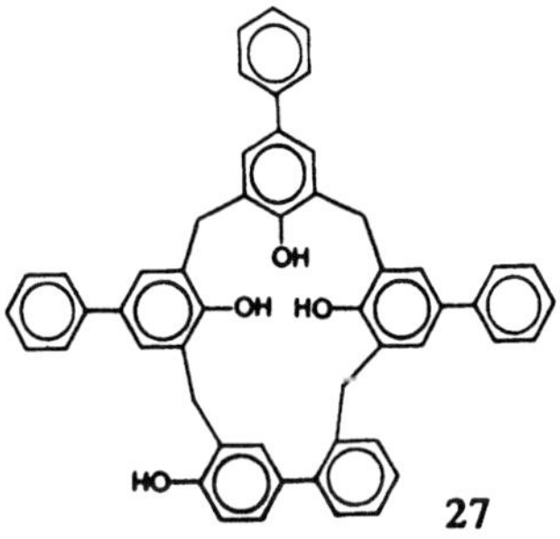

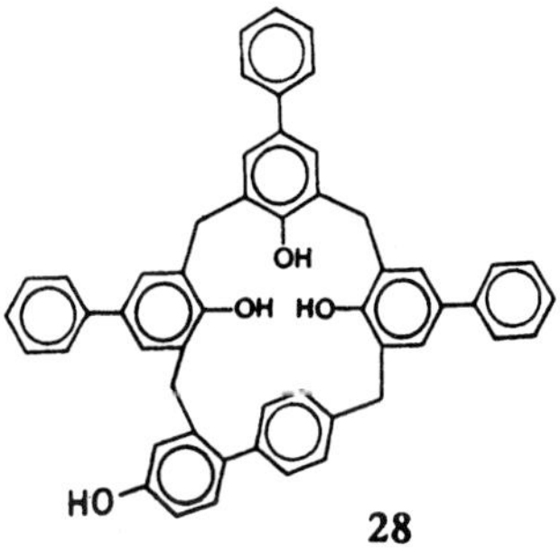

Wie in **Abb.6** skizziert, ist die Methodik zusätzlich durch die Bildung von Nebenprodukten bei der Cyclisierungsreaktion verkompliziert: Im Falle des phenylsubstituierten Calix[4]arens erhält man neben dem Hauptprodukt 26 die beiden Isomere 27 und 28. *p*-Phenylcalix[4]aren (26), das wegen seines konusförmigen tiefen Hohlraums Interesse für die Wirt/Gast-Chemie beansprucht, ist daher über diese Route nicht rasch verfügbar.

Synthese nach Böhmer, Chhim und Kämmerer: Diese Autoren haben eine stärker konvergente Synthesestrategie entwickelt, welche die Flexibilität der oben besprochenen Methodik beibehält. Zunächst wird ein lineares Trimer **29** stufenweise aufgebaut und mit einem 2,6-Bis(halomethyl)phenol (**30**) umgesetzt (<u>Abb.7</u>):

$$R_1 - R_3 = t\text{-Bu, } CH_3, Cl, Br \qquad 31$$

<u>Abb.7.</u> Konvergente stufenweise Synthese von Calix[4]arenen nach *Böhmer, Chhim, Kämmerer* [14]

Diese Strategie hat zwar den Vorteil geringerer Stufenzahlen, leidet jedoch auch unter den geringen Ausbeuten beim Cyclisierungsschritt: 10-20% im günstigsten Fall, und nur 2-7% bei den interessanteren Beispielen mit Br- und NO_2-Substituenten.

Synthese nach Moshfegh, Hakimelahi: Diese Autoren berichteten über die Herstellung einer Vielzahl von *p*-Halocalixarenen in hoher Ausbeute (>60%), darunter das Calix[3]aren **37**, wobei auch Nebenprodukte wie die Dioxa-Verbindung **35** in 10% Ausbeute entstehen (<u>Abb.8</u>) [15].

Allerdings gibt es noch einige ungeklärte Punkte, beispielsweise bei den sterisch gespannten Calix[3]arenen und beim Vergleich der hier und anderswo erhaltenen Halogenocalixarene.

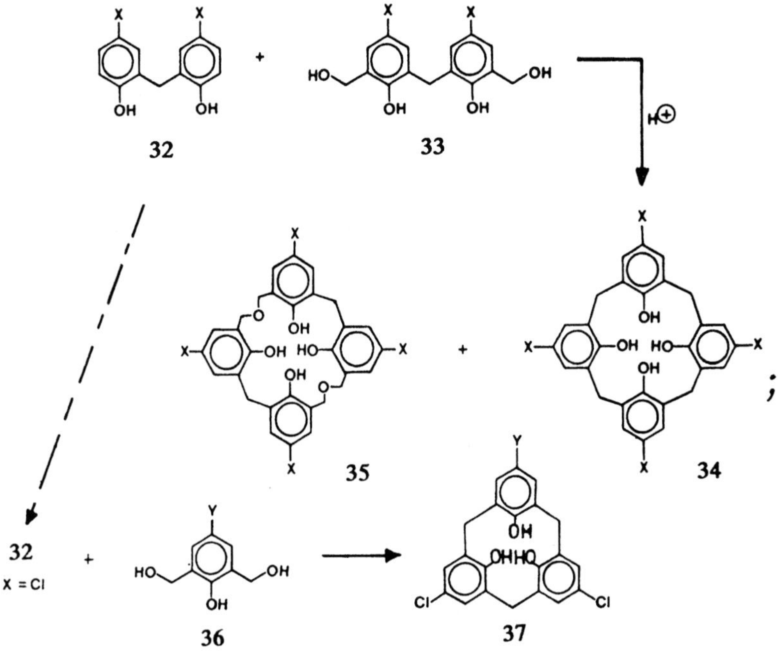

Abb.8. Konvergente stufenweise Synthese von Calix[3]- und -[4]arenen nach der Methode von *Moshfegh* und *Hakimelahi* [15)]

Synthese nach No und Gutsche: Eine Methode, die Calixarene in vergleichsweise hohen Ausbeuten über offenkettige Vorprodukte nach einer konvergenten Synthese liefert, wobei auch viele Substituenten berücksichtigt werden, wurde von den oben genannten Autoren entwickelt. In Abb.9 ist eine Vierstufen-Synthese ausgehend von *p*-Phenylphenol und Formaldehyd gezeigt, deren Umsetzung unter kontrollierten Bedingungen das Bis(hydroxymethyl)-Dimer **38** ergibt. Letzteres wird mit zwei Äquivalenten eines Phenols (z.B. *p-tert*-Butylphenol) kondensiert und liefert das lineare Tetramer **39** (R = *tert*-Butyl). Cyclisierung des Monohydroxy-methylierten Produkts **40** ergibt das Calix[4]aren **41** in etwa 10% Gesamtausbeute. Angesichts der preiswerten Ausgangsmaterialien und der einfachen Durchführung und Aufarbeitung ist diese Methode recht günstig.

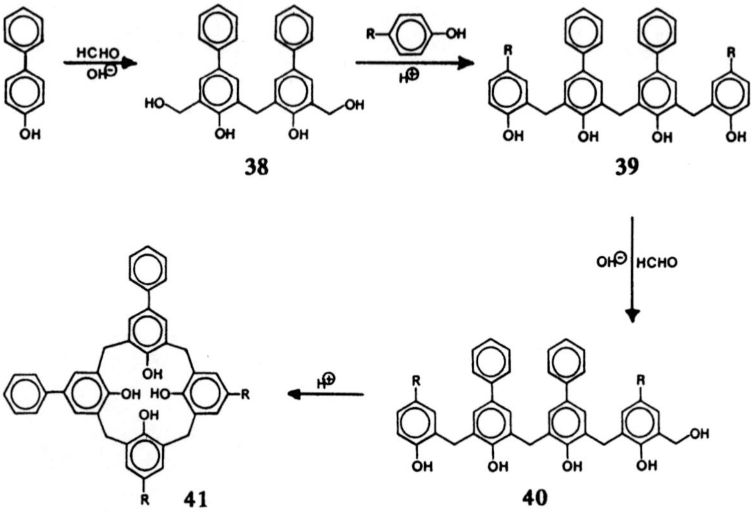

38

39

40

41

Abb.9. Darstellung von Calix[4]arenen

Oxacalixarene

Dihomooxacalix[4]arene, wie z.B. die *p-tert*-Butyl-Verbindung **47**, fallen bei der Petrolite-Synthese-Methode (s.o.) an. Aus der Reaktionsmischung kann dieser Makrocyclus jedoch nur schwierig isoliert werden. Leichter erhältlich ist **47** durch Dehydration des Bis(hydroxymethyl)-Tetramers **46**, das wie in Abb.10 skizziert gewonnen werden kann:

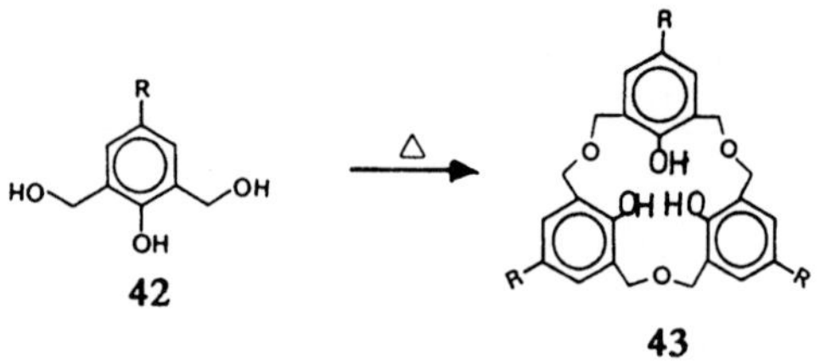

42

43

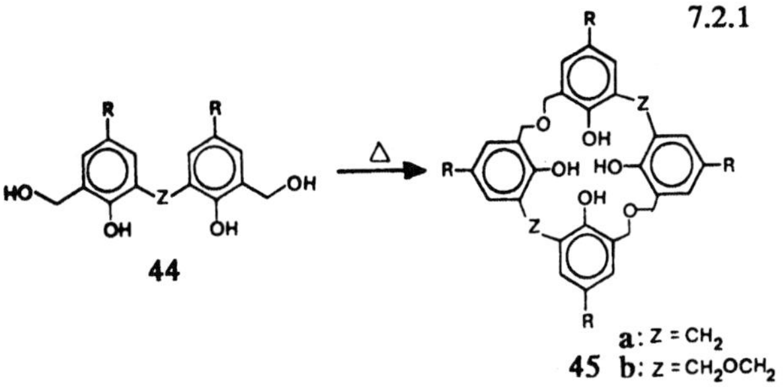

a: z = CH$_2$
45 b: z = CH$_2$OCH$_2$

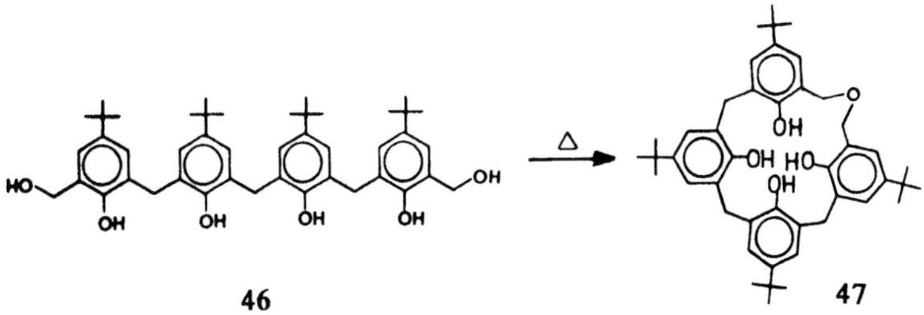

Abb.10. Darstellung von Oxacalixarenen

Auch andere Calix[3]- und -[4]arene wie **43** und **45** werden durch thermisch induzierte Dehydration gebildet.

Calixarenester und -ether

Die phenolischen OH-Gruppen der Calixarene können leicht in Ester und Ether übergeführt werden. Von vielen Calixarenen wurden die entsprechenden Acetate hergestellt, wie schon von *Zinke* und *Ziegler* beschrieben war [8]. Die Acetate sind in organischen Lösungsmitteln meist leichter löslich als die Calixarene mit freien OH-Gruppen. Einige Calixarene können auf diesem Umweg über Kristallisation, Säulenchromatographie oder fraktionierte Extraktion gereinigt werden. Die Estergruppen können mittels Ethylendiamin in DMF abgespalten werden.

Mit überschüssigem Acylierungs-Agens wird üblicherweise das vollständig acylierte Calixaren erhalten, jedoch sind auch unvollständig acetylierte Calixarene beschrieben worden, z.B. zwei verschiedene Acetate des *p-tert*-Butylcalix[4]arens, die nachgewiesenermaßen nicht konformationsisomer sind. Ihre Schmelzpunkte unterscheiden sich mit 247-250°C und 383-386°C stark;

der erste Schmelzbereich wird dem Triacetat, der zweite dem Tetraacetat zugeschrieben.

Außer den Acetaten sind Benzoate und *p*-Toluensulfonate als leicht erhältlich beschrieben worden; dasselbe gilt für die Mono- und Dikampfersulfonylester des *p-tert*-Butylcalix[8]arens.

Die vollständige Alkylierung der Calixarene zu den entsprechenden Ethern gelingt durch Behandeln in THF/DMF-Lösung mit Halogenalkanen bei Gegenwart von NaH. Die Methyl-, Ethyl-, Allyl- und Benzylether fallen so in sehr guten Ausbeuten an. Auch Oligoethylenglycolether sowie partiell veretherte Calixarene wurden beschrieben, ebenso wie 2,4-Dinitrophenylether (des *p-tert*-Butylcalix[8]arens).

Interessante Calixarenether sind das Hexatrimethylsilylcalix[6]aren und das Octatrimethylsilylcalix[8]aren, die mit Hexamethyldisilazan bzw. Chlortrimethylsilan erhalten wurden [6]. Bemerkenswerterweise bilden sich die Tetratrimethylsilylether des Calix[4]arens unter diesen Bedingungen nicht; sie benötigen das reaktivere Reagens N,O-Bis(trimethylsilyl)acetamid.

c) PHYSIKALISCHE UND SPEKTROSKOPISCHE EIGENSCHAFTEN [1]

Schmelzpunkte: Die Calixarene schmelzen ungewöhnlich hoch, beträchtlich höher als ihre offenkettigen Vorstufen. Fast alle Calixarene schmelzen oberhalb von 250°C, die meisten viel höher. *p-tert*-Butylcalix[4]aren schmilzt beispielsweise bei 344-346°C, *p-tert*-Butylcalix[6]aren bei 380-381°C und *p-tert*-Butylcalix[8]aren bei 411-412°C. Der Schmelzpunkt von *p*-Phenylcalix[4]aren liegt bei 407-409°C, derjenige von *p*-Phenylcalix[8]aren oberhalb von 450°C.

Die Calixaren-Ester und -Ether schmelzen normalerweise bei tieferen Temperaturen: So schmilzt der Tetramethylether des *p-tert*-Butylcalix[4]arens bei 226-228°C und der entsprechende Tetrabenzylether bei 230-231°C. Ungewöhnlich hoch schmelzen allerdings das Tetraacetat des *p-tert*-Butylcalix[4]arens (383-386°C, s.o.) und der Tetrakis(trimethylsilyl)ether des *p-tert*-Butylcalix[6]arens (410-412°C).

Löslichkeit: Abgesehen von den hohen Schmelzpunkten ist die geringe Löslichkeit der Calixarene in organischen Lösungsmitteln charakteristisch. Trotzdem sind viele Calixarene hinreichend löslich, um (in $CHCl_3$) osmometrische Molekulargewichts-Bestimmungen und NMR-Messungen (meist in $CDCl_3$ und Pyridin-D_5) zu erlauben.

Die Art des Substituenten in *p*-Stellung zur phenolischen OH-Gruppe hat oft einen erheblichen Einfluß auf die Löslichkeit des Calixarens. Die *p*-Allylcalixarene sind die am besten löslichen, die *p*-Phenyl- und Adamantylcalixarene am wenigsten löslich. Die aus den Calixarenen erhaltenen Ether und Ester sind im allgemeinen in unpolaren Solventien leichter löslich als die Calixarene selbst: Der Octamethylether des *p*-Phenylcalix[8]arens ist in krassem Gegensatz zum Calixaren selbst einigermaßen in $CHCl_3$ löslich.

IR-Spektren: Charakteristisch für die Calixarene sind konzentrationsunabhängige OH-Streckschwingungen bei 3200 cm^{-1} im IR-Spektrum, die starke intramolekulare Wasserstoffbrücken-Bindungen anzeigen. Allerdings weisen die linearen Oligomere OH-Streckschwingungen in derselben Region auf (s.o.). Im Fingerprint-Bereich der IR-Spektren sind sich die Calixarene recht ähnlich; jedoch lassen feine Unterschiede häufig annähernd einen Schluß auf eine bestimmte Größe des makrocyclischen Rings zu. Das cyclische Tetramer beispielsweise ist durch eine relativ starke Absorption bei 830 cm^{-1} charakterisiert, das Cyclohexamer durch Absorptionen bei 750 und 800 cm^{-1}, und das cyclische Octamer kann an der Abwesenheit aller dieser drei Absorptionen erkannt werden.

UV-Spektren: Die UV-Spektren der Calix[4]arene unterscheiden sich nur wenig von denen der linearen Oligomere: Beide Verbindungstypen absorbieren bei λ_{max} = 280 und 288 nm, mit ähnlichen Extinktionskoeffizienten. Mit steigender Ringgröße ändert sich die Absorptionswellenlänge kaum, während die molare Extinktion zunimmt (2075-2225 für n= 4; 4000 für n= 8). Charakteristisch ist auch die mit steigender Ringgröße zu beobachtende signifikante Änderung im Verhältnis der Intensitäten bei λ = 280 und 288 nm. Beim Cyclotetramer ist die Intensität bei 280 größer als die bei 288, während für das Cyclooctamer das umgekehrte gilt. Beim Cyclopentamer, -hexamer und -heptamer haben die Banden etwa gleiche Intensität.

NMR-Spektren: Die NMR-Spektroskopie bietet die beste Erkennungsmöglichkeit für die Calixarene. Beispielsweise zeigen die ^{1}H-NMR-Spektren der *p-tert*-Butylcalixaren-Reihe ein einziges Signal für die aromatischen Protonen, ein Signal für die *tert*-Butylprotonen und temperaturabhängige Methylenprotonen. Während die ^{13}C-NMR-Spektren der linearen Oligomere mit zunehmender Länge komplizierter werden, findet man für die Cyclooligomere aufgrund der Symmetrie einfache Spektren.

Massenspektren: Wie bei anderen Verbindungstypen liefern die Massenspektren die Molekülmassen des "parent ion". Diese Information muß bei den Calixarenen jedoch mit Vorsicht gehandhabt werden. Beispielsweise zeigt das Massenspektrum des *p-tert*-Butylcalix[8]arens ($m/z=$ 1872) einen relativ intensiven Peak bei $m/z=$ 648, der dem Cyclotetramer entspricht. In der Tat wurde aufgrund dieses leicht irreleitenden Befunds das Hauptprodukt des Petrolite-Verfahrens fälschlicherweise als Cyclotetramer angesehen.

Nach *Kämmerer* weisen die Cyclooligomere charakteristische Unterschiede in den Massenspektren verglichen mit denen der analogen linearen Oligomere auf [13]: Die Cyclooligomere verlieren bevorzugt Methyl- oder *tert*-Butylgruppen und behalten ihre Ringstruktur, während die linearen Oligomere vorzugsweise in ihre phenolischen Untereinheiten gespalten werden. Beim Calix[5]aren 22a beobachtet man den intensivsten Peak bei $m/z=$ 480; er zeigt den Verlust einer der Areneinheiten an. Die entsprechenden Cyclotetramere bieten ein ähnliches Verhalten, d.h. Extrusion einer, zweier oder dreier Areneinheiten.

d) STEREOCHEMIE

Topologie der Calixarene: Wie oben erwähnt, erhielten die Calixarene ihren Namen aufgrund der Ähnlichkeit ihrer Molekülgestalt mit einer griechischen Vase. Abb.11 gibt eine Vorstellung vom räumlichen Aussehen des *p*-Phenylcalix[4]arens, von verschiedenen Seiten her betrachtet.

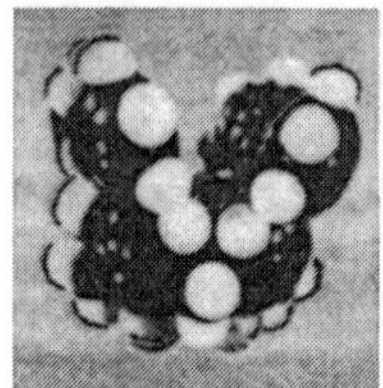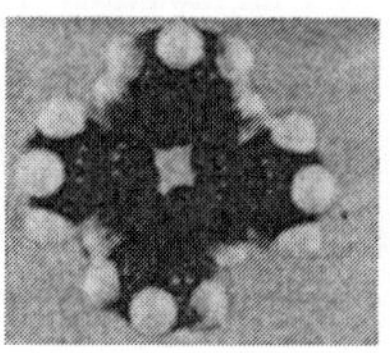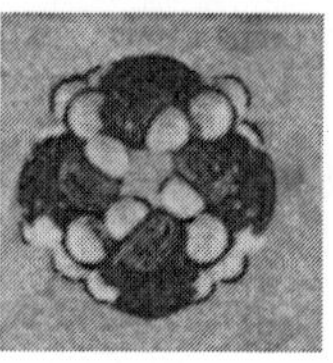

Abb.11.   *p*-Phenylcalix[4]aren nach CPK-Kalottenmodellen. Von links nach rechts: Seitenansicht, Blick von oben in den Konus hinein, Ansicht von unten (von der Seite der OH-Gruppen her); modifiziert nach *Gutsche*, Lit. [1]

Abb.12 zeigt zum Vergleich die Topologie und Konus- bzw. Hohlraumgröße am Beispiel des *p*-Phenylcalix[8]arens.

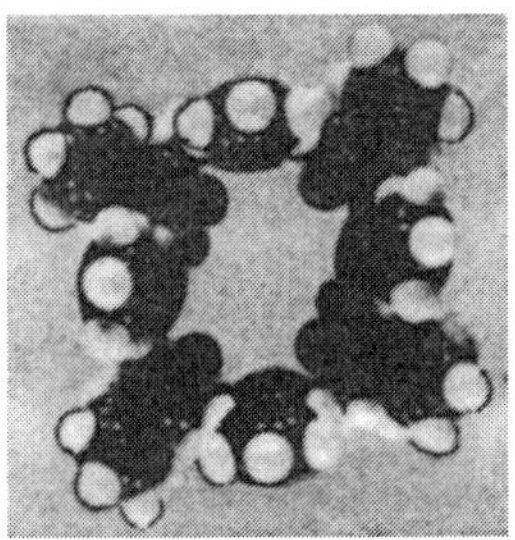 

<u>Abb.12.</u> CPK-Kalottenmodell des *p*-Phenylcalix[8]arens; Ansicht von oben (links), von unten (von der Seite der OH-Gruppen; rechts). Gleicher Maßstab wie in <u>Abb.11</u>; modifiziert nach Lit. [1]

Man erkennt, daß die Hohlraumgröße mit steigender Anzahl von Areneinheiten im makrocyclischen Ring erwartungsgemäß zunimmt. Bei der konformativen Fixierung der Konusform spielen intramolekulare Wasserstoffbrücken-Bindungen eine Rolle.

Aus Röntgen-Kristallstruktur-Bestimmungen weiß man, daß die Calix[4]arene und die Calix[5]arene im kristallinen Zustand in dieser "Konus-Konformation" vorliegen (<u>Abb.11-13</u>), während die Calix[6]arene und Calix[8]arene in einer "alternierenden Konformation" mit abwechselnd nach oben und unten gerichteten OH-Gruppen bzw. Substituenten mehr oder weniger konformativ fixiert sind (Näheres s.u.).

Konformativ bewegliche Calixarene: Die Möglichkeit der Konformationsisomerie bei den Calix[4]arenen wurde von *Cornforth* zuerst ausgesprochen [17]. Er wies darauf hin, daß vier diskrete Konformationen existieren können, die als "Konus", "partieller Konus", "1,2-" und "1,3-alternierende" Konformationen bezeichnet werden. Sie sind in <u>Abb.13</u> skizziert.

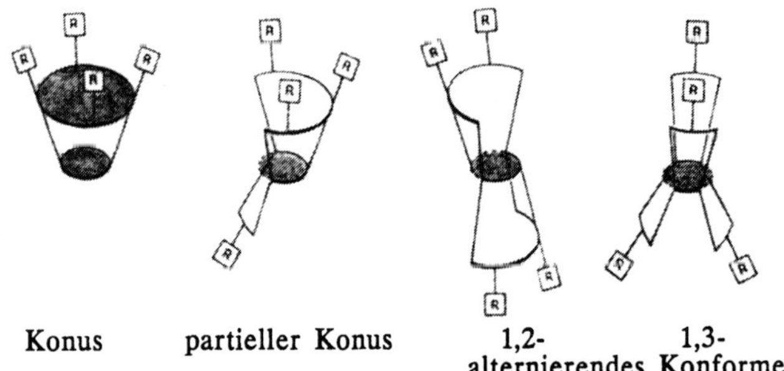

Konus   partieller Konus   1,2-   1,3-
                                     alternierendes Konformer

<u>Abb.13.</u> Konformere der Calix[4]arene (nach *Gutsche* [1])

Kämmerer zeigte zuerst, daß die Konformere der Calix[4]arene ineinander umwandelbar sind [4]. Im ^{1}H-NMR-Spektrum von *p*-Alkylcalix[4]arenen findet man die Aren-C$\underline{H}_2$-Aren-Wasserstoffatome oberhalb von Raumtemperatur als scharfes Singlett, unterhalb von Raumtemperatur bilden diese Protonen ein AB-System. Diese Befunde lassen sich mit der Annahme deuten, daß bei höherer Temperatur eine "Konus-Konformation" vorliegt, die bei höherer Temperatur rasch und bei tiefer Temperatur langsam interkonvertiert. Aus der Koaleszenztemperatur von ca. 45°C kann man die Geschwindigkeit dieser Interkonversion zu ca. 100 sec^{-1} abschätzen.

Bemerkenswerterweise wurde für das *p-tert*-Butylcalix[8]aren durch dynamische ^{1}H-NMR-Spektroskopie in $CDCl_3$ und C_6D_5Br eine nahezu gleiche konformative Beweglichkeit wie für das *p-tert*-Butylcalix[4]aren gefunden. Daß dies seine Richtigkeit hat, zeigen die bei variabler Temperatur unterschiedlichen ^{1}H-NMR-Spektren im Lösungsmittel Pyridin-D_5: Während die CH_2-Gruppen des Calix[4]arens bei ca. 15°C zu einem AB-System aufspaltet, findet man für das Calix[8]aren bei Temperaturen bis herab zu -90°C lediglich ein Singlett. Die Ähnlichkeit der dynamischen ^{1}H-NMR-Spektren in nichtpolaren Solventien wie $CDCl_3$ wird intramolekularen Wasserstoffbrückenbindungen im cyclischen Octamer zugeschrieben, für das man wegen der größeren Ringweite eigentlich eine konformative Flexibilität erwartet hätte. Die intramolekularen Wasserstoffbrücken führen jedoch zu einer zusammengedrückten Konformation, die in Abb.14 skizziert ist.

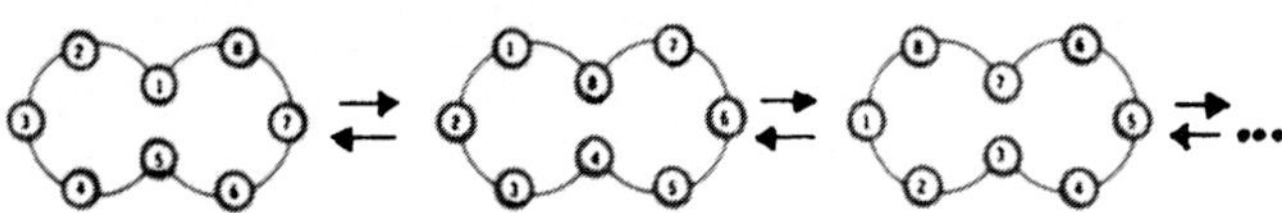

Abb.14. *para*-substituiertes Calix[8]aren in der "zusammengedrückten" ("pinched") Konformation. Das zusammengedrückte Konformer entspricht formal einem Paar von Tetrameren, wodurch man sich anschaulich vorstellen kann, daß sich das cyclische Octamer ähnlich verhält wie cyclische Tetramere

Die im Cyclooctamer vorhandenen Wasserstoffbrücken-Bindungen wurden in Analogie zu den von *Saenger* [18] beschriebenen Verhältnissen bei den Cyclodextrinen als *"circulare Wasserstoffbrücken-Bindungen"* bezeichnet. Solche circularen Brücken bewirken eine besondere Stabilität. Das Calix[8]aren kann durch "transannulares Zusammenziehen" aufgrund der Wasserstoffbrükken eine Konformation einnehmen, die zwei solchen circularen Wasserstoffbrücken-gebundenen Anordnungen entspricht, wobei jede vier OH-Gruppen enthält. Dies beinhaltet auch, daß eine Pseudorotation der H-Brücken-Anordnung erfolgt, welche die CH_2-Gruppen mit einer Geschwindigkeit mittelt, die im Hinblick auf die NMR-Zeitskala rasch ist. Diese Mittelung der CH_2-Gruppen durch pseudorotierende, z.T. transannulare Wasserstoff-Brückenbindungen kann wie in Abb.14 illustriert werden, wobei die Zahlen für die acht OH-Gruppen des Cyclooctameren stehen, zwischen denen die H-Brükkenbindung stattfindet.

Auch beim entsprechenden Calix[6]aren werden zusammengedrückte Konformationen in unpolaren Lösungsmitteln angenommen. In diesem Fall erhält man zwei cyclische Anordnungen mit je drei intramolekular Wasserstoffbrücken-gebundenen OH-Gruppen.

Auch andere Calixarene mit verschiedenen *p*-Substituenten und verschiedener Ringgröße sind mittels der dynamischen ^{1}H-NMR-Spektroskopie auf ihre konformative Beweglichkeit hin untersucht worden. Die Freien Aktivierungsenthalpien für die Ringumklappvorgänge liegen in der Größenordnung 38-67 kJ/mol; die Koaleszenztemperaturen variieren zwischen -90 und +53°C.

Konformativ fixierte Calixarene: Um Calixarene konformativ zu fixieren, muß man die H-Atome der OH-Gruppen durch größere Substituenten ersetzen. Dies erschien interessant, weil konformativ unbewegliche Calixarene wegen ihres konusförmigen Hohlraums befähigt sind, andere kleinere Moleküle als Gäste zu umschließen. Synthetische Verbindungen, die einen konformativ fixierten Hohlraum aufweisen ("enforced cavity"), wurden von *Cram* als *Cavitanden* bezeichnet [19]. Die OH-Gruppen der Calixarene setzen normalerweise einer Umwandlung der Konformationen keinen nennenswerten Widerstand entgegen, wie raumfüllende Kalottenmodelle (CPK-Modelle) zeigen. Bei diesen Konformationsumwandlungen rotiert eine Areneinheit um ihre *meta*-Bindungsachse so, daß die OH-Gruppen durch die Mitte des makrocyclischen Rings hindurchtreten. Größere als OH-Gruppen können diese Konformationsumwandlung völlig blockieren. Dies läßt sich mittels der dynamischen Kernresonanz gut zeigen. Damit kann man etwa bei den Calix[4]arenen zwischen dem konformativ beweglichen Ausgangsmaterial (Hydroxy-Verbindung) und dem beispielsweise durch Acetylierung von **48** entstehenden Tetraacetat (51f) gut unterscheiden, d.h. man kann zeigen, daß die 1,3-alternierende Konformation von 51f vorliegt. Dieses Ergebnis war nicht überraschend, weil zuvor schon gefunden worden war, daß die "Octahydroxycalix[4]arene" 16 in einer 1,3-alternierenden Konformation fixiert sind.

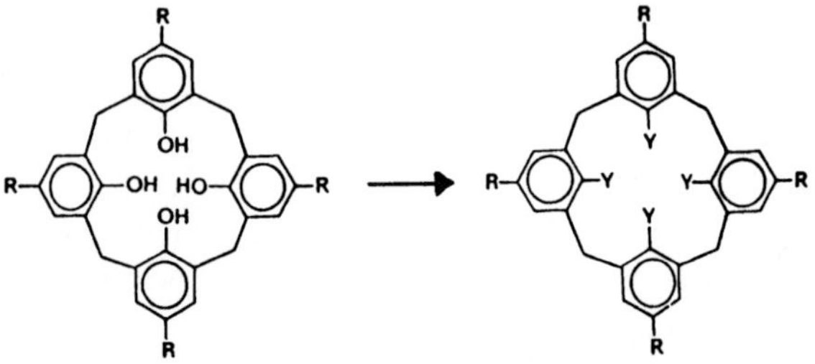

	Y
a :	OCH_3
b :	OC_2H_5
c :	$OCH_2CH{=}CH_2$
d :	$OCH_2C_6H_5$
e :	$OSi(CH_3)_3$
f :	$OCOCH_3$
g :	$OSO_2{-}C_6H_4{-}CH_3$

48	51:	R = H
49	52:	R = t-C_4H_9
50	53:	R = $CH_2CH{=}CH_2$

Auf der anderen Seite kommt die 1,3-alternierende Konformation bei den Derivaten der Tetrahydroxycalix[4]arene (z.B. 48-50) vergleichsweise selten vor, und die "partiellen Konus"- und "Konus"-Konformationen sind im allgemeinen bevorzugt.

So liefert beispielsweise 49 ein Tetraacetat 52, das in einer partiellen Konus-Konformation fixiert ist, wie durch Röntgen-Kristallstrukturanalyse bewiesen werden konnte. Durch Methylierung und Ethylierung von 48 und 49 und Allylierung von 48 wurden die entsprechenden Ether 51a-c, 52a,b in der partiellen Konus-Konformation erhalten.

Überraschenderweise sind die Tetramethylether 51a und 52a leichter konformativ beweglich, als die Inspektion der CPK-Modelle vorhersagen ließ. Dies zeigt wieder einmal, daß raumerfüllende Modelle dazu neigen, die Barrieren konformativer Umwandlungen zu überschätzen. Bei Raumtemperatur findet man in den ^{1}H-NMR-Spektren dieser Tetramethylether nur eine breite Absorption für die Methylen-Gruppen, analog zu den Verhältnissen bei den Ausgangs-Calixarenen (mit OH-Gruppen anstelle der Etherfunktionen). Diese Methylen-Absorption wird bei höherer Temperatur schärfer, bei tiefer Temperatur komplexer. Letzteres steht im Einklang mit einer partiellen Konus-Konformation.

Wird **49** in seine Tetraallylether **52c**, Benzylether **52d** oder Trimethylsilylether **52e** umgewandelt, oder **48** in den Tetrabenzylether **51d** oder das Tetratosylat **51e** oder **50** in seinen Trimethylsilylether **53e** oder sein Tetratosylat **53g**, dann werden offensichtlich Konus-Konformationen fixiert. Nur in einigen wenigen Fällen wurden Mischungen von Konformationsisomeren erhalten, so z.B. bei der Acetylierung von **41** (R = *tert*-Butyl), wobei eine 1,3-alternierende und zwei partielle Konus-Konformere resultieren.

Bei den Calix[4]arenen kann man durch geeignete Wahl des Derivatisierungs-Agens eine Fixierung in der "Konus"- oder "partiellen Konus"-Konformation erreichen. Letzteres scheint in vielen Fällen durch die Acetylierung möglich, während durch Benzylierung und Trimethylsilylierung das Konus-Konformer fixiert wird. Auf diese Weise kann man aus den Calixarenen nicht nur Cavitanden machen, sondern hat auch die Möglichkeit, die Hohlraumkonturen durch gezieltes Design zu modellieren.

Für die partiell alkylierten Calixarene wurde das Vorliegen einer "abgeflachten partiellen Konus"-Konformation gesichert (Trimethylether), während die Monomethyl- und Dibenzylether eine abgeflachte 1,3-alternierende Konformation einnehmen. Die Trimethyl- und Monomethylether sind konformativ weniger flexibel als die Tetramethylether; dies wird intramolekularen Wasserstoffbrücken-Bindungen zugeschrieben, die von den freien Hydroxyl-Gruppen im Molekül ausgehen.

Obwohl die Calix[8]arene den Calix[4]arenen im Hinblick auf die konformative Beweglichkeit ähneln (s.o.), sind ihre Ester- und Ether-Abkömmlinge im Gegensatz zu den Calix[4]arenethern und -estern bei tiefen Temperaturen nicht konformativ fixiert. Dies läßt sich auf den Unterschied in der Größe der Hohlräume in den beiden Reihen zurückführen: Die Calix[4]arene haben nur ein enges Loch, durch das lediglich kleine Gruppen wie OH und OCH$_3$ hindurchtreten können. Dagegen bieten die Calix[8]arene eine viel größere Öffnung, durch die sogar so große Gruppen wie Tosyl hindurchschwingen können.

Die Calix[6]arene liegen in ihrer konformativen Beweglichkeit zwischen den Calix[4]- und Calix[8]arenen. Ihre Derivate sind konformativ flexibler als die der Calix[4]arene, sie können aber bei tiefen Temperaturen auf der NMR-Zeitskala eingefroren werden. *Ungaro* leitete aus der dynamischen ^{1}H-NMR-Spektroskopie des Hexa(2-methoxyethyl)ethers des *p-tert*-Butylcalix[6]-arens als bevorzugte Konformationen entweder eine 1,3,5-alternierende (drei *up*- und drei *down*-OH-Gruppen) und/oder eine 1,4-alternierende Flügel-Konformation ("winged"-Konformation) ähnlich der für das freie Calix[6]aren vorgeschlagenen ab. Nach Röntgen-Kristallstrukturergebnissen bedeutet dies im festen Zustand das Vorliegen einer *up,down,out/down,up,out*-Konformation [1].

Ein anderer und neuer Weg, um die konformative Beweglichkeit der Calixarene stark einzuschränken, ist die Verbrückung zweier oder mehrerer Regionen des Moleküls mit einer entsprechenden Anzahl von Brückenatomen. *Cram* erreichte die Umwandlung des Octahydroxycalix[4]arens 16 zum konformativ starren 54 (R = H) und 55 durch Umsetzung mit Chlorbrommethan bzw. 2,3-Dichlor-1,4-diazanaphthalen [19].

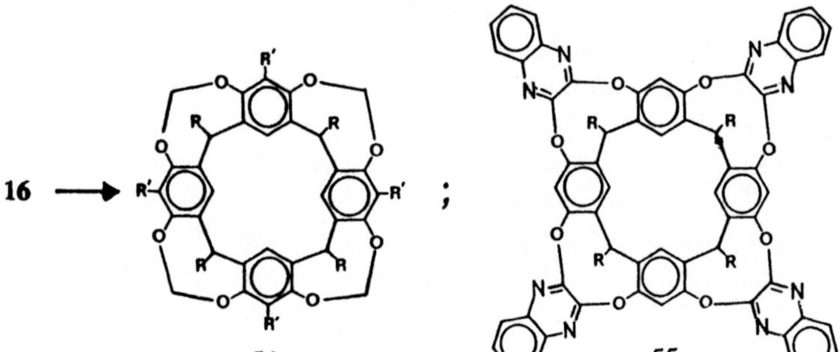

16 ⟶

54   ;   55

Gutsche synthetisierte das verbrückte Diphenol 56 und baute es schrittweise in ein Bis-homooxacalix[4]aren (58) ein. Obwohl die einfachen Brücken in 57 und 58 die konformative Flexibilität nicht völlig unterbinden, wie es die vier Brücken in 54 und 55 bieten, so ist doch eine vollständige Inversion nicht mehr möglich, wie die höheren Koaleszenztemperaturen bei dynamischen ^{1}H-NMR-Untersuchungen zeigen [1]:

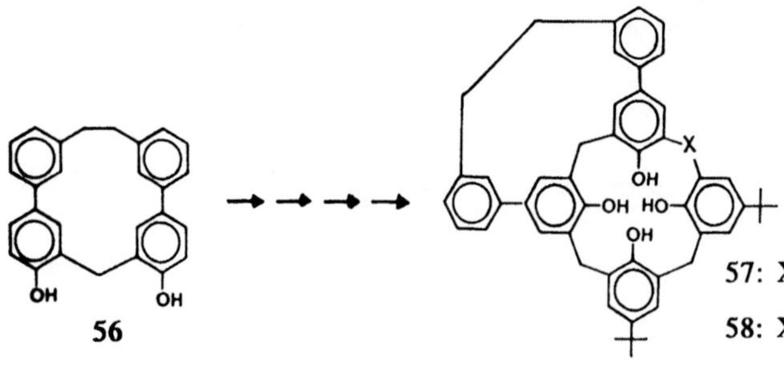

56   ⟶ ⟶ ⟶

57: X = CH$_2$

58: X = CH$_2$OCH$_2$

e) FUNKTIONALISIERUNG DER CALIXARENE

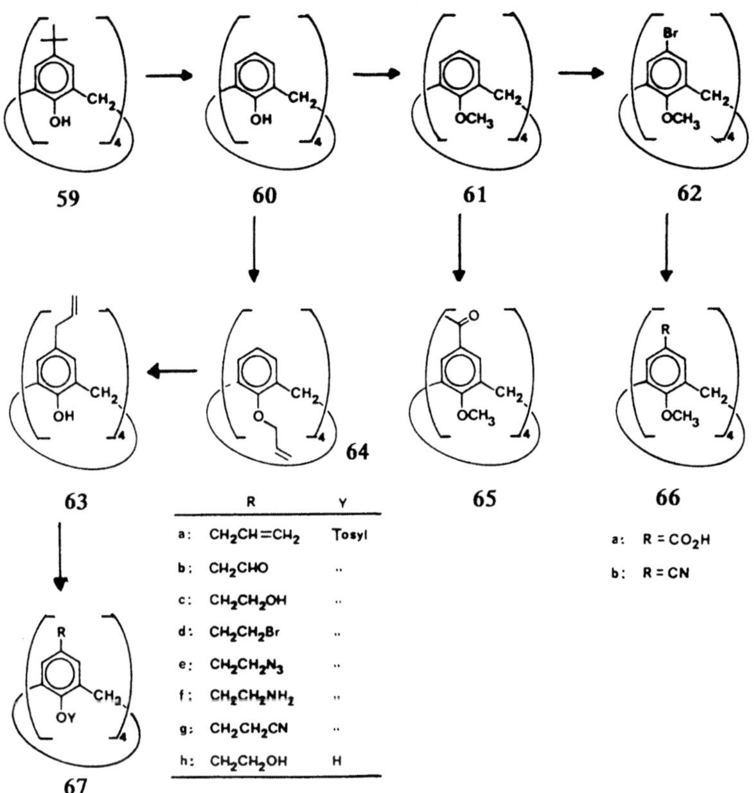

Abb.15. Darstellung funktionalisierter Calix[4]arene

Die Umwandlung oder Einführung neuer funktioneller Gruppen in die Calixarene ist wegen deren Potential als Enzymmodelle ("enzyme mimicks") von Interesse. Zur Einführung funktioneller Gruppen haben sich die *p-tert*-Butylcalixarene als gut geeignete Ausgangssubstanzen erwiesen, denn durch De-*tert*-butylierung von *p-tert*-Butylcalix[4]aren (59) erhält man beispielsweise den Cyclus 60, der nun in der *p*-Position neue funktionelle Gruppen aufnehmen kann: Die Bromierung des Tetramethylethers des Calix[4]arens 61 verläuft unproblematisch unter Bildung der Tetrabrom-Verbindung 62, die durch Lithiierung mit darauffolgender Carbonisierung den Tetramethyl-

ether des *p*-Carboxycalix[4]arens (**66a**) oder durch Cyanierung den Tetramethylether des *p*-Cyanocalix[4]arens (**66b**) liefert. Ähnlich wird durch Friedel-
Crafts-Acylierung von **61** das *p*-Acetylcalix[4]aren erhalten, das durch Halo-
form-Oxidation **66a** bildet.

Gerade die Bromierungs- und Acetylierungsreaktionen zeigen, daß die
Calixarene übliche elektrophile Substitutionsreaktionen ohne Aufbrechen des
makrocyclischen Rings überstehen (<u>Abb.15</u>).

Alternativ zur elektrophilen Substitution zur Einführung funktioneller
Gruppen in die Calixarene bieten die Allylether einen neuen Weg: Der Tetraallylether **64** unterliegt beim Erhitzen in Diethylanilin einer vierfachen
para-Claisen-Umlagerung unter Bildung von *p*-Allylcalix[4]aren (**63**) in aus-
gezeichneter Ausbeute. Ausgehend vom Tetratosylester von **63** (**67a**) wurde
eine Vielzahl funktionalisierter Calixarene zugänglich, z.B. der Aldehyd **67b**,
der Alkohol **67c**, das Bromid **67d**, das Azid **67e**, das Amin **67f** und das Nitril **67g**. Die Entfernung der Tosylgruppe unter milden basischen Bedingungen liefert beispielsweise das *p*-(2-Hydroxyethyl)calix[4]aren (**67h**).

Analog zu den in <u>Abb.15</u> für die Calix[4]arene skizzierten Umfunktionali-
sierungen sollten auch für die anderen, größeren und kleineren Calixaren-
Ringe ähnliche Transformationen möglich sein. Einige davon sind bereits
verwirklicht: So führt die De-*tert*-butylierung des *p-tert*-Calix[6]arens und
des *p-tert*-Butylcalix[8]arens zu den entsprechenden Calix[6]- und Calix[8]-
arenen ohne *tert*-Butylgruppe, die anschließend in den Hexaallylether bzw.
Octaallylether umgewandelt werden können. Deren Claisen-Umlagerung liefert (in bescheidener Ausbeute) *p*-Allylcalix[6]aren. Analoge Reaktionen in
der Calix[8]aren-Reihe laufen mit viel geringerer Ausbeute ab, und die entstandenen Produkte sind oft noch nicht vollständig charakterisiert.

f) CALIXARENE ALS WIRTMOLEKÜLE

Komplexierung neutraler Gastmoleküle im festen Zustand: Seit vielen
Jahren weiß man, daß eine Reihe von Calixarenen beim Umkristallisieren
Lösungsmittel zurückhält. Beispielsweise bildet *p-tert*-Butylcalix[4]aren im
kristallinen Zustand Addukte (Clathrate oder Komplexe) mit Chloroform,
Benzen, Toluen, Xylen und Anisol [20]. *p-tert*-Butylcalix[5]aren bildet "Kom-
plexe" mit Isopropylalkohol [6] und Aceton [20]. Vom *p-tert*-Butylcalix[6]aren

sind "Komplexe" *) mit Chloroform und Methanol bekannt. *p-tert*-Butyl-calix[]8]aren bildet Addukte mit Chloroform, *p-tert*-Butyl-dihomo-oxa-calix[4]aren einen "Komplex" mit Dichlormethan. Wie stark die Gastverbindung vom Calixaren-Wirt festgehalten wird, ist sehr unterschiedlich: Während das cyclooctamere Calixaren den Chloroform-Gast schon bei mehrminütigem Stehen bei Raumtemperatur und Atmosphärendruck verliert, kann man das Chloroform beim cyclischen Hexamer sogar bei sechstägigem Erhitzen auf 275°C im Vakuum (1 Torr) nicht austreiben.

Wie Röntgen-Kristallstrukturanalysen besonders von *Andreetti* zeigen, ist das Gastmolekül an verschiedener Stelle im Kristallgitter der Calixarene zu finden [21]: Im *p-tert*-Butylcalix[4]aren-Toluen-"Komplex" ist das Toluen im Zentrum des Hohlraums lokalisiert, wobei der Wirt die Konus-Konformation einnimmt [20]; diese Anordnung wurde als *endo*-Calix-Komplex charakterisiert (Abb.16).

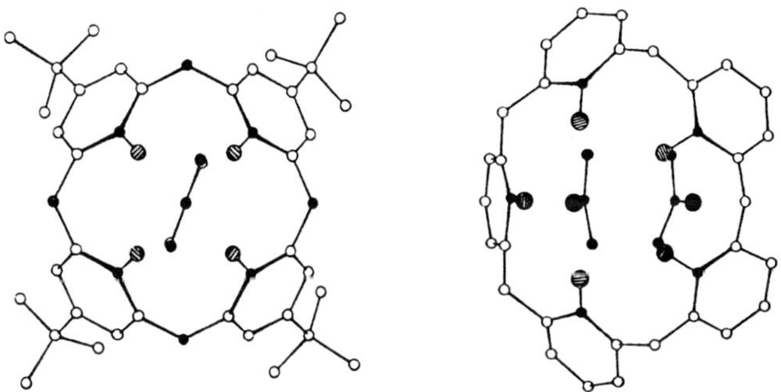

Abb.16. Röntgen-Kristallstruktur des 1:1-"Komplexes" des *p-tert*-Butylcalix-[4]arens mit Toluen als Gast [21] (links) und des 1:2-Komplexes des Calix[5]arens mit Aceton als Gast [20] (rechts).- Benzen, *p*-Xy-len und Anisol als Gäste bilden ähnliche Komplextypen

exo-Calix-Komplexe (kanalartige Strukturen) bildet die Wirtverbindung *p*-(1,1,3,3-Tetramethylbutyl)calix[4]aren (**8**, R = 1,1,3,3-Tetramethylbutyl) mit aromatischen Gastmolekülen. Calix[5]aren (**9**, R = H) bildet einen 1:2-Kom-

---

*) Zur Definition der Begriffe Komplex, Addukt, Clathrat, Einschlußverbindung siehe: *F. Vögtle*, Supramolekulare Chemie. Teubner, Stuttgart 1989.

plex mit Aceton als Gast, in dem ein Aceton-Molekül sich im Hohlraum befindet und das zweite außerhalb des Hohlraums (Abb.16). Die Röntgen-Kristallstrukturanalyse des lösungsmittelfreien (gastfreien) 1:1-p-(1,1,3,3-Tetramethylbutyl)calix[4]arens beweist das Vorliegen der Konus-Konformation und zeigt bemerkenswerterweise, daß zwei   der 1,1,3,3-Tetramethylbutyl-Gruppen zum Hohlraum hin orientiert sind, d.h. sie werden intramolekular im eigenen Hohlraum "komplexiert".

Da das unsubstituierte Calix[4]aren keine *endo*-Calix-Komplexe mit aromatischen Gastmolekülen bildet, wurde postuliert, daß die *tert*-Butylgruppe eine spezifische Rolle bei der Bildung von Komplexen spielt, d.h. daß sie die Komplexbildung fördert. Als Gründe hierfür werden folgende angesehen:

a) Die *tert*-Butylgruppe ist nicht flexibel genug, um sich dem Innern des Hohlraums zuzuneigen und den Hohlraum selbst auszufüllen.

b) Die *tert*-Butylgruppe ist in der Lage, CH_3/π-Wechselwirkungen zwischen den Methylgruppen der *tert*-Butylgruppe und dem aromatischen Ring des Gastmoleküls auszuüben.

Die *Selektivität* der Komplex- bzw. Clathratbildung der Calixarene zeigt sich beim Umkristallisieren von p-*tert*-Butylcalix[4]aren aus 1:1-Gemischen zweier Gastverbindungen (Benzen vs. p-Xylen). Dabei stellte sich heraus, daß Anisol und p-Xylen bevorzugt vor den meisten anderen aromatischen Kohlenwasserstoffen gebunden werden. Auch als chromatographisches Säulenmaterial bewirkt p-*tert*-Butylcalix[4]aren eine gewisse Selektivität bei Mischungen aromatischer Kohlenwasserstoffe.

Komplexbildung der Calixarene mit neutralen Gästen bzw. Organylammonium-Verbindungen: Die Isolierung und Charakterisierung der Komplexe im kristallinen Zustand, die am ehesten als Clathrate (Additionsverbindungen, meist ohne spezifische Wechselwirkungen zwischen Wirt und Gast) bezeichnet werden können, heißt nicht notwendigerweise, daß ähnliche Komplexe auch in Lösung existieren. Tatsächlich gibt es keine publizierten Beweise für die Komplexbildung von Calixarenen mit gelösten Neutralmolekülen, wie beispielsweise Chloroform, Benzen, Toluen usw.

Organische Amine bilden jedoch "Komplexe" mit Calixaren-Wirtmolekülen [1]. Allerdings ist hier in der ersten Reaktionsstufe ein *Protonenübergang* vom sauren Calixaren auf das basische Amin nachgewiesen, so daß die eigentliche Assoziation auf einer Ionenpaarbildung zwischen einem Calixaren-Anion und einem Organylammonium-Ion beruht. Ob man daher hier von einer Komplexbildung der Calixarene mit neutralen Gästen sprechen kann, sei dahingestellt. Mischt man beispielsweise *p*-Allylcalix[4]aren und *tert*-Butylamin in Acetonitril, so findet man in den ^{1}H-NMR-Spektren tieffeldverschobene *tert*-Butylamin-Protonen ($\Delta\delta$ = 0.3 ppm) sowie entsprechende Tieffeldverschiebungen aromatischer Protonen des Calixarens ($\Delta\delta$ = 0.4 ppm). Eindeutige Nachweise für eine Assoziatbildung bieten auch die Befunde, daß die Geschwindigkeit der konformativen Inversion des Calixarens reduziert und die Relaxationszeit (T_1) der *tert*-Butylamin-Wasserstoffatome verkürzt ist, und daß Kern-Overhauser-Effekte auf die Protonen der Allylgruppe des Calixarens beobachtet wurden. In Abb.17 ist die im ersten Schritt eintretende Anionbildung (68) des Calixaren-Wirts skizziert sowie dessen Bindung des entstandenen Ammonium-Ions im Hohlraum des Calixaren-Anions. Es handelt sich also hier um einen ***endo-Calix-Komplex*** (70).

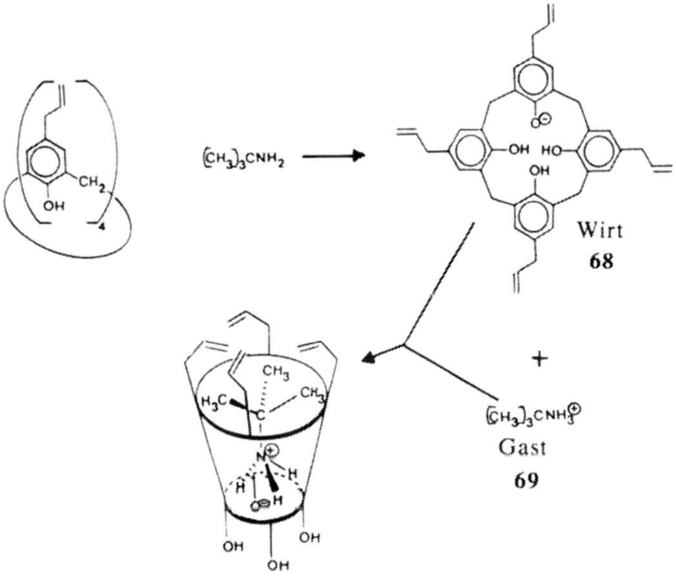

<u>Abb.17.</u> Komplexbildung zwischen dem Anion 68 des *p*-Allylcalix[4]arens und dem *tert*-Butylammonium-Ion (als Gast) [1]

Für die in <u>Abb.17</u> formulierte Protonübertragung zwischen Wirt und Gast spricht auch der Befund, daß Anilin als schwache Base keine Komplexe mit Calixarenen bildet. Darüber hinaus werden vergleichbare ^{1}H-NMR-Verschiebungen beobachtet, wenn das Calixaren mit starker Base und das Amin getrennt mit starker Säure behandelt werden. Auch die Tatsache, daß das Calixaren eine gewisse Selektivität gegenüber dem Amin-Gast (bzw. Ammonium-) zeigt, spricht für den Einschluß des Ammonium-Ions als Gast. Beispielsweise bildet Neopentylamin, das annähernd die gleiche Basizität wie *tert*-Butylamin aufweist, einen weniger stabilen Komplex, was der gewinkelten Struktur des Neopentylamins zugeschrieben werden kann. Nimmt man an, daß die drei Ammonium-Wasserstoffatome des Amins so nahe wie möglich an die Calixaren-Sauerstoffatome herankommen, so läßt sich das Gerüst des *tert*-Butylammonium-Ions bequem im Hohlraum unterbringen, während das Neopentylamin-Kation zu einer abstoßenden sterischen Wechselwirkung mit dem Seitenrand (Wall) des Calixarens führt.

Komplexbildung der Calixarene mit Kationen in Lösung: Wie *Izatt* und Mitarbeiter fanden, ist es möglich, Metallionen mit Hilfe von *p-tert*-Butylcalixarenen durch hydrophobe Flüssigmembranen zu transportieren [22]. Interessanterweise gelingt diese Komplexierung nicht in neutraler, sondern erst in basischer Lösung, wie die in <u>Tab.2</u> angegebenen Daten illustrieren.

<u>Tab.2.</u>   Vergleich des Kation-Transports durch Calixarene, [18]Krone-6 und *p-tert*-Butylphenol in alkalischer Lösung [1]

Gast-Ionen	Ionen-Durchfluß [mol/sec·m^2 · 10^8] [a]		
	p-tert-Butylcalixaren (als Wirt)		
	8	10	12
Li$^\oplus$OH$^\ominus$	-	10 [b]	2 [b]
Na$^\oplus$OH$^\ominus$	1.5	13	9
K$^\oplus$OH$^\ominus$	0.4	22	10
Rb$^\oplus$OH$^\ominus$	5.6	71	340
Cs$^\oplus$OH$^\ominus$	260	810	1200

[a] Daten gerundet.- [b] Zum Vergleich: [18]Krone-6 bzw. *p-tert*-Butylphenol mit Li$^\oplus$OH$^\ominus$ als Gast-Ion: 0.9 mol/sec·m^2 · 10^8.

Der Vorzug der Calixarene besteht darin, daß sie Ionen in *alkalischer* Lösung transportieren, während [18]Krone-6 im Gegensatz dazu weit effektiver KNO_3 als KOH transportiert. *p-tert*-Butylcalix[4]aren, -[6]aren und -[8]-aren zeigen alle eine ähnliche relative Kationen-Transportfähigkeit, wie die Reihenfolge $Cs^{\oplus} > Rb^{\oplus} > K^{\oplus} > Na^{\oplus} >> Li^{\oplus}$ nahelegt. Das cyclische Tetramer weist die größte Selektivität für $Cs^{\oplus}$ auf, während das cyclische Octamer die größte absolute Transportfähigkeit für $Cs^{\oplus}$ zeigt. Kontrollexperimente mit *p-tert*-Butylphenol lassen darauf schließen, daß der makrocyclische Ring eine entscheidende Rolle spielt, denn diese offenkettige Vergleichsverbindung zeigt keinen Alkalimetallion-Transport.

Die Calixarene spielen hier keine Kronenether-analoge Rolle; es ist unwahrscheinlich, daß sie die Kationen mit einer planaren Anordnung von Sauerstoff-Donoren umringen. Für eine Ummantelung des großen Ions $Cs^{\oplus}$ ist der Hohlraum des Calix[4]arens zu klein, und der Hohlraum der Calix[8]arene ist zu groß für eine effektive Ioneneinlagerung. Die oben erläuterten Ergebnisse der Calixaren-Amin-Komplexierung legen vielmehr eine Deutung der Metall-Komplexierung als *endo-Calix-Komplexierung* nahe, d.h. daß eine Ionenpaar-Wechselwirkung zwischen Alkalimetallkation und Calixarenat-Anion vorliegt, bei der das Kation in den lipophilen Konus-Hohlraum eintaucht.

Die $Cs^{\oplus}$-Selektivität der Calixarene dürfte nach *Izatt* daher rühren, daß Cs-Ionen ihre Hydrationssphäre leichter als die anderen monovalenten Kationen verlieren. Wenn das Calix[8]aren in einer transannular eingedellten Konformation vorliegt (siehe Erläuterung zur "pitched"-Konformation, oben), dann sollte es zwei Cs-Ionen per Wirtmolekül aufnehmen können und daher zweimal so wirksam sein wie Calix[4]aren. Die Experimente ergaben, daß es ungefähr viermal so wirksam ist.

Nach *Izatt* sind die Calixarene nützliche Ionencarrier, insbesondere aufgrund ihrer geringen Wasserlöslichkeit, ihrer Fähigkeit, neutrale Komplexe mit Kationen zu bilden (nach Verlust eines Protons von einer OH-Gruppe des Calixarens). Sie bieten auch die Möglichkeit, eine Kopplung des Kationtransports mit dem umgekehrten Einfließen von Protonen (gekoppelter Ionentransport) zu erreichen.

Wasserlösliche Calixarene wurden von *Shinkai* [23] sowie *Schneider* [24] und anderen [1a] beschrieben. Über polymere Calixarene und Calixarene als Katalysatoren siehe Lit. [1a]; wegen neuester Ergebnisse muß auf die Literatur verwiesen werden [25].

g) PHYSIOLOGISCHE EIGENSCHAFTEN DER CALIXARENE

Phenolische Verbindungen sind seit langem bekannt dafür, daß sie physiologisch recht wirksam sind. Bei *p-tert*-Butylphenol/Formaldehyd-Harzen, besonders dem linearen Tetramer, ist das Auftreten einer Kontaktdermatitis beobachtet worden. *p-tert*-Butylcalix[4]aren und *p-tert*-Butylcalix[8]aren sind im Hinblick auf ihre Mutagenität dem AMES-Test unterzogen worden, wobei keine negativen Befunde auftraten. Halogen-substituierte Phenole sind als bakteriostatische Agentien bekannt, und auch Phenol/Formaldehyd-Oligomere sind in dieser Hinsicht untersucht worden. Bei den von *Moshfegh, Hakimelahi et al.* hergestellten linearen und cyclischen Oligomeren aus *p*-Halophenolen und Formaldehyd ist in vitro-Aktivität gegen verschiedene pathogene Organismen gefunden worden. Eine besonders hohe Aktivität wurde bei den linearen und cyclischen Tetrameren beobachtet; diese scheint mit der Chelatisierungsfähigkeit dieser Verbindungen zu korrelieren (z.B. gegenüber Fe^{2+}).

Für eine Reihe von Phenol/Formaldehyd-Kondensationsprodukten sind medizinische und biochemische Untersuchungen beschrieben worden, wobei auch die tuberculostatische Aktivität, die Lipophilie/Hydrophilie-Balance und der Abbau der Calixaren-Analogen in vivo untersucht wurde. Auch die carcinostatische Wirksamkeit wurde geprüft.

h) SCHLUSSFOLGERUNG

Die Calixarene bieten einen einfachen und preiswerten Einstieg in die "Hohlraum-Chemie". Günstig hierfür ist nicht nur die simple und effiziente Cyclisierungsmethodik, sondern auch die Flexibilität bei der Substituentenwahl und die Umfunktionalisierungs-Möglichkeiten. Man hat auf diese Weise die Wahl der Hohlraumgröße und der funktionellen Gruppen am Hohlraumrand. Für die Substanzen **67c,h** wurde nachgewiesen, daß sie als Hydrolysekatalysatoren fungieren; die Verbindung **67f** ist als Metallchelator und Sauerstoffcarrier eingesetzt worden. Die Calixarene und ihre Komplexe zeichnen sich durch Kristallinität aus, wodurch ihr Molekülbau ebenso wie derjenige der Wirt/Gast-Komplexe eindeutig festgelegt werden kann. Das Gebiet der Calixarene dürfte sich somit erst am Beginn einer Entwicklung befinden [1a].

7.2.2 Cyclotriveratrylen (CTV)

Da das *Cyclotriveratrylen* {CTV, "4,5,11,12,18,19-Hexamethoxy[1.1.1]-
orthocyclophan"} in dem Studienbuch "Supramolekulare Chemie" (Teubner,
Stuttgart 1989) ausführlich beschrieben ist, seien hier der Vollständigkeit
halber nur einige Bemerkungen angebracht.

Das CTV (6) wurde 1915 von *Robinson* durch basenkatalysierte Reaktion
von Veratrol mit Formaldehyd erhalten [1]. *Lüttringhaus* konnte 1966 erstmals optisch aktive Cyclotriveratrylen-Derivate isolieren [2]. Das CTV liegt
in einer stabilen Kronenkonformation (vgl. **6a**) vor.

6

6a

Analoge und Derivate sind wie das CTV selbst wegen ihrer vielseitigen
Einschlußeigenschaften bekannt. CTV bildet beispielsweise *Clathrate* mit
Benzen, Toluen, Chlorbenzen, Chloroform, Aceton, CS_2, Essigsäure, Thio-
phen, Decalin, Ethylmethylketon, Ethanol und anderen [3].

Cyclotricatechylen (7) und *Trithiacyclotriveratrylen* (8) bilden gleichfalls
Clathrate mit Lösungsmittelmolekülen.

7

8

Kronenether-Abkömmlinge des CTV wie 9 [4)] sowie die von *Collet* beschriebenen **Speleanden** 10 und **Cryptophane** wie 11 [5)] sind auf ihre Komplexierungsfähigkeit gegenüber Kationen und kleinen Neutralmolekülen geprüft worden.

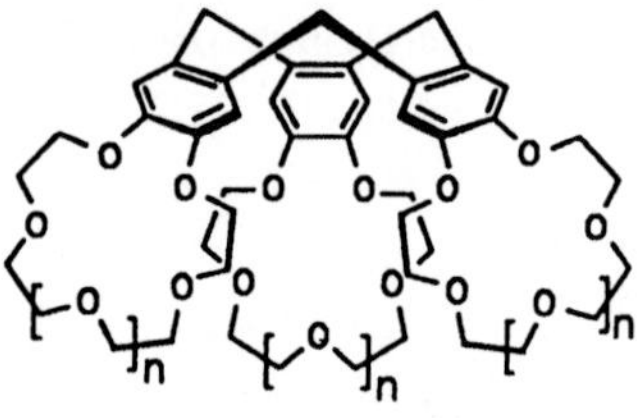

9 a: n = 1
  b: n = 2

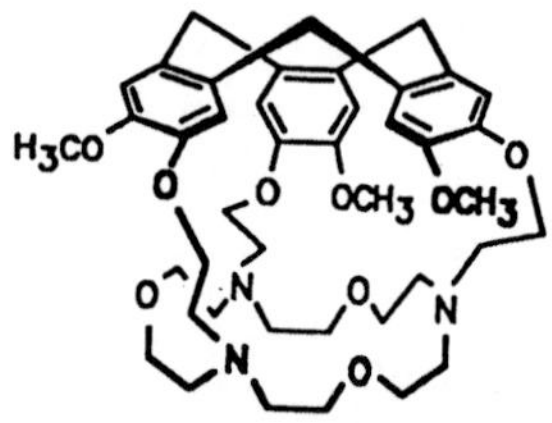

10

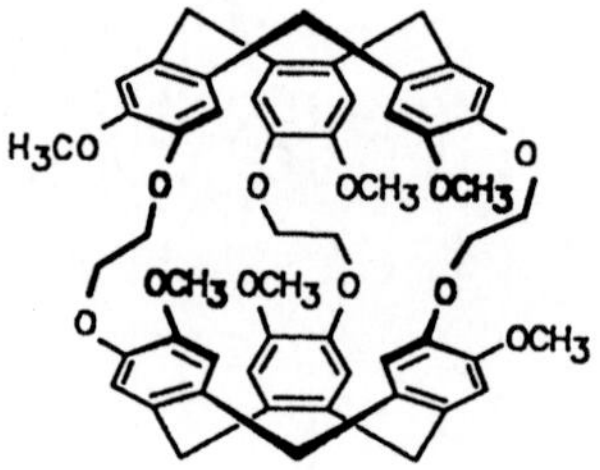

11

Zu den *Cryptophanen* siehe Lit. [5)] und das oben genannte Studienbuch.

7.3   [0*ₙ*]Phane

[0*ₙ*]Orthocyclophane [1]

Hier sei der Vollständigkeit halber das *Hexa-ortho-phenylen* (9) erwähnt [1]:

9

7.3.1   Oligo-*meta*-phenylene

Die unten beschriebenen *Spheranden* basieren auf dem Gerüst der *Oligometaphenylene*, die als [0*ₙ*]Metacyclophane zu bezeichnen sind. Wichtigster Vertreter ist das zuerst von *Staab* und *Binnig* synthetisierte Hexa-*meta*-phenylen {[0₆]Metacyclophan, 7} [2]. Es wurde aus den Di-Grignard-Verbindungen des 1,3-Dibrombenzens, des 3,3'-Dibrombiphenyls und des 3,3"-Dibrom-*m*-terphenyls (Kharasch-Kupplung mit wasserfreiem $CuCl_2$ in THF) hergestellt. Die Ausbeuten nehmen beim Übergang vom 1,3-Dibrombenzen zum Dibrom-*m*-terphenyl stark zu.

6   **7**

Kurz darauf konnten von *Staab et al.* auch die Penta- (6), Octa- (8) und Deca-*m*-phenylene (9) synthetisiert werden [3], ebenso wie z.B. das 5,5',5",5"',5"",5""'-Hexamethylhexa-*m*-phenylen (11) [4]. Die Ausbeute betrug hier 14%.

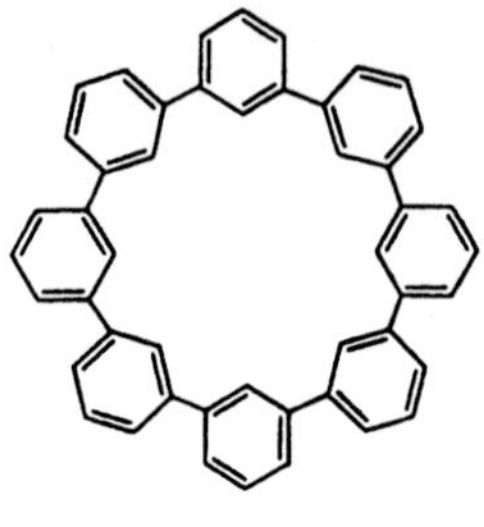

8

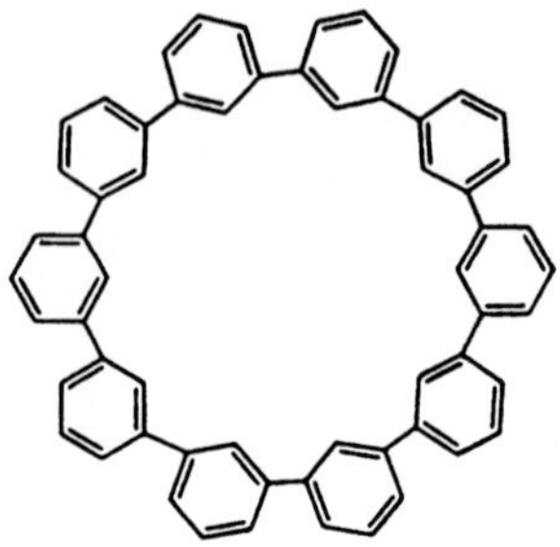

9

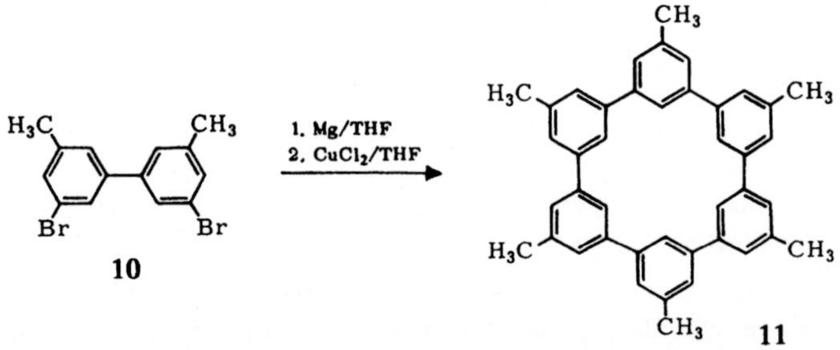

10   1. Mg/THF
2. CuCl$_2$/THF   →   **11**

Mit CoCl$_2$ konnte nur eine wesentlich niedrigere Ausbeute an **11** (1.5%; Schmp. 456°C, Subl. bei 350°C/10^{-4} Torr, farblose Kristalle aus Toluen) erzielt werden. Bei der entsprechenden Wurtz-Kupplung der Di-Grignard-Verbindung von **12** konnte das substituierte Hexa-*m*-phenylen **13** nicht nachgewiesen werden; es entsteht ausschließlich das Octa-*m*-phenylen **14** (0.47% Ausb.; Schmp. 489°C). Es handelt sich hier um einen Fall von Reaktionslenkung durch sterische Effekte, die nicht an den Reaktionszentren selbst, sondern durch eine Beeinflussung der Konformationsverhältnisse im Ausgangs- und Übergangszustand wirken.

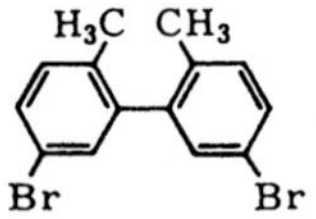

12

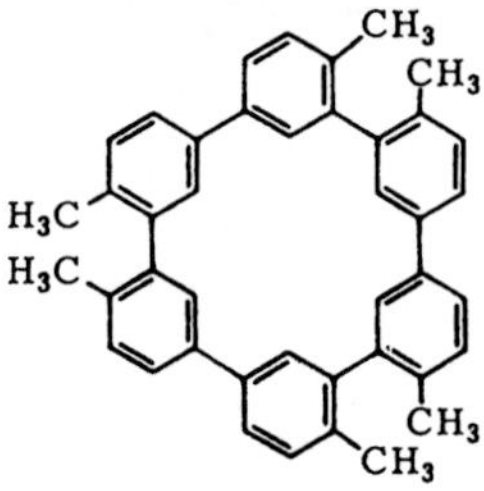

13

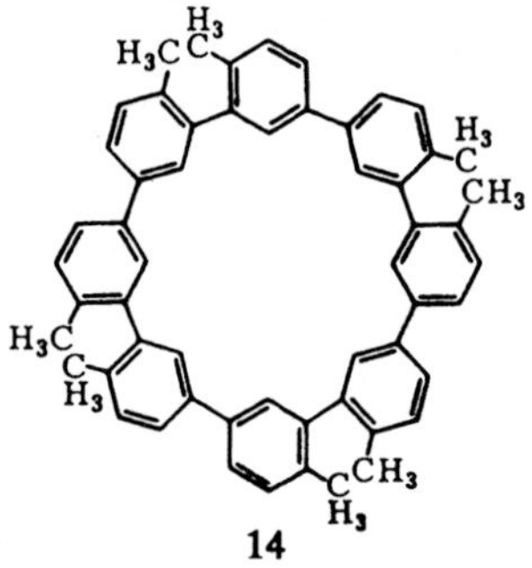

14

Auf entsprechenden Wegen wurden auch die [0.0.0]Dihydrophenanthreno-
und -Phenanthrenophane **15** und **16** synthetisiert [5].

15   **16**

Die Röntgen-Kristallstrukturanalyse des Hexa-*m*-phenylens (**7**) ergab, daß
die einzelnen benzoiden Ringe an den exocyclischen Bindungen um Winkel
von annähernd 30° gegeneinander verdreht sind.

Im ^{1}H-NMR-Spektrum von **15** beobachtet man die intraannularen Protonen bei $\delta = 8.63$ ppm. Dieses Signal liegt bei wesentlich niedrigerem Feld
als bei den anderen Hexa-*m*-phenylenen. Dies dürfte mit der stärkeren Fixierung der ebenen Anordnung in **15** zusammenhängen, durch welche die
inneren Protonen auf der einen Seite dem Ringstromeffekt der benachbarten
benzoiden Untereinheiten stärker ausgesetzt sind und zum anderen einander
auf einen kleineren H-H-Abstand genähert werden.

Die Struktur des Triphenanthrylens **16** leitete schließlich zur erfolgreichen Herstellung des in *Abschnitt 2.10.2* erwähnten Kekulens durch *Staab
et al.* [6] über, das allerdings keine einfachen [0]-Brückenbauteile mehr
enthält.

Zur Herstellung des Kekulens und des "kleinen Kekulens" vgl. auch das
Studienbuch "Reizvolle Molcküle der Organischen Chemie" (Teubner, Stuttgart 1989).

Zum Schluß dieses Abschnitts sei noch auf einige geometrisch reizvolle
makrocyclische Ringensembles der gemischten *ortho-/para-/meta*-Typen
$\{[0_n]$Benzenophane$\}$ hingewiesen [7]:

17   **18**   **19**

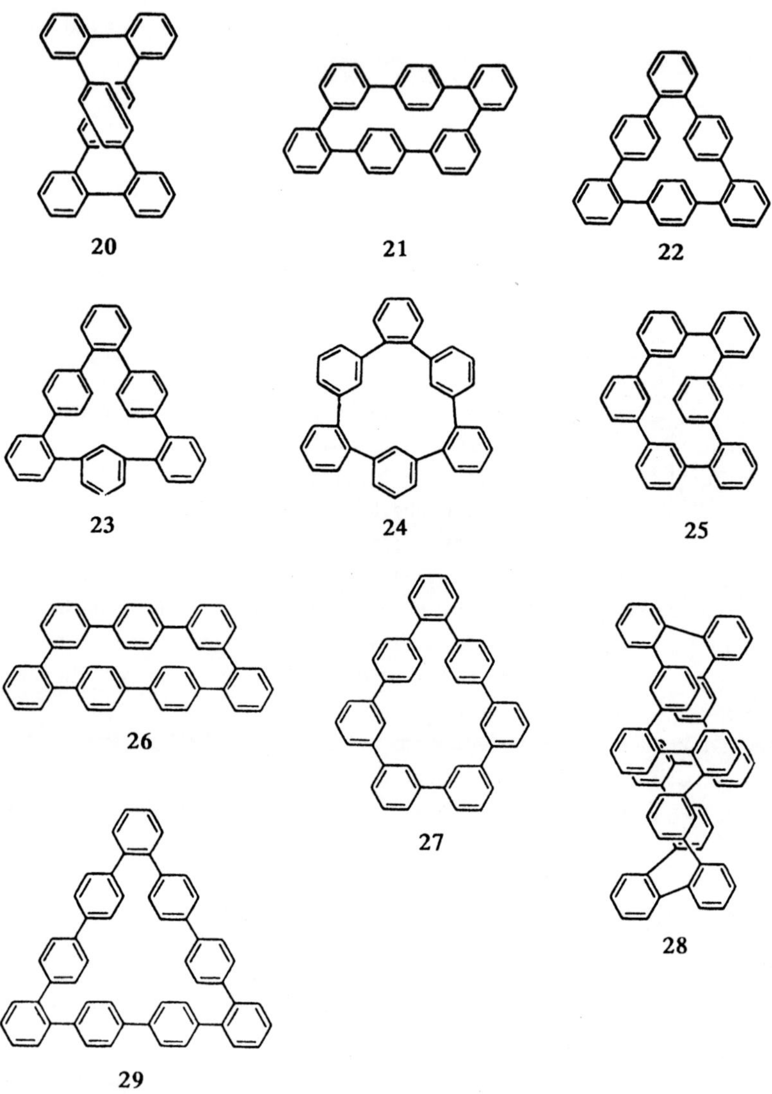

Im Sinne der Phan-Nomenklatur könnte 22 [8) z.B. als [0$_6$](Ortho-para)$_3$cyclophan bezeichnet werden.

7.3.2 Spheranden

Auf die *Spheranden* wurde bereits im Studienbuch "Supramolekulare Chemie" (Teubner, Stuttgart 1989) eingegangen. Diese von *Cram* [1] erfundene neue Ligand-Familie basiert formal auf der starren Struktur der von *Staab* erarbeiteten Oligo-*m*-phenylene [2] und kombiniert diese mit dem Konzept der intraannularen funktionellen Gruppen, das von *Vögtle et al.* entwickelt worden war [3].

Durch die starre *Präorganisation* der funktionellen Gruppen (OCH_3, OH) in Spheranden wie **30** sollte ein annähernd runder Hohlraum entstehen, der von entsprechenden Bindungsstellen eingerahmt ist. Dieser Hohlraum soll nach *Cram* durch ein unterstützendes starres Gerüst von Kovalenzbindungen verstärkt werden ("enforced cavity"). Die konformative Flexibilität soll so gering sein, daß die Wirtverbindung ihren eigenen Hohlraum nicht durch rotierende Bauteile oder Substituenten ausfüllen kann. Der charakteristische und zuerst erhaltene *Spherand* **30** enthält demnach ein starres Hexa-*m*-phenylen-Gerüst mit sechs konvergent positionierten Methoxygruppen. Schon aus CPK-Modellen kann man ersehen, daß hieraus eine alternierende *up-down*-Anordnung der sechs Methoxygruppen resultiert: Die OCH_3-Gruppen sind alternierend nach oben oder unten voneinander weggerichtet. Die konformative Beweglichkeit in **30** ist so gering, daß auch die Methoxygruppen nicht durch das Zentrum des Hohlraums rotieren können. Die Anisyl-Bausteine sind daher *selbstorganisierend*. Die Solvation der Sauerstoffatome ist infolgedessen durch sechs Phenylen- und sechs Methylgruppen behindert. Die Sauerstoffatome liegen in einer nahezu perfekten oktaedrischen Anordnung vor. Der Durchmesser des Hohlraums variiert mit dem Diederwinkel der sechs Arengruppen, wobei ein Mittelwert von ca. 162 pm erreicht wird. Dieser entspricht etwa der Größe des Durchmessers von $Li^{\oplus}$ (148 pm) und $Na^{\oplus}$ (175 pm). Der Spherand **30** bietet daher eine Präorganisation, die sowohl im elektronischen als auch im sterischen Sinne komplementär zu $Li^{\oplus}$ und $Na^{\oplus}$ ist. $K^{\oplus}$ und größere Kationen sind demnach nicht als Gastionen geeignet. Dementsprechend findet man für die Pikratsalze von $Li^{\oplus}$ und $Na^{\oplus}$ in $CDCl_3$ bei 25°C eine Freie Bindungsenthalpie von $-\Delta G^0 >$ 96 und 80 kJ/mol, während für andere Ionen die Bindung kaum nachweisbar klein ist [1].

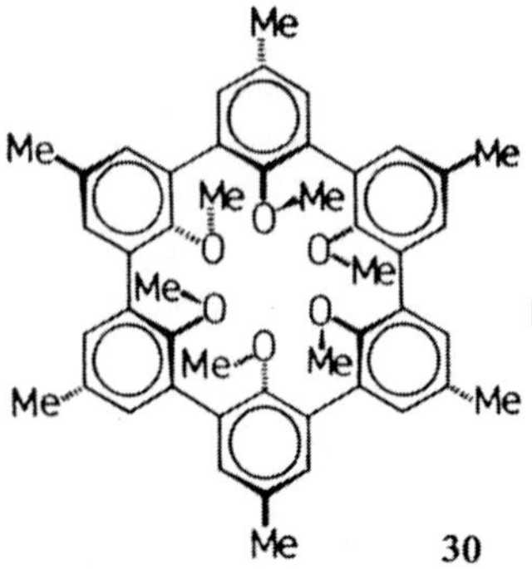

30

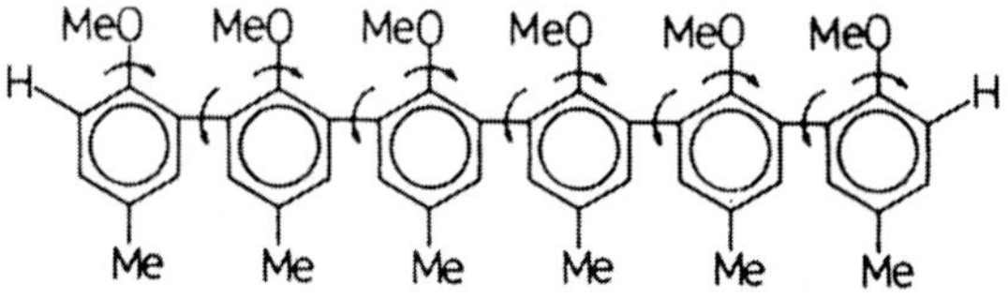

31

Gegenüber der nicht präorganisierten offenkettigen Vergleichsverbindung **31** hat der Makrocyclus **30** den Vorteil der sterisch starr präorganisierten oktaedrischen Anordnung der sechs Sauerstoffatome und der Abschirmung von der Solvation. Der offenkettige Oligo-Phenolether **31** bindet Li$^\oplus$ und Na$^\oplus$ nur mit -$\Delta G^0 <$ 25 kJ/mol. Der Grund liegt darin, daß **31** anders als **30** in über tausend Konformationen vorliegen kann, die durch Rotation um die Aren-Aren-Einfachbindungen und um die O-Methyl-Einfachbindungen entstehen und von denen nur zwei für eine kooperative Bindung voll organisiert sind. Die meisten der Konformationen der offenkettigen Vergleichsverbindung stellen die Donorzentren eher für die Solvation als für die Koordination eines Kations zur Verfügung.

Abb.1 zeigt skizzenhaft die Aufnahme eines (Alkalimetall-) Kations im Hohlraum des Spheranden **30** [1b]:

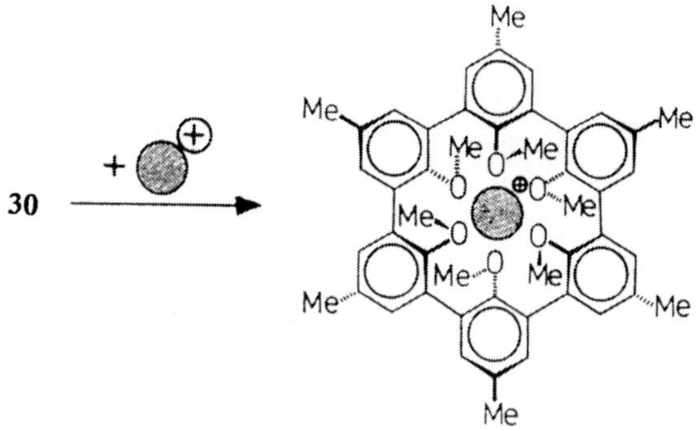

30 $\longrightarrow$

Abb.1. Kation-Komplexierung des Spheranden **30**

Von vielen Spheranden und deren Metallkomplexen existieren inzwischen
Röntgen-Kristallstrukturanalysen [1]. Erwartungsgemäß zeigen die freien
Liganden eine ähnliche Konformation wie die Komplexe, und sie unterscheiden sich eigentlich nur dadurch, daß der freie Ligand einen leeren Hohlraum hat, der im Komplex mit dem Kation ausgefüllt ist.

Eine Vielzahl weiterer Spheranden wurde von *Cram* hergestellt. Sie weisen z.B. verschiedene Heteroatome oder verschiedene Ringgröße oder verschiedene Bindungsstellen oder verschiedene Konnektivität auf. Eine Auswahl zeigt Abb.2 [1]:

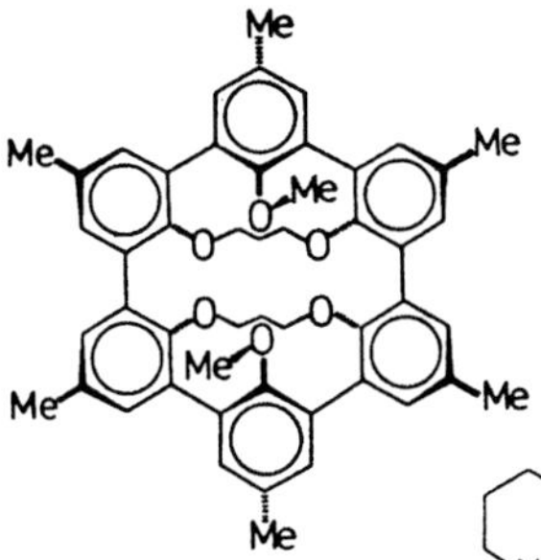

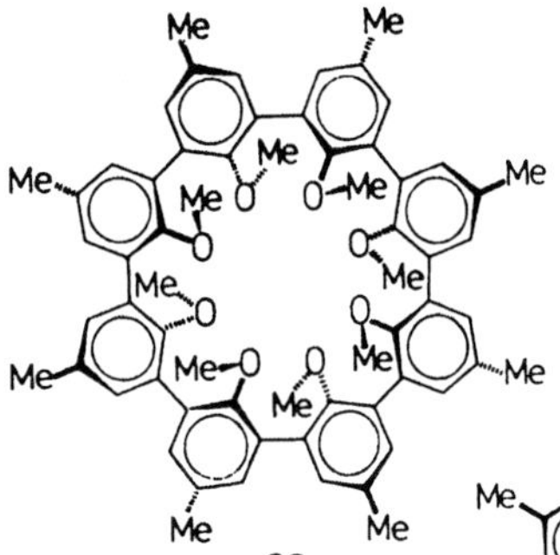

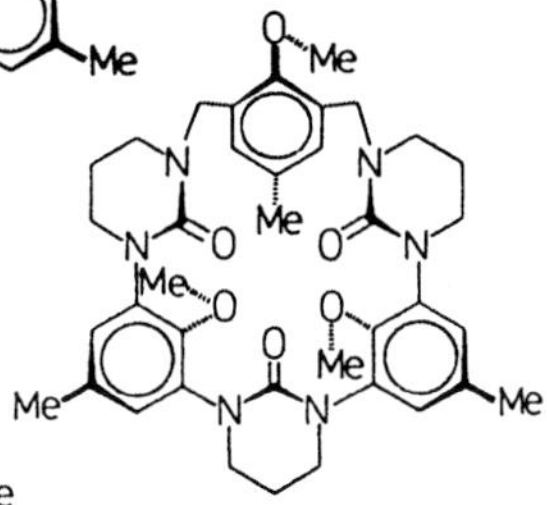

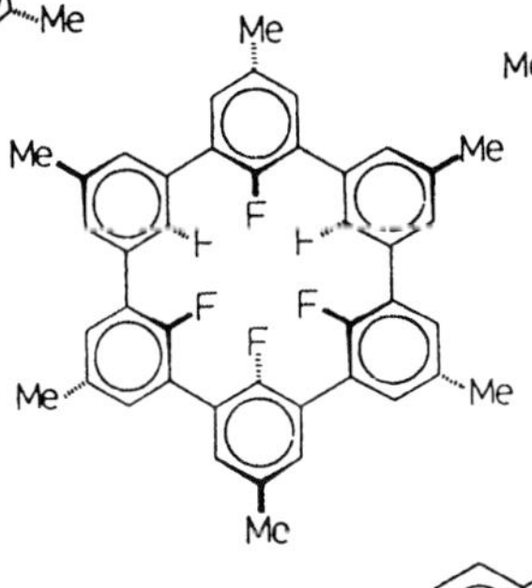

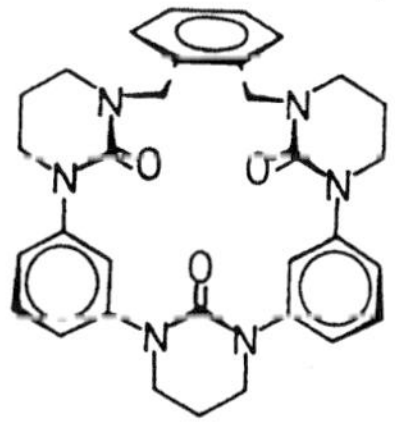

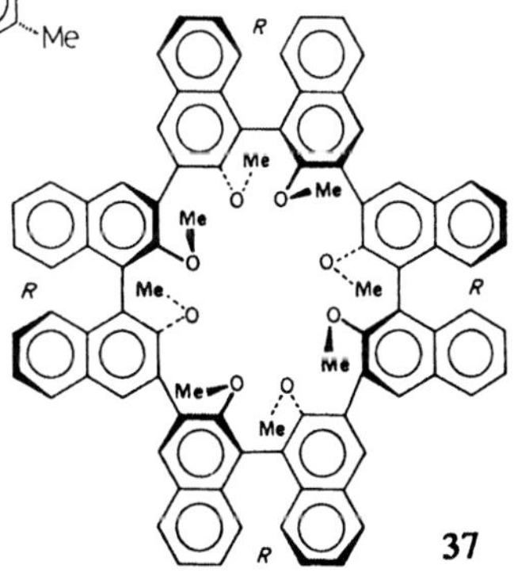

Abb.2.   Eine Auswahl von *Spheranden* mit unterschiedlichem "Design"

Die "Harnstoff-Einheiten" als Bausteine in **34** und **35** führen zu einer geringeren sterischen Hinderung und befähigen den Liganden, Gäste über Wasserstoffbrücken zu binden. Die intraannular Fluor-substituierten Spheranden **36** erwiesen sich als wenig effektiv; ihre Kationenbindung ist sehr mäßig: **36** bildet keinen Komplex mit $Li^{\oplus}$. Der chirale Binaphthyl-Spherand **37** wurde von *Cram* mit 1.6% Ausbeute dargestellt. Wegen der Details der Gastbindung der verschiedenen Spherand-Modifikationen sei auf Übersichts- und Originalliteratur verwiesen [1].

Hier sei lediglich noch auf die "Hemispheranden", "Cryptospheranden" und "Carceranden" eingegangen [1]:

Die *Hemispheranden* (Abb.3) unterscheiden sich von den Spheranden durch ihren geringeren Grad an Präorganisation. Sie besitzen eher ein charakteristisches halbflexibles als ein vollständig starres Molekülgerüst und sind eigentlich Kombinationen von Spheranden mit Kronen und Cryptanden. Die besondere Mischung von Starrheit und Flexibilität von Hemispheranden bietet neue Möglichkeiten für Studien von Struktur-Bindungs-Korrelationen und für das gezielte "Züchten" bestimmter Kation-Selektivitäten.

Cryptospheranden sind halborganisierte Cryptanden, die mit Spherand-Elementen "vermischt" sind. Eine Auswahl charakteristischer Vertreter dieser Verbindungsfamilie gibt Abb.3.

Aus den vielfältigen Untersuchungen *Crams* über die Chemie der Spheranden seien nur noch einige Bemerkungen zur Kinetik und Selektivität angefügt: Für die starr präorganisierten Spheranden war eine langsame Kinetik der Komplexierung mit Gastionen zu erwarten. In der Tat komplexiert der Spherand **30** $Li^{\oplus}$- und $Na^{\oplus}$-Pikrate mit Geschwindigkeitskonstanten $k^{\rightarrow}=$ $8 \cdot 10^4$ $l \cdot mol^{-1} \cdot sec^{-1}$. Die Dekomplexierungskonstante $k^{\leftarrow}$ für den $30 \cdot Li^{\oplus}$-Komplex liegt dagegen bei $< 10^{-12}$. Diese Daten erinnern an die Cryptanden, die grob eine ähnliche Kinetik der Ionenkomplexierung zeigen. Insgesamt ergibt sich, daß die Geschwindigkeiten für die Komplexierung und Dekomplexierung umso geringer sind, je höher präorganisiert eine Wirtverbindung für die Komplexierung ist.

Die höchsten $Li^{\oplus}/Na^{\oplus}$-Selektivitätsfaktoren weisen die Spheranden **30** und **33** auf. Die höchsten $Na^{\oplus}/Li^{\oplus}$-Selektivitäten liefern der "Cryptohemispherand" **41b** und der überbrückte Hemispherand **42**. Hohe Selektivitäten von $Na^{\oplus}$ über $K^{\oplus}$ werden von den Spheranden **30**, **31** und dem Cryptohemispheranden **41a** geboten. Der Cryptospherand **41c** zeigt die höchsten

$K^\oplus/Na^\oplus$-, der Hemispherand **42** die höchsten $K^\oplus/Rb^\oplus$- und der Spherand **32** die höchsten $Rb^\oplus/K^\oplus$-Selektivitäten.

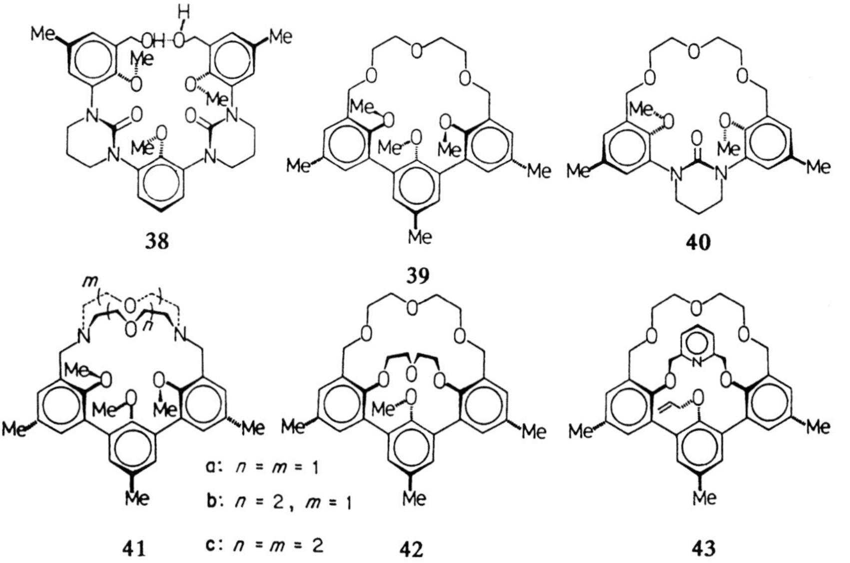

38

39

40

41   a: $n = m = 1$
b: $n = 2$, $m = 1$
c: $n = m = 2$

42

43

Abb.3.   Ausgewählte *Hemispheranden* (38-40) und *Cryptospheranden* (41-43) mit verschiedenem Grad an Präorganisation

Insgesamt wurde gefunden, daß die Spheranden **30** und **33** mit ihrer hohen Spezifität für die Bindung von $Li^\oplus$ gegenüber $Na^\oplus$ und für die Bindung von $Na^\oplus$ gegenüber allen anderen Ionen einzigartig sind. Nur die kleinen Cryptanden "[2.2.1]" oder "[2.1.1]" (vgl. Studienbuch "Supramolekulare Chemie", Teubner, Stuttgart 1989) und einige Cryptohemispheranden (**41a,b**) zeigen vergleichbar hohe Spezifitäten für $Li^\oplus$ und $Na^\oplus$. Es wird deutlich, daß das Prinzip der Präorganisation nicht nur für die Bindungsstärke gilt, sondern auch für die Ionenselektivität zuständig ist.

Die von *Cram* 1989 beschriebenen *Cyanospheranden* [4]) bieten gegenüber den Spheranden und Hemispheranden grundsätzlich Neues: Während die Spheranden eine negativierte "Höhle" für Kationen enthalten, wird bei den Cyanospheranden ein positivierter Hohlraum für Anionen erzeugt und zugleich zwei äußere Bindungsorte mit hoher negativer Ladungsdichte für Kationen. Sie kommen durch das hohe Dipolmoment und die Orientierung der intraannularen Cyano-Substituenten zustande und sollten zu einem neuen kooperativen Bindungstyp für Salze (Komplexierung von Kationen *und* Anionen) führen. Kooperativ bedeutet, daß die Koordination an einem Ende der Cyano-Einheit die Bindungsfähigkeit am anderen Ende verstärkt. Im Molekül **41a** liegt nach *Cram* eine streng präorganisierte [*(up-down)*$_4$]-Konformation vor:

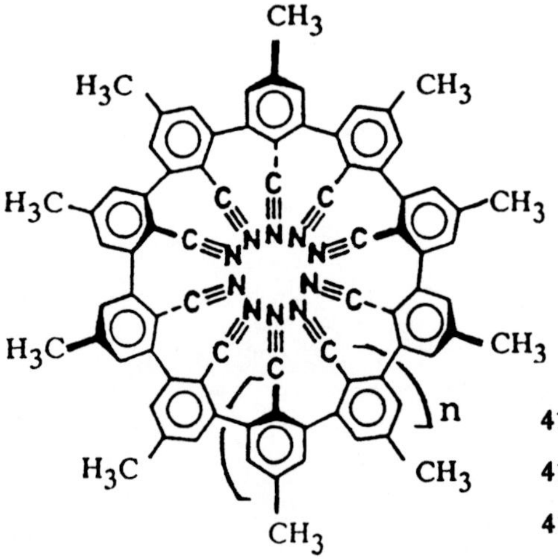

41a : n = 0

41b : n = 1

41c : n = 2

Je vier Cyanogruppen ragen abwechselnd über und unter die Ringebene und bilden (durch die positivierten C≡N-Kohlenstoffatome) einen fast kugelförmigen (sphärischen) positiv polarisierten Hohlraum mit einem Durchmesser von ca. 220 pm. An der Hohlraumöffnung befinden sich kranzförmig angeordnet die negativen Stickstoffatome. Die Röntgen-Kristallstrukturanalyse des Di-K$^{\oplus}$-Komplexes von **41a** zeigt, daß die Komplexierung des Kations in der Tat erreicht wurde. Der weitere von *Cram* postulierte Schritt, die Anionverkapselung zwischen den beiden Kationen, ist noch nicht geglückt.

Die Cyanospheranden **41b** und **41c** sind konformativ flexibler und deshalb weniger gut präorganisiert. Trotzdem binden sie Alkali- und Ammonium-Ionen stärker als übliche Kronenether.

Der Ersatz der Anisyl-Bausteine in den Spheranden durch Pyridineinheiten gelang *Newkome et al.* [5] und *Toner et al.* [6], wobei der Natriumkomplex **44** und das sog. *Cyclosexipyridin* **42** erhalten wurden. Hinsichtlich der Synthesemethodik sei auf die Originalliteratur bzw. Übersichten [1c] verwiesen.

42

43

44

R = Me
R = Et

Auch über die Herstellung der überbrückten *Pyridino-Spheranden* bzw. Dodecahexahydroaza-Kekulene **45** wurde berichtet [7].

45

R = H
R = Bu

46

Eine interessante Entwicklung, die auf den von *Vögtle et al.* [8] und von *Takagi, Ueno* und *Misumi et al.* [9] entwickelten "Chromoionophoren" bzw.

"Aceranden" basiert, sind die Farbstoff-Spheranden des Typs **46** [10], die bei Salzzusatz ihre Farbe Kation-selektiv verändern.

Cavitanden und Carceranden: Cavitanden sind, wie oben erwähnt, als Moleküle mit Struktur-verstärkten Hohlräumen, passend für Ionen oder Moleküle, zu verstehen. Von *Cram et al.* wurden durch Kondensation von Resorcin mit Acetaldehyd und anschließende Verbrückung der entstandenen OH-Gruppen die *Cavitanden* des Typs **47** erhalten, von denen einige nur als "Solvate" kristallisieren [11]:

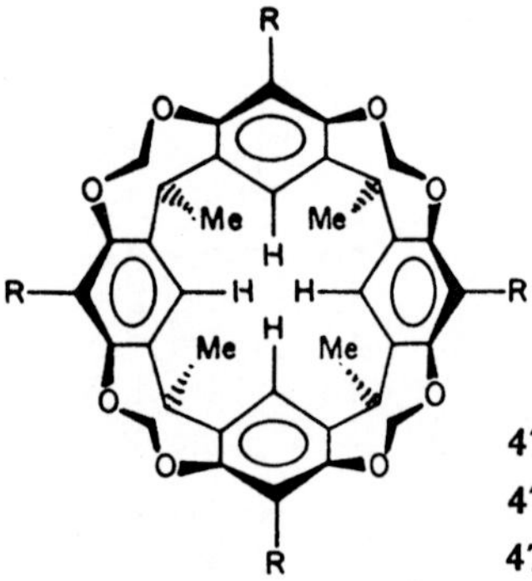

47a: R = H
47b: R = Br
47c: R = CO_2Me

Cavitanden dieses Typs konnten sogar uhrglasartig miteinander verbrückt werden, wobei *"Carceranden"* wie **48** entstehen [12].

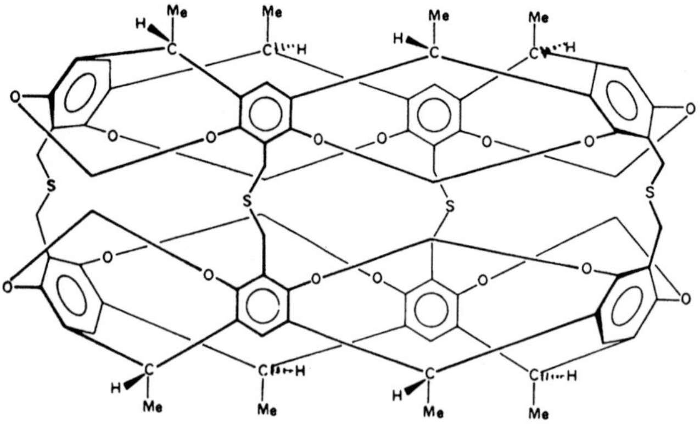

48

Solche Carceranden weisen, wie der Name ausdrücken will, derart starre und vollkommen umschlossene Hohlräume auf, daß bei der Synthese sogar Bestandteile des Reaktionsgemisches aus der Cyclisierungslösung im Hohlraum eingeschlossen werden. Beispiele für solche bei der Cyclisierung eingefangene Gäste sind $Cs^{\oplus}$, Argon und $ClCF_2CF_2Cl$. Diese Wirtverbindungen sind also käfigartige Makropolycyclen, in denen der Gast so umschlossen wird wie durch Gitterstäbe. Die Komplexe der Carceranden heißen nach *Cram "Carceplexe"*. Auch Lösungsmittelmoleküle wie THF und DMF wurden eingeschlossen. Die Charakterisierung der entstandenen Carceplexe gelang erst, als lösliche Carceplexe kristallin erhalten werden konnten. Mit Hilfe der NMR-Spektroskopie konnte *Cram* zeigen, daß die Gastmoleküle im Hohlraum orientiert sind und daß Gastmoleküle mit länglicher Gestalt dazu gebracht werden können, um ihre Längsachse zu rotieren. Kleinere "Käfiginsaßen" bewegen sich ungehindert in allen drei Raumrichtungen.

8   Porphyrinophane

EINFÜHRUNG

In diesem Abschnitt sollen nicht die Synthese und Chemie des unsubstituierten Porphyrins beschrieben werden. Vielmehr wird auf neuere Porphyrine, die durch zaunförmig angeordnete Substituenten oder mit Brücken oder Kappen versehen sind, eingegangen [1]. Obwohl auch das unsubstituierte Porphyrin als [1.1.1.1]Pyrrolophan-Gerüst zu den Phanen gehört, so sind doch die "verbrückten" und "verkappten" Porphyrine [1] wegen ihrer zusätzlichen, meist längeren Brücken noch charakteristischer den Phanen zuzuordnen. Erst sie bieten eine Stereochemie und Reaktionsweisen, wie sie für die in diesem Buch beschriebenen Cyclophane und Phane charakteristisch sind. Dazu gehört auch, daß zusätzlich zum relativ kleinen "Loch" in der Mitte des Porphyrin-Gerüsts, das lediglich für kleine Kationen als Hohlraum dienen kann, durch die hinzugekommenen Brücken ein größerer und zum Studium von Wirt/Gast-Wechselwirkungen geeigneter Hohlraum aufgebaut wird. In diesem Sinne kann das Porphyrin-Gerüst als "Spacerplatte" für zusätzliche Verbrückungen dienen, ähnlich wie dies der Benzenring bei der Mehrfachverbrückung zum [2.2.2](1,3,5)Cyclophan oder zum Superphan bietet.

Eine Reihe von ideenreichen Autoren hat es verstanden, das Porpyhrin nicht nur als Phan-Baustein ("Ankergruppe") für vielfältige Überbrückungen einzusetzen, sondern zudem als Modell-Liganden für die Eisen-Komplexe des Hämoglobins und Myoglobins sowie die Cytochrome zu nutzen. Dies bedeutet, daß verbrückte, verkappte und zaunhaltige Porphyrine [1] als *Funktionsmodelle* für biologische Moleküle und Umsetzungen dienen können. Die Herausforderung besteht also in der biomimetischen Nachahmung und vielleicht Überbietung der Wirkungsweise von Hämoglobin, Myoglobin, Cytochromen und anderen natürlichen Porphyrinen. In diesem Zusammenhang sei im folgenden das [1$_4$]Phangerüst des Porphyrins eingebettet.

8.1 Hämoglobin- und Myoglobin-Modellverbindungen

Das *Hämoglobin* (Hb), der rote Blutfarbstoff, zählt zu den Metalloproteinen. Seine hauptsächliche Funktion in Wirbeltieren ist es, Sauerstoffmoleküle von der Lunge zum Muskelgewebe zu transportieren. Jedoch spielt es auch eine Rolle beim Transport von CO_2 vom Muskel zu den Lungen. *Myoglobin* (Mb) findet sich in Skelettmuskelzellen; seine Hauptaufgabe ist es, das O_2, das vom Hämoglobin geliefert wird, zu speichern.

Einige Hinweise zur Struktur von Hb und Mb sind notwendig, um die Herausforderung bei der Entwicklung synthetischer Modellverbindungen erkennen zu lassen [1a].

Hb und Mb enthalten Fe(II)-Protoporphyrin (Häm, **6**) als prosthetische Gruppe. Übliches Hämoglobin ist ein Dimer von Dimeren, bestehend aus zwei α- und zwei ß-Untereinheiten. Jede Untereinheit setzt sich aus einer Häm-Gruppe und einer Polypeptid- (Globin-)Kette zusammen. Mb besteht aus einer Häm-Gruppe und einer einzigen Globin-Kette.

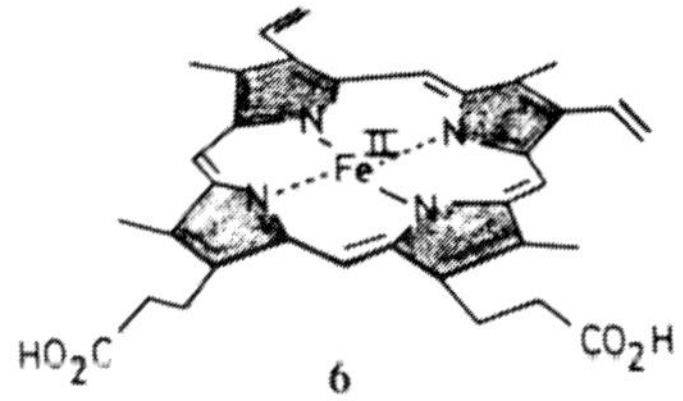

Da sowohl die Röntgen-Kristallstrukturen von Hb und Mb vor und nach der Aufnahme von O_2 bekannt sind, kann man die stereochemischen Konsequenzen der Oxygenierung (Sauerstoffaufnahme) verfolgen: In der Deoxy-Form von Hb und Mb liegt das Fe(II) pentakoordiniert vor. Dabei werden vier planare Ligand-Donorzentren von den Porphyrin-Stickstoffatomen und das fünfte von dem axial dazu stehenden Imidazol eines Histidin-Rings beigesteuert.

Bei der Sauerstoffaufnahme ändert sich der Fe-Imdiazol-Stickstoff-Abstand nicht nennenswert. Das Fe-Atom jedoch, das eine Spinzustands-Änderung von "high spin" zu "low spin" erfährt, bewegt sich auf die Porphyrin-Ebene zu und zieht damit das proximale Imidazol mit sich (Abb.1).

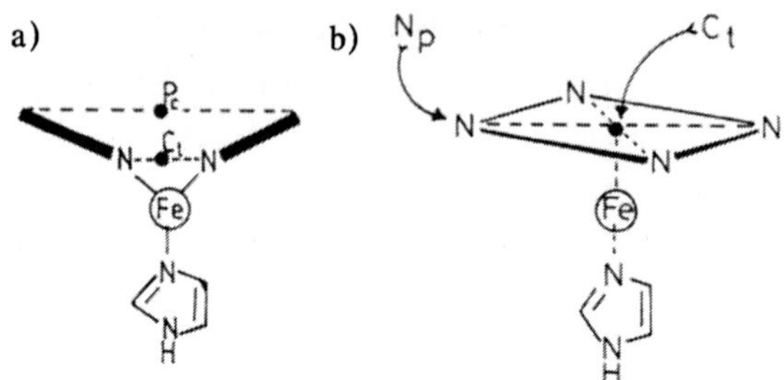

<u>Abb.1.</u> a) Seitenansicht, b) perspektivische Ansicht des pentakoordinierten
Fe(II)-Porphyrins

Diese Bewegung ist im mechanischen Modell von *Perutz* ein wichtiger
Faktor für die Kooperativität, die das Hb bei der Bindung von O_2 zeigt [2].
Beim Oxy-Mb ist diese Bewegung nicht so ausgeprägt. Die Tatsache, daß
das $Fe^{2\oplus}$ außerhalb der Porphyrin-Ebene verbleibt, könnte auf die eklipti-
sche Orientierung der Imdiazol-Ebene zu den Porphyrin-N-Atomen zurückzuführen sein. Ist dieser Winkel groß (siehe <u>Abb.2</u>), dann werden sterische Wechselwirkungen zwischen den Imdiazol- und Porphyrin-Stickstoffatomen kleiner. Wenn, wie gefunden, der Fe-Imidazol-Stickstoff-Abstand ungefähr konstant bleibt, dann sollte dies eine weitere Annäherung an die Porphyrin-Ebene erlauben.

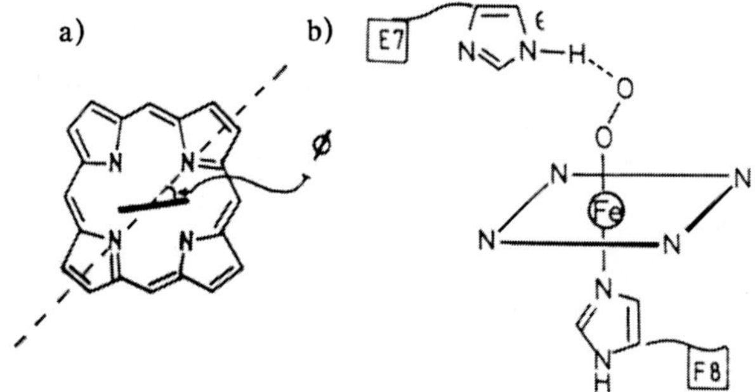

<u>Abb.2.</u> a) Ekliptischer Winkel ($\varnothing$) zwischen der Imidazol-Ebene und der
Porphyrin-Achse, b) Wasserstoffbrückenbindung zwischen N^ε des
Histidin-Rests E7 und dem gebundenen O_2-Molekül

Das O_2-Molekül ist in einer gebogenen, "end-on"-Geometrie gebunden,
wie von *Pauling* vorausgesagt (<u>Abb.2b</u>) [3]. Die Wasserstoffbrückenbindung
zum Histidin E7 ergab sich aus der Neutronenbeugungs-Analyse.

8.2 Sauerstoff–Bindung an natürliche und synthetische Porphyrine

Die wichtigste und faszinierende Eigenschaft des Hämoglobins ist die Aufnahme von O_2 [1a,4]. Trägt man die Sättigung des Hämoglobins mit O_2 gegen den Sauerstoff-Partialdruck auf, so erhält man einen S-förmigen Kurvenverlauf (Sauerstoffbindungs-Kurve). Dies bedeutet, daß das O_2 bei niedrigem Sauerstoff-Partialdruck (in den Muskeln) wieder abgegeben wird und daß O_2-Moleküle bei mäßigem Druck (in den Lungen) wieder gebunden werden. Dagegen ist die Sauerstoffbindungs-Kurve für das Myoglobin hyperbolisch.

Die Änderungen in der Tertiär- und Quartärstruktur des Hb im Verlaufe der O_2-Aufnahme haben zur Unterscheidung zweier Formen des Hb geführt:

T-Zustand (geringe O_2-Affinität), z.B. Deoxy-Hb

R-Zustand (höhere O_2-Affinität), z.B. Oxy-Hb.

Die bisher bekannten Hämoglobin-Modelle versuchen die Eigenschaften einer oder zweier dieser Zustände nachzuahmen.

Einfache planare Eisen(II)-Porphyrine (wie z.B. der Octaaza-Makrocyclus 7) reagieren (bei tiefer Temperatur) rasch und irreversibel mit O_2 [5].

Das Oxidationsprodukt ist normalerweise ein "μ-Oxo-Dimer". Der Mechanismus dieser Reaktion ist recht gut bekannt; einige der in den folgenden Gleichungen postulierten Zwischenstufen sind mit spektroskopischen Methoden charakterisiert worden:

$$PFe(II) \;+\; L \qquad \rightleftharpoons \qquad PFe(II)L \qquad\qquad (a)$$

$$PFe(II)L \;+\; L \qquad \rightleftharpoons \qquad PFe(II)_2 \qquad\qquad (b)$$

$$PFe(II)L \;+\; O_2 \qquad \rightleftharpoons \qquad PFe(II) \cdot O_2 \qquad\qquad (c)$$

$$PFe(II)L \cdot O_2 \;+\; PFe(II)L \qquad \rightleftharpoons \qquad LPFe(II)\text{-}O\text{-}O\text{-}Fe(II)PL \qquad (d)$$

$$LPFe(II)\text{-}O\text{-}O\text{-}Fe(II)PL \qquad \rightarrow \qquad 2\,[LPFe(IV)\text{=}O] \qquad\qquad (e)$$

$$LPFe(IV)\text{=}O \;+\; LPFe(II) \qquad \rightarrow \qquad PFe(III)\text{-}O\text{-}Fe(III)P \;+\; 4L \qquad (f)$$

Dabei ist der Reaktionsschritt (e) irreversibel: Dort wird das im Reaktionsschritt (d) gebildete μ-Peroxo-Dimer "zersetzt". Dieses Dimer wird in einem bimolekularen Prozeß erzeugt, der zwei Metallo-Porphyrin-Kerne beinhaltet [Gl. (d)]. Dieser Reaktionsschritt (d) muß vermieden werden, wenn die Zersetzung des Fe(II)-Porphyrins unterbunden werden soll. Es ist daher ein allgemeines Charakteristikum des Designs aller Porphyrin-Modelle, diesen Schritt (d) zu verhindern. Dies kann durch einen sterischen Schutz wenigstens einer Seite des Metallo-Porphyrins erreicht werden. Im Hämoglobin selbst ist dieser bimolekulare Prozeß dadurch blockiert, daß das Protein die Häm-Einheiten stets voneinander getrennt hält, wobei der Minimumabstand ca. 2500 pm beträgt.

Der Octaaza-Makrocyclus 7 war dementsprechend ein erstes erfolgreiches Porphyrin-Modell, das die sterische Hinderung ausnutzte, um die μ-Oxo-Dimerbildung zu verhindern oder wenigstens zu verlangsamen. Dieser 1973 von *Baldwin* publizierte Eisen-Komplex ist tatsächlich ein reversibler Sauerstoff-Carrier, allerdings bei relativ niedriger Temperatur [5].

8.3   Lattenzaun–Porphyrine

Da die Porphyrine selbst als Phane {[1.1.1.1]Pyrrolophan-Strukturtyp} aufgefaßt werden können, verwenden wir die Lattenzaun-Porphyrine als Einführung in die darauffolgenden überbrückten Porphyrine, deren Phan-Charakter noch offenkundiger ist.

Das erste Beispiel für ein Lattenzaun-Porphyrin ("fenced porphyrin") ist das von *Collman* 1973 publizierte Pivaloyl-substituierte **8** [6].

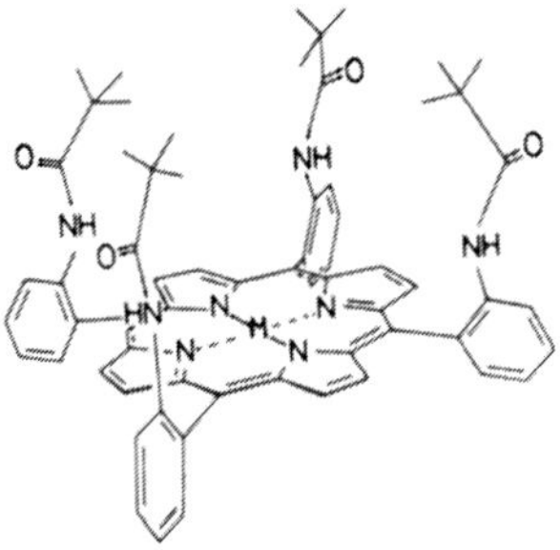

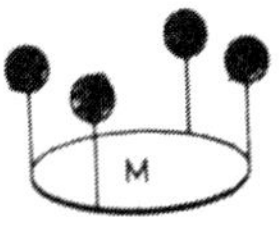

8: M = $2H^{\oplus}$
9: M = Fe(II)

Ein allgemeines Syntheseschema für Lattenzaun-Porphyrine ist in <u>Abb.3</u> skizziert.

Die Schwachstelle dieser Synthese liegt bei der chromatographischen Trennung und Isolierung der vier atropisomeren Tetrakis(aminophenyl)porphyrine. Da allerdings die anderen Atropisomere reäquilibriert werden können, ist das all-*cis*-$\alpha,\alpha,\alpha,\alpha$-Tetra-*o*-aminophenylporphyrin (**10**) doch in gewissen Mengen erhältlich. Obwohl nach einer neueren Methode alle Atropisomere in die $\alpha,\alpha,\alpha,\alpha$-Form umgewandelt werden können [7], sind doch die Chromatographie und Aufarbeitung mühsam.

Die Metallierung [Komplexierung mit Fe(II)] kann auf verschiedene Weise erfolgen: Normalerweise wird das Eisen als $Fe^{3\oplus}$ inkorporiert und vor den Komplexierungsstudien zum $Fe^{2\oplus}$ reduziert. Da manchmal Probleme im Reduktionsschritt auftauchen, sind auch Verfahren zur direkten Einführung von $Fe^{2\oplus}$ entwickelt worden.

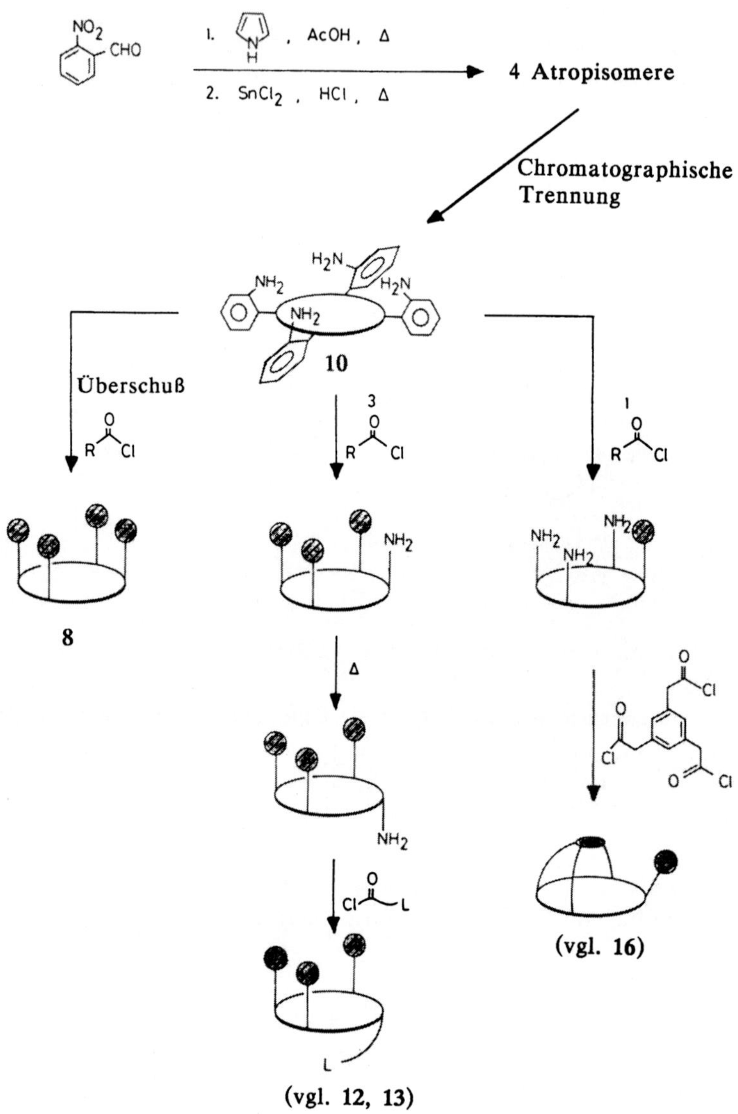

Abb.3. Zur Synthese von Lattenzaun-Porphyrinen

Der Fe-Komplex **9** bindet O_2 reversibel in Gegenwart eines von vielen möglichen axialen Liganden (darunter 1-Alkylimidazole, 1,2-Diimidazole, Pyridin, Bipyridin, Tetrahydrothiophen, Tetrahydrofuran). In Benzen-Lösung bei 25°C unter einer Atmosphäre trockenen Sauerstoffs und drei Äquivalenten 1-Methylimidazol hat der Komplex eine Halbwertszeit von annähernd zwei Monaten. Dies zeigt, daß der Lattenzaun einen Schutz gegen die irreversible μ-Oxo-Dimerbildung bewirkt. Da bekannt ist, daß **9** mit zusätzlich koordinierenden Liganden hexakoordinierte Komplexe bildet, ist es wahrscheinlich, daß auch diese zu seiner bemerkenswerten Stabilität beitragen. Jeder hexakoordinierte Komplex von **9** wird wirksam gegen "inner sphere"-Reaktionen mit O_2 geschützt, die zur irreversiblen Oxidation führen können (siehe Abb.4).

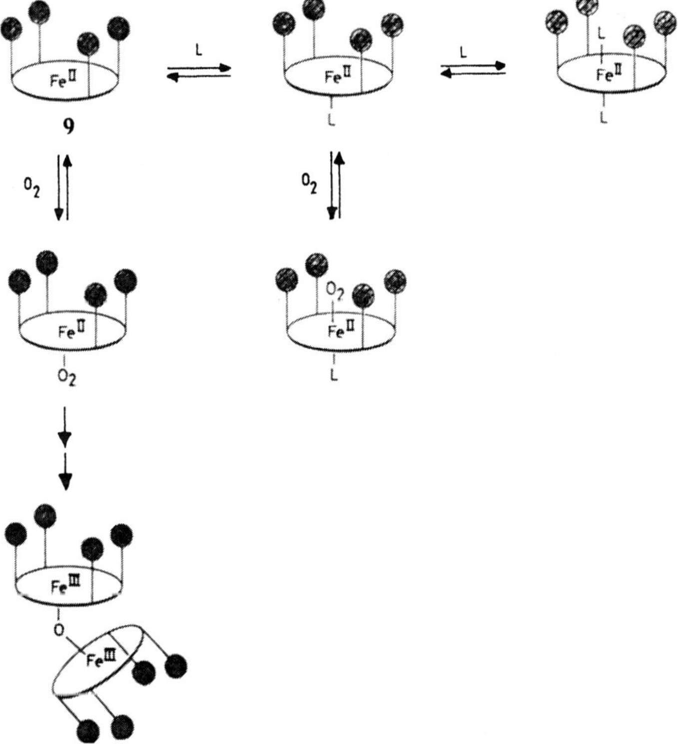

Abb.4. Gleichgewichte bei der Reaktion von **9** mit O_2 bei Ligand-(L-)Überschuß

Einer der wichtigsten Beiträge auf diesem Gebiet war die erfolgreiche Isolierung und Röntgen-Kristallstrukturbestimmung einiger hexakoordinierter Eisen-Lattenzaun-Oxy-Komplexe. Das erste Beispiel war 11 [8)], das in der Folge als Modell für den R-Zustand von Oxy-Hb und Oxy-Mb benutzt wurde:

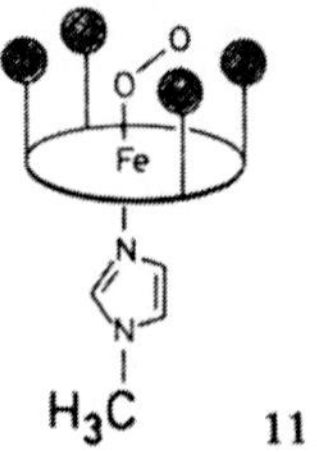

Dessen Struktur stützte *Paulings* Voraussage einer abgebogenen, "end-on"-Geometrie für Oxy-Hb.

Einige mit Armen versehene ("tailed") Lattenzaun-Porphyrine wie 12 und 13 erwiesen sich für Komplexierungs- und Sauerstoffbindungs-Studien als nützlich [9)].

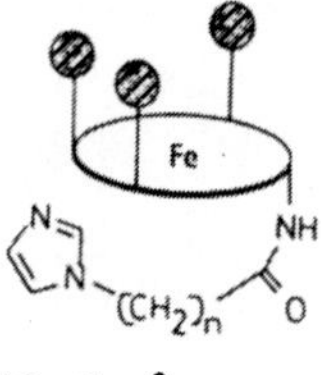

In verdünnter Lösung (ungefähr 1 mmol) und bei Raumtemperatur liegen $Fe(Piv)_3(4ClImP)Por$ (12) und $Fe(Piv)_3(5ClImP)Por$ (13) bevorzugt als penta-koordinierte "high spin"-Komplexe vor (C $\hat{=}$ Kettenlänge, P $\hat{=}$ Phenyl). Bei tieferer Temperatur tritt jedoch Dimerisierung ein; bei -25°C findet man mehr als 50% Dimer mit gemischtem spin-System (S=2 und S=1):

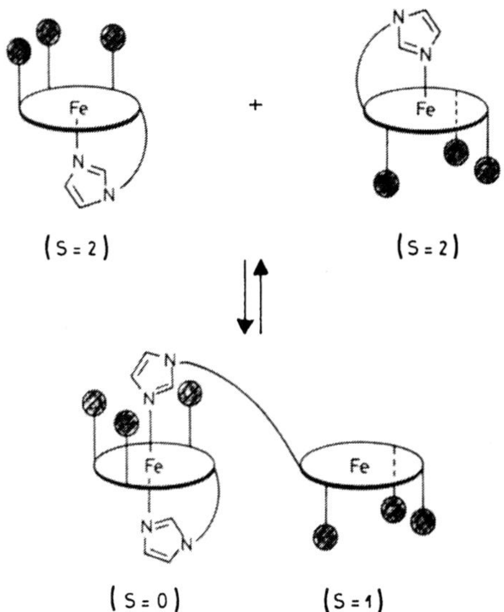

Die O_2-Affinität von **12** und **13** ist ähnlich der des R-Zustands des Hb. Ihre "Halbwertszeit" beträgt ungefähr 33 Stunden; dies bedeutet, daß sie die bisher beschriebenen stabilsten mononuclearen O_2-Carrier darstellen.

Das Anbinden des Arms zur Herstellung von "tailed" Liganden gelang durch Kopplung des entsprechenden Säurechlorids mit dem $\alpha,\alpha,\alpha,\beta$-Atropisomer (<u>Abb.3</u>). Die mit Arm versehenen Porphyrine sind licht- und sauerstoffempfindlich, weshalb alle Reaktionen unter Inertgas und im Dunkeln durchgeführt werden mußten.

Da viele Lattenzaun-Porphyrin-Modelle ganz ähnliche O_2-Affinitäten wie Fe- und Co-Hb und -Mb aufweisen, wurde geschlossen, daß die Proteinteile abgesehen von der Verhinderung irreversibler Oxidationen keine spezielle Rolle bei der Sauerstoffbindung spielen.

Auch die "Spannung" im Hb, also die Bewegung des Eisen-Ions zur Porphyrin-Ebene bei der Sauerstoff-Bindung, sollte mit Modellstrukturen "nachempfunden" werden. Mit diesem Ziel vor Augen wurden Modelle wie **14** und **15** für den Deoxy- und Oxy-T-Zustand des Hb hergestellt, bei denen der axiale Ligand eine große Raumbeanspruchung erhielt:

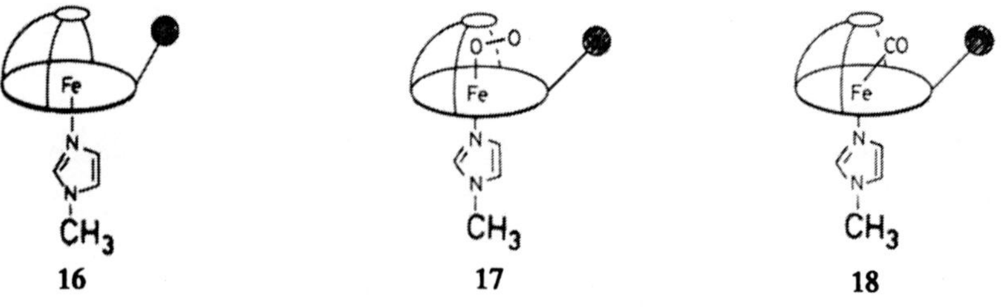

14   15

Deren gelungene Röntgen-Kristallstrukturanalysen verschafften erstmals
Einblicke in die Sauerstoff-Bindung an pentakoordinierte "high spin"-Fe(II)-
Porphyrine auf dem molekularen Niveau [10]. Es zeigte sich, daß das O_2-
Molekül in einer abgewinkelten, "end-on"-Weise (vgl. 15) gebunden ist.
Erwartungsgemäß bewegt sich das Fe-Ion, das in den "low spin"-Zustand
übergeht, zur Porphyrin-Ebene hin, aber nicht in die Ebene hinein, wobei
das axiale 3-Methylimidazol mitgezogen wird.

Von Interesse war auch die Bindung von CO an diese Modellverbindungen, verglichen mit der CO-Bindung des Hb und Mb. Dabei zeigt sich, daß
die natürlichen Systeme wesentlich niedrigere Affinitäten aufweisen. Um die
Frage nach den Ursachen zu klären, wurde u.a. das *Taschen-Porphyrin* 16
synthetisiert, von dem erwartet wurde, daß es eine normale Sauerstoff-Bindung gewährleistet, die Bindung von CO jedoch gehindert wäre [11]:

16   17   18

Dies erwies sich als richtig: Die O_2-Affinität von 16 ist vergleichbar
derjenigen der natürlichen Systeme, die CO-Affinität von 16 ist dagegen beträchtlich geringer. Dieser Befund wurde so interpretiert, daß eine Bindung
des CO in einer linearen Anordnung gehindert sei, wodurch K_{CO} geringer
wird (vgl. 18). Während das O_2-Molekül bekanntermaßen in einer abgewin-

kelten Form (17) gebunden wird, ist dies für die Bindung des CO ungünstiger.

Einen anderen Typ von Porphyrinen bieten die Komplexe 19 und 20, die auf beiden Seiten "Zäune" tragen [12]. Bei tiefer Temperatur werden mit Sauerstoff pentakoordinierte O_2-Addukte wie 21 und 22 gebildet. Beim Erwärmen der Lösungen von 21 und 22 dissoziieren sie zu ihren Deoxy-Formen zurück oder oxidieren irreversibel zu den Fe(III)-Verbindungen. μ-Peroxo- oder μ-Oxo-Dimere werden nicht gebildet, was in scharfem Kontrast zu den anderen pentakoordinierten O_2-Addukten (s.o.) steht. Der Verbindungstyp 19, 20 ist daher auch für das zukünftige Design neuer O_2-Carrier interessant.

19: R = CH$_3$
20: R = CH$_3$CH$_2$

21: R = CH$_3$
22: R = CH$_3$CH$_2$

8.4   Mit Kappe versehene Porphyrine

Der Grund dafür, daß Porphyrine mit Kappen versehen wurden ("capped porphyrins"), liegt darin, daß eine Bindungsstelle für O_2 geschaffen werden sollte, die vollständig vor der µ-Oxo-Dimerbildung schützt. Eine sichere Abschirmung vor der Dimerisierung sollte eine vergleichsweise starr ange-brachte, von der Seite der Kappe unzugängliche sterische Barriere bieten. Die Synthese folgt der *Rothemund*-Strategie. Alle vier Aldehyd-Gruppen, welche die *meso*-Positionen des Porphyrin-Systems bilden sollten, werden in dem Pyromellitsäure-Derivat **23**, das in zwei Stufen aus Salicylaldehyd zu-gänglich ist [13], vorgegeben:

Auch entsprechende Naphthalen-haltige, mit Kappe versehene Porphyrine wurden dargestellt (vgl. **25**).

Es sind schließlich Strategien entwickelt worden, um an der nicht mit Kappe versehenen Seite des Porphyrin-Rings zusätzlich Arme anzubringen. Hierzu war eine periphere Funktionalisierung des verkappten Porphyrins notwendig. Um die entsprechenden Mononitro-Verbindungen **26** und **28** her-zustellen, wurde das bereits verkappte Porphyrin der nucleophilen Nitrierung unterworfen; anschließend wurde zum Monoamino-verkappten Porphyrin re-duziert.

25 X = H
X = OBz
X = OH

26: X = H Y = NO_2
27: X = H Y = NH_2
28: X = NO_2 Y = H
29: X = NH_2 Y = H

Das "FeC2Cap" **24a** ist in Benzen-Lösung mit überschüssigem 1-Methylimidazol pentakoordiniert. Dieser Komplex ist ein reversibler O_2-Carrier bei Raumtemperatur. Die Affinität des "FeC2Cap-1-MeIm" für O_2 ist deutlich geringer als diejenige offener Vergleichssysteme. Dies hat zusammen mit seiner Unfähigkeit, hexakoordinierte Komplexe zu bilden, eine relativ kurze Halbwertszeit von fünf Stunden zur Folge [14].

Im Gegensatz dazu kann das mit einer größeren "Kappe" versehene "FeC3Cap" (**24b**) hexakoordinierte Komplexe bilden, die O_2 in Lösung reversibel binden, wobei heptakoordinierte Oxy-Komplexe gebildet werden. Da die Bindung des zweiten Liganden schwach und damit nicht im Einklang mit einer axialen Koordination ist, wird angenommen, daß der zweite Ligand eine nichtaxiale Koordinationsstelle besitzt [1a]:

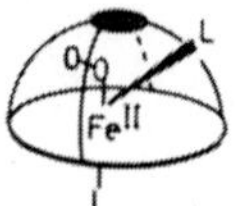

Es zeigte sich, daß die CO-Affinität beider verkappter Porphyrine **24** ähnlich derjenigen offenkettiger Systeme ist; allerdings sind die O_2-Affinitäten deutlich geringer. Kristallstrukturanalysen und NMR-Studien legen eine beträchtliche konformative Beweglichkeit der verkappten Strukturen nahe. Es könnte sein, daß die "Kappe" in Lösung eine Konformation annimmt, welche die O_2-Bindung beeinträchtigt, während die CO-Bindung weniger gehindert ist.

Die mit Kappen versehenen Porphyrine konnten in neuerer Zeit sogar noch mit einer Brücke auf der anderen Seite der Kappe versehen werden: *"capped strapped porphyrins"* [1a]:

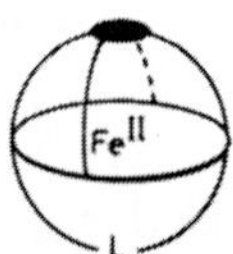

Ein Syntheseschema ist in <u>Abb.5</u> gegeben.

Schlüsselstufen sind die α,γ-bifunktionalisierten verkappten Porphyrine **33** und **34**. Die Bildung der der Kappe gegenüberliegenden Brücke erfolgte durch Cyclisierung der entsprechenden Pyridindicarbonsäure unter Verdünnungsbedingungen und Esteraktivierung mit 2-Chlormethylpyridiniumiodid. Der erhaltene Porphyrin-Typ **35**, **36** bildet stabile reversible O_2-Carrier bei Raumtemperatur in Lösung.

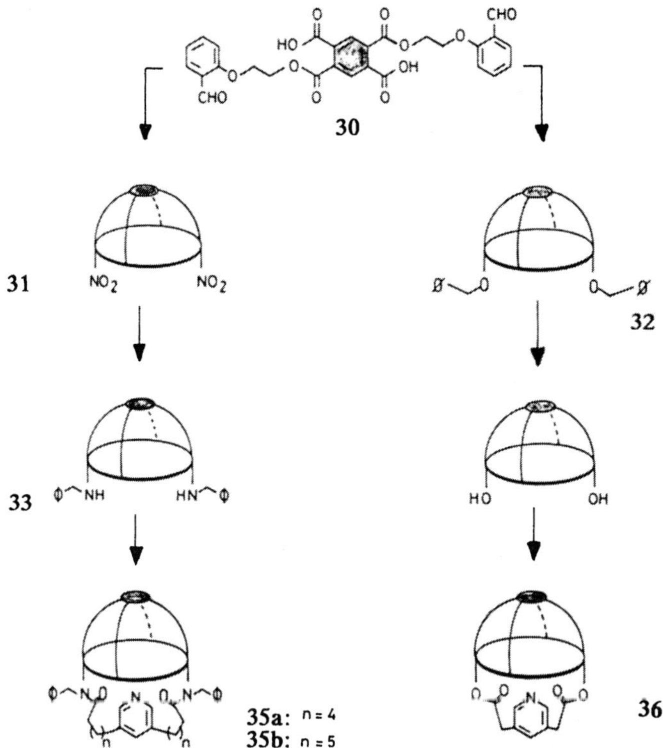

Abb.5.   Synthese von "capped strapped"-Porphyrinen. Näheres siehe Lit. [1a]

8.5   Überbrückte Porphyrine

8.5.1   Einfach überbrückte Porphyrine

Seit 1971 sind mehrere Dutzend unterschiedlicher einfach überbrückter Porphyrine synthetisiert worden [1]. Außer Oligomethylen-Brücken wurden solche mit raumfüllenden Einheiten wie Biphenyl, Anthracen, Naphthalen usw. in den Brücken beschrieben. Die Synthese kann von zwei Seiten in Angriff genommen werden: Einmal kann das fertige Porphyrin mit einer Brücke versehen werden, und zweitens kann die Brücke vorgegeben und das Porphyrin nachträglich aufgebaut werden. Erstere Methode - Brückenbildung an einem vorfunktionalisierten Porphyrin - ist in den letzten Jahren nahezu ausschließlich eingesetzt worden. Dabei wurde oft von den gut zugänglichen Diestern des *meso*-Porphyrins II (37, R' = H) ausgegangen:

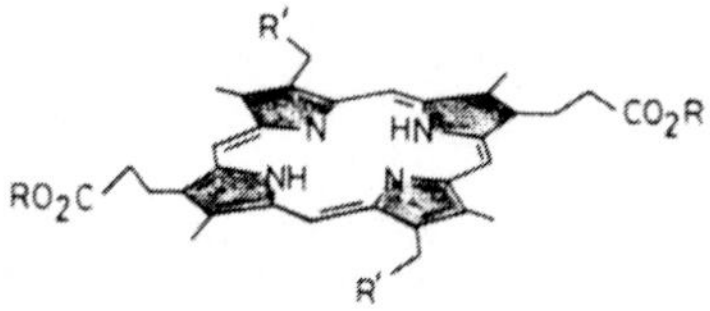

37

Von *Battersby* wurde eine sukzessive Überbrückung beschrieben, die in Abb.6 skizziert ist [15]:

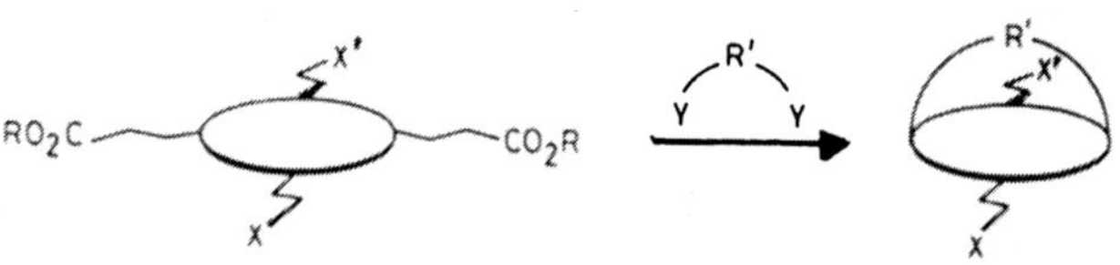

Abb.6.   Synthese überbrückter Porphyrine

Als Beispiel für die Vorgabe der Brücke und den nachträglichen Aufbau des Porphyrin-Systems sei *Baldwins* Synthese von α,γ-Diphenylporphyrin-Derivaten formuliert [16]:

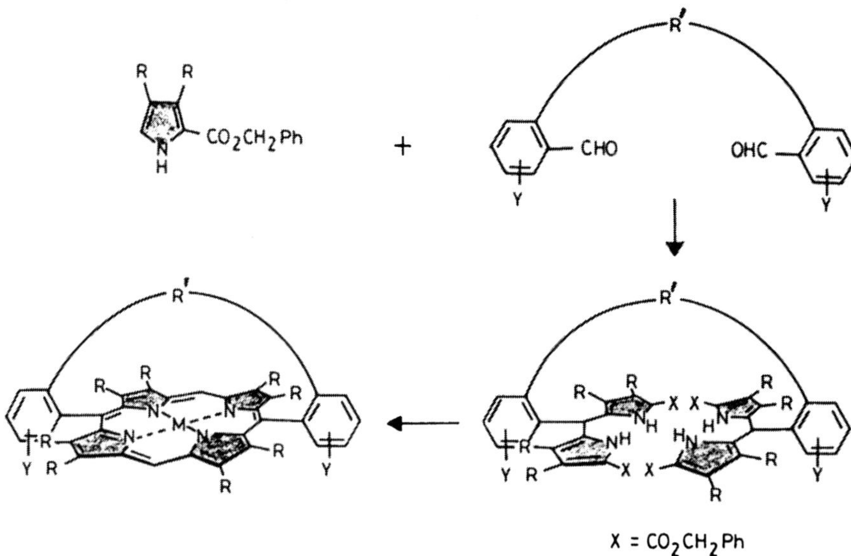

Abb.7. Synthese überbrückter Porphyrine unter Bildung des Porphyrin-Systems im zweiten Schritt

Bei mehreren der einfach überbrückten Fe(II)-Porphyrine ist die Bindung eines zweiten axialen Liganden deutlich beeinträchtigt. Dies deutet darauf hin, daß die Brücke die überbrückte Bindungsstelle abschirmt. Wenn großvolumige Liganden wie 1-Tritylimidazol eingesetzt werden, dann können pentakoordinierte Fe(II)-Porphyrine des einfach verbrückten Typs erhalten werden.

Das "verkronte Porphyrin" ("crowned porphyrin") 38 von *Chang* hat eine Halbwertszeit (in Lösung unter 1 atm O$_2$) von >1 Stunde bei Raumtemperatur [17].

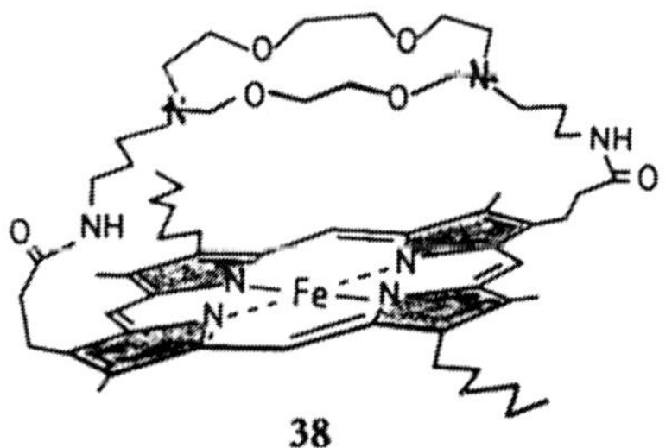

Die meisten überbrückten Porphyrine sind hergestellt worden, um den Beitrag der sterischen Abschirmung herauszufinden, die eine Differenzierung zwischen der CO- und O_2-Bindung bewirken könnte, so wie es bei den Hämoproteinen der Fall ist.

Traylor et al. fanden für die *"Cyclophan-Porphyrine"* **39** und **40**, daß a) der engere Hohlraum von **39** sowohl die CO- als auch die O_2-Affinität reduziert, verglichen mit **40** und anderen R-Zustands-Hb-Modellen, und daß b) die Beeinträchtigung der Affinitäten bei der Verkleinerung der Hohlräume für beide Gase (CO und O_2) ganz ähnlich ist und sich fast vollständig in den Assoziationsverhältnissen widerspiegelt [18]. Bei diesen beiden Modellen scheinen daher distale (entfernte) sterische Effekte nicht zwischen O_2 und CO zu differenzieren.

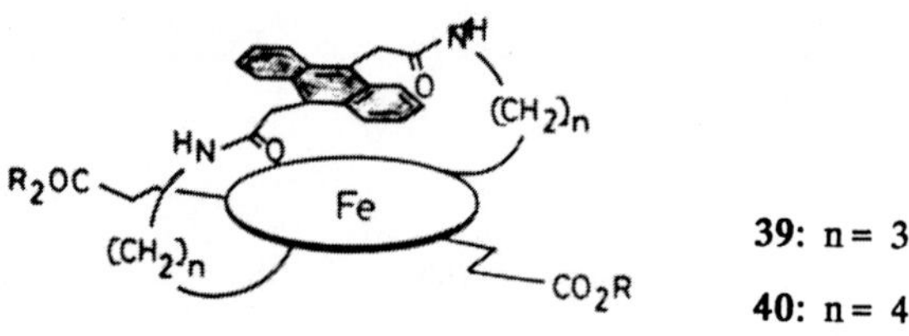

39: n = 3
40: n = 4

8.5.2   Zweifach überbrückte Porphyrine

Nach der Strategie von *Battersby* wurden die beiden zweifach überbrückten Porphyrin-Systeme **41** und **42** erhalten [19]:

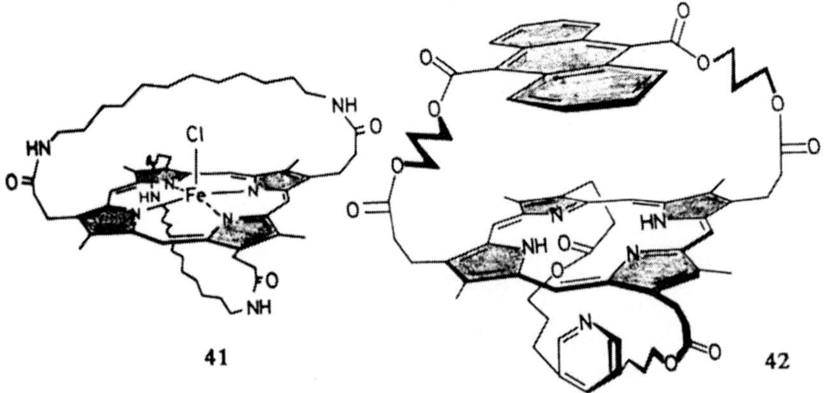

41

42

Die doppelt *meso*-überbrückten, mit Griff ausgestatteten korbförmigen Porphyrine *("basked handle porphyrins")* wurden auf zweierlei Weise erhalten, wie in <u>Abb.8</u> skizziert [20]:

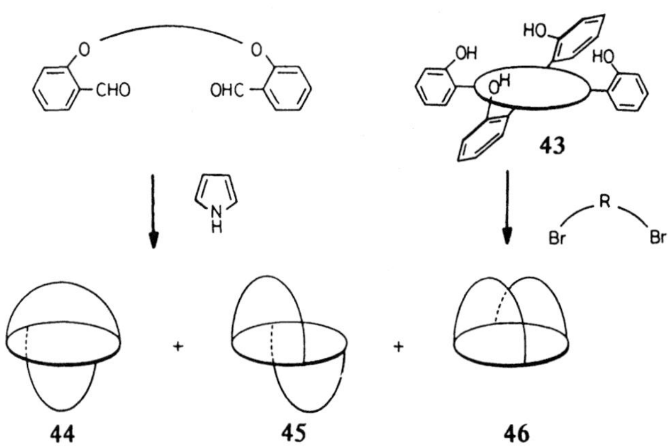

<u>Abb.8.</u>   Mit Griff versehene korbförmige Porphyrine

Weitere zweifach überbrückte Porphyrine (**47** und **48**) wurden von *Momenteau* beschrieben [21]:

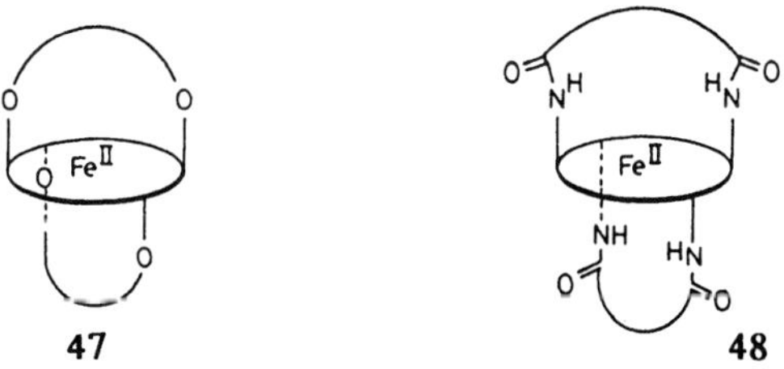

Diejenigen überbrückten Porphyrine, die in der Brücke Ligand-Donorzentren enthalten, sind als wichtiger Fortschritt beim Design von Modell-Sauerstoffcarriern, insbesondere von mononuclearen O_2-Trägern, anzusehen. Der in axialer Stellung fixiert gebundene Ligand schließt die mit einem offenkettigen Donorarm auftretenden Probleme weitgehend aus.

Die Halbwertszeit von **42** beträgt bei Gegenwart von O_2 nur 15 min [19]. Beim Übergang vom Lösungsmittel Dichlormethan zu Dimethylformamid erhöht sich $t_{1/2}$ auf >2 Stunden, wahrscheinlich eine Folge der Fähigkeit des Lösungsmittels, mit dem O_2 um die sechste Koordinationsstelle zu konkurrieren. Bemerkenswerterweise wurde gefunden, daß das CO im 42·CO-Komplex durch O_2 ersetzt werden konnte. Dies steht im Gegensatz zu allen anderen Modellsystemen, bei denen die Affinität für CO wesentlich höher ist als die für O_2. Hier liegt eine wichtige Analogie zum Verhalten von Myoglobin vor.

Durch ^{1}H-NMR- und Röntgen-Kristallstrukturanalysen wurde gefunden, daß die Modellverbindungen **49** und **50**, die jeweils eine "Hälfte" von **42** repräsentieren, konformativ beweglich sind: Die Brücke kann von einer Seite der Porphyrin-Ebene auf die andere hinüberschwingen. Diese Flexibilität in Lösung macht auch die Autoxidation, der **42** unterliegt, verständlich.

49   50

Bei Gegenwart von 1-Methylimidazol und 1 atm O_2 erwies sich das *trans/trans*-Isomer **44** mit einer Halbwertszeit von 25 min als das stabilste. Das Isomer **46**, das nur auf einer Seite des Porphyrin-Rings sterisch abgeschirmt ist, bildet rasch das μ-Oxo-Dimer. Diese Befunde untermauern die Inhibierung der μ-Oxo-Dimerbildung durch sterischen Schutz auf beiden Seiten des Porphyrin-Rings.

Für die beiden *"basket-handle"*-Verbindungen **47** und **48** wurde die Kinetik der CO- und O_2-Bindung gemessen: Diese Gase werden stärker als von ungehinderten Fe(II)-Komplexen gebunden. Darüber hinaus zeigt **48** eine um eine Größenordnung stärkere Affinität für O_2 als **47**. Dies wird ausschließlich dem Unterschied in den O_2-Dissoziationsgeschwindigkeiten zugeschrieben, welche die polarere entfernte Umgebung reflektieren, die durch die zwei Amidbindungen von **48** gegeben ist.

8.6   Cytochrom-Modelle

8.6.1   Cytochrom P450-Modellverbindungen

Die Cytochrome P450 bilden eine Gruppe von Monooxigenasen, die in tierischem Gewebe, in Pflanzen und Mikroorganismen verbreitet sind [1a]. Die Zahl 450 geht auf die UV/Vis-Absorption des Carbonyl-Addukts bei λ = 450 nm zurück. Die Bezeichnung "Cytochrom" ist etwas irreführend, da die Funktion dieses Enzyms eine ganz andere ist als die der Cytochrome der Elektronentransport-Kette. Die Cytochrome P450 katalysieren die Hydroxylierung vieler Substrate einschließlich aliphatischer und aromatischer Kohlenwasserstoffe. Sie sind für den Abbau von Arzneistoffen und die Hydroxylierung von Steroiden verantwortlich.

Die prosthetische Gruppe von Cytochrom P450 ist Protoporphyrin IX. Spektroskopische Befunde sprechen für eine Thiolat-Gruppe (wahrscheinlich Cysteinyl) als eine der axialen Koordinationsstellen. Die darüber hinausgehende sechste Koordinationsstelle könnte Imidazol, Tyrosin, Serin oder Wasser sein. Da Cytochrom $P450_{cam}$ aus *Pseudomonas putida*-Bakterien in hoher Reinheit erhalten werden kann, sind viele der Stufen des komplizierten Katalysecyclus dieses Enzyms bekannt. Im ersten Schritt reagiert ein Kohlenwasserstoff (RH) mit dem "low spin"-hexakoordinierten Fe(III)-Komplex zu einem "high spin"-pentakoordinierten Fe(III)·RH-Addukt. Im zweiten Schritt wird dieses reduziert, wobei das Eisen in die zweiwertige Form übergeht und "high spin"-pentakoordiniert bleibt. Im dritten Schritt wird mit molekularem Sauerstoff oxidiert, wodurch ein $Fe(II)(O_2)$·RH "low spin"-Hexakoordinat gebildet wird. Dieses wird nach Anlagerung zweier Protonen über eine aktive Oxy-Zwischenstufe zu ROH + H_2O umgesetzt, wobei der Ausgangs-Fe(III)-Komplex zurückgebildet wird.

Das Hauptaugenmerk bei der Synthese von Fe-Porphyrin-Sauerstoff-Modellen galt den beiden letzten Stufen, d.h. der aktiven Oxy-Zwischenstufe, die Substrate einschließlich CH-Bindungen oxidieren kann.

8.6.2   Zaun-Porphyrine

Als Modell für die aktive Oxy-Zwischenstufe E synthetisierte *Groves* einen Fe(IV)-Sauerstoff-Komplex der Struktur 51 [23]:

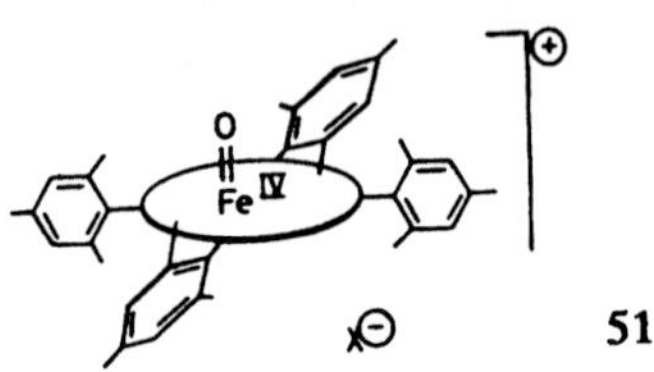

$$51$$

Behandelt man eine Lösung von 51 mit Norbornen, so erhält man mit 78% Ausbeute Norbornenoxid. Setzt man eine Lösung von 51 mit $H_2^{18}O$ um, bevor man die Reaktion mit Norbornen durchführt, so findet man eine 99%ige Aufnahme von ^{18}O im Norbornenoxid. Dies weist auf einen leichten Sauerstoffaustausch mit Wasser hin:

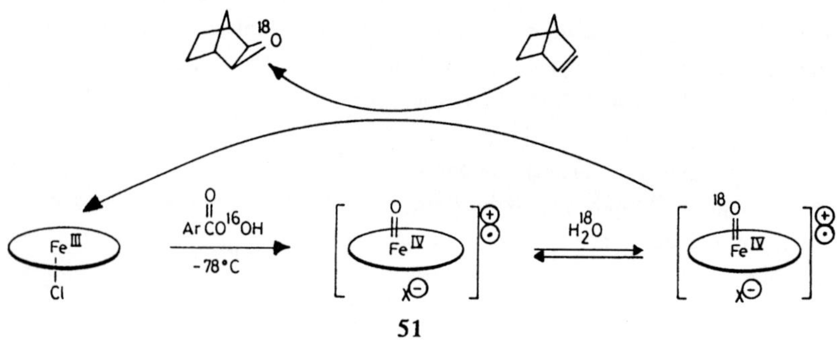

$$51$$

^{1}H-NMR-, Elektronen-, Mössbauer- und EPR-Befunde stützen die Annahme einer Fe(IV)-Porphyrin-π-Kationradikal-Bildung. Wegen der Stabilität des Systems, die von dem Mesityl-Zaun herrührt, konnte eine solche Zwischenstufe hier erstmals beobachtet werden. 51 kann daher als gutes Modell sowohl für Cytochrom P450 als auch für Peroxidase-Verbindungen angesehen werden.

Von *Collman* wurden Cytochrom P450-Modelle auf der Basis TPivPP und TPP beschrieben, die einen mit Thiolat-Gruppe versehenen Seitenarm tragen (Abb.9) [24]. Um die konkurrierende Thioester-Bildung bei der Synthese zu vermeiden, wurden die Thiol-Gruppen als S-Trityl- oder S-Acetyl-

und als Disulfid-Derivate eingeführt. Dabei stellte sich heraus, daß die Trityl-Gruppe eine günstigere Schutzgruppe als Acetyl ist, da sie in besseren Ausbeuten wieder entfernt werden kann.

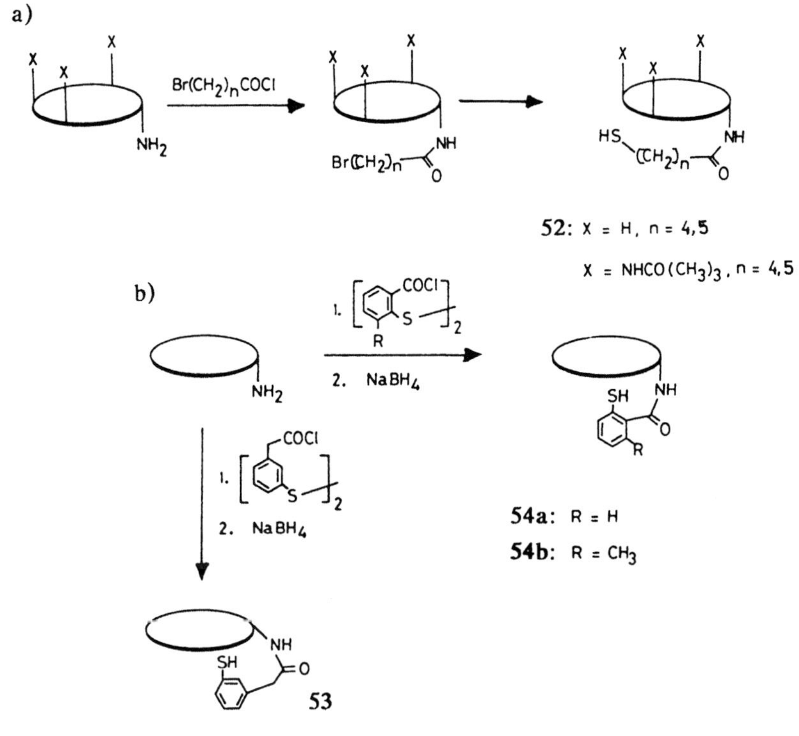

a)

$Br(CH_2)_n COCl$

52: X = H, n = 4,5

X = $NHCO(CH_3)_3$, n = 4,5

b)

1. $\left[\text{S-COCl} \right]_2$ (R)

2. $NaBH_4$

54a: R = H
54b: R = CH_3

1. $\left[\text{S-COCl} \right]_2$

2. $NaBH_4$

53

Abb.9. Synthese von mit Thiol-Seitengruppe ausgestatteten Porphyrin-Modellen für Cytochrom P450

Alle mit Thiol-Armen versehenen Porphyrine erwiesen sich als empfindlich gegenüber Luft und Licht. Dies wird auf Folgereaktionen zurückgeführt, die durch die Porphyrin-sensibilisierte Bildung von Singlett-Sauerstoff verursacht sind. Die lästigen Zersetzungserscheinungen können jedoch vermieden werden, wenn man unter Inertbedingungen und nur mit Rotlicht arbeitet.

53 bildet den pentakoordinierten Komplex **55:**

55

Bei Gegenwart von CO bilden auch die mit Alkylthiol-Seitenkette ausge-rüsteten Porphyrine **52** wie auch die Arylverbindung **53** hexakoordinierte "low spin"-Fe(II)-Komplexe. Die anderen Arylthiole **54** liegen bei 25°C in einem Gleichgewicht mit dem pentakoordinierten "tail-off"-Komplex vor, während sie bei 0°C vollständig hexakoordiniert sind:

"tail-off"   *"tail-on"*

Behandelt man **53** mit der Base $K^{\oplus}$ $H_3C(CO)N^{\ominus}(C_6H_5)$ bei Gegenwart von CO, so erhält man vollständige Umwandlung in den Thiolat-Komplex **56**. Dessen UV/Vis- und MCD-Spektren erwiesen sich als ähnlich denjeni-gen von reduziertem und mit CO beladenem Cytochrom P450. Solche hexa-koordinierten Fe(II)-Thiolat-CO-Addukte liefern typische "Hyperporphyrin"-Spektren mit aufgespaltenen *Soret*-Banden bei ca. 450 und 380 nm:

56

8.6.3   Überbrückte Porphyrine

Von *Battersby* wurde die Synthese eines überbrückten Fe(II)-Porphyrins mit Thiolat-haltigem Arm beschrieben [25]. Die Thiolat-Gruppe ist in der Mitte der Brücke befestigt und kann am Fe(II) koordinieren. Bei der Synthese (Abb.10) war die SH-Gruppe in Form des Acetyl-Derivats geschützt:

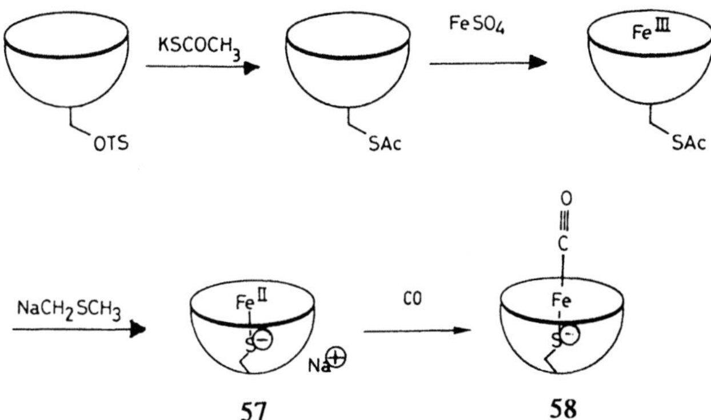

Das UV/Vis-Spektrum des pentakoordinierten Fe(II)-Derivats 57 ähnelt dem der reduzierten Form von Cytochrom $P450_{cam}$. Behandeln von 57 mit CO ergab hexakoordiniertes 58, welches das charakteristische Hyperporphyrin-Spektrum von P450 zeigte. Der ^{13}CO-Komplex von 57 weist eine Resonanz bei $\delta_C = 196.8$ auf, also ein signifikant hochfeldverschobenes Signal verglichen mit entsprechenden Häm-Verbindungen.

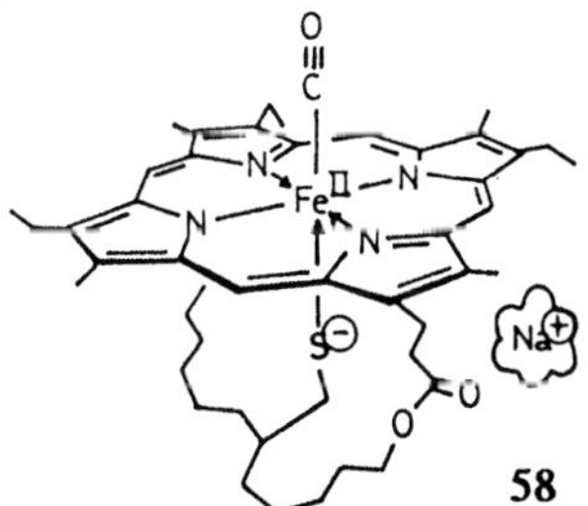

Die Methylen-Protonen der Brücke sind stark abgeschirmt [δ (CH$_2$) = 0.5 bis -3.9] verglichen mit chemischen Verschiebungen in 57. Dies spiegelt die stärkere Annäherung der Brücke an das Porphyrin als Folge der dichteren Bindung des Thiolats an das Metall wider.

8.7   Cytochrom C-Oxidase-Modelle

Cytochrom C kommt in Tieren, Pflanzen, Hefen und Bakterien vor. Das Enzym ist verantwortlich für die Katalyse der Vierelektronen-Reduktion von O_2 zu H_2O, der letzten Reaktion in der Mitochondrien-Elektronentransport-kette. Dies geschieht durch Übernahme von vier Reduktionsäquivalenten vom Cytochrom C und deren Übergabe an das gebundene O_2-Molekül, wobei Wasser gebildet wird [1a]:

$$4\ Cyt\ C^{2\oplus}\ +\ O_2\ +\ 4\ H^{\oplus}\ \rightarrow\ 4\ Cyt\ C^{3\oplus}\ +\ 2\ H_2O$$

Die physiologische Bedeutung dieses Redoxprozesses liegt darin, daß freie Energie gewonnen wird, die durch Umwandlung zweier Äquivalente von ADP zu ATP gespeichert werden kann.

Cytochrom C-Oxidase, eine intensiv farbige Verbindung, hat eine Molmasse von ca. 140 000. Sie enthält zwei Häm-Einheiten, zwei Cu-Ionen und sieben Peptid-Untereinheiten. Die Struktur der beiden Häm ist die gleiche (Häm a). Cytochrom C-Oxidase enthält zwei unterschiedliche Cytochrome (a und a_3).

Für Modellstudien bieten sich folgende charakteristische Eigenschaften der Cytochrom C-Oxidase an:

a) die katalytische Vierelektronen-Reduktion von O_2 zu H_2O

b) die Elektronentransfer- und spektroskopischen Eigenschaften von Cytochrom A

c) die Eigenschaften des Fe(III)/Cu(II)-Komplexes, der starke antiferromagnetische Kopplungen zeigt [1a].

8.7.1 Zaun-Porphyrine als Cytochrom C-Oxidase-Modelle

Gemischte Komplexe wurden von *Gunter* als Cytochrom a_3-Modelle beschrieben, wie z.B. der mit Zaun versehene Porphyrin-Komplex **59**:

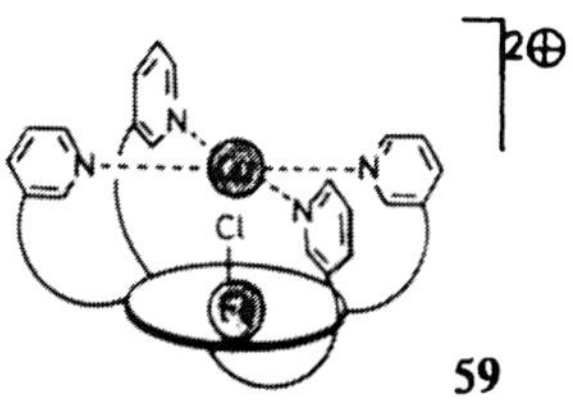

59

Obwohl nachgewiesen werden konnte, daß der Einbau des Cu(II) in den Komplex den elektronischen Zustand des Fe(III) deutlich stört, scheint die spin-Kopplung zwischen den Metallionen nahezu Null zu sein.

8.7.2 Überbrückte Porphyrine als Cytochrom C-Oxidase-Modelle

Gunter et al. präparierten auch überbrückte Porphyrine des Typs **61** als Cytochrom a_3-Modelle [27]. Die Synthese erfolgte ausgehend von *o*-Nitrobenzaldehyd und Tetramethyldipyrromethan über das α,γ-Diarylporphyrin **60**.

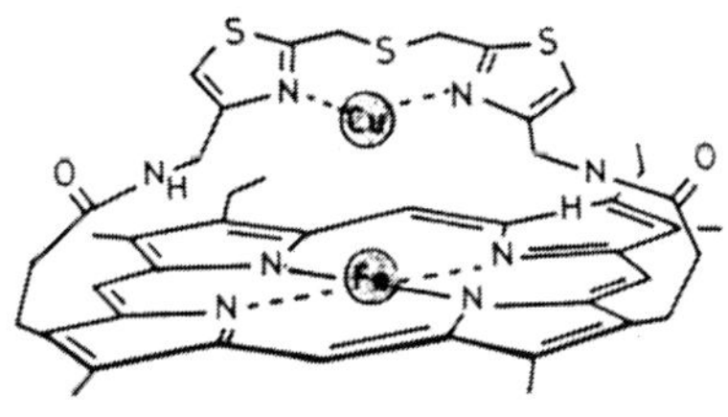

60   **61**

Die Verbrückung verlief unter Verdünnungsbedingungen in hoher Ausbeute (70%). Allerdings wurde keine spin-Kopplung in **61** gefunden. Ein Cytochrom a_3-Modell (**62**), das deutliche spin-Kopplung zeigt (132 cm^{-1}), wurde von *Chang* beschrieben [28]:

62

Es bietet eines der wenigen Beispiele für ein nicht symmetrisch überbrücktes Porphyrin, wobei die Brückenkopfatome an benachbarten und nicht
an entgegengesetzt liegenden Pyrrol-Einheiten angebracht sind. Bei diesem
Komplex wurde bewußt die Bildung eines Cu(II)-Komplexes mit quadratisch-
planarer Geometrie vermieden.

8.7.3   Dimere Porphyrine als Cytochrom C-Oxidase-Modelle

Von *Reed et al.* wurden die Fe- und Mg-Imidazolat-Dimere **63** und **64**
hergestellt, deren antiferromagnetische Kopplung sich als minimal erwies
29).

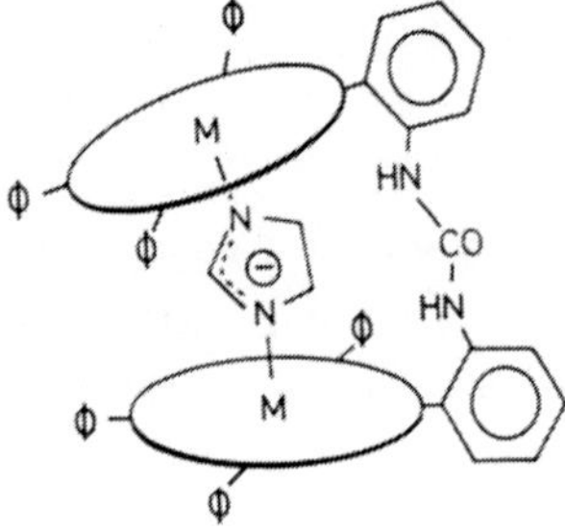

63: M = Fe

64: M = Mn

Um Modelle für die Katalyse der Vierelektronen-Reduktion von O_2 zu
H_2O zu studieren, synthetisierte *Collman* "face-to-face"-dimere Porphyrine
des Typs **65**. Außer der Art des Metallions konnte auch der Abstand zwischen den beiden Porpyhrin-Ebenen variiert werden [1c]:

65

Verbindungen dieses Typs erwiesen sich als wirksame Katalysatoren für
die O_2-Reduktion. Sie übertreffen sogar den bis dahin besten bekannten Katalysator, das Platin, hinsichtlich der Umsetzungsgeschwindigkeiten.

8.8   Verschiedene Porphyrine

Einige Zaun-Porphyrine, überbrückte, "verkappte" und dimere Porphyrine (zwei- und mehrschichtige Porphyrine) sind im Hinblick auf ihre transannularen Donor/Acceptor-Wechselwirkungen, im Hinblick auf das Studium von Primärreaktionen bei der bakteriellen Photosynthese und manche vielleicht auch wegen ihrer reizvollen symmetrischen Struktur angestrebt worden [1]. Am Schluß dieses Überblicks über *Porphyrinophane* sollen einige davon vorgestellt werden.

Exotische, mit Zaun versehene Porphyrine sind das Ferrocenyl- (66) und das Tetracarboranyl-substituierte 67 [30,31]:

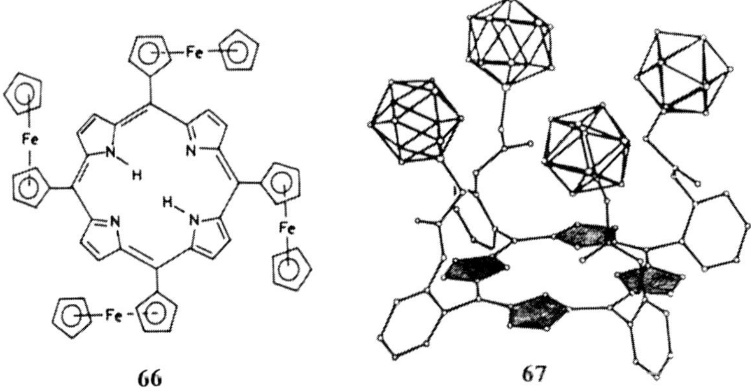

66   67

Von *Kagan* wurde das "strati-bis-Porphyrin" 68 durch Vierfachverbrückung zweier tetra-*meso*-substituierter Porphyrine synthetisiert [32]:

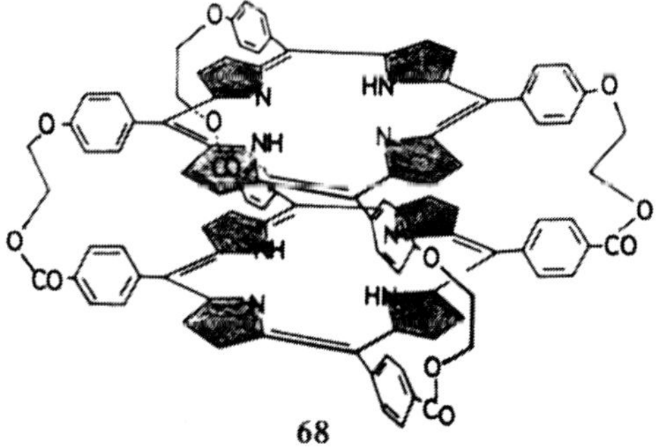

68

Die Chinon-verbrückten (69) und -verkappten Porphyrine 70 interessieren im Zusammenhang mit Charge-Transfer-Wechselwirkungen, wie sie bei den Donor/Acceptor-Phanen *(Abschn. 2.11)* beschrieben sind [33]. Die Synthese von 70 ist ein Beispiel dafür, daß bei Makrocyclisierungsreaktionen, bei denen starre Untereinheiten und reversible Reaktionstypen verwendet werden, die Ausbeuten bemerkenswert hoch sein können.

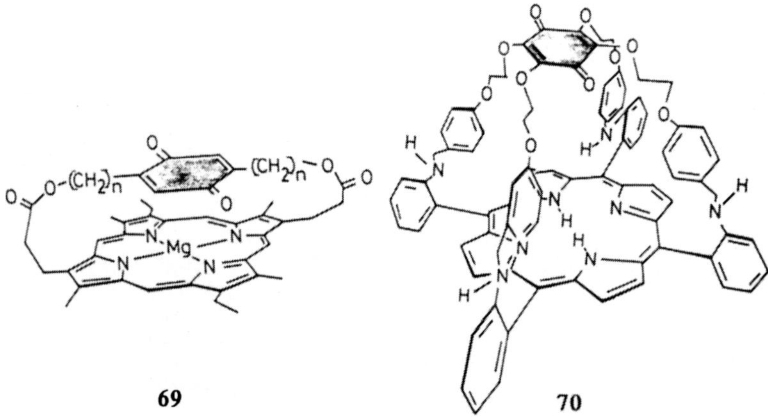

69   70

Von *Staab et al.* wurden die ersten dreilagigen Donor/Acceptor-Porphyrinophane 71, 72 beschrieben [34]. Die "Aromaten"-Ebenen sind nach Röntgen-Kristallstrukturanalysen im Abstand von 342 pm parallel zueinander angeordnet. Für das Chinon 71 wurde - im Gegensatz zu 72 - ein intramolekularer Elektronenübergang nachgewiesen (Fluoreszenz-Löschung).

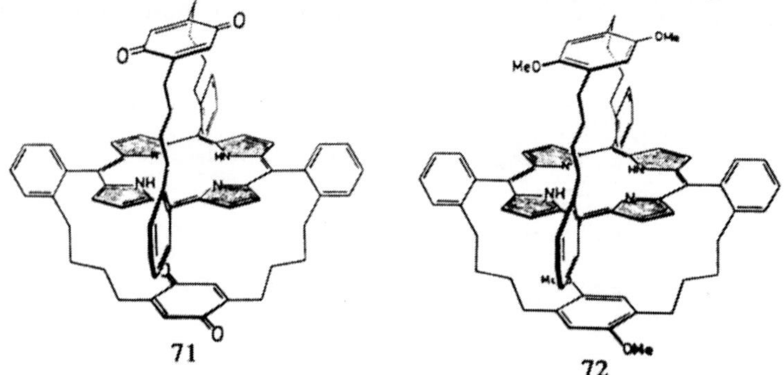

71   72

Vögtle et al. synthetisierten verschiedene Isomere von vierfach mit Azobenzen-Einheiten (als photoschaltbare Elemente) verbrückten Porphyrinophanen, darunter die Isomere 73a,b [35]:

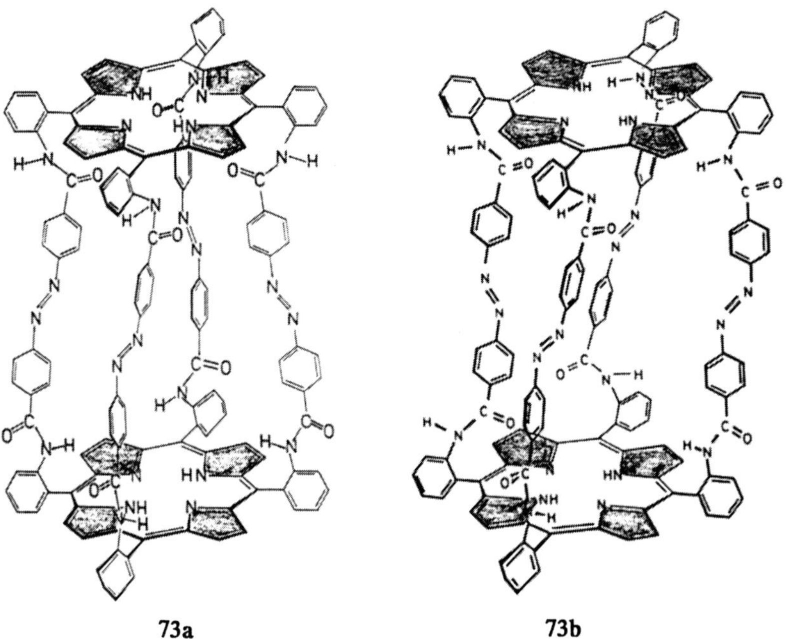

73a   73b

Diederich berichtete kürzlich über ein Porphyrin-überbrücktes Cyclophan
74 als Modell für Cytochrom P450-Enzyme [37]:

74

Hinsichtlich weiterer neuer Porphyrinophane muß auf die Literatur verwiesen werden [36].

9   "Protophane" und "Aliphane"

In diesem Abschnitt sei auf einige Grenzfälle von Molekülen eingegangen, insbesondere auf die "offenkettigen Phane" ("Protophane") und Phananaloge Aliphaten ("Aliphane").

9.1   Protophane

Die Bezeichnung *"offenkettige (Cyclo-)Phane"* [1a] birgt selbstverständlich einen Widerspruch, der bewußt formuliert wurde. Was ausgedrückt werden soll, ist eine räumlich analoge Anordnung von Bauteilen oder funktionellen Gruppen wie in den Cyclophanen, z.B. dem [2.2]Paracyclophan, jedoch ohne daß die Präorganisation der Gruppen durch Ringschluß bewirkt wird. In der Tat ist die für Cyclophane charakteristische starre "face-to-face"-Anordnung von aromatischen Kernen, z.B. Benzenringen, auch auf andere Weise, und zwar mit offenkettigen Strukturen, durchaus möglich. Wie in *Abschnitt 6* schon erwähnt, findet man geschichtete Benzenringe nicht nur bei den Helicenen (und z.B. Metallocenen), sondern auch beispielsweise bei bestimmten Orthocyclophanen *(Abschn. 3)*, bei 1,8-Diarylnaphthalenen oder 1,8-Diarylanthracenen. Insofern erhält die eigentlich irreführende Bezeichnung einen Sinn.

Die Anordnung funktioneller Gruppen wie etwa in der pseudo-*geminalen* [2.2]Paracyclophandicarbonsäure läßt sich im offenkettigen System, z.B. im 1,8-Diarylnaphthalen-Gerüst, durchaus bewerkstelligen:

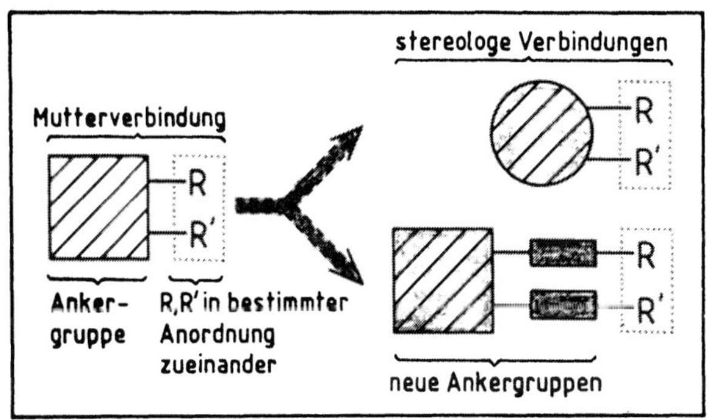

Die Analogie läßt sich noch ausbauen, wie 1981 mit der Bezeichnung *Stereologie-Konzept"* veranschaulicht wurde [2]. Die charakteristischen Eigenschaften stereologer Moleküle sind durch das Zusammenwirken zweier oder mehrerer an einer "Ankergruppe" gebundener Funktionen bedingt: Ein zu einer Mutterverbindung "stereologes Molekül" soll durch die Möglichkeit einer räumlich ähnlichen Anordnung der Funktionen zueinander ausgezeichnet sein (Abb.1):

Abb.1. Stereologie-Konzept (schematisch) [2b]

Während also die bekannten Verwandtschaftsbegriffe Homologie, Vinylogie, Phenylogie, Arenologie, Heteroanalogie etc. Moleküle in Beziehung setzen, die trotz sterischer und elektronischer Modifizierung prinzipiell ähnliche Eigenschaften aufweisen, wobei meist nur eine funktionelle Gruppe betrachtet wird, ist mit dem Begriff Stereologie ein komplexerer Zusammenhang gemeint. Bezogen auf funktionelle Gruppen bedeutet *Stereologie,* daß diese beispielsweise in gleichem Abstand voneinander an verschiedenen "Ankergruppen" angeordnet sind oder daß sie beispielsweise linear oder konvergent zueinander fixiert (präorganisiert) sind. Am Beispiel *EDTA-stereologer Komplexone* sei dies konkretisiert [2b]: Für eine wirkungsvolle Kationkomplexierung ist es erforderlich, daß die beiden Aminodiessigsäure-Reste wie in der Mutterverbindung EDTA (6) eine für die Bildung von Chelatringen günstige Anordnung zueinander einnehmen können. Das Metallkation wird von den sechs Donorzentren - komplementär und koordinativ - oktaedrisch komplexiert. Prinzipiell sollte es möglich sein, die Liganden auch an anderen Ankergruppen als der Ethano-Kette so zu fixieren, daß sie gemeinsam Kationen binden, so etwa in dem EDTA-stereologen Liganden 7, der in der Tat - wie EDTA - hohe Calcium-Selektivität aufweist.

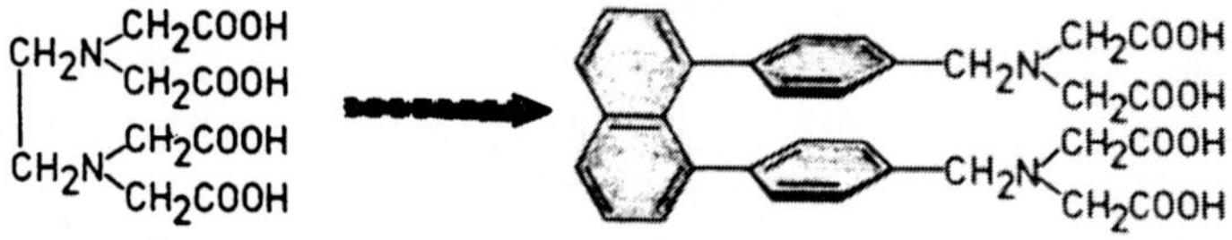

$$\text{6} \qquad\qquad\qquad\qquad \text{7}$$

Eine stereologe Anordnung von Funktionen - oder lediglich Molekülteilen - kann, wie aus <u>Abb.1</u> hervorgeht, noch auf andere Weise erzielt werden: Die Ankergruppe der Bezugsubstanz (Mutterverbindung) wird beibehalten, und man bedient sich der durch die klassischen Begriffe beschriebenen Variationsmöglichkeiten, indem zwischen Ankergruppe und jede Funktion beispielsweise ein Phenylenkern eingeschoben wird ("doppelte Phenylogie", vgl. 8, 9).

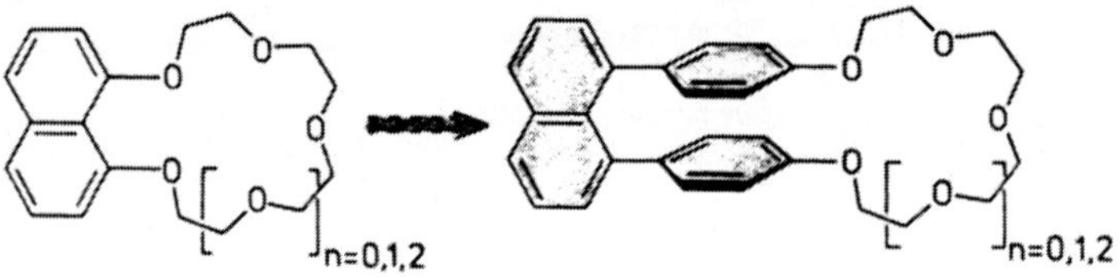

$$\text{8} \qquad\qquad\qquad\qquad \text{9}$$

Das Stereologie-Konzept bietet damit Möglichkeiten zum gezielten Entwurf neuer Verbindungen mit annähernd voraussehbaren und in weitem Rahmen variierbaren Eigenschaften:

Die *stereologe Oxaessigsäure* 11, in der die beiden funktionellen Gruppen etwas weiter entfernt sind als bei der Stammverbindung 10, ist dementsprechend nicht Calcium-selektiv wie 10, sondern Barium-selektiv, weil das Barium-Ion besser in den etwas größeren Donor-Hohlraum von 11 paßt als in den kleineren von 10.

Eine andere Möglichkeit, EDTA-Verbindungen gezielt neu zu entwerfen, zeigt beispielsweise die EDTA-stereologe Verbindung 12, welche die Quaterphenyl-Ankergruppe enthält.

Das Stereologie-Konzept findet seine Krönung in dem 1978 eingeführten Begriff der *"molekularen Pinzetten"*. Bei den ersten von *Whitlock* unter diesem Namen beschriebenen Wirtverbindungen des Typs 13 (schematisch) waren jedoch die Donorfunktionen zu flexibel angeordnet, um wirklich von erfolgreichen "Pinzetten" sprechen zu können [3]. Allerdings wurden als Gäste Heterocyclen-Einheiten wie Coffein zwischen zwei sandwichartig gestapelte obere und untere Pinzettenplatten (schraffiert) eingeschlossen. Nachteilig an diesen frühen Wirtmolekülen war die freie Drehbarkeit und die daraus folgende mangelnde Präorganisation der beiden Acceptorplatten.

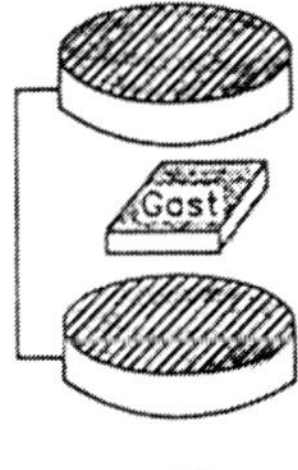

13

Bei den oben erwähnten 4,4'-funktionalisierten *peri*-Diarylnaphthalenen 7, die wegen ihrer starr gabelförmigen Präorganisation eher wie Pinzetten aussehen, wirken die funktionellen Gruppen nachgewiesenermaßen kooperativ und ionenselektiv [2]:

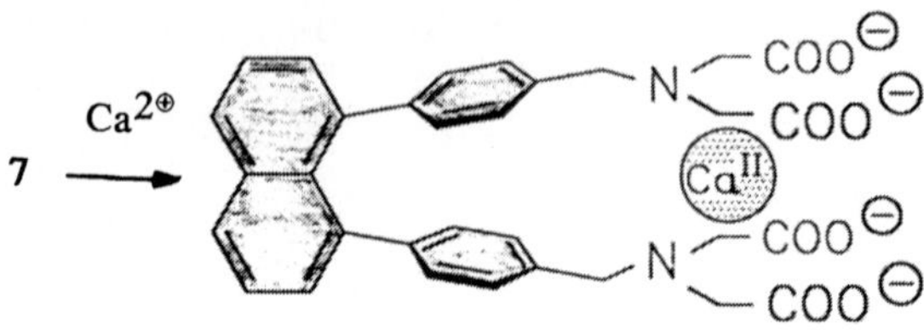

1985 gelang es *Rebek*, zwei funktionelle Gruppen fast ideal colinear und konvergent anzuordnen. Hier kann man mit Fug und Recht von hocheffizienten *molekularen Pinzetten* sprechen [4] (Abb.2):

<u>Abb.2.</u>   Schema einer "molekularen Pinzette" [5] und deren molekulare Erkennung und Bindung eines Gastteilchens

Konkret haben die *Rebekschen* molekularen Pinzetten Strukturen wie 15. Wie ersichtlich, lassen sich zwischen die beiden colinear und konvergent angeordneten Carboxylgruppen nicht nur Kationen (bei kleinem Spacer wie z.B. Naphthalen-Einheit), sondern auch größere bifunktionelle Gäste mit komplementären Donorgruppen (Carboxyl-Gruppen) in der Nische ("molecular cleft") selektiv binden (siehe auch *Abschn. 12*).

15

Bei den molekularen *π-Pinzetten* 16 [2d] soll der Gast von den beiden Dreifachbindungen gemeinsam (kooperativ) in die Zange (Pinzette) genommen werden. Der Kohlenwasserstoff 16 erwies sich allerdings nur als eine Einweg- oder Einmalpinzette: Er reagiert mit $Fe(CO)_6$ zu einem Eisenpen-

tacarbonyl-Komplex, bei dem zwischen den beiden Dreifachbindungen eine
C-C-Einfachbindung entsteht, die nicht reversibel gelöst werden kann [2d].

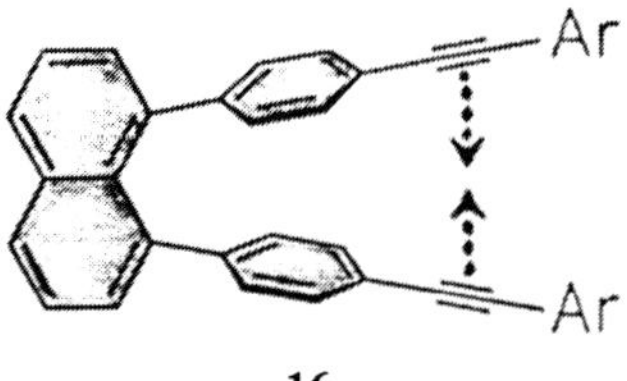

16

Die erkennbare Präorganisation und das "π-stacking" (Übereinanderschich-
ten von π-Donoren und π-Acceptoren) spielen auch bei den neuen molekularen Pinzetten ("molecular tweezers") des Typs **17** eine Rolle, die *Zimmerman et al.* vor kurzem beschrieben [6]. Aromatische Ringe bilden eine
starr vorgeformte Nische, in welche sich ebene Gastverbindungen mit π-De-
fizit (wie 2,4,5,7-Tetranitrofluorenon, **18**) einnisten können. Die Untersuchungen an solchen Verbindungen zeigten, daß Präorganisation und
Starrheit bei der Entwicklung von "Rezeptorsubstanzen" für ungeladene
Gastmoleküle ähnlich wichtig sind wie bei der Kationbindung an die Cyanospheranden (vgl. *Abschn. 7.3.2*).

17

Kauffmann bezeichnete 1971 die offenkettigen Cyclisierungsvorstufen der
Phane als Protophane [1b]: «*Als Protophane werden offenkettig verbrückte
Arene bezeichnet, die mindestens 3 über aliphatische Gruppen verknüpfte
Areneinheiten (Einzelkerne oder kondensierte Arensysteme) besitzen. Sie
stehen zu den Phanen (cyclisch verbrückte Arene) im gleichen Verhältnis
wie die Alkane zu den Cycloalkanen.*
*Für Protophane, Phane, Polyarene und Cyclopolyarene wird eine No-
menklatur vorgeschlagen ("a[Aren-]-Nomenklatur"), die den Ersatz von C-*

Atomen in Kohlenwasserstoffen durch Aren-Kerne mit "arena-Bezeichnungen" wie "benzena", "pyridina" oder "thiophena" [*]) *ausdrückt, analog wie bei der a-Nomenklatur von R. Stelzner der Ersatz von C-Atomen in Kohlenwasserstoffen durch Heteroatome mit Bezeichnungen wie "aza", "oxa" oder "thia" ausgedrückt wird. Die neue Nomenklatur, die wegen ihrer Anschaulichkeit und engen Verwandtschaft mit geläufigen Nomenklatursystemen leicht in die Formelsprache übersetzbar ist und eine außerordentliche Anwendungsbreite besitzt, dürfte dort nützlich werden, wo bei den genannten Substanzklassen die IUPAC-Nomenklatur oder auch die "Phan-Nomenklatur" unanwendbar oder zu schwerfällig sind. Sie kann zur Bezeichnung von Heteraprotophanen und Heteraphanen mit Stelzner's a-Nomenklatur (Bezeichnungsvorschlag: a[Atom-]Nomenklatur) zu einer noch universelleren "a-[Atom/Aren]-Nomenklatur" kombiniert werden.»*

Beispiele [1b]):

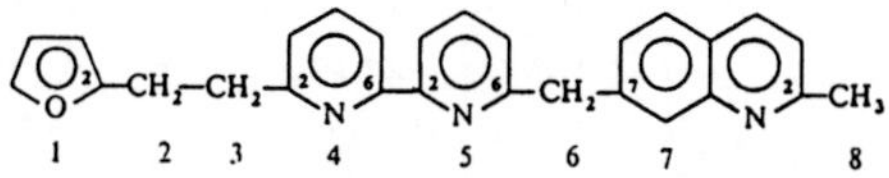

Grundalkan: Octan
Name: 1-(2)Furana-4,5-di(2,6)pyridina-7-(7,2)chinolina-octan

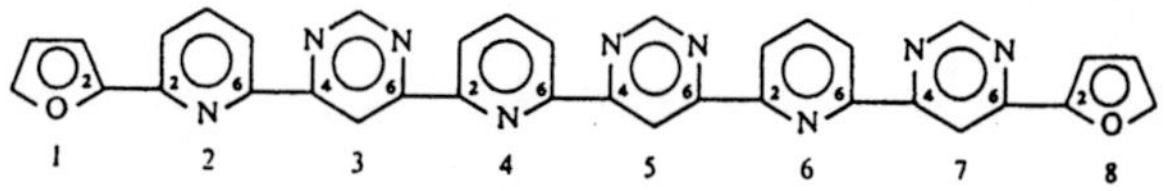

Grundalkan: Octan
Name: 1,8-Di(2)furana-2,4,6-tri(2,6)pyridina-3,5,7-tri(4,6)pyrimidina-octan

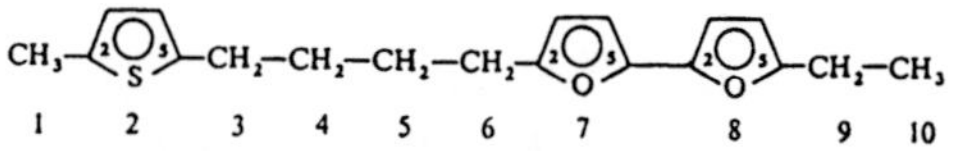

2-(2,5)Thiophena-7,8-di(2,5)furana-decan
[nicht: 3,4-Di(2,5)furana-9-(2,5)thiophena-decan]

«Großzügige Anwendung des Begriffs aromatisch erweitert den Anwendungsbereich der a[Aren]-Nomenklatur, ohne daß Nachteile in Kauf genommen werden müssen.» [1b]) Dies gilt, wie im folgenden gezeigt werden soll, auch für den "Aromatenteil" der Phane.

---

[*]) Nach *Kauffmann*, modifiziert.

9.2   "Aliphane"

Bei der Bildung von Bezeichnungen für das vom [2.2]Metacyclophan (2) abgeleitete perhydrierte [2.2]Metacyclophan (19) erhebt sich die Frage, ob man nicht aliphatische Baueinheiten wie den Cyclohexan-Ring analog wie Arenringe für eine Nomenklatur rein aliphatischer *"Aliphane"* verwenden könnte. Das Molekül 19 hieße dementsprechend *"[2.2](1,3)Cyclohexanophan"*. Da sich diese Namen leicht bilden lassen und als einfache Familienbezeichnungen nützlich sind, sei dieser Neuvorschlag anhand einiger Beispiele illustriert:

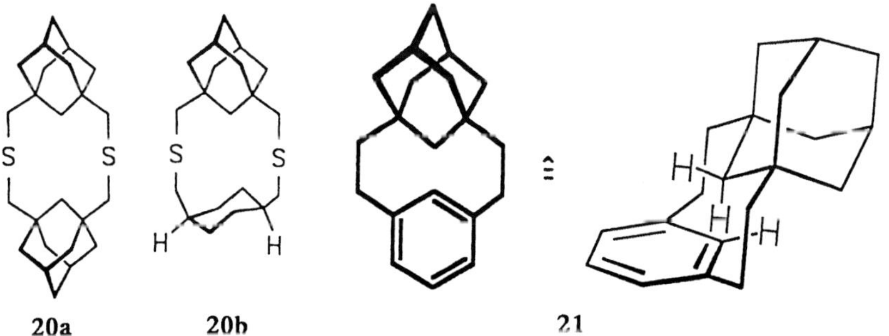

2   19

Auf diese Weise lassen sich insbesondere charakteristische Aliphaten-Einheiten, wie z.B. Adamantan oder Cuban enthaltende überbrückte Moleküle bequem als *Adamantanophane* [7] und *Cubanophane* bezeichnen und klassifizieren:

20a   20b   21

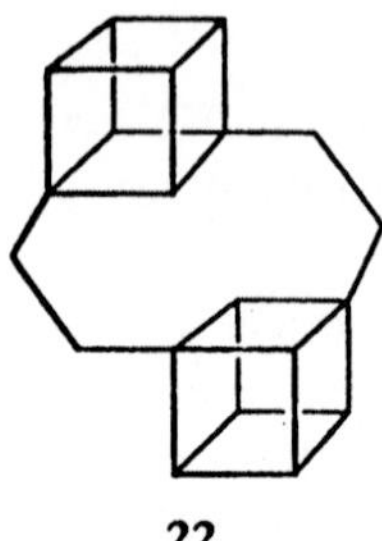

22

Bei "Phanen" mit gemischt aliphatisch/aromatischen Baueinheiten wie 23 könnte man von *"Araliphanen"* sprechen [8]; den Phanen aus Areneinheiten mit aromatischen Brücken könnte man den Familiennamen *"Arophane"* geben. Das Hexametaphenylen und das Kekulen würden hierzu gehören.

Wie die Phan-Nomenklatur selbst und andere Nomenklatur-Vorschläge sind diese Bezeichnungen nur für eine begrenzte Anzahl übersichtlicher Verbindungen nützlich und erheben keinen Anspruch auf eine universelle Nomenklatur. Innerhalb gewisser Bereiche wie bei den oben angedeuteten Adamantano- und Cubanophanen beispielsweise bieten sie jedoch ideal handhabbare abgekürzte Familienbezeichnungen.

Auch von der Chemie her sind solche Familien-Klassifizierungen sinnvoll: Wenn man etwa das Cyclohexanophan 23 betrachtet, das chemisch aus 2 durch katalytische Hydrierung entsteht (s. *Abschn. 2.2*), so ist die Verwandtschaft der Namen nur konsequent.

Das überbrückte Steroid 24 könnte man allgemein als *"Steroido-benzenophan"* in die Gruppe der Araliphane einordnen [9].

23   **24**

Die folgenden bekannten Paddlane **25-27** sind *"Aliphane"* [10]:

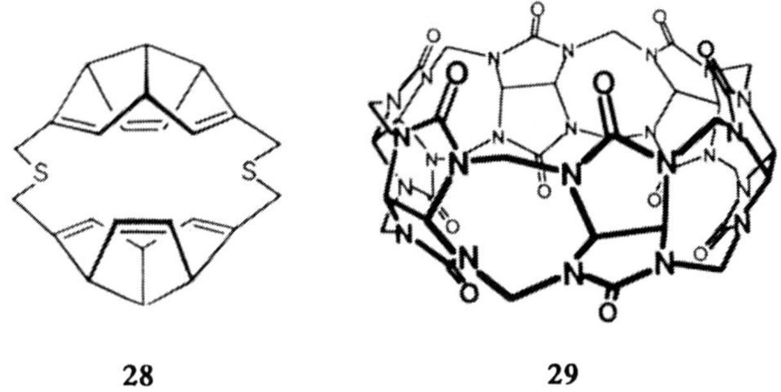

Als "Aliphane" sind das *Dithiatriquinacenophan* (**28**) [11] und das *Cucurbituril* **29** [12] aufzufassen.

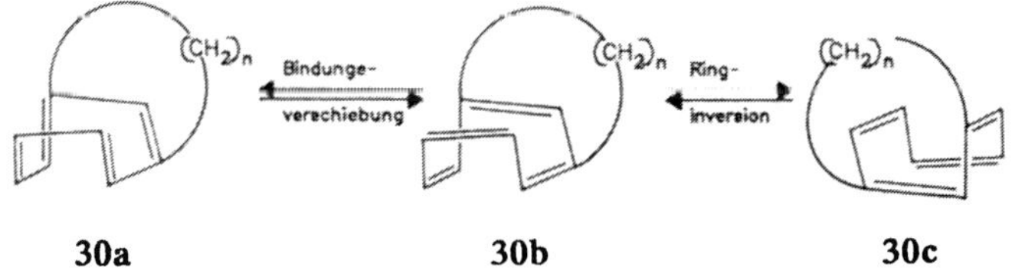

28 wurde ebenso wie das kürzlich veröffentlichte *[2.2](1,5)Cyclooctatetraenophan* (**30**) [13] in der Literatur schon als Phan benannt, d.h. es wurden aliphatische Ankergruppen im Sinne des Aliphan-Konzepts in die Bezeichnung einbezogen. Dies zeigt erneut die Nützlichkeit und Anwendungsbreite der Phan-Nomenklatur.

Die im *Abschnitt 2.7* beschriebenen *"Troponophane"* und *"Cycloheptatrienophane"* sind gleichfalls Beispiele dafür, wie zwanglos überbrückte Aliphaten in der Literatur bereits zu den (Ali-) Phanen gezählt werden.

10 Exotische Phane

In diesem Abschnitt seien einige mehr oder weniger exotisch aussehende
Cyclophane und Phane zusammengestellt. Ihre Auswahl ist subjektiv. Manches der schon in den obigen Abschnitten beschriebenen Moleküle gehört
vielleicht auch hierher, wie z.B. Superphan, Doppeldecker-Porphyrine usw.
Exotisch kann dabei eine unerwartete oder komplizierte Verknüpfung der
Atome oder der Brücken sein: Manchmal deutet auch schon der Name auf
eine Besonderheit der Bildung, der Struktur oder der Eigenschaften hin. Es
sind hier auch einige Phane mit aufgenommen, die in den obigen Abschnitten noch keinen Platz gefunden haben oder sich schwer anderswo einordnen
lassen.

Einen besonderen Namen tragen die von *Sessler* entwickelten ***Texapor-
phyrine* 6** [6]. Der Name bezieht sich auf das Land Texas, das wegen seiner
Größe den gegenüber den Porphyrinen erweiterten Ring dieses neuen Verbindungstyps charakterisieren soll ("expanded porpyhrin"). Interessant ist die
Verwendung der Protonenschwamm-Base ("proton sponge") zur Deprotonierung der Pyrrol-NH-Wasserstoffatome bei der Komplexbildung zum Gadoli-
nium-Komplex:

6: R = H, CH$_3$ 7: M = Gd, Eu, Nd, Sm, Nd, Cd

Derartige Gadolinium-Komplexe sind für diagnostische Anwendungen
("imaging") mit Hilfe der Kernresonanz von Interesse.

Aus der Reihe der Superphane sei der bisher noch unbekannte Cyclobu-
tadieno-Superphan-Kohlenwasserstoff **8** genannt, für den eine polare Grenz-
struktur **8b** formuliert werden kann, die durch intraannularen Elektronentransfer stabilisiert sein könnte, durch den beide Untereinheiten aromatisch

würden [2]). Versuche, **8** durch Vakuum-Blitzpyrolyse von **9** herzustellen, führten lediglich zum [4]Radialen **10**, das auch das Ausgangsmaterial für **9** ist. Hinsichtlich eines Übergangsmetall-komplexierten "Cyclobutadienophans" siehe unten.

Auch zwei Cyclooctatetraen-Einheiten konnten bisher nicht an allen acht Ecken verbrückt werden.

Das *"Cryptanal"* (**11**; *Newkome*) besticht wegen seiner einfachen Herstellung [3]).

Die korbförmigen Hohlraumverbindungen **12-14** zeigen, wie weitgehend man Überbrückungen aller Art heutzutage beherrscht. Diese molekularen *"Körbe"* lassen sich hinsichtlich der Größe des Korbbodens, aber auch hinsichtlich der Weite des Korbrands variieren, wie die Formeln zeigen [8]):

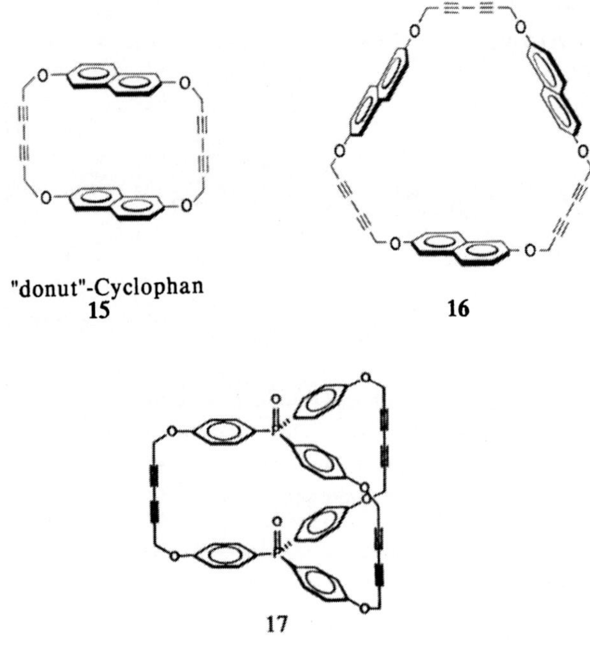

14

Eine beliebte und effiziente Cyclisierungsmethode für Makrocyclen ist die Glaser/Eglinton-Kupplung [4,5]:

"donut"-Cyclophan
15

16

17

Vorstufen zu "Hückel-aromatischen" Cyclo[n]-Kohlenstoffmolekülen, die nur aus Kohlenstoff bestehen, ohne Wasserstoff oder andere Substituenten zu tragen, sind die folgenden Polyacetylene [6]:

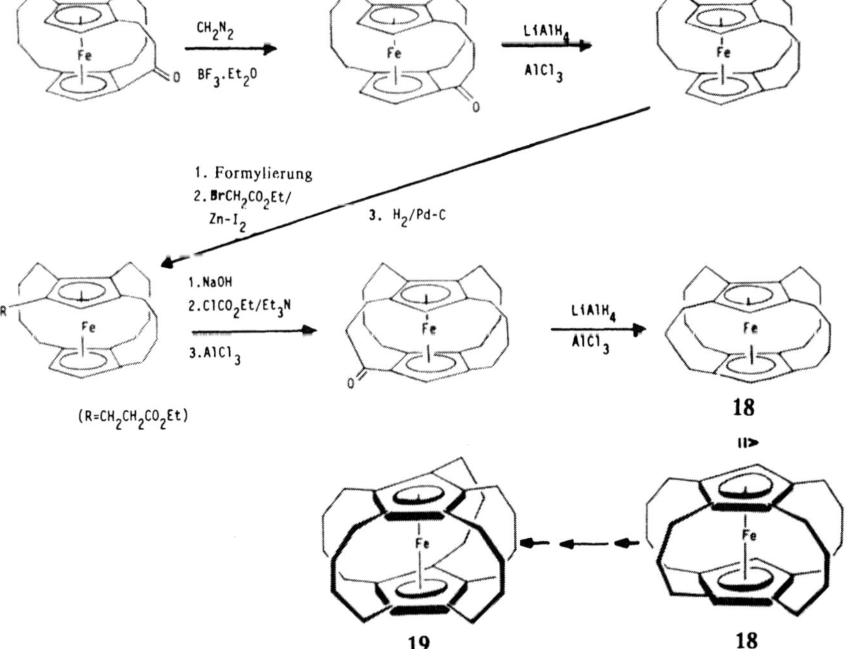

C_{18}: n = 1

Moleküle vom Typ der Superferrocenophane (19, 20) konnten vor einigen Jahren synthetisiert werden (siehe "Reizvolle Moleküle der Organischen Chemie", Teubner, Stuttgart 1989). Die Herstellung von 19 über das noch nicht vollständig verbrückte [4.4.4.3]Ferrocenophan (18) sei skizziert [7]:

Ein Eisenatom ist wie in einem Käfig vollständig eingeschlossen. Das Superferrocenophan **19** wurde daher auch als Paketverbindung ("package compound") bezeichnet.

Das Übergangsmetall-komplexierte "Supercyclobutadienophan" **21** wurde von *Gleiter* beschrieben [8]:

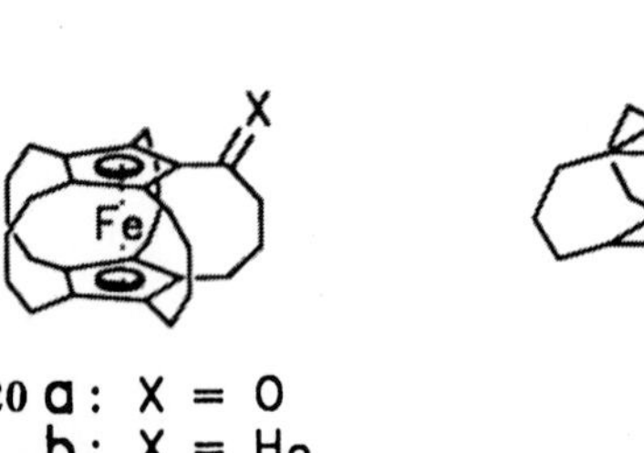

Geometrisch reizvoll aufgrund ihrer Symmetrie sehen auch der Tris-(chromcarbonyl)-Komplex des [2.2.2]Paracyclophans und der Chromkomplex des Hexasila[2.2.2](1,3,5)cyclophans aus [7b]:

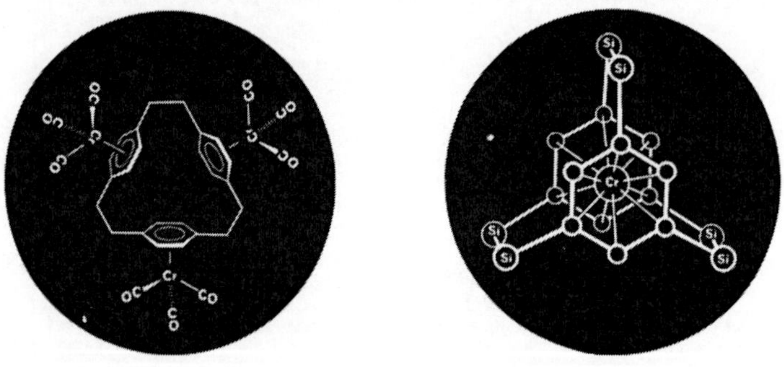

Abb.1. Titelbilder (von Phan-Übergangsmetall-Komplexen bzw. Metalloceno-phanen) verschiedener Auflagen des Studienbuchs von *Elschen-broich/ Salzer* [8b]

Das trimere [1.1.1]Ferrocenophan **23** konnte neben dem Di-, Tetra- und Pentamer isoliert und charakterisiert werden [9].

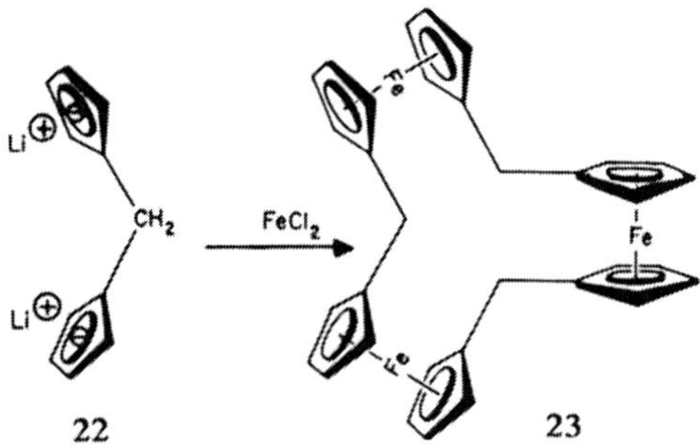

Eine Großring-getriebene Cope-Umlagerung wurde von *Vögtle et al.* beschrieben [10]: Anstelle eines Cyclopropan- oder Cyclobutan-Rings liefert hier ein gespannter Cyclophanring die Triebkraft für die [3.3]sigmatrope Umlagerung 25 → 26.

Cope-Umlagerung

Eine relativ junge Cyclophan-Synthesemethode ist die intramolekulare [2+2]Photocycloaddition, die zu geometrisch hübschen "Cyclobutano-*meta*- oder -*para*-cyclophanen" wie 27 führt, die durch Ringöffnung z.B. in entsprechende [4.4]Metacyclophane 28 übergeführt werden können [11].

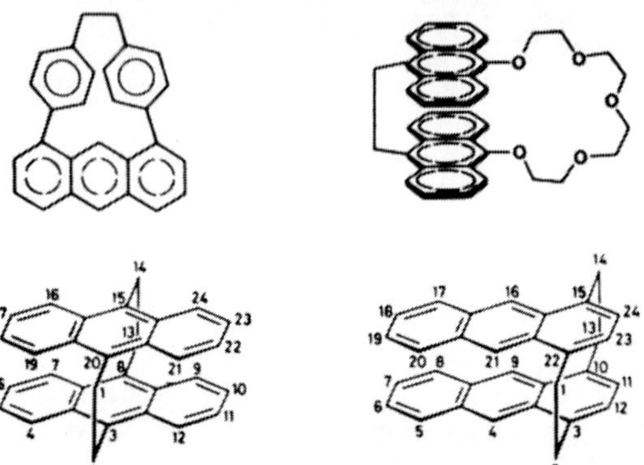

Ästhetisch ansprechend sind die folgenden Anthracenophane [12]:

Einige dieser Verbindungen haben wir schon in vorangehenden Abschnitten kennengelernt. Hier können auch die Dihydro-*sym*-indacenophane **29** eingeordnet werden [13] sowie die Methano- und anders überbrückten [10]Annulene, von denen nur eine kleine Auswahl gegeben sei [14,15].

Zu den Helicenophanen bzw. "Bastarden" zwischen Helices und Cyclophanen gehören außer dem *Propellicen* [30, 2,13-Bis(pentahelicen)], dem *Paracyclophanohelicen* 31, dem *Helicenophan* 32 auch das *Dibenzo[def,pgr]tetraphenylen* (33), das eine Symmetrie-Punktgruppe D_2 und eine propellerartige Geometrie ähnlich der von 30 aufweist [16].

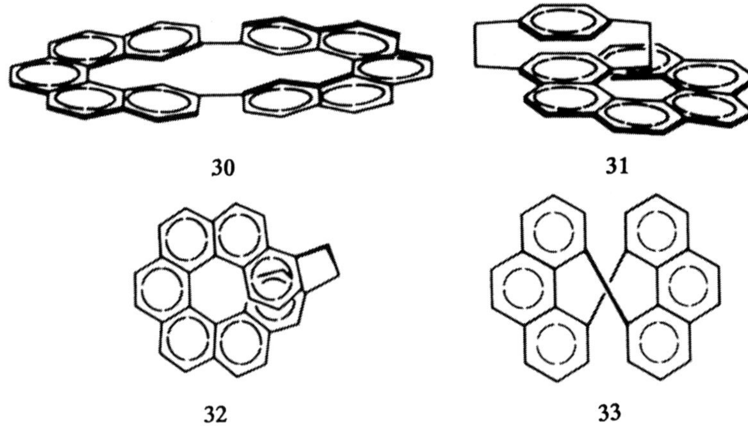

30   31

32   33

Das auf der Dithia[3.3]phan-Route über 34 zugängliche Dihydro[7][7]circulen 35 darf getrost zu den "Exoten" gezählt werden [17]:

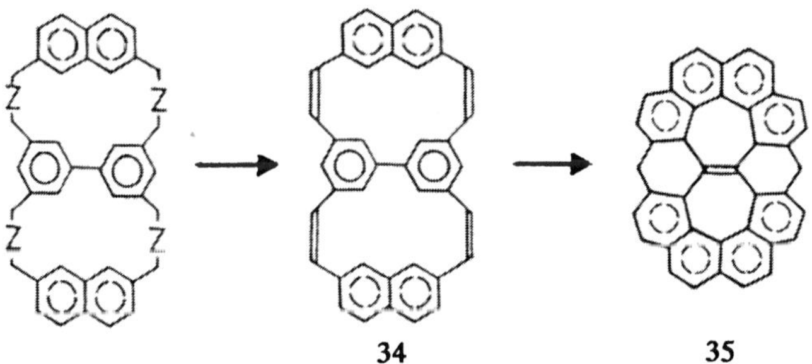

34   35

Mehrfach intramolekular verknüpfte [2.2]Paracyclophane und -Metacyclophane bieten die Moleküle 36 und 37a-c [18,19].

37 ist im Gegensatz zu 36 chiral. Das stabilste Isomer ist 37a, in das alle anderen Isomere beim Erhitzen umgelagert werden. 37a hat eine dreiblättrige Propellersymmetrie, in der die [2.2]Metacyclophan-Einheiten all-*anti*-angeordnet sind. Es wurde durch HPLC an (+)-Poly(triphenylmethyl-methacrylat) in die Enantiomere gespalten. Der Drehwert M^{22}_{436} erwies sich

mit (+)- und (-)-5235 als hoch. **37a** racemisiert nicht einmal bei mehrminütigem Erhitzen auf 310°C, eine Temperatur, bei der die Helicene längst ra-
cemisieren.

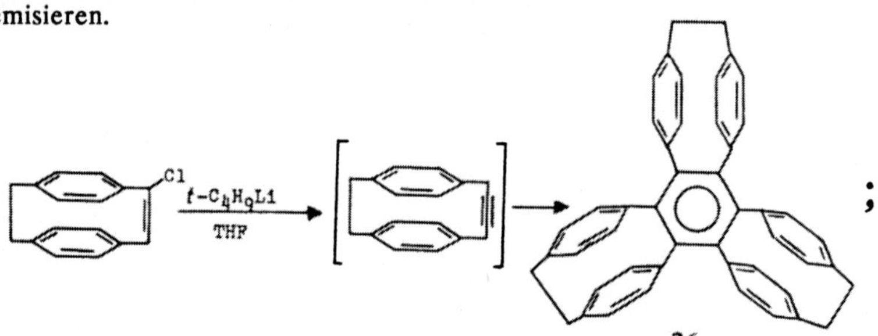

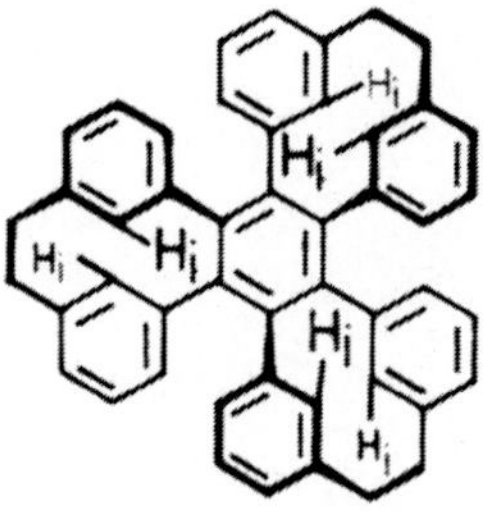

37a (all-*anti*) 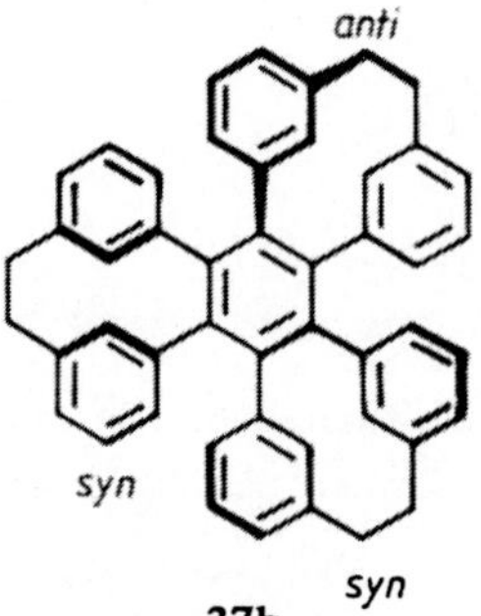   **37b** 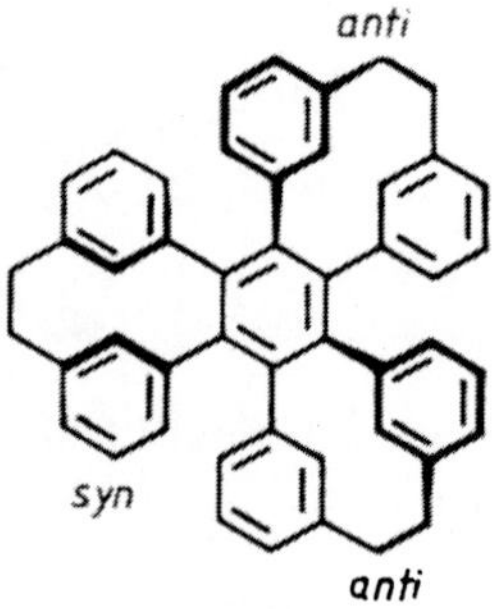   **37c**

Zur Reihe der aneinanderkondensierten Mehrfach-Cyclophane gehören
auch die von *de Meijere* synthetisierten Chinone und Kohlenwasserstoffe
19a).

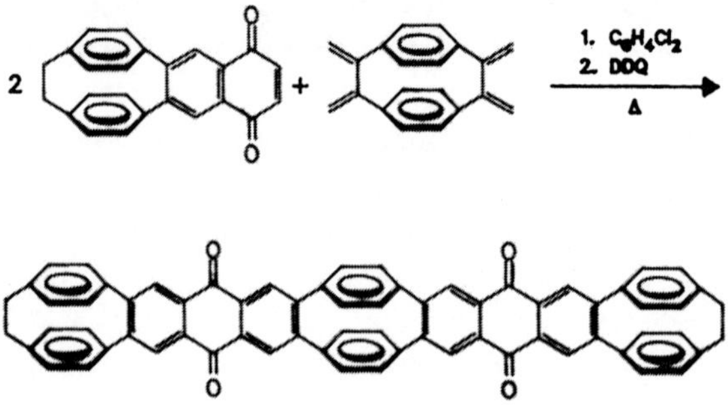

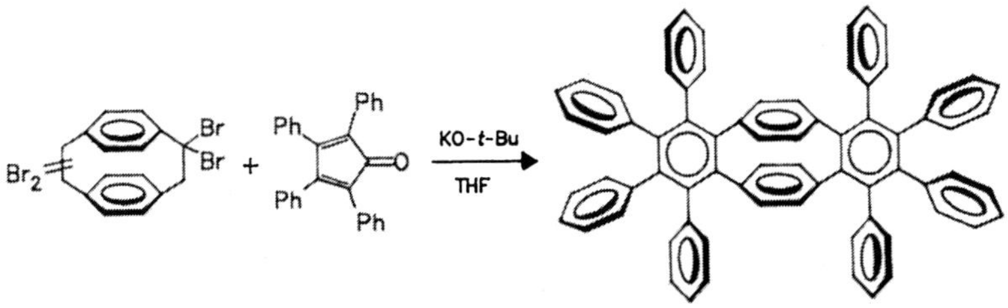

Die hervorstechende Eigenschaft dieser [2.2]Paracyclophan-diene ist, daß
sie sich reversibel bis zum Tetra-Anion reduzieren lassen. Die Radikalanionen zeigen interessante Elektronen-Korrelationsphänomene. Noch mehr
Elektronen speichern dürfte das Octaphenyl-Derivat, welches aus in situ er-
zeugtem [2.2]Paracyclophan-5,9-diin und Tetracyclon mit hoher Ausbeute erhalten wird. Die Strategie zu polymeren Bandstrukturen wird deutlich am
Aufbau des "linearen Triple-Phans" aus p-Benzochinon und 5,6-Dimethylen-
bzw. 5,6,9,10-Tetramethylen[2.2]paracyclophan.

Eine molekulare Schüssel-Gestalt mit entsprechendem korbförmigen
Hohlraum wurde für das einfach herzustellende Molekül **38** gefunden, dessen Bau durch Röntgen-Kristallstrukturanalyse gesichert ist [20].

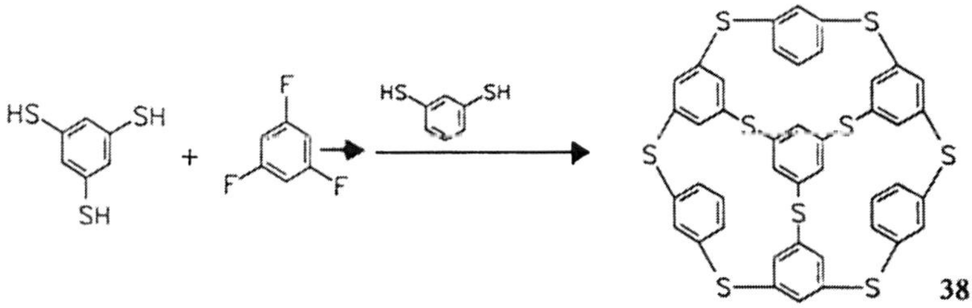

Multicyclische Phane mit Tetrathiafulvalen-Einheiten sind auch **39** und
40. Sie wurden im Zusammenhang mit organischen Charge-Transfer-Komplexen und Halbleitern dargestellt [21].

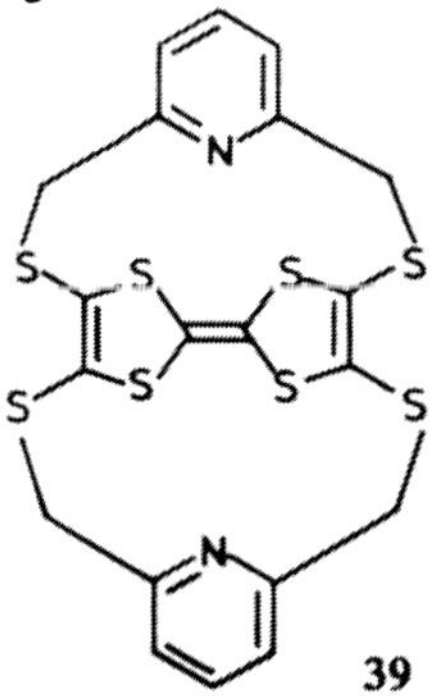

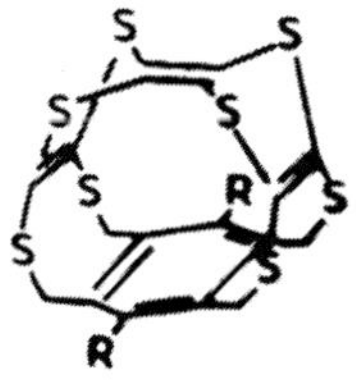

Ein korbförmiger Hohlraum wird für die aus Glycoluril präparierte Kronenverbindung **41** angenommen, die Bis(ammonium)- und Alkalimetall-Ionen stark bindet [22].

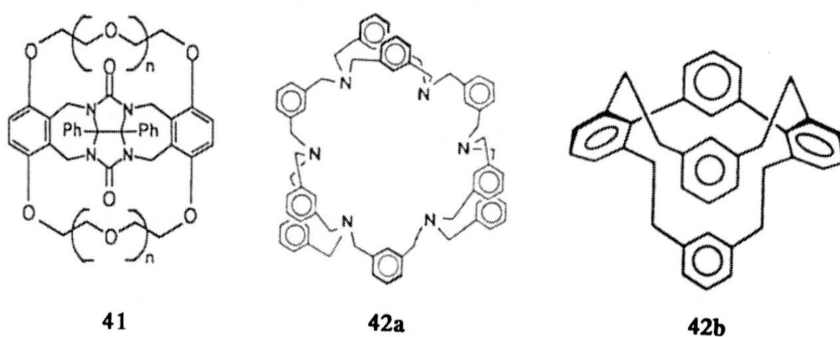

41   42a   42b

Zu den exotischen, aber nichtsdestotrotz gut machbaren Multimakrocyclen sind auch **42a** [23a] und das *"Cuppedophan"* **42b** zu zählen; entsprechende stärker verbrückte Multicyclen wurden *"Cappedophane"* genannt *(Hart)* [23b].

Die exotisch anmutenden Komplexbildungen des *"Deltaphans"* und des *[2.2.2]Paracyclophans* mit Metallionen sind im Studienbuch "Supramolekulare Chemie" erörtert (Teubner, Stuttgart 1989):

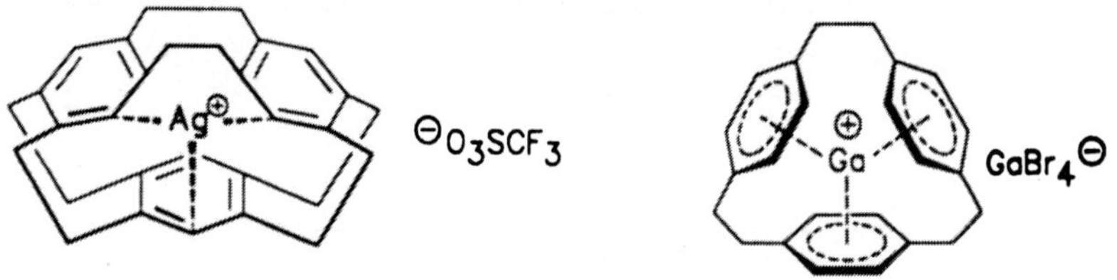

Das "arenologe Superphan" **43** ist wegen seiner Chiralität interessant [24].

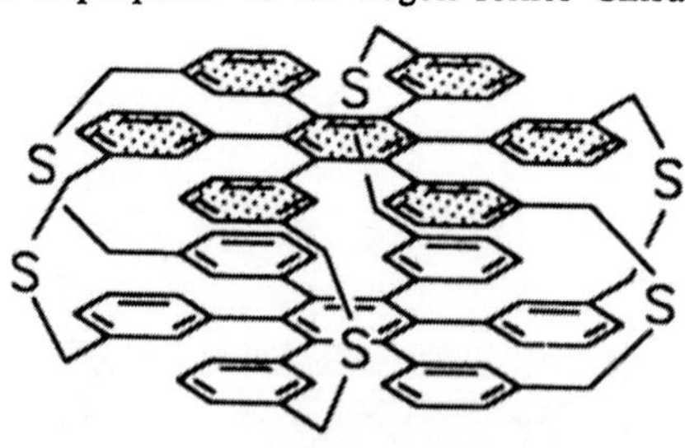

43

Das **Kohnken** (44) [25)] und das **Trinacren** (45) [26)] von *Stoddart* sowie die neuen **Catenane** von *Sauvage* (46, *"Kleeblatt-Knoten"*) [27)] und von *Stoddart* (47) [28)] bieten neue hochinteressante exotische Strukturen.

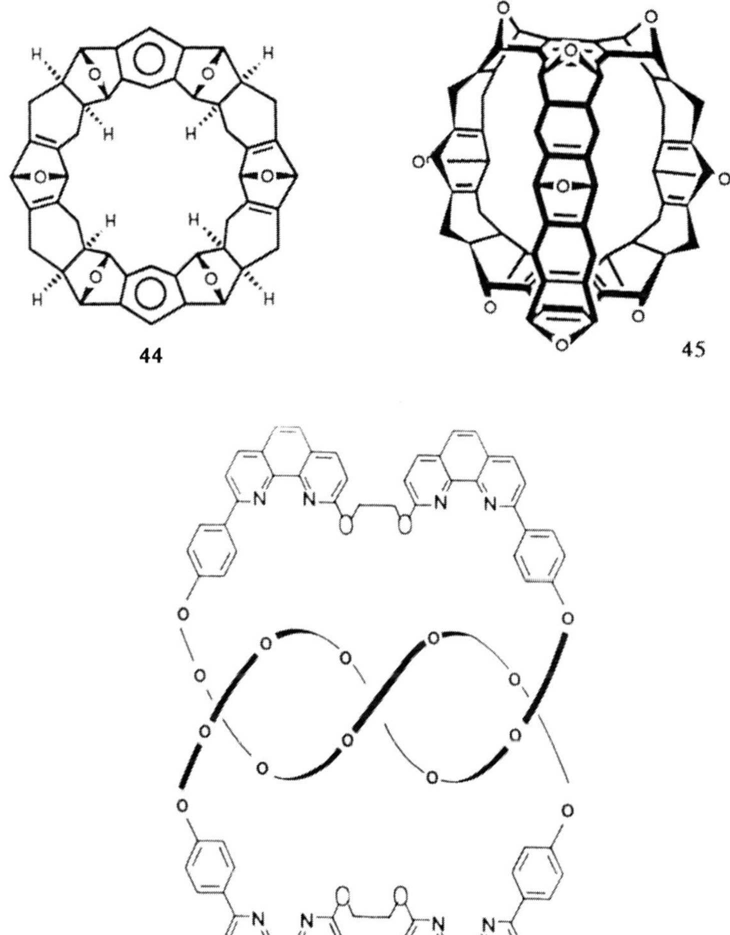

44

45

46

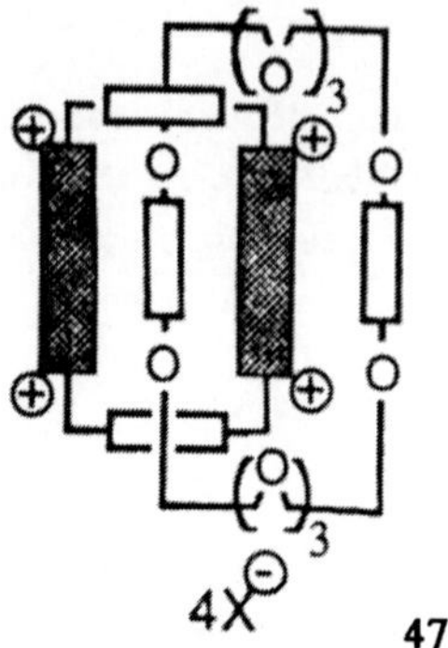

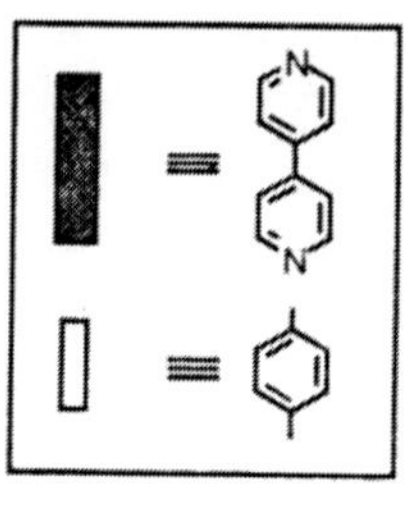

47

Die Krönung analoger Molekül-Templat-Synthesen wären das entsprechende *"Olympan-Catenan"* (48) [29)] und ähnliche mechanisch verkettete Strukturen (49-51) sowie erste Vertreter der *"molekularen Abacuse"* (52) [29)].

48
[5]Catenan
Intern. Olympics-Symbol

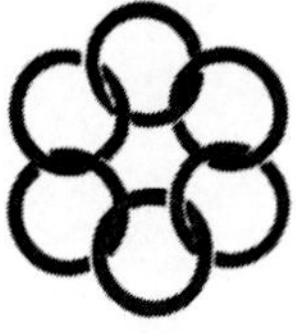

50

South East Asia Games-Symbol
SEAG
("Seagan")

49

[5]Catenan
CIBA Foundation Shield (Wappen)

51

"Cyclo[13]catenan"
("Franklinan")

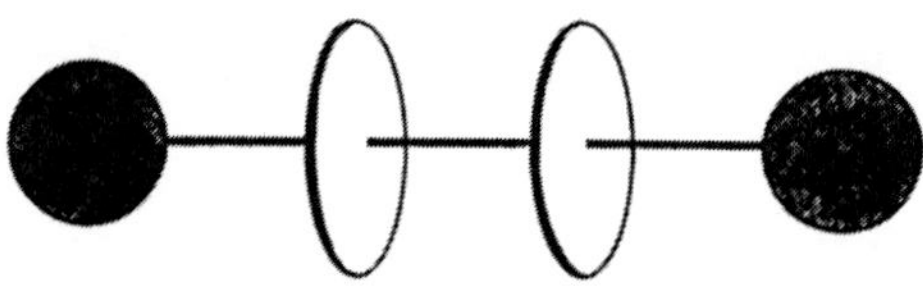

52

11 Naturstoff-Phane

Wie ein Überblick über die in den bisherigen Abschnitten beschriebenen Phane zeigt, sind die meisten von Chemikern erdacht und synthetisiert worden. Dabei haben sicherlich natürliche Strukturen, insbesondere Ringe, das Ausdenken neuer Phanstrukturen angeregt oder erleichtert. Es ist jedoch nicht so, als ob in der Natur keine Cyclophane und andere Phane zu finden seien. Das Gegenteil ist der Fall: Es existiert eine ansehnliche Zahl von überbrückten aromatischen Verbindungen, die biologisch entstehen und die oft physiologische Wirksamkeit zeigen.

Ziel dieses Abschnitts kann es nicht sein, eine erschöpfende Literaturübersicht über in der Natur vorkommende Phane zu bieten [1]. Vielmehr sollen beispielhaft einige ältere und neuere natürliche Phanstrukturen aus der Literatur herausgegriffen werden.

Im übrigen dürfte es nicht immer leicht sein, bestimmte Naturstoff-Phane im Index von Zeitschriften zu finden, da diese Substanzen häufig nicht unter dem Blickwinkel der Cyclophan-Chemie, sondern unter dem der Naturstoff-Synthese und physiologischen Wirkungsweise betrachtet werden. Da allerdings makrocyclische Strukturen erfahrungsgemäß oft zu starken physiologischen Wirkungen führen, sind Cyclophan-Grundstrukturen durchaus für die Strukturabwandlung im Hinblick auf pharmakologischen Einsatz von Interesse.

Eines der einfachsten Naturstoff-Phane ist das *Muscopyridin* (6), das synthetisch zugänglich ist [2].

1980 wurde über Totalsynthesen der in der Rinde des Baums *Myrica nagi* vorkommenden Verbindungen *Myricanol* (7a) und *Myricanon* (7b) berichtet [3]. 7a zeichnet sich durch insektenabstoßende Wirkung aus. Die Röntgen-Kristallstrukturanalyse von 16-Brom-myricanol bewies, daß das Molekül nicht planar gebaut ist und daß die Biphenyl-Achse aus der Linearität herausgebogen ist; dies läßt auf Ringspannung schließen.

Aus der Pflanzenfamilie *Lythraceae* sind über vierzig Alkaloide isoliert worden, die in verschiedene Typen A-D (A: *Lythranidin*, B: *Lythrancin*, C: *Lythrin*, D: *Lagerin*) klassifiziert wurden [4]. Einige dieser großen Ringe sind bereits synthetisiert.

Diphenylethan-Einheiten weist das *Riccardin B* auf, das cytotoxische Aktivität besitzt. Es wurde durch Nickel-katalysierte intramolekulare Cyclisierung gewonnen [5]:

Phan-Strukturen, oft mit teilhydrierter Aren-Einheit, finden sich in einigen wichtigen Antibiotica-Familien; den *Rifamycinen*, den *Streptovaricinen*, den *Tolypomycinen* und den *Geldanamycinen*. Lediglich einige repräsentative, schon länger bekannte Strukturen seien angegeben [1a]:

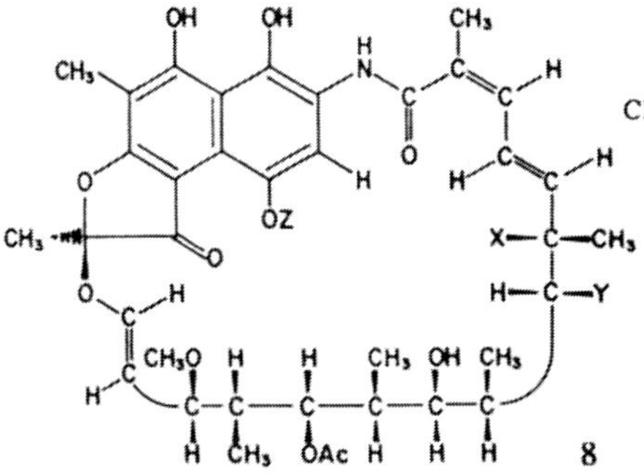

Rifamycin[1a]

	X	Y	Z
B	H	OH	CH₂COOH
Y	OH	O=	CH₂COOH
L	H	OH	COCH₂OH

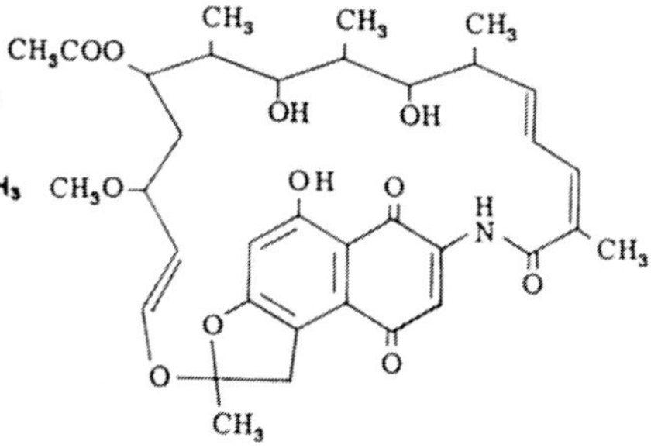

8

Rifamycin S[1e]

9

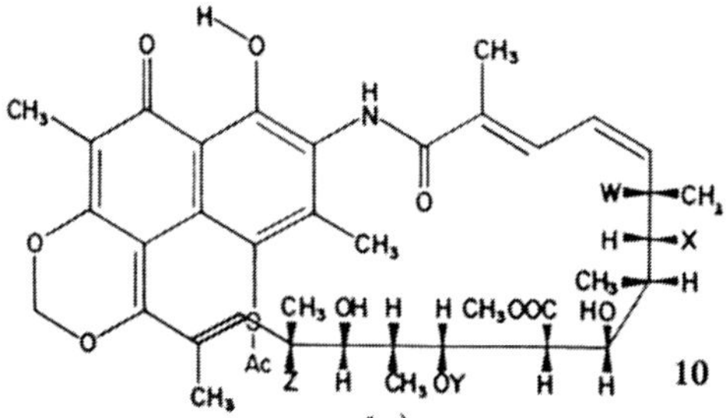

Streptovaricin[1a]

	W	X	Y	Z
A	OH	OH	Ac	OH
B	H	OH	Ac	OH
C	H	OH	H	OH
D	H	OH	H	H
E	H	O=	H	OH
G	OH	OH	H	OH

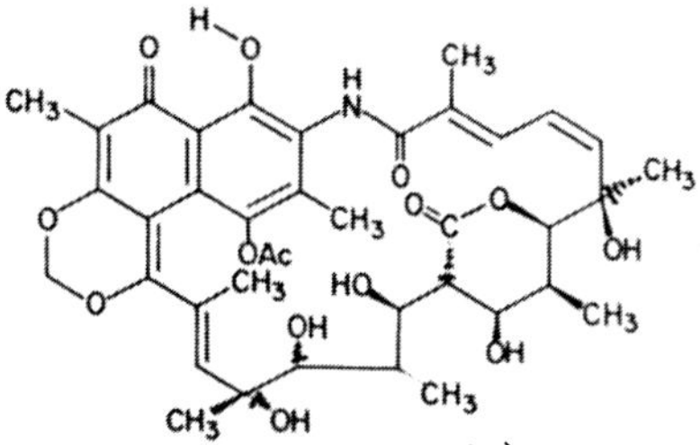

10

Streptovaricin F[1a]

11

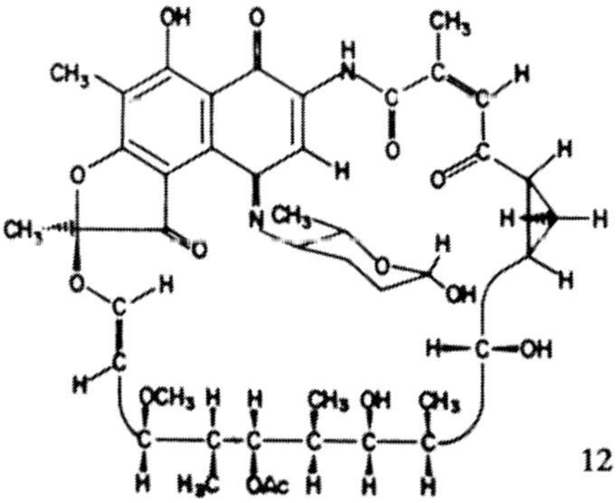

12

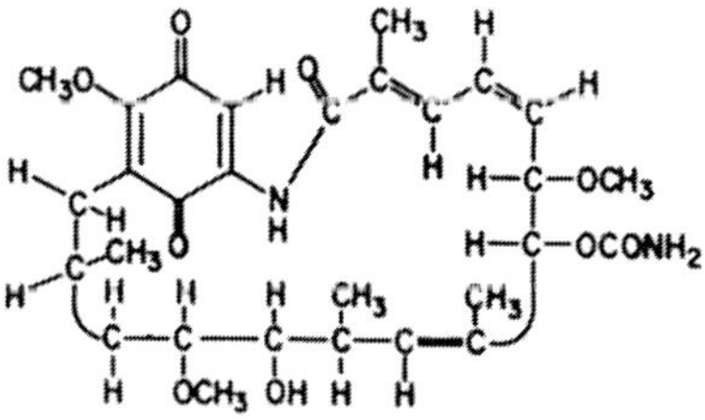

Geldanamycin

13

Antibiotica der **Vancomycin**-Gruppe (14) verdanken ihre biologische Aktivität der Fähigkeit, Komplexe mit N-Acyl-Derivaten von *D*-Ala-*D*-Ala zu bilden, was zur Verhinderung der Biosynthese von Bakterien-Zellwänden führt. Die Phan-Ringstruktur hält das Polypeptid-Skelett in einer derartigen Konformation, daß es für die Substrat-Bindung die richtige komplementäre Anordnung bietet [1e].

Das verwandte Antibioticum **Avoparcin** (15) weist eine ähnliche Bindungsstelle auf, während **Ristocetin** (16) eine andere Phan-Struktur hat. Die Zucker-Reste in **14-16** scheinen als Bindungsstellen keine Hauptrolle zu spielen.

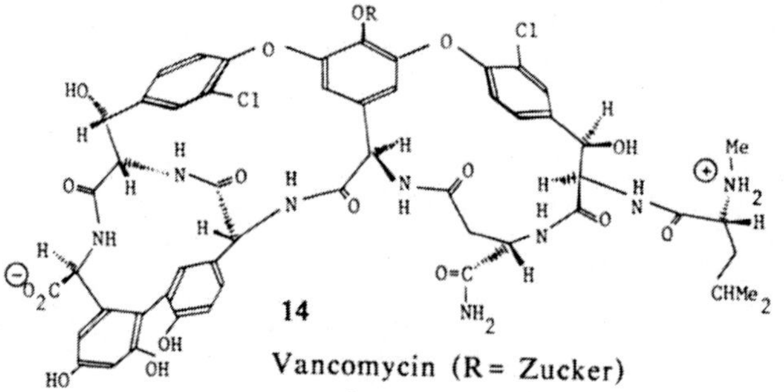

14

Vancomycin (R = Zucker)

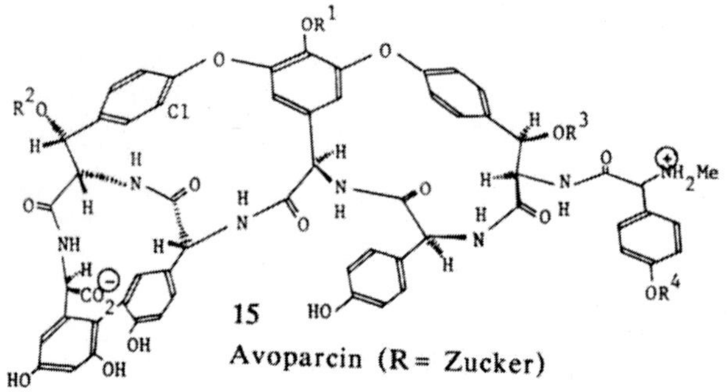

15

Avoparcin (R = Zucker)

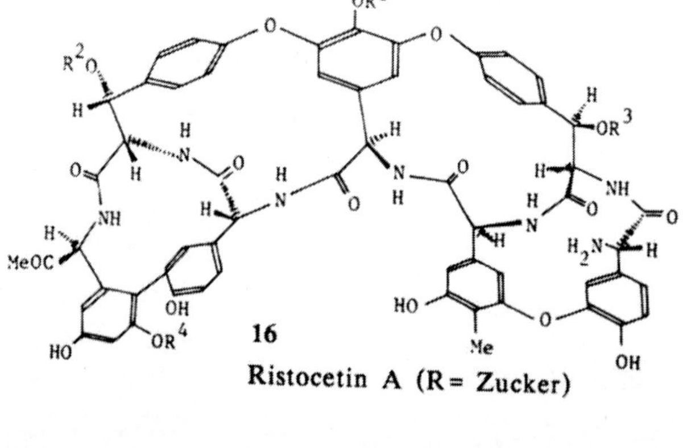

16

Ristocetin A (R = Zucker)

In allen drei Antibiotica **14-16** scheint der Phan-Ring die Konformation der Peptid-Bindungsstellen zu steuern. Sie binden sämtliche Dipeptid-Substrate selektiv und stark, sogar in polaren Solventien [1e].

Seit einigen Jahren werden makrocyclische Oligopeptide bzw. vielgliedrige Cyclophane der Typen **17, 18** im Hinblick auf ihre Wirksamkeit als *Vanco-mycin-Modelle* (bzw. als plausible aktive Zentren im Vancomycin) synthetisiert [6].

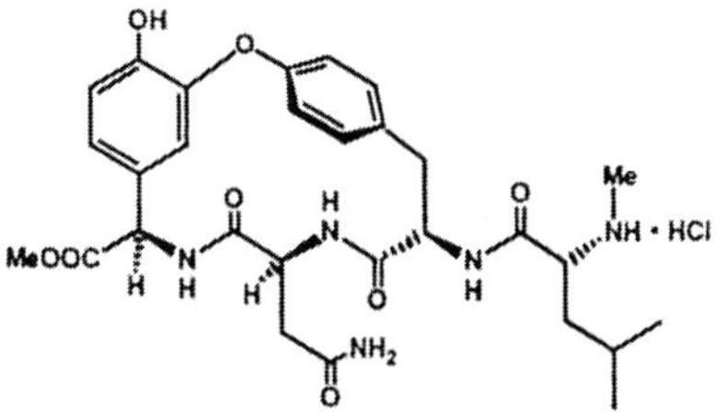

17 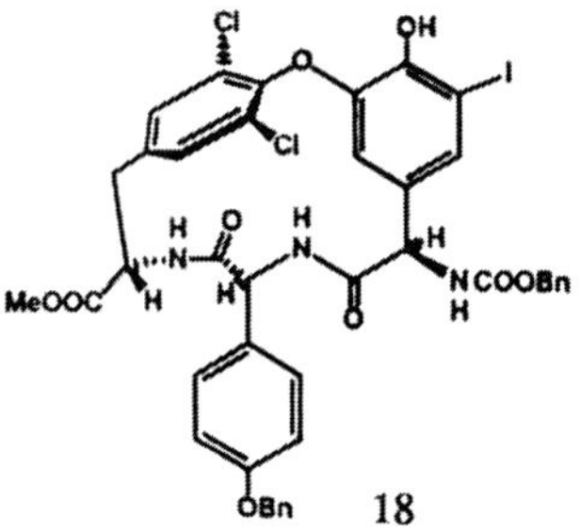   **18**

Das zu den viel untersuchten *Maytansenoiden* gehörende *(±)-N-Methyl-maysenin*, [(±)-**19**], ist durch Totalsynthese in Form des Enantiomeren zugänglich. Auf diese Weise kann man die natürliche optisch aktive *laevo*-Form ohne Enantiomerentrennung erhalten [7]. Die Struktur des Maytansins (**20**) sei zum Vergleich angegeben.

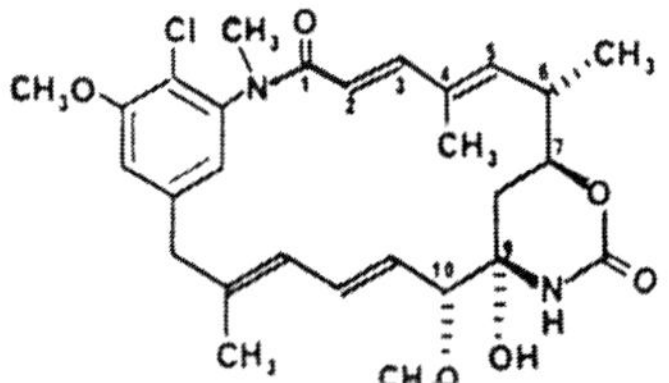

19 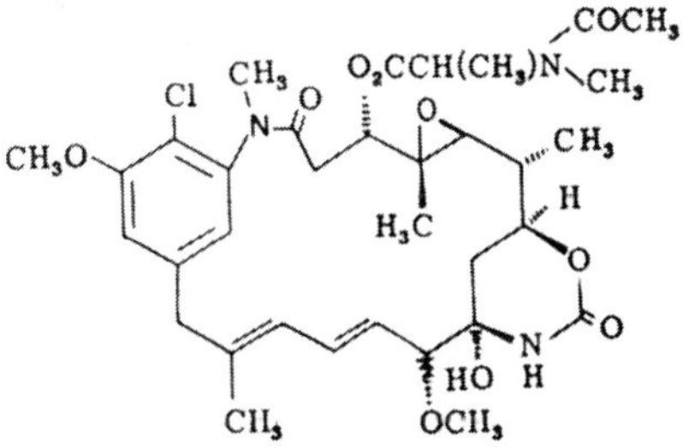   **20**

Maytansin

Die einzelnen Syntheseschritte, auf die wir hier nicht eingehen können, verlaufen mit sehr guten Ausbeuten, und die verschiedenen Chiralitätszentren werden mit hoher stereochemischer Effizienz gebildet. Ausgangsmaterial ist das kommerziell erhältliche Tri-O-Acetyl-*D*-glucal.

Tridentochinon, ein rotes Pilzpigment, besitzt nach der Röntgen-Kristallstrukturanalyse und chemischen Untersuchungen die makrocarbocyclische
Ansastruktur **21** [8]:

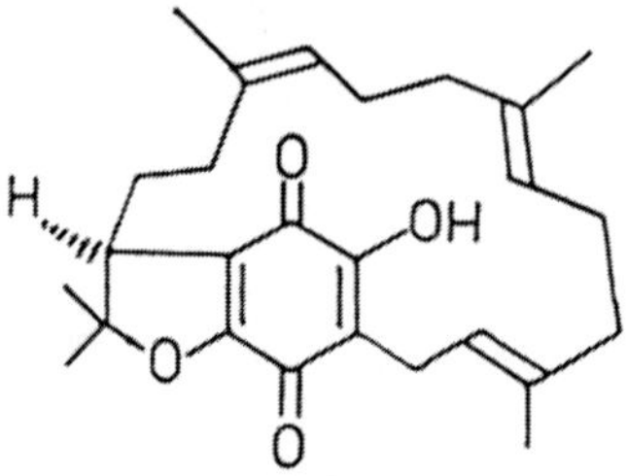

21

Die 17-gliedrigen Cyclotripeptide *OF 4949-III* und *OF 4949-IV* konnten
1989 totalsynthetisiert werden [9].

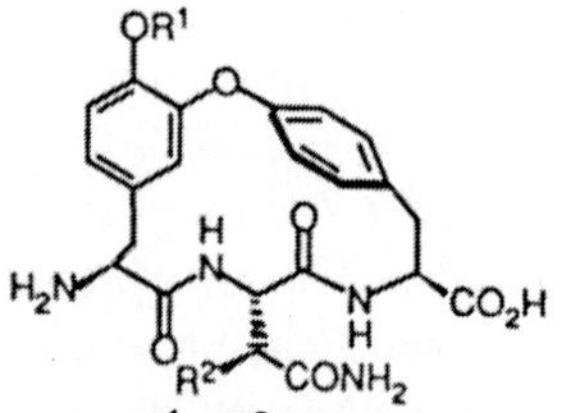

R^1	R^2	
CH_3	H	OF4949-III
H	H	OF4949-IV
CH_3	OH	OF4949-I
H	OH	OF4949-II

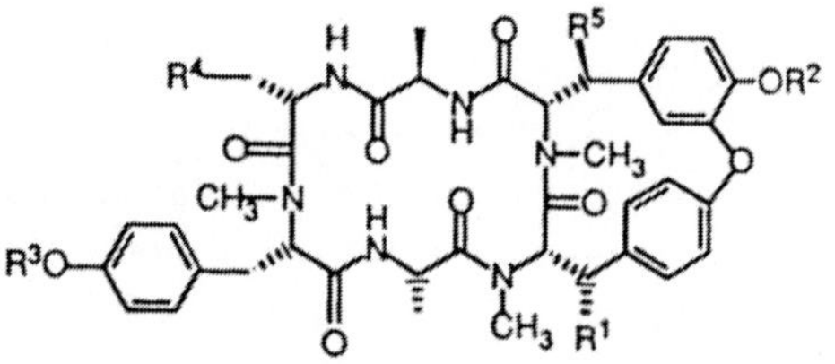

	R^1	R^2	R^3	R^4	R^5	
22:	OH	H	CH_3	H	H	Bouvardin
23:	H	H	CH_3	H	H	Deoxybouvardin, (RA-V)

Dabei stellte sich heraus, daß Substituenten, die weit entfernt von der
Makrocyclisierungs-Stelle lokalisiert sind, einen starken Einfluß auf die
Cyclisierungsgeschwindigkeit haben können. Diese *Cyclotripeptide* wurden
aus *Penicillium rogulosum* isoliert und zeigen eine starke Aminopeptidase
B-Inhibitoraktivität, Immun- sowie Antitumor-Aktivität.

Auch Analoge der selektiven und hochwirksamen Antitumor-Antibiotica
Bouvardin (22) und ***Deoxybouvardin*** (23) sind synthetisch zugänglich [10].

D.A.Evans sowie *U.Schmidt* haben *OF 4949-III* durch Pentafluorphenyl-
ether- (PFPE-)Cyclisierung (an verschiedenen Positionen) synthetisiert und

die dazu erforderliche unnormale Diphenyletherdiaminosäure durch enantio-
bzw. diastereoselektive Synthese aufgebaut:

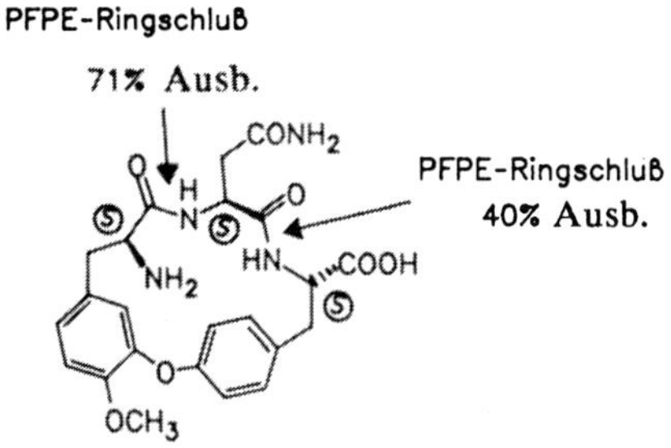

PFPE-Ringschluß

71% Ausb.

PFPE-Ringschluß
40% Ausb.

OF4949-III

Von besonderem Interesse sind *cyclische Peptide und Peptolide* mit ungewöhnlichen Strukturen, da sie oft biologisch hoch aktiv sind. Die Strukturen von **Anti-ACE-** (Angiotensin Converting Enzyme) und **Renin-Cyclopep-
tiden** aus *Lycii radicis Cortex* (z.B. *Lyciumin A*) konnten kürzlich von ja-
panischen Gruppen geklärt werden [11]:

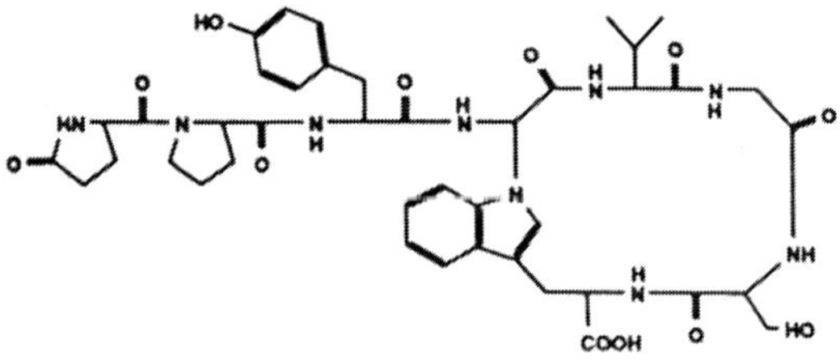

Mit dem Ringschluß eines linearen Peptids geht ein Teil der Flexibilität
verloren, und die Konformation biologisch wichtiger Peptid-Abschnitte wird
festgelegt. Bei Wirkstoffen kann so die Anlagerung an den Rezeptor gesteuert, und es können wichtige Schlüsse über die Struktur des Rezeptors gezogen werden [12].

Durch Ringschluß über die katalytische Hydrierung des ω-(Z)-Aminopen-
tafluorphenylesters können vielgliedrige Cyclopeptide in hohen Ausbeuten
(>80%) hergestellt werden, wie das Beispiel des *Ziziphins A* (24) zeigt. Die
Doppelbindung wurde via Oxidation eines Phenylselenoethers gebildet. Zwei
Thiazolringe enthält das Cyclopeptid **Dolastatin** (25) aus dem Manteltier
Dolabella auricularia [1b]:

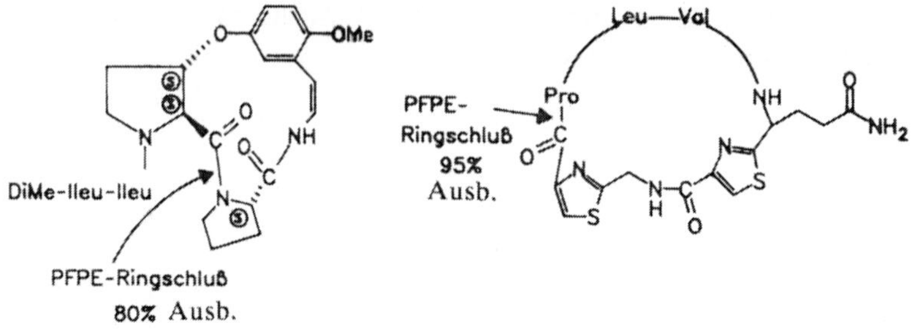

Ziziphin A
24

Dolastatin 3
25

Durch Synthese aller 16 Diastereomere (*U.Schmidt* sowie *Shioiri)* wurde gezeigt, daß die ursprünglich vorgeschlagene Struktur falsch war. Bei der Synthese ist interessant, daß der Ringschluß der linearen Pentafluorphenylester im zweiphasigen System mit nahezu theoretischer Ausbeute zum Cyclopeptid führt. Die anfangs angenommenen stark cytostatischen Eigenschaften der Substanz konnten später kaum bestätigt werden.

Thiazol- und Oxazolin-Ringe enthaltende Cyclopeptide wie das stark cytostatische ***Ulycyclamid*** (26) wurden aus dem Manteltier *Lissoclinum patella* isoliert. Der Ringschluß erfolgte dabei wieder über den linearen Boc-Amino-PFP-Ester [1b]:

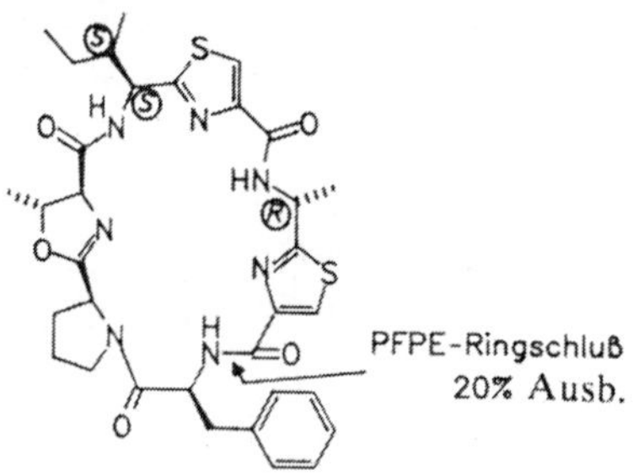

26

Auch die ***Didemnine A, B*** (27) zeichnen sich durch starke cytostatische Eigenschaften aus; sie sind bereits im Stadium der klinischen Untersuchung. Der Molekülbau ist durch Röntgen-Kristallstrukturanalyse bestätigt. Die Totalsynthese eignet sich zur Herstellung größerer Mengen. In wenigen Mi-

nuten kann nach dem PFPE-Verfahren im zweiphasigen System mit 70%
Ausbeute der Ring gebildet werden (R = Benzyloxycarbonyl oder H) [1b]:

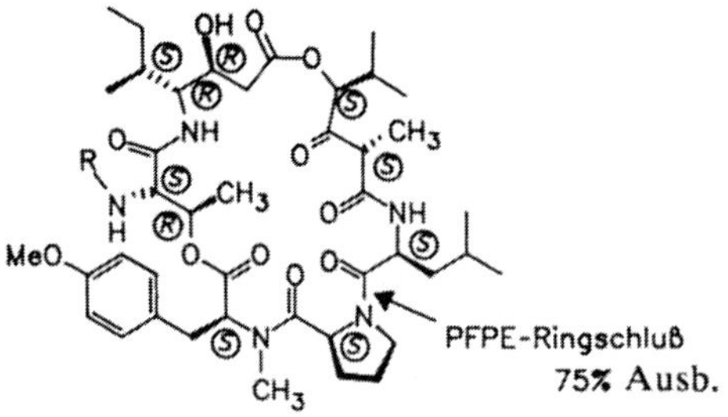

Didemnin A: R = H-(*R*)-MeLeu
Didemnin B: R = H—Lac-Pro-(*R*)-MeLeu

Cyclopeptide mit Diphenyl- und Diphenylether-Einheiten spielen im Pilz-
stoffwechsel eine Rolle, wie die Isolierung mehrerer Cyclopeptide mit Di-
phenyl- und Diphenylether-Strukturen zeigt. Die bereits klinisch eingesetzten
Antibiotika der Vancomycin-Gruppe (s.o.) gehören dazu; sie enthalten beide
Struktureinheiten aus der oxidativen Dimerisierung von Hydroxyphenylglycin
und Tyrosin.

Die bisher einzigen einfachen Cyclopeptide mit einer Diphenyl-Einheit
sind *WS-43708A, B* (28):

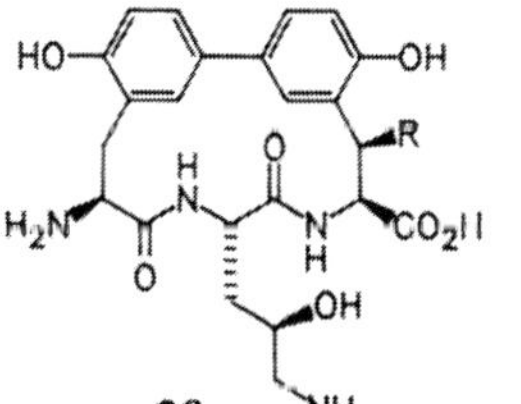

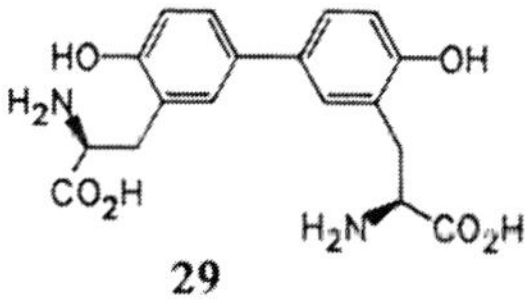

Sie sind hochwirksame antibakterielle Stoffwechselprodukte aus *Streptomyces griseorubiginosus.* Als **Ansacyclopeptide** enthalten sie die beiden ungewöhnlichen Aminosäuren Diisotyrosin (29) und γ-Hydroxyornithin (30) [1b].

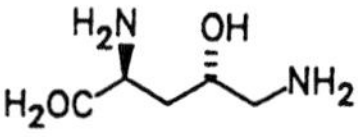

Das *Ansapeptid* 31 konnte unlängst synthetisiert werden:

31

Der Ringschluß wurde an beiden Amidbindungen mit dem Zweiphasen-PFPE-Verfahren in 85% Ausbeute erzielt [1b].

Das hochgespannte 15-gliedrige *para*-Ansa-Cyclopeptidalkaloid *"Nummularin F"* (32) wurde auf ähnlichem Wege hergestellt [13].

Nummularin-F
32

33

Eine Vielzahl von Makrocyclen in der Natur enthalten teilhydrierte Fünf- und Sechsringe, so daß sie als Oligohydrophane ("Aliphane", vgl. *Abschn. 9*) aufgefaßt werden können. Dies trifft z.B. für das *Ikarugamycin* (33) zu, für das kürzlich von *Boeckmann et al.* eine enantioselektive und hochkonvergente Synthese beschrieben wurde [14]. Das Ikarugamycin war im Jahre 1972 als Antibiotikum mit einer Reihe biologischer Aktivitäten isoliert worden [15].

Das *Gloeosporon* (34), das aus dem Pilz *Colletotrichum gloeosporioides* extrahiert wurde, ist ein Fungistaticum. Das Tetrahydrofuran-Derivat wurde von *Seebach* im Jahre 1987 totalsynthetisiert und in seiner absoluten Konfiguration festgelegt. Das neben 34 skizzierte Schema zeigt relevante retrosynthetische Überlegungen der Autoren [16].

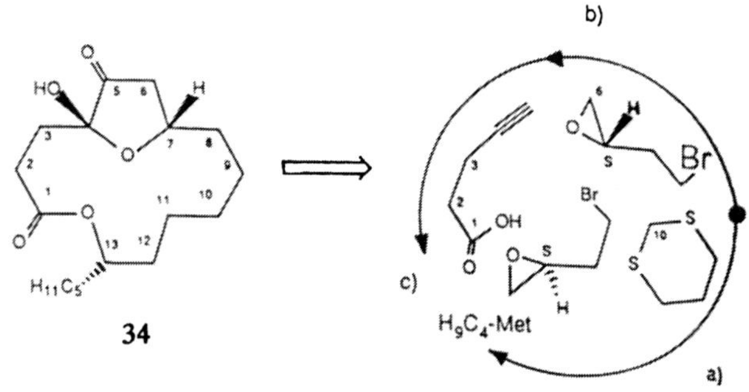

Dagegen enthält das *Lophotoxin* (35) - außer zwei Oxiranringen - einen Furanring und ist damit ein echtes [10]Furanophan [17].

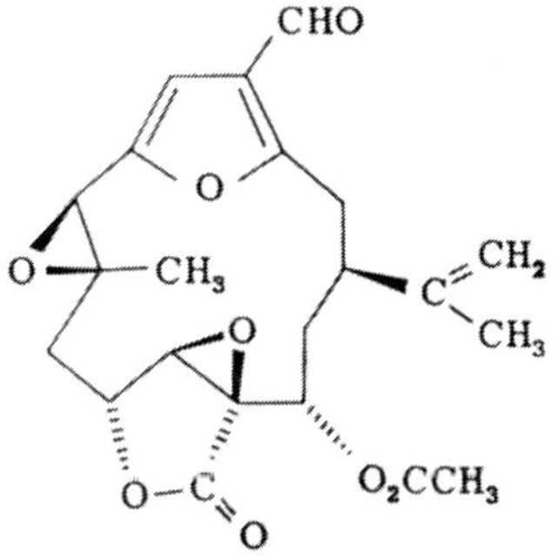

35

Schließlich seien die Ansamycin-Antibiotica *Ansatrienin* (36), *Naphthomycin A* (37), Metaboliten von *Streptomyces collinus*, sowie die komplizierten schwefelhaltigen Peptid-Antibiotica *Thiostrepton* (38) und *Nosineptid* (*Multhiomycin*, 39) genannt. Beide Strukturen wirken aufgrund ihrer gemeinsamen Teilarchitektur auf gleiche Weise gegen gram-positive Bakterien: Sie werden an die ribosomale 50S-Untereinheit gebunden und hemmen dabei die Funktionen der Elongationsfaktoren Tu und G [1c].

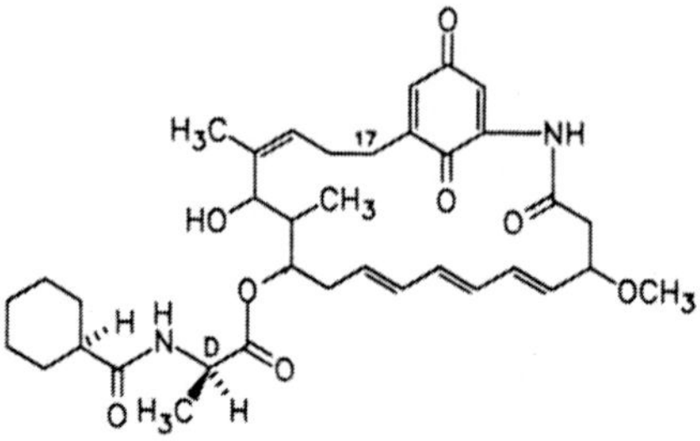

Ansatrienin A = Mycotrienin

36

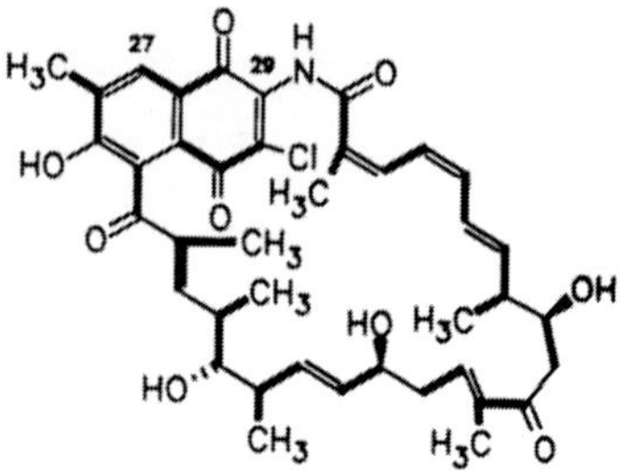

Naphthomycin A

37

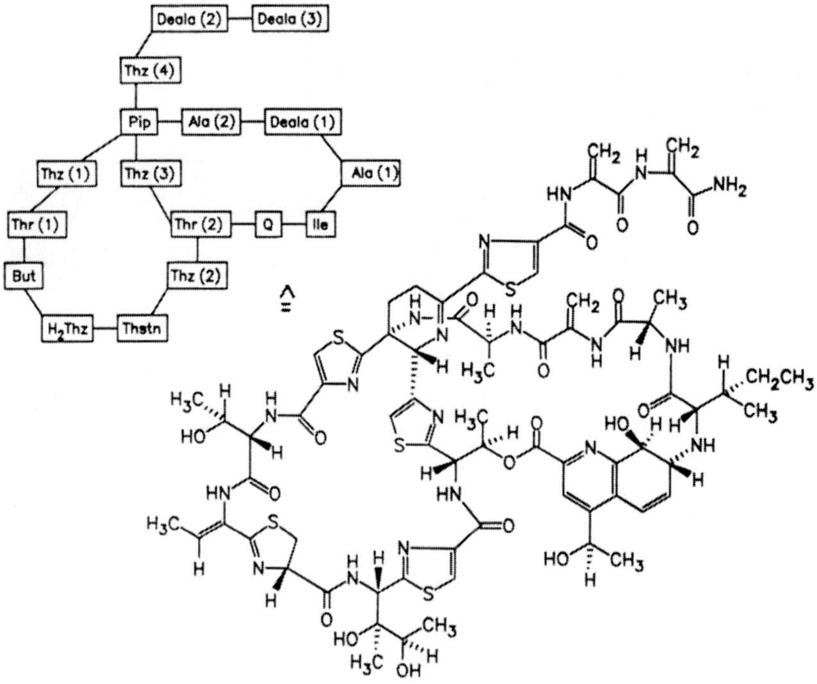

38

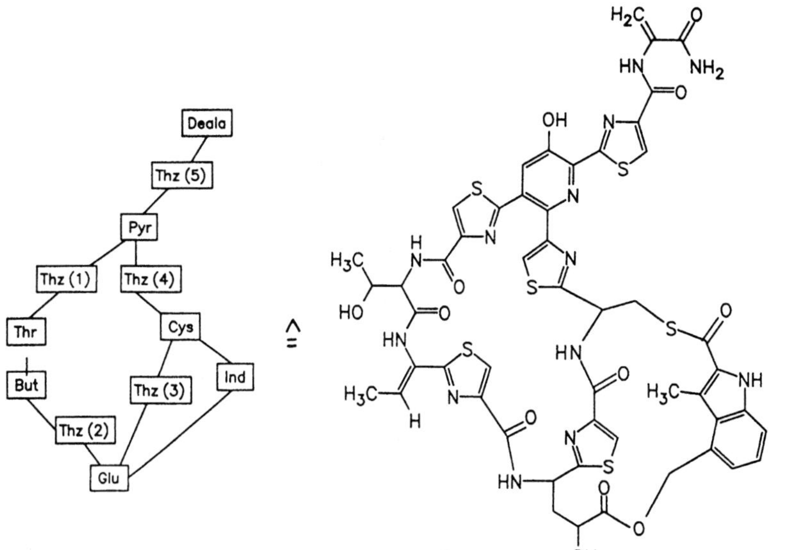

39

Das soeben aus Zitrusfruchtschalen isolierte N,N'-Dimethyl-2,12-dihy-droxy-1,10-diaza[3.3]paracyclophan sei noch angefügt [18].

Zum Schluß dieses Abschnitts soll noch auf die Naturstoff-verwandten synthetischen Cyclopeptide von *Feigel* (z.B. **40**, **41**) hingewiesen werden [19]. Der Makrocyclus **41** nimmt in Lösung eine schüsselförmige Konformation ein; die Konformationen von **40** und **41** sind aber flexibel.

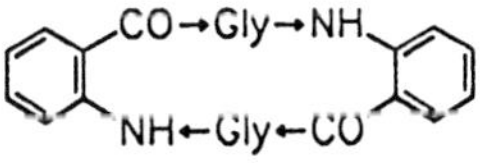

40

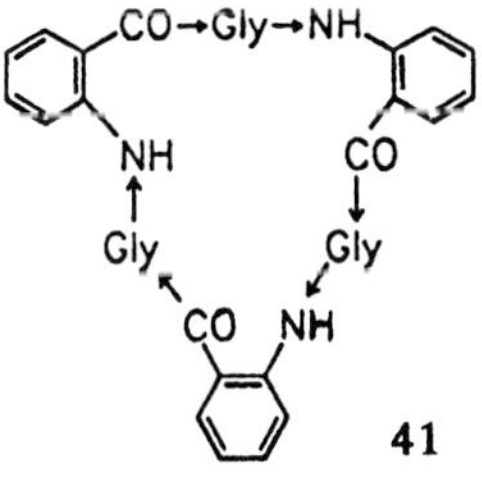

41

Auf einige kürzlich publizierte Naturstoff-Phane kann nur aufmerksam gemacht werden [20].

12 Molekulare Erkennung mit Phanen als Wirtmoleküle

Unter *molekularer Erkennung* [1] versteht man im weitesten Sinne die Wechselwirkung zwischen zwei Molekülen. Im engeren Sinne wechselwirkt ein Wirtmolekül, das in der Regel eher konkave Topologie aufweist, mit einem dazu komplementären Gastmolekül, das üblicherweise konvex ist. In Abb.1 ist der Wirt durch eine Hand mit konkav ausgestreckten Fingern symbolysiert, der ein *m*-Toluidin-Derivat als Gastverbindung selektiv in seiner Nische bindet.

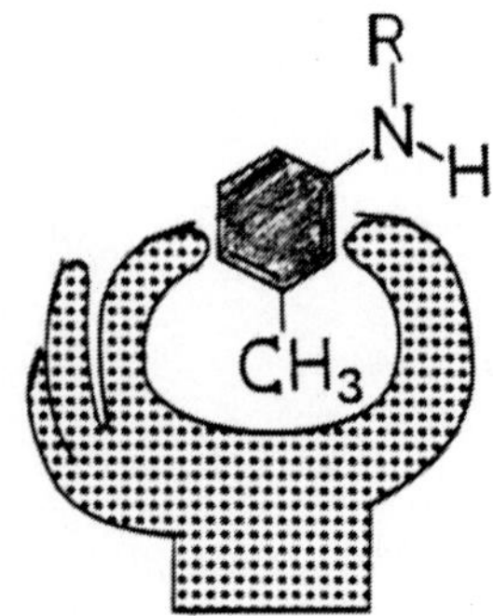

Abb.1. Erkennung und Bindung eines organischen Moleküls (*m*-Toluidin-Abkömmling) durch einen als Hand stilisierten Wirt. In Anlehnung an das Symbol des "International Symposium on Molecular Recognition and Inclusion", 1990 [2]

In mehreren Abschnitten haben wir bereits Cyclophane kennengelernt, die Wirteigenschaften gegenüber Gastmolekülen bzw. -ionen zeigen. Dies gilt für die *Spheranden*, die *Calixarene*, eine Vielzahl von *Porphyrinen* sowie einige Cyclotriveratrylene (CTV) und die daraus hervorgegangenen *Cryptophane*. Auch bei einigen offenkettigen Verbindungen mit cyclophanartiger Stereochemie, d.h. "face-to-face"-angeordneten Benzenringen und insbesondere bei den molekularen Pinzetten *(Abschn. 9)* wurden molekulare Hohlräume, molekulare Nischen und deren Fähigkeit, komplementäre Gastverbindungen zu binden, angesprochen.

Im folgenden sollen charakteristische Beispiele der molekularen Erkennung mit Phanen als Wirtverbindungen herausgegriffen werden. Dabei ist zu beachten, daß große Ringe, die keine aromatischen Bauteile enthalten, nicht zu den Cyclophanen gehören und daher hier, auch wenn sie Wirteigenschaften zeigen, nicht aufgeführt werden. Da die Wirt/Gast-Chemie auch bereits in dem Studienbuch "Supramolekulare Chemie" (Teubner, Stuttgart 1989) zum Teil detailliert behandelt ist, konnte auf eine flächendeckende Erörterung in diesem Band verzichtet werden. Wenn in diesem Abschnitt also nicht alle Kronenverbindungen, Komplexone und andere Komplexbildner aufgelistet sind, so werden doch einige der prägnantesten Beispiele der molekularen Wirt/Gast-Erkennung erwähnt. Dies illustriert zugleich die Bedeutung der Cyclophane auf diesem Gebiet [1i]. Der Grund dafür ist, daß zweckmäßige Wirtverbindungen weder zu starr noch zu konformativ flexibel sein dürfen, da sie einerseits bei zu großer Starrheit eine zu langsame Kinetik der Komplexierung und Dekomplexierung aufweisen; bei zu hoher Flexibilität wird andererseits, da starre Spacereinheiten wie aromatische Bauteile fehlen, entweder kein Hohlraum aufgespannt, oder flexible Ringteile füllen den Hohlraum intramolekular selbst. Man erkennt daraus, daß gerade die Phane den Hauptfundus für günstige Wirtmoleküle bilden. Durch Variation der flexiblen aliphatischen und der starren aromatischen Bauteile der Phane lassen sich eine Vielzahl von molekularen Hohlräumen aufspannen, die maßgeschneidert komplementär zu bestimmten Gastverbindungen entworfen und synthetisiert werden können.

Der Übersichtlichkeit halber sei die molekulare Erkennung mit Cyclophanen im folgenden nach der Art der Gäste in drei Unterabschnitte eingeteilt: die Komplexierung von ionischen Gästen, von lipophilen Gästen und von funktionalisierten Gästen. Im Lichte der Cyclophan-Chemie interessieren dabei vorwiegend strukturelle Aspekte, weniger die Quantifizierung der Art der Wechselwirkungen.

12.1   Ionen als Gäste

Kronenether, die generell zur Komplexierung von Alkali- und Erdalkalimetallionen in Frage kommen [1], werden erst zu Phanen, wenn aromatische Einheiten wie Pyridin-, Thiophenringe oder substituierte Benzenringe eingebaut werden [3]:

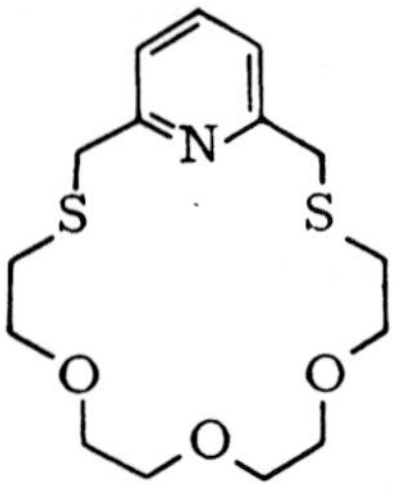

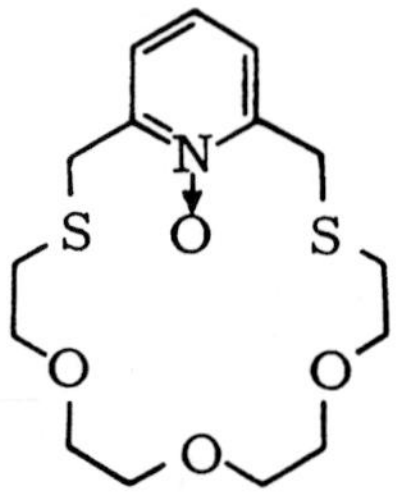

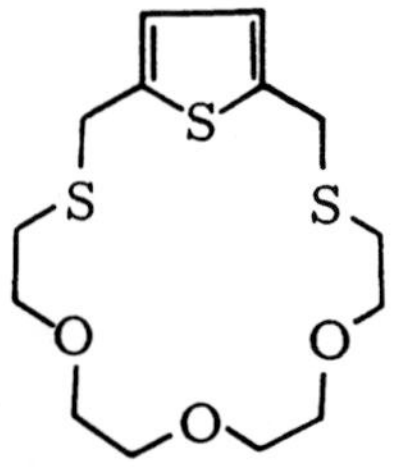

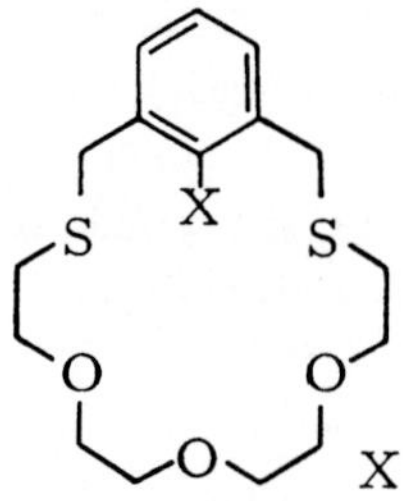

X = H

X = OCH$_3$ R = OCH$_3$

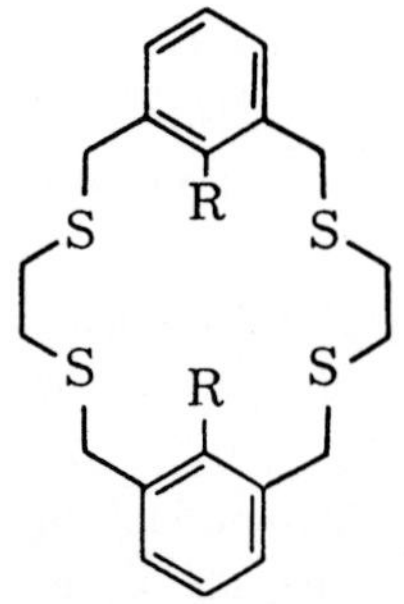

Erste Cryptanden dieser Typen und deren Alkalimetall-Komplexe wurden von denselben Autoren dargestellt [4]:

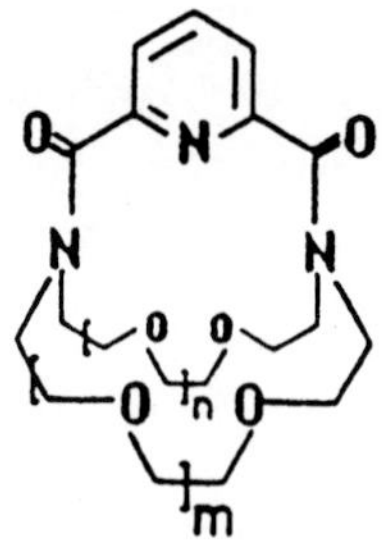

n = 1, m = 2   n = 1, m = 2; X = H

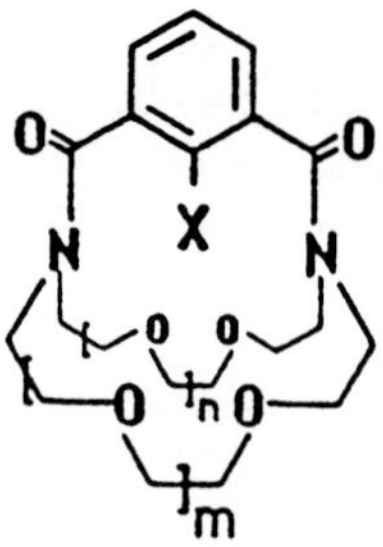

n = m = 2   n = m = 2   ; X = NO$_2$

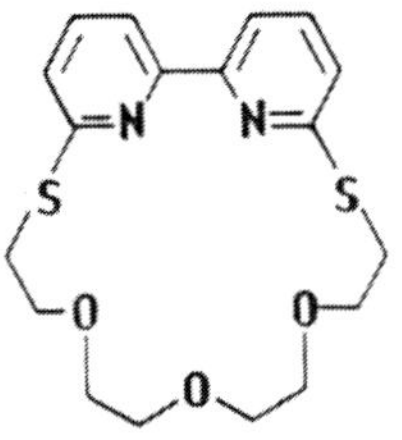
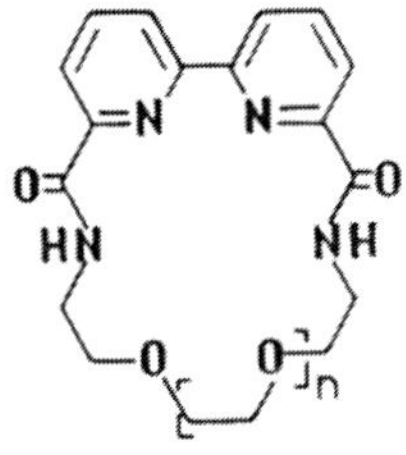
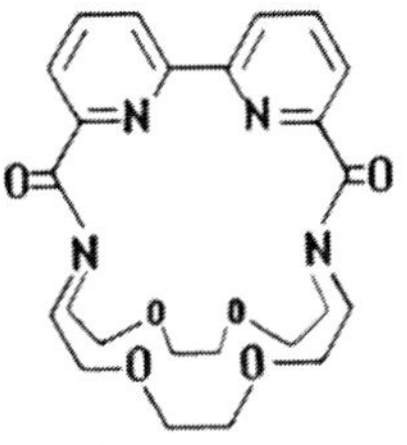
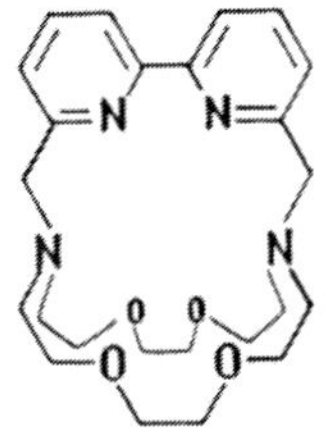

Aus dem gleichen Arbeitskreis entstammen die ersten ***Bipyridino-*** [5a)] und ***Phenanthrolino-*** [4)], ***p-Phenyleno-*** [5b)] und ***Anthrachinono***-Kronen [6)]:

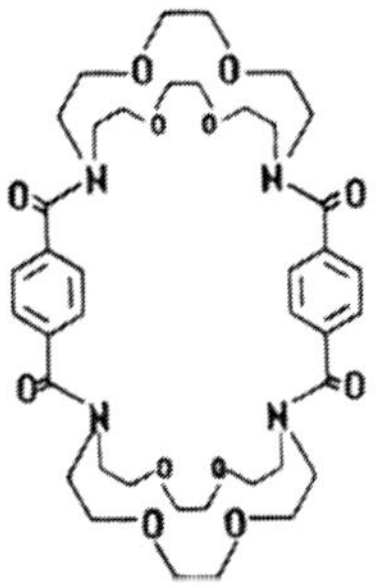
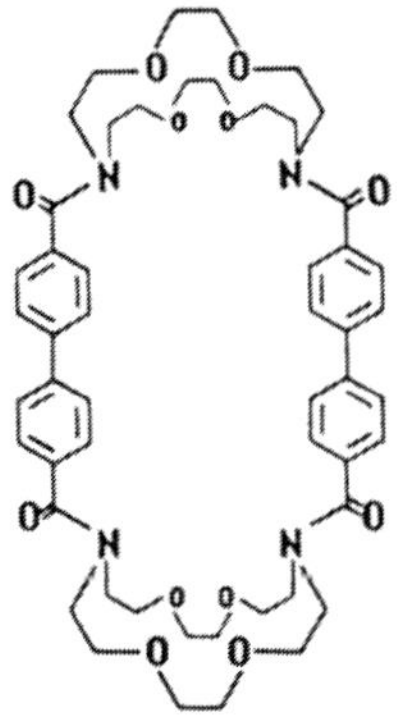
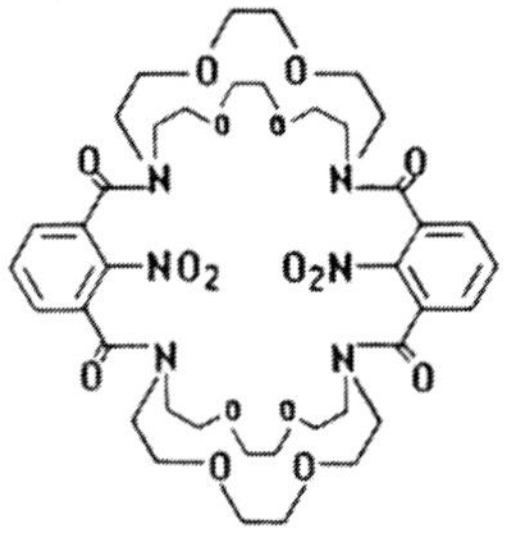

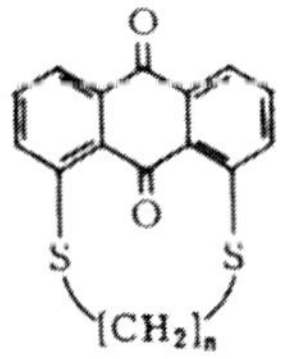

n = 9
n = 10

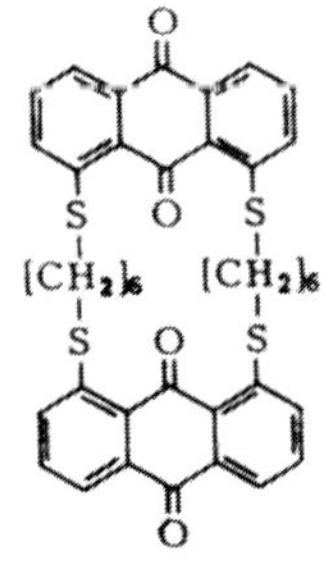
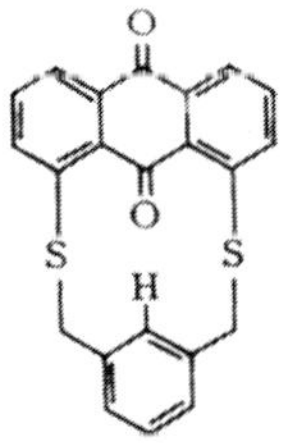
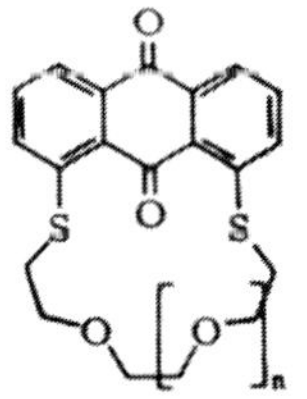

X = O
X = S

Das schon erwähnte *Cryptanal* (6) enthält trigonal ebene aliphatische Stickstoffatome [7]:

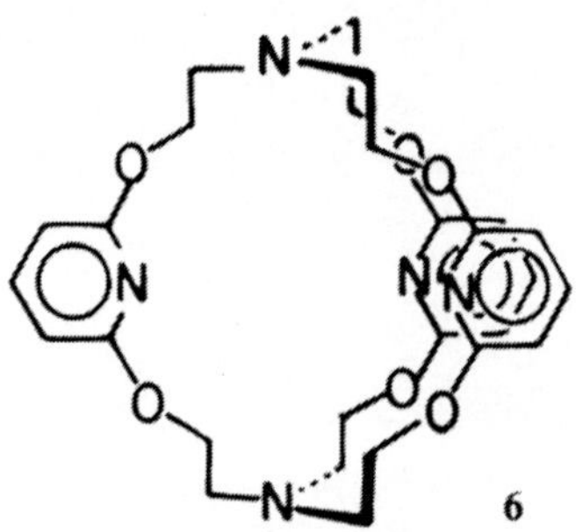

6

Die Röntgen-Kristallstrukturanalyse zeigt, daß im freien Liganden einer der Pyridinringe den Molekülhohlraum ausfüllt. Cryptanal bildet mit $CoCl_2$ und $CuCl_2$ Komplexe, deren Strukturen nicht bekannt sind.

Die Sexipyridine 7 und ihre $Na^\oplus$-Komplexe sind noch schwierig zugänglich [8].

7

Lumineszierende Europium-Komplexe **9** wurden von dem Tris(bipyridin)-Liganden **8** erhalten [1a,9]:

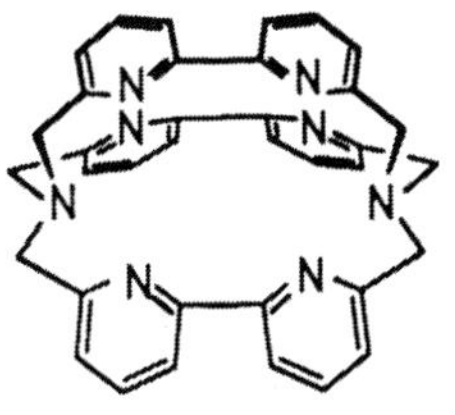

8 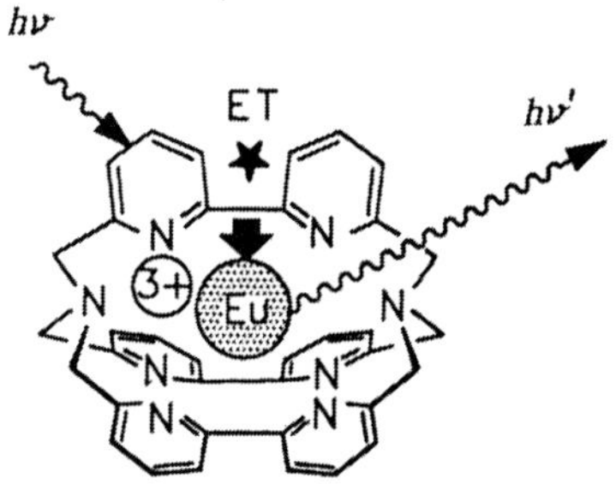   **9**

Daß solche Käfigverbindungen mit großem Hohlraum nicht unbedingt schwierig herzustellen sind, zeigt die Einstufen-Eintopf-Templatsynthese der Tris(bpy)-Na$^{\oplus}$-Komplexe **10** und **11** [1a,10].

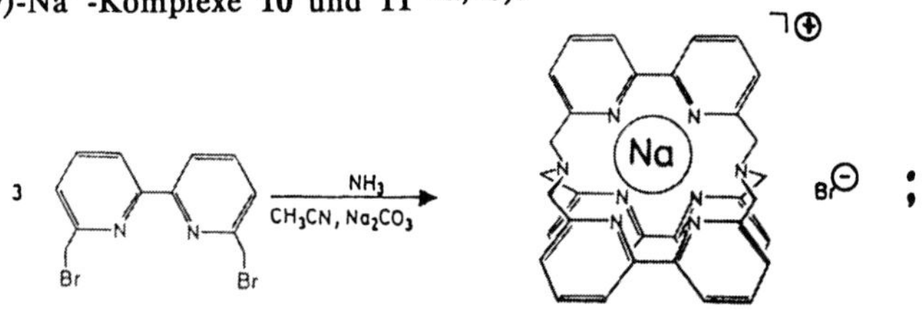

10

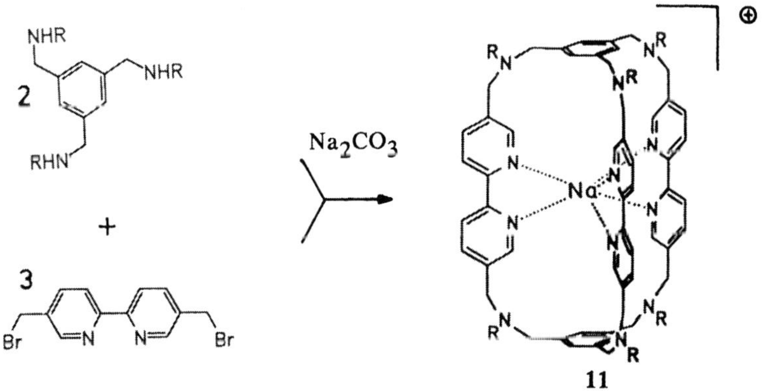

11

R = Benzyl
R = 1-Naphthylmethyl

Das Natrium wird während der Synthese im Cryptandsystem eingeschlossen.

Der Ru-Bipy-Käfigkomplex **12** zeichnet sich nicht nur durch besondere photochemische Stabilität aus, sondern sein photoangeregter Triplettzustand hat eine längere Lebensdauer als der des bekannten Tris(bipy)-Ru-Komplexes **13**. Damit ist **12** der einzige lumineszierende Käfigkomplex des Rutheniums, der bis heute bekannt ist [11]. Er ist daher für photophysikalische und photochemische Untersuchungen von Interesse.

12   **13**

Auch entsprechende käfigartig verklammerte Tris(brenzkatechin)-Komplexe wie **14** wurden von *Vögtle et al.* erstmals synthetisiert [12]. Daß sich das Fe^{3+}-Ion tatsächlich im Käfig befindet, konnte inzwischen durch Röntgen-Kristallstrukturanalyse *(Raymond)* [13] bewiesen werden. Für Fe(III)-Komplexe dieses Typs wurde eine extrem hohe Komplexkonstante von nahezu 10^{60} bestimmt (vgl. "Supramolekulare Chemie". Teubner, Stuttgart 1989).

14

Es sei hier vermerkt, daß die Bipyridin- und Brenzkatechin-Liganden der Komplexe 12 und 14 keine eigentlichen Cryptanden sind, sondern im Innern funktionalisierte größere Hohlräume, die keine Glycoleinheiten bzw. keine Donorzentren, die durch zwei C-Atome getrennt sind, aufweisen. Es handelt sich daher hier um Komplexliganden neuen Typs, die über die Kronenether/Cryptanden hinausgehen.

Die käfigartig verklammerten Tris-Kronen 15, 16 [14] bilden mit Alkalimetallkationen mehrkernige Komplexe. Es wird also nicht ein einzelnes Kation von allen drei Kroneneinheiten im Zentrum des Hohlraums komplexiert. Bei der Komplexierung von KSCN wird das Anion in eine Nische des Hohlraums hineingezwängt.

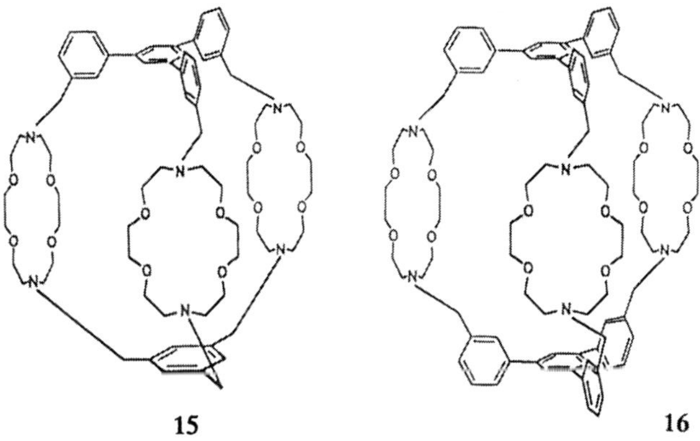

15   16

Ein Ligand für große Alkalimetall-Kationen ist der kürzlich hergestellte Brenzkatechin-Hexaether 17 [15]. Den Spheranden näher verwandt als den Cryptanden, weist er eine einzigartige *sphärische* Donorgeometrie auf, in der sechs aromatische Methoxy-Donorsauerstoffatome nahezu oktaedrisch angeordnet werden können. Der Hohlraum von 17 ist gerade komplementär zu dem voluminösen $Cs^{\oplus}$-Ion (vgl. Komplex 18). Mit der Pikratmethode wird für 17 experimentell Caesium-Selektivität gefunden [1d].

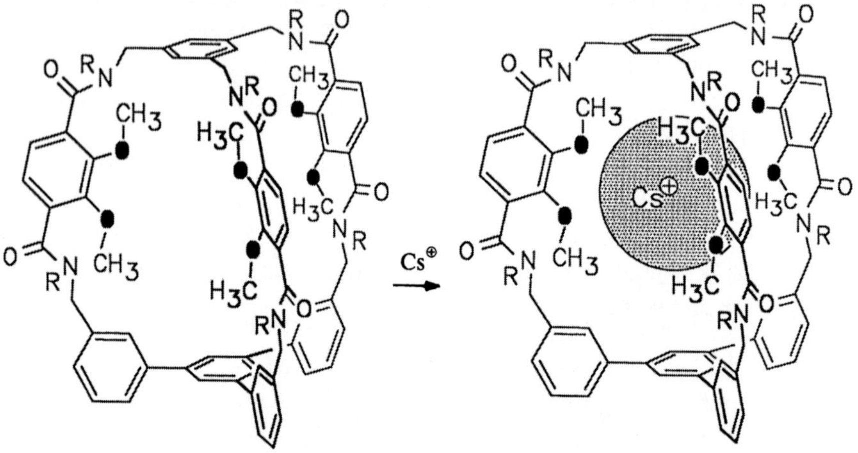

17 $\xrightarrow{\text{Cs}^\oplus}$ **18**: R = Benzyl

Catenanden wie **19** und deren Komplexe (Catenate) werden nach *Sauvage* [16] durch Templatsteuerung über die Cu(I)-Komplexe hergestellt (Näheres siehe [1d]).

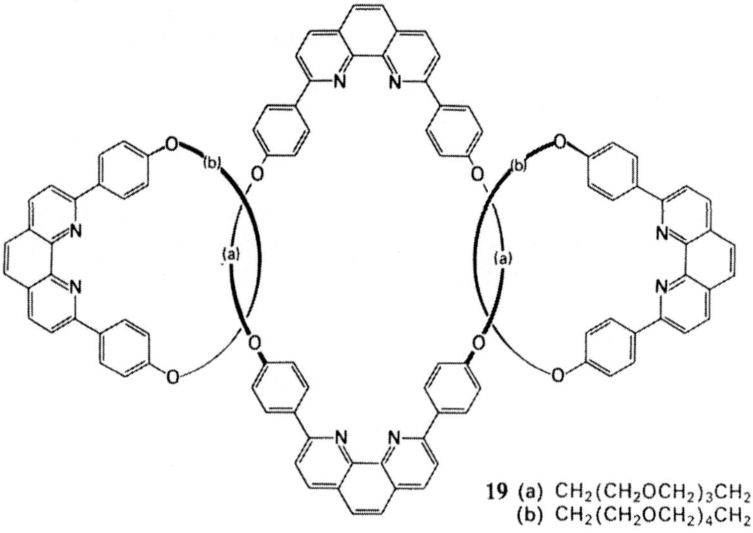

19 (a) $CH_2(CH_2OCH_2)_3CH_2$
      (b) $CH_2(CH_2OCH_2)_4CH_2$

Von biomimetischem Interesse sind mehrkernige, d.h. mehrere Kationen intramolekular enthaltende Komplexe organischer Liganden (Näheres siehe "Supramolekulare Chemie", Teubner, Stuttgart 1989). In dem mehrkernigen Komplex 20, der im Kronenether-Teil $Ag^{\oplus}$-Ionen, im Porphyrin-Teil $Zn^{2\oplus}$-Ionen bindet, bildet die Porphyrin-Gruppe den Photosensibilisator, die im *"Corezeptor"* gebundenen $Ag^{\oplus}$-Ionen den Elektronenacceptor-Teil [1a]. Diese Mehrkern-Anordnung hat das Löschen des angeregten Singlettzustands des Zn-Porphyrin-Zentrums durch eine wirksame "Intrakomplex-Elektronenübertragung" zur Folge und führt zu einer Ladungstrennung und zur Erzeugung eines Porphyrin-Kations mit langer Halbwertszeit.

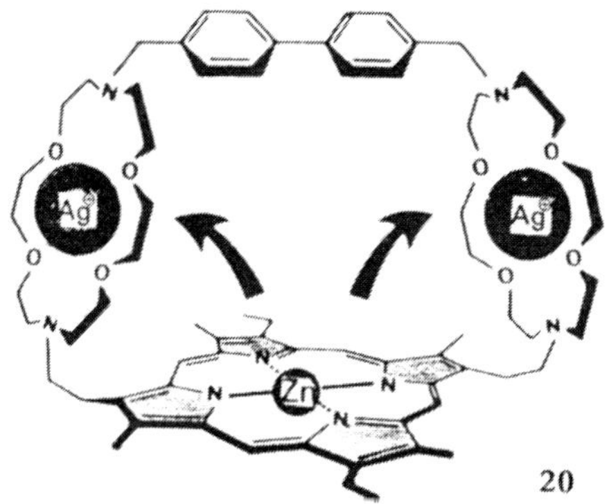

20

Über Spheranden, Calixarene siehe *Abschn. 7.2*, zu farbigen Ionophoren (Chromoionophoren und Fluorophoren, Aceranden) vgl. [1d,g], zur Komplexierung von Anionen (mit meist nicht Cyclophan-artigen Wirtverbindungen) [1a,d]. Wegen weiterer neuer Veröffentlichungen sei auf die Literatur verwiesen [17].

12.2   Lipophile Gäste

Von Erkennungsprozessen auf molekularer Ebene spricht man, wenn maßgeschneiderte Wirtmoleküle in Lösung - in Analogie zu biologischen Rezeptoren und Enzymen - *selektiv* kleinere, räumlich komplementäre Gastteilchen (Moleküle, Ionen) in sich aufnehmen oder andocken lassen können [1]. Ähnlich wie bei der Maskierung von Kationen in der Analytischen Chemie, die zur Änderung der Eigenschaften der Ionen - wie z.B. Löslichkeit - führen kann, ändern sich die Eigenschaften des im Innern oder in einer Nische des Wirtmoleküls aufgenommenen Gastmoleküls:

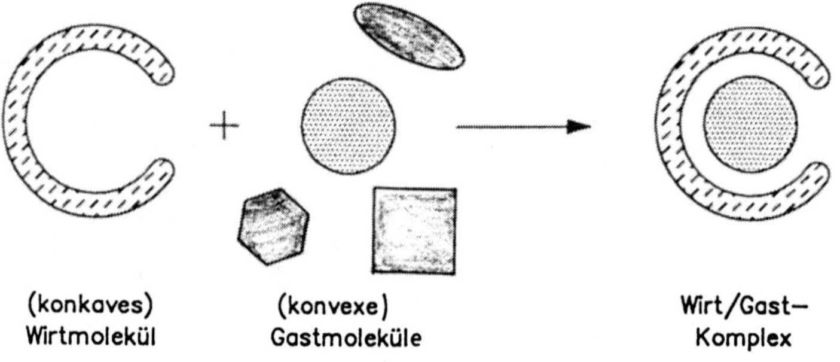

<u>Abb.1.</u>   Selektive Komplexierung (molekulare Erkennung) eines molekularen Gasts (in diesem Fall des kreisrunden) durch ein topologisch komplementäres (konkaves) organisches Wirtmolekül (schematisch) [*]

In diesem Abschnitt sei besonders die Komplexierung von funktionslosen, lipophilen Gastmolekülen behandelt [1a-o]. Solche exolipophilen Gäste wie Benzen, Naphthalen und andere aromatische und aliphatische Verbindungen (Chloroform, Halothan etc.) müssen in einen Molekülhohlraum oder wenigstens in eine Molekülnische ein- oder angelagert werden, ähnlich wie es bei der Gasteinlagerung in den konischen Cyclodextrin-Hohlraum gut bekannt ist (Näheres hierzu siehe [1d]). In diesem Fall der Komplexierung liegt also nicht eine spezifische Bindung des Gasts an den Wirthohlraum vor, sondern das Gastmolekül paßt räumlich mehr oder weniger gut in den Wirthohlraum. Zur Verstärkung der Wirt/Gast-Assoziation verwendet man meist - in An-

---

[*] Herrn Dr. *K. Wagemann*, Dechema, Frankfurt, sei für Anregungen zu dieser Abbildung und zum *Abschn. 12* gedankt.

lehnung an die Cyclodextrine - ein hydrophiles Lösungsmittel (Wasser, Alkohol) und einen exohydrophilen Wirt, um den lipophilen Gast wie ein Fetttröpfchen im endolipophilen Innern des Wirts aufnehmen zu können. Dieser Vorgang ist günstig, weil dadurch die lipophilen Oberflächen des Gasts und die Innenfläche des Wirts kleiner werden als vor der Komplexierung. Anders ausgedrückt: Die Wasserstoffbrücken-Struktur des Lösungsmittels wird nicht durch *zwei* lipophile "Flächen" unterbrochen, sondern diese lagern sich zusammen, wodurch die Wasserstruktur weniger gestört ist [11].

Für die Komplexierung von lipophilen Neutralmolekülen eignen sich daher unfunktionalisierte Cyclophane [1]. Die Kunst besteht darin, die als Wirtverbindungen mit Hohlraum relativ vielatomigen Cyclophane Wasser- oder Methanol-löslich zu machen.

Ausgangspunkt dieser Wirt/Gast-Chemie waren frühe Arbeiten von *Stetter* und *Roos* an Tetraaza-Makrocyclen, die von *Vögtle* und *Rossa* wiederholt und deren Komplexe mit Benzen und anderen Aromaten in Zusammenarbeit mit *Hilgenfeld* und *Saenger* 1982 durch Röntgen-Kristallstrukturanalyse als Clathrate bewiesen wurden [3].

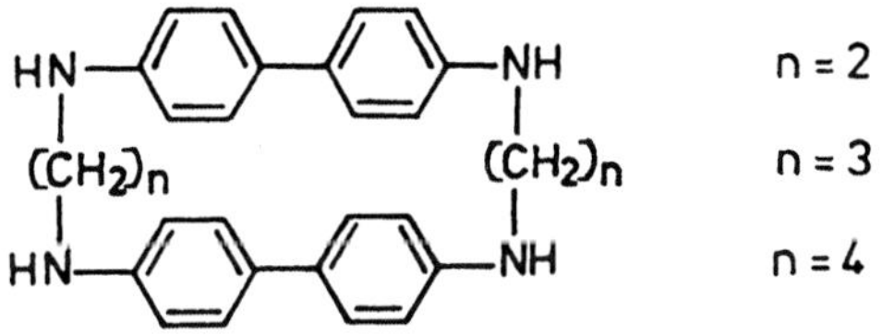

Um diese Zeit versuchte eine Reihe von Arbeitskreisen *(Tabushi, Murakami, Koga, Whitlock)*, wasserlösliche, cyclophanartige Makrocyclen zu synthetisieren und auf ihre Eignung als Wirtmoleküle in wäßriger Lösung zu studieren [1]. Einer der ersten stöchiometrischen Komplexe mit eindeutig in Lösung gebundenem lipophilen Gast war der Chloroform-Komplex eines makromonocyclischen 30-gliedrigen Hexalactams (6) [4]. Die Röntgen-Kristallstrukturanalyse des 1:1-Komplexes 7 zeigte eine für den Wirt und Gast gemeinsame dreizählige Achse in Richtung der C-H-Bindung des $HCCl_3$. Sie enthüllte auch, wie das Chloroform in der Nische des Hohlraums eingebettet ist (vgl. 8).

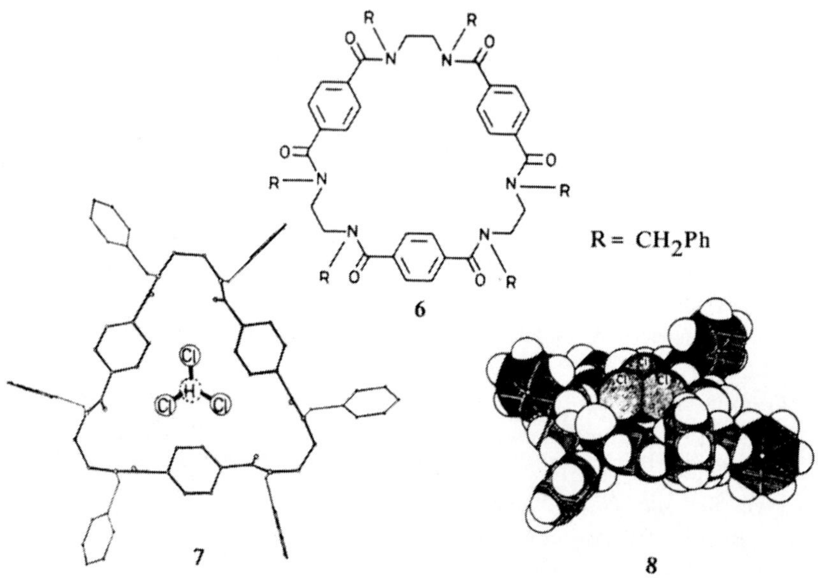

Der Durchbruch auf diesem Gebiet muß Arbeiten von *Koga et al.* zugeschrieben werden, die - gleichfalls auf *Stetters* Spuren - 1980 erstmals eindeutig den stöchiometrischen Einschluß eines unpolaren Gastmoleküls (Duren) im Hohlraum eines wasserlöslichen Cyclophans (9) sowohl in wäßriger Lösung als auch durch Röntgen-Kristallstrukturanalyse im Festkörper nachweisen konnten [1k]. In salzsaurer Lösung beträgt die Komplexbindungskonstante mit 2,7-Naphthalendiol als Gast ungefähr 10^3 L mol^{-1}. Darüber hinaus wird das Gastmolekül im Hohlraum mit einer spezifischen, stark begünstigten Orientierung derart gebunden, daß die aromatischen Protonen (des Durens) in die von den Diphenylmethan-Einheiten gebildeten "Winkel" hineinragen. Mit Duren als Gast wird aus salzsaurer Lösung ein kristalliner 1:1-Komplex erhalten, der eindeutig als Hohlraum-Einschlußkomplex charakterisiert ist [1k].

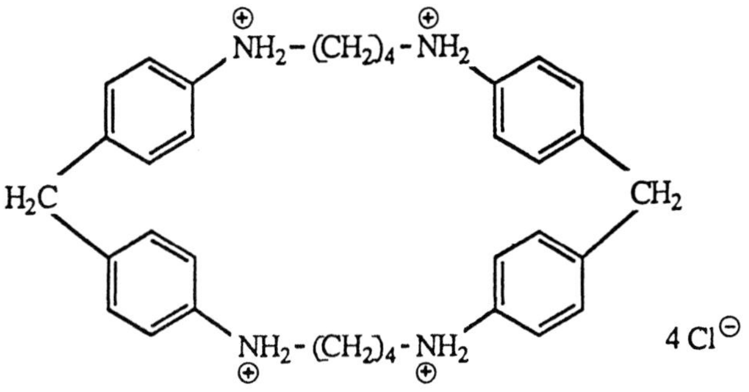

9

Durch "Auslagern" der Ammoniumfunktionen, die der Wasserlöslichkeit dienen, konnte *Diederich* noch höhere Komplexkonstanten erzielen, z.B. mit Makromonocyclen des Typs **10** und Makrobicyclen wie **11** [1i].

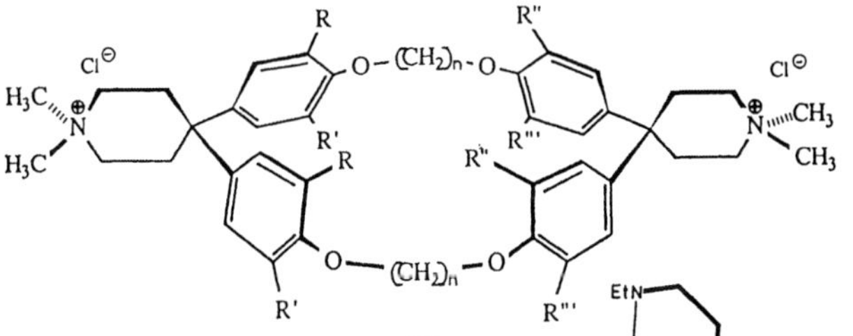

10

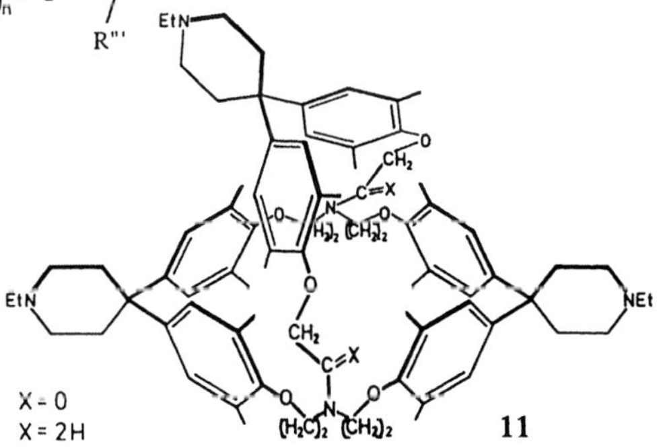

X = O
X = 2H

11

Für die in wäßriger Lösung mit dem Gast Pyren erhaltenen Komplexe werden zwei bevorzugte Orientierungen des Gasts im Hohlraum angenommen (vgl. **12** und **13**) [1i]:

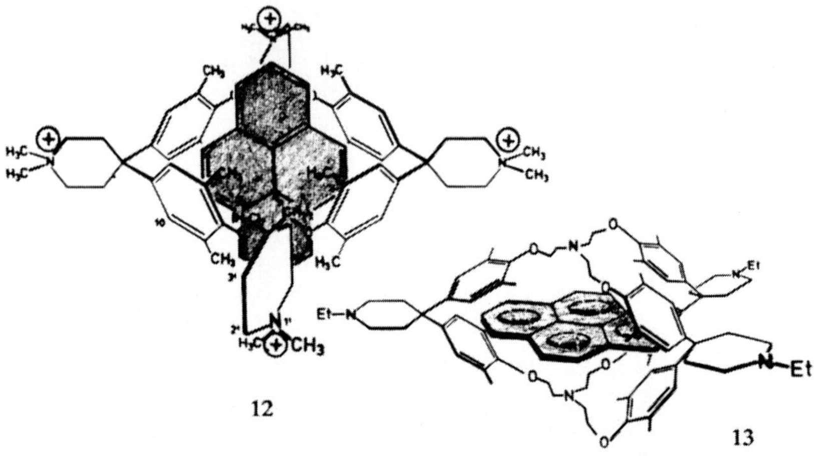

12

13

<u>Abb.2.</u> Skizze der beiden bevorzugten Gastorientierungen (Gast: Pyren) im Wirthohlraum. Die Orientierungen ergeben sich durch ^{1}H-NMR-Spektroskopie in wäßriger Lösung [1i)]

Die Wirtverbindungen des Typs **14a-c** bilden in wäßrig-saurer Lösung Komplexe mit verschiedenen Gastmolekülen wie z.B. 2,7-Dihydroxynaph-thalen. Die Komplexbildung ist an der starken Hochfeldverschiebung der Gastprotonen gut zu erkennen [1d)]. Die Referenzsubstanzen **14d,e** sind wasserunlöslich.

Vögtle et al. synthetisierten die beiden isomeren Wirtmoleküle **15** und **16**, die unterschiedliche Gastselektivität aufweisen. Während der sterisch ungestörte Hohlraum des *out/out*-Isomers **15** das sphärische Adamantan in saurer wäßriger Lösung als Gast in den Hohlraum aufnimmt, ist das *in/out*-Isomer **16** dazu nicht befähigt. Dagegen werden flache Gastmoleküle wie z.B. Naphthalen von beiden Wirtsubstanzen komplexiert [1d,m].

15   **16**

Dougherty beobachtete die Bindung von Anthracen und Pyren durch den makrocyclischen Liganden **17** [5].

17

Die gut löslichen Makrobicyclen **18-21** wurden in einer einstufigen Cyclisierungsreaktion erhalten. Mit **19** lassen sich in saurer wäßriger Lösung

Arene bis zur Größe von Benzo[ghi]perylen, Benzo[a]pyren und Triphenylen selektiv komplexieren (vgl. Komplex **22** aus **19** und Triphenylen).

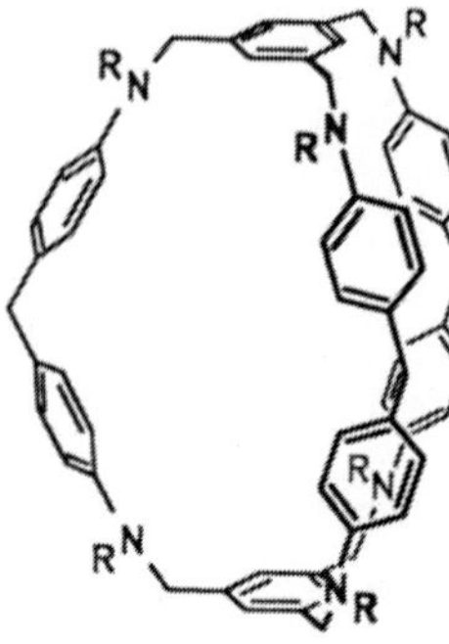

18

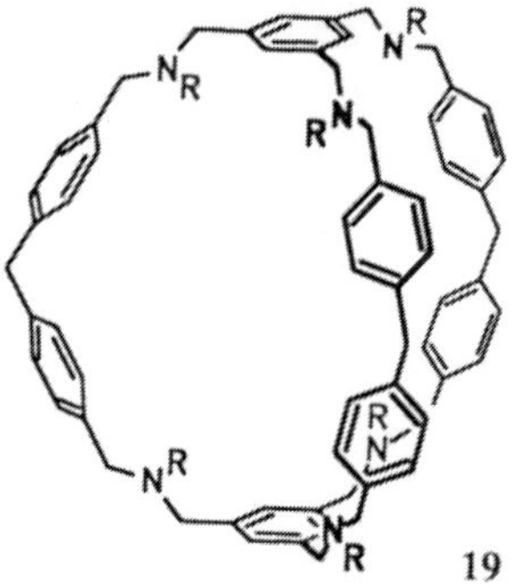

19

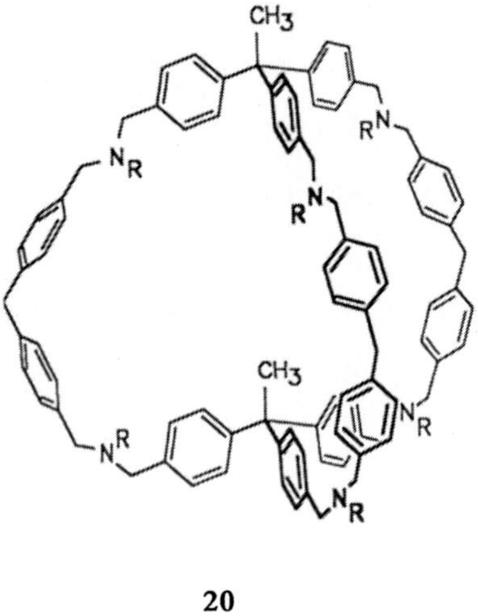

20

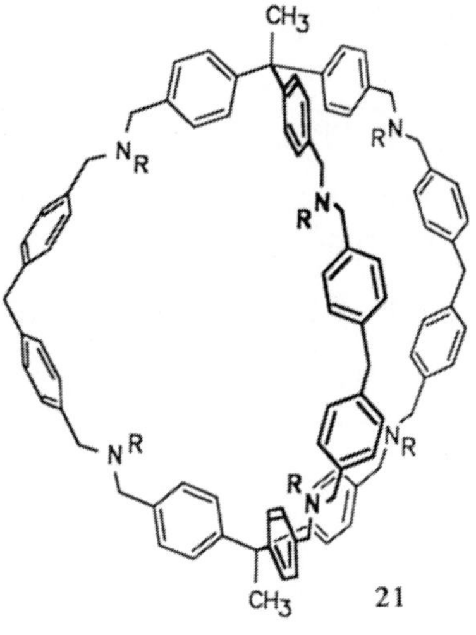

21

Beispielsweise löst protoniertes **19** in Wasser Phenanthren, jedoch nur in geringem Maße das isomere Anthracen. Daher kann durch fest/flüssig-Extraktion Phenanthren von Anthracen getrennt werden. Auch partiell hydrierte Arene lassen sich durch Extraktionsverfahren von den entsprechenden Arenen trennen, z.B. Dihydrophenanthren von Phenanthen und Triphenylen von Dodecahydrotriphenylen [6]. Neben der Formel **22** sind einige der erfolgreich komplexierten Gastmolekül-Typen aufgelistet:

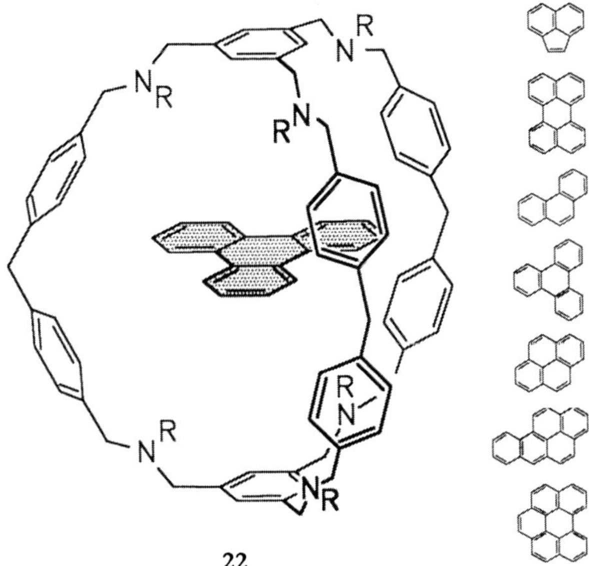

22

Die schon erwähnten Cryptophane *Collets* (vgl. 23) bilden mit kleinen aliphatischen, lipophilen Molekülen wie z.B. CH_2Cl_2, $CHCl_3$, CCl_4 und anderen größenmäßig passenden Gastmolekülen Einschlußkomplexe des Typs **24** (schematisch), die durch extrem starke ^{1}H-NMR-Hochfeldverschiebungen gut nachgewiesen werden können [7].

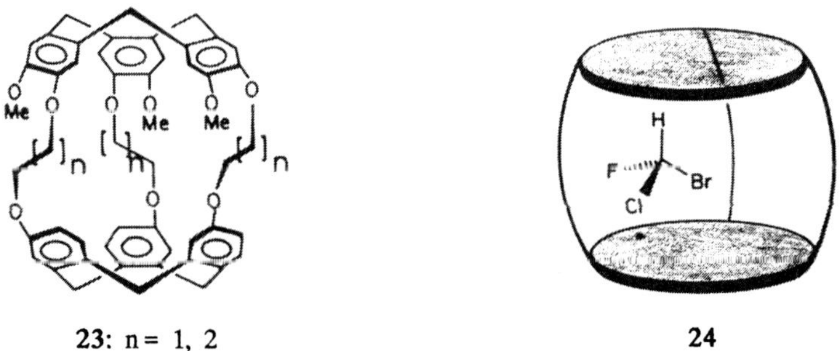

23: n = 1, 2   **24**

Zur Komplexierung von Benzen-Derivaten in saurer wäßriger Lösung eignet sich auch der von *Wilcox* beschriebene chirale Wirt **25** [8]:

25

Seine Hohlraumbindungsstelle besteht aus einer Diphenylmethan-Einheit und einem Abkömmling der *Tröger*-Base [9].

Über einen neuen Typ kationischer Wirtmoleküle des Quat-Typs **26** mit π-Acceptor-Eigenschaften berichtete *Hünig* [10].

26: n = 0; 1

Diese Onium-Wirte sind durch Quaternisierung einfach erhältlich; bei ihrer Synthese wirken zugesetzte geeignete Gäste - aromatische Verbindungen mit einem Raumbedarf etwa zwischen Benzen und Pyren - katalytisch (*"molekularer Templat-Effekt"*). Als maßgebliche bindende Wechselwirkung werden hier a) Dispersionskräfte einschließlich Charge-Transfer-Wechselwirkungen sowie b) elektronische "edge-to-face"-Wechselwirkungen vom "T-Typ" angenommen [10].

Das ästhetisch aussehende, makropolycyclische tertiäre Amin **27** (*"Cubaphan"*) ist zwar starr, aber es ist nach Protonierung wasserlöslich und kann dann hydrophobe Gäste in sein Inneres aufnehmen *(Murakami)* [11]. Dabei ist ein deutliches Unterscheidungsvermögen für isomere Naphthalendisulfonat-Gäste zu beobachten, was auf Komplexe mit Vorzugsorientierungen von Wirt und Gast hinweist. Bei diesem Wirt dürften - wie in vielen analogen makropolycyclischen Ammonium-Wirten - indirekt wirksame hydrophobe Wechselwirkungen die treibenden Kräfte der Wirt/Gast-Komplexierung sein.

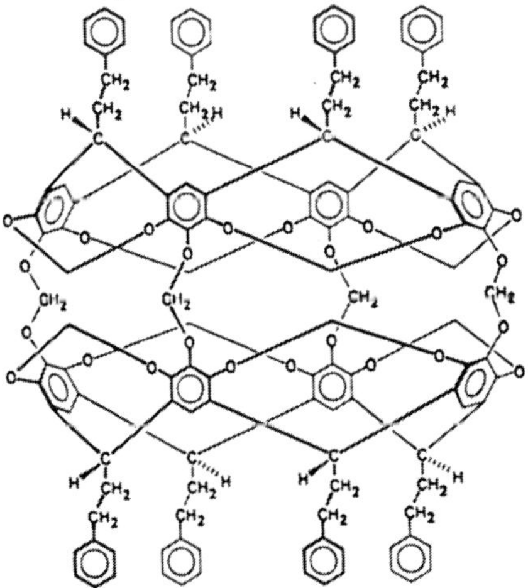

27

Im *"Carcerand"* 28 liegt nach *Cram* eine spektakulär neue Gastbindung vor. *Cram* spricht von einem neuen "Phasenzustand" (Vakuum + Gast in verschiedenen Verhältnissen) [12]. Selbst durch 12stündiges Kochen in Dimethylformamid läßt sich ein im Wirtmolekül 28 eingeschlossenes Dimethylsulfoxid-Molekül nicht verdrängen.

28

Anhand von Wirtmolekülen wie **30** (die annähernd den zwei "Hälften" des Carceranden entsprechen), konnte *Cram* kürzlich zeigen, daß derartige organische Moleküle mit hoher "struktureller Erkennung" dimerisieren, vorausgesetzt, sie besitzen eine große lipophile Oberfläche, die zwei präorganisierte und komplementäre Wirt- und Gast-Regionen enthält [13].

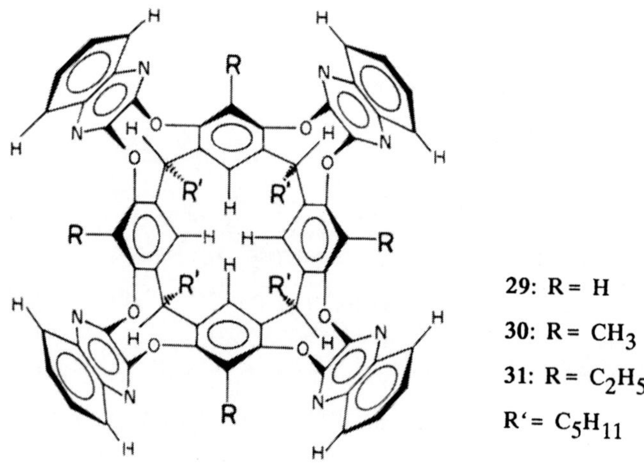

29: R = H

30: R = CH$_3$

31: R = C$_2$H$_5$

R' = C$_5$H$_{11}$

30 existiert in CDCl$_3$ nur als Dimer, **29** und **31** dagegen nur als Monomer. Bei letzterem Molekül ist die Komplementarität nicht mehr gegeben.

Bei der - bisher einmaligen - Dimer-Bildung spielen offenbar die üblichen Bindungskräfte - wie Pol-Pol-, Pol-Dipol-Kräfte, Metallkomplexierung, H-Brücken-Bindung, hydrophobe Wechselwirkungen - keine Rolle.

12.3 Funktionalisierte Moleküle als Gäste

Bei der Besprechung der "molekularen Pinzetten" [1] (im *Abschn. 9*) haben wir schon festgestellt, daß Gastmoleküle auch dann gebunden werden, wenn sie nicht vollständig ummantelt sind, sondern wenn komplementäre Funktionen im Wirt punktuelle, z.B. H-Brücken-Bindungen, ermöglichen. Um Gastmoleküle, die funktionelle Gruppen (FG) tragen, selektiv in einer Wirtnische zu binden, ist ein Wirthohlraum oder eine Wirtnische erforderlich, die komplementäre funktionelle Gruppen aufweist. Trägt der Gast beispielsweise phenolische OH-Gruppen, so muß die Wirtnische an der betreffenden Bindungsstelle, damit der Gast andocken kann, basische Funktionen wie NH_2-Gruppen oder ein Pyridin-N-Atom enthalten. In <u>Abb.1</u> ist ein solches Andocken komplementär funktionalisierter Wirt- und Gastmoleküle schematisch charakterisiert [2-6]:

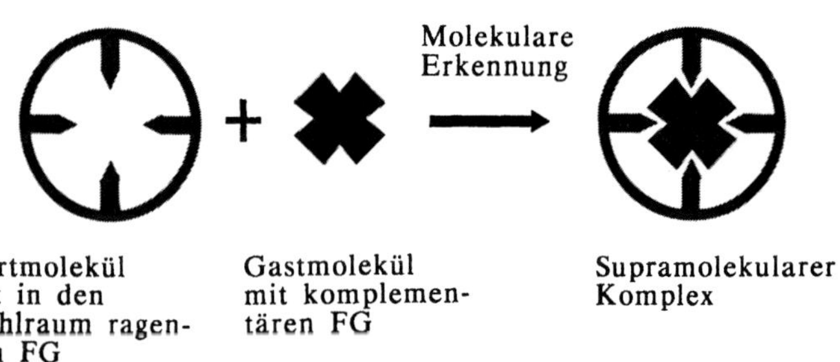

<u>Abb.1.</u> Bindung bzw. Andocken eines Gastmoleküls in einem Wirthohlraum bzw. einer Wirtnische. Die funktionellen Gruppen (FG) von Wirt und Gast müssen so beschaffen sein, daß sie sich gegenseitig anziehen

Hierzu gehören auch Gastverbindungen, die Ammonium-Gruppen enthalten. Ammoniumverbindungen bilden schon mit vielen *Kronenethern* Komplexe, die über H-Brückenbindungen und Dipol-Dipol-Wechselwirkungen stabilisiert sind [2-9]. Von *Collet* wurde ein *"Speleand"* beschrieben, der einen Kronenetherteil und eine Cyclotriveratrylen-Einheit trägt und mit Methylammonium-Verbindungen ein *"Speleat"* (6) [2] bildet:

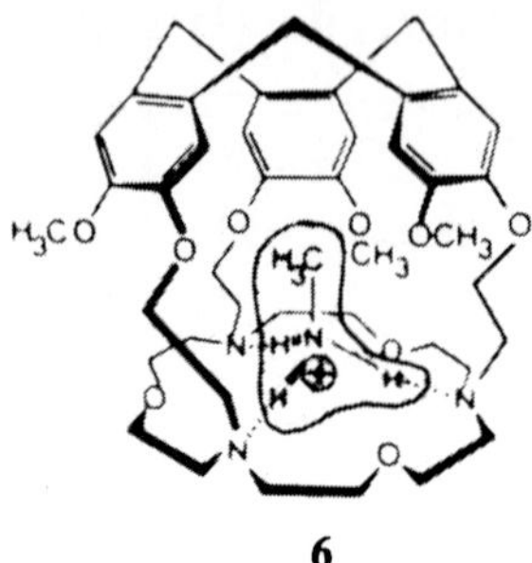

6

Als *Speleanden* definierte *Lehn* makropolycyclische Strukturen, die sowohl apolare Strukturbestandteile als auch polare Bindungseinheiten enthalten. In den engen Hohlraum des dem Komplex **6** zugrundeliegenden Speleanden passen größere Substrate nicht hinein; infolgedessen ist der Speleand selektiv für Methylammonium-Ionen [7b].

Versieht man zwei Kronenether-Einheiten mit zwei Spacergruppen, so entstehen zylindrische Hohlraumstrukturen bzw. zylindrische "ditope Corezeptoren" [3,7]. Sie bilden mit endständigen Diammonium-Ionen $^{\oplus}H_3N\text{-}[CH_2]_n\text{-}NH_3^{\oplus}$-Cryptate des Typs **7**.

7

In diesen Supramolekülen befindet sich das Substrat im zentralen Hohlraum des Rezeptormoleküls, wobei es über die zwei $\text{-}NH_3^{\oplus}$-Gruppen an den makrocyclischen Bindungsstellen verankert ist, wie Röntgen-Kristallstrukturanalysen zeigten. Beim Verändern der Brücken R in **7** verschiebt sich die Komplexierungsselektivität zugunsten des Substrats mit der komplementären

Länge. NMR-Relaxationsmessungen ergaben, daß optimale Wirt/Gast-Partner in einem Rezeptor/Substrat-Paar ähnliche molekulare Bewegungen ausführen. Komplementarität in der supramolekularen Spezies bedeutet daher, daß sowohl die sterischen als auch die dynamischen Verhältnisse zusammenpassen [7b].

Eine Mehrfacherkennung in **Metallorezeptoren** ist mit supramolekularen Komplexen wie **8** möglich [3].

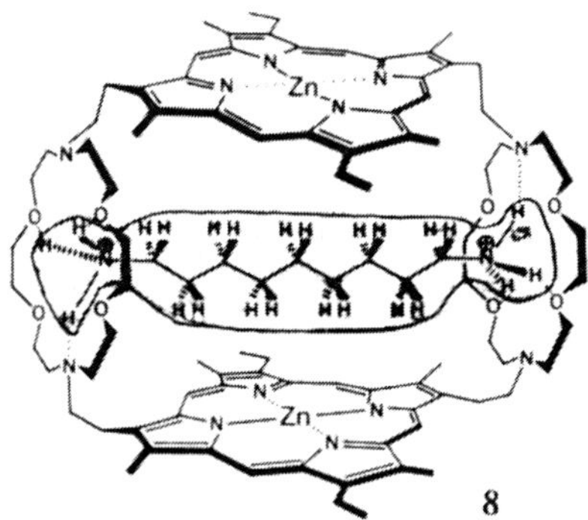

8

Metallorezeptoren sind "heterotope Corezeptoren", die durch substratspezifische Einheiten sowohl Metallionen als auch organische Moleküle binden können. Für die Bindung von Metallionen sind Porphyrin- und α,α'-Bipyridin- (bpy-)Gruppen in makrocyclische Corezeptoren eingeführt worden, die auch Bindungsstellen zur Verankerung von $NH_3^{\oplus}$-Gruppen enthalten. Solche Rezeptoren bilden durch gleichzeitige Bindung von Metall- und Diammonium-Ionen Supramoleküle wie **8**. Sie bieten Möglichkeiten, um Wechselwirkungen und Reaktionen zwischen gleichzeitig gebundenen organischen und anorganischen Spezies zu studieren. Zugleich können sie als bioanorganische Modellsysteme Verwendung finden.

Wirtnische und Gast sollten also nicht nur in ihrer Größe und von ihrer Form her komplementär zusammenpassen ("Schlüssel/Schloß-Prinzip"), sondern es müssen funktionelle Gruppen zwischen Wirt und Gast komplementär sein, um starke Wirt/Gast-Bindungen zu gewährleisten [1]. Auf diesem Gebiet der Komplexierung organischer Gastmoleküle unter Ausnutzung meist mehrfacher Wasserstoff-Brückenbindungen in nichtwäßrigen Medien, die mit dem Wirtmolekül nicht um Wasserstoffbrücken konkurrieren, gibt es bisher nur relativ wenige Beispiele. Ausgehend von den bekannten Komplexen von

Kronenethern mit Phenolen, Aminen, polaren Methylverbindungen wie Nitromethan und Acetonitril, Harnstoff und anderen Neutralmolekülen, die über H-Brückenbindungen an der Ober- und Unterseite von Kronenethern locker gebunden werden [11,7b], gelang es unter anderem *Stoddart* [5], makrobi- und makropolycyclische Oligoether als Rezeptoren für Übergangsmetall-Ammin-Komplexe einzusetzen (*"Koordination in zweiter Sphäre"*). Auf diese Weise konnte z.B. die Komplexverbindung $[Pt(bpy)(NH_3)_2]^{2\oplus}$ von der Dinaphthaleno[30]krone-10 gebunden werden, wobei Charge-Transfer-Wechselwirkungen zwischen dem Bipyridin (als Acceptor) und den Naphthalen-Ringen (als π-Donoren) zu einer Wirtnische führen, in die der Gastkomplex fast vollständig eintauchen kann [5]:

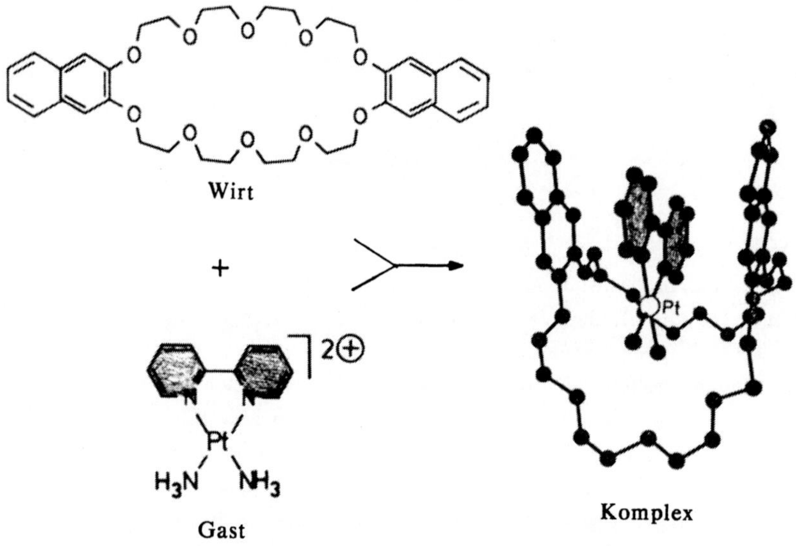

Abb.2. Durch Röntgen-Kristallstrukturanalyse ermittelte Struktur des 1:1-Addukts von $[Pt(bpy)(NH_3)_2]^{2\oplus}$ und Dinaphthaleno[30]krone-10 im Kristall [5]

Eine noch bessere Bindung der beiden Ammin-Liganden von *cis*-Diammin-Übergangsmetallkomplexen über H-Brückenbindungen läßt sich mit aromatische Ringe enthaltenden makrobicyclischen Polyethern, also mehrfach verbrückten Cyclophanen des Typs **9**, erzielen [5].

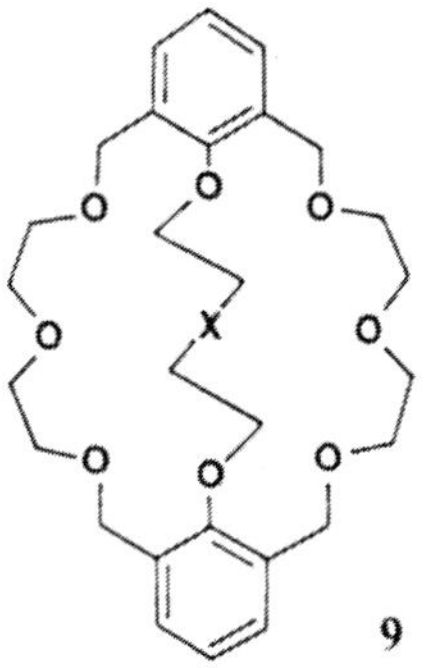

9

Jeder Kronenetherring kann dann einen der beiden Ammin-Liganden binden.

Reinhoudt konnte mit maßgeschneiderten Benzo-Kronenverbindungen des Typs **10** nicht nur ein Kation ($Ba^{2\oplus}$), sondern *zugleich* ein Kation ($UO_2^{2\oplus}$) und ein Molekül *Harnstoff* binden (Abb.3) [12]:

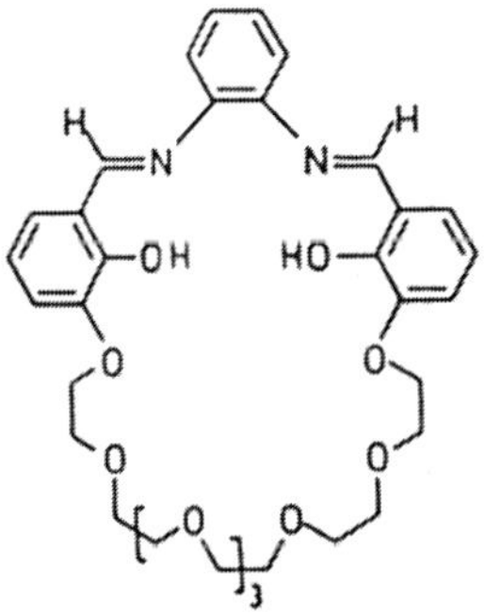

10

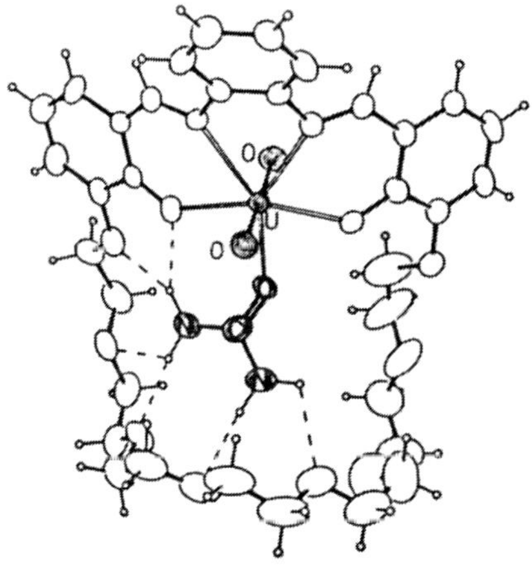

Abb.3. Kronen-Wirt **10** (links) und Skizze der Röntgen-Struktur des Komplexes von **10** mit $UO_2^{2\oplus}$ und Harnstoff [12]

Der Abstand U···O(Harnstoff) beträgt 237 pm, U···N(Harnstoff) 255-259 pm, der U-O-(Uranyl)-Abstand 178 pm und der Abstand N(Harnstoff)-O(Krone) 294-314 pm. Das Binden von Harnstoff und anderen physiologisch relevanten Molekülen (Glucose, s.u.) ist von medizinischer Bedeutung (Blutwäsche, künstliche Niere).

Aoyama untersuchte die wichtige molekulare Erkennung von Glycerol, *D*-Glucose, *D*-Ribose, Riboflavin, Vitamin B_{12} und Hämin mit Hilfe von Resorcin-Aldehyd-Cyclooligomeren der Typen 11, 12 [13]. Die in CCl_4 und Benzen (bis auf *D*-Glucose) unlöslichen Substanzen können mit Hilfe des Wirts 11a durch H-Brückenbindung selektiv gelöst werden. Mit dem lipophilisierten Wirt 12a dagegen wird keine Komplexierung beobachtet.

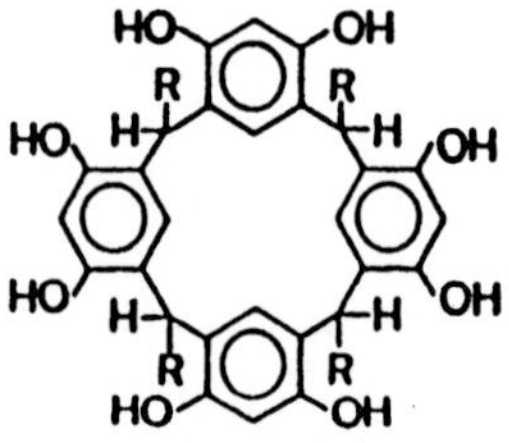

a ; R = $(CH_2)_{10}CH_3$
b ; R = CH_3
c ; R = C_6H_5

11

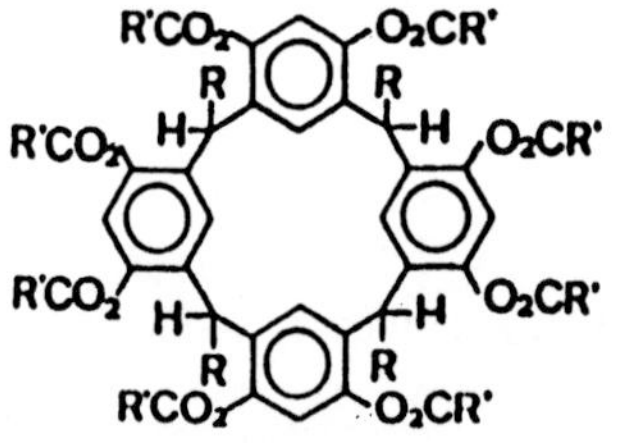

a ; R = $(CH_2)_{10}CH_3$. R' = CH_3
b ; R = CH_3 . R' = CH_3 . C_2H_5
c ; R = C_6H_5 . R' = C_3H_7

12

Whitlock nutzte die Möglichkeit, einem sauren Gastmolekül eine Protonen-Acceptor-Funktionalität im Wirtmolekül entgegenzusetzen [14]. Wie die beiden isomeren Wirtmoleküle 13 und 14 zeigen, kann beispielsweise *p*-Nitrophenol als Gast sein OH-Proton partiell über eine H-Brücke am Pyridin-Stickstoff binden. Wegen der fixierten Konformationen von 13 und 14 muß das Gastmolekül in die von 13 und 14 gebildeten Hohlräume eindringen, um eine H-Brückenbindung ausbilden zu können und an den Pyridin-Stickstoff zu gelangen. Dieses Eindringen in den Hohlraum wird noch dadurch erleichtert, daß π-Wechselwirkungen zwischen dem *p*-Nitrophenol-Gast und den Oxa-substituierten Naphthalenringen, die als π-Donoren wirken, zum Tragen kommen. Infolgedessen bindet das Isomer 13 *p*-Nitrophenol mit einer Assoziationskonstante K_{Ass} = 3000 L mol^{-1}, während Phenol selbst bemerkenswerterweise kaum gebunden wird (K_{Ass} = 20 L mol^{-1}). Interessant ist, daß das Isomer 14 für *p*-Nitrophenol eine noch wesentlich höhere Assoziationskonstante von 13700 L mol^{-1} aufweist. Auch bei der Bindung von Benzoesäure ist das Isomer 14 weit überlegen (K_{Ass} = 5700 L mol^{-1}). An diesem Beispiel zeigt sich deutlich, daß der Gast eine ganz bestimmte, zur Basizität des Wirtmoleküls [*p*-Dimethylaminopyridin- (DMAP-)Bauteil] komplementäre, maßgeschneiderte Acidität aufweisen muß. Gerade *p*-Nitrophenol wird stark gebunden, weil es in seiner Acidität offenbar zur Ausbildung günstiger H-Brücken beiträgt, während saurere Gäste keine H-Brückenbindung ausbilden, sondern ihr Proton ganz an den Pyridinteil des Wirts abgeben, so daß eine Ionenbeziehung entsteht.

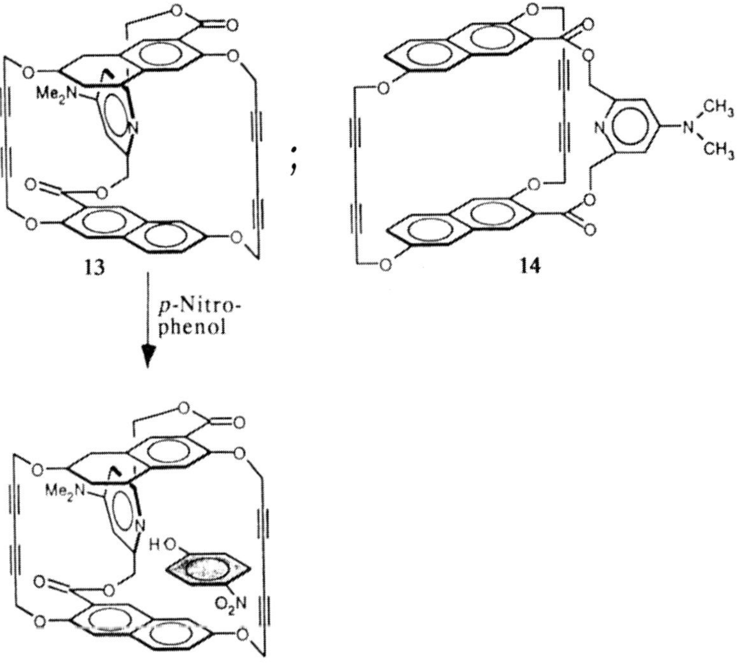

Von *Vögtle et al.* wurde ein Konzept zur Herstellung von im Hohlraum-Innern funktionalisierten Großhohlräumen mit in weiten Grenzen variablem Hohlraum entwickelt [2,15]. Die entsprechenden Rezeptormoleküle haben folgende Topologie:

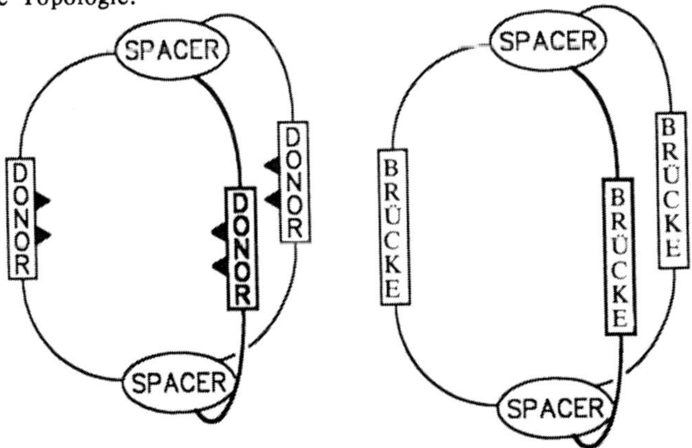

Eine als Abstandshalter wirkende Ankergruppe ("Spacer") variabler Größe hält drei donorhaltige (oder donorfreie) Brücken wie einen Käfig zusammen. Die Synthese erfolgt nach folgendem Schema:

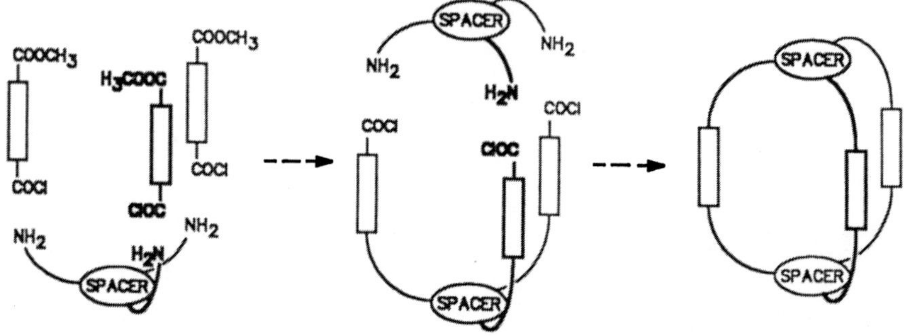

Auf diese Weise wurden zwei Reihen von intraannular funktionalisierten Hohlraumverbindungen erhalten, die eine (15-18) mit sauren OH-Gruppen, die andere (19-22) mit basischen Bipyridin-Einheiten:

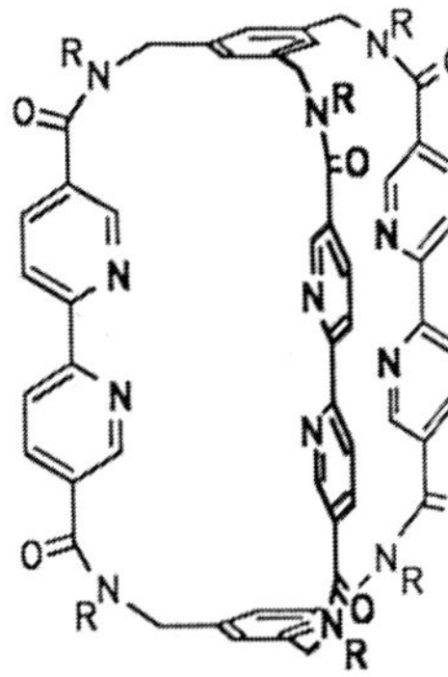

19

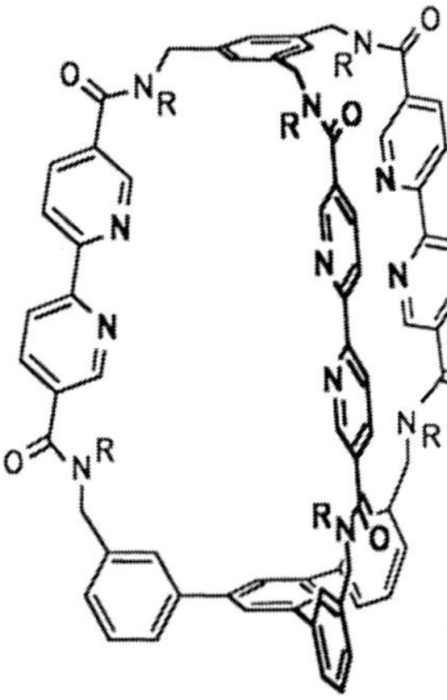

20

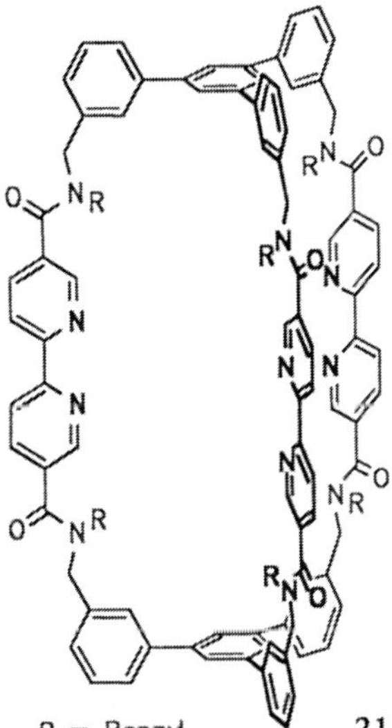

R = Benzyl

21

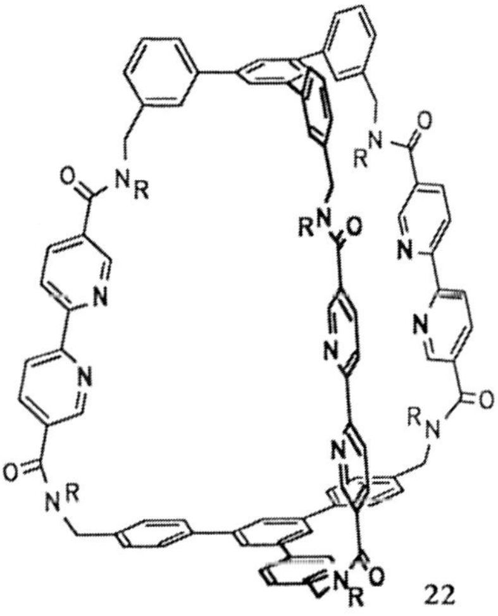

22

Besonders die Tris(bipyridin)-Wirtverbindungen zeigten eine selektive Gastkomplexierung: So ist vor allem die Wirtverbindung **21** mit mittelgroßem Hohlraum in der Lage, Phloroglucin (1,3,5-Trihydroxybenzen) zu komplexieren, wobei ein Komplex der Struktur **23** entsteht [15]:

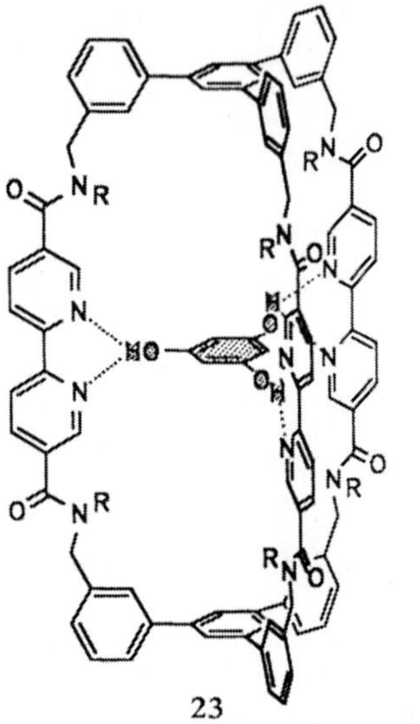

23

Die Komplexierung ist makroskopisch gut zu erkennen: Man suspendiert eine Probe kristallinen Phloroglucins in Chloroform, in dem sich diese nicht vollständig löst. Gibt man die Wirtverbindung **21** zu, so löst sich das Phloroglucin auf. Komplexkonstanten-Bestimmungen ergaben eine hohe Komplexstabilität von der Größenordnung der oben besprochenen *Whitlockschen* Komplexe.

Die Komplexierung ist selektiv: Nur die Wirtverbindungen **20** und **21** aus der Reihe **19-22** sind in der Lage, Phloroglucin stark zu komplexieren. Dies bedeutet, daß bei zu kleinem Hohlraum wie bei **19** und bei zu großem Hohlraum wie bei **22** die Wirt/Gast-Komplementarität nicht für eine Komplexierung ausreicht.- Nur Phloroglucin und eines seiner drei Isomere (1,2,4-Trihydroxybenzen) werden von **20** und **21** komplexiert. Dagegen findet man für das isomere 1,2,3-Trihydroxybenzen keine merkliche Komplexierung. Die Hohlraumverbindungen **20** und **21** unterscheiden also zwischen den isomeren Trihydroxybenzenen. Die Trihydroxybenzoesäure, obwohl saurer als die Trihydroxybenzene, wird nicht nennenswert komplexiert, und dies gilt auch für die 1,3,5-Benzentricarbonsäure.

Interessante Bindungseigenschaften zeigen auch die mit Hilfe zweier Spacerplatten durch drei Kronenethereinheiten überbrückten Liganden **24** und **25** [16]: Anders als erwartet konnten hier keine dreizähligen trifunktionellen Gastverbindungen wie etwa Phloroglucin gebunden werden. Dagegen tritt eine starke Wirt/Gast-Wechselwirkung z.B. mit 2,7-Dihydroxynaphthalen ein, dessen beide OH-Gruppen offenbar gut im Hohlraum an zwei der Kronenether-Einheiten binden können. Möglicherweise ist für eine dreifache Bindung zwischen drei phenolischen OH-Gruppen und drei Kronenethern die Konformationseinstellung zu aufwendig. Die Komplexierung der Dihydroxynaphthalene ist an Hochfeldverschiebungen von Wirt- und Gastprotonen eindeutig zu erkennen.

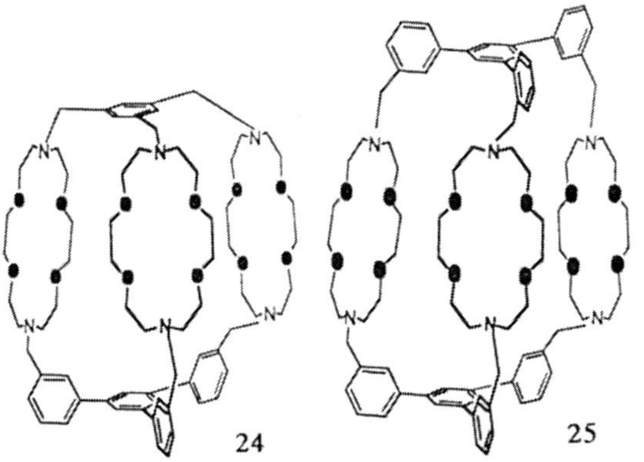

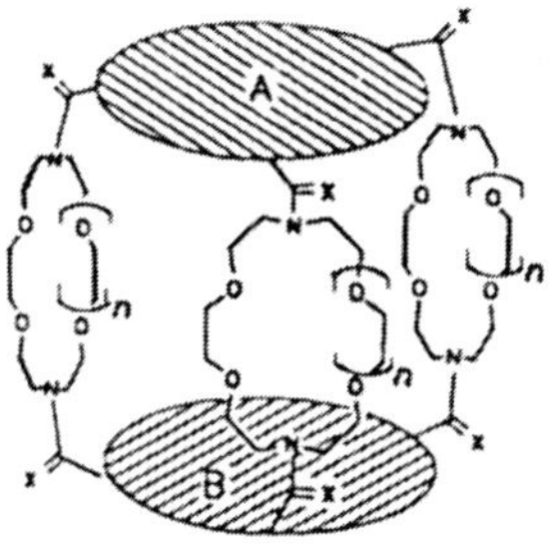

Über eine von *C. Still* beschriebene interessante ***enantioselektive*** Bindung einfacher Gäste mit Amidstruktur durch C_2-symmetrische Wirtmoleküle (**26a,b**) sei hier noch berichtet [17]:

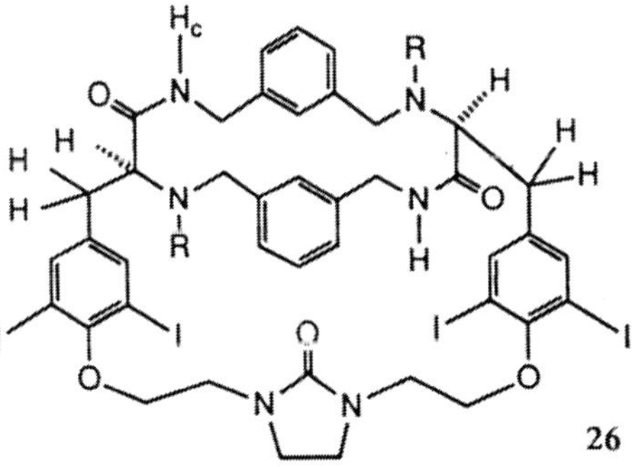

26b komplexiert beispielsweise Carbonsäureamide in C_6D_6. Dabei unterliegen die NMR-Spektren von Wirt und Gast starken Veränderungen, woraus auf die Komplexierung geschlossen wird. Beispielsweise werden die N-Methylacetamid-NH-Protonen des Wirts und des Gasts um mehr als 1 ppm tief-feldverschoben. Acetyl-CH$_3$-Gruppen des Gasts wandern um 0.5 ppm nach hohem Feld. Die Enantiomere chiraler Amide führen bei der Komplexierung mit der Wirtverbindung **26b** zu unterschiedlichen Verschiebungen.

In diesem abschließenden Abschnitt über molekulare Erkennung (mit Phanen) sei noch eine besondere Komplexierungsform erwähnt, der wir im *Abschnitt 10* bei den von *Stoddart* beschriebenen Kronenether-Catenanen schon begegnet sind: der Bindung durch Donor-Acceptor-Wechselwirkungen.

Geeignete "Rezeptoren" vom Intercaland-Typ, die intercalierende Einhei-ten in einem makrocyclischen System enthalten, sind außer für die Bindung von kleinen Molekülen wegen ihrer selektiven Wechselwirkung mit Nuclein-säuren von Interesse. In dem Supramolekül **27** ist ein Nitrobenzen-Molekül als Gast zwischen zwei planare Baueinheiten (Intercalanden) des Wirts eingeschoben. Solche Rezeptorverbindungen sind für die Erkennung von fla-chen Substraten besonders geeignet [3].

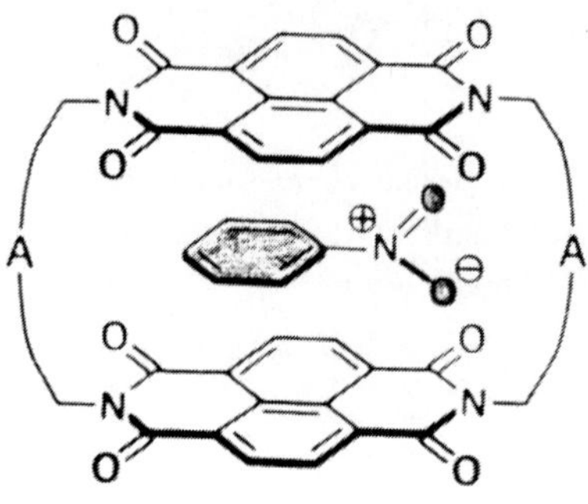

27: A=[CH$_2$]$_8$

Bei der *Stoddart* gelungenen Synthese von Donor-Acceptor-Stapelmole-külen aus Viologen- und Hydrochinonether-Einheiten, die elektrochemisches Interesse besitzen, führt die alkylierende Cyclisierung des Bipyridinium-Vor-läufers **28** in Gegenwart des Hydrochinon-Kronenethers **29** zu einem [2]Catenan **30** [18]. Die hohe Ausbeute von >70% ist nur mit der Wirt/-Gast-Assoziation der intermediär auftretenden Ringkomponente (gestrichelt) erklärbar. In Catenanen vom Typ **30** kann einer der Ringe bis zur "näch-sten" π-Komplexbildung mit dem zweiten Benzenkern "durchrutschen".

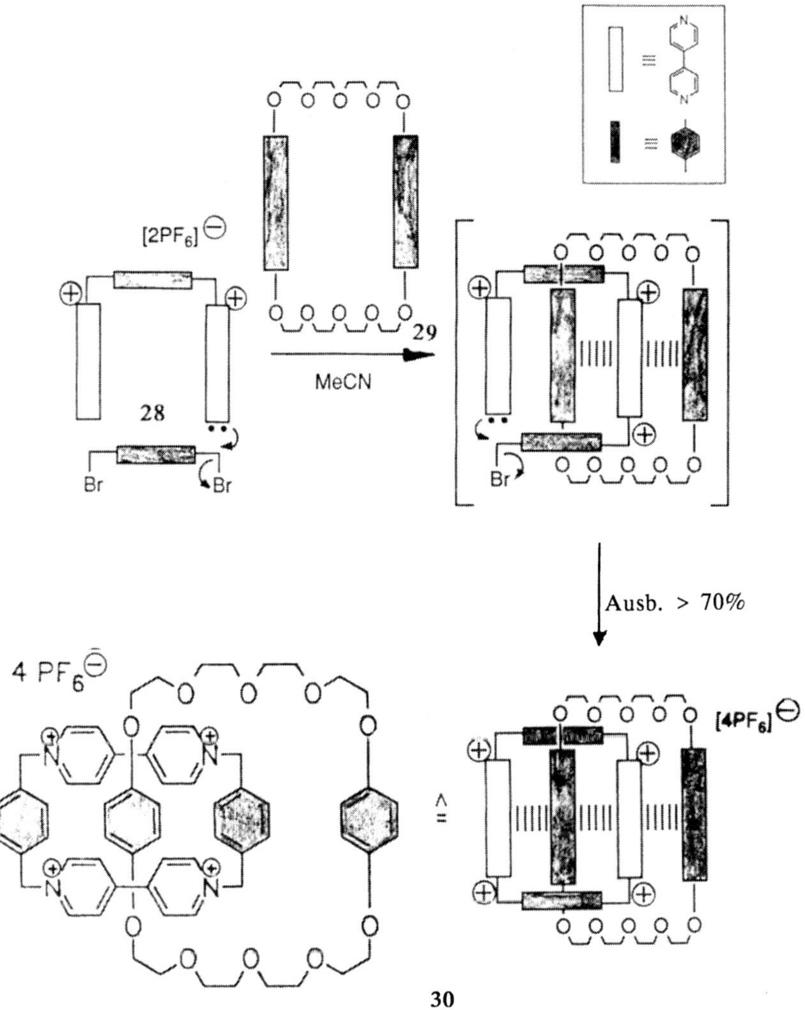

Auf die Katalyse der Benzoin-Kondensation und von Esterhydrolysen (*"Transacylase mimick"*) durch *"katalytische Cyclophane"* wie 31 [19] und 32 [20] sei hier nur hingewiesen [1b]:

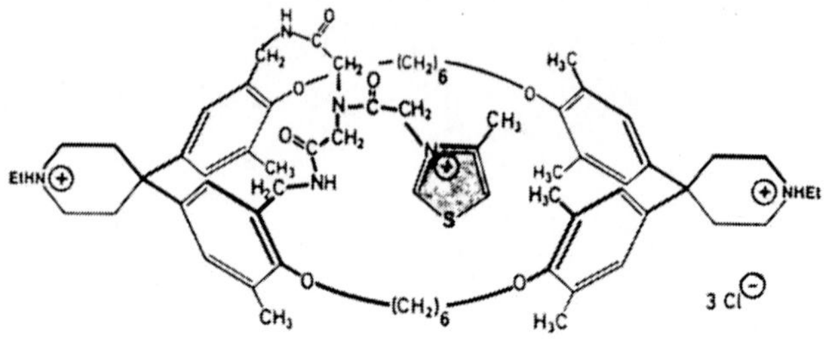

31

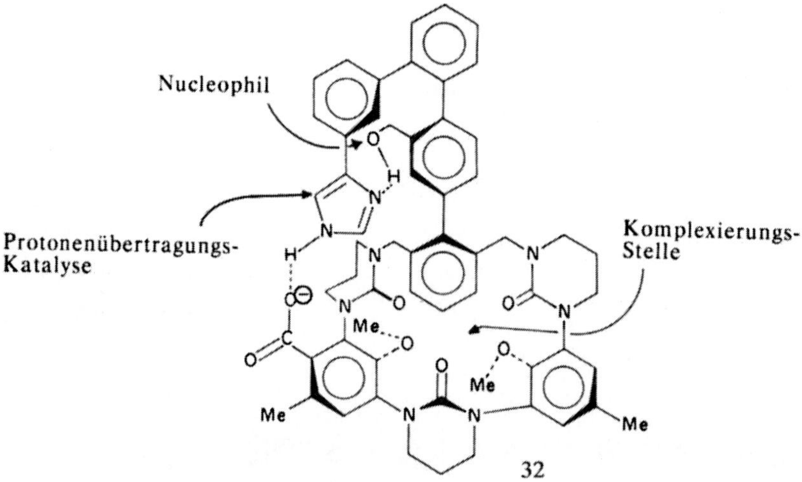

32

Aber auch ohne eigens ansynthetisierte katalytische Funktionen können molekulare Wirte auf die Geschwindigkeit bestimmter Reaktionen einwirken. *Mock* beobachtete eine 100000-fache Geschwindigkeitssteigerung einer Cycloaddition bei Gegenwart des künstlichen Torus-Wirts **Cucurbituril** (33) [21], der allerdings zu den "Aliphanen" zu zählen ist *(Abschn. 9.2)*.

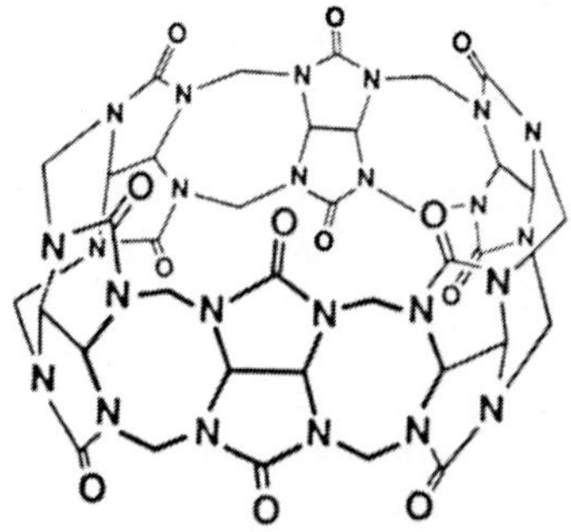

33

Zum Ausklang sollen zwei zukunftsweisende weitere Katalysen erwähnt sein, bei denen jedoch nur locker zusammengehaltene "Phane" durch H-Brücken-Dimerisierung intermediär gebildet werden:

Kelly konnte zwei Reaktionspartner an einem offenkettigen "Matrizenwirt" 34 ausrichten [22]. Es entsteht ein durch multiple H-Brücken gebundener Molekül-Komplex 35, der zur Beschleunigung der bimolekularen Reaktion der Edukte (siehe Pfeile) unter Bildung des Produkts 36 führt:

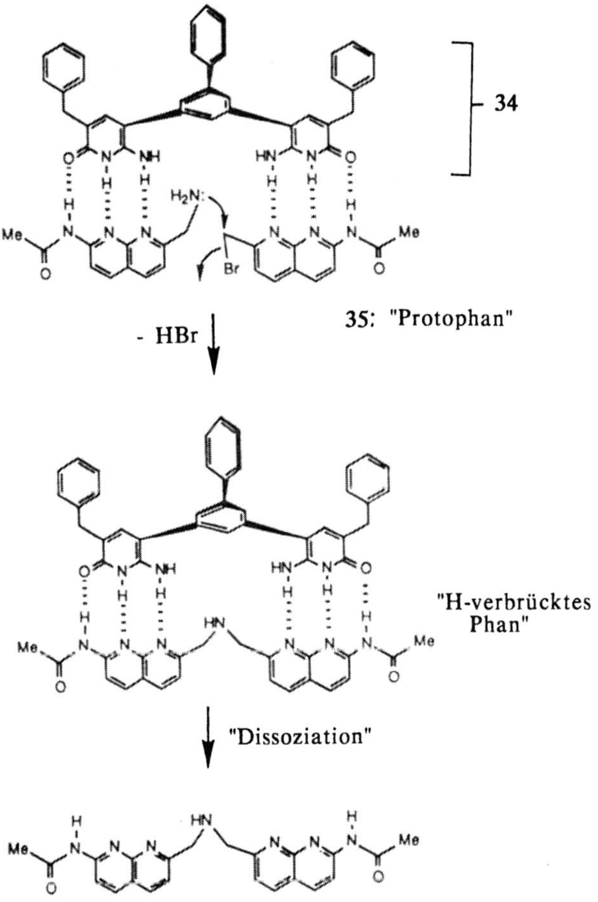

34

35: "Protophan"

- HBr

"H-verbrücktes Phan"

"Dissoziation"

36

Rebek gelang es - gleichfalls unter Nutzung DNA-analoger Paarung von Molekülen (vgl. **37**) zum "H-Brücken-cyclisierten" "Phan" **38** ***("H-Brücken-Phan")*** - ein selbst-replizierendes System aufzubauen [23]:

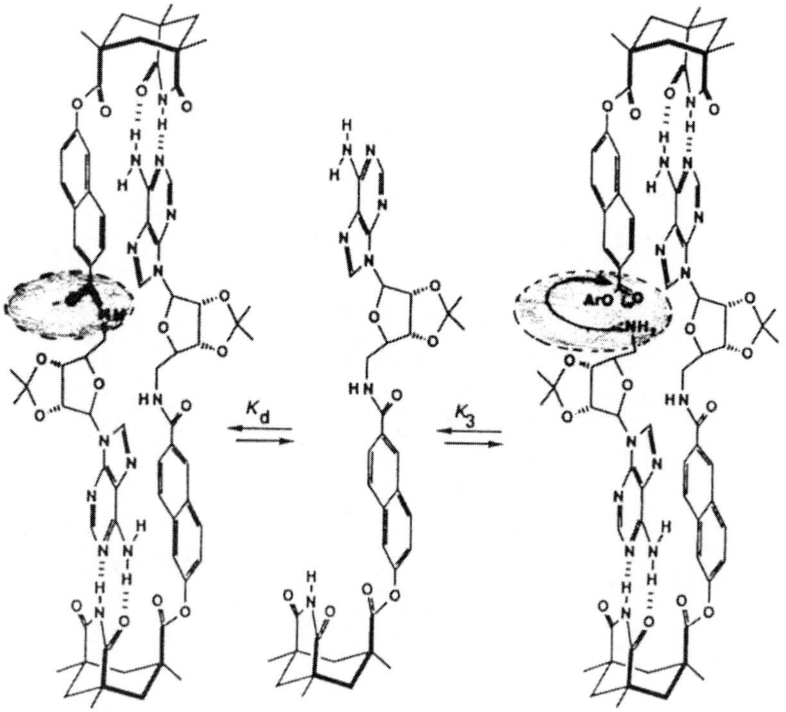

"H-verbrücktes Phan"
38

"Protophan"
37

Schlußbetrachtung und Ausblick

Dieser Ausflug in die Cyclophan-Chemie sollte demonstrieren, wie vielfältig sich der anfangs isolierte Zweig der Organischen Chemie bisher entwickelt hat und wie vielschichtige Ergebnisse und Probleme aus ihm hervorgehen. Herauszuheben sind die meist klar definierte starre oder dynamische Stereochemie, die transannularen Effekte, sterische und elektronische Wechselwirkungen, und nicht zuletzt die Ausnutzung der diversen Phan-Gerüste für Wirt/Gast-Wechselwirkungen und als Bausteine für molekulare Anordnungen.

Ringverbindungen haben die Menschheit seit jeher fasziniert, und Ringe allgemein sind ein unverzichtbarer Bestandteil der menschlichen Kultur und Kunst, wie der einleitende Abschnitt zu verdeutlichen sucht. Ringförmige Moleküle tragen Informationen, die offenkettige Verbindungen kaum in diesem Maße liefern können, und so ist zu erwarten, daß organische und anorganische Ringe (mit Außen- *und* Innenflächen) weiterhin Gegenstand interessanter Forschung und Anwendung bleiben werden.

Die Zukunft der Cyclophan-Chemie wird mit einiger Wahrscheinlichkeit folgende Gebiete betreffen:

- Neue ungewöhnliche Molekül- und Supramolekül-Strukturen und daraus resultierende neuartige Eigenschaften
- Dreidimensional ausgedehnte große Moleküle, die große Hohlräume und große Außenflächen aufweisen
- Extrem deformierte Aromatenringe
- Hochselektive Komplexchemie, Wirt/Gast-Chemie, Supramolekulare Chemie (Sensoren)
- Übergangsmetall-Komplexe (Metallocenophane; Metallaphane)
- Donor/Acceptor-Komplexe einschließlich elektrisch leitender Substanzen
- Molekulare Anordnungen (z.B. Schalter, Licht-induzierter Energietransfer, Photo-induzierter Ladungsübergang zwischen Donor/Acceptor, molekulare Motoren bzw. Motorenelemente)
- Maßgeschneiderte transannulare elektronische und sterische Effekte
- Ungewöhnliche transannulare Reaktionen
- Struktur/Chiroptik-Beziehungen neuer optisch aktiver Phane
- Phane als Stereoselektoren (chirale Reagentien)
- Entwicklung neuer Synthesemethoden für gespannte Phane
- Phane als Modelle für Intercalationen
- Wechselwirkungen von sich räumlich nahe kommenden funktionellen Gruppen innerhalb von Phanen
- Exotische Phanstrukturen (ungewöhnliche Molekülgerüste, aber auch Phane mit konvergenten funktionellen Gruppen)
- Noch größere makro(poly)cyclische Ringsysteme; neuartige Ringtypen
- Polycycloarene (über "Kohnken" hinaus)
- Dreidimensionale Riesenstrukturen über das "Trinacren" hinaus
- Dreidimensionale Strukturen, die größere Hohlräume als die "Carceranden" enthalten

- Molekulare Bänder; neue Catenan-Typen
- Lösliche, definierte Riesenmoleküle, wobei die Löslichkeitssteigerung durch Anbringen multipler funktioneller Gruppen wie Carbonsäure-, Sulfonsäure-, Ammonium-Strukturen oder Oligoethylenglycolether-Einheiten herbeigeführt wird
- Micell-bildende, Membran-bildende Phanstrukturen
- Ausbau der Porphyrinophane und Phthalocyaninophane (bioanorganische Modelle)
- Farbstoff-Phane mit transannularen elektronischen Farbeffekten
- Ausbau der Calixarene und Cyclotriveratrylene als variable Standard-Hohlräume und als gut zugängliche Standardbausteine
- Anwendung von Phanhohlräumen für Chromatographie-Festphasen zur hochselektiven Trennung von Gastsubstanzen, einschl. chiraler Harze zur Enantiomerentrennung mittels MPLC und HPLC
- Phane als Wirkstoffstrukturen (Pharmaceutika), für spezielle Farbstoffe, Polymere...
- Phane als Bausteine für Nichtlineare Optiken (NLO), Molekulare Computer und andere "High-Chem"-Anwendungen

Mit dieser Aufzählung von Zukunftsperspektiven soll der Überblick über die Phane ausklingen.

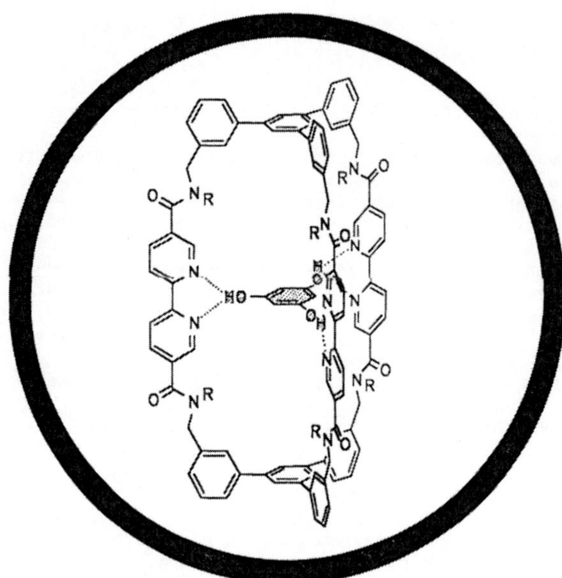

Die Formel zeigt die molekulare Erkennung von 1,3,5-Trihydroxybenzen (Phloroglucin) im komplementär funktionalisierten, großen Hohlraum eines Tris(bipyridin)-Wirtmoleküls.   Näheres siehe *Abschn. 12.3* (Computerzeichnung, Acad-Programm, *F. Vögtle, Ch. Seel, F. Ebmeyer*).

Literaturhinweise und Anmerkungen –
zu den einzelnen Abschnitten

Literatur zu:

Vorwort und Einführung

1) *B. H. Smith*, Bridged Aromatic Compounds. Academic Press, New York, London, 1964.
2) a) *P. M. Keehn, S. M. Rosenfeld* (Hrsg.), Cyclophanes, I, II. Academic Press, New York, London, 1983;
   b) *F. Vögtle* (Hrsg.), Cyclophanes, I, II. Top.Curr.Chem. 113, 115 (1983).
3) *F. Vögtle*, Reizvolle Moleküle der Organischen Chemie. Teubner, Stuttgart 1989.
4) *P. Deslongchamps*, Aldrichimica Acta 17 (3), (1984) 59.
5) Siehe z.B. P.M.-Magazin 1989, 82.
6) *I. Gutman, S. J. Cyvin* (Hrsg.), Advances in the Theory of Benzenoid Hydrocarbons. Top. Curr. Chem. 153, Springer, Berlin, 1990.
7) *A. de Meijere, S. Blechert* (Hrsg.), Strain and Its Implications in Organic Chemistry. NATO ASI Series C, Vol. 273, Kluwer Academic Publishers, Dordrecht 1988.
8) Übersicht: *H. R. Christen, F. Vögtle*, Organische Chemie. Von den Grundlagen zur Forschung, Bd. I, II. Salle - Sauerländer, Frankfurt a.M./Aarau, 1989.
9) *H. A. Staab, F. Diederich*, Chem.Ber. 116 (1983) 3487; *H. A. Staab, F. Diederich, C. Krieger, D. Schweitzer*, ebenda 116 (1983) 3504; *F. Vögtle, H. A. Staab*, ebenda 101 (1968) 2709; *H. A. Staab, M. Sauer*, Liebigs Ann. Chem. 1984, 742.
10) *J. F. Stoddart*, Nature 334 (1988) 10; *P. R. Ashton, N. S. Isaacs, F. H. Kohnke, G. Stagno-d'Alcontres, J. F. Stoddart*, Angew. Chem. 101 (1989) 1269.
11) *H. W. Kroto et al.*, Nature 318 (1985) 162.
12) *A.-D. Schlüter*, Nachr. Chem. Tech. Lab. 38 (1990) 8.
13) *M. M. Pellegrin*, Rec. Trav. Chim. Pays-Bas 18 (1899) 457.
14) *F. Vögtle*, Liebigs Ann. Chem. 735 (1970) 193.
15) *H. E. Schroeder, C. J. Pedersen*, Pure Appl. Chem. 60 (1988) 445.
16) *Ch. Elschenbroich, A. Salzer*, Organometallchemie. Teubner, Stuttgart 1988; Organometallics - A Concise Introduction. VCH Verlagsgesellschaft mbH, Weinheim 1989.
17) a) *J. F. Stoddart et al.*, Angew. Chem. 101 (1989) 1404;
    b) *A. M. Albrecht-Gary, C. O. Dietrich-Buchecker, Z. Saad, J.-P. Sauvage*, J. Am. Chem. Soc. 110 (1988) 1467; *C. O. Dietrich-Buchecker, J. P. Sauvage*, Angew. Chem. 101 (1989) 192;
    c) *G. Schill, E. Logemann, W. Littke*, Chemie in uns. Zeit 18 (1984) 130.
18) Übersicht: *F. Vögtle*, Supramolekulare Chemie. Teubner, Stuttgart 1989.
19) *G. Tibbetts*, General Motors, in: Bild der Wissenschaft 10 (1989).
20) *W. Baker, R. Banks, D. R. Lyon, F. G. Mann*, J. Chem. Soc. 1945, 27.
21) *A. Lüttringhaus, H. Gralheer*, Liebigs Ann. Chem. 550 (1942) 67; 557 (1945) 108, 112; *A. Lüttringhaus, G. Eyring*, ebenda 604 (1957) 111.- Ein rein carbocyclisches Analogon wurde von *A. T. Blomquist, R. E. Stahl, Y. C. Meinwald, B. H. Smith*, J. Org. Chem. 26 (1961) 1687, beschrieben.
22) Vgl. "Meilensteine der Chemie". Nachr. Chem. Tech. Lab. 38 (1990) 36.

23) *C. J. Brown, A. C. Farthing*, Nature (London) **164** (1949) 915.
24) *M. Szwarc*, J. Chem. Phys. **16** (1948) 128.
25) *D. J. Cram, H. Steinberg*, J. Am. Chem. Soc. **73** (1951) 5691.
26) *P. M. Keehn, S. M. Rosenfeld* (Hrsg.), Cyclophanes, Vol. I. Academic Press, New York, London, 1983.
27) *M. J. S. Dewar*, Nature (London) **156** (1945) 784; J. Chem. Soc. **1946**, 406.
28) Übersicht: *R. Huisgen*, Angew. Chem. **69** (1957) 341.
29) *H. Stetter, E.-E. Roos*, Chem. Ber. **88** (1955) 1390; vgl. *R. Hilgenfeld, W. Saenger*, Angew. Chem. **94** (1982) 788.
30) Übersicht: *E. L. Eliel*, Stereochemie der Kohlenstoffverbindungen. Verlag Chemie, Weinheim 1966. Vgl. Lit. [17c].
31) *W. M. Schubert, W. A. Sweeney, H. K. Latourette*, J. Am. Chem. Soc. **76** (1954) 5462.
32) Übersichten:
a) *B. H. Smith*, "Bridged Aromatic Compounds". Academic Press, New York 1964;
b) *D. J. Cram, J. M. Cram*, Acc. Chem. Res. **4** (1971) 204;
c) *S. Misumi, T. Otsubo*, ebenda **11** (1978) 251;
d) *F. Vögtle, G. Hohner*, Top. Curr. Chem. **74** (1978) 1.
33) *F. Vögtle*, Tetrahedron Lett. **1969**, 3193; *F. Vögtle, P. Neumann*, ebenda **1969**, 5329; Tetrahedron **26** (1970) 5847.
34) a) An Brückenköpfen in "Phanen" treffen aliphatische Brücke und Arenkern zusammen. Die Brücke kann auch nur aus einer Bindung bestehen: Nullbrücke, [0]Phan.
b) *G. Hohner, F. Vögtle*, Chem. Ber. **110** (1977) 3052.
35) *Th. Kauffmann*, Tetrahedron **28** (1972) 5183; *K. Hirayama*, Tetrahedron Lett. **1972**, 2109.
36) *N. Lozac'h, A. L. Goodson, W. H. Powell*, Angew. Chem. **91** (1979) 951; *N. Lozac'h, A. L. Goodson*, ebenda **96** (1984) 1.
37) *V. Boekelheide*, in: Cyclophanes I (Hrsg. F. Vögtle), Top. Curr. Chem. **113** (1983) 87; *H. Hopf*, Chem. in uns. Zeit **10** (1976) 114.
38) *D. J. Cram, J. M. Cram*, Acc. Chem. Res. **4** (1971) 204.
39) *D. J. Brunelle, E. P. Boden, Th. G. Shannon*, J. Am. Chem. Soc. **112** (1990) 2399.

<u>Literatur zu Abschnitt</u>: 1.1

[n]Metacyclophane und Hetero-Analoge

1) Übersicht: *S. M. Rosenfeld, K. A. Choe*, in: Cyclophanes, Bd. I (*P. M. Keehn, S. M. Rosenfeld*, Hrsg.). Academic Press, New York, London 1983, S. 311.
2) *K. Tamao, S. Kodama, T. Nakatsuka, Y. Kiso, M. Kumada*, J. Am. Chem. Soc. **97** (1975) 4405.
3) *L. A. M. Turkenburg, J. W. van Straten, W. H. de Wolf, F. Bickelhaupt*, J. Am. Chem. Soc. **102** (1980) 3256; *G. B. M. Kostermans, W. H. de Wolf, F. Bickelhaupt*, in: "Strain and Its Implications in Organic Chemistry" (*A. de Meijere, S. Blechert*, Hrsg.), Kluwer, Dordrecht 1989, S. 515, 517.
4) *K.-L. Noble, H. Hopf, M. Jones, Jr., S. L. Kammula*, Angew. Chem. **90** (1978) 629.
5) *G. Märkl, R. Fuchs*, Tetrahedron Lett. **1972**, 4695.
6) *S. Fujita, H. Nozaki*, Bull. Chem. Soc. Jpn. **44** (1971) 2827.
7) *F. Vögtle*, Chem. Ber. **102** (1969) 1784; *R. H. Mitchell, V. Boekelheide*, Tetrahedron Lett. **1969**, 2013.

8) *F. Vögtle, P. Neumann,* Tetrahedron Lett. **1970**, 115.
9) *J. M. Patterson, J. Brasch, P. Drenchko,* J. Org. Chem. 27 (1962) 1652.
10) *H. Nozaki, T. Koyama, T. Mori, R. Noyori,* Tetrahedron Lett. **1968**, 2181.
11) *H. Nozaki, T. Koyama, T. Mori,* Tetrahedron 25 (1969) 5357.
12) *H. Förster, F. Vögtle,* Angew. Chem. **89** (1977) 443; *Y. H. Lai,* Heterocycles 16. (1981) 1739; *R. H. Mitchell,* in: Cyclophanes, Bd. I (*P. M. Keehn, S. M. Rosenfeld,* Hrsg.). Academic Press, New York 1983, S. 239.
13) *W. E. Parham, D. R. Johnson, C. T. Hughes, M. K. Meilahn, J. K. Rinehart,* J. Org. Chem. **35** (1970) 1048.
14) *W. E. Parham, R. W. Davenport, J. K. Rinehart,* J. Org. Chem. **35** (1970) 2662.
15) *S. Hirano, H. Hara, T. Hiyama, S. Fujita, H. Nozaki,* Tetrahedron **31** (1975) 2219.
16) *D. J. Cram, C. S. Montgomery, G. R. Knox,* J. Am. Chem. Soc. **88** (1966) 515.
17) *F. Effenberger, B. Spachmann, K.-H. Schönwälder,* Chem. Ber. **122** (1989) 1947.
18) *F. Vögtle, E. Weber,* Angew. Chem. **86** (1974) 126.
19) *H.-G. Löhr, F. Vögtle,* Acc. Chem. Res. **18** (1985) 65.
20) *T. Kaneda, S. Misumi et al.,* J. Am. Chem. Soc. 111 (1988) 742, 1881.

Literatur zu Abschnitt: 1.2

[n]Paracyclophane

1) *A. Lüttringhaus,* Liebigs Ann. Chem. **528** (1937) 181.
2) a) *A. Lüttringhaus, H. Gralheer,* Liebigs Ann. Chem. **550** (1942) 67;
   b) *A. Lüttringhaus, G. Eyring,* Angew. Chem. **69** (1957) 137.
3) *R. Huisgen,* Angew. Chem. **69** (1957) 341.
4) *D. J. Cram, H. U. Daeniker,* J. Am. Chem. Soc. **76** (1954) 2743; vgl. *K. Wiesner, D. M. Mac Donald, R. B. Ingraham, R. B. Kelly,* Can. J. Res. Sect. B 28 (1950) 561.
5) *D. J. Cram, N. L. Allinger,* J. Am. Chem. Soc. **77** (1955) 6289.
6) *A. T. Blomquist, B. H. Smith,* J. Am. Chem. Soc. **82** (1960) 2073.
7) *H. Gerlach, E. Huber,* Helv. Chim. Acta 51 (1968) 2027.
8) Übersicht: *S. M. Rosenfeld, K. A. Choe,* in "Cyclophanes", Bd. I (*P. M. Keehn, S. M. Rosenfeld,* Hrsg.). Academic Press, New York 1983, S. 311ff.
9) *R. Huisgen, W. Rapp, I. Ugi, H. Walz, I. Glogger,* Liebigs Ann. Chem. **586** (1954) 52.
10) *T. Inoue, T. Kaneda, S. Misumi,* Tetrahedron Lett. **1974**, 2969.
11) *F. Vögtle,* Chemiker-Ztg. **94** (1970) 313.
12) *T. Otsubo, S. Misumi,* Synth. Commun. **8** (1978) 285.
13) Übersicht: *F. Vögtle, L. Rossa,* Angew. Chem. **91** (1979) 534.
14) *F. Vögtle, P. Koo Tze Mew,* Angew. Chem. **90** (1978) 58.
15) *D. J. Cram, G. R. Knox,* J. Am. Chem. Soc. **83** (1961) 2204.
16) *D. J. Cram, C. S. Montgomery, G. R. Knox,* J. Am. Chem. Soc. **88** (1966) 515.
17) *K. B. Wiberg, M. J. O'Donnell,* J. Am. Chem. Soc. 101 (1979) 6660.
18) *M. Nakazaki, K. Yamamoto, S. Tanaka,* J. Org. Chem. 41 (1976) 4081.
19) *M. Nakazaki, K. Yamamoto, M. Ito, S. Tanaka,* J. Org. Chem. **42** (1977) 3468.
20) *N. L. Allinger, Th. J. Walter, M. G. Newton,* J. Am. Chem. Soc. **96** (1974) 4588.

21) *V. V. Kane, A. D. Wolf, M. Jones, Jr.,* J. Am. Chem. Soc. **96** (1974) 2643.

22) *A. D. Wolf, V. V. Kane, R. H. Levin, M. Jones, Jr.,* J. Am. Chem. Soc. **95** (1973) 1680; *L. W. Jenneskens, W. H. De Wolf, F. Bickelhaupt,* Tetrahedron **42** (1986) 1571.

23) a) *S. L. Kammula, L. D. Iroff, M. Jones, Jr., J. W. van Straten, W. H. de Wolf, F. Bickelhaupt,* J. Am. Chem. Soc. **99** (1977) 5815.
b) *Y. Tobe, K. Ueda, K. Kakiuchi, Y. Odaira,* Tetrahedron **42** (1986) 1851.
c) Vgl. *G. B. M. Kostermans, W. H. de Wolf, F. Bickelhaupt,* in: *A. de Meijere, S. Blechert* (Hrsg.), Strain and its Implications in Organic Chemistry. Kluwer, Dordrecht 1989, S. 517.

24) *J. W. van Straten, W. H. de Wolf, F. Bickelhaupt,* Rec. Trav. Chim. Pays-Bas **96** (1977) 88; vgl. auch: *F. Bickelhaupt et al.,* J. Chem. Soc., Perkin Trans. I **1985**, 2119.

25) a) *J. Liebe, Ch. Wolff, C. Krieger, J. Weiss, W. Tochtermann,* Chem. Ber. **118** (1985) 4144; *J. L. Jessen, G. Schröder, W. Tochtermann,* ebenda **118** (1985) 3287; siehe auch: *W. Tochtermann et al.,* ebenda **122** (1989) 1653;
b) *W. Tochtermann, U. Vagt, G. Snatzke,* ebenda **118** (1985) 1996.

26) *K. Sakamoto, M. Oki,* Bull. Chem. Soc. Jpn. **46** (1973) 270.

27) *K. Sakamoto, M. Oki,* Bull. Chem. Soc. Jpn. **49** (1976) 3159.

28) *M. G. Newton, T. J. Walter, N. L. Allinger,* J. Am. Chem. Soc. **95** (1973) 5652.

29) *H. Hopf,* Chemie in uns. Zeit **10** (1976) 114.

30) *K.-L. Noble, H. Hopf, M. Jones, Jr., S. L. Kammula,* Angew. Chem. **90** (1978) 629.

31) *H. Schmidt, A. Schweig, W. Thiel, M. Jones, Jr.,* Chem. Ber. **111** (1978) 1958.

32) *T. Kaneda, T. Otsubo, H. Horita, S. Misumi,* Bull. Chem. Soc. Jpn. **53** (1980) 1015.

33) *M. Nakazaki, K. Yamamoto, S. Okamoto,* Tetrahedron Lett. **1969**, 4597.

34) *J. Liebe, C. Wolff, W. Tochtermann,* Tetrahedron Lett. **23** (1982) 2439.

35) *K. Sakamoto, M. Oki,* Tetrahedron Lett. **1973**, 3989.

36) a) *R. E. Merrifield, W. D. Phillips,* J. Am. Chem. Soc. **80** (1958) 2778;
b) *D. J. Cram, R. H. Bauer,* ebenda **81** (1959) 5971.

37) *T. Kaneda, T. Ogawa, S. Misumi,* Tetrahedron Lett. **1973**, 3373.

38) *T. Hiyama, S. Hiramo, H. Nozaki,* J. Am. Chem. Soc. **96** (1974) 5287.

39) *P. G. Gassman, G. S. Boardman,* Tetrahedron Lett. **30** (1989) 4649.

Literatur zu Abschnitt: 1.3

[n]Naphthalenophane und [n]Chinolinophane

1) *W. E. Parham, D. C. Egberg, W. C. Montgomery,* J. Org. Chem. **38** (1973) 1207.

2) *P. Grice, C. B. Reese,* Tetrahedron Lett. **1979**, 2563; J. Chem. Soc. Chem. Commun. **1980**, 424.

3) *W. E. Parham, R. W. Davenport, J. B. Biasotti,* J. Org. Chem. **35** (1970) 3775.

4) *W. E. Parham, D. C. Egberg, S. S. Salgar,* J. Org. Chem. **37** (1972) 3248.

5) *D. J. Cram, C. S. Montgomery, G. R. Knox,* J. Am. Chem. Soc. **88** (1966) 515.

6) *W. E. Parham, R. W. Davenport, J. K. Rinehart,* J. Org. Chem. **35** (1970) 2662.

7) *K. B. Wiberg, M. J. O'Donnell*, J. Am. Chem. Soc. **101** (1979) 6660.
8) *D. J. Cram, H. Steinberg*, J. Am. Chem. Soc. **73** (1951) 5691.
9) *Y. Tobe, T. Takahashi, T. Ishikawa*, ISNA (International Symposium on Novel Aromatic Compounds), Osaka, August 1989.
10) *S. E. Potter, I. O. Sutherland*, J. Chem. Soc., Chem. Commun. **1973**, 520.

Literatur zu Abschnitt: 1.4

Weitere [n]Phane

1) *F. Vögtle, K. Saitmacher, S. Peyerimhoff, D. Hippe, H. Puff, P. Büllesbach*, Angew. Chem. **99** (1987) 459.
2) Die "Phan"-Namen sind mit Anführungszeichen versehen, weil COT und Semibullvalen keine "aromatischen" Ankergruppen bilden. Zur Bezeichnung solcher "Pseudo-Phane" mit nichtaromatischen oder sogar rein aliphatischen "Kernen" siehe auch *Abschn. 9* ("Protophane" und "Aliphane").
3) *L. A. Paquette, M. P. Trova, J. Luo, A. E. Clough, L. B. Anderson*, J. Am. Chem. Soc. **112** (1990) 228.
4) *A. Lüttringhaus, W. Kullick*, Angew. Chem. **70** (1958) 438.
5) *G. Oepen, F. Vögtle*, Liebigs Ann. Chem. **1979**, 1094; *P. D. Beer, C. D. Bush, T. A. Hamor*, J. Organomet. Chem. **339** (1988) 133; *M. C. Grossel, M. R. Goldspink, J. P. Knychala, A. K. Cheetham, J. R. Hriljac*, ebenda **352** (1988) C13.
6) Übersicht: *J. F. Liebman*, in Cyclophanes, Bd. I (*P. M. Keehn, S. M. Rosenfeld*, Hrsg.), Academic Press, New York 1983, S. 23.

Literatur zu Abschnitt: 1.5

[n.1]Phane

1) Vgl. hierzu auch: *H. Hopf*, Chemie in uns. Zeit **10** (1976) 114.
2) *M. Atzmüller, F. Vögtle*, Chem. Ber. **111** (1978) 2547, ebenda **112** (1979) 138.
3) *F.-A. v. Itter, F. Vögtle*, Chem. Ber. **118** (1985) 2300.
4) *N. J. Turro, I. R. Gould, J. Liu, W. S. Jenks, H. A. Staab, R. Alt*, J. Am. Chem. Soc. **111** (1989) 6378.

Literatur zu Abschnitt: 2.1

[2.2]Orthocyclophane

1) *W. Baker, R. Banks, D. R. Lyon, F. G. Mann*, J. Chem. Soc. **1945**, 27.
2) *A. C. Cope, S. W. Fenton*, J. Am. Chem. Soc. **73** (1951) 1668.
3) *E. D. Bergmann, Z. Pelchowicz*, J. Am. Chem. Soc. **75** (1953) 4281.

Literatur zu Abschnitt: 2.2

[2.2]Metacyclophane

1) *M. M. Pellegrin*, Rec. Trav. Chim. Pays-Bas **18** (1899) 457.
2) *E. Müller, G. Röscheisen*, Chem. Ber. **90** (1957) 543.

3) *N. L. Allinger, M. A. DaRooge, R. B. Herrmann,* J. Am. Chem. Soc. **83** (1961) 1974.
4) *W. S. Lindsay, P. Stokes, L. G. Humber, V. Boekelheide,* J. Am. Chem. Soc. **83** (1961) 943.
5) *W. Jenny, R. Paioni,* Chimia **22** (1968) 142; *R. Paioni, W. Jenny,* Helv. Chim. Acta **52** (1969) 2041.
6) Übersicht: *F. Vögtle, P. Neumann,* Synthesis **1973**, 85.
7) a) *D. Seebach,* Angew. Chem. **81** (1969) 690; Synthesis **1969**, 17;
b) *V. Boekelheide, P. H. Anderson, Th. A. Hylton,* J. Am. Chem.Soc. **96** (1974) 1558;
c) *T. Hylton, V. Boekelheide,* ebenda **90** (1968) 6887; *H. W. Gschwend,* ebenda **94** (1972) 8430.
8) *F. Vögtle,* Angew. Chem. **81** (1969) 258; *F. Vögtle, L. Rossa,* ebenda **91** (1979) 534.
9) *R. H. Mitchell, T. Otsubo, V. Boekelheide,* J. Am. Chem. Soc. **96** (1974) 1547; vgl. *R. H. Mitchell, V. Boekelheide,* Tetrahedron Lett. **1975**, 219.
10) *T. Otsubo, V. Boekelheide,* J. Org. Chem. **42** (1977) 1085.
11) *H. Takemura, T. Shinmyozu, T. Inazu,* Tetrahedron Lett. **29** (1988) 1031.
12) *H. Higuchi, K. Tani, T. Otsubo, Y. Sakata,* Bull. Chem. Soc. Jpn. **60** (1987) 4027; vgl. *M. Hojjatie, S. Muralidharan, H. Freiser,* Tetrahedron **45** (1989) 1611.
13) Übersichten:
a) *F. Vögtle, P. Neumann,* Angew. Chem. **84** (1972) 75;
b) *V. Boekelheide,* in Cyclophanes, I (*F. Vögtle,* Hrsg.), Top. Curr. Chem. **113** (1983) 87;
c) Spektroskopische Eigenschaften und Röntgen-Kristallstrukturanalysen siehe: *P. M. Keehn, S. M. Rosenfeld* (Hrsg.), Cyclophanes, Bd. I. Academic Press, New York 1983.
14) a) *T. Sato, S. Akabori, M. Kainosho, K. Hata,* Bull. Chem. Soc. Jpn. **39** (1966) 856; ebenda **41** (1968) 218; dort weitere Literaturangaben. Vgl. *T. Sato et al.,* Tetrahedron **27** (1971) 2737, sowie *C. Glotzmann, E. Langer, H. Lehner, K. Schlögl,* Monatsh. Chem. **105** (1974) 907.
b) *Ch. Krieger, H. Lehner, K. Schlögl,* Monatsh. Chem. **107** (1976) 195; *H. Keller, Ch. Krieger, E. Langer, H. Lehner, G. Derflinger,* Liebigs Ann. Chem. **1977**, 1296; *H. Keller, H. Lehner,* ebenda **1978**, 595; *H. Keller, Ch. Krieger, E. Langer, H. Lehner, G. Derflinger,* Tetrahedron **34** (1978) 871; *D. Krois, E. Langer, H. Lehner,* ebenda **36** (1980) 1345; *H. Lehner, H. Paulus, K. Schlögl,* Monatsh. Chem. **112** (1981) 511; vgl. auch *K. Schlögl et al.,* ebenda **120** (1989) 453 sowie *K. Schlögl,* Top. Curr. Chem. **125** (1984) 27.
c) *F. Vögtle et al.,* Chem. Ber. **116** (1983) 2630; ebenda **121** (1988) 823; ebenda **122** (1989) 343.
15) *E. Heilbronner, Z. Yang,* in Cyclophanes, II (*F. Vögtle,* Hrsg.). Top. Curr. Chem. **115** (1983) 1.
16) *R. H. Mitchell, V. Boekelheide,* Tetrahedron Lett. **1970**, 1197; J. Chem. Soc., Chem. Commun. **1970**, 1555.
17) *F. Vögtle, L. Schunder,* Chem. Ber. **102** (1969) 2677.
18) *R. H.. Mitchell, T. K. Vinod, G. W. Bushnell,* J. Am. Chem. Soc. **107** (1985) 3340.
19) *J. Reiner, W. Jenny,* Helv. Chim. Acta **52** (1969) 1624.
20) *H. Hopf,* in: Cyclophanes, Bd. II (*P. M. Keehn, S. M. Rosenfeld,* Hrsg.), Academic Press, New York 1983, S. 512.

Literatur zu Abschnitt: 2.3

[2.2]Paracyclophane

1) Übersichten:
   a) *F. Vögtle, P. Neumann,* Synthesis **1973**, 85;
   b) *V. Boekelheide,* in Cyclophanes, I (*F. Vögtle,* Hrsg.). Top. Curr. Chem. 113 (1983) 87;
   c) *D. J. Cram, J. M. Cram,* Acc. Chem. Res. 4 (1971) 204; *D. J. Cram, R. B. Hornby, E. A. Truesdale, H. J. Reich, M. H. Delton, J. M. Cram,* Tetrahedron 30 (1974) 1757;
   d) *P. M. Keehn, S. M. Rosenfeld* (Hrsg.), Cyclophanes, Bd. I, II. Academic Press, New York 1983;
   e) *D. J. Cram,* in Lit. 1d), S. 1; siehe auch S. 15;
   f) *J. F. Liebman,* in Lit. 1d), S. 23;
   g) *P. M. Keehn,* in Lit. 1d), S. 69;
   h) *R. H. Mitchell,* in Lit. 1d), S. 239.
2) *F. Vögtle,* Angew. Chem. 81 (1969) 258; Übersicht: *F. Vögtle, L. Rossa,* ebenda 91 (1979) 534.
3) *M. Hibert, G. Solladie,* J. Org. Chem. 45 (1980) 4496.
4) a) *H. Hopf,* Angew. Chem. 84 (1972) 471; *J. Kleinschroth, H. Hopf,* ebenda 91 (1979) 336;
   b) Übersicht: *H. Hopf, C. Marquard,* in: *A. de Meijere, S. Blechert* (Hrsg.), Strain and its Implications in Organic Chemistry. Kluwer, Dordrecht 1989, S. 297;
   c) *H. Hopf, I. Böhm, J. Kleinschroth,* Org. Synth. (*O. L. Chapman,* Hrsg.), Vol. 60, Wiley, New York 1981, S. 41.
5) Vgl. *H. Hopf,* Chemie in uns. Zeit 10 (1976) 114.
6) *S. H. Eltamany, H. Hopf,* Tetrahedron Lett. 21 (1980) 4901.
7) Übersicht: *F. Vögtle, P. Neumann,* Top. Curr. Chem. 48 (1974) 67.
8) Übersicht: *F. Gerson,* in Cyclophanes, II (*F. Vögtle,* Hrsg.). Top. Curr. Chem. 115 (1983) 57.
9) *D. J. Cram, N. L. Allinger,* J. Am. Chem. Soc. 77 (1955) 6289; *D. J. Cram, W. J. Wechter, R. W. Kierstead,* ebenda 80 (1958) 3126; *D. J. Cram, R. A. Reeves,* ebenda 80 (1958) 3094.
10) *A. Lüttringhaus, H. Gralheer,* Liebigs Ann. Chem. 557 (1945) 112.
11) *H. Falk, K. Schlögl,* Angew. Chem. 80 (1968) 405; *K. Schlögl,* Top. Curr. Chem. 125 (1984) 27.
12) *M. J. Nugent, O. E. Weigang, Jr.,* J. Am. Chem. Soc. 91 (1969) 4556.
13) *W. Tochtermann, U. Vagt, G Snatzke,* Chem. Ber. 118 (1985) 1996.
14) *R. H. Mitchell, V. Boekelheide,* J. Am. Chem.Soc. 92 (1970) 3510.
15) a) Übersicht: *E. Heilbronner, Z. Yang* in: Cyclophanes, II (*F. Vögtle,* Hrsg.), Top. Curr. Chem. 115 (1983) 1.
   b) "Data Bank" von Paracyclophan-PE-Spektren: *Z. Yang, D. Kovac, E. Heilbronner, J. Lecoultre, C. W. Chan, H. N. C. Wong, H. Hopf, F. Vögtle,* Helv. Chim. Acta 70 (1987) 299.
16) *E. Langer, H. Lehner,* Tetrahedron 29 (1973) 375.
17) *A. F. Mourad, H. Hopf,* Tetrahedron Lett. 1979, 1209.
18) *C. Elschenbroich, R. Möckel, U. Zennek,* Angew. Chem. 90 (1978) 560.
19) *D. J. Cram, D. I. Wilkinson,* J. Am. Chem. Soc. 82 (1960) 5721.
20) *H. Ohno, H. Horita, T. Otsubo, Y. Sakata, S. Misumi,* Tetrahedron Lett. 1977, 265.
21) *T. P. Gill, K. R. Mann,* Organometallics 1 (1982) 485.
22) *K.-D. Plitzko, B. Rapko, G. Wehrli, V. Boekelheide,* ISNA (Int. Symposium on Novel Aromatic Compounds) Osaka, Japan, August 1989.
23) *R. Näder, A. de Meijere,* Angew. Chem. 88 (1976) 153.

24) *H. Horita, T. Otsubo, Y. Sakata, S. Misumi,* Tetrahedron Lett. 1976, 3899.
25) *K. Menke, H. Hopf,* Angew. Chem. **88** (1976) 152.
26) *J. G. O'Connor, P. M. Keehn,* J. Am. Chem. Soc. **98** (1976) 8446.
27) *Y. Sekine, V. Boekelheide,* J. Am. Chem. Soc. **103** (1981) 1777.
28) *M. Boxberger, L. Volbracht, M. Jones, Jr.,* Tetrahedron Lett. **21** (1980) 3669.
29) *I. Erden, P. Gölitz, R. Näder, A. de Meijere,* Angew. Chem. **93** (1981) 605.

Literatur zu Abschnitt: 2.4

[2.2]Metaparacyclophane

1) Übersichten:
    a) *D. J. Cram, J. M. Cram,* Acc. Chem. Res. **4** (1971) 204.
    b) *V. Boekelheide,* in Cyclophanes, I (*F. Vögtle,* Hrsg.). Top. Curr. Chem. **113** (1983) 87.
    c) *F. Vögtle, P. Neumann,* Chimia **26** (1972) 64.
    d) *F. Vögtle, P. Neumann,* Synthesis **1973**, 85.
    e) *E. Heilbronner, Z. Yang,* in Cyclophanes, II (*F. Vögtle,* Hrsg.). Top. Curr. Chem. **115** (1983) 1; *F. Gerson,* ebenda, 57.
2) *D. J. Cram, R. C. Helgeson, D. Lock, L. A. Singer,* J. Am. Chem. Soc. **88** (1966) 1324.
3) *M. H. Delton, R. E. Gilman, D. J. Cram,* J. Am. Chem. Soc. **93** (1971) 2329.
4) *F. Vögtle,* Chem. Ber. **102** (1969) 3077; vgl. *F. Vögtle, L. Rossa,* Angew. Chem. **91** (1979) 534.
5) *V. Boekelheide, P. H. Anderson, T. A. Hylton,* J. Am. Chem. Soc **96** (1974) 1558.
6) *Th. Hylton, V. Boekelheide,* J. Am. Chem. Soc. **90** (1968) 6887.
7) *F. Vögtle,* Chem. Ber. **102** (1969) 3077.
8) *S. Akabori, S. Hayashi, M. Nawa, K. Shiomi,* Tetrahedron Lett. **1969**, 3727.
9) *D. T. Hefelfinger, D. J. Cram,* J. Am. Chem. Soc. **92** (1970) 1073.
10) *V. Boekelheide, P. H. Anderson,* Tetrahedron Lett. **1970**, 1207.
11) *A. W. Hanson,* Acta Crystallogr. **B27** (1971) 197.
12) *S. A. Sherrod, R. L. da Costa, R. L. Barnes, V. Boekelheide,* J. Am. Chem. Soc. **96** (1974) 1565.
13) *V. Boekelheide, K. Galuszko, K. S. Szeto,* J. Am. Chem. Soc. **96** (1974) 15788.
14) *L. H. Weaver, B. W. Mathews,* J. Am. Chem. Soc. **96** (1974) 1581.

Literatur zu Abschnitt: 2.5

[2.2]Orthometacyclophane

1) *G. Bodwell, L. Ernst, M. W. Haenel, H. Hopf,* Angew. Chem. **101** (1989) 509; vgl. *F. Vögtle, P. Neumann,* Tetrahedron **26** (1970) 5229.

Literatur zu Abschnitt: 2.6

[2.2]Naphthalenophane

1) *W. Baker, F. Glockling, J. F. W. McOmie*, J. Chem. Soc. **1951**, 1118.
2) *W. Baker, J. F. W. McOmie, W. K. Warbuton*, J. Chem. Soc. **1952**, 2991.
3) *J. Abell, D. J. Cram*, J. Am. Chem. Soc. **76** (1954) 4406.
4) Übersicht: *J. A. Reiss* in: Cyclophanes, Bd. II (*P. M. Keehn, S. M. Rosenfeld*, Hrsg.). Academic Press, New York 1983, S.
5) *D. J. Cram, C. K. Dalton, G. R. Knox*, J. Am. Chem. Soc. **85** (1963) 1088.
6) *H. H. Wasserman, P. M. Keehn*, J. Am. Chem. Soc. **94** (1972) 298.
7) *J. Bruhin, F. Gerson, W. B. Martin, C. Wydler*, Helv. Chim. Acta **60** (1977) 1915.
8) *J. Kleinschroth, H. Hopf*, Tetrahedron Lett. **1978**, 969.
9) *A. V. Fratini*, zitiert als Fußnote in Lit. [6].
10) *M. W. Haenel*, Tetrahedron Lett. **1977**, 4191.
11) *M. W. Haenel*, Chem. Ber. **111** (1978) 1789.
12) *M. W. Haenel*, Tetrahedron Lett. **1978**, 4007.
13) *M. W. Haenel, H. A. Staab*, Chem. Ber. **106** (1973) 2203.
14) *P. Block, Jr., M. S. Newman*, Org. Synth. Coll. Vol. 5 (1973) 103.
15) *M. N. Iskander, J. A. Reiss*, Tetrahedron **34** (1978) 2343.
16) *T. Otsubo, V. Boekelheide*, J. Org. Chem. **42** (1977) 1085.
17) *R. H. Mitchell, J. S.-H. Yan*, Canad. J. Chem. **55** (1977) 3347.
18) *R. H. Mitchell, R. J. Carruthers, L. Mazuch*, J. Am. Chem. Soc. **100** (1978) 1007.
19) *E. Heilbronner, Z. Yang*, in Cyclophanes, II (*F. Vögtle*, Hrsg.). Top. Curr. Chem. **115** (1983) 1.
20) *F. Gerson*, in Cyclophanes, II (*F. Vögtle*, Hrsg.). Top. Curr. Chem. **115** (1983) 57.
21) *T. Sato, H. Matsui, R. Komaki*, J. Chem. Soc., Perkin Trans. I, **1976**, 2051.
22) *R. W Griffin, Jr., N. Orr*, Tetrahedron Lett. **1969**, 4567.
23) *H. H. Wasserman, P. M.Keehn*, J. Am. Chem. Soc. **91** (1969) 2374.
24) *G. Kaupp, I. Zimmermann*, Angew. Chem. **88** (1976) 482.
25) *A. V. Fratini*, J. Am. Chem. Soc. **90** (1968) 1688.
26) *H. H. Wasserman, P. M. Keehn*, J. Am. Chem. Soc. **88** (1966) 4522.

Literatur zu Abschnitt: 2.7

Nichtbenzoide Phane

1) Übersicht: *S. Ito, Y. Fujise, Y. Fukazawa*, in: Cyclophanes, Vol. II (*P. M. Keehn, S. M. Rosenfeld*, Hrsg.). Academic Press, New York 1983, S. 485.
2) *P. Bickert, V. Boekelheide, K. Hafner*, Angew. Chem. **94** (1982) 304.
3) *S. Bradamante, A. Marchesini, G. Pagani*, Tetrahedron Lett. **1971**, 4621.
4) *M. W. Haenel*, Tetrahedron Lett. **1977**, 1273.
5) Vgl. *Y. Fujise, T. Shiokawa, Y. Mazaki, Y. Fukazawa, M. Fujii, S. Ito*, Tetrahedron Lett. **23** (1982) 1601.
6) *R. E. Harmon, R. Suder, S. K. Gupta*, J. Chem. Soc., Perkin Trans. I, **1972**, 1746.
7) *T. Hiyama, Y. Ozaki, H. Nozaki*, Chem. Lett. **1972**, 963; Tetrahedron **30** (1974) 2661.

8) *R. E. Harmon, R. Suder, S. K. Gupta,* J. Chem. Soc., Chem. Commun.
    1972, 472.
9) *H. Horita, T. Otsubo, Y. Sakata, S. Misumi,* Tetrahedron Lett. 1976,
    3899.
10) *H. Horita, T. Otsubo, S. Misumi,* Chem. Lett. 1977, 1309.
11) *R. Gray, V. Boekelheide,* J. Am. Chem. Soc. 101 (1979) 2128.
12) *Y. Sekine, V. Boekelheide,* J. Am. Chem. Soc. 103 (1981) 1777.
13) *J. G. O'Connor, P. M. Keehn,* Tetrahedron Lett. 1977, 3711.
14) *N. Kato, Y. Fukazawa, S. Itô,* Tetrahedron Lett. 1979, 1113.
15) Vgl. *A. Kawamata, Y. Fukazawa, Y. Fujise, S. Itô,* Tetrahedron Lett.
    23 (1982) 4955.
16) *T. Kawashima, T. Otsubo, Y. Sakata, S. Misumi,* Tetrahedron Lett.
    1978, 1063.
17) *N. Kato, H. Matsunaga, S. Oeda, Y. Fukazawa, S. Itô,* Tetrahedron
    Lett. 1979, 2419.
18) *Y. Fukazawa, M. Aoyagi, S.Itô,* Tetrahedron Lett. 1978, 1067.
19) *Y. Fukazawa, M. Aoyagi, S. Itô,* Tetrahedron Lett. 1979, 1055.
20) *Y. Fukazawa, M. Sobukawa, S. Itô,* Tetrahedron Lett. 23 (1982) 2129.
21) *E. Heilbronner,* in Cyclophanes, II (*F. Vögtle,* Hrsg.). Top. Curr.
    Chem. 115 (1983) 1.
22) *H. Yamaguchi, K. Ninomiya, M. Fukuda, S. Itô, N. Kato, Y. Fukazawa,*
    Phys. Lett. 72 (1980) 297.
23) *M. Iwaizumi, Y. Fukazawa, N. Kato, S. Itô,* Bull. Chem.Soc. Jpn. 54
    (1981) 1299.
24) *Y. Nesumi, T. Nakazawa, I. Murata,* Chem. Lett. 1979, 771; *Y. Fuka-
    zawa, M. Aoyagi, S. Itô,* Tetrahedron Lett. 22 (1981) 3879.

<u>Literatur zu Abschnitt</u>: 2.8

[2.2]Anthracenophane

1) Übersicht: *J. A. Reiss,* in: Cyclophanes, Bd. II (*P. M. Keehn, S. M.
    Rosenfeld,* Hrsg.). Academic Press, New York 1983, S. 443.
2) *J. H. Golden,* J. Chem. Soc. 1961, 3741.
3) *G. Kaupp,* Liebigs Ann. Chem. 1973, 844.
4) *T. Toyoda, I. Otsubo, T. Otsubo, Y. Sakata, S. Misumi,* Tetrahedron
    Lett. 1972, 1731.
5) *T. Toyoda, S. Misumi,* Tetrahedron Lett. 1978, 1479.
6) *A. Iwama, T. Toyoda, M. Yoshida, T. Otsubo, Y. Sakata, S. Misumi,*
    Bull. Chem. Soc. Jpn. 51 (1978) 2988.
7) *F. Nemoto, K. Ishizu, T. Toyoda, Y. Sakata, S. Misumi,* J. Am. Chem.
    Soc. 102 (1980) 654.
8) *F. Gerson,* in Cyclophanes, II (*F. Vögtle,* Hrsg.). Top. Curr. Chem. 115
    (1983) 57.

<u>Literatur zu Abschnitt</u>: 2.9

[2.2]Phenanthrenophane

1) *J. T. Craig, B. Halton, S. F. Lo,* Austr. J. Chem. 28 (1975) 913.
2) *P. J. Jessup, J. A. Reiss,* Austr. J. Chem. 30 (1977) 843.
3) *R. B. DuVernet, O. Wennerström, J. Lawson, T. Otsubo, V. Boekel-
    heide,* J. Am. Chem. Soc. 100 (1978) 2457.
4) *R. B. Du Vernet, T. Otsubo, J. A. Lawson, V. Boekelheide,* J. Am.
    Chem. Soc. 97 (1975) 1629.

5) *D. N. Leach, J. A. Reiss*, Austr. J. Chem. **32** (1979) 361.
6) Übersicht: *J. A. Reiss*, in: Cyclophanes, Bd. II (*P. M. Keehn, S. M. Rosenfeld*, Hrsg.). Academic Press, New York 1983, S. 443.
7) *M. W. Haenel, H. A. Staab*, Tetrahedron Lett. **1970**, 3585; *H. A. Staab, M. W. Haenel*, Chem. Ber. **106** (1973) 2190.
8) *P. Baumgartner, R. Paioni, W. Jenny*, Helv. Chim. Acta **54** (1971) 266.
9) *M. W. Haenel*, Tetrahedron Lett. **1976**, 3121.
10) *J. Lawson, R. DuVernet, V. Boekelheide*, J. Am. Chem. Soc. **95** (1973) 956.

Literatur zu Abschnitt: 2.10

[2.2]Pyrenophane und höher kondensierte Phane

1) *T. Umemoto, S. Satani, Y. Sakata, S. Misumi*, Tetrahedron Lett. **1975**, 3159.
2) a) *D. Schweitzer, K. H. Hausser, R. G. H. Kirrstetter, H. A. Staab*, Z. Naturforsch. **31A** (1976) 1189.
   b) *H. Irngartinger, R. G. H. Kirrstetter, C. Krieger, H. Rodewald, H. A. Staab*, Tetrahedron Lett. **1977**, 1425.
3) *R. H. Mitchell, R. J. Carruthers, J. C. M. Zwinkels*, Tetrahedron Lett. **1976**, 2585.
4) Übersicht: *J. A. Reiss*, in: Cyclophanes Bd. II (*P. M. Keehn, S. M. Rosenfeld*, Hrsg.). Academic Press, New York 1983, S. 443.
5) *H. Irngartinger, R. G. H. Kirrstetter, C. Krieger, H. Rodewald, H. A. Staab*, Tetrahedron Lett. **1977**, 1425.
6) *Y. Kai, F. Hama, N. Yasuoka, N. Kasai*, Acta Crystallogr. **B34** (1978) 1263.
7) Übersicht: *F. Gerson*, in Cyclophanes, II (*F. Vögtle*, Hrsg.). Top. Curr Chem. **115** (1983) 57.
8) *F. Vögtle, H. A. Staab*, Chem. Ber. **101** (1968) 2709.
9) *F. Diederich, H. A. Staab*, Angew. Chem. **90** (1978) 383; *C. Krieger, F. Diederich, D. Schweitzer, H. A. Staab*, ebenda **91** (1979) 733.
10) *R. Peter, W. Jenny*, Chimia **19** (1965) 45.
11) *H. A. Staab, F. Diederich*, Chem. Ber. **116** (1983) 3487; *H. A. Staab, F. Diederich, C. Krieger, D. Schweitzer*, ebenda **116** (1983) 3504; *F. Vögtle, H. A. Staab*, ebenda **101** (1968) 2709; *H. A. Staab, M. Sauer*, Liebigs Ann. Chem. **1984**, 742.
12) *D. J. H. Funhoff, H. A. Staab*, Angew. Chem. **98** (1986) 757.
13) *M. W. Haenel, H. A. Staab*, Tetrahedron Lett. **1970**, 3585; *H. A. Staab, M. W. Haenel*, Chem. Ber. **106** (1973) 2190.
14) *D. N. Leach, J. A. Reiss*, Tetrahedron Lett. **1979**, 4501; Austr. J. Chem. **33** (1980) 823.
15) *F. Vögtle, G. Steinhagen*, Chem. Ber. **111** (1978) 205.
16) *F. Vögtle, M. Atzmüller, W. Wehner, J. Grutze*, Angew. Chem. **89** (1977) 338.
17) *F. Vögtle, E. Hammerschmidt*, Angew. Chem. **90** (1978) 293.
18) a) *E. Hammerschmidt, F. Vögtle*, Chem. Ber. **112** (1979) 1785.
   b) *E. Hammerschmidt, F. Vögtle*, ebenda **113** (1980) 3550.
19) *K. Böckmann, F. Vögtle*, Liebigs Ann. Chem. **1981**, 467.

Literatur zu Abschnitt: 2.11

[2.2]- und [m.n]Chinonophane, -Hydrochinonophane und -Chinhydronophane

1) Vgl. *H. R. Christen, F. Vögtle*, Organische Chemie - Von den Grundlagen zur Forschung, Bd. II. Salle/Sauerländer, Frankfurt/Aarau 1990.
2) *H. A. Staab, W. Rebafka*, Chem. Ber. 110 (1977) 3333.
3) *H. A. Staab, H. Haffner*, Chem. Ber. 110 (1977) 3358; *H. A. Staab, V. Taglieber*, ebenda 110 (1977) 3366.
4) *W. Rebafka, H. A. Staab*, Angew. Chem. 85 (1973) 831; ebenda 86 (1974) 234; *H. A. Staab, W. Rebafka*, Chem. Ber. 110 (1977) 3333; *H. A. Staab, C. P. Herz, H.-E. Henke*, ebenda 110 (1977) 3351; *H. A. Staab, C. P. Herz*, Angew. Chem. 89 (1977) 839; *H. A. Staab, A. Döhling, C. Krieger*, Liebigs Ann. Chem. 1981, 1052; *H. A. Staab, C. P. Herz, C. Krieger, M. Rentzea*, Chem. Ber. 116 (1983) 3813; *H. A. Staab, B. Starker, C. Krieger*, ebenda 116 (1983) 3831; siehe auch *R. Gleiter, W. Schäfer, H. A. Staab*, ebenda 121 (1988) 1257.
5) *H. A. Staab, C. P. Herz, A. Döhling*, Tetrahedron Lett. 1979, 791; *H. A. Staab, C. P. Herz, A. Döhling, C. Krieger*, Chem. Ber. 113 (1980) 241; *H. A. Staab, L. Schanne, C. Krieger, V. Taglieber*, ebenda 118 (1985) 1204.
6) *H. A. Staab, M. Jörns, C. Krieger, M. Rentzea*, Chem. Ber. 118 (1985) 796; *M. Tashiro, K. Koya, T. Yamato*, J. Am. Chem. Soc. 105 (1983) 6650.
7) *H. A. Staab, M. Jörns, C. Krieger, M. Rentzea*, Chem. Ber. 118 (1985) 796; vgl. auch *C. Krieger, J. Weiser, H. A. Staab*, Tetrahedron Lett. 26 (1985) 6055.
8) *D. Schweitzer, K. H. Hausser, V. Taglieber, H. A. Staab*, Chem. Phys. 14 (1976) 183; *H. Vogler, G. Ege, H. A. Staab*, Mol. Phys. 33 (1977) 923.
9) *H. Vogler, G. Ege, H. A. Staab*, Tetrahedron 31 (1975) 2441.
10) *M. Tashiro, K. Koya, T. Yamato*, J. Am. Chem. Soc. 104 (1982) 3707.
11) *H. A. Staab, V. M. Schwendemann*, Liebigs Ann Chem. 1979, 1258.
12) *I. Erden, P. Gölitz, R. Näder, A. de Meijere*, Angew. Chem. 93 (1981) 605.
13) *W. Rebafka, H. A. Staab*, Angew. Chem. 85 (1973) 831.
14) *R. Gray, L. G. Harruff, J. Krymowski, J. Peterson, V Boekelheide*, J. Am. Chem. Soc. 100 (1978) 2892.
15) Übersicht: *S. Misumi*, in: Cyclophanes, Vol. II (*P. M. Keehn, S. M. Rosenfeld*, Hrsg.). Academic Press, New York 1983, S. 573.
16) *H. A. Staab, U. Zapf, A. Gurke*, Angew. Chem. 89 (1977) 841; *H. A. Staab, U. Zapf*, ebenda 90 (1978) 807.
17) *H. Machida, H. Tatemitsu, Y. Sakata, S. Misumi*, Tetrahedron Lett. 1978, 915; *H. Machida, H. Tatemitsu, T. Otsubo, Y. Sakata, S. Misumi*, Bull. Chem. Soc. Jpn. 53 (1980) 2943.
18) *H. A Staab, H.-E. Henke*, Tetrahedron Lett. 1978, 1955.
19) *H. Tatemitsu, B. Natsume, M. Yoshida, Y. Sakata, S. Misumi*, Tetrahedron Lett. 1978, 3459; *M. Yoshida, Y. Tochiaki, H. Tatemitsu, Y. Sakata, S. Misumi*, Chem. Lett. 1978, 829.
20) *M. Yoshida, H. Tatemitsu, Y. Sakata, S. Misumi, H. Masuhara, N. Mataga*, J. Chem. Soc., Chem. Commun. 1976, 587.
21) *H. Masuhara, N. Mataga, H. Yoshida, Y. Tatemitsu, Y. Sakata, S. Misumi*, J. Phys. Chem. 81 (1977) 879.
22) Übersicht: *P. M. Keehn*, in Cyclophanes, Bd. I (*P. M. Keehn, S. M. Rosenfeld*, Hrsg.). Academic Press, New York 1983.

Literatur zu Abschnitt: 2.12

[2.2]Heterophane

1) Übersichten:
   a) *F. Vögtle, P. Neumann*, Synthesis **1973**, 85;
   b) *W. W. Paudler, M. D. Bezoari*, in Cyclophanes, Bd. II (*P. M. Keehn, S. M. Rosenfeld*, Hrsg.). Academic Press, New York 1983, S. 359.
2) *W. Baker, K. M. Buggle, J. F. W. McOmie, D. A. M. Watkins*, J. Chem. Soc. **1958**, 3594.
3) *H. J. J.-B. Martel, M. Rasmussen*, Tetrahedron Lett. **1971**, 3843.
4) *F. Vögtle, L. Schunder*, Chem. Ber. **102** (1969) 2677.
5) *J. Bruhin, W. Kneubühler, W. Jenny*, Chimia **27** (1973) 277.
6) *V. Boekelheide, I. D. Reingold, M. Tuttle*, J. Chem. Soc., Chem. Commun. **1973**, 406.
7) *V. Boekelheide, K. Galuszko, K. S. Szeto*, J. Am. Chem. Soc. **96** (1974) 1578.
8) *M. W. Haenel*, Tetrahedron Lett. **1978**, 4007.
9) *V. Boekelheide, J. A. Lawson*, J. Chem. Soc., Chem. Commun. **1970**, 1558.
10) *I. D. Reingold, W. Schmidt, V. Boekelheide*, J. Am. Chem. Soc. **101** (1979) 2121.
11) *W. Jenny, H. Holzrichter*, Chimia **21** (1967) 509.
12) *V. Boekelheide, W. Pepperdine*, J. Am. Chem. Soc. **92** (1970) 3684.
13) *W. Jenny, H. Holzrichter*, Chimia **22** (1968) 139.
14) *W. Jenny, H. Holzrichter*, Chimia **23** (1969) 158.
15) *J. Bruhin, W. Jenny*, Chimia **25** (1971) 238.
16) *Th. Kauffmann, G. Beissner, W. Sahm, A. Woltermann*, Angew. Chem. **82** (1970) 815.
17) *G. R. Newkome, J. M. Roper, J. M. Robinson*, J. Org. Chem. **45** (1980) 4380.
18) Übersicht: *K.-J. Przybilla, F. Vögtle*, Chem. Ber. **122** (1989) 347.
19) *H. E. Winberg, F. S. Fawcett, W. E. Mochel, C. W. Theobald*, J. Am. Chem. Soc. **82** (1960) 1428.
20) *J. R. Fletcher, I. O. Sutherland*, J. Chem. Soc., Chem. Commun. **1969**, 1504.
21) *D. J. Cram, G. R. Knox*, J. Am. Chem. Soc. **83** (1961) 2204.
22) *G. M. Whitesides, B. A. Pawson, A. C. Cope*, J. Am. Chem. Soc. **90** (1968) 639.
23) *H. H. Wasserman, P. M. Keehn*, Tetrahedron Lett. **1969**, 3227.
24) *S. Mizogami, N. Osaka, T. Otsubo, Y. Sakata, S. Misumi*, Tetrahedron Lett. **1974**, 799.
25) *H. Wynberg, R. Helder*, Tetrahedron Lett. **1971**, 4317..
26) *S. Mizogami, T. Otsubo, Y. Sakata, S. Misumi*, Tetrahedron Lett. **1971**, 2791; *N. Osaka, S. Mizogami, T. Otsubo, Y. Sakata, S. Misumi*, Chem. Lett. **1974**, 515.
27) *J. M. Timko, D. J. Cram*, J. Am. Chem. Soc. **96** (1974) 7159.
28) *H. H. Wasserman, D. T. Bailey*, J. Chem. Soc., Chem. Commun. **1970**, 107.
29) *R. L. Mahaffey, J. L. Atwood, M. B. Humphrey, W. W. Paudler*, J. Org. Chem. **41** (1976) 2963.
30) *E. Vogel, I. Grigat, M. Köcher, J. Lex*, Angew. Chem. **101** (1989) 1687.
31) *J. R. Fletcher, I. O. Sutherland*, J. Chem. Soc., Chem. Commun. **1969**, 1504.
32) *I. Gault, B. J. Price, I. O. Sutherland*, J. Chem. Soc., Chem. Commun. **1967**, 540.

33) Übersicht: *F. Vögtle, P. Neumann,* Angew. Chem. **84** (1972) 75.
34) Übersicht: *H. Förster, F. Vögtle,* Angew. Chem. **89** (1977) 443. - Neuere Racemisierungsstudien siehe: *K.-J. Przybilla, F. Vögtle,* Chem. Ber. **122** (1989) 347; *K. Meurer, F. Vögtle, A. Mannschreck, G. Stühler, H. Puff, A. Roloff,* J. Org. Chem. **49** (1984) 3484; *F. Vögtle, A. Ostrowicki, P. Knops, P. Fischer, H. Reuter, M. Jansen,* J. Chem. Soc., Chem. Commun. **1989,** 1757; *F. Vögtle, A. Ostrowicki, B. Begemann, M. Jansen, M. Nieger, E. Niecke,* Chem. Ber. **123** (1990) 169.
35) *B. Kamenar, C. K. Prout,* J. Chem. Soc. **1965,** 4838.
36) *Y. Miyahara, T. Inazu, T. Yoshino,* Chem. Lett. **1980,** 397.
37) *S. M. Rosenfeld, P. M. Keehn,* Tetrahedron Lett. **1973,** 4021.
38) *J. Bruhin, W. Jenny,* Chimia **25** (1971) 238, 308.
39) *C. Wong, W. W. Paudler,* J. Org. Chem. **39** (1974) 2570.
40) *M. D. Bezoari, W. W. Paudler,* J. Org. Chem. **45** (1980) 4584.
41) Übersicht: *E. Heilbronner, Z. Yang,* in Cyclophanes, I (*F. Vögtle,* Hrsg.). Top. Curr. Chem. **113** (1983) 1.
42) *H. H. Wasserman, R. Kitzing,* Tetrahedron Lett. **1969,** 3343.
43) *D. J. Cram, C. S. Montgomery, G. R. Knox,* J. Am. Chem. Soc. **88** (1966) 515.
44) *H. H. Wasserman, A. R. Doumaux, R. E. Davis,* J. Am. Chem. Soc. **88** (1966) 4517; *H. H. Wasserman, R. Kitzing,* Tetrahedron Lett. **1969,** 5315; *T. J. Katz, V. Balogh, J. Schulman,* J. Am. Chem. Soc. **90** (1968) 734.
45) *L. A. Kapicak, M. A. Battiste,* J. Chem. Soc., Chem. Commun. **1973,** 930; *M. A. Battiste, L. A. Kapicak, M. Mathew, G. J. Palenik,* ebenda **1971,** 1536.

Literatur zu Abschnitt: 2.13

Hetera[2.2]phane

1) a) Übersicht: *K. Meurer, F. Vögtle,* Top. Curr. Chem. **127** (1985) 1;
   b) *F. Vögtle, P. Neumann,* Angew. Chem. **84** (1972) 75.
2) *F. Vögtle,* Tetrahedron Lett. **1968,** 3623.
3) *F. Vögtle, U. Wolz,* Chem. Exp. Didakt. **1** (1975) 15.
4) *B. H. Smith,* "Bridged Aromatic Compounds". Academic Press, New York 1964.
5) *F. Vögtle, A. H. Effler,* Chem. Ber. **102** (1969) 3071.
6) *F. Vögtle, J. Grütze, R. Nätscher, W. Wieder, E. Weber, R. Grün,* Chem. Ber. **108** (1975) 1694; *K. Böckmann, F. Vögtle,* ebenda **114** (1981) 1048; *F. Vögtle, K. Meurer, A. Mannschreck, G. Stühler, H. Puff, A. Roloff, R. Sievers,* ebenda **116** (1983) 2630.
7) Übersicht: *B. Klieser, L. Rossa, F. Vögtle,* Kontakte (Darmstadt) **1984,** 3; *E. Koepp, A. Ostrowicki, F. Vögtle,* Top. Curr. Chem., im Druck.
8) *F. Vögtle, P. Neumann,* Tetrahedron Lett. **1970,** 115; *W. Wieder,* Diplomarbeit Univ. Würzburg, 1973.
9) *K. Meurer, F. Vögtle, A. Mannschreck, G. Stühler, H. Puff, A. Roloff,* J. Org. Chem. **49** (1984) 3484.
10) *K. Meurer, F. Luppertz, F. Vögtle,* Chem. Ber. **118** (1985) 4433.
11) *G. Dijkstra, W. H. Kruizinga, R. M. Kellogg,* J. Org. Chem. **52** (1987) 4230; *L. Mandolini, B. Masci,* J. Am. Chem. Soc. **106** (1984) 168.
12) *F. Vögtle, J. Struck, H. Puff, P. Woller, H. Reuter,* J. Chem. Soc., Chem. Commun. **1986,** 1248.
13) *F. Vögtle, K.-J. Przybilla, A. Mannschreck, N. Pustet, P. Büllesbach, H. Reuter, H. Puff,* Chem. Ber. **121** (1988) 823.
14) *S. Billen, F. Vögtle,* Chem. Ber. **122** (1989) 1113.

15) *F. Vögtle, A. Ostrowicki, P. Knops, P. Fischer, H. Reuter, M. Jansen,*
J. Chem. Soc., Chem. Commun. **1989**, 1757; *F. Vögtle, P. Knops, A.
Ostrowicki,* Chem. Ber. **123** (1990), im Druck.
16) a) *F. Vögtle, A. Ostrowicki, B. Begemann, M. Jansen, M. Nieger, E.
Niecke,* Chem. Ber. **123** (1990) 169.
b) *F. Vögtle, K. Mittelbach, J. Struck, M. Nieger,* J. Chem. Soc.,
Chem. Commun. **1989**, 65.
17) *I. Gault, B. J. Price, I. O. Sutherland,* J. Chem. Soc., Chem. Commun.
1967, 540.
18) *H. Förster, F. Vögtle,* Angew. Chem. **89** (1977) 443.
19) Übersichten siehe: Lit. [13,15].
20) *S. Kirgu, W. Nowacki,* Z. Kristallogr. **142** (1975) 108.
21) *K.-J. Przybilla, F. Vögtle,* Chem. Ber. **122** (1989) 347.
22) *K. Rissanen, A Ostrowicki, F. Vögtle,* Acta Chem. Scand. **44** (1990)
268.
23) *F. Vögtle,* Chem. Ber. **102** (1969) 3077.

Literatur zu Abschnitt: 2.14

[2.0.0]Phane

1) a) *M. Wittek, F. Vögtle, G. Stühler, A. Mannschreck, B. M. Lang, H.
Irngartinger,* Chem. Ber. **116** (1983) 207; vgl. *M. Wittek, F. Vögtle,*
ebenda **115** (1982) 1363;
b) *E. Hammerschmidt, F. Vögtle,* Chem. Ber. **113** (1980) 1125.
2) a) *F. Vögtle, M. Palmer, E. Fritz, U. Lehmann, K. Meurer, A. Mannschreck, F. Kastner, H. Irngartinger, U. Huber-Patz, H. Puff, F. Friedrichs,* Chem. Ber. **116** (1983) 3112;
b) *A. Aigner, F. Vögtle, S. Franken, H. Puff,* ebenda **118** (1985) 3643.
3) *G. R. Newkome, J. M. Roper, J. M. Robinson,* J. Org. Chem. **45**
(1980) 4380.

Literatur zu Abschnitt: 3.1

[3.3]Phan-Kohlenwasserstoffe

1) Übersicht: *B. H. Smith,* Bridged Aromatic Compounds. Academic Press.
New York 1964. Vgl. *D. J. Cram, R. C. Helgeson,* J. Am. Chem. Soc.
88 (1966) 3515.
2) a) *P. K. Gantzel, K. N. Trucblood,* Acta Crystallogr. **18** (1965) 958; *R.
Benn, N. E. Blank, M. W. Haenel, J. Klein, A. R. Koray, K. Weidenhammer, M. L. Ziegler,* Angew. Chem. **92** (1980) 45; *N. E. Blank, M.
W. Haenel, A. R. Koray, K. Weidenhammer, M. L. Ziegler,* Acta Crystallogr. **B36** (1980) 2054;
b) *M. W. Haenel, A. Flatow, V. Taglieber, H. A. Staab,* Tetrahedron
Lett. **1977**, 1733;
c) *E. Heilbronner, Z. Yang,* in Cyclophanes, II (*F. Vögtle,* Hrsg.). Top.
Curr. Chem. **115** (1983) 1;
d) *F. Gerson,* ebenda, S. 57.
3) *F. A. L. Anet, M. A. Brown,* J. Am. Chem. Soc. **91** (1969) 2389.
4) a) Übersicht: *F. Vögtle, L. Rossa,* Angew. Chem. **91** (1979) 534; *F.
Vögtle, L. Rossa,* in Cyclophanes, I (*F. Vögtle,* Hrsg.). Top. Curr.
Chem. **113** (1983) 1;
b) *T. Otsubo, M. Kitasawa, S. Misumi,* Bull. Chem. Soc. Jpn. **52** (1979)
1515.

5) *K. Kurosawa, M. Suenaga, T. Inazu, T. Yoshino,* Tetrahedron Lett. **23**
   (1982) 5335; *T. Shinmyozu, Y. Hirai, T. Inazu,* J. Org. Chem. **51**
   (1986) 1551.
6) *M. F. Semmelhack, J. J. Harrison, D. C. Young, A. Gutiérrez, S. Rafii,
   J. Clardy,* J. Am. Chem. Soc. **107** (1985) 7508.
7) Vgl. *Y. Fukazawa et al.,* J. Am. Chem. Soc. **110** (1988) 7842, 8692.
8) *H. A. Staab, C. P. Herz, A. Döhling,* Chem. Ber. **113** (1980) 233; *H.
   A. Staab, C. P. Herz, A. Döhling,* Tetrahedron Lett. **1979**, 791; *H. A.
   Staab, A. Döhling,* ebenda **1979**, 2019.
9) *M. Yoshinaga, T. Otsubo, Y. Sakata, S. Misumi,* Bull. Chem. Soc. Jpn.
   52 (1979) 3759.
10) Zum Beispiel:
    a) *J. H. Golden,* J. Chem. Soc. **1961**, 3741;
    b) *P. J. Collin, D. B. Roberts, G. Sugowdz, D. Wells, W. H. F. Sasse,*
    Tetrahedron Lett. **1972**, 321.
11) *S. Mataka, K. Takahashi, T. Mimura, T. Hirota, K. Takuma, H. Koba-
    yashi, M. Tashiro, K. Imada, M. Kuniyoshi,* J. Org. Chem. **52** (1987)
    2653.

Literatur zu Abschnitt: 3.2
Dithia- und Diaza[3.3]phane

1) *F. Vögtle,* Chemiker-Ztg. **94** (1970) 313.
2) Übersichten:
   a) *F. Vögtle, L. Rossa,* Angew. Chem. **91** (1979) 534;
   b) *P. M. Keehn, S. M. Rosenfeld* (Hrsg.), Cyclophanes, I, II. Academic
   Press, New York 1983;
   c) *V. Boekelheide,* in Cyclophanes, I (*F. Vögtle,* Hrsg.). Top. Curr.
   Chem. **113** (1983) 87.
3) *D. Gräf, H. Nitsch, D. Ufermann, G. Sawitzki, H. Patzelt, H. Rau,*
   Angew. Chem. **94** (1982) 385.
4) Übersicht: *F. Vögtle,* Supramolekulare Chemie. Teubner, Stuttgart 1989.
5) *F. Vögtle, L. Schunder,* Chem. Ber. **102** (1969) 2677.
6) Siehe: *T. Sato, M. Wakabayashi, M. Kainosho, K. Hata,* Tetrahedron
   Lett. **1968**, 4185, sowie Lit. [5)].
7) *F. Vögtle, R. Schäfer, L. Schunder, P. Neumann,* Liebigs Ann. Chem.
   734 (1970) 102; *W. Anker, G. M. Bushnell, R. H. Mitchell,* Canad. J.
   Chem. **57** (1979) 3080.
8) *R. H. Mitchell, V. Boekelheide,* J. Am. Chem. Soc. **96** (1974) 1547.
9) a) *K. Böckmann, F. Vögtle,* Chem. Ber. **114** (1981) 1065; dort Hinweise
   auf andere intraannulare Substituenten;
   b) *F. Vögtle, J. Grütze, R. Nätscher, R. Grün, W. Wieder, E. Weber,*
   ebenda **108** (1975) 1694;
   c) *F. Vögtle, W. Wieder, H. Förster,* Tetrahedron Lett. **1974**, 4361.
10) *M. K. Au, C. W. Mak, T. L. Chan,* J. Chem. Soc., Perkin Trans. I,
    1979, 1475.
11) *G. Bodwell, L. Ernst, H. Hopf, P. G. Jones,* Tetrahedron Lett. **30**
    (1989) 6005.
12) *H. A. Staab, M. Jörns, C. Krieger, M. Rentzea,* Chem. Ber. **118** (1985)
    796.
13) *F. Vögtle,* Chem. Ber. **102** (1969) 3077.
14) *F. Vögtle, R. Lichtenthaler,* Z. Naturforsch. **26** (1971) 872.
15) *F. Fehér, K. Glinka, F. Malcharek,* Angew. Chem. **83** (1971) 439.
16) *F. Vögtle, P. Neumann,* Tetrahedron Lett. **1970**, 115.

17) *H. Takemura, M. Suenaga, K. Sakai, H. Kawachi, T. Shinmyozu, Y. Miyahara, T. Inazu,* J. Incl. Phenom. **2** (1984) 207.

Literatur zu Abschnitt: 3.3

Diselena[3.3]phane

1) *R. H. Mitchell,* Canad. J. Chem. **58** (1980) 1398.
2) *H. Higuchi, K. Tani, T. Otsubo, Y. Sakata, S. Misumi,* Bull. Chem. Soc. Jpn. **60** (1987) 4027.
3) *R. H. Mitchell, K. S. Weerawarna,* Tetrahedron Lett. **29** (1988) 5587.

Literatur zu Abschnitt: 4.1

[3.2]Phane

1) *R. W. Griffin, Jr., R. A. Coburn,* J. Am. Chem. Soc. **89** (1967) 4638.
2) *H.-F. Grützmacher, E. Neumann, F. Ebmeyer, K. Albrecht, P. Schelenz,* Chem. Ber. **122** (1989) 2291.
3) *T. Sato, M. Wakabayashi, K. Hata, M. Kainosho,* Tetrahedron **27** (1971) 2737.
4) *K.-J. Przybilla, F. Vögtle,* Chem. Ber. **122** (1989) 347.
5) *S. Billen, F. Vögtle,* Chem. Ber. **122** (1989) 1113.

Literatur zu Abschnitt: 4.2

[m.n]Phane (m, n ≥ 2)

1) *D. J. Cram, H. Steinberg,* J. Am. Chem. Soc. **73** (1951) 5691.
2) Übersichten:
a) *V. Boekelheide,* in Cyclophanes, I (*F. Vögtle,* Hrsg.). Top. Curr. Chem. **113** (1983) 87;
b) *F. Vögtle, P. Neumann,* Top. Curr. Chem. **48** (1974) 67.
3) Übersicht: *F. Gerson,* in Cyclophanes, II (*F. Vögtle,* Hrsg.). Top. Curr. Chem. **115** (1983) 1.
4) Übersicht: *E. Heilbronner, Z. Yang,* in Cyclophanes, II (*F. Vögtle,* Hrsg.). Top. Curr. Chem. **115** (1983) 57.
5) *H. A. Staab, G. Matzke, C. Krieger,* Chem. Ber. **120** (1987) 89.
6) *S. Akiyama, S. Misumi, M. Nakagawa,* Bull. Chem. Soc. Jpn. **33** (1960) 1293.
7) *G. R. Newkome, T. Kawato,* J. Am. Chem. Soc. **101** (1979) 7088.
8) *R. H. Mitchell,* in Cyclophanes, II (*P. M. Keehn, S. M. Rosenfeld,* Hrsg.). Academic Press, New York 1983, S. 239.

Literatur zu Abschnitt: 5.1 bis 5.3

[2.2.2]-, [2.2.2.2]-, [2.2.2.2.2]Phane

1) Übersichten:
a) *F. Vögtle,* Chem.-Ztg. **95** (1971) 668;
b) *F. Vögtle, G. Hohner,* Top. Curr. Chem. **74** (1978) 1;
c) *H. Hopf,* Nachr. Chem. Tech. Lab. **28** (1980) 311;
d) *V. Boekelheide,* in Cyclophanes, I (*F. Vögtle,* Hrsg.). Top. Curr. Chem. **113** (1983) 87;

e) *W. Kiggen, F. Vögtle,* in: Synthesis of Macrocycles, The Design of Selective Complexing Agents (*R. M. Izatt, J. J. Christensen,* Hrsg.). Wiley, New York 1987, Kap. 6, S. 309;
f) *F. Vögtle,* Reizvolle Moleküle der Organischen Chemie, Teubner, Stuttgart 1989, S. 249, 260;
g) *H. Hopf,* in Cyclophanes, Bd. II (*P. M. Keehn, S. M. Rosenfeld,* Hrsg.). Academic Press, New York 1983, S. 521.

2) *A. J. Hubert, J. Dale,* J. Chem. Soc. 1965, 3160; vgl. hierzu *D. J. Cram, R. A. Reeves,* J. Am. Chem. Soc. 80 (1958) 3094.

3) *F. Vögtle,* Liebigs Ann. Chem. 735 (1970) 193.

4) *F. Vögtle, P. Neumann,* J. Chem. Soc., Chem. Commun. 1970, 1464.

5) *H. Higuchi, K. Tani, T. Otsubo, Y. Sakata, S. Misumi,* Bull. Chem. Soc. Jpn. 60 (1987) 4027.

6) *A. E. Murad, H. Hopf,* Chem. Ber. 113 (1980) 2358; dort Hinweise auf frühere Arbeiten.

7) *S. H. Eltamany, H. Hopf,* Tetrahedron Lett. 1980, 4901.

8) *F. Vögtle, L. Rossa,* Angew. Chem. 91 (1979) 534; vgl. *V. Boekelheide, R. A. Hollins,* J. Am. Chem. Soc. 95 (1973) 3201; *N. Nakazaki, K. Yamamoto, Y. Miura,* J. Chem. Soc., Chem. Commun. 1977, 206.

9) *V. Boekelheide, R. A. Hollins,* J. Am. Chem. Soc. 92 (1970) 3512.

10) a) *B. Kovac et al.,* J. Am. Chem. Soc. 102 (1980) 4314; *V. Boekelheide, W. Schmidt,* Chem. Phys. Lett. 17 (1972) 410;
b) *E. Heilbronner, Z. Yang,* in Cyclophanes, II (*F. Vögtle,* Hrsg.). Top. Curr. Chem. 115 (1983) 3.

11) *F. Gerson,* in Cyclophanes, II (*F. Vögtle,* Hrsg.). Top. Curr. Chem. 115 (1983) 57.

12) a) *C. L. Coulter, K. N. Trueblood,* Acta Crystallogr. 16 (1963) 667;
b) *A. W. Hanson, H. Röhrl,* ebenda B28 (1972) 2287;
c) *A. W. Hanson,* ebenda B33 (1977) 2003;
d) *A. W. Hanson, T. S. Cameron,* J. Chem. Res. (S) 1980, 336; (M) 1980, 4201; *C. J. Brown,* J. Chem. Soc. 1953, 3265.

13) *R. Gray, V. Boekelheide,* J. Am. Chem. Soc. 101 (1979) 2128.

14) *H. A. Staab, V. M. Schwendemann,* Liebigs Ann. Chem. 1979, 1258; vgl. Angew. Chem. 90 (1978) 805.

15) *V. Boekelheide, G. Ewing,* Tetrahedron Lett. 1978, 4245.

16) *B. Klieser, F. Vögtle,* Angew. Chem. 94 (1982) 632; 922; *T. Asoh, K. Tani, H. Higuchi, T. Kaneda, T. Tanaka, M. Sawada, S. Misumi,* Chem. Lett. 1988, 417.

17) *P. F. T. Schirch, V. Boekelheide,* J. Am. Chem. Soc. 101 (1979) 3125.

Literatur zu Abschnitt: 5.4

Superphan

1) a) *Y. Sekine, M. Brown, V. Boekelheide,* J. Am. Chem. Soc. 101 (1979) 3126;
b) vgl. Übersicht: *V. Boekelheide,* in: Strategies and Tactics in Organic Synthesis (*Th. Lindberg,* Hrsg.). Academic Press, London 1984, S. 1;
c) *V. Boekelheide,* in Cyclophanes, I (*F. Vögtle,* Hrsg.). Top. Curr. Chem. 113 (1983) 87;
d) *H. Hopf,* in: Cyclophanes, Bd. I (*P. M. Keehn, S. M. Rosenfeld,* Hrsg.). Academic Press, New York 1983, S. 521;
e) *F. Vögtle,* Reizvolle Moleküle der Organischen Chemie. Teubner, Stuttgart 1989, S. 249, 260.

2) *H. Hopf,* Nachr. Chem. Tech. Lab. **28** (1980) 311; *S. El-tamany, H. Hopf,* Chem. Ber. **116** (1983) 1682; *W. D. Rohrbach, R. Sheley, V. Boekelheide,* Tetrahedron **40** (1984) 4823.
3) *B. Klieser, F. Vögtle,* Angew. Chem. **94** (1982) 922.
4) *E. Heilbronner, Z. Yang,* in Cyclophanes, II (*F. Vögtle,* Hrsg.). Top. Curr. Chem. **115** (1983) 1.
5) *F. Gerson,* ebenda, S. 57.

Literatur zu Abschnitt: 5.5

Weitere mehrfach verbrückte Phane

1) *K. Saitmacher,* Dissertation, Univ. Bonn 1989; *J. Schulz,* Diplomarbeit, Univ. Bonn 1989.
2) a) *J. Juriew, T. Skorochodowa, J. Merkuschew, W. Winter, H. Meier,* Angew. Chem. **93** (1981) 285;
b) *H. Meier, E. Praß, R. Zertani, H.-L. Eckes,* Chem. Ber. **122** (1989) 2139; *M. Hasegawa, Y. Maekawa, S. Kato, K. Saigo,* Chem. Lett. **1987,** 907; *J. Nishimura, A. Ohbayashi, H. Doi, K. Nishimura, A. Oku,* Chem. Ber. **121** (1988) 2019, 2025.
3) *H. C. Kang, V. Boekelheide,* Angew. Chem. **93** (1981) 587.
4) *F. Vögtle, G. Hohner, E. Weber,* J. Chem. Soc., Chem. Commun. **1973,** 366.
5) *K. Matsumoto, W. Nowacki,* Z. Krist. **141** (1975) 260.
6) Übersichten:
a) *F. Vögtle, G. Hohner,* Top. Curr. Chem. **74** (1978) 1;
b) *W. Kiggen, F. Vögtle,* in: Synthesis of Macrocycles, The Design of Selective Complexing Agents (*R. M. Izatt, J. J. Christensen,* Hrsg.). Wiley , New York, 1987, Kap. 6, S. 309;
c) *H. Hopf,* in: Cyclophanes, Bd. II (*P. M. Keehn, S. M. Rosenfeld,* Hrsg.). Academic Press, New York 1983, S. 521;
d) *K. P. Meurer, F. Vögtle,* Top. Curr. Chem. **127** (1985) 1.
7) *J. Winkel, F. Vögtle,* Tetrahedron Lett. **1979,** 1561.
8) *M. Nakazaki, K. Yamamoto, T. Toya,* J. Org. Chem. **45** (1980) 2553; ebenda **46** (1981) 1611.
9) *R. A. Pascal, Jr., C. G. Winans, D. Van Engen,* J. Am. Chem. Soc. **111** (1989) 3007.
10) *F. Vögtle, N. Wester,* Liebigs Ann. Chem. **1978,** 545.
11) *H.-E. Högberg, B. Thulin, O. Wennerström,* Tetrahedron Lett. **1977,** 931; *Th. Olsson, D. Tanner, B. Thulin, O. Wennerström,* Tetrahedron **37** (1981) 3485, 3491.
12) *F. Vögtle, P. Neumann,* J. Chem. Soc., Chem. Commun. **1970,** 1464.
13) *R. G. Lichtenthaler, F. Vögtle,* Tetrahedron Lett. **1972,** 1905; Chem. Ber. **106** (1973) 1319.
14) *W. D. Curtis, J. F. Stoddart, G. H. Jones,* J. Chem. Soc., Perkin Trans. I, **1977,** 785.
15) *K. Böckmann, F. Vögtle,* Chem. Ber. **114** (1981) 1065.
16) a) *W. Kißener, F. Vögtle,* Angew. Chem. **97** (1985) 782;
b) *N. Sendhoff, W. Kißener, F. Vögtle, S. Franken, H. Puff,* Chem. Ber. **121** (1988) 2179.
17) *N. Wester, F. Vögtle,* Chem. Ber. **113** (1980) 1487; ebenda **112** (1979) 3723; J. Chem. Res. (S) **1978,** 400; (M) **1978,** 4856.
18) *L. Rossa, F. Vögtle,* Liebigs Ann. Chem. **1981,** 459.
19) *F. Vögtle, H. Puff, E. Friedrichs, W. M. Müller,* Angew. Chem. **94** (1982) 443, *F. Vögtle, W. M. Müller, H. Puff, E. Friedrichs,* Chem. Ber. **116** (1983) 2344.

20) *F. Vögtle, A. Wallon, W. M. Müller, U. Werner, M. Nieger*, J. Chem. Soc., Chem. Commun. **1990**, 158; *A. Wallon, J. Peter-Katalinic, U. Werner, W. M. Müller, F. Vögtle*, Chem. Ber. **123** (1990) 375.
21) *L. Wambach, F. Vögtle*, Tetrahedron Lett. **26** (1985) 1483; *B. Dung, F. Vögtle*, J. Incl. Phenom. **6** (1988) 429.
22) *B. P. Friederichsen, H. W. Whitlock*, J. Am. Chem. Soc. **111** (1989) 9132.
23) *H.-W. Losensky, H. Spelthann, A. Ehlen, F. Vögtle, J. Bargon*, Angew. Chem. **100** (1988) 1225.

<u>Literatur zu Abschnitt</u>: 6.1

Mehrschichtige Paracyclophane

1) Übersichten:
a) *S. Misumi*, in: Cyclophanes, Bd. II (*P. M. Keehn, S. M. Rosenfeld*, Hrsg.). Academic Press, New York 1983, S. 573;
b) *S. Misumi, Y. Sakata*, J. Synth. Org. Chem. Jpn. **29** (1971) 114; Hyomen **17** (1979) 239; *S. Misumi*, Kagaku no Ryoiki **28** (1974) 927, ebenda **32** (1978) 651; *S. Misumi, T. Otsubo*, Acc. Chem. Res. **11** (1978) 251; Chem. Educ. Tokyo **28** (1980) 249, *Y. Sakata*, Kagaku no Ryoiki **28** (1974) 947, J. Synth. Org. Chem. Jpn. **38** (1980) 164.
2) *T. Otsubo, S. Mizogami, I. Otsubo, Z. Tozuka, A. Sakagami, Y. Sakata, S. Misumi*, Bull. Chem. Soc. Jpn. **46** (1973) 3519; *T.Otsubo, H. Horita, S. Misumi*, Synth. Commun. **6** (1976) 591.
3) *T. Otsubo, S. Mizogami, Y. Sakata, S. Misumi*, Tetrahedron Lett. **1971**, 4803.
4) *H. Higuchi, S. Misumi*, Tetrahedron Lett. **23** (1982) 5571; *H. Higuchi, M. Kugimiya, T. Otsubo, Y. Sakata, S. Misumi*, ebenda **24** (1983) 2593.
5) *T. Otsubo, S. Mizogami, Y. Sakata, S. Misumi*, Tetrahedron Lett. **1973**, 2457.
6) *T. Otsubo, Z. Tozuka, S. Mizogami, Y. Sakata, S. Misumi*, Tetrahedron Lett. **1972**, 2927.
7) *H. Mizuno, K. Nishiguchi, T. Otsubo, S. Misumi, N. Morimoto*, Tetrahedron Lett. **1972**, 4981; *H. Mizuno, K. Nishiguchi, T. Toyoda, T. Otsubo, S. Misumi, N. Morimoto*, Acta Crystallogr. **B33** (1977) 329.
8) *K. Nishiyama, N. Sakiyama, S. Seki, H. Horita, T. Otsubo, S. Misumi*, Tetrahedron Lett. **1977**, 3739; Bull. Chem. Soc. Jpn. **53** (1980) 869.
9) *R. E. Merrifield, W. D. Philip*, J. Am. Chem. Soc. **80** (1958) 2778.
10) *D. T. Longone, H. S. Chow*, J. Am. Chem. Soc. **86** (1964) 3898; ebenda **92** (1970) 994.
11) *D. J. Cram, R. C. Helgeson*, J. Am. Chem. Soc. **88** (1966) 3515.
12) *T. Otsubo, S. Mizogami, Y. Sakata, S. Misumi*, Bull. Chem. Soc. Jpn. **46** (1973) 3831.
13) *H. J. Reich, D. J. Cram*, J. Am. Chem. Soc. **91** (1969) 3534.
14) *T. Kaneda, T. Otsubo, H. Horita, S. Misumi*, Bull. Chem. Soc. Jpn. **53** (1980) 1015.
15) Übersicht: *F. Gerson*, in Cyclophanes, II (*F. Vögtle*, Hrsg.). Top. Curr. Chem. **115** (1983) 57.
16) *M. Nakazaki, K. Yamamoto, S. Tanaka, H. Kametani*, J. Org. Chem. **42** (1977) 287.
17) *T. Otsubo, H. Horita, Y. Koizumi, S. Misumi*, Bull. Chem. Soc. Jpn. **53** (1980) 1677.
18) *H. Horita, Y. Koizumi, T. Otsubo, Y. Sakata, S. Misumi*, Bull. Chem. Soc. Jpn. **51** (1978) 2668.
19) *H. Horita, T. Otsubo, S. Misumi*, Chem.Lett. **1977**, 1309.

20) H. Ohno, H. Horita, T. Otsubo, Y. Sakata, S. Misumi, Tetrahedron Lett. **1977**, 265.
21) T. Otsubo, T. Kohda, S. Misumi, Tetrahedron Lett. **1978**, 2507; Bull. Chem. Soc. Jpn. **53** (1980) 512.

<u>Literatur zu Abschnitt</u>: 6.2
Mehrschichtige [2.2]Metacyclophane

1) T. Umemoto, T. Otsubo, S. Misumi, Tetrahedron Lett. **1974**, 1573.
2) H. Lehner, Monatsh. Chem. **107** (1976) 565.
3) Y. Kai, N. Yasuoka, N. Kasai, Acta Crystallogr. **B33** (1977) 754.
4) Y. Kai, F. Hama, N. Yasuoka, N. Kasai, Acta Crystallogr. **B34** (1978) 3422.
5) S. Misumi, in: Cyclophanes, Bd. II (*P. M. Keehn, S. M. Rosenfeld*, Hrsg.). Academic Press, New York 1983, S. 573.
6) D. Kamp, V. Boekelheide, J. Org. Chem. **43** (1978) 3470.
7) H. Iwamura, H. Kihara, S. Misumi, Y. Sakata, T. Umemoto, Tetrahedron **34** (1978) 3427.
8) T. Umemoto, T. Kawashima, Y. Sakata, S. Misumi, Tetrahedron Lett. **1975**, 463.
9) T. Umemoto, T. Kawashima, Y. Sakata, S. Misumi, Tetrahedron Lett. **1975**, 1005.
10) T. Kawashima, T. Otsubo, Y. Sakata, S. Misumi, Tetrahedron Lett. **1978**, 5115.

<u>Literatur zu Abschnitt</u>: 6.3
Mehrschichtige Metaparacyclophane

1) N. Kannen, T. Otsubo, Y. Sakata, S. Misumi, Bull. Chem. Soc. Jpn. **49** (1976) 3307.
2) N. Kannen, T. Otsubo, S. Misumi, Bull. Chem. Soc. Jpn. **49** (1976) 3208.
3) H. Higuchi, K. Takatsu, T. Otsubo, Y. Sakata, S. Misumi, Tetrahedron Lett. **23** (1982) 671.
4) S. Misumi, in: Cyclophanes, Bd. II (*P. M. Keehn, S. M. Rosenfeld*, Hrsg.). Academic Press, New York 1983, S. 573.
5) N. Kannen, T. Otsubo, Y. Sakata, S. Misumi, Bull. Chem. Soc. Jpn. **49** (1976) 3203.

<u>Literatur zu Abschnitt</u>: 6.4
Weitere mehrschichtige Cyclophane

1) T. Otsubo, S. Mizogami, N. Osaka, Y. Sakata, S. Misumi, Bull. Chem. Soc. Jpn. **50** (1977) 1841.
2) Y. Kai, J. Watanabe, N. Yasuoka, N. Kasai, Acta Crystallogr. **B36** (1980) 2276.
3) A. W. Hanson, Acta Crystallogr. **B33** (1977) 2657.
4) H. A. Staab, U. Zapf, A. Gurke, Angew. Chem. **89** (1977) 841; H. A. Staab, U. Zapf, ebenda **90** (1978) 807; H. Machida, H. Tatemitsu, T. Otsubo, Y. Sakata, S. Misumi, Bull. Chem. Soc. Jpn. **53** (1980) 2943.
5) H. A. Staab, U. Zapf, Angew. Chem. **90** (1978) 807.

6) *S. Misumi,* in: Cyclophanes, Bd. II (*P. M. Keehn, S. M. Rosenfeld,* Hrsg.). Academic Press, New York 1983, S. 573.
7) *H. Tatemitsu, B. Natsume, M. Yoshida, Y. Sakata, S. Misumi,* Tetrahedron Lett. **1978**, 3459; *M. Yoshida, Y. Tochiaki, H. Tatemitsu, Y. Sakata, S. Misumi,* Chem. Lett. **1978**, 829.
8) *H. A. Staab, H.-E. Henke,* Tetrahedron Lett. **1978**, 1955.
9) *H. Masuhara, N. Mataga, M. Yoshida, H. Tatemitsu, Y. Sakata, S. Misumi,* J. Phys. Chem. **81** (1977) 879.
10) *A. Iwama, T. Toyoda, M. Yoshida, T. Otsubo, Y. Sakata, S. Misumi,* Bull. Chem. Soc. Jpn. **51** (1978) 2988.
11) *T. Toyoda, A. Iwama, Y. Sakata, S. Misumi,* Tetrahedron Lett. **1975**, 3203; *T. Toyoda, A. Iwama, T. Otsubo, S. Misumi,* Bull. Chem. Soc. Jpn. **49** (1976) 3300.
12) *T. Toyoda,* Doktorarbeit, Univ. Osaka 1976.
13) *T. Kaneda, T. Ogawa, S. Misumi,* Tetrahedron Lett. **1973**, 3373.
14) *S. Inagaki, H. Fujimoto, K. Fukui,* J. Am. Chem. Soc. **98** (1976) 4693.
15) *F. Vögtle, A. Ostrowicki, B. Begemann, M. Jansen, M. Nieger, E. Niecke,* Chem. Ber. **123** (1990) 169.
16) *A. Ostrowicki, F. Vögtle,* Synthesis **1988**, 1003.
17) Vgl. *T. Otsubo, D. Stusche, V. Boekelheide,* J. Org. Chem. **43** (1978) 3466; *H. Keller, Ch. Krieger, E. Langer, H. Lehner,* Monatsh. Chem. **107** (1976) 1281.

Literatur zu Abschnitt: 7.1

[2$_n$]Phane

1) *W. Baker, R. Banks, D. R. Lyon, F. G. Mann,* J. Chem. Soc. **1945**, 27.
2) *E. Müller, G. Röscheisen,* Chem. Ber. **90** (1957) 543.
3) *E. D. Bergmann, Z. Pelchowicz,* J. Am. Chem. Soc. **75** (1953) 4281.
4) *H. A. Staab, F. Graf,* Chem. Ber. **103** (1970) 1107.
5) *J. D. Ferrara, A. A. Tanaka, C. Fierro, C. A. Tessier-Youngs, W. J. Youngs,* Organomet. **8** (1989) 2089.
6) *M. Pellegrin,* Rec. Trav. Chim. Pays-Bas **18** (1899) 457.
7) *K. Burri, W. Jenny,* Helv. Chim. Acta **50** (1967) 1978; Chimia **20** (1966) 403; *W. Jenny, K. Burri,* ebenda **21** (1967) 186; *W. Jenny, R. Paioni,* ebenda **22** (1968) 142.
8) *R. W. Griffin, N. Orr,* Tetrahedron Lett. **1969**, 4567.
9) *Th. Kauffmann, G. Beißner, W. Sahm, A. Woltermann,* Angew. Chem. **82** (1970) 815.
10) *K. Burri, W. Jenny,* Helv. Chim.Acta **50** (1967) 1978.
11) *W. Baker, J. F. W. McOmie, J. M. Norman,* J. Chem. Soc. **1951**, 1114.
12) *F. Vögtle, W. Kißener,* Chem. Ber. **117** (1984) 2538.- An dieser Stelle sei auch die kürzlich beschriebene Cyclisierungsmethode mit Cr(0) erwähnt: *H. G. Wey, H. Butenschön,* Chem. Ber. **123** (1990) 93.
13) *B. Thulin, O. Wennerström, H.-E. Högberg,* Acta Chem. Scand. **B29** (1975) 138; siehe auch Lit. 15).
14) *W. Carruthers, M. G. Pellatt,* J. Chem. Soc., Perkin Trans. I, **1973**, 1136.
15) *D. Tanner, B. Thulin, O. Wennerström,* Acta Chem. Scand. **B33** (1979) 443; *D. Tanner, O. Wennerström,* ebenda **B34** (1980) 529, *W. Huber, K. Müllen, O. Wennerström,* Angew. Chem. **92** (1980) 636; *D. Tanner,* Dissertation Univ. Göteborg, Schweden 1981.
16) *F. Vögtle, H. A. Staab,* Chem. Ber. **101** (1968) 2709.
17) a) Kurze Übersicht: *F. Vögtle,* Supramolekulare Chemie, Teubner, Stuttgart 1989;

b) Übersicht: *J. L. Atwood, J. E. D. Davies, D. Mac Nicol* (Hrsg.), Inclusion Compounds, Bd. I-III, Wiley, New York 1984.

18) *R. Spallino, R. Provencal,* Gazz. Chim. Ital. **39 II** (1909) 325.
19) *W. Baker, B. Gilbert, W. D. Ollis,* J. Chem. Soc. **1952**, 1443.
20) Vgl. z.B. *A. C. D. Newman, H. M. Powell,* J. Chem. Soc. **1952**, 3747; *J. E. D. Davies, W. Kemula, H. M. Powell, N. O. Smith,* J. Incl. Phenom. 1 (1983) 3.
21) *P. M. Keehn,* in: Cyclophanes, Bd. I (*P. M. Keehn, S. M. Rosenfeld,* Hrsg.). Academic Press, New York 1983, S. 69.

Literatur zu Abschnitt: 7.2

[1$_n$]Phane

- Einleitung

1) Übersicht: *P. T. Lansbury,* Acc. Chem. Res. 2 (1969) 210.
2) *J. Franke, F. Vögtle,* Tetrahedron Lett. 25 (1984) 3445.
3) *I. A. Zamaev, V. E. Shklover, V. I. Nedel'kin, V. A. Sergeyev,* Acta Crystallogr. C45 (1989) 1531.
4) *E. Vogel, P. Röhrig, M. Sicken, B. Knipp, A. Herrmann, M. Pohl, H. Schmickler, J. Lex,* Angew. Chem. **101** (1989) 1683.

- Calixarene

1) a) *C. D. Gutsche,* Calixarenes, Monographs in Supramolecular Chemistry (*J. F. Stoddart,* Hrsg.), Royal Society of Chemistry, Cambridge 1989.
b) *C. D. Gutsche,* Top. Curr. Chem. **123** (1984) 1.
c) *C. D. Gutsche* in: Host Guest Complex Chemistry, Macrocycles (*F. Vögtle, E. Weber,* Hrsg.). Springer Verlag, Berlin 1985, S. 375.
d) *C. D. Gutsche,* Acc. Chem. Res. **16** (1983) 161.
e) Da in den Übersichten [1a-c] Hunderte von Literaturzitaten angegeben sind, schien es nicht notwendig, im vorliegenden Abschnitt jede Aussage oder Verbindung mit einem Literaturhinweis zu versehen.
2) *D. J. Cram, H. Steinberg,* J. Am. Chem. Soc. **73** (1951) 5691.
3) *A. Baeyer,* Ber. Dtsch. Chem. Ges. **5** (1872) 25, 280, 1094.
4) *H. Kämmerer, G. Happel, F. Caesar,* Makromol. Chem. **162** (1972) 179; *G. Happel, B. Mathiasch, H. Kämmerer,* ebenda **176** (1975) 3317.
5) *J. H. Munch,* Makromol. Chem. **178** (1977) 69.
6) *C. D. Gutsche, B. Dhawan, K. H. No, R. Muthukrishnan,* J. Am. Chem. Soc. **103** (1981) 3782.
7) *F. Raschig,* Z. für Angew. Chem. **25** (1912) 1939.
8) *A. Zinke, E. Ziegler,* Ber. Dtsch. Chem. Ges. **74** (1941) 1729.
9) *A. Ninagawa, H. Matsuda,* Makromol. Chem., Rapid Commun. **3** (1982) 65.
10) *Y. Nakamoto, S. Ishida,* Makromol. Chem., Rapid Commun. **3** (1982) 705.
11) *A. G. S. Högberg,* J. Am. Chem. Soc. **102** (1980) 6046.
12) *M. de S. Healy, A. J. Rest,* J. Chem. Soc., Chem. Commun. **1981**, 149.
13) *H. Kämmerer, G. Happel, B. Mathiasch,* Makromol. Chem. **182** (1981) 1685.
14) *V. Böhmer, P. Chhim, H. Kämmerer,* Makromol. Chem. **180** (1979) 2503.
15) *A. A. Moshfegh, E. Beladi, L. Radnia, A. S. Hosseini, S. Tofigh, G. H. Hakimelahi,* Helv. Chim. Acta **65** (1982) 1264.

16) *K. H. No, C. D. Gutsche*, J. Org. Chem. **47** (1982) 2713.
17) *J. W. Cornforth, P. D'Arcy Hart, G. A. Nicholls, R. J. W. Rees, J. A. Stock*, Brit. J. Pharmacol. **10** (1955) 73.
18) *W. Saenger, Ch. Betzel, B. Hingerty, G. M. Brown*, Nature **296** (1982) 581; *G. A. Jeffrey, W. Saenger*, Hydrogen-Bonding in Biological Structures. Springer, Berlin 1990.
19) *J. R. Moran, S. Karbach, D. J. Cram*, J. Am. Chem. Soc. **104** (1982) 5826.
20) *M. Coruzzi, G. D. Andreetti, V. Bocchi, A. Pochini, R. Ungaro*, J. Chem. Soc., Perkin Trans. II, **1982**, 1133.
21) *G. D. Andreetti, R. Ungaro, A. Pochini*, J. Chem. Soc., Chem. Commun. **1979**, 1005.
22) *R. M. Izatt, J. D. Lamb, R. T. Hawkins, P. R. Brown, S. R. Izatt, J. J. Christensen*, J. Am. Chem. Soc. **105** (1983) 1782.
23) *S. Shinkai, K. Araki, O. Manabe*, J. Am. Chem. Soc. **110** (1988) 7214.
24) *H.-J. Schneider, R. Kramer, S. Simova, U. Schneider*, J. Am. Chem. Soc. **110** (1988) 6442.
25) a) *S. Shinkai, K. Araki, J. Shibata, O. Manabe*, J. Chem. Soc., Perkin Trans. I, **1989**, 195; *T. Arimura, T. Nagasaki, S. Shinkai, T. Matsuda*, J. Org. Chem. **54** (1989) 3766.
    b) *S. Shinkai*, J. Incl. Phenom. Mol. Recogn. **7** (1989) 193.
    c) *S. Shinkai et al.*, J. Chem. Soc., Perkin Trans. II, **1989**, 1167.
    d) *S. Shinkai et al.*, J. Chem. Soc., Chem. Commun. **1989**, 736.
    e) *D. N. Reinhoudt et al.*, Tetrahedron Lett. **30** (1989) 2681.

– Cyclotriveratrylene

1) *G. M. Robinson*, J. Chem. Soc. **107** (1915) 267.
2) *A. Lüttringhaus, K. C. Peters*, Angew. Chem. **78** (1966) 603.
3) *V. K. Bhagwat, D. K. Moore, F. L. Pyman*, J. Chem. Soc. **1931**, 443.
4) *K. Frensch, F. Vögtle*, Liebigs Ann. Chem. **1979**, 2121.
5) a) *J. Canceill, L. Lacombe, A. Collet*, J. Am. Chem. Soc. **107** (1985) 6993; vgl. *J. Canceill, A. Collet, J. Gabard, F. Kotzyba-Hibert, J.-M. Lehn*, Helv. Chim. Acta **65** (1982) 1894.
    b) *A. Collet*, in: Inclusion Compounds (*J. L. Atwood, J. E. D. Davies, D. D. Mac Nicol*, Hrsg.), Bd. II, 1984, S. 97.
    c) *A. Collet*, Tetrahedron **43** (1987) 5725.
    d) *A. Collet et al.*, Angew. Chem. **101** (1989) 1249.

Literatur zu Abschnitt: 7.3

$[0_n]$Phane

1) *G. Wittig, G. Klar*, Liebigs Ann. Chem. **704** (1967) 91; *H. A. Staab, Ch. Wünsche*, Chem. Ber. **101** (1968) 887.
2) *H. A. Staab, F. Binnig*, Tetrahedron Lett. **1964**, 319.
3) *H. A. Staab, F. Binnig*, Chem. Ber. **100** (1967) 889. Vgl. Tetraaza$[0_6]$metacyclophan: *G. Sawitzki, H. G. von Schnering*, ebenda **112** (1979) 3104.
4) *F. Binnig, H. Meyer, H. A. Staab*, Liebigs Ann. Chem. **724** (1969) 24; *H. Bräunling, F. Binnig, H. A. Staab*, Chem. Ber. **100** (1967) 880.
5) *H. A. Staab, H. Bräunling*, Tetrahedron Lett. **1965**, 45; *H. A. Staab, H. Bräunling, K. Schneider*, Chem. Ber. **101** (1968) 879.
6) *H. A. Staab, F. Diederich*, Chem. Ber. **116** (1983) 3487; *H. A. Staab, F. Diederich, C. Krieger, D. Schweitzer*, ebenda **116** (1983) 3504; *F.*

Vögtle, H. A. Staab, ebenda **101** (1968) 2709; *H. A. Staab, M. Sauer,* Liebigs Ann. Chem. **1984**, 742.
7) *Y. Fujioka,* Bull. Chem. Soc. Jpn. **57** (1984) 3494; ebenda **58** (1985) 481.
8) *H. Meyer, H. A. Staab,* Liebigs Ann. Chem. **724** (1969) 30.

– Spheranden

1) Übersichten:
   a) *D. J. Cram,* Angew. Chem. **100** (1988) 1041; *D. J. Cram, K. N. Trueblood,* in: Host Guest Complex Chemistry, Macrocycles (*F. Vögtle, E. Weber,* Hrsg.). Springer, Berlin 1985, S. 125.
   b) *E. Weber,* in: Crown Ethers and Analogs (*S. Patai, Z. Rappoport,* Hrsg.). Wiley, New York 1989, S. 305.
   c) *J. L. Toner,* ebenda S. 77.
2) *H. A. Staab, F. Binnig,* Chem. Ber. **100** (1967) 293.
3) Vgl. *E. Weber, F. Vögtle,* Chemie in uns. Zeit **23** (1989) 210.
4) *K. Paek, C. B. Knobler, E. F. Maverick, D. J. Cram,* J. Am. Chem. Soc. **111** (1989) 8662. Vgl. auch Lit. [3].
5) *G. R. Newkome, H. W. Lee,* J. Am. Chem. Soc. **105** (1983) 5956.
6) *J. L. Toner,* Tetrahedron Lett. **24** (1983) 2707; vgl. Lit. [1c].
7) *J. E. B. Ransohoff, H. A. Staab,* Tetrahedron Lett. **26** (1985) 6179; *T. W. Bell, A. Firestone,* J. Am. Chem. Soc. **108** (1986) 8109.
8) Übersicht: *H.-G. Löhr, F. Vögtle,* Acc. Chem. Res. **18** (1985) 65.
9) Übersicht: *M. Takagi, K. Ueno,* in: Host Guest Complex Chemistry, Macrocycles (*F. Vögtle, E. Weber,* Hrsg.). Springer Berlin, 1985, S. 217.
10) *D. J. Cram, R. A. Carmack, R. C. Helgeson,* J. Am. Chem. Soc. **110** (1988) 571.
11) *J. R. Moran, S. Karbach, D. J. Cram,* J. Am. Chem. Soc. **104** (1982) 5826; *D. J. Cram, S. Karbach, H.-E. Kim, C. B. Knobler, E. F. Maverick, J. L. Erickson, R. C. Helgeson,* ebenda **110** (1988) 2229; vgl. Lit. [1].
12) *D. J. Cram, S. Karbach, Y. H. Kim, L. Baczynskyj, G. W. Kalleymeyn,* J. Am. Chem. Soc. **107** (1985) 2575; *D. J. Cram, S. Karbach, Y. H. Kim, L. Baczynskyj, K. Marti, R. M. Sampson, G. W. Kalleymeyn,* ebenda **110** (1988) 2554.

Literatur zu Abschnitt: 8

Porphyrinophane

1) a) Ausführliche Übersicht: *J. E. Baldwin, P. Perlmutter,* Top. Curr. Chem. 121 (1984) 181; dort zahlreiche weitere Hinweise.
   b) *H. Ogoshi, Y. Kuroda,* Yuki Gosei Kagaku Kyokaishi **47** (1989) 514.
   c) Metal Complexes with Tetrapyrrole Ligands: *J. W. Buchler* (Hrsg.). Struct. Bonding **64**, Springer, Berlin 1987.
   d) *J. P. Collman, F. C. Anson, S. Bencosme, A. Chong, T. Collins, P. Denisevich, E. Evitt, T. Geiger, J. A. Ibers, G. Jameson, Y. Konai, C. Koval, K. Meier, P. Oakley, R. Pettman, E. Schmittun, J. Sessler:* Organic Synthesis Today and Tomorrow (*B. M. Trost, C. R. Hutchinson,* Hrsg.). Pergamon Press, Oxford 1981.
   e) *D. Dolphin, J. Hiom, J. B. Paine, III,* Heterocycles 16 (1981) 417.
2) *M. F. Perutz,* Sci. Amer. **239** (1978) 68.
3) *L. Pauling,* Nature (London) **203** (1964) 61.

4) a) *J. P. Collman, T. R. Halbert, K. S. Suslick*, Metal Ion Activation of Dioxygen (*T. G. Spiro*, Hrsg.). Wiley, New York 1980.
b) *R. D. Jones, D. A. Summerville, F. Basolo*, Chem. Rev. **79** (1979) 139.
c) *T. G. Traylor, P. S. Traylor*, Annu. Rev. Biophys. Bioeng. **11** (1982) 105.

5) *J. E. Baldwin, J. Huff*, J. Am. Chem. Soc. **95** (1973) 5757.

6) *J. P. Collman, R. R. Gagne, T. R. Halbert, J.-C. Marchon, Ch. A. Reed*, J. Am. Chem. Soc. **95** (1973) 7868.

7) *J. Lindsey*, J. Org. Chem. **45** (1980) 5215.

8) *G. B. Jameson, G. A. Rodley, W. T. Robinson, R. R. Gagne, C. A. Reed, J. P. Collman*, Inorg. Chem. **17** (1978) 850.

9) *J. P. Collman, J. I. Brauman, K. M. Doxsee, T. R. Halbert, E. Bunnenberg, R. E. Linder, G. N. LaMar, J. Del Gaudio, G. Lang, K. Spartalian*, J. Am. Chem. Soc. **102** (1980) 4182.

10) *G. B. Jameson, F. S. Molinaro, J. A. Ibers, J. P. Collman, J. I. Brauman, E. Rose, K. S. Suslick*, J. Am. Chem. Soc. **102** (1980) 3224.

11) *J. P. Collman, J. I. Brauman, T. J. Collins, B. Iverson, J. L. Sessler*, J. Am. Chem. Soc. **103** (1981) 2450.

12) *A. R. Amundsen, L. Vaska*, Inorg. Chim. **14** (1975) L49.

13) *J. Almog, J. E. Baldwin, M. J. Crossley, J. F. DeBernardis, R. L. Dyer, J. R. Huff, M. K. Peters*, Tetrahedron **37** (1981) 3589.

14) *J. Almog, J. E. Baldwin, J. Huff*, J. Am. Chem. Soc. **97** (1975) 227.

15) *A. R. Battersby, D. G. Buckley, S. G. Hartley, M. D. Turnbull*, J. Chem. Soc., Chem. Commun. **1976**, 879.

16) *J. E. Baldwin, M. J. Crossley, T. Klose, E. A. O'Rear, III, M. K. Peters*, Tetrahedron **38** (1982) 27.

17) *C. K. Chang*, J. Am. Chem. Soc. **99** (1977) 2819.

18) *T. G. Traylor, D. Campbell, S. Tsuchiya, M. Mitchell, D. V. Stynes*, J. Am. Chem. Soc. **102** (1980) 5939.

19) *A. R. Battersby, A. D. Hamilton*, J. Chem. Soc., Chem. Commun. **1980**, 117.

20) *M. Momenteau, J. Mispelter, B. Loock, E. Bisagni*, J. Chem. Soc., Perkin Trans. I, **1983**, 189.

21) *M. Momenteau, D. Lavalette*, J. Chem. Soc., Chem. Commun. **1982**, 341.

22) *W. B. Cruse, O. Kennard, G. M. Sheldrick, A. D. Hamilton, S. G. Hartley, A. R. Battersby*, J. Chem. Soc., Chem. Commun. **1980**, 700.

23) *J. T. Groves, R. C. Haushalter, M. Nakamura, T. E. Nemo, B. J. Evans*, J. Am. Chem. Soc. **103** (1981) 2884.

24) *J. P. Collman, S. E. Groh*, J. Am. Chem. Soc. **104** (1982) 1391.

25) *A. R. Battersby, W. Howson, A. D. Hamilton*, J. Chem. Soc., Chem. Commun. **1982**, 1266.

26) *D. A. Buckingham, M. J. Gunter, L. N. Mander*, J. Am. Chem. Soc. **100** (1978) 2899; *M. J. Gunter, L. N. Mander, G. M. McLaughlin, K. S. Murray, K. J. Berry, P. E. Clark, D. A. Buckingham*, ebenda **102** (1980) 1470.

27) *M. J. Gunter, L. N. Mander*, J. Org. Chem. **46** (1981) 4792.

28) *C. K. Chang, M. S. Koo, B. Ward*, J. Chem. Soc., Chem. Commun. **1982**, 716.

29) *J. T. Landrum, C. A. Reed, K. Hatano, W. R. Scheidt*, J. Am. Chem. Soc. **100** (1978) 3232.

30) *R. G. Wollmann, D. N. Hendrickson*, Inorg. Chem. **16** (1977) 3079.

31) *R. C. Haushalter, W. M. Butler, R. W. Rudolph*, J. Am. Chem. Soc. **103** (1981) 2620.

32) *N. E. Kagan, D. Mauzerall, R. B. Merrifield*, J. Am. Chem. Soc. **99** (1977) 5484.
33) *K. N. Ganesh, J. K. M. Sanders*, J. Chem. Soc., Chem. Commun. **1980**, 1129.
34) *C. Krieger, J. Weiser, H. A. Staab*, Tetrahedron Lett. **26** (1985) 6055; *D. Mauzerall, J. Weiser, H. A. Staab*, Tetrahedron **45** (1989) 4807.
35) *K.-H. Neumann, F. Vögtle*, J. Chem. Soc., Chem. Commun. **1988**, 520.
36) *D. R. Benson, R. Valentekovich, F. Diederich*, Angew. Chem. **102** (1990) 213.
37) Siehe z. B. *J. P. Collman, P. S. Wagenknecht, R. T. Hembre, N. S. Lewis*, J. Am. Chem. Soc. **112** (1990) 1294; *J. T. Groves, P. Viski*, ebenda **111** (1989) 8537; *C. A. Quintana, R. A. Assink, J. A. Shelnutt*, Inorg. Chem. **28** (1989) 3421; *D. Mandon, R. Weiss, M. Franke, E. Bill, A. X. Trautwein*, Angew. Chem. **101** (1989) 1747; *D. Gust, T. A. Moore, A. L. Moore, G. Seely, P. Liddell, D. Barrett, L. O. Harding, X. C. Ma, S.-J. Lee, F. Gao*, Tetrahedron **45** (1989) 4867; *A. Osuka, K. Maruyama, S. Hirayama*, ebenda **45** (1989) 4815; *J. S. Lindsey, P. A. Brown, D. A. Siesel*, ebenda **45** (1989) 4845; *M. Momenteau, B. Loock, P. Seta, E. Bienvenue, B. d'Epenoux*, ebenda **45** (1989) 4893; *S. O'Malley, T. Kodadek*, J. Am. Chem. Soc. **111** (1989) 9116; *P. Maillard, C. Schaefer, C. Tétreau, D. Lavalette, J.-M. Lhoste, M. Momenteau*, J. Chem. Soc., Perkin Trans. II, **1989**, 1437.

Literatur zu Abschnitt: 9

Protophane und Aliphane

1) a) *W. Bieber, F. Vögtle*, Angew. Chem. **89** (1977) 199.
   b) *Th. Kauffmann*, Tetrahedron **28** (1972) 5183; vgl. *K. Hirayama*, Tetrahedron Lett. **1972**, 2109. Aus diesen Nomenklaturvorschlägen hat sich die spätere "Nodalnomenklatur" entwickelt: *N. Lozac'h, A. L. Goodson*, Angew. Chem. **96** (1984) 1.
2) a) *R. Leppkes, F. Vögtle*, Angew. Chem. **93** (1981) 404.
   b) *R. Leppkes, F. Vögtle, F. Luppertz*, Chem. Ber. **115** (1982) 926.
   c) *R. Leppkes, F. Vögtle*, ebenda **116** (1983) 215.
   d) *F. Vögtle, Th. Papkalla, H. Koch, M. Nieger*, ebenda **123** (1990), im Druck.
3) *C.-W. Chen, H. W. Whitlock, Jr.*, J. Am. Chem. Soc. **100** (1978) 4921.
4) *J. Rebek, Jr., B. Askew, N. Islam, M. Killoran, D. Nemeth, R. Wolak*, J. Am. Chem. Soc. **107** (1985) 6736; *D. P. Curran, K.-S. Jeong, T. A. Heffner, J. Rebek, Jr.*, ebenda **111** (1989) 9238.
5) *E. Weber, F. Vögtle*, Chemie in uns. Zeit **23** (1989) 210.
6) *S. C. Zimmerman, M. Mrksich, M. Baloga*, J. Am. Chem. Soc. **111** (1989) 8528; *S. C. Zimmerman, W. Wu*, ebenda **111** (1989) 8054.
7) *F. Vögtle, A. Dohm, K. Rissanen*, Angew. Chem. **102** (1990), im Druck.
8) Vgl. z. B. ein Cyclohexanoparacyclophan: *A. W. Cordes, S.-T. Lin, L.-H. Lin*, Acta Crystallogr. **C46** (1990) 170.
9) *R. P. Bonar-Law, A. P. Davis, M. G. Orchard*, Workshop "Supramolecular Organic Chemistry and Photochemistry", Saarbrücken, 27.8. - 1.9. 1989.
10) Vgl. *F. Vögtle, P. Koo Tze Mew*, Angew. Chem. **90** (1978) 58.
11) *W. P. Roberts, G. Shoham*, Tetrahedron Lett. **22** (1981) 4895.
12) *W. A. Freeman*, Acta Crystallogr. **B40** (1984) 382.
13) *L. A. Paquette, M. A. Kesselmayer*, J. Am. Chem. Soc. **112** (1990) 1258.

<u>Literatur zu Abschnitt:</u> 10
Exotische Phane

1) *J. L. Sessler, T. Murai, G. Hemmi,* Inorg. Chem. **28** (1989) 3390.
2) *H. Hopf* in: Cyclophanes, Bd. II (*P. M. Keehn, S. M. Rosenfeld,* Hrsg.). Academic Press, New York 1983.
3) *G. R. Newkome, V. K. Majestic, F. R. Fronczek,* Tetrahedron Lett. **22** (1981) 3035, 3039.
4) *M. Nakazaki, Y. Yamamoto, T. Toya,* J. Org. Chem. **45** (1980) 2553; *S. P. Adams, H. W. Whitlock,* ebenda **46** (1981) 3474.
5) *B. P. Friedrichsen, H. W. Whitlock,* J. Am. Chem. Soc. **111** (1989) 9132.
6) *F. Diederich, Y. Rubin, C. B. Innobler, R. L. Whetten, K. E. Schriver, K. N. Houk, Y. Li,* Science **245** (1989) 1088; *Y. Li, Y. Rubin, F. Diederich, K. N. Houk,* J. Am. Chem. Soc. **112** (1990) 1618.
7) a) *M. Misatome, J. Watanabe, K. Yamakawa, Y. Iitaka,* J. Am. Chem. Soc. **108** (1986) 1333.
   b) Übersicht: *Ch. Elschenbroich, A. Salzer,* Organometallchemie. Teubner, Stuttgart 1988.
8) *R. Gleiter, M. Karcher, M. L. Ziegler, B. Nuber,* Tetrahedron Lett. **28** (1987) 195; *R. Gleiter, M. Karcher,* Angew. Chem. **100** (1988) 851.
9) *T. J. Katz, N. Acton, G. Martin,* J. Am. Chem. Soc. **91** (1969) 2804.
10) *F. Vögtle, N. Eisen, P. Mayenfels, F. Knoch,* Tetrahedron Lett. **27** (1986) 695; *N. Eisen, F. Vögtle,* Angew. Chem. **98** (1986) 1029; *F. Vögtle, N. Eisen, S. Franken, P. Büllesbach, H. Puff,* J. Org. Chem. **52** (1987) 5560.
11) *J. Nishimura, Y. Horikoshi, Y. Wada, H. Takahashi,* Tetrahedron Lett. **30** (1989) 5439; *H. Meier, E. Praß, K. Noller,* Chem. Ber. **121** (1988) 1637.
12) Übersicht: *J. A. Reiss,* in: Cyclophanes, Bd. II (*P. M. Keehn, S. M. Rosenfeld,* Hrsg.). Academic Press, New York 1983, S. 443.
13) *P. Bickert, V. Boekelheide, K. Hafner,* Angew. Chem. **94** (1982) 308.
14) *E. Vogel, M. Biskup, W. Pretzer, W. A. Böll,* Angew. Chem. **76** (1964) 785; *E. Vogel, R. Feldmann, H. Düwel,* Tetrahedron Lett. 1970, 1941; *M. Matsumoto, T. Otsubo, Y. Sakata, S. Misumi,* ebenda 1977, 4425; vgl. *J. A. Marco, J. F. Sanz, E. Vogel, B. Schwartzkopff-Fischer, H. Schmickler, J. Lex,* ebenda **31** (1990) 999.
15) *F. Gerson, G. Gescheidt, U. Buser, E. Vogel, J. Lex, M. Zehnder, A. Riesen,* Angew. Chem. **101** (1989) 938.
16) Übersichten: Lit. [12] sowie *K. Meurer, F. Vögtle,* Top. Curr. Chem. **127** (1985) 1.
17) *K. Yamamoto et al.,* J. Am. Chem. Soc. **110** (1988) 3578; *K. Yamamoto, Y. Saitho, D. Iwaki, H. Chikamatsu,* ISNA - Intern. Symposium on Novel Aromatic Compounds, Osaka, 1989.
18) *M. Psiorz, H. Hopf,* Angew. Chem. **94** (1982) 639.
19) *W. Kißener, F. Vögtle,* Angew. Chem. **97** (1985) 227.
20) *O. Reiser, S. Reichow, A. de Meijere,* Angew. Chem. **99** (1987) 1285; *F. Gerson, A. de Meijere, B. König, O. Reiser, T. Wellauer,* J. Am. Chem. Soc. **112** (1990), im Druck; *M. Stöbbe, O. Reiser, R. Näder, A. de Meijere,* Chem. Ber. **120** (1987) 1667; *A. de Meijere et al.,* in Organometallics in Organic Synthesis (*H. Werner, G. Erker,* Hrsg.). Springer, Berlin 1989, S. 255; vgl. *H. Hopf, A. de Meijere,* Nachr. Chem. Tech. Lab. **38** (1990) 319.
21) *A. P. West, Jr., D. van Engen, R. A. Pascal, Jr.,* J. Am. Chem. Soc. **111** (1989) 6846.

22) *B. Girmay, J. D. Kilburn, A. E. Underhill, K. S. Varma, M. B. Hursthouse, M. E. Harman, J. Becher, G. Bojesen,* J. Chem. Soc., Chem. Commun. **1989,** 1406.
23) *J. W. H. Smeets, R. P. Sijbesma, L. van Dalen, A. L. Spek, W. J. J. Smeets, R. J. M. Nolte,* J. Org. Chem. **54** (1989) 3710.
24) a) *H. Takemura et al.,* Tetrahedron Lett. **29** (1988) 1031;
   b) *T. Vinod, H. Hart,* J. Org. Chem. **55** (1990) 881.
25) *W. Kißener, F. Vögtle,* Angew. Chem. **97** (1985) 782.
26) *F. H. Kohnke, A. M. Z. Slawin, J. F. Stoddart, D. J. Williams,* Angew. Chem. **99** (1987) 941; *J. F. Stoddart,* Chem. Brit. **24** (1988) 1203; *F. H. Kohnke, J. P. Mathias, J. F. Stoddart,* Angew. Chem. Adv. Mater. **101** (1989) 1129.
27) *P. R. Ashton, N. S. Isaacs, F. H. Kohnke, G. Stagno d'Alcontres, J. F. Stoddart,* Angew. Chem. **101** (1989) 1269.
28) *C. O. Dietrich-Buchecker, J. P. Sauvage,* Angew. Chem. **101** (1989) 192.
29) *J. F. Stoddart et al.,* Angew. Chem. **101** (1989) 1404.
30) *J. F. Stoddart,* GDCh-Vortrag, Chemische Institute der Universität Bonn, 12. Dezember 1989.

Literatur zu Abschnitt: 11
Naturstoff-Phane

1) Übersichten:
   a) *K. L. Rinehart, Jr.,* Acc. Chem. Res. **5** (1972) 57;
   b) *U. Schmidt,* Nachr. Chem. Tech. Lab. **37** (1989) 1034;
   c) *H. G. Floss, J. M. Beale,* Angew. Chem. **101** (1989) 147;
   d) *S. M. Rosenfeld, K. A. Choe,* in Cyclophanes, Bd. I (*P. M. Keehn, S. M. Rosenfeld,* Hrsg.). Academic Press, New York 1983, S. 351;
   e) *I. O. Sutherland,* in Cyclophanes, Bd. II (*P. M. Keehn, S. M. Rosenfeld,* Hrsg.). Academic Press, New York 1983, S. 682.
2) *K. Biemann, G. Büchi, B. H. Walker,* J. Am. Chem. Soc. **79** (1957) 5558.
3) *D. A. Whiting, A. F. Wood,* J. Chem. Soc. Perkin Trans. I, **1980,** 623.
4) *K. Fuji, K. Ichikawa, E. Fujita,* Tetrahedron Lett. **1979,** 361.
5) *M. Iyoda, M. Sakaitani, H. Otsuka, M. Oda,* Tetrahedron Lett. **26** (1985) 4777.
6) *Y. Suzuki, S. Nishiyama, S. Yamamura,* Tetrahedron Lett. **30** (1989) 6043.
7) *E. J. Corey, L. O. Weigel, A. R. Chamberlin, B. Lipshutz,* J. Am. Chem. Soc. **102** (1980) 1439.
8) *H. Besl, H.-J. Hecht, P. Luger, V. Pasupathy, W. Steglich,* Chem. Ber. **108** (1975) 3675.
9) *D. L. Boger, D. Yohannes,* Tetrahedron Lett. **30** (1989) 5061.
10) *D. L. Boger, D. Yohannes,* Synlet **1990,** 33.
11) *S. Yahara, C. Shigeyama, T. Nohara, H. Okuda, K. Wakamatsu, T. Yasuhara,* Tetrahedron Lett. **30** (1989) 6041.
12) *H. Kessler,* Angew. Chem. **94** (1982) 509; *H. Kessler, A. G. Klein, R. Obermeier, M. Will,* Liebigs Ann. Chem. **1989,** 269.
13) *R. J. Heffner, M. M. Joullie,* Tetrahedron Lett. **30** (1989) 7021.
14) *R. K. Boeckman, Jr., Ch. H. Weidner, R. B. Perni, J. J. Napier,* J. Am. Chem. Soc. **111** (1989) 8036.
15) *L. A. Paquette, D. Macdonald, L. G. Anderson, J. Wright,* J. Am. Chem. Soc. **111** (1989) 8037.
16) *G. Adam, R. Zibuck, D. Seebach,* J. Am. Chem. Soc. **109** (1987) 6176.

17) *W. Fenical et al.*, Science **212** (1981) 1512; J. Am. Chem. Soc. **104** (1982) 6463.
18) *Y. Matsubara, T. Mizuno, A. Sawabe, Y. Iizuka, K. Okamoto*, Nippon Nogei Kagaku Kaishi **63** (1989) 1373.
19) *M. Feigel, G. Lugert*, Liebigs Ann. Chem. **1989**, 1089.
20) *Z. Dienes, M. Nógrádi, B. Vermes, M. Kajtár-Peredy*, Liebigs Ann. Chem. **1989**, 1141; *C. Bartolucci, L. Cellai, S. Cerrini, D. Lamba, A. L. Segre, V. Brizzi, M. Brufani*, Helv. Chim. Acta **73** (1990) 185; *W. F. Tinto, W. R. Chan, W. F. Reynolds, S. McLean*, Tetrahedron Lett. **31** (1990) 465; *S. Kadota, Y. Takamori, T. Kikuchi, A. Motegi, H. Ekimoto*, ebenda **31** (1990) 393; Naturstoff-Aliphan mit Cyclobutan-Ring: *R. Hartmann, A. San-Martin, O. Muñoz, E. Breitmaier*, Angew. Chem. **102** (1990) 441; *C. Bartolucci, L. Cellai, D. Lamba, A. L. Segre, V. Brizzi, M. Brufani*, Helv. Chim. Acta **73** (1990) 185.

Literatur zu Abschnitt: 12

Cyclophane als Wirtmoleküle

– 12.1: Ionen als Gäste

1) Übersichten mit zahlreichen weiterführenden Zitaten:
a) *J.-M. Lehn*, Angew. Chem. **100** (1988) 91 (Nobelvortrag);
b) *D. J. Cram*, ebenda **100** (1988) 1041 (Nobelvortrag);
c) *H. M. Colquhoun, J. F. Stoddart, D. J. Williams*, ebenda **98** (1986) 483;
d) *F. Vögtle*, Supramolekulare Chemie. Teubner, Stuttgart 1989;
e) Molecular Inclusion and Molecular Recognition.- Clathrates II (*E. Weber*, Hrsg.). Top. Curr. Chem. **149** (1988), Springer, Berlin;
f) Host Guest Complex Chemistry - Macrocycles (*F. Vögtle, E. Weber*, Hrsg.). Springer, Berlin 1985;
g) *E. Weber, J. L. Toner, I. Goldberg, F. Vögtle, D. A. Laidler, J. F. Stoddart, R. A. Bartsch, C. L. Liotta*, Crown Ethers and Analogs (*S. Patai, Z. Rappoport*, Hrsg.). Wiley, Chichester 1989;
h) Chemical Approaches to Understanding Enzyme Catalysis. Biomimetic Chemistry and Transition-State Analogs (*B. S. Green, Y. Askani, D. Chipman*, Hrsg.). Elsevier, Amsterdam 1982;
i) *F. Diederich*, Cyclophanes. Monographs in Supramolecular Chemistry (*J. F. Stoddart*, Hrsg.), in Vorbereitung;
k) *T. E. Edmonds* (Hrsg.), Chemical Sensors. Chapman and Hall, New York 1988;
l) Symposium "Supramolecular Organic Chemistry and Photochemistry", Saarbrücken, August 1989. Vgl. Nachr. Chem. Tech. Lab. **37** (1989) 1157.
2) Vgl. Circular "6th International Symposium on Molecular Recognition and Inclusion" (*W. Saenger, F. Vögtle*), Berlin, September 1990.
3) *F. Vögtle, E. Weber*, Angew. Chem. **86** (1974) 126; vgl. Lit. [1b].
4) *E. Buhleier, F. Vögtle*, Liebigs Ann. Chem. **1977**, 1080.
5) a) *E. Buhleier, W. Wehner, F. Vögtle*, Chem. Ber. **111** (1978) 200.- Hier seien auch die kürzlich beschriebenen chiralen Cycloocta-Bipyridin-Liganden erwähnt: *X. Ch. Wang, Y. X. Cui, T. C. W. Mak, H. N. C. Wong*, J. Chem. Soc., Chem. Commun. **1990**, 167;
b) *E. Buhleier, W. Wehner, F. Vögtle*, Chem. Ber. **112** (1979) 546.
6) *E. Buhleier, F. Vögtle*, Chem. Ber. **111** (1978) 2729.
7) *G. R. Newkome, V. K. Majestic, F. R. Fronczek*, Tetrahedron Lett. **22** (1981) 3035.

8) *J. L. Toner*, Tetrahedron Lett. **24** (1983) 2707; *G. R. Newkome, H. W. Lee*, J. Am. Chem. Soc. **105** (1983) 5956; vgl. auch *J. E. B. Ransohoff, H. A. Staab*, Tetrahedron Lett. **26** (1985) 6179; *Th. W. Bell, A. Firestone*, J. Am. Chem. Soc. **108** (1986) 8109.

9) Vgl. *H. Dürr, K. Zengerle, H.-P. Trierweiler*, Z. Naturforsch. **43b** (1988) 361.

10) Vgl. *F. Ebmeyer, F. Vögtle*, Chem. Ber. **122** (1989) 1725.

11) *F. Ebmeyer, F. Vögtle*, Angew. Chem. **101** (1989) 95; *L. de Cola, F. Barigelletti, V. Balzani, P. Belser, A. v. Zelewsky, F. Vögtle, F. Ebmeyer, S. Grammenudi*, J. Am. Chem. Soc. **110** (1988) 7210; *F. Barigelletti, L. de Cola, V. Balzani, P. Belser, A. v. Zelewsky, F. Vögtle, F. Ebmeyer, S. Grammenudi*, ebenda **111** (1989) 4662.

12) *P. Stutte, W. Kiggen, F. Vögtle*, Tetrahedron **43** (1987) 2065; vgl. *F. Vögtle, Ch. Seel, F. Ebmeyer, A. Wallon, M. Bauer, W. M. Müller, U. Werner*, Kemia-Kemi **16** (1989) 796.

13) a) *Th. J. McMurry, S. J. Rodgers, K. N. Raymond*, J. Am. Chem. Soc. **109** (1987) 3451.
b) *Th. J. McMurry, M. W. Hosseini, Th. M. Garrett, F. E. Hahn, Z. E. Reyes, K. N. Raymond*, ebenda **109** (1987) 7196.

14) *F. Vögtle, A. Wallon, W. M. Müller, U. Werner, M. Nieger*, J. Chem. Soc., Chem. Commun. **1990**, 158.

15) *J. Peter-Katalinić, F. Ebmeyer, Ch. Seel, F. Vögtle*, Chem. Ber. **122** (1989) 2391.

16) *A.-M. Albrecht-Gary, C. O. Dietrich-Buchecker, Z. Saad, J.-P. Sauvage*, J. Am. Chem. Soc. **110** (1988) 1467.

17) *A. Nakano, Q. Xie, J. V. Mallen, L. Echegoyen, G. W. Gokel*, J. Am. Chem. Soc. **112** (1990) 1287.

- 12.2: Lipophile Gäste

1) Übersichten mit zahlreichen weiterführenden Zitaten:
a) *J.-M. Lehn*, Angew. Chem. **100** (1988) 91 (Nobelvortrag);
b) *D. J. Cram*, ebenda **100** (1988) 1041 (Nobelvortrag);
c) *H. M. Colquhoun, J. F. Stoddart, D. J. Williams*, ebenda **98** (1986) 483;
d) *F. Vögtle*, Supramolekulare Chemie. Teubner, Stuttgart 1989;
e) Molecular Inclusion and Molecular Recognition - Clathrates II (*E. Weber*, Hrsg.). Top. Curr. Chem. **149** (1988), Springer, Berlin;
f) Host Guest Complex Chemistry - Macrocycles (*F. Vögtle, E. Weber*, Hrsg.). Springer, Berlin 1985;
g) *E. Weber, J. L. Toner, I. Goldberg, F. Vögtle, D. A. Laidler, J. F. Stoddart, R. A. Bartsch, C. L. Liotta*, Crown Ethers and Analogs (*S. Patai, Z. Rappoport*, Hrsg.). Wiley, Chichester 1989;
h) Chemical Approaches to Understanding Enzyme Catalysis. Biomimetic Chemistry and Transition-State Analogs (*B. S. Green, Y. Askani, D. Chipman*, Hrsg.). Elsevier, Amsterdam 1982;
i) *F. Diederich*, Cyclophanes. Monographs in Supramolecular Chemistry (*J. F. Stoddart*, Hrsg.), in Vorbereitung; *F. Diederich*, Angew. Chem. **100** (1988) 372;
k) *K. Odashima, K. Koga*, in: Cyclophanes II (*P. M. Keehn, S. M. Rosenfeld*, Hrsg.). Academic Press, New York 1983, S. 629;
l) *I. Tabushi, K. Yamamura*, in Cyclophanes, I (*F. Vögtle*, Hrsg.). Top. Curr. Chem. **113** (1983) 145;
m) *F. Vögtle, W. M. Müller*, J. Incl. Phenom. **2** (1984) 369; *F. Vögtle, W. M. Müller, W. H. Watson*, Top. Curr. Chem. **125** (1984) 131; *F.*

Vögtle, H.-G. Löhr, J. Franke, D. Worsch, Angew. Chem. **97** (1985) 721;

n) *F. Vögtle, Ch. Seel, F. Ebmeyer, A. Wallon, M. Bauer, W. M. Müller, U. Werner*, Kemia-Kemi **16** (1989) 796;

o) *H. R. Christen, F. Vögtle*, Organische Chemie. Von den Grundlagen zur Forschung, Bd. II. Salle-Sauerländer, Frankfurt a.M./Aarau 1990, S. 535-562.

2) *H. Stetter, E.-E. Roos*, Chem. Ber. **88** (1955) 1390.

3) *R. Hilgenfeld, W. Saenger*, Angew. Chem. **94** (1982) 788; *F. Vögtle, W. M. Müller, L. Rossa*, unveröffentlichte Ergebnisse.

4) *F. Behm, W. Simon, W. M. Müller, F. Vögtle*, Helv. Chim. Acta **68** (1985) 940; *F. Vögtle, H. Puff, E. Friedrichs, W. M. Müller*, J. Chem. Soc., Chem. Commun. **1982**, 1398.

5) *T. J. Shepodd, M. A. Petti, D. A. Dougherty*, J. Am. Chem. Soc. **110** (1988) 1983.

6) *F. Vögtle, W. M. Müller, U. Werner, H.-W. Losensky*, Angew. Chem. **99** (1987) 930; *A. Wallon, J. Peter-Katalinic, U. Werner, W. M. Müller, F. Vögtle*, Chem. Ber. **123** (1990) 375.

7) Übersicht siehe Lit. [1d].

8) *C. S. Wilcox, M. D. Cowart*, Tetrahedron Lett. **27** (1986) 5563.

9) Übersicht über Tröger-Basen: *F. Vögtle*, Reizvolle Moleküle der Organischen Chemie. Teubner, Stuttgart 1989.

10) *M. Bühner, W. Geuder, W.-K. Gries, S. Hünig, M. Koch, Th. Poll*, Angew. Chem. **100** (1988) 1611; dort Hinweise auf frühere Mitteilungen.

11) *Y. Murakami, J. Kikuchi, T. Ohno, T. Hirayama*, Chem. Lett. **1989**, 881; *Y. Murakami, J. Kikuchi, T. Ohno, T. Hirayama, H. Nishimura*, ebenda **1989**, 1199.

12) *J. C. Sherman, D. J. Cram*, J. Am. Chem. Soc. **111** (1989) 4527.

13) *D. J. Cram et al.*, J. Am. Chem. Soc. **112** (1990) 1254, 1255, 1659.

– 12.3: Funktionalisierte Moleküle als Gäste

1) a) *E. Weber, F. Vögtle*, Chemie in uns. Zeit **23** (1989) 210;
b) *J. Rebek, Jr.*, Top. Curr. Chem. **149** (1988) 189; J. Incl. Phenom. **7** (1989) 7; vgl. *J. Rebek, Jr., et al.*, J. Am. Chem. Soc. **111** (1989) 1082.

2) a) *F. Vögtle*, Supramolekulare Chemie. Teubner, Stuttgart 1989;
b) *H.-J. Schneider, I. Theis*, Angew. Chem. **101** (1989) 757; *H.-J. Schneider, Th. Blatter*, ebenda **100** (1988) 1211; dort Hinweise auf frühere Arbeiten. *H.-J. Schneider, R. Busch*, ebenda **96** (1984) 910; *H.-J. Schneider, A. Junker*, Chem. Ber. **119** (1986) 2815; *H.-J. Schneider, D. Güttes, U. Schneider*, J. Am. Chem. Soc. **110** (1988) 6449.

3) *J.-M. Lehn*, Angew. Chem. **100** (1988) 91 (Nobelvortrag).

4) *D. J. Cram*, Angew. Chem. **100** (1988) 1041 (Nobelvortrag).

5) *H. M. Colquhoun, J. F. Stoddart, D. J. Williams*, Angew. Chem. **98** (1986) 483; vgl. hierzu *J. F. Stoddart et al.*, Angew. Chem. **101** (1989) 1402, 1404.

6) *H. R. Christen, F. Vögtle*, Organische Chemie. Von den Grundlagen zur Forschung, Bd. II. Salle-Sauerländer, Frankfurt a.M./Aarau 1990, S. 535-562.

7) a) *I. O. Sutherland*, in: Cyclophanes, II (*P. M. Keehn, S. M. Rosenfeld*, Hrsg.). Academic Press, New York 1983, S. 679.
b) *D. Gehin, P. A. Kollman, G. Wipff*, J. Am. Chem. Soc. **111** (1989) 3011; vgl. *P. D. J. Grootenhuis, P. A. Kollman*, ebenda **111** (1989) 4046.

8) Host Guest Complex Chemistry - Macrocycles (*F. Vögtle, E. Weber,* Hrsg.). Springer, Berlin 1985.

9) *E. Weber, J. L. Toner, I. Goldberg, F. Vögtle, D. A. Laidler, J. F. Stoddart, R. A. Bartsch, C. L. Liotta,* Crown Ethers and Analogs (*S. Patai, Z. Rappoport,* Hrsg.). Wiley, Chichester 1989.

10) *J. Canceill, A. Collet, J. Gabard, F. Kotzyba-Hibert, J.-M. Lehn,* Helv. Chim. Acta **65** (1982) 1894.

11) a) *F. Vögtle, W. M. Müller, W. H. Watson,* Top. Curr. Chem. **125** (1984) 131;
b) *F. Vögtle, W. M. Müller,* J. Incl. Phenom. **1** (1984) 369;
c) *W. H. Watson, J. Galloy, F. Vögtle, W. M. Müller,* Acta Crystallogr. **C40** (1984) 200; *M. R. Caira, W. H. Watson, F. Vögtle, W. M. Müller,* ebenda **C40** (19849 491; *W. H. Watson, J. Galloy, D. A. Grossie, F. Vögtle, W. M. Müller,* J. Org. Chem. **49** (1984) 347.

12) *C. J. van Staveren, D. E. Fenton, D. N. Reinhoudt, J. van Eerden, S. Harkema,* J. Am. Chem. Soc. **109** (1987) 3456; *F. C. J. M. van Veggel, M. Bos, S. Harkema, W. Verboom, D. N. Reinhoudt,* Angew. Chem. **101** (1989) 800.

13) *Y. Aoyama, Y. Tanaka, H. Toi, H. Ogoshi,* J. Am. Chem. Soc. **110** (1988) 634; *Y. Aoyama, Y. Tanaka, S. Sugahara,* ebenda **111** (1989) 5397; zur Bindung von Aminosäuren vgl. *Y. Aoyama et al.,* ebenda **110** (1988) 4076.

14) *R. E. Sheridan, H. W. Whitlock, Jr.,* J. Am. Chem. Soc. **110** (1988) 4071; ebenda **108** (1986) 7120.

15) a) *F. Ebmeyer, F. Vögtle,* Angew. Chem. **101** (1989) 95.
b) *F. Vögtle, Ch. Seel, F. Ebmeyer, A. Wallon, M. Bauer, W. M. Müller, U. Werner,* Kemia-Kemi **16** (1989) 796.

16) *F. Vögtle, A. Wallon, W. M. Müller, U. Werner, M. Nieger,* J. Chem. Soc., Chem. Commun. **1990**, 158.

17) *P. E. J. Sanderson, J. D. Kilburn, W. C. Still,* J. Am. Chem. Soc. **111** (1989) 8314.

18) *J. F. Stoddart et al.,* Angew. Chem. **101** (1989) 1404.

19) *F. Diederich, H.-D. Lutter,* J. Am. Chem. Soc. **111** (1989) 8438; vgl. *R. Breslow, E. Kool,* Tetrahedron Lett. **29** (1988) 1635; *D. Hilvert, R. Breslow,* Bioorg. Chem. **12** (1984) 206; *R. Breslow,* Science **218** (1982) 532, Acc. Chem. Res. **13** (1980) 170.

20) *D. J. Cram, P. Y.-S. Lam, S. P. Ho,* J. Am. Chem. Soc. **108** (1986) 839; *D. J. Cram, P. Y.-S. Lam,* Tetrahedron **42** (1986) 1607; vgl. *S. Kumar, H.-J. Schneider,* J. Chem. Soc., Perkin Trans. II, **1989**, 245.

21) *W. L. Mock et al.,* J. Org. Chem. **54** (1989) 5302.

22) *T. R. Kelly, Ch. Zhao, G. J. Bridger,* J. Am. Chem. Soc. **111** (1989) 3744.

23) *T. Tjivikua, P. Ballester, J. Rebek, Jr.,* J. Am. Chem. Soc. **112** (1990) 1249; Übersicht: *J. Rebek, Jr.,* Angew. Chem. **102** (1990) 261.

Autorenverzeichnis

Sachverzeichnis

Teubner Studienbücher

Chemie

Breitmaier: **Vom NMR-Spektrum zur Strukturformel organischer Verbindungen**
Ein kurzes Praktikum der NMR-Spektroskopie
267 Seiten. DM 38,—

Elschenbroich/Salzer: **Organometallchemie**
Eine kurze Einführung. 3. Aufl. 555 Seiten. DM 46,—

Engelke: **Aufbau der Moleküle**
Eine Einführung. 264 Seiten. DM 38,—

Hennig/Rehorek: **Photochemische und photokatalytische Reaktionen
von Koordinationsverbindungen**
164 Seiten. DM 24,80

Primas/Müller-Herold: **Elementare Quantenchemie**
2. Aufl. 398 Seiten. DM 39,—

Vögtle: **Reizvolle Moleküle der Organischen Chemie**
402 Seiten. DM 39,80

Vögtle: **Supramolekulare Chemie**
447 Seiten. DM 42,—

Vögtle: **Cyclophan-Chemie**
595 Seiten. DM 48,—

Preisänderungen vorbehalten

 B. G. Teubner Stuttgart